普通高等教育农业部“十三五”规划教材
全国高等农林院校“十三五”规划教材
全国高等农业院校优秀教材

无机及分析化学

WUJI JI FENXI HUAXUE

周晓华　主编

中国农业出版社
北京

内容简介

无机及分析化学是高等农林院校农学、理学和部分工学专业大一学生必修的公共基础课程。本书作为其教材，是根据高等农林院校化学教学大纲和教学基本要求编写的，内容涵盖了物质结构化学、化学热力学和动力学、水溶液化学、电化学原理，以及定量分析化学等基础知识和基本原理。本书适用于高等农林院校及其他高等院校非化学专业的本科学生。

主　编　周晓华

副主编　高琼芝　刘海峰

参　编　（按姓氏笔画排序）

王　瑛　刘小平　李　泳

陈　实　侯　芹　龚淑华

前　言

无机及分析化学是高等农林院校农学、理学和部分工学专业大一学生必修的公共基础课程。本书作为其教材，是根据高等农林院校化学教学大纲和教学基本要求编写的，内容涵盖了物质结构化学、化学热力学和动力学、水溶液化学、电化学原理以及定量分析化学等基础知识和基本原理。本书适用于高等农林院校及其他高等院校非化学专业的本科学生。

在“深基础、宽口径、高素质、强能力”的培养目标要求下，加强实践教学环节，缩减理论课教学时数已经成为高等教育教学改革的主流。目前国内高等农林院校的公共基础课无机及分析化学的教学时数大都只有50～60学时。为顺应教学改革的发展，启发和培养学生的学习能力、创新能力及实践能力，在仔细研读了农业部“十三五”规划教材建设指导方案，同时参考了教育部考试中心2017年全国硕士研究生招生考试农学门类联考化学(农)考试大纲，多方收集学生、同行和授课教师的意见，借鉴同类优秀教材，本着“易教好学，适用面宽”的原则编写了本教材，并力求做到突出重点，细化难点。为取得较好的教学效果，针对学生反映的难点增加了较多的例题和阅读材料，启发学生多加思考，以培养他们独立解决问题的能力；为方便学生课后复习及自学，对重点和难点给予小结并提示注意事项。

本教材的特色有二：一是将酸碱平衡、配位平衡和沉淀-溶解平衡合并在一起构成了“电解质水溶液中的解离平衡”一章，归纳总结了稀释效应、同离子效应、盐效应、酸效应与水解效应对解离平衡的影响，以及多重平衡问题的通用解决方法；二是画出了每章内容的“知识结构导图”，借助图的直观性，使学生清晰地了解各章内容的知识层次，为后续专业课的学习铺垫必需的化学知识网络。

本书由周晓华(华南农业大学)策划撰写编写大纲，并编写了绪论，第四、六章，高琼芝(华南农业大学)编写第一、二章，刘小平(华南农业大学)编写第三章，侯芹(山东农业大学)编写第五章，刘海峰(华南农业大学)编写第七章，陈实(华南农业大学)编写第八、九章，王瑛(西南林业大学)编写第十章，李泳(广东海洋大学)编写第十一章，龚淑华(华南农业大学)编写各章的习题和参考答案。

本书在普通高等教育农业部“十三五”规划教材立项过程中得到中国农业出版社的大力支持和指导，在此表示衷心感谢。在本书的编写过程中龚淑华副教授、刘英菊教授提出了指导意见；并得到了华南农业大学“无机及分析化学”省级精品资源共享课程建设项目、华南农业大学“十三五”规划教材建设经费的资助，华南农业大学材料与能源学院无机及分析化学教学团队全体老师也给予了大力支持与帮助，在此一并表示衷心的感谢。

由于水平所限，书中难免存在疏漏甚至错误之处，恳请读者和专家批评指正。

编　者

2018 年 5 月于广州

目 录

绪　论

化学是一门以实验为基础的自然科学，它与数学、物理学一样，是大学生必须学习的自然科学基本素质课。从字面解释化学就是"变化的科学"，是研究和创造物质的科学，对我们认识和利用物质具有重要的作用。它同工农业生产、日常生活、国防建设、人类进步和社会发展密切相关。因此，化学是一门中心性和实用性的科学。

0.1　农林院校为什么将化学作为公共基础课程?

与生物有关的专业，如生命科学、动物科学、动物医学等专业的学生必须学习化学，这是因为在探索生命起源及奥秘的进程中，酶、蛋白质、基因遗传、细胞生物学直至医药的迅猛发展，趋向于用化学语言进行表达，致使分子生物学已成为极富活力的领域。美国医学教授、诺贝尔奖获得者 A. Kornberg 疾呼：要把生命理解为化学。

农、林、环境、食品和材料等相关专业也必须学习化学。化学的作用始于食物供应的农业。研发和改良农林用化学品，增加农林的生产量离不开化学，治理环境改善生态、加工和检测食品更离不开化学。化学在农、林、环境、食品和材料等相关专业中发挥着不可替代的重要作用。例如在病虫害的生物防治研究中，最值得一提的就是利用**化学感应**(简称**化感**)和**化学调控**(简称**化控**)开发研制除草剂和除虫剂。

大自然中存在着为生存而进行的博弈。为获得更多的阳光和水，有些树木能释放出抑制草和灌木生长的化学物质(即植物他感作用)；昆虫啃食植物，而有些植物为自保能分泌排放驱避昆虫的化学物质。对这些代谢过程进行化感研究，如果能通过分离、检测和分析鉴定获得其中的关键性化学物质，利用化学方法直接大量合成，就可以抑草、抗病、除虫，大幅提高作物产量而不产生化学污染。

根据昆虫释放的化学信息而发明昆虫诱捕剂，就是化控。通过化控手段，可以获得有选择性的和对环境友好的新型杀虫剂。滴滴涕(DDT)就是最有名的一个案例。滴滴涕是一种非常有效的化学杀虫剂，可控制蚊子，减少疟疾的流行。它的发明者 Paul Muller 还荣获了1948年诺贝尔生理学和医学奖。滴滴涕虽然能选择性地毒杀虫类，但会积聚在有些鸟体中，导致蛋壳变弱，使胚胎不能存活。滴滴涕现在已被美国和许多国家禁用。随着滴滴涕在全球范围内的减少使用，疟疾在热带国家又见增多。为此，化学家和生物学家们正在开展化控研究，即捕获收集生物发出的化学物质，通过物质分离、活性检测、结构表征、分析测试等一系列研究，希望利用虫类为交配或诱捕虫饵而发出的化学信号来控制虫类。化控研究所采用的核心技术手段都离不开化学。

由此可见，在农林院校开设公共基础化学课是十分必要的。这些专业的学生学习和掌握了良好的化学基础，无论是对其本专业课程学习，还是对今后从事生产、管理和科研都是十分有益的。

0.2 化学是一门中心科学

化学发展的历史有力地证明了化学是许多学科的重要基础。化学和其他学科一样，分担着认识世界、改造世界、发展支柱产业高新技术的重任。化学在自然科学中居于中心地位(图0-1)，它与数学、物理学等学科共同成为自然科学迅猛发展的基础。化学的核心知识已经应用于自然科学的各个领域，更多的化学工作者投身到生命、环境、材料等科学中去，在化学与生物、环境、材料学等交叉领域大显身手。化学必将为解决基因组、蛋白质组、环境治理、功能材料等工程中的重大科学问题做出巨大的贡献。

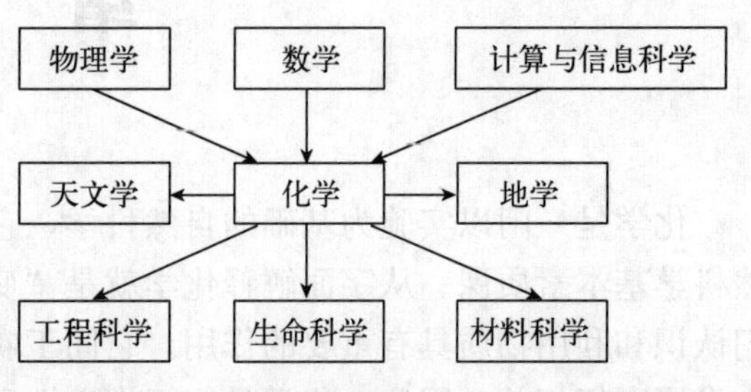

图0-1 化学是自然科学中的中心科学

0.3 化学是一门实用科学

化学与人类的衣、食、住、行以及能源、信息、材料、国防、环境保护、医药健康、资源与可持续发展等方面都有密切的联系，它是一门社会迫切需要的实用学科。

化学在保证人类的生存并不断提高人类的生活质量方面起着重要作用。我国人口在21世纪上半叶将达到16亿，保持我国农业的持续发展是我们面临的艰巨任务。农业发展的首要问题是保证食物的安全和提高食物品质；其次是保护并改善农业生态环境，为农业持续健康发展奠定基础。化学将在研制生产高效化肥、农药，特别是绿色环保的生物肥料和生物农药，以及开发新型农用材料等诸多方面发挥巨大作用。另外，在克服和治理土地的荒漠化、干旱、盐碱地等农业生态系统问题中，在揭示植物光合作用的分子机理中，在降低雾霾污染的大气环境治理和城市污水治理中，在研究中药有效成分，揭示多组分药物的协同作用机理中，甚至研发糖尿病、癌症、心脑血管病等的治疗药物等社会需求方面，化学都发挥了重要作用。

人类的生活也同样与化学紧密相关，从日常的洗涤清洁用品、化妆护肤品、儿童玩具、建筑材料，到承载知识的书籍、电子产品都离不开化学，化学已经渗透到生活的每个角落。了解和掌握一定的化学知识有助于提高生活常识。例如，甘油三酯、葡糖基果糖等化学名称人们往往很陌生，如果食物中出现这样的化学名称，大多数人可能会感到无所适从，以至拒绝食用。实际上，甘油三酯是存在于天然食物中的脂肪的一个组分，葡糖基果糖是普通食糖的主要成分蔗糖的化学名称。因此学习化学有助于了解饮食的化学本性。

在保障食物安全和饮水洁净方面，化学也被用来解决其中的关键问题。例如，食品的营养价值是否达标，食品添加剂是否安全，食品是否存在危险的污染物，化学家们开发的灵敏的化学检测方法可以回答这些疑问。根据分析化学原理和技术，借助于分析化学的各种测试方法，对食物进行检验分析，就可以寻找抗御腐败、细菌和污染的有效方法，可以改良食品保鲜包装技术，关注和评价食品添加剂(如甜味剂、抗氧化剂、保鲜防腐剂、着色剂等)的安全。化学还保护了安全水循环和洁净的水供应。无论是传统的饮用水处理中的絮凝沉淀除浊、除色、氯或臭氧杀菌，还是21世纪发展起来的受污染水的净化处理工艺中的活性炭吸附、化学氧化和微生物降解有机污染物、膜过滤，在整个水处理流程中，化学的作用功不可没。化学药物还可以预防人畜不生疾病。以上各实例都说明生活离不开化学，化学是一门实用性的科学。

0.4　化学的研究对象与研究方法

化学的经典定义是：在原子、分子层次上研究物质的组成、结构、性质及其变化规律和变化过程中能量关系的科学。而随着科技的迅速发展，21世纪的化学**研究范围**已经由原子和分子扩展到超分子、生物分子、纳米分子及聚集体、复杂分子体系及其组装体等层次。具体地说，化学就是研究这些层次的存在状态(包括聚集态和组装态)，直到分子材料、分子器件和分子机器的制备、剪裁和组装，分离和分析，结构和构象，粒度和形貌，物化性能，生理和生物活性及其输运和调控的作用机制，以及上述各方面的规律、相互关系和应用的自然科学。化学研究已不仅仅着眼于微观尺度的分子设计，而是将目光聚焦在居于微观和宏观尺度(指实验室合成、生产装置、化学和物理操作、产品包装和运输等)之间的介观尺度，例如超分子、大分子、分子基团、活性中心、器件的作用域。

化学的**研究方法**跟研究范围一样，也是随着时代的前进而不断发展的。19世纪，化学的研究方法是实验；到了20世纪下半叶，随着量子化学的快速发展，出现了理论化学研究方法；而在21世纪，化学的研究方法又增加了计算机模拟法。21世纪的化学已经在与物理学、生命科学、材料科学、信息科学、能源、环境、海洋、空间科学的相互交叉、相互渗透和相互促进中共同发展。

0.5　化学的分支

按研究对象或研究目的不同，化学分为无机化学、有机化学、分析化学、物理化学和高分子化学五大分支。

无机化学研究所有元素及其化合物的组成、结构、性质和反应过程，几乎与元素化学同义。无机化学是化学学科中发展最早的一个分支学科。19世纪60年代元素周期律的发现奠定了现代无机化学的基础。随着原子能工业和半导体材料工业的兴起，宇航、能源、催化、生态生化等领域的出现和发展促使无机化学有了新的突破。1990年，科学家发现了C_{60}。近年以C_{60}为代表的球烯化学飞速发展，尽管球烯化学是否属于无机化学尚未定论。

有机化学则是研究碳氢化合物及其衍生物的化学，也被称为碳化学。有机化合物数量巨大，世界上每年合成的新化合物中70%以上是有机物。然而，无机化学和有机化学之间并无截然的界限。例如，数量较大的配合物属于无机物范畴，但是大多数配合物中由于含有有机物配体，因此配合物既有无机物的特征，也有有机物的特征。同样，很难划分金属有机物和有机金属化合物是无机物还是有机物。再例如，Si可与H形成硅烷SiH_4，硅烷与甲烷CH_4结构相似，应归属有机物，通常被称为有机硅；但按性质，二者应归属无机物，尽管二者性质相去甚远。

分析化学是测量和表征物质的组成和结构的科学。随着生命科学、信息科学和计算机技术的快速发展，分析化学也进入了一个崭新的阶段，它不只是测定物质的组成和含量，还对物质的状态、结构、微区、薄层和表面的组成与结构，以及化学行为和生物活性等进行即时追踪，在线监测。

物理化学是化学学科的理论基础。它用物理方法研究化学反应的规律，物质的结构及其测定，化合物和化学反应与电、声、光、磁、热等的相互关系等，物理化学包含化学热力学、化学动力学、胶体化学与界面化学、结构化学、量子化学，以及电化学、光化学、磁化学、热化学等。物理化学是大学本科教学中最重要的原理课程。

高分子化学是研究高分子化合物的结构、性能、合成方法、加工和应用的科学。自从20世纪50年代尼龙问世以来，小分子聚合或缩合形成的高分子化合物越来越多，最终从有机化学中独立出来形成了高分子化学。塑料、纤维和橡胶以及形形色色的功能高分子材料对提高人类生活质量、促进国民经济的发展和科技进步做出了巨大贡献。

另外，化学还与各学科交叉，在边缘地带还形成了许多学科，例如，环境化学、生物化学、农业化学、食品化学、土壤化学、地球化学、药物化学等，这些将在后续的专业课程中继续学习。

0.6 无机及分析化学的教学内容与学习方法

无机及分析化学的教学内容主要分为三大部分：

(1)理论化学 包括物质结构基础、化学热力学和化学动力学初步。

(2)基本知识和应用化学 包括分散体系、电解质水溶液中的解离平衡和氧化还原平衡。

(3)定量分析化学 包括定量分析的误差与数据处理、滴定分析法、分光光度法和电势分析法。

本教材在内容安排上，以上三大部分体现了三条主线。首先，以物质微观结构理论为第一条主线，在第1章和第2章介绍原子结构及其与元素周期系相对应的结构特征，分子、分子间力(超分子)以及晶体的结构特征。其次，以化学反应基本原理及其应用为第二条主线，在第4章引入化学热力学的核心内容，解释反应的可能性和反应的限度问题，在第5章引入化学动力学的基本概念和基本原理，回应了反应的现实性问题。在第6章和第7章中，将化学平衡原理具体应用在讨论水溶液中的多重化学平衡问题。第三条主线是定量分析法，在第8章首先介绍了误差和分析数据的正确处理，从第9章到第11章，介绍了三种常用定量分析法，包括常量化学分析法(滴定分析法)、光度化学(分光光度法)和电化学(电势分析法)定量分析法。在各章均有学习要求、知识结构导图、正文、思考题、阅读材料和习题。知识结构导图清晰地呈现了各章知识点的层次关系，有助于学生在预习和复习中理解和掌握总的知识脉络，这也是本书的独特之处。

如何学习无机及分析化学？

持续的动力：端正大学的学习心态，树立短期、中期和长期的学习目标和人生目标，在高等教育阶段注入持续的学习动力。做好任何事情都需要动力。好奇、兴趣、责任、敬业、追求等都是动力的来源，产生持续的学习动力因人而异，各位同学需要自行调整心态。

提高学习效率：讲究学习方法是保证学习效率的关键。大学的学习方法不同于中学，尤其是大一新生，要尽快适应大学的生活节奏和学习特点，尽快调整好适合自己的学习方法，莫要盲目放纵自己。学会听课、边听边记并及时做好课后复习和总结是大学学习的通用方法，同学间要互相交流学习方法，也要借助搜索引擎查找信息，提高学习效率，学霸也是需要勤奋努力的。

讲究方法：大学公共基础课程内容繁多、复杂，涉及面广，学生普遍认为难学。学习公共基础课程，首先要了解课程目标和课程要求，明确该课程包含的知识体系。在结课后的总复习中还要根据课程要求，回顾、总结全部课程内容，形成完整的知识网络。在进行各章的学习时，也应找出主线，将具体的概念、原理和方法对应到主线的不同位置上，并思考其中可能存在的矛盾和问题，设计并参与新的探索。另外，在学习中还要关注和把握学科发展的最新进展。通过这样的学习才能在脑海里刻画出该课程完整的知识体系，为后续专业知识的学习奠定坚实的基础。

1 原子结构和元素周期律

学习要求

1. 理解原子核外电子运动的特征。

2. 理解原子轨道角度分布图、电子云角度分布图和径向分布图。

3. 掌握四个量子数的取值范围及其物理意义。

4. 理解屏蔽效应、钻穿效应，解释能级交错现象。

5. 运用保里不相容原理、能量最低原理和洪特规则熟练写出1～36号元素基态原子的电子排布式和价电子构型。

6. 掌握原子结构和元素周期表的关系。

7. 了解元素若干性质与原子结构的关系。

知识结构导图

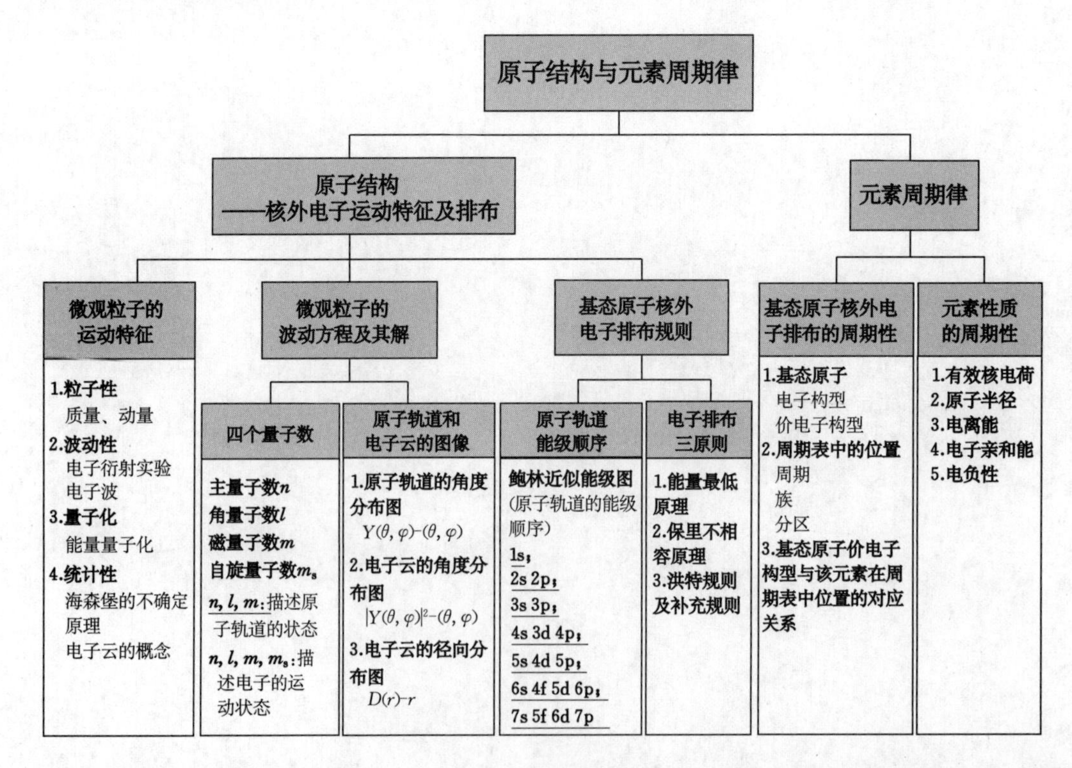

化学变化的实质是原子重新进行组合，在组合过程中一般原子核并不发生变化，只是原子核外电子的运动状态发生变化。要了解和掌握化学变化的规律，必须研究原子的结构和

原子核外电子的运动状态。

元素周期律是化学中最重要的规律之一，本章将利用原子结构理论揭示元素周期律的本质，并阐明元素性质周期性变化规律与元素原子的电子层结构的关系。

1.1　核外电子的运动特征

1897 年，英国物理学家汤姆逊(Thomson)发现了电子，并确认电子是原子的组成部分。既然原子中含有电子，而原子又是电中性的，那么，原子中除了有带负电的电子外，必然还有带正电的部分。那么电子和带正电的部分在原子中是如何分布的呢?

1911 年，英国物理学家卢瑟福(Rutherford)在 α 粒子散射实验基础上建立了原子结构的“行星模型”，提出原子是由带正电的原子核和一定数目绕核高速运动的电子所组成。卢瑟福提出的原子结构“行星模型”为近代原子结构的研究奠定了基础。

1913 年，年轻的丹麦物理学家玻尔(Bohr)在卢瑟福的原子结构模型的基础上，应用普朗克(Planck)的量子论和爱因斯坦(Einstein)的光子学说建立了玻尔原子结构模型，成功地解释了氢原子光谱，推动了原子结构理论的发展。但进一步研究发现玻尔原子结构模型仍然存在严重的缺陷，电子等微观粒子的运动状态只能用量子力学来描述。

1.1.1　氢原子光谱

氢原子是最简单的原子，它的原子核外只有一个电子，因此人们研究原子核外电子运动的状态就从氢原子入手。现代原子结构理论的建立是从研究氢原子光谱开始的。

人们肉眼能观察到的可见光，其波长范围是 400～760 nm。当一束白光通过石英棱镜时，不同波长的光由于折射率不同，形成红、橙、黄、绿、青、蓝、紫等没有明显分界的连续分布的彩色**带状光谱**，这种带状光谱称为**连续光谱**。

气态原子被火花、电弧或其他方法激发产生的光，经棱镜分光后，得到不连续的**线状光谱**，这种线状光谱称为**原子光谱**。不同的原子都具有自己的特征线状光谱。

氢原子光谱是最简单的原子光谱。在抽成真空的光电管中充入稀薄的纯氢气，被高压放电激发放出的光经分光后得到的是分立的、有明显分界的**线状光谱**。氢原子光谱在可见光区有四条比较明显的谱线，分别用 H_α、H_β、H_γ、H_δ表示；此外，在红外区和紫外区也有一系列不连续的谱线，如图 1-1 所示。

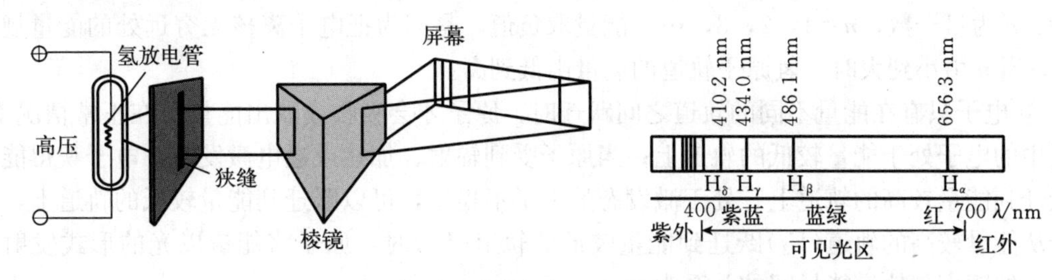

图 1-1　氢原子光谱的产生及可见光区光谱图

1913 年，瑞典物理学家里德伯(Rydberg)仔细地测定了氢原子可见光谱中谱线的波长，总结出了适用于氢原子光谱的谱线波长的通式

$$\frac{1}{\lambda}=R_{\mathrm{H}}\left(\frac{1}{n_1^2}-\frac{1}{n_2^2}\right) \qquad (1-1)$$

式中：λ 为波长；R_{H}为里德伯常数，$R_{\mathrm{H}}=1.097\times10^{7}\ \mathrm{m}^{-1}$；$n_1$和 n_2为正整数，且$n_2>n_1$。

当把 $n_1=2$，$n_2=3$、4、5、6 分别代入式(1-1)时，可算出氢原子光谱可见光区四条谱线的频率。需要说明的是，在某一瞬间一个氢原子只能产生一条谱线，实验中之所以能同时观察到全部谱线，是很多个氢原子受到激发，跃迁到高能级后又返回低能级的结果。

如何解释氢原子光谱是线状光谱这一事实呢？卢瑟福的“行星模型”是无能为力的。按照经典的电磁理论，绕核高速旋转的电子应不断地、连续地辐照出电磁波，电子的能量应逐渐减少，最后将堕入带正电的原子核中，使原子毁灭。可见，卢瑟福的原子结构模型不能解释和描述核外电子的运动状态。

1.1.2 玻尔理论

1900 年，普朗克提出了**量子理论**：辐射能的吸收和发射是不连续的，是按照一个基本量或基本量的整数倍吸收和发射的，这种情况称为能量的**量子化**(quantization)。能量最小的量称为**量子**(quantum)。

1905 年，爱因斯坦提出了**光子学说**：光既有波的性质，也有粒子的性质，即光具有**波粒二象性**(wave-particle dualism)。具有波粒二象性的光子其能量 E 和辐射的频率 ν(希腊字母，读音[nju:])成正比，即

$$E=h\nu$$

式中：h 为普朗克常量，$h=6.626\times10^{-34}\ \mathrm{J\cdot s}$。

1913 年，玻尔在普朗克的量子理论、爱因斯坦的光子学说和卢瑟福的原子结构模型的基础上，提出了原子结构的玻尔理论，其基本要点如下：

① 核外电子只能在某些特定的圆形轨道上绕核运动，在这些轨道上运动的电子既不吸收能量，也不放出能量。

② 电子在不同轨道上运动时，其能量是不同的。电子在离核越远的轨道上运动时，其能量越高；而电子在离核越近的轨道上运动时，其能量越低。轨道的不同能量状态称为**能级**，其中能量最低的状态称为**基态**，其余能量高于基态的状态称为**激发态**。原子轨道的能量是量子化的，根据量子化条件，推导出氢原子轨道的能量为

$$E_n=-2.179\times10^{-18}\frac{1}{n^2} \qquad (1-2)$$

式中：n 为量子数，$n=1$，2，3，…；能量取负值，是因为把电子离核无穷远处的能量规定为 0，当 n 由小到大时，氢原子轨道的能量由低到高。

③ 电子只有在能量不同的轨道之间跃迁时，原子才会吸收或放出能量。在正常情况下，原子中的电子处于能量较低的轨道上；当原子受到辐射、加热或通电激发时，电子获得能量后跃迁到能量较高的轨道上。处于激发态的电子不稳定，可以跃迁到能量较低的轨道上，当电子从能量较高的轨道(E_2)跃迁到能量较低的轨道(E_1)时，原子将能量以光的形式发射出去，光的频率与轨道能量间的关系为

$$\nu=\frac{E_2-E_1}{h} \qquad (1-3)$$

由于轨道的能量是不连续的，发射出的光的频率同样也是不连续的，因此得到的氢原子

光谱是线状光谱。

玻尔理论成功地解释了原子稳定存在的事实和氢原子光谱。根据玻尔理论，在正常状态时，氢原子核外电子处于基态，在该状态下运动的电子既不吸收能量，也不放出能量，电子的能量不会减少，因而不会落到原子核上，原子不会毁灭。

玻尔理论冲破了经典物理学中能量连续变化的束缚，提出了核外电子运动的量子化特征，用能量量子化的观点解释了经典物理学无法解释的原子结构和氢原子光谱，为原子结构理论的发展做出了重大贡献。但玻尔理论未能完全摆脱经典物理学的束缚，没有认识到电子运动的波动性，使电子在原子核外的运动采取了宏观物体的固定轨道，致使玻尔理论在解释多电子原子光谱和氢原子光谱在磁场中的分裂等现象时，遇到了难以解决的困难。

【思考题】

1. 霓虹灯是将不同的稀有气体充入真空放电管，其发光原理和氢原子光谱的原理类似。为什么各种稀有气体的霓虹灯颜色不一样？
2. 玻尔理论为什么不能描述电子等微观粒子的运动状态？

1.2 微观粒子的特性

1.2.1 微观粒子的波粒二象性

电子、中子、原子、分子等微观粒子是实物粒子，其粒子性早已得到人们的确认，但其波动性在很长一段时间内未被人们认识。1924 年，法国年轻的物理学家德布罗意(de Broglie)在光具有波粒二象性的启发下，大胆预言电子等微观粒子也具有**波粒二象性**，并指出质量为 m，运动速率为 v 的微观粒子，其波长 λ 为

$$\lambda=\frac{h}{mv}=\frac{h}{p} \tag{1-4}$$

式(1-4)左边是微观粒子的波长，表明微观粒子的波动性特征，右边含微观粒子的动量，表明微观粒子的粒子性，两者通过普朗克常量定量地联系在一起。式(1-4)称为**德布罗意关系式**。

电子质量为 9.11×10^{-31} kg，假设电子运动速率为 10^6 m·s^{-1}，根据式(1-4)，则电子波长为

$$\lambda=\frac{h}{mv}=\frac{6.626\times10^{-34}}{9.11\times10^{-31}\times10^6}=7.27\times10^{-10}(\text{m})=727(\text{pm})$$

计算表明，电子的波长在 X 射线的波长范围内。由于晶体可以使 X 射线发生衍射，因此可以设想采用类似 X 射线衍射实验的方法得到电子的衍射图，来证明电子的波动性。

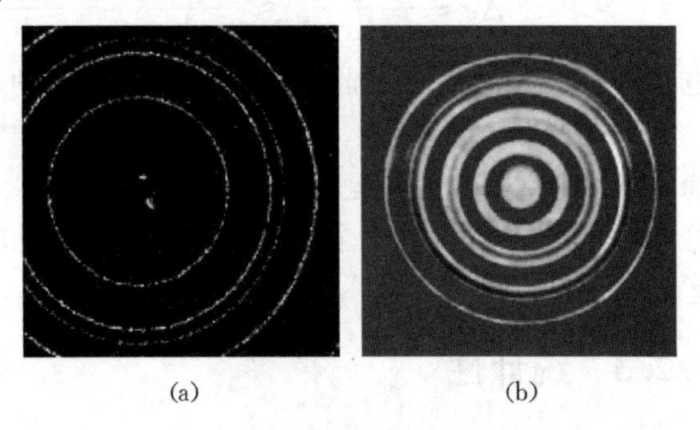

(a) (b)

图 1-2 X 射线衍射图(a)和电子衍射图(b)

1927 年，美国物理学家戴维逊(Davison)和革末(Germer)用电子束代替 X 射线在晶体上进行衍射实验，得到了与 X 射线衍射图像相似的衍射环纹图，如图 1-2

所示。根据电子衍射图计算得到的电子波长，与用式(1-4)计算得到的结果一致。电子衍射实验证实了德布罗意的预言，确认了电子具有波动性。

1928年，实验进一步证明，分子、原子、质子、中子等微观粒子都具有波动性，而且都符合德布罗意关系式。这表明**微观粒子具有波粒二象性**的假说是完全正确的。

1.2.2 不确定原理

在经典力学中，宏观物体的位置和动量是可以同时准确地确定的，因此，知道了某一时刻宏观物体的位置和动量，就可以预言任意时刻宏观物体的位置和动量。对于具有波粒二象性的电子，能否也像经典力学中确定宏观物体的运动状态一样，同时用位置和动量来准确地描述电子的运动状态呢？1927年，德国物理学家海森堡(Heisenberg)对此做出了否定的回答，他认为不可能同时准确地确定电子的位置和动量。这就是**海森堡不确定原理**，也称为**测不准原理**，它的数学表达式为

$$\Delta x \cdot \Delta p \geqslant \frac{h}{4\pi} \tag{1-5}$$

式中：Δx 表示位置不确定程度；Δp 表示动量的不确定程度。

式(1-5)表明，具有波粒二象性的电子与宏观物体具有完全不同的特点，不能同时准确地确定它的位置和动量，而只能达到一定的近似程度。电子的位置确定得越准确(Δx 越小)，则电子的动量就确定得越不准确(Δp 越大)；反之，电子的动量确定得越准确，电子的位置就确定得越不准确。

不确定原理也适用于宏观物体，但宏观物体运动引起的位置和动量的不确定量实在太小，因此可以认为同时具有确定的位置和动量，服从经典力学的规律。

例如，质量为0.01 kg的子弹，运动速率为1000 $m \cdot s^{-1}$，若速度的不准确度为其运动速率的0.1%，则其位置的不准确度为

$$\Delta x \approx \frac{h}{m \cdot \Delta v \cdot 4\pi} \approx \frac{6.626 \times 10^{-34}}{0.01 \times (1000 \times 0.1\%) \times 4\pi} \approx 5.28 \times 10^{-33}(\mathrm{m})$$

宏观物体的位置不确定程度 $\Delta x = 10^{-8}$ m 就已经很准确了，因此这样小的位置不准确度是完全可以忽略不计的。

而对于原子中运动的电子，其运动速率约为10^6 $m \cdot s^{-1}$，质量为9.11×10^{-31}kg。电子的位置至少确定到原子的大小范围(即 $\Delta x \approx 10^{-10}$ m)才有意义，此时电子运动速率的不准确度为

$$\Delta v \approx \frac{h}{m \cdot \Delta x \cdot 4\pi} \approx \frac{6.626 \times 10^{-34}}{9.11 \times 10^{-31} \times 10^{-10} \times 4\pi} \approx 5.79 \times 10^{5}(\mathrm{m \cdot s^{-1}})$$

电子运动速率的不确定程度接近电子本身的运动速率，显然是不能忽略的。

海森堡不确定原理，否定了玻尔的原子结构模型。根据不确定原理，不可能同时准确地确定电子的空间位置和运动速率。因此，具有一定运动速率的电子，其位置是不确定的，不可能沿着固定轨道运动。这说明玻尔理论中核外电子运动具有固定轨道的观点，不符合电子运动的客观规律。

1.2.3 统计性

在图1-2的电子衍射实验中，如果电子流的强度很弱，设想射出的电子是一个一个依

次射到底板上，则每个电子在底板上只留下一个黑点，显示其微粒性。每个电子在底板上留下的位置都是无法预测的。虽然无法预测黑点的位置，但在经历了无数个电子后，底板上的衍射环与较强电子流在短时间内的衍射图是一致的。这表明无论是“单射”还是“连射”，电子在底板上的概率分布是一样的，这也反映出电子运动的规律具有**统计性**：底板上衍射强度大的地方，就是电子出现概率大的地方，也是波强度大的地方。电子虽然没有确定的运动轨道，但其在空间出现的概率可由衍射波的强度反映出来，所以电子波又称为**概率波**。

微观粒子的运动规律可以用量子力学中的统计方法来描述。如以原子核为坐标原点，电子在核外高速运动，虽然我们无法确定电子在某一时刻会在哪一处出现，但电子在核外某处出现的概率大小却不随时间改变而变化。以小黑点的疏密程度来形象地表示电子在核外空间各点概率密度的相对大小的图，称为**电子云图**。图 1-3 为基态氢原子的电子云图。从图中可知：离核越近，电子出现的概率密度越大；反之，离核越远，概率密度越小。

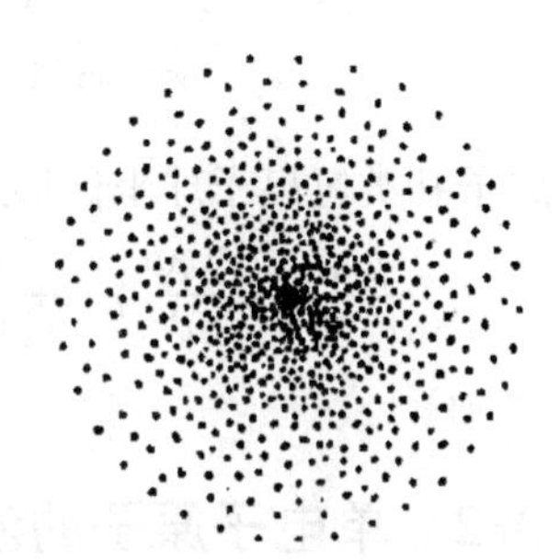

图 1-3 基态氢原子的电子云图

综上所述，微观粒子运动的主要特征是具有波粒二象性，其波动性具体体现在量子化和统计性上。具有波粒二象性的微观粒子，不能用经典力学的原理来解释其运动规律。

【思考题】

不确定原理表明，粒子的位置与动量不能同时确定，那么粒子有没有确定的位置和动量？

1.3 单电子原子的薛定谔方程及其解

1.3.1 单电子原子的薛定谔方程

具有波粒二象性的电子，其运动状态必须用量子力学来描述。1926 年，奥地利物理学家薛定谔(E. Schrödinger)从电子具有波粒二象性出发，通过与光的波动方程进行类比，首先提出了描述电子运动状态的方程，称为**薛定谔方程**，氢原子和类氢离子的薛定谔方程为

$$\frac{\partial^2\Psi}{\partial x^2}+\frac{\partial^2\Psi}{\partial y^2}+\frac{\partial^2\Psi}{\partial z^2}+\frac{8\pi^2\mu}{h^2}\left(E+\frac{Ze^2}{4\pi\varepsilon_0 r}\right)\Psi=0 \tag{1-6}$$

式中：Ψ 为**波函数**，亦称为**原子轨道**；E 为电子的能量；μ 为电子的折合质量，$\mu=\frac{m_e \cdot m_N}{m_e+m_N}$，$m_e$ 和 m_N 分别为电子的质量和原子核的质量；r 为电子与原子核间的距离；e 为元电荷；Z 为核电荷数；ε_0 为真空介电常数；x，y，z 为电子的空间坐标。

式(1-6)表明：对一个折合质量为 μ，在势能为 $-\frac{Ze^2}{4\pi\varepsilon_0 r}$ 的势场中运动的电子来说，其运动状态与一个具有能量 E 的波函数 Ψ 相对应。薛定谔方程的每一个解 Ψ，就表示电子的一种运动状态。

为了求解氢原子和类氢离子的薛定谔方程，需要进行坐标变换，把直角坐标(x，y，z)

变换成球坐标(r, θ, φ)。球坐标与直角坐标的关系如下

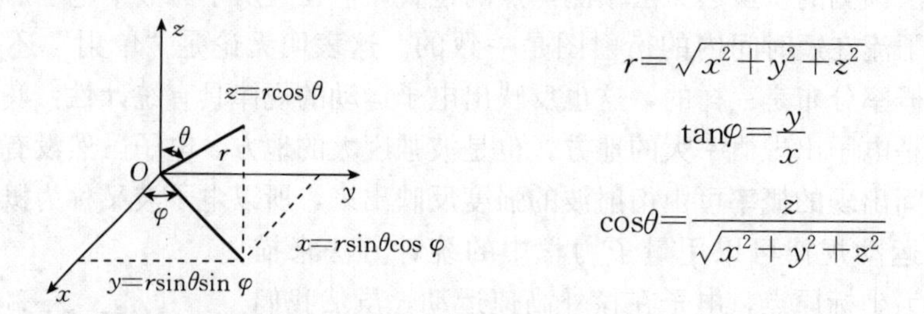

$$r=\sqrt{x^2+y^2+z^2}$$

$$\tan\varphi=\frac{y}{x}$$

$$\cos\theta=\frac{z}{\sqrt{x^2+y^2+z^2}}$$

氢原子和类氢离子球坐标形式的薛定谔方程为

$$\frac{1}{r^2}\frac{\partial}{\partial r}\left(r^2\frac{\partial \Psi}{\partial r}\right)+\frac{1}{r^2\sin\theta}\frac{\partial}{\partial \theta}\left(\sin\theta\frac{\partial \Psi}{\partial \theta}\right)+\frac{1}{r^2}\frac{1}{\sin^2\theta}\frac{\partial^2 \Psi}{\partial \varphi^2}+\frac{8\pi^2\mu}{h^2}\left(E+\frac{Ze^2}{4\pi\varepsilon_0 r}\right)\Psi=0 \tag{1-7}$$

1.3.2 单电子原子的波函数

式(1-7)是一个包含三个变量的偏微分方程，求解波函数 $\Psi(r, \theta, \varphi)$时，通过变量分离法把一个含有三个变量(r, θ, φ)的偏微分方程分解为三个各含一个独立变量的常微分方程。因此

$$\Psi(x, y, z)=\Psi(r, \theta, \varphi)=R(r)\cdot\Theta(\theta)\cdot\Phi(\varphi) \tag{1-8}$$

式中：$\boldsymbol{R(r)}$**称为径向函数**；$\boldsymbol{\Theta(\theta)}$和$\boldsymbol{\Phi(\varphi)}$**称为角度函数**。分别求解这三个常微分方程，得到$R(r)$、$\Theta(\theta)$和$\Phi(\varphi)$，再将这三个函数相乘，就得到**波函数** $\boldsymbol{\Psi(r, \theta, \varphi)}$。将$\Theta(\theta)$和$\Phi(\varphi)$合并起来，得到的函数也称为**角度函数，记为**$\boldsymbol{Y(\theta, \varphi)}$

$$Y(\theta, \varphi)=\Theta(\theta)\cdot\Phi(\varphi) \tag{1-9}$$

薛定谔方程的解是一系列的波函数，表1-1列出了单电子原子的某些波函数、径向函数和角度函数。

表1-1 单电子原子的某些波函数、径向函数和角度函数

原子轨道	$\Psi(r,\theta,\varphi)$	$R(r)$	$Y(\theta,\varphi)$
1 s	$\sqrt{\frac{1}{\pi a_0^3}}\mathrm{e}^{-r/a_0}$	$2\sqrt{\frac{1}{a_0^3}}\mathrm{e}^{-r/a_0}$	$\sqrt{\frac{1}{4\pi}}$
2 s	$\frac{1}{4}\sqrt{\frac{1}{2\pi a_0^3}}\left(2-\frac{r}{a_0}\right)\mathrm{e}^{-r/2a_0}$	$\sqrt{\frac{1}{8a_0^3}}\left(2-\frac{r}{a_0}\right)\mathrm{e}^{-r/2a_0}$	$\sqrt{\frac{1}{4\pi}}$
$2p_x$	$\frac{1}{4}\sqrt{\frac{1}{2\pi a_0^3}}\left(\frac{r}{a_0}\right)\mathrm{e}^{-r/2a_0}\cos\theta$	$\sqrt{\frac{1}{24a_0^3}}\left(2-\frac{r}{a_0}\right)\mathrm{e}^{-r/2a_0}$	$\sqrt{\frac{3}{4\pi}}\cos\theta$
$2p_y$	$\frac{1}{4}\sqrt{\frac{1}{2\pi a_0^3}}\left(\frac{r}{a_0}\right)\mathrm{e}^{-r/2a_0}\sin\theta\cos\varphi$		$\sqrt{\frac{3}{4\pi}}\sin\theta\cos\varphi$
$2p_z$	$\frac{1}{4}\sqrt{\frac{1}{2\pi a_0^3}}\left(\frac{r}{a_0}\right)\mathrm{e}^{-r/2a_0}\sin\theta\sin\varphi$		$\sqrt{\frac{3}{4\pi}}\sin\theta\sin\varphi$

注：$a_0=52.9$ pm。

1.3.3 四个量子数的物理意义

在求解薛定谔方程中引入了三个量子数，分别是**主量子数** $\boldsymbol{n}$(principal quantum number)、**角量子数** $\boldsymbol{l}$(azimuthal quantum number)和**磁量子数** $\boldsymbol{m}$(magnetic quantum number)。这三个量子数的每一个合理的组合(n，l，m)对应于一个波函数 $\Psi(n, l, m)$，即原子轨道，因此这三个量子数也称为**轨道量子数**。在高分辨的光谱仪下，氢原子光谱的每一条谱线均分裂为两条靠得很近的谱线，这表明电子还有自旋运动，因而电子的自旋运动状态用**自旋量子数** $\boldsymbol{m_s}$(spin quantum number)表示。原子核外电子的运动状态可以用四个量子数来描述，也就是说，只要四个量子数确定了，电子的运动状态就确定了。

1.3.3.1 主量子数 n

主量子数 n 表示原子中电子出现概率最大的区域离核的远近，它决定原子轨道能量的高低，n 的取值为 1，2，3，…，n 等正整数。n 值越大，原子轨道离核的平均距离就越远，能量越高。在一个原子中，n 相同的电子在离核的平均距离相近的空间内运动，故常称 n 相同的电子为一个电子“层”。当 $n=1$，2，…，7 时，分别称为第一、第二、……、第七电子层，依次用光谱学符号 K，L，M，N，O，P，Q 表示。

在氢原子中，原子轨道的能量仅由主量子数决定，其能量公式见式(1-2)，即

$$E_n = -2.179 \times 10^{-18} \frac{1}{n^2}$$

1.3.3.2 角量子数 l

角量子数 l 决定原子轨道角动量的大小，其取值为受制于主量子数 n 的正整数。l 可取值为 0，1，2，…，$n-1$，分别用光谱学符号 s，p，d，f，…表示。角量子数 l 反映原子轨道在核外出现的概率分布随角度(θ，φ)变化的情况，因此 **l 决定了原子轨道的形状**。例如：$l=0$ 时，s 轨道呈球形；$l=1$ 时，p 轨道呈双球形；$l=2$ 时，d 轨道呈花瓣形等。

在多电子原子中，l 也决定原子轨道的能量，当 n 相同时，随 l 值的增大，原子轨道的能量升高。当 n 相同而 l 不同时，原子轨道的能量稍有差别，因此电子层又可细分为电子亚层。例如，K 层中有 1s 亚层，L 层中有 2s 和 2p 亚层，M 层中有 3s，3p 和 3d 亚层等。

1.3.3.3 磁量子数 m

磁量子数 m 决定原子轨道在空间的取向，其取值受 l 值的限制，为 0，±1，±2，…，$\pm l$。每个角量子数 l 有($2l+1$)个不同的 m 值，因此有($2l+1$)种取向，即有($2l+1$)个原子轨道。例如

当 $l=0$ 时，m 的取值为 0，表明 s 亚层只有 1 个原子轨道。

当 $l=1$ 时，$m=-1$、0、$+1$，m 有 3 个取值，表明 p 亚层有 3 个原子轨道。

同理，可推知 d 亚层有 5 个原子轨道，f 亚层有 7 个原子轨道。

n 和 l 的取值都相同，但 m 的取值不同的各原子轨道能量相同[①]，这样的原子轨道称为**简并轨道或等价轨道**。

用以上三个量子数就可以描述一个原子轨道的状态。表 1-2 列出了电子层、电子亚层、原子轨道与量子数之间的关系。

---

① 在外磁场作用下，简并轨道之间的能量也会稍有差别。

表 1-2 电子层、电子亚层、原子轨道与量子数之间的关系

n	电子层	l	电子亚层	m	电子亚层的轨道数	电子层的轨道数
1	K	0	1s	0	1	1
2	L	0	2s	0	1	4
		1	2p	0，±1	3	
3	M	0	3s	0	1	9
		1	3p	0，±1	3	
		2	3d	0，±1，±2	5	
4	N	0	4s	0	1	16
		1	4p	0，±1	3	
		2	4d	0，±1，±2	5	
		3	4f	0，±1，±2，±3	7	

1.3.3.4 自旋量子数 m_s

自旋量子数 m_s 描述电子的自旋方向，它的取值为 $+\frac{1}{2}$ 和 $-\frac{1}{2}$，表示电子的两种自旋方向：顺时针和逆时针。常用箭头↑和↓表示电子的两种自旋方向。**注意**：m_s 不是从求解薛定谔方程中得到的，而是依据实验得到的。

综上所述，在单电子原子中，主量子数 n 决定核外电子(原子轨道)的能量；而在多电子原子中，主量子数 n 和角量子数 l 共同决定核外电子(原子轨道)的能量。主量子数 n 决定原子轨道离核的远近；角量子数 l 决定原子轨道的形状；磁量子数 m 决定原子轨道的空间取向；自旋量子数 m_s 决定电子运动的自旋方向。也就是说，n，l，m 三个量子数可以确定一条原子轨道，而 n，l，m，m_s 四个量子数可以描述核外电子的运动状态。

【思考题】

1. 由薛定谔方程解出来的波函数是一些具体的数值吗?
2. 波函数与量子数有何关系?
3. 电子层和电子亚层是如何划分的?
4. 每个电子层中原子轨道的数目与主量子数有何关系?

1.4 氢原子的波函数和电子云的图形

在说明化学成键时，用一个复杂的函数式来表示原子轨道是很不方便的，因此常把原子轨道的图形画出来，根据图形直观地分析讨论化学键的形成。由于 $\Psi(r, \theta, \varphi)$ 包含 r、θ 和 φ 三个变量，很难用适当的简单图形表达清楚，因此将 $\Psi(r, \theta, \varphi)$ 先通过变量分离，分解为径向波函数 $R(r)$ 和角度波函数 $Y(\theta, \varphi)$ 的乘积

$$\Psi(r, \theta, \varphi)=R(r)\cdot Y(\theta, \varphi)$$

然后分别绘出 $R(r)-r$ 和 $Y(\theta, \varphi)-(\theta, \varphi)$ 图形。这些图形不仅简单，而且能满足讨论原子不

同化学行为的需要。

1.4.1 氢原子轨道的角度分布图和电子云的角度分布图

1.4.1.1 氢原子轨道的角度分布图

氢原子轨道的角度分布图是氢原子波函数的角度函数$Y(\theta, \varphi)$随(θ, φ)变化的图形。该图的作法是：从坐标原点(原子核)引出不同角度(θ, φ)的线段，线段的长度为与(θ, φ)对应的$|Y(\theta, \varphi)|$。连接所有线段的端点，在空间形成一个封闭的曲面，并在曲面上标上Y值的正负号。

现以p_x轨道为例，讨论波函数的角度分布图的画法。由表1-1可知

$$Y_{p_x}=\sqrt{\frac{3}{4\pi}}\cos\theta$$

表1-3列出了部分与$\theta(0°\sim180°)$对应的Y_{p_x}。

表1-3 与角θ对应的Y_{p_x}

$\theta/(°)$	0	15	30	45	60	90	120	135	150	165	180
Y_{p_x}	0.49	0.47	0.42	0.35	0.24	0	−0.24	−0.35	−0.42	−0.47	−0.49

从坐标原点出发，引出与y轴的夹角为θ的线段，其长度等于相应的$|Y_{p_x}|$，连接所有线段的端点，得到如图1-4(a)所示的图形。再以z轴为轴旋转360°，就得到p_x的角度分布图，如图1-4(b)所示。

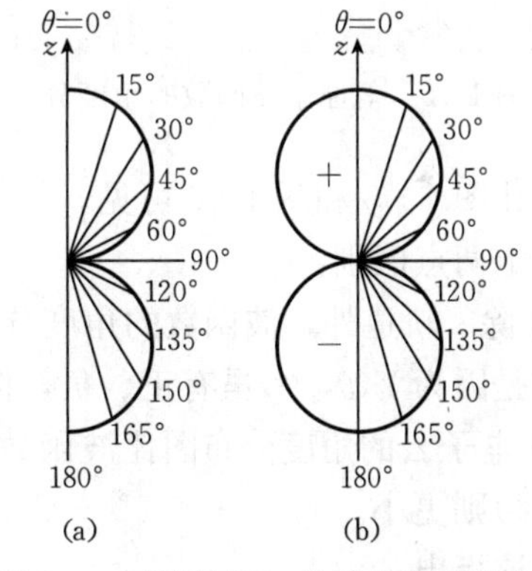

图1-4 氢原子Y_{p_x}轨道的角度分布图

用类似方法，可以画出氢原子其他原子轨道的角度分布图，如图1-5所示。

注意：由于$Y(\theta, \varphi)$与主量子数n无关，所以当l和m都相同时，波函数的角度分布图相同。除了s轨道外，p轨道和d轨道的角度分布图都有“+”“−”之分，表示角度函数$Y(\theta, \varphi)$的正、负。

1.4.1.2 氢原子电子云的角度分布图

波函数Ψ是描述核外电子空间运动状态的函数，它没有直观明确的物理意义。但是Ψ^2却有明确的物理意义，它代表在核外空间某一点电子出现的概率密度。**概率密度**是指电子在核外空间某处附近单位微体积内出现的概率。

与波函数一样，概率密度也可以表示为

$$\Psi^2(r, \theta, \varphi)=R^2(r)\cdot Y^2(\theta, \varphi) \qquad (1-10)$$

式中：$R^2(r)$为概率密度的径向函数；$Y^2(\theta, \varphi)$为概率密度的角度函数。

将氢原子概率密度的角度函数$Y^2(\theta, \varphi)$对(θ, φ)作图，所得图形称为**氢原子电子云的角度分布图**，如图1-6所示。

电子云的角度分布图表示$Y^2(\theta, \varphi)$随(θ, φ)的变化情况，从角度方面反映了概率密度分布的方向性。

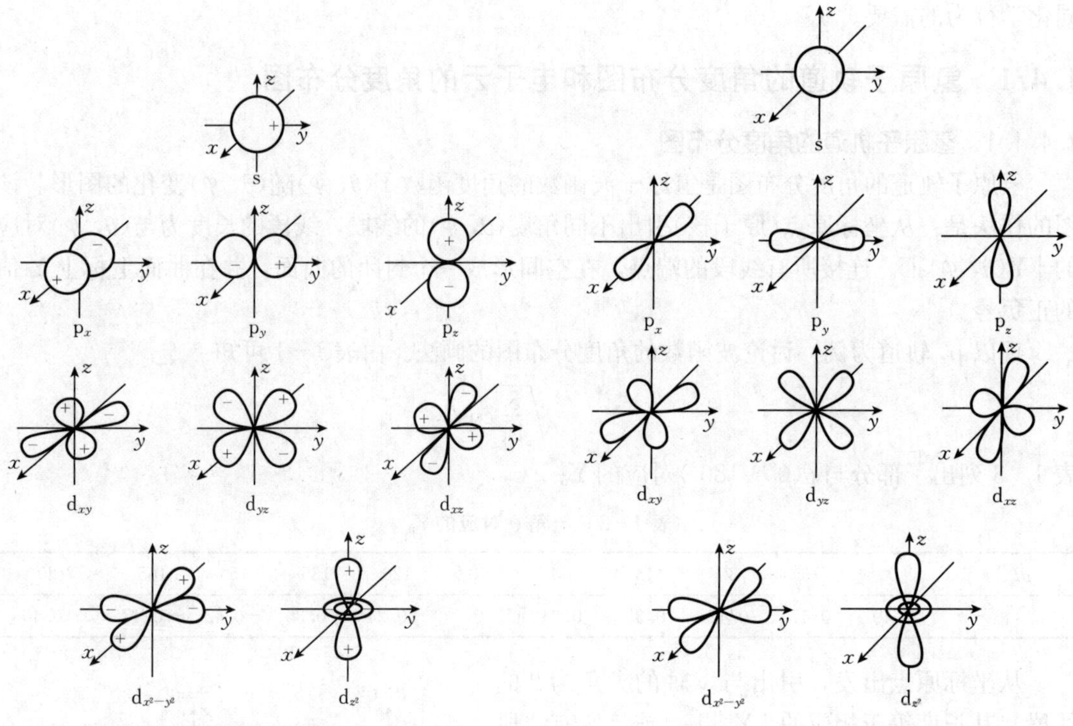

图 1-5　氢原子波函数的角度分布图　　　　图 1-6　氢原子电子云的角度分布图

对比图 1-5 和图 1-6 可见，氢原子波函数的角度分布图与电子云的角度分布图相似，但有以下两点区别：

① 除 s 轨道外，波函数的角度分布图有正、负号之分，而电子云的角度分布图都是正值。这是因为 $Y(\theta, \varphi)$虽有正、负，但 $Y^2(\theta, \varphi)$均为正值。

② 电子云的角度分布图比波函数的角度分布图要“瘦”一些，这是因为 $Y(\theta, \varphi)<1$，$Y^2(\theta, \varphi)$则更小。

应该指出：

① 波函数的角度分布图是角度函数 $Y(\theta, \varphi)$随角度(θ, φ)变化的图形，而电子云的角度分布图是概率密度的角度函数 $Y^2(\theta, \varphi)$随角度变化的图形，它们都不是原子轨道和电子云的实际图形。

② 原子轨道、电子云的角度分布图主要用于讨论化学键的形成和分子空间构型。

1.4.2　氢原子的径向分布图

电子云的角度分布图只能反映电子在核外空间不同角度的概率密度大小，并不能反映电子出现的概率密度大小与离核远近的关系。通常以电子云的径向分布图来反映核外电子在半径为 r，单位厚度的薄球壳内出现的概率随径向距离 r 变化的情况。

假设将原子核外空间分成无数个厚度为 dr 的薄球壳，每个球壳体积为 $4\pi r^2 dr$，若单位厚度 $dr=1$，则每个球壳体积为 $4\pi r^2$，电子在其中出现的概率为 $R^2(r)\cdot 4\pi r^2$。令 $D(r)=R^2(r)\cdot 4\pi r^2$，则 $D(r)$称为**电子云的径向分布函数**。

以 $D(r)$对 r 作图，得到电子云的径向分布图。氢原子电子云的径向分布图见图 1-7。

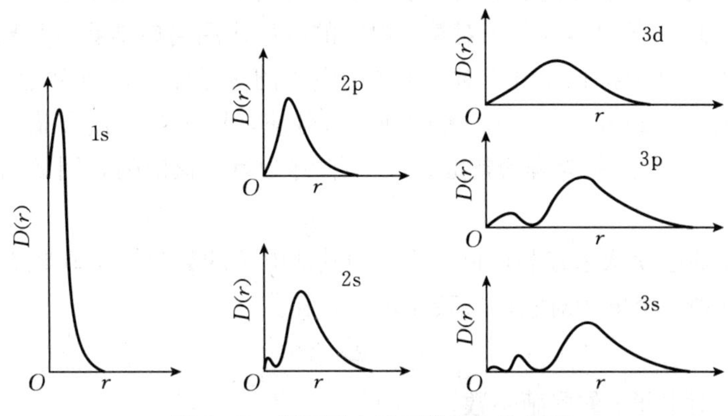

图 1－7 氢原子电子云的径向分布图

由图 1－7 可以得到如下几点结论：

① 1s 轨道在离核 52.9 pm 处有极大值，说明基态氢原子的电子在 r 为 52.9 pm 的单位厚度球壳内出现的概率最大。

② 径向分布图中有$(n-l)$个极大值峰，当 n 相同时，l 越小，极大值峰就越多。如 3d 轨道，$n=3$，$l=2$，其极大值峰为 1 个；3p 轨道，$n=3$，$l=1$，其极大值峰为 2 个。

③ 主量子数 n 越大，电子离核的平均距离越远；n 相同 l 不同时，电子离核的平均距离相近。因此，核外电子是按 n 值分层的，n 值决定了电子层数。

④ 当 l 相同时，n 越大，径向分布图曲线的最高峰离核越远，但其次高峰可能出现在距核较近的周围空间。当 n 相同时，l 越小的轨道，它的第一个峰离核的距离越近，即 l 越小的轨道越能渗透到内层轨道，使轨道能级交错。

【思考题】

1. Ψ 和 Ψ^2 分别表示什么？$D(r)$表示什么？
2. 角度分布图与什么量子数无关？径向分布图与什么量子数无关？
3. 原子轨道角度分布图中的“＋”和“－”表示什么？

1.5 多电子原子核外电子的运动状态

氢原子核外只有一个电子，它只受到原子核的吸引作用，其薛定谔方程可精确求解，相应的原子轨道的能量只取决于主量子数 n。当 n 相同时，各亚层的能量相等，如 $E(3s)=E(3p)=E(3d)$。而在多电子原子中，电子不仅受原子核的吸引，电子之间还存在相互排斥作用，相应的薛定谔方程不能精确求解，此时电子的能量不仅取决于主量子数 n，还与角量子数 l 有关。

1.5.1 屏蔽效应和钻穿效应

1.5.1.1 屏蔽效应

在多电子原子中，每个电子不仅受到原子核的吸引，还受到其他电子的排斥，减弱了原子核对电子的吸引力。对于高速运动的电子，电子之间的排斥作用不能准确地确定，通常采用近似方法简化处理，即把其他电子对某个电子的排斥作用简单地看成是部分地抵消了原子核对此电子的吸引。这种将其他电子对某个指定电子的排斥作用归结为抵消了部分核电荷的作用称为**屏蔽效应**(shielding effect)。考虑到屏蔽效应，原子核作用在指定电子 i 上的核电荷从 Z 减少到$(Z-\sigma_i)$。σ_i 称为**屏蔽常数**，$(Z-\sigma_i)$称为**有效核电荷**，用 $\boldsymbol{Z}^*$ 表示

$$Z^* = Z - \sigma_i \tag{1-11}$$

σ_i 既与电子 i 的运动状态有关，也与原子中其他电子的数目和运动状态有关。σ_i 为原子中除 i 电子外，其他 j 个电子对它的屏蔽作用的总和。

$$\sigma_i = \sum_j \sigma_{ij} \tag{1-12}$$

式中：σ_{ij} 为电子 j 对电子 i 的屏蔽系数。

1930 年，美国理论化学家斯莱特(J. C. Slater)提出如下估算屏蔽系数的方法，称为**斯莱特规则**：

① 把多电子原子的电子按 n 和 l 的递增顺序分组：

(1s)，(2s，2p)，(3s，3p)，(3d)，(4s，4p)，(4d)，(4f)，(5s，5p)，…

② 外层电子对内层电子没有屏蔽作用；

③ 同一组内的电子，$\sigma_{ij}=0.35$(1s 组内电子间 $\sigma_{ij}=0.30$)；

④ 对 s，p 电子，其相邻内层组的电子对它的屏蔽系数 $\sigma_{ij}=0.85$，相隔的内层各组电子对它的屏蔽系数 $\sigma_{ij}=1.00$；

⑤ 对 d，f 电子，内层电子对它的屏蔽系数 $\sigma_{ij}=1.00$。

利用斯莱特规则，可以估算原子中其他电子对某个电子的屏蔽系数及原子核作用在该电子上的有效核电荷。

例 1-1 基态钾原子的电子层结构是 $1s^2 2s^2 2p^6 3s^2 3p^6 4s^1$，而不是 $1s^2 2s^2 2p^6 3s^2 3p^6 3d^1$。试利用有效核电荷说明之。

解 若钾原子最后一个电子排布在 4s 轨道上，相邻组 3s 和 3p 轨道上的 8 个电子对它的屏蔽系数为 0.85，更内层的 1s、2s、2p 轨道上 10 个电子对它的屏蔽系数为 1.00，则原子核作用在该电子上的有效核电荷为

$$Z^*(4s) = Z - \sum_j \sigma_{ij} = 19 - (10 \times 1.00 + 8 \times 0.85) = 2.20$$

若钾原子的最后一个电子排布在 3d 轨道上，则原子核作用在该电子上的有效核电荷为

$$Z^*(3d) = Z - \sum_j \sigma_{ij} = 19 - (18 \times 1.00) = 1.00$$

计算结果表明，原子核作用在 4s 电子上的有效核电荷比作用在 3d 电子上的大得多，所以钾原子的最后一个电子应该填充在 4s 轨道上。

从屏蔽效应可知：

① 角量子数 l 相同的原子轨道，随着主量子数 n 的增大，原子核对电子的吸引力减弱，同时受到其他电子的屏蔽作用增大，其能量增高。因此，n 不同而 l 相同时各亚层的能级高低顺序为

$$E(1s) < E(2s) < E(3s) < \cdots$$

$$E(2p)<E(3p)<E(4p)<\cdots$$

$$E(3d)<E(4d)<E(5d)<\cdots$$

② 主量子数 n 相同的原子轨道，随着角量子数 l 增大，受到的屏蔽作用略有增大，其能量稍有增加，例如：$E(3s)<E(3p)<E(3d)$。

1.5.1.2 钻穿效应

在多电子原子中，每个电子既被其他电子所屏蔽，同时也对其他电子起屏蔽作用。而决定这两者大小的因素是电子在空间出现的概率分布。一般来说，若电子钻到近核区的概率较大，就可以较好地回避其他电子的屏蔽，而受到较大有效核电荷的吸引，因而能量较低；同时，它屏蔽其他电子，使其他电子的能量升高。这种由于电子钻到近核区的概率较大，从而使能量降低的现象称为**钻穿效应**(penetration effect)。显然，钻穿效应的大小与电子云径向分布函数 $D(r)$ 有很大关系。由图 1-7 可以看出，当 n 相同时，l 越小的电子钻到近核区的概率密度越大，其能量越低。因此，同一电子层中各亚层的能量高低顺序为

$$E(ns)<E(np)<E(nd)<E(nf)$$

利用钻穿效应，不仅能解释 n 相同、l 不同时原子轨道能量的高低，还可以解释当 n，l 都不同时某些原子轨道发生的能级交错现象。

参考氢原子的 3d 和 4s 轨道的电子云径向分布图(图 1-8)，可以看出，虽然多电子原子的 4s 轨道的最大峰比 3d 轨道的最大峰离核更远，受到的屏蔽作用较大，但由于它有小峰钻到离核很近处，这种钻穿效应对轨道能量的降低作用超过了主量子数大对轨道能量的升高作用，因此，多电子原子 3d 和 4s 轨道能量为 $E(4s)<E(3d)$。

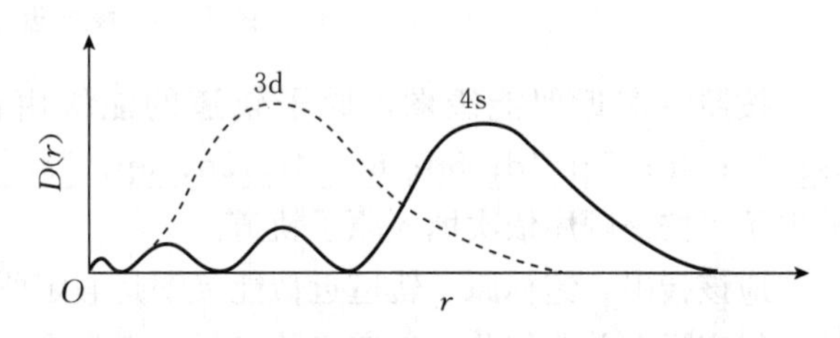

图 1-8 氢原子 3d 和 4s 轨道的径向分布图

综上所述，屏蔽效应和钻穿效应都是影响多电子原子中电子能量的重要因素，两者相互联系。钻穿效应较大的电子，必然对其他电子的屏蔽作用也较大；反之，钻穿效应较小的电子，对其他电子的屏蔽作用也较小。

1.5.2 鲍林近似能级图

美国化学家鲍林(Pauling)根据光谱实验和理论计算的结果，总结出多电子原子的原子轨道近似能级高低顺序，如图 1-9 所示。

在图 1-9 中，每个方框代表一个**能级组**，对应于元素周期表中的一个周期；每个小圆圈代表一个原子轨道，如 s 亚层有 1 个原子轨道，p 亚层有 3 个能量相等的原子轨道，即 p 亚层有 3 个简并轨道，d 亚层有 5 个简并轨道，而 f 亚层则有 7 个简并轨道。方框和圆圈的位置高低分别表示各能级组和原子轨道能量的相对高低。由图 1-9 可以看出，相邻两个能级组之间的能量差较大，而同一能级组中各轨道能级之间的能量差比较小，原子轨道的 $(n+0.7l)$ 值越大，其能量越高①。

---

① 由北京大学徐光宪教授提出，$(n+0.7l)$ 值的整数部分相同者归为同一能级组。

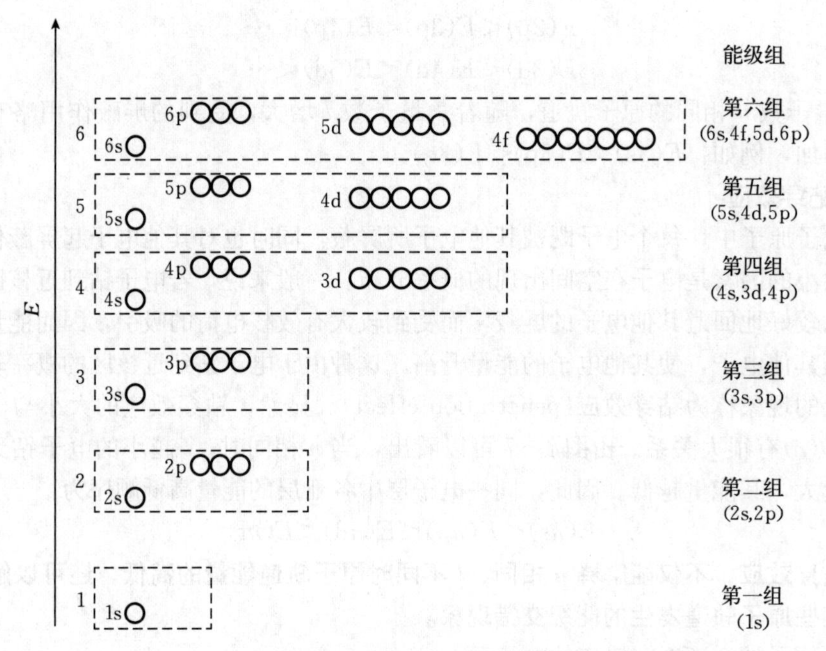

图 1-9 鲍林近似能级图

按照轨道近似能级图，原子轨道的能级由低到高的顺序为：1s；2s；2p；3s；3p；4s；3d；4p；5s；4d；5p；6s；4f；5d；6p；7s；5f；6d；7p。因此，各元素基态原子的核外电子可按该顺序依次填入原子轨道。

应该指出，鲍林原子轨道近似能级图是假定所有元素原子的轨道能级高低顺序都是相同的，但实际上并非如此。光谱实验和量子力学理论证明，随着元素原子序数的递增，原子核对电子的吸引作用增强，轨道能量有所下降，由于不同轨道下降程度不同，所以能级的相对次序有所改变①。

1.5.3 基态原子的核外电子排布

1.5.3.1 基态原子核外电子排布规则

基态原子的核外电子排布遵循能量最低原理、保里不相容原理和洪特规则。

(1)能量最低原理 核外电子优先占据能量最低的原子轨道，这个规律称为**能量最低原理**。这一原理符合“系统的能量越低，越稳定”的自然规律。

(2)保里不相容原理 1925 年，奥地利物理学家保里(W. Pauli)指出，在同一个原子中，不可能有两个或两个以上的电子具有相同的四个量子数，这就是**保里不相容原理**(Pauli exclusion principle)。由保里不相容原理可知，每个原子轨道最多只能容纳两个自旋方向相反的电子。因此，每个电子亚层能容纳的电子数为 $2(2l+1)$，即 s、p、d 和 f 亚层分别可容纳 2、6、10、14 个电子。据此计算，电子层所能容纳的最大电子数为 $2n^2$（n 为主量子数），例如第一至第四电子层最多容纳的电子数分别为 2、8、18、32。

(3)洪特规则 1925 年，德国物理学家洪特(Hund)总结出一条规律：电子在简并轨道

① 参见科顿(Cotton)原子轨道能级图。

上排布时，应尽可能以自旋方向相同的方式分占不同的轨道，因为同一轨道上的两个电子之间存在排斥能，分散排布时体系能量最低。

此外，作为洪特规则的补充，**简并轨道在全充满(p^6，d^{10}，f^{14})和半充满(p^3，d^5，f^7)时比较稳定，原子的能量最低**，此规则称为**洪特规则特例**。例如，元素 N、Cr 和 Cu 的基态原子的电子排布式分别为

^{7}N	$1s^2 2s^2 2p^3$	2p 亚层半充满，示意为：(↑)(↑)(↑)或(↓)(↓)(↓)
^{24}Cr	$1s^2 2s^2 2p^6 3s^2 3p^6 3d^5 4s^1$	3d 亚层半充满，示意为：(↑)(↑)(↑)(↑)(↑)或(↓)(↓)(↓)(↓)(↓)
^{29}Cu	$1s^2 2s^2 2p^6 3s^2 3p^6 3d^{10} 4s^1$	3d 亚层全充满，示意为：(↑↓)(↑↓)(↑↓)(↑↓)(↑↓)

1.5.3.2 基态原子的电子构型

根据上述电子排布需遵循的三原则，依据基态原子轨道能级次序，可以写出各元素基态原子的**电子排布式**，也称**电子构型**。**注意：电子构型应按电子层数递增的顺序依次写出。**例如，基态^{21}Sc 的电子构型为 $1s^2 2s^2 2p^6 3s^2 3p^6 \underline{3d^1 4s^2}$，不要按电子的填充顺序写成 $1s^2 2s^2 2p^6 3s^2 3p^6 \underline{4s^2 3d^1}$。

对核电荷数较大的原子，其电子构型可将内层电子简写为“[稀有气体元素符号]”，[稀有气体元素符号]称为**原子实**(atom kernel)。例如

^{19}K：[Ar]$4s^1$；　　^{26}Fe：[Ar]$3d^6 4s^2$；　　^{80}Hg：[Xe]$4f^{14} 5d^{10} 6s^2$

由于内层电子在化学反应中基本不变，因此在化学反应中能参与成键的电子称为**价电子**，价电子所在的电子层称为**价电子层**，价电子层的电子排布式称为**价电子构型**。价电子构型的书写一般有如下规律：

① 主族元素原子只写最外层 *n*s 和 *n*p 轨道的电子排布；

② 副族元素原子只写次外层($n-1$)d 和最外层 *n*s 轨道的电子排布；

③ 镧系和锕系元素原子写出($n-2$)f、($n-1$)d 和 *n*s 轨道的电子排布。

所有元素的价电子构型见书后附页的元素周期表。**元素周期表中的价电子构型是由光谱实验得到的**，从第五周期开始，有一些元素的价电子构型理论结果与实验结果不同，表明当核外电子数增大时，电子运动的复杂性增加，电子排布还需考虑其他因素，这里不做讨论。

需要注意的是：原子失去电子时，最先失去最外层的电子，再失去次外层的电子。例如，基态 Fe 的价电子构型为 $3d^6 4s^2$，而 Fe^{2+} 的价电子构型为 $3d^6$，Fe^{3+} 的价电子构型为 $3d^5$。

【思考题】

1. 什么是屏蔽作用、钻穿作用和能级交错现象？
2. 在氢原子中，3s 和 3p 的能量相等，在氯原子中 3s 的能量低于 3p 的能量，为什么？
3. 基态原子的电子构型为什么不按电子填充顺序书写？

1.6 元素周期律

1.6.1 基态原子的电子构型和元素周期表

按原子序数递增的顺序，根据元素基态原子的外层电子结构的相似性，将元素依次排列

的表称为**元素周期表**(periodic table of the elements)。

1.6.1.1 电子层结构与周期

元素周期表共有七行，每一行称为一个周期，元素在周期表中所属周期数等于基态原子的电子层数。第一周期元素原子有一个电子层，主量子数 $n=1$；第二周期元素原子有两个电子层，最外电子层的主量子数 $n=2$；其余类推。因此，元素在周期表中所属周期数也等于其基态原子的最外层的主量子数 n。

元素周期表与原子轨道近似能级图相对应，近似能级图的 7 个能级组对应周期表的 7 个周期，各周期所含元素的数目等于相应能级组中的原子轨道所能容纳的电子总数，周期与能级组的关系如表 1-4 所示。

表 1-4 周期与能级组的关系

周期数	能级组的序数	能级组内的原子轨道	能级组内电子的最大容量	能级组包含的元素数
一	Ⅰ	1s	2	2
二	Ⅱ	2s，2p	8	8
三	Ⅲ	3s，3p	8	8
四	Ⅳ	4s，3d，4p	18	18
五	Ⅴ	5s，4d，5p	18	18
六	Ⅵ	6s，4f，5d，6p	32	32
七	Ⅶ	7s，5f，6d，7p	32	32

每一周期元素基态原子的价电子构型总是由 ns^1(氢或碱金属)开始，以 $1s^2$ 或 ns^2np^6(稀有气体)结束，每个周期都重复着相似的电子结构，这是元素性质呈现周期性变化的内在依据。

1.6.1.2 电子层结构与族

元素周期表共有 18 个列，每 1 列称为 1 族，其中第 1～2 列和第 13～18 列元素为**主族元素**，分别用ⅠA、ⅡA、…、ⅦA 和 0 表示；第 3～12 列元素为**副族元素**，分别用ⅢB～ⅦB、Ⅷ、ⅠB 和ⅡB 表示①。按电子填充顺序，最后一个电子若填入 ns 或 np 轨道，该元素为**主族元素**；若填入 $(n-1)$d 轨道或 $(n-2)$f 轨道，则该元素为**副族元素**。

对于主族元素，其族数等于最外层 ns 和 np 轨道上电子数之和。例如 ^{11}Na 的价电子构型为 $3s^1$，其族数为 1，属ⅠA 族；^{15}P 的价电子构型为 $3s^23p^3$，其族数为 5，属 VA 族。当价电子构型为 $1s^2$ 或 ns^2np^6 时，由于该族元素的化学性质非常不活泼，通常难以发生化学反应，化合价为零，因而把该族元素称为 **0 族元素**。

对副族元素，当价层轨道 $(n-1)$d 和 ns 上的电子总数等于 3～7 时分别为ⅢB～ⅦB 族；电子总数等于 8～10 时，为Ⅷ族；电子总数等于 11～12 时，分别为ⅠB 和ⅡB 族。

同族元素虽然电子层数不同，但价电子构型相同，因此具有相似的化学性质。

1.6.1.3 电子构型与分区

根据元素基态原子的价电子构型，元素周期表分为五个区，分别为 s、p、d、ds 和 f

① 1986 年 IUPAC 推荐了族的另一种划分方法，18 族，从左到右用阿拉伯数字 1～18 标明族数。按 IUPAC 的分族法，元素所属族数等于其基态原子的 $(n-1)$d、ns、np 轨道上的电子数(He、镧系、锕系元素除外)。例如，Cu 的价电子构型为 $3d^{10}4s^1$，有 11 个电子，所以 Cu 属于第 11 族。但对于某些短周期元素(5～13 号元素，13～18 号元素)，其族数等于价电子数加 10。例如，O 元素基态原子的价电子构型为 $2s^22p^4$，所以 O 元素属于第 16 族。

区，如表 1 - 5 所示。

表 1 - 5 元素的价电子构型与元素的族、分区

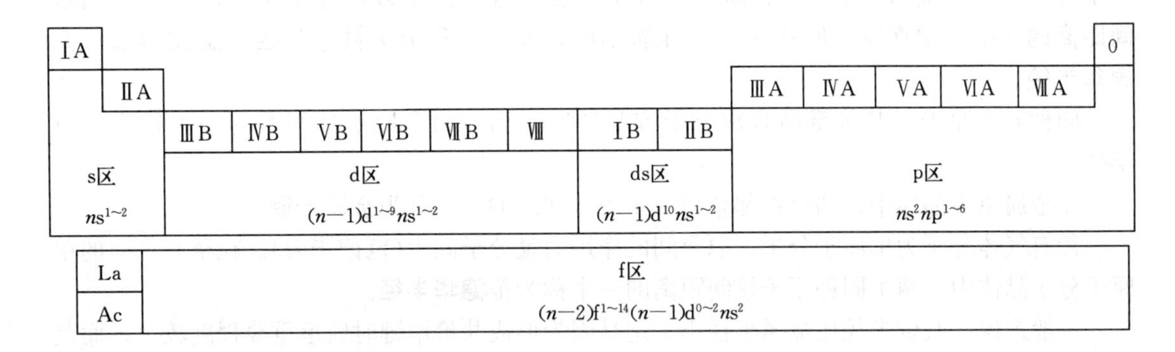

ⅠA	ⅡA	ⅢB	ⅣB	ⅤB	ⅥB	ⅦB	Ⅷ	ⅠB	ⅡB	ⅢA	ⅣA	ⅤA	ⅥA	ⅦA	0
s区 $ns^{1\sim2}$		d区 $(n-1)d^{1\sim9}ns^{1\sim2}$						ds区 $(n-1)d^{10}ns^{1\sim2}$		p区 $ns^2np^{1\sim6}$					

La	f区
Ac	$(n-2)f^{1\sim14}(n-1)d^{0\sim2}ns^2$

1.6.2 元素性质的周期性

元素的性质取决于原子的电子层结构。由于原子的电子层结构随原子序数的增大发生周期性变化，因此与电子层结构有关的元素性质(如有效核电荷、原子半径、电离能、电子亲和能和电负性等)也呈现明显的周期性变化。

1.6.2.1 有效核电荷

元素的化学性质主要取决于原子的价电子。下面讨论原子核作用在价电子上的有效核电荷的周期性变化规律。

同一周期的主族元素，从ⅠA、ⅡA、…、ⅦA 到 0 族，随着核电荷的增加，最外层电子逐一增加。由于增加的电子都在同一层上，彼此间的屏蔽作用较小($\sigma_{ij}=0.35$)，所以原子核作用在最外层电子上的有效核电荷显著增大。每增加一个电子，有效核电荷增加 0.65。

同一周期的副元素，从ⅢB、ⅣB、…、ⅦB、Ⅷ到ⅠB、ⅡB 族，随着核电荷增加，$(n-1)$d 轨道上的电子逐一增加。由于次外层电子对最外层电子的屏蔽作用较大($\sigma_{ij}=0.85$)，因此原子核作用在最外层电子上的有效核电荷增加不大。每增加一个电子，有效核电荷仅增加 0.15。

随着核电荷的增加，f 区元素增加的电子填充在$(n-2)$f 轨道上。由于$(n-2)$层电子对最外层电子的屏蔽作用大($\sigma_{ij}=1.00$)，故原子核作用在 f 区元素最外层电子上的有效核电荷几乎没有增加。

周期表中的同族元素，从上到下，相邻两元素间增加了一个 8 电子或 18 电子的内层，每个内层电子对外层电子的屏蔽作用都较大，因此原子核作用在最外层电子上的有效核电荷增加不大。

原子核作用在最外层电子上的有效核电荷随原子序数的变化如图 1 - 10 所示。

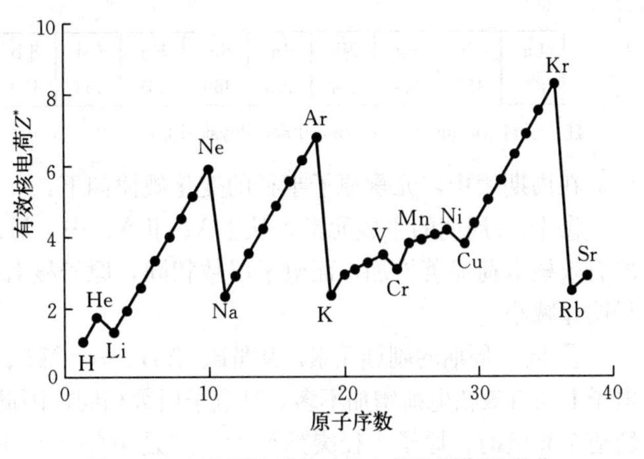

图 1 - 10 元素原子有效核电荷的周期性变化

1.6.2.2　原子半径

电子具有波粒二象性，在核外各处都可能出现，只是概率大小不同而已，所以单个原子并不存在明确的界面。**通常所说的原子半径，是指分子或晶体中相邻同种原子的核间距离的一半。**根据原子间作用力的性质不同，原子半径分为**共价半径**、**金属半径**和**范德华半径**。

同种元素原子以共价键结合成分子或晶体时，相邻两个原子核间距的一半称为**共价半径**。

在金属单质晶体中，两个相邻金属原子的核间距的一半称为**金属半径**。

稀有气体分子为单原子分子，原子间的作用力是分子间力（范德华力）。在稀有气体的单原子分子晶体中，两个同种原子核间距离的一半称为**范德华半径**。

一般来说，共价半径比金属半径小，这是因为形成共价单键时轨道重叠程度较大；而范德华半径总是较大，因为分子间作用力小于化学键，分子间距离较大。

在讨论原子半径的变化规律时，通常采用原子的共价半径，但稀有气体元素只能采用范德华半径。各元素的原子半径列于表1-6中。

表1-6　各元素的原子半径 *r*(pm)

ⅠA																	0
H 37	ⅡA											ⅢA	ⅣA	ⅤA	ⅥA	ⅦA	He 122
Li 123	Be 89											B 88	C 77	N 70	O 66	F 64	Ne 160
Na 157	Mg 136	ⅢB	ⅣB	ⅤB	ⅥB	ⅦB	Ⅷ			ⅠB	ⅡB	Al 125	Si 117	P 110	S 104	Cl 99	Ar 191
K 203	Ca 174	Sc 144	Ti 132	V 122	Cr 117	Mn 117	Fe 117	Co 116	Ni 115	Cu 117	Zn 125	Ga 125	Ge 122	As 121	Se 117	Br 114	Kr 198
Rb 216	Sr 192	Y 162	Zr 145	Nb 134	Mo 129	Tc 127	Ru 124	Rh 125	Pd 128	Ag 134	Cd 141	In 150	Sn 140	Sb 141	Te 137	I 133	Xe 209
Cs 235	Ba 198	La 169	Hf 144	Ta 134	W 130	Re 128	Os 126	Ir 126	Pt 129	Au 134	Hg 144	Tl 155	Pb 154	Bi 152	Po 153	At 145	Rn 220

La	Ce	Pr	Nb	Pm	Sm	Eu	Gd	Tb	Dy	Ho	Er	Tm	Yb	Lu
169	165	164	164	163	166	185	161	159	159	158	157	156	170	158

注：引自 Macmillian，Chemical and Physical Data，1992。

在周期表中，元素原子半径的变化规律如下：

① 同一周期的主族元素，从ⅠA、ⅡA、…、ⅦA到0族，原子核作用在最外层电子上的有效核电荷显著增加，而电子层数相同，原子核对外层电子的引力逐渐增强，导致原子半径明显减小。

② 同一周期的副族元素，从ⅢB、ⅣB、…、ⅦB、Ⅷ到ⅠB、ⅡB族，原子核作用在最外层电子上的有效核电荷增加不多，且电子层数相同，因此原子半径减小比较缓慢。但当$(n-1)$d轨道全充满时，原子半径突然增大。这是由$(n-1)$d轨道全充满后对外层电子屏蔽作用较大，使得原子核作用在最外层电子上的有效核电荷减小而引起的。

③ 同一主族元素，从上到下，电子层数增加，原子核作用在最外层电子上的有效核电荷增加不多，原子核对外层电子引力减弱，使原子半径显著增大。

④ 同一副族元素，原子半径的变化趋势与同一主族元素相同，但原子半径增大的程度较小。

⑤ f 区元素，从左到右，随着原子序数的增大，原子核作用在最外层电子上的有效核电荷增加很少，使原子半径减小的程度更小。从镧到镥，原子半径只减小 15 pm。镧系元素原子半径缓慢减小的现象称为**镧系收缩**。由于镧系收缩的影响，第六周期第 4～12 列元素的原子半径与第五周期同族元素的原子半径非常接近。

1.6.2.3 电离能

从原子中移去电子，必须消耗能量以克服原子核对它的吸引。在定温定压下，元素基态气态原子失去一个电子成为+1 价阳离子所消耗的能量称为元素的**第一电离能**，用符号 $E_{i,1}$ 表示。+1 价气态阳离子再失去 1 个电子成为+2 价气态阳离子所需能量称为该元素的**第二电离能**，用符号 $E_{i,2}$表示。以此类推，还有 $E_{i,3}$、$E_{i,4}$等。由于+1 价阳离子对电子的吸引较中性原子大，因此 $E_{i,2}>E_{i,1}$，同理，$E_{i,3}>E_{i,2}$，因此 $E_{i,1}<E_{i,2}<E_{i,3}<E_{i,4}<\cdots$ 通常所说的电离能是第一电离能。表 1－7 列出了元素原子的第一电离能。

表 1－7 元素原子的第一电离能 $E_{i,1}$（$kJ \cdot mol^{-1}$）

ⅠA																	0
H 1310	ⅡA											ⅢA	ⅣA	ⅤA	ⅥA	ⅦA	He 2370
Li 519	Be 900											B 799	C 1096	N 1401	O 1310	F 1680	Ne 2080
Na 494	Mg 736	ⅢB	ⅣB	ⅤB	ⅥB	ⅦB	Ⅷ			ⅠB	ⅡB	Al 577	Si 786	P 1060	S 1000	Cl 1260	Ar 1520
K 418	Ca 590	Sc 632	Ti 661	V 648	Cr 653	Mn 716	Fe 762	Co 757	Ni 736	Cu 745	Zn 908	Ga 577	Ge 762	As 966	Se 941	Br 1140	Kr 1350
Rb 402	Sr 548	Y 636	Zr 669	Nb 653	Mo 694	Tc 699	Ru 724	Rh 745	Pd 803	Ag 732	Cd 866	In 556	Sn 707	Sb 833	Te 870	I 1010	Xe 1170
Cs 376	Ba 502	La 540	Hf 531	Ta 760	W 779	Re 762	Os 841	Ir 887	Pt 866	Au 891	Hg 1010	Tl 590	Pb 716	Bi 703	Po 812	At 920	Rn 1040

La	Ce	Pr	Nb	Pm	Sm	Eu	Gd	Tb	Dy	Ho	Er	Tm	Yb	Lu
538	528	523	530	536	543	547	592	564	572	581	589	597	603	524

注：引自 Huheey J E，Inorganic Chemistry：Principles of Structure and Reactivity. 2nd ed. 和 CRC，Handbook of Chemistry and Physics 73rd ed.，1992—1993。

电离能的大小反映了原子失去电子的难易程度。电离能越小，原子越易失去电子，元素的金属性就越强；反之，元素的金属性就越弱。电离能与原子的有效核电荷、原子半径和原子的电子层结构有关。元素的第一电离能随原子序数的增大呈现周期性变化，如图 1－11 所示。

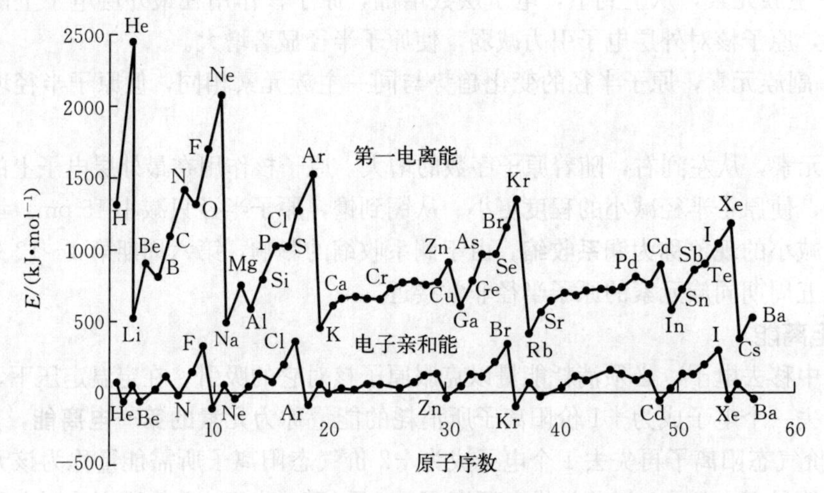

图 1-11 元素的第一电离能和电子亲和能与原子序数的关系

在同一周期中，从碱金属元素到稀有气体元素，元素的电离能逐渐增大。这是因为随着原子核作用在最外层电子上的有效核电荷逐渐增大，原子半径逐渐减小，原子核对最外层电子的吸引力逐渐增强。长周期的ⅢB～ⅦB族和Ⅷ族元素，从左到右，由于原子半径减小缓慢，所以电离能增加不显著，且没有规律。0族元素具有稳定的电子层结构，在同一周期中电离能最大。虽然同周期元素的电离能呈现增大的趋势，但仍有起伏变化，如N、P、As的电子层结构为半充满，而Be、Mg为全充满，全充满和半充满为能量较低的稳定结构，因此电离能较大。

同一主族元素，从上到下，原子核作用在最外层电子上的有效核电荷增加不多，而原子半径明显增大，致使原子核对外层电子的吸引力减弱，因此电离能减小。

1.6.2.4 电子亲和能

定温定压下，元素的基态气态原子获得一个电子形成−1价气态阴离子所放出的能量称为元素的**电子亲和能**，用符号 E_{ea} 表示。电子亲和能反映了原子得电子的难易程度。电子亲和能越大，原子得电子的趋势越大，元素的非金属性也就越强。元素的电子亲和能随原子序数的增大呈现出的周期性变化同第一电离能非常相似，如图1-11所示。

同一周期主族元素，从碱金属到稀有气体元素，电子亲和能逐渐增大，至卤素原子达到最大值。这是因为随着原子有效核电荷的增大，原子半径减小，同时最外层电子逐渐增多，原子易结合电子形成8电子稳定结构，因此元素的电子亲和能从左至右逐渐增大。ⅤA族元素由于原子最外层半充满，ⅡA族(碱土金属)元素由于原子半径大且 ns^2 全充满，都处于稳定状态，较难得到电子，因此电子亲和能较小；稀有气体元素具有2或8电子稳定电子层结构，很难得电子，电子亲和能最小。

同一主族元素，从上到下，电子亲和能逐渐减小。这是因为随着原子半径增大，核对电子的吸引力减弱，因此电子亲和能逐渐减小。

1.6.2.5 电负性

电离能和电子亲和能分别反映了原子失电子和得电子的能力。为了全面衡量原子在分子中争夺电子的能力，1932年鲍林首先提出了元素电负性的概念。元素的**电负性**是指元素的原子在分子中吸引成键电子的能力。鲍林利用化学键的键能和化合物的生成焓等热化学数据计算得到了各元素的电负性数据[①]。

鲍林将 A、B 原子的电负性差定义为

$$(\chi_A-\chi_B)^2=0.102\times(E_{AB}-\sqrt{E_{AA}E_{BB}}) \tag{1-13}$$

式中：χ_A，χ_B 分别为 A，B 原子的电负性；E_{AB}，E_{AA}，E_{BB}分别为 A—B，A—A，B—B 键的键能($kJ \cdot mol^{-1}$)。鲍林指定元素 F 的电负性为 4.0，其他元素的鲍林电负性可利用式(1-13)计算。

目前，鲍林的电负性标度仍在广泛使用。表 1-8 列出了某些元素的鲍林电负性数据。

由表 1-8 中的数据可以看出：

① 非金属元素的电负性较大，而金属元素的电负性较小。电负性是判断元素是金属元素还是非金属元素的重要参数，$\chi=2$ 可以近似地作为金属元素和非金属元素的分界点。

② 一般来说，同一周期元素的电负性从左向右随着核电荷数的增加而增大；同一族元素的电负性从上到下随着电子层的增加而减小。因此，电负性大的元素位于元素周期表的右上角，电负性小的元素位于周期表的左下角。

③ 电负性相差大的金属元素与非金属元素之间以离子键结合，形成离子型化合物；电负性相同或相近的非金属元素之间以共价键结合，形成共价化合物；电负性相同或相近的金属元素之间以金属键结合，形成金属或合金。

表 1-8　元素的电负性

ⅠA	ⅡA	ⅢB	ⅣB	ⅤB	ⅥB	ⅦB	Ⅷ			ⅠB	ⅡB	ⅢA	ⅣA	ⅤA	ⅥA	ⅦA	0
H 2.1																	He
Li 1.0	Be 1.5											B 2.0	C 2.5	N 3.0	O 3.5	F 4.0	Ne
Na 0.9	Mg 1.2											Al 1.5	Si 1.8	P 2.1	S 2.5	Cl 3.0	Ar
K 0.8	Ca 1.0	Sc 1.3	Ti 1.5	V 1.6	Cr 1.6	Mn 1.5	Fe 1.8	Co 1.9	Ni 1.9	Cu 1.9	Zn 1.6	Ga 1.6	Ge 1.8	As 2.0	Se 2.4	Br 2.8	Kr
Rb 0.8	Sr 1.0	Y 1.3	Zr 1.4	Nb 1.6	Mo 1.8	Tc 1.9	Ru 2.2	Rh 2.2	Pd 2.2	Ag 1.9	Cd 1.7	In 1.7	Sn 1.8	Sb 1.9	Te 2.1	I 2.5	Xe
Cs 0.7	Ba 0.9	La 1.1	Hf 1.3	Ta 1.5	W 1.7	Re 1.9	Os 2.2	Ir 2.2	Pt 2.2	Au 2.4	Hg 1.9	Tl 1.8	Pb 1.9	Bi 1.9	Po 2.0	At 2.2	Rn
Fr 0.7	Ra 0.9	Ac 1.1															

注：引自 Macmillian，Chemical and Physical Data，1992。

① 常用的电负性有鲍林电负性、马利林肯(Mulliken)电负性和阿莱·罗周（Allred-Rochow）电负性，本书采用鲍林电负性。

【思考题】

1. 为什么电离能和电子亲和能的定义都强调原子在基态气态的状态下?

2. 你能从基态原子的价电子构型推出该元素在元素周期表中的位置，或从元素周期表中的位置推出其价电子构型吗?

阅读材料

几种重要的生命元素简介

生命起源于元素，元素普遍存在于生命体中，生命活动离不开这些元素。自然界至今发现的化学元素有118种，天然存在的有92种，在人体中可以检出81种。目前，生物体中这些元素被分类为生命必需元素、潜在有益元素、污染元素和有毒元素。生命必需元素是指对活的有机体维持其正常的生命功能所不可缺少的元素，简称生命元素。生命元素的数量是在历史发展中不断确定的，2000年报道的生命元素达29种，包括11种常量元素(N、O、H、C、Ca、P、K、Na、Cl、S、Mg)和18种微量元素(Fe、F、Zn、Cu、V、Sn、Se、Mn、I、Ni、Mo、Cr、Co、Br、As、Si、B、Sr)，生物体内的微量元素可分为必需的和非必需的两类，目前认为人体必需的微量元素有下列14种：V、Cr、Mn、Fe、Co、Ni、Cu、Zn、Mo、Sn、As、Se、F和I。下面简单介绍几种重要的常量和微量的生命元素。

1. 钙　Ca^{2+}在细胞内的浓度(10^{-5} mol·L^{-1})比在细胞外(10^{-3} mol·L^{-1})的浓度小得多，Ca是构成植物细胞壁和动物骨骼(主要成分是羟基磷灰石)的重要成分。人体内99%的钙存在于骨骼和牙齿中，钙在维持心脏正常收缩、神经肌肉兴奋性、凝血和保持细胞膜完整性等方面起着重要作用。钙最重要的生物功能是信使作用，依靠细胞内外Ca^{2+}的浓度差进行细胞内的信号传递。

2. 镁　Mg^{2+}是一种内部结构的稳定剂和细胞内酶的辅因子，细胞内的核苷酸以其Mg^{2+}配合物形式存在。因为Mg^{2+}倾向于与磷酸根结合，所以Mg^{2+}对于DNA复制和蛋白质生物合成都是必不可少的。钙和镁虽同属碱土金属，又均为宏量元素，但在生物学中仍有较大差异。如在血浆和其他体液中，Mg^{2+}浓度低，而在细胞内则相反。Mg^{2+}在光合作用中是叶绿素的活性中心，太阳能通过光合作用转化为生物能，并得以贮存起来，大气中的氧气便是光合作用的副产品。光合作用中涉及许多色素，叶绿素a(镁的配合物)是其中最重要的一种，它吸收可见光区的红光，为光合作用提供能量。

3. 锌　锌是构成多种蛋白质分子的必需元素。人体内含锌量为1.4～2.4 g，在各类金属酶中，对锌酶的研究最为详尽。早在1934年就发现，锌对哺乳动物的正常成长和发育是必不可少的。已发现的锌酶有数百种，它们参与糖类、脂类、蛋白质和核酸的合成与降解等代谢过程。近来还发现锌酶可以控制生物遗传物质的复制、转录与翻译。微量元素锌虽然是生命过程中不可缺少的元素，如缺锌时可引起人体免疫缺陷，但锌过量也易导致慢性锌中毒，主要表现为顽固性贫血，食欲不振，血红蛋白含量降低，血清铁及体内铁贮存减少。

4. 铁　铁是人体中最丰富的金属，人体一般含铁4.2～6.1 g，各种各样的代谢活性分子中都含有 Fe。在哺乳动物中，70%的 Fe 是以卟啉配合物的形式存在的，如血红蛋白、肌红蛋白等。把氧气从肺部输送到组织中去靠血红蛋白和肌红蛋白的共同作用。血红蛋白负责把 O_2 从空气中提取出来，并从肺部输送到肌肉组织，转交给肌红蛋白。微量元素铁虽然是人体很重要的元素，但只要不偏食，成人一般不会缺铁，并且体内积聚过多，将会适得其反；微量元素铁过剩将表现为：血色素沉着，肝脾肿大，肝硬化，性机能下降，免疫功能低下。

5. 铜 铜化合物有毒，但微量铜是必需元素。铜在人体内的主要作用是进行氧化还原反应，是生物系统中的独特催化剂，参与造血过程及铁的代谢、一些酶的合成和黑色素合成。脊椎动物的铁代谢和氧输送中，必须有铜参与。高锌低铜的饮食干扰胆固醇的正常代谢，易诱发冠心病，故 $m(\mathrm{Zn})/m(\mathrm{Cu})$ 增大可能是冠心病发病的原因，缺铜时常导致血胆固醇升高，血动脉弹性降低，产生高血压。缺铜时应注意适当减少食用含 Cd、Zn、Mo、Ni、硫酸根及植物蛋白性的食物，增加食用含铜量高的食品，如动物肝脏。

6. 硒 硒是人体红细胞谷胱甘肽过氧化物酶的组成成分。现已发现许多疾病与自由基对肌体的损伤有关。已知缺硒地区的克山病、大骨节病和某些癌症都和脂质过氧化物有关。目前对非金属元素的研究较少，因为它们不像金属元素那样易于作为中心离子和生物配体发生作用，且难进行分析检测。但我国各种地方性疾病的发生常和缺乏非金属元素有关。

习 题

1. 判断题

(1)主量子数为 1 时，有自旋相反的 2 条轨道。

(2)主量子数为 4 的电子层中有 16 条原子轨道，最大电子容量为 32。

(3)因为氢原子只有 1 个电子，所以氢原子核外只有 1 条原子轨道。

(4)磁量子数为 0 的轨道，都是 s 轨道。

(5)同一电子亚层中不同磁量子数 m 表示不同的原子轨道，这些原子轨道的能量相等。

(6)因为在 s 轨道中可以填充 2 个自旋方向相反的电子，因此 s 轨道有 2 个不同的伸展方向，它们分别指向正和负。

2. 选择题

(1)下列各组量子数中不表示 3d 电子的一组是(　　)。

A. $\left(4,3,+2,+\frac{1}{2}\right)$　　B. $\left(3,2,+2,-\frac{1}{2}\right)$

C. $\left(3,2,0,-\frac{1}{2}\right)$　　D. $\left(3,2,-1,-\frac{1}{2}\right)$

(2)多电子原子的原子轨道能级高低由量子数(　　)决定。

A. n　　B. n 和 l　　C. l 和 m　　D. n，l 和 m

(3)在某原子中，下列四个含有电子的原子轨道的能量最高的是(　　)。

A. (2,1,1)　　B. (2,1,0)　　C. (3,1,−1)　　D. (3,2,−1)

(4)决定原子轨道的量子数是(　　)。

A. n，l　　B. n，l，m_s　　C. n，l，m　　D. m，m_s

(5)在 $n=5$ 的电子层中，能容纳的最大电子数是(　　)。

A. 25　　B. 50　　C. 21　　D. 32

(6)基态时电子构型为$1s^22s^22p^63s^23p^63d^{10}4s^24p^5$的原子共有(　　)个能级。

A. 4　　B. 8　　C. 18　　D. 36

(7)电子云是用小黑点分布的疏密表示电子出现的(　　)大小的图形。

A. 概率　　B. 概率密度

C. 角度分布　　D. 径向分布

(8)原子的下列电子构型属于激发态的是(　　)。

A. $1s^22s^12p^1$　　B. $1s^22s^2$

C. $1s^22s^22p^1$　　D. $1s^22s^22p^2$

(9)价电子构型为$3d^54s^2$的元素是(　　)。

A. Cr　　B. Mn　　C. Fe　　D. Co

(10)某金属离子M^{2+}的第三电子层中有13个电子，则该离子的价电子构型为(　　)。

A. $3s^23p^63d^7$　　B. $3d^54s^2$

C. $3s^23p^63d^5$　　D. $3d^5$

(11)关于原子半径，下列叙述不正确的是(　　)。

A. 在前四周期中，同一周期元素，从左到右随原子序数的增加，原子半径递减

B. 同一主族元素，从上到下随电子层数的增多，原子半径递增

C. 同种元素的共价半径和金属半径相等

D. 在量子力学原理中，不存在单个原子的原子半径的概念

(12)下列元素中，电负性最大的是(　　)。

A. K　　B. S　　C. O　　D. Cl

(13)下列元素的原子半径递变规律正确的是(　　)。

A. K＞Ca＞Mg＞Al　　B. Ca＞K＞Al＞Mg

C. Al＞Mg＞Ca＞K　　D. Mg＞Al＞K＞Ca

(14)下列基态原子的第一电离能排列顺序正确的是(　　)。

A. C＞N＞O＞F　　B. F＞O＞N＞C

C. C＞O＞N＞F　　D. F＞N＞O＞C

(15)在下面的电子构型中，通常第一电离能最小的原子具有哪一种构型？(　　)

A. ns^2np^3　　B. ns^2np^4　　C. ns^2np^5　　D. ns^2np^6

3. 填空题

(1)用于描述微观粒子的运动状态规律的数学表达式称为__________，它描述了__________状态。

(2)在四个量子数中，决定原子轨道形状的量子数是__________，决定原子轨道在空间伸展方向的量子数是__________。

(3)基态原子核外电子排布遵循的三个原则是__________、__________和__________。

(4)写出下列各轨道的名称：$n=2$，$l=1$ ______；$n=4$，$l=2$ ______；$n=5$，$l=3$ ______。

(5)氮的价电子构型为$2s^2\,2p^3$，试用四个量子数分别表示出每个电子的状态：__________。

(6)某元素基态原子有 6 个电子处于 $n=3$，$l=2$ 的能级上，推测该元素的原子序数为________________，根据洪特规则，该元素在 d 轨道上有________个未成对电子，该元素基态原子的电子排布式为__________________。

(7)在元素周期表中，元素分________个区，分别是________________。

(8)基态电子构型为[Ar]$3d^8 4s^2$ 的元素，位于元素周期表中第________周期，第________族，________区。

(9)已知某第四周期元素的二价正离子的最外层有 8 个电子，则该元素的原子序数为________，它在________区，第________族。

(10)填充下表：

原子序数	电子构型	价电子构型	周期	族	区
14					
	[Ar]$3d^{10}4s^2 4p^3$				
		$3d^6 4s^2$			
			四	ⅦA	

2 化学键与分子结构

学习要求

1. 掌握离子键理论的基本要点和离子键的特征，理解离子的特征及其对离子键的影响。
2. 掌握现代价键理论的基本要点、共价键的特征与类型，理解共价键参数。
3. 掌握杂化轨道理论的基本要点，能运用杂化轨道理论解释常见分子的空间构型。
4. 了解价层电子对互斥理论及其应用。
5. 理解配合物价键理论的基本要点、配合物的杂化理论对空间构型及配合物性质的解释。
6. 理解分子间力的本质和类型，理解氢键的形成条件、本质和特征。
7. 了解晶体的结构与类型。

知识结构导图

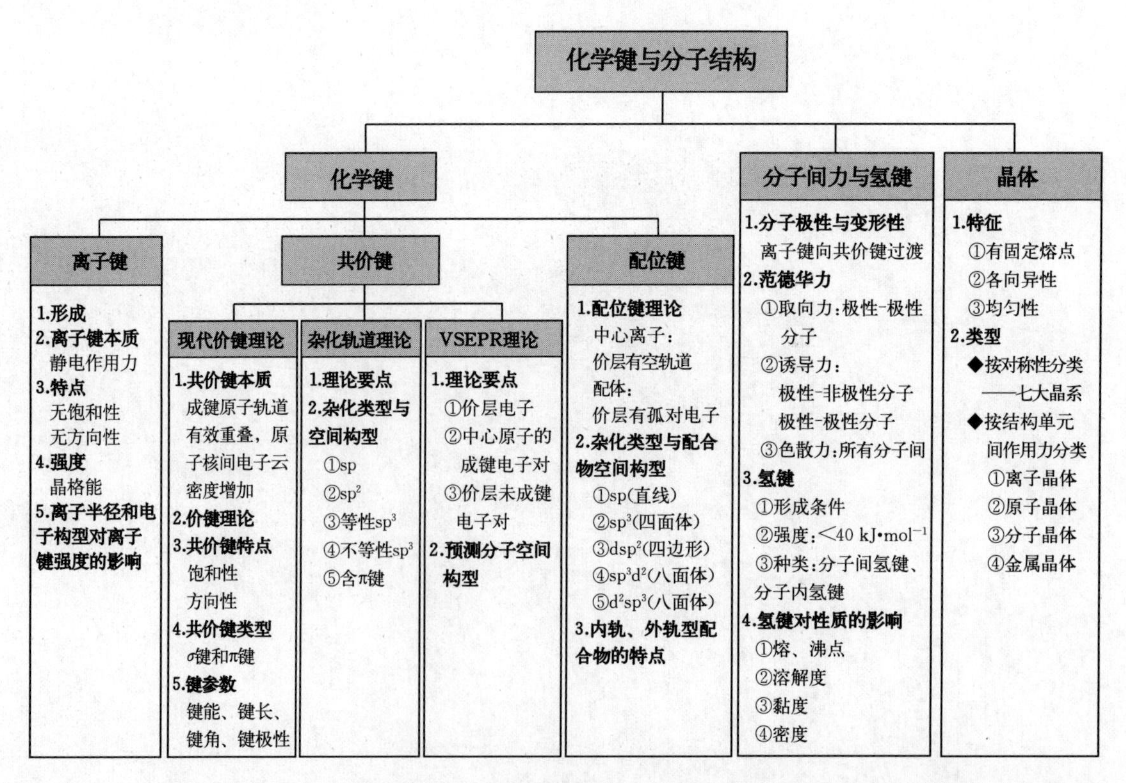

在自然界中，除稀有气体元素原子能以单原子形式稳定存在外，其他元素的原子则以分子或晶体形式存在。本章将在原子结构的基础上介绍有关化学键的理论知识和分子结构。

分子结构主要讨论三方面的问题：①分子中相邻原子间强烈的作用力，即化学键；②分子的空间构型；③分子间的弱相互作用。其中，化学键按照成键方式和性质的不同可分为离子键、共价键(含配位键)和金属键。本章重点介绍共价键的成键理论。

2.1 离子键理论

2.1.1 离子键的形成及特点

1916 年，德国化学家科塞尔(W. Kossel)在近代原子结构理论的基础上提出了离子键理论(ionic bond theory)，其基本论点如下：

① 当活泼的金属原子(电离能小)与活泼的非金属原子(电子亲和能大)相遇时，金属原子失去价层电子，非金属原子获得电子，变成具有稀有气体稳定结构的正、负离子。

② 正、负离子间因库仑引力相互靠近时，其核外电子与原子核之间又会产生斥力。当库仑引力和斥力达平衡时，就形成了稳定的**离子键**。以离子键结合的化合物称为**离子化合物**。例如，离子化合物 NaCl 的形成过程示意如下：

$$n\mathrm{Na}(3s^1)\xrightarrow{-ne^-}n\mathrm{Na}^+(2s^22p^6)\searrow$$

$$n\mathrm{NaCl}$$

$$n\mathrm{Cl}(3s^23p^5)\xrightarrow{+ne^-}n\mathrm{Cl}^-(3s^23p^6)\nearrow$$

与其他类型的化学键相比，离子键具有以下特点：

① 离子键的本质是正、负离子间的静电作用力。

② **离子键既没有方向性，也没有饱和性。**由于离子电场通常是球形对称的，可在空间任何方向与带相反电荷的离子相互作用，因此离子键没有方向性；当两个异电荷离子相互吸引成键后，只要空间许可，每种离子均可结合更多的异电荷离子，因此离子键无饱和性。

③ 键的离子性与成键原子的电负性差有关。对于 AB 型单键化合物，A、B 两原子的电负性差越大，A—B 键的离子性越强。**注意：**即使电负性最小的 Cs 与电负性最大的 F 形成的离子化合物 CsF，键的离子性也不是 100%，而是 92%，CsF 键还有 8%的共价性。当 A、B 原子的电负性差大于 1.7 时，A—B 单键的离子性大于 50%，离子键占优势，A、B 原子形成离子化合物；当 A、B 原子的电负性差值小于 1.7 时，A—B 单键的离子性小于 50%，则共价键占优势，A、B 原子形成共价化合物。

2.1.2 离子键的强度

离子化合物的晶体称为**离子晶体**，其中离子键的强度用**晶格能**(lattice energy)来度量。晶格能是指在 298.15 K、标准状态下，由彼此远离的气态正、负离子相互作用形成 1 mol 固态离子化合物时所放出的能量，用符号 ΔU 表示，单位为 $\mathrm{kJ\cdot mol^{-1}}$。由于离子键的本质是静电作用力，因此当晶体类型相同时，晶格能的大小与正、负离子电荷数成正比，与正、负离子的核间距成反比。离子电荷越高，核间距越小，晶格能越大，离子晶体的熔点越高，硬度越大。表 2-1 给出了部分 NaCl 型离子化合物的晶格能和熔点。

表 2-1 部分 NaCl 型离子化合物的晶格能和熔点

化合物	离子的电荷	核间距/nm	晶格能/($kJ \cdot mol^{-1}$)	熔点/K
NaF	+1，-1	0.231	923	1266
NaCl	+1，-1	0.282	786	1074
NaBr	+1，-1	0.298	747	1020
NaI	+1，-1	0.323	704	977
MgO	+2，-2	0.210	3791	3125
CaO	+2，-2	0.240	3401	2887
SrO	+2，-2	0.257	3223	2703
BaO	+2，-2	0.275	3054	2191

晶格能既可以通过热化学实验数据计算求得，也可根据理论化学进行推算，且两者的结果较接近，这说明离子键理论基本上是正确的。下面以 NaCl 为例，介绍波恩(Born)和哈伯(Haber)依据化学热力学数据用循环法计算的晶格能(数据单位为 $kJ \cdot mol^{-1}$)，波恩、哈伯设计的热力学循环过程如下：

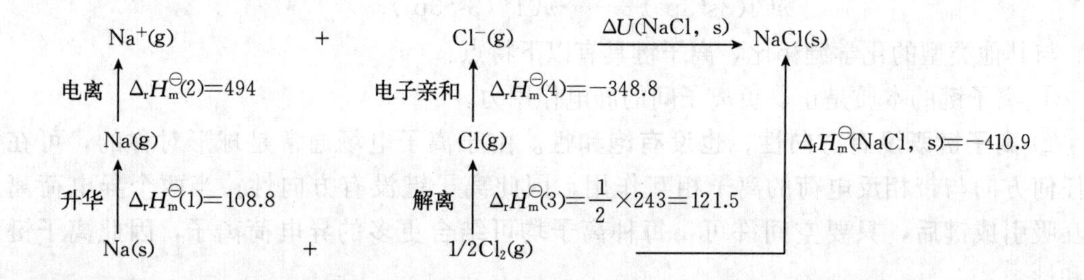

因为 $\Delta_f H_m^\ominus(NaCl, s)=\Delta_r H_m^\ominus(1)+\Delta_r H_m^\ominus(2)+\Delta_r H_m^\ominus(3)+\Delta_r H_m^\ominus(4)+\Delta U(NaCl, s)$

所以

$$\Delta U(NaCl, s)=\Delta_f H_m^\ominus(NaCl, s)-[\Delta_r H_m^\ominus(1)+\Delta_r H_m^\ominus(2)+\Delta_r H_m^\ominus(3)+\Delta_r H_m^\ominus(4)]$$
$$=-410.9-108.8-494-121.5+348.8$$
$$=-786.4\ (kJ \cdot mol^{-1})$$

2.1.3 离子的特征

离子的电荷数、半径和电子构型是离子的三个重要特征，也是影响离子键强度的重要因素。下面主要讨论离子半径和离子的电子构型。

2.1.3.1 离子半径

离子半径一般可通过实验方法和理论推算方法来确定。确定离子半径的实验方法是用 X 射线衍射法测出离子晶体中正、负离子的核间距，然后将核间距分割为正、负离子半径。理论推算离子半径的方法很多，最常用的是鲍林利用核电荷数和屏蔽常数推算出的一套离子半径。表 2-2 列出了常见离子的鲍林离子半径。

表 2-2　常见离子的鲍林离子半径（pm）

离子	半径	离子	半径	离子	半径	离子	半径	离子	半径
Ag^+	125	Co^{3+}	63	Hg^{2+}	110	Rb^+	148	Si^{4+}	41
Al^{3+}	50	Cr^{2+}	84	I^-	216	Ni^{2+}	72	Sr^{2+}	113
Cl^-	181	Cr^{3+}	69	N^{3-}	171	Mo^{6+}	62	Sn^{2+}	112
Co^{2+}	74	Cr^{6+}	52	N^{5+}	11	O^{2-}	140	Sn^{4+}	71
Au^+	137	Cs^+	169	Li^+	60	P^{3-}	212	Zn^{2+}	74
B^{3+}	20	Cu^+	96	Na^+	95	P^{5+}	34	Zr^{4+}	80
Ba^{2+}	135	Cu^{2+}	70	K^+	133	F^-	136	La^{3+}	115
Be^{2+}	31	H^-	208	Mn^{2+}	80	Pb^{4+}	84	Ti^{4+}	68
Ce^{4+}	101	Fe^{2+}	76	Mn^{4+}	54	Pd^{2+}	86	S^{2-}	184
C^{4-}	260	Fe^{3+}	64	Mn^{7+}	46	Ca^{2+}	99	S^{6+}	29
C^{4+}	15	Mg^{2+}	65	Br^-	195	Cd^{2+}	97	NH_4^+	148

离子半径具有以下规律：

① 同一周期主族元素的阳离子半径，随着电荷数的增大而依次减小。例如：

$$Na^+ > Mg^{2+} > Al^{3+}$$

② 带相同电荷的同一主族元素的离子半径，随着电子层数的递增而依次增大。例如：

$$Na^+ < K^+ < Rb^+ < Cs^+，F^- < Cl^- < Br^- < I^-$$

③ 同一元素的阳离子半径，随着离子电荷数的增大而减小。例如：

$$Fe^{2+} > Fe^{3+}$$

④ 同一元素的阳离子半径小于其原子半径，而阴离子半径大于其原子半径。例如：

$$F^- > F，Mg > Mg^{2+}$$

⑤ 周期表中处于相邻的左上方和右下方对角线上的离子，离子半径相近。例如：

$$Li^+(60\ pm) \sim Mg^{2+}(65\ pm)，Na^+(95\ pm) \sim Ca^{2+}(99\ pm)$$

2.1.3.2　离子的电子构型

简单负离子的外层电子构型大多具有稀有气体稳定的 8 电子构型（ns^2np^6），而正离子的电子构型有以下几种：

(1)2 电子构型（$1s^2$）　最外层为 2 个电子的离子，如 Li^+、Be^{2+}。

(2)8 电子构型（ns^2np^6）　最外层为 8 个电子的离子，如 Na^+、Mg^{2+}、Al^{3+} 等。

(3)9～17 电子构型（$ns^2np^6nd^{1\sim9}$）　最外层电子数在 9～17 的不饱和构型的离子，如 Fe^{2+}、Fe^{3+}、Cr^{3+}、Mn^{2+}、Co^{2+}、Cu^{2+} 等。

(4)18 电子构型（$ns^2np^6nd^{10}$）　最外层电子数为 18 的离子，如 Ag^+、Cu^+、Zn^{2+} 等。

(5)18+2 电子构型［$(n-1)s^2(n-1)p^6(n-1)d^{10}ns^2$］　最外层为 2 电子、次外层为 18 电子的离子，如 Pb^{2+}、Sn^{2+}、Bi^{3+}、Sb^{2+} 等。

2.1.4　离子的特征对离子键强度的影响

由于离子键是正、负离子间的静电作用力，因此不存在离子极化作用时，离子电荷数越大，离子键强度越大；离子半径越大，正、负离子相互作用的距离就越远，离子键强度越小。例如，NaF 中的离子键强度比 NaCl 的大，而比 MgF_2 的小，这是因为前者 Cl^- 半径大于 F^-，后者 Mg^{2+} 的电荷比 Na^+ 的高。

离子的电子构型对离子键强度也有较大的影响。例如，Cu^+与Na^+电荷相同，其离子半径分别为 96 pm 和 95 pm，极为相近，但是 NaCl 在水中的溶解度远大于 CuCl，NaCl 是典型的离子型化合物，而 CuCl 是共价型化合物。这是因为Cu^+是 18 电子构型，而Na^+是 8 电子构型。还有很多物质从形式上观察是离子型化合物，但实际上从物质性质上判断已不是离子型化合物，这些现象可用离子极化理论(2.5.2.1)来解释。

【思考题】

1. 氯化氢分子溶于水后产生H^+和Cl^-，所以氯化氢分子是由离子键形成的。这种说法对吗？

2. 离子键有什么特征？离子键的强弱与什么因素有关？

3. 离子型化合物在常温常压下一般以晶体形式存在，为什么？

2.2 共价键理论

2.2.1 现代价键理论

在离子键概念提出的同年，即 1916 年，美国化学家路易斯(Lewis)提出了共价键的概念。他认为：分子中每个原子应具有稀有气体原子的电子构型，分子中原子可通过原子间电子配对(或称共享电子对)来实现这一构型。这种原子间通过共用电子对而形成的化学键称为**共价键**(covalent bond)，以共价键结合的分子称为**共价分子**。利用电子配对法可以解释很多小分子的结构，如 H－Cl 和 N≡N 分子，但无法说明共价键的本质。

2.2.1.1 共价键的形成与本质

1927 年，海特勒(Heitler)和伦敦(London)应用量子力学处理两个氢原子组成的系统，得到了氢分子的能量 E 与两个氢原子核间距 R 之间的关系曲线，如图 2－1 所示。

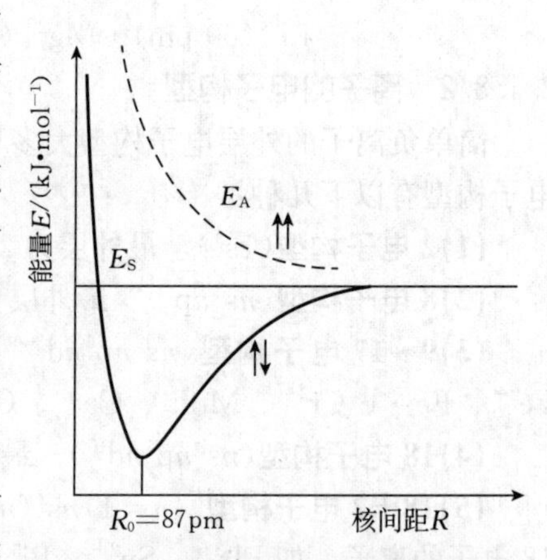

图 2－1 氢分子能量与核间距的关系

当两个 H 原子相互接近形成 H_2 时，如果两个氢原子的电子自旋方向相反，随着它们的核间距减小，两个氢原子的 1s 轨道发生重叠，核间电子概率密度增大[图 2－2(a)]，这既降低了两个原子核间的正电排斥，又增加了两个原子核对核间电子概率密度较大区域的吸引，系统能量逐渐降低。当核间距 R_0＝87 pm(实验值 74 pm)时，体系能量降至最低，这时两个 H 原子形成稳定的 H_2 分子，这种状态称为 H_2 分子的**基态**。如果两个 H 原子继续靠近，原子核间斥力增大，体系的能量迅速升高。

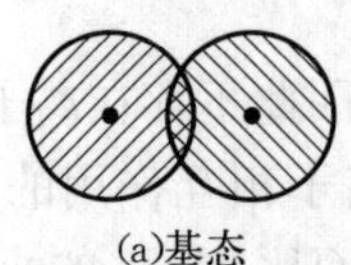
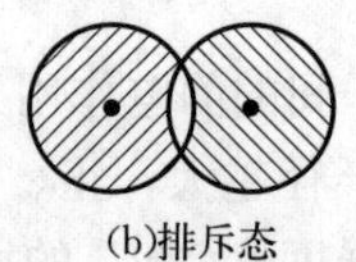
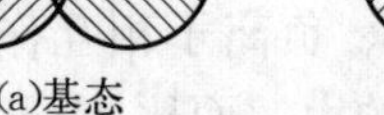
(a)基态　(b)排斥态

图 2－2 两个氢原子相互接近时原子轨道重叠示意图

如果两个氢原子的电子自旋相同，随着它们相互接近、核间距减小，两核间电子出现的概率密度降低，增大了两个原子核间的排斥力，系统能量高于两个单独存在的氢原子，因而这两个氢原子不能形成稳定的 H_2 分子。这种状态称为 H_2 分子的**排斥态**[图 2-2(b)]。

由此可见，共价键是通过成键原子的价电子原子轨道有效重叠而形成的化学键。

2.2.1.2　价键理论的基本要点

把海特勒和伦敦对氢分子的处理结果推广到其他共价型分子，形成了现代价键理论。现代价键理论的基本要点如下：

① 两原子相互接近时，自旋方向相反的价层成单电子可以配对，形成共价键。两原子配对一对电子形成共价**单键**(single bond)，配对两对、三对电子，则分别形成共价**双键**(double bond)或**叁键**(triple bond)。

② 原子轨道重叠时，成键电子的原子轨道重叠越多，两核间电子云密度就越大，形成的共价键就越牢固。因此，共价键将尽可能沿着原子轨道最大重叠的方向形成，这就是**原子轨道最大重叠原理**。

2.2.1.3　共价键的特征

价键理论的两个基本要点决定了共价键的两种特性，即饱和性和方向性。

(1)共价键的饱和性　从价键理论要点①可知，在形成共价键时，成键原子有几个未成对电子就能和几个自旋相反的单电子配对成键。例如氢原子有 1 个未成对电子，它只能与另一个氢原子的自旋相反电子配对形成 H_2，H_2 则不能再与第三个原子的单电子配对形成 H_3 分子；又如氮原子有 3 个未成对电子($2p^3$)，它只能与 3 个氢原子结合，生成 3 个共价单键，形成 NH_3 分子。

(2)共价键的方向性　由最大重叠原理可知，成键原子总是尽可能沿着单电子的原子轨道最大重叠的方向成键。除了 s 轨道呈球形无方向性外，p、d 和 f 轨道在空间都有一定的伸展方向，在形成共价键时，p、d 和 f 原子轨道只有沿着一定的方向才能发生最大重叠。例如，当 H 的 1s 轨道与 Cl 的 3p(如 $3p_x$)轨道发生重叠形成 HCl 时，H 的 1s 轨道只有沿着 x 轴才能与 Cl 的 $3p_x$ 轨道发生最大重叠，形成稳定的共价键[图 2-3(a)]；而沿着其他方向相互接近，则原子轨道不能有效重叠[图 2-3(b)]或重叠较小[图 2-3(c)]，不能形成稳定的共价键。

共价键的方向性决定着分子的空间构型，因而影响分子的性质。

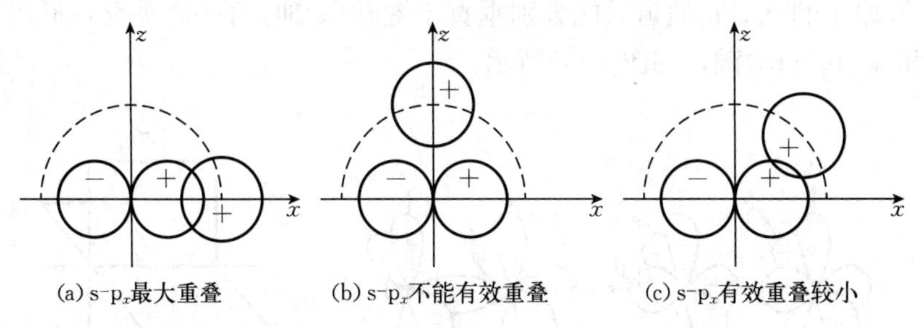

图 2-3　H 原子 s 轨道与 Cl 原子 p_x 轨道三种方向重叠示意图

2.2.1.4　共价键的类型

根据成键原子轨道重叠部分的对称性，共价键分为 σ 键和 π 键[①]。

---

①　σ 键和 π 键只是共价键的最简单的类型，除此之外，共价化合物中还存在多种类型的共价键，如苯环中的 p-p 大 π 键，SO_4^{2-} 中的 d-p 大 π 键，硼烷中的多中心 π 键，$[Re_2Cl_8]^{2-}$ 中的 δ 键等，具体详见结构化学。

(1)σ键 若成键原子轨道对称性相同部分(即正、负号相同部分)沿着键轴(两核间连线)方向以**"头碰头"**的方式发生轨道重叠，重叠部分集中在两核之间，绕键轴呈圆柱形对称分布，这样的共价键称为σ键。s-s、p_x-p_x及s-p_x轨道重叠形成的3种σ键见图2-4(a)。

(2)π键 若成键原子轨道对称性相同部分以平行或**"肩并肩"**的方式发生轨道重叠，重叠部分集中在键轴的上方和下方，对键轴所在的平面呈镜面反对称分布，即重叠部分形状相同、正负号相反，这样的共价键称为π键。如图2-4(b)表示p_z-p_z的p_y-p_y轨道重叠形成的π键，简写为π(p-p)。

从原子轨道重叠程度来看，π键的重叠程度要比σ键小，因此π键的键能小于σ键，稳定性低于σ键，π键是化学反应的积极参与者。

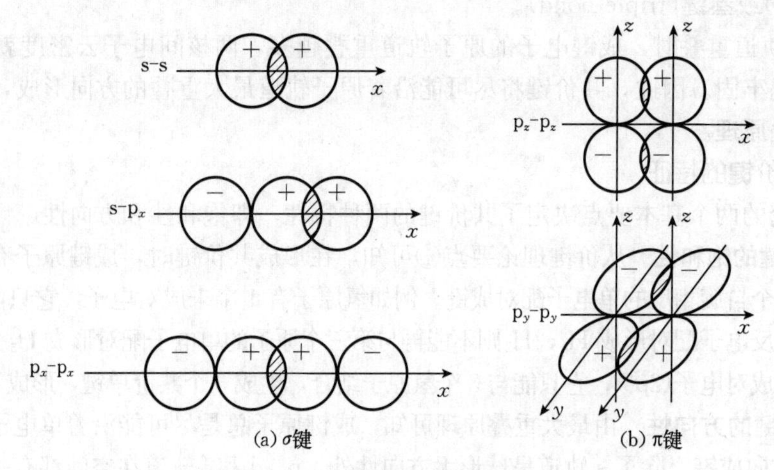

图2-4 σ键和π键示意图

当两个原子形成共价单键时，原子轨道总是沿着键轴方向发生最大重叠，所以共价单键都是σ键；形成共价双键时，有一个σ键和一个π键；形成共价叁键时，有一个σ键和两个π键。例如，基态N原子的价电子排布为$2s^2 2p_x^1 2p_y^1 2p_z^1$，有三个未成对电子，当两个N原子沿$x$轴接近时，一个N原子的$p_x$轨道与另一个N原子的$p_x$轨道头碰头重叠，形成一个σ键，而两个N原子的$p_y$、$p_z$轨道只能分别垂直于键轴($x$轴)肩并肩重叠，形成互相垂直的$π_y(p_y-p_y)$和$π_z(p_z-p_z)$键，如图2-5所示。

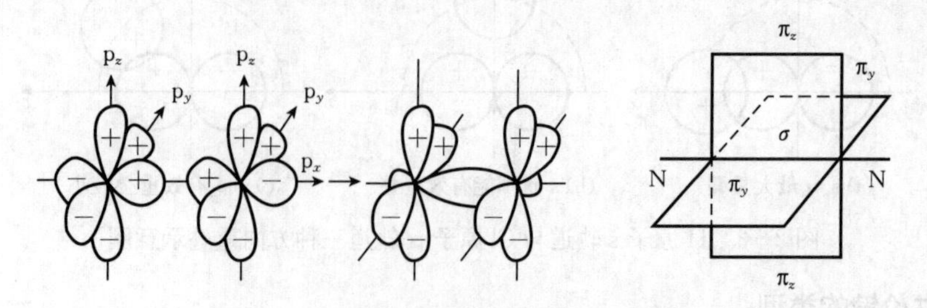

图2-5 N_2分子中的共价叁键示意图

2.2.1.5 共价键参数

共价键的性质可以用一些物理量来表征，如键能、键长、键角和键的极性等，这些物理量统称为**键参数**(parameter of bond)。

(1)键能 **键能**是从能量因素衡量化学键强弱的物理量，以符号 E_b表示。在标准状态下，1 mol 气态分子 AB(g)解离成气态原子 A 和 B 所需要的能量称为键的**解离能**，用符号 E_d表示。

对双原子分子，键能就是键的解离能。例如

$$H_2(g)=2H(g) \qquad E_b(H-H)=E_d=436\ kJ\cdot mol^{-1}$$

对多原子分子，键能等于逐级解离能的平均值。例如，NH_3中有三个等同的 N—H 键，但 N—H 键的逐级解离能是不同的：

$$NH_3(g)=NH_2(g)+H(g) \qquad E_{d,1}(N-H)=427kJ\cdot mol^{-1}$$

$$NH_2(g)=NH(g)+H(g) \qquad E_{d,2}(N-H)=375kJ\cdot mol^{-1}$$

$$NH(g)=N(g)+H(g) \qquad E_{d,3}(N-H)=356kJ\cdot mol^{-1}$$

$NH_3(g)$中 N—H 键的键能等于三个 N—H 键的平均解离能：

$$E_b(N—H)=\frac{[E_{d,1}(N—H)+E_{d,2}(N—H)+E_{d,3}(N—H)]}{3}=386\ (kJ\cdot mol^{-1})$$

一般地，键能越大，键越牢固，由该键构成的分子也就越稳定。表 2 - 3 列出了一些常见共价键的键能。

(2)键长 分子中两个成键原子核间的平衡距离称为**键长**，用符号 l 表示，单位为 pm。一般来说，成键原子间的键长越短，表示该键越强，分子越稳定。一些常见共价键的键长见表 2 - 3。

表 2 - 3 一些共价键的键长和键能

共价键	键长/pm	$E_b/(kJ\cdot mol^{-1})$	共价键	键长/pm	$E_b/(kJ\cdot mol^{-1})$
H—H	74	436	C—C	154	346
H—F	92	570	C═C	134	602
H—Cl	127	432	C≡C	120	835
H—Br	141	366	N—N	145	159
H—I	161	298	N≡N	110	946
F—F	141	159	C—H	109	414
Cl—Cl	199	243	N—H	101	389
Br—Br	228	193	O—H	96	464
I—I	267	151	S—H	134	368

(3)键角 在多原子分子中，共价键与共价键之间的夹角称为**键角**，通常用符号 θ 表示，单位为度(°)。键长和键角是表征分子空间构型的重要参数。例如，NH_3中 N－H 键的键角为 107°18′，键长为 101pm，因此 NH_3分子的空间构型为三角锥形。

(4)共价键的极性 按共用电子对是否发生偏移，共价键分为非极性共价键和极性共价键。当两个相同原子以共价键结合时，由于两个原子的电负性相同，共用电子对不偏向任何一个原子，这种共价键称为**非极性共价键**，简称为**非极性键**。例如，H_2、N_2、O_2、Cl_2等双原子分子及金刚石、晶体硅中的共价键都是非极性键。

当两个不同原子以共价键结合时，共用电子对偏向电负性较大的原子。此时，电负性较大的原子带部分负电荷，而电负性较小的原子带部分正电荷，正、负电荷中心不重合，这种共价键称为**极性键**。例如，在 HCl 分子中，由于 Cl 吸引共用电子对的能力比 H 强，共用电子对偏向 Cl，因此 H－Cl 键是极性键。

共价键的极性与成键原子的电负性差有关，电负性差越大，共价键的极性越大。

2.2.2 杂化轨道理论

价键理论揭示了共价键的本质，成功地解释了共价键的饱和性、方向性等特点，但在阐明多原子分子的空间构型时常常遇到困难。例如 C 和 O 原子的价电子构型分别为 $2s^2 2p^2$ 和 $2s^2 2p^4$，都有 2 个未成对的价电子。根据价键理论，C 和 O 都只能与其他成键原子形成两个共价单键且键角为 90°，而实验事实却是：在正四面体型的 CH_4 中 C 形成了四个共价单键，键角为 109°28′；V 形 H_2O 中 O 虽然形成了两个共价单键，但键角却是 104°45′。为了解释多原子分子的空间构型和某些共价分子(如 $BeCl_2$、CH_4)的共价键数目，鲍林(Pauling)和斯莱特(Slater)于 1931 年在价键理论的基础上提出了**杂化轨道理论**[①](the theory of hybrid orbital)。

2.2.2.1 杂化轨道理论的基本要点

① 中心原子在成键时，在键合原子的作用下，不同类型、能量相近的价电子原子轨道可以相互叠加、混合，重新组成一组有利于成键的新轨道，这组新轨道称为**杂化轨道**(hybrid orbital)，这一过程称为**杂化**(hybridization)。

② 杂化后原子轨道更集中分布在一个方向上，当与其他原子成键时，原子轨道重叠部分增大，中心原子成键能力增强。

③ 在杂化前后，原子轨道的数目不变，但不同类型的杂化轨道在空间有不同的取向，从而决定共价型多原子分子或离子有不同的空间构型。

④ 杂化轨道成键时，要满足最大重叠原理和化学键间最小排斥原理。即原子轨道重叠越多，形成的化学键越稳定；杂化轨道之间的夹角越大，形成的化学键键角越大，化学键之间的排斥力越小，生成的分子越稳定。

2.2.2.2 杂化类型与分子的空间构型

(1)sp 杂化 由中心原子的一个 *n*s 轨道和一个 *n*p 轨道参与的杂化称为 **sp 杂化**，得到两个 **sp 杂化轨道**。每个 sp 杂化轨道都含有 1/2 的 s 轨道成分和 1/2 的 p 轨道成分，两个杂化轨道间的夹角为 180°。sp 杂化和杂化轨道示意图如图 2－6 所示。

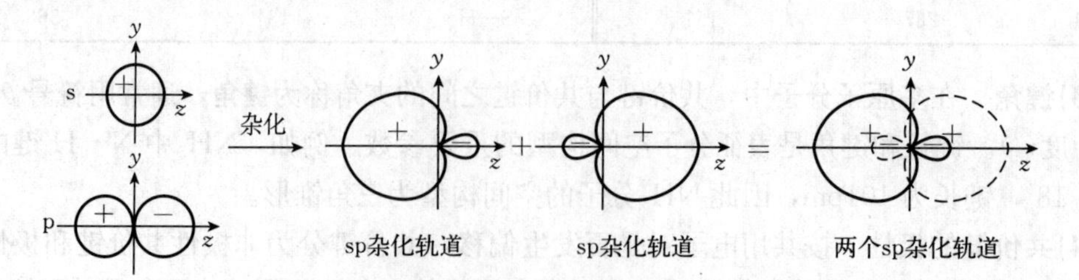

图 2－6 sp 杂化及 sp 杂化轨道示意图

① 杂化轨道理论和后续的价层电子对互斥理论等不是对价键理论的否定，而是对价键理论的补充、完善和发展。

例如，基态 Be 的价电子构型为 $2s^2$，Be 没有成单电子，而实验测得 $BeCl_2$ 为直线形，键角为 180°，说明 Be 原子应以两个能量相等、成键方向相反的轨道与 Cl 原子成键，这两个轨道就是 sp 杂化轨道。从基态 Be 的价电子构型看，Be 应是在一个 2s 电子激发到空的 2p 轨道时发生杂化，即 Be 的一个 2s 轨道和一个 2p 轨道重新组合，即杂化，形成两个呈直线形分布的 sp 杂化轨道，每个杂化轨道中各有一个未成对电子。Be 的两个 sp 杂化轨道与两个 Cl 原子含有未成对电子的 3p 轨道重叠，形成两个 σ(Be—Cl)键。由于 Be 原子的两个 sp 杂化轨道间的夹角是 180°，因此 $BeCl_2$ 的空间构型为直线形，如图 2-7 所示。

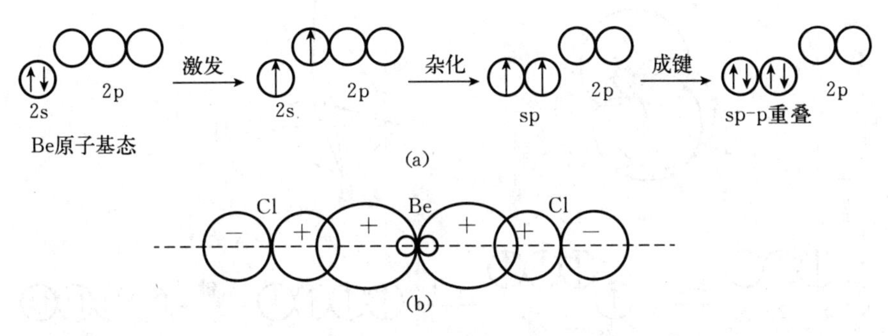

图 2-7　$BeCl_2$ 分子的形成过程(a)及其空间构型示意图(b)

(2)sp^2 杂化　由中心原子的一个 *n*s 轨道和两个 *n*p 轨道参与的杂化称为 **sp^2 杂化**，形成三个 **sp^2 杂化轨道**。其中每个 sp^2 杂化轨道各含有 1/3 的 s 成分和 2/3 的 p 成分。三个 sp^2 杂化轨道呈平面三角形，轨道夹角 120°，如图 2-8(a)所示，BF_3 就是这种杂化类型的分子。

基态硼原子的价电子构型为 $2s^2 2p^1$，只有一个未成对电子。在成键时，B 的一个 2s 电子激发到空的 2p 轨道，同时发生 sp^2 杂化，形成三个各含一个单电子的 sp^2 杂化轨道，三个 sp^2 杂化轨道呈正三角形分布，轨道夹角为 120°。B 的三个 sp^2 杂化轨道分别与氟的含有一个单电子的 2p 轨道重叠形成三个 σ(B—F)键，所以 BF_3 的空间构型为平面三角形，键角为 120°[图 2-8(b)]。BF_3 的形成过程示意见图 2-8(c)。

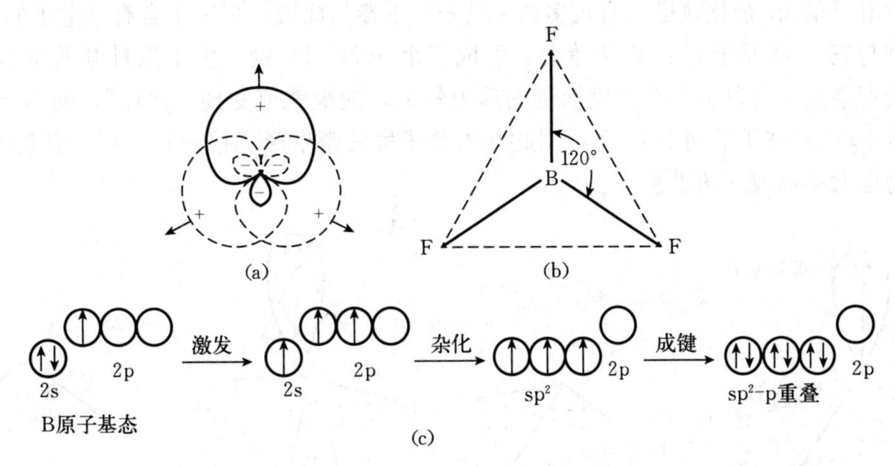

图 2-8　三个 sp^2 杂化轨道(a)、BF_3 的空间构型示意图(b)及 BF_3 分子的形成过程(c)

(3)sp^3 杂化　由中心原子的一个 *n*s 轨道和三个 *n*p 轨道参与的杂化称为 **sp^3 杂化**，形成四个 **sp^3 杂化轨道**，每个 sp^3 杂化轨道含有 1/4 的 s 成分和 3/4 的 p 成分。杂化轨道间夹角为

$109°28'$，空间构型为正四面体[图 2-9(a)]。

基态碳原子的价电子构型为 $2s^2 2p_x^1 2p_y^1$，只有两个未成对电子。在成键时，碳的一个 2s 电子激发到空的 2p 轨道，同时一个 2s 和三个 2p 轨道发生 sp^3 杂化，形成四个分别含有一个单电子的完全等同的 sp^3 杂化轨道，四个 sp^3 杂化轨道呈正四面体形分布，轨道间夹角 $109°28'$。C 的四个 sp^3 杂化轨道分别与四个 H 的 1s 轨道重叠形成四个等价的 σ(C—H)键，所以 CH_4 的空间构型为正四面体[图 2-9(b)]。CH_4 分子的形成过程示意见图 2-9(c)。

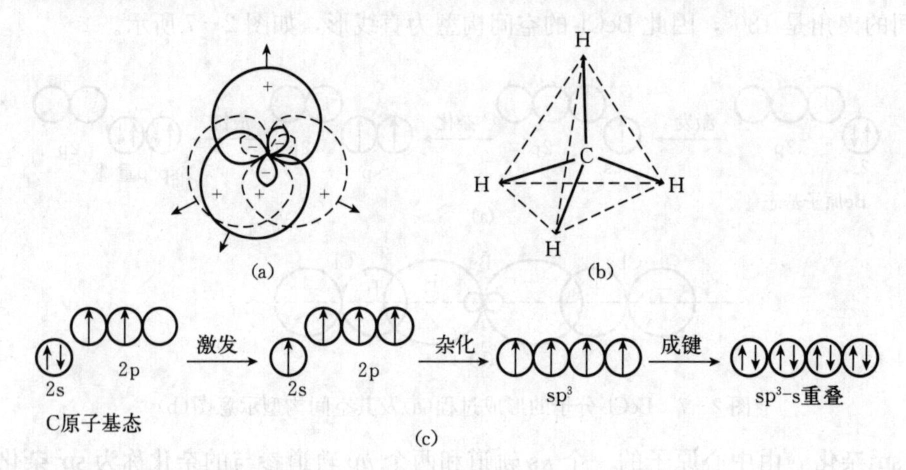

图 2-9　四个 sp^3 杂化轨道(a)、CH_4 的空间构型示意图(b)及 CH_4 分子的形成过程(c)

(4)sp^3 不等性杂化　以上讨论的三种杂化，都是能量和成分均相等的杂化，称为**等性杂化**。当参与杂化的原子轨道含有孤对电子时，形成的杂化轨道的形状和能量不完全相等，这样的杂化称为**不等性杂化**。NH_3、PH_3、H_2O、H_2S 等分子的中心原子 N、P、O、S 在成键时均采取 sp^3 不等性杂化。

NH_3 分子中，N 原子的价电子构型为 $2s^2 2p^3$。成键时 N 采取了 sp^3 杂化方式，由于 2s 轨道中已含有一对孤对电子，因此四个 sp^3 杂化轨道所含 s、p 的成分不完全相等。其中，含一对孤对电子的 sp^3 杂化轨道含有较多的 s 成分，不参与成键；另三个含有单电子的 sp^3 杂化轨道分别与三个 H 原子的 1s 轨道重叠，形成三个 σ(N—H)键。由于孤对电子在 N 原子核外占据较大空间，对其他三个成键轨道的斥力较大，成键轨道受到“挤压”，使 N－H 键间的夹角从 $109°28'$ 被压缩到 $107°18'$，因此 **NH_3 分子呈三角锥形**[图 2-10(a)]。氮族的氢化物和卤化物也大多形成三角锥构型。

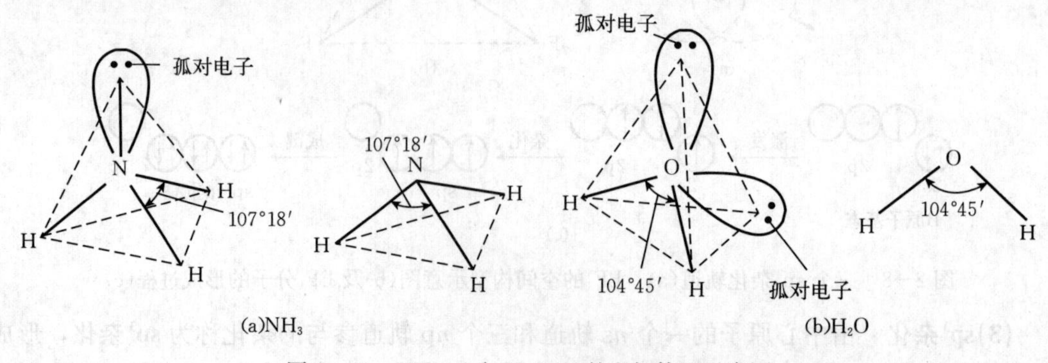

图 2-10　NH_3(a)和 H_2O(b)的空间构型示意图

H_2O分子中，基态O原子的价电子构型为$2s^2 2p^4$。成键时O原子也采取了sp^3不等性杂化方式，得到能量不同的两组sp^3杂化轨道：两个sp^3杂化轨道中分别含有一对孤对电子；另两个杂化轨道中则各含有一个单电子，与两个H原子的1s轨道重叠形成两个σ(O—H)键。由于不参与成键的、含孤对电子的两个sp^3杂化轨道含更多的s成分，占据的空间更大，因此对成键轨道的斥力也更大，使成键轨道间的夹角被压缩得比107°18′还小，为104°45′。因此，H_2O分子的空间构型为V形，键角为104°45′[图2-10(b)]。H_2S、OF_2、SCl_2等分子也具有类似的空间构型。

(5)含有π键的分子　在含有π键的分子中，中心原子用杂化轨道形成σ键，但用来形成π键的原子轨道不参与杂化。例如CO_2、HCN、HCHO、$CH_2=CH_2$、C_2H_2等。$CH_2=CH_2$分子的形成过程及其分子结构如图2-11所示。

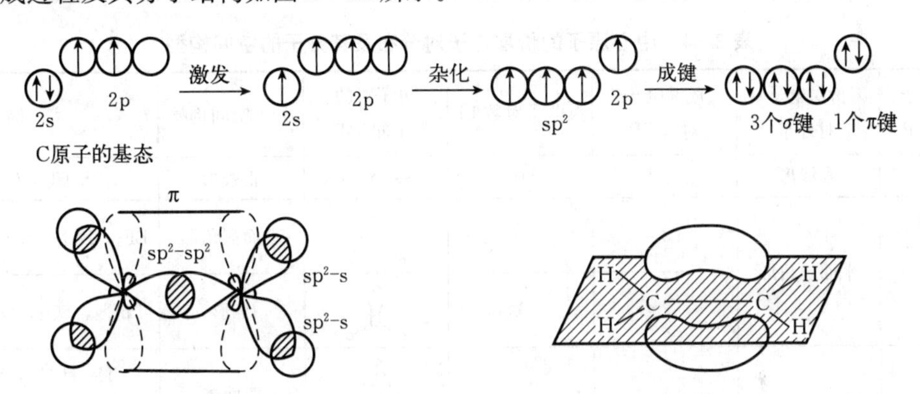

图2-11　乙烯分子sp^2杂化形成过程及其结构示意图

2.2.3　价层电子对互斥理论

杂化轨道理论可以解释多原子分子的空间构型，但不能预测分子构型。**价层电子对互斥理论**(valence shell electron pair repulsion theory)，简称**VSEPR理论**，则可以预测多原子分子或离子的空间构型。该理论最初是1940年英国科学家奇威克(Sidgwick)和美国科学家鲍威尔(Powell)提出的，后来在20世纪60年代初，经加拿大科学家吉莱斯皮(Gillespie)和尼霍姆(Nyholm)进一步发展而形成。

2.2.3.1　VSEPR理论的基本要点

① 多原子分子或离子的空间构型取决于中心原子的**价层电子对数(VP)**。价层电子对是指中心原子的**成键电子对**(σ键电子对，**BP**)以及中心原子没有形成共价键的成对电子对数，**即价层孤电子对(LP)**。

$$LP=\frac{1}{2}(\text{中心原子价电子总数}-n\text{个成键原子未成对电子总数}-\text{离子电荷数})$$

② 中心原子的价层电子对之间尽可能远离，以使它们之间的斥力最小。中心原子的价层电子对之间的静电斥力最小时，价层电子对的空间分布方式见表2-4。

中心原子价层电子对的空间分布方式决定分子的空间构型。在考虑价电子对空间分布时，还应考虑：

a. 成键电子对和孤电子对的区别。成键电子对受两个原子核的吸引，电子云比较紧缩，而孤电子对只受到中心原子的吸引，电子云比较“肥大”，对邻近电子对的斥力也较大。因

此，中心原子的价电子对之间的斥力大小顺序为

孤电子对与孤电子对＞孤电子对与成键电子对＞成键电子对与成键电子对

b. 对于中心原子与成键原子形成的共价双键或叁键，将多重键看作单键，但由于双键和叁键的成键电子数较多，相应的斥力也大，所以斥力大小的顺序为

叁键＞双键＞单键

c. 中心原子和成键原子的电负性。与中心原子结合的成键原子的电负性越大，成键电子对越偏离中心原子，从而减小成键电子对之间的斥力，因此键角也相应减小。例如，NF_3和NH_3的键角分别为102°和107°18′。当成键原子相同时，中心原子的电负性越大，成键电子对越偏向中心原子，成键电子对之间的斥力就越大，因此，键角也相应增大。例如，SbH_3、AsH_3、PH_3和NH_3分子中的键角分别是91°3′、91°8′、93°39′和107°18′。

表 2-4　中心原子的价层电子对分布及其分子的空间构型

价层电子对数 VP	价层电子对分布	成键电子对数 BP	孤电子对数 LP	电子对的分布方式	分子空间构型	实　例
2	直线形	2	0		直线形	$BeCl_2$，CO_2
3	平面三角形	3	0		平面三角形	BF_3，BCl_3，SO_3，CO_3^{2-}
		2	1		V形	$PbCl_2$，SO_2，O_3，NO_2
4	四面体	4	0		四面体	CH_4，CCl_4，$SiCl_4$，NH_4^+，SO_4^{2-}，PO_4^{3-}
		3	1		三角锥	NH_3，PF_3，$AsCl_3$，H_3^+O
		2	2		V形	H_2O，H_2S，SF_2，SCl_2
5	三角双锥	5	0		三角双锥	PF_5，PCl_5，AsF_5
		4	1		变形四面体	SF_4，$TeCl_4$
		3	2		T形	ClF_3，BrF_3
		2	3		直线形	XeF_2，I_3^-，IF_2^-
6	八面体	6	0		八面体	SF_6，SiF_6^{2-}，AlF_6^{3-}
		5	1		四角锥	ClF_5，BrF_5，IF_5
		4	2		平面正方形	XeF_4，ICl_4^-

2.2.3.2 VSEPR 理论应用实例

例 2-1 用 VSEPR 理论预测下列分子的空间构型，并判断其键角的相对大小。

(1)CO_2、BF_3、SO_3、SO_2；(2)CH_4、NH_3、ClO_2^-

解 (1)CO_2分子的空间构型为直线形，键角为 180°。因为

中心原子 C 的成键电子对即 σ 键电子对 $BP=2$

碳原子有 4 个价电子，氧原子有两个未成对价电子，C 的价层孤电子对 LP 为

$$LP=\frac{1}{2}\times(4-2\times2)=0$$

中心原子的价层电子对 $VP=BP+LP=2+0=2$

BF_3分子的空间构型为平面三角形，键角为 120°。因为

中心原子 B 的成键电子对 $BP=3$

硼原子有 3 个价电子，F 原子有一个成单的价电子，B 的价层孤电子对 LP 为

$$LP=\frac{1}{2}\times(3-3\times1)=0$$

中心原子的价层电子对 $VP=BP+LP=3+0=3$

SO_3分子的空间构型为平面三角形，键角为 120°。因为

中心原子 S 的成键电子对 $BP=3$

S 原子有 6 个价电子，O 有两个成单价电子，S 的价层孤电子对 LP 为

$$LP=\frac{1}{2}\times(6-3\times2)=0$$

中心原子的价层电子对 $VP=BP+LP=3+0=3$

SO_2分子的空间构型为 V 形，键角小于 120°。因为

中心原子 S 的成键电子对 $BP=2$

中心原子的价层孤电子对 $LP=\frac{1}{2}\times(6-2\times2)=1$

中心原子的价层电子对 $VP=BP+LP=2+1=3$

这组化合物的键角大小顺序为

$$\angle OCO(CO_2)>\angle FBF(BF_3)=\angle OSO(SO_3)>\angle OSO(SO_2)$$

(2)CH_4为正四面体构型，键角为 109°28′。因为中心原子 C 的成键电子对、价层孤电子对和价层电子对分别为

$$BP=4，LP=\frac{1}{2}\times(4-4\times1)=0，VP=BP+LP=4+0=4$$

NH_3为三角锥构型，键角小于 109°28′，为 107°18′。因为中心原子的成键电子对、价层孤电子对和价层电子对分别为

$$BP=3，LP=\frac{1}{2}\times(5-3\times1)=1，VP=BP+LP=3+1=4$$

ClO_2^- 为 V 形，键角小于 107°18′，为 104°45′。因为 Cl 的成键电子对 $BP=2$，Cl 有 7 个价电子，O 有 2 个成单价电子，且ClO_2^- 带一个负电荷，Cl 的价层孤电子对为

$$LP=\frac{1}{2}\times(7-2\times2+1)=2$$

中心原子 Cl 的价层电子对 $VP=BP+LP=2+2=4$

化合物 CH_4、NH_3、ClO_2^- 的键角大小顺序为

$$\angle HCH(CH_4)>\angle HNH(NH_3)>\angle OClO(ClO_2^-)$$

2.2.3.3 VSEPR 理论的局限性

① VSEPR 理论主要适用于中心原子为主族(或 d^0, d^5, d^{10})元素的分子(或离子)。

② VSEPR 理论只能定性描述分子构型，但不能定量(键长、键角等键参数)。

③ VSEPR 只适用于预测孤立的分子(或离子)构型，不能讨论固体的空间结构。

【思考题】

1. 共价键为什么具有饱和性和方向性?
2. 为什么共价双键只能是一个 σ 键和一个 π 键，而不能是两个 σ 键或两个 π 键?
3. 什么是杂化? 用来形成 π 键的原子轨道是否参与杂化?

2.3 配合物的价键理论

在配位化合物（简称配合物）① 中，中心离子与配体之间的结合力是什么? 为什么中心离子只能与一定数目的配体结合? 为什么配合物具有一定的空间构型? 上述这些问题都可以用配合物的化学键理论进行解释。配合物的化学键理论主要有价键理论、晶体场理论和配位场理论。本节只介绍价键理论。

1931 年，美国化学家鲍林把杂化轨道理论应用到配合物中，提出了配合物的价键理论，该理论较成功地解释了配合物的空间构型及一些性质。

2.3.1 配合物价键理论的基本要点

① 在配合物形成时，中心离子 M 提供空轨道，接受配体 L 提供的孤对电子而形成配位共价键(简称配位键，通常以 L→M 表示)。

② 在配位键成键过程中，M 的价层空轨道以一定方式进行杂化，形成数目相等、能量相同、具有一定空间伸展方向的杂化轨道。这些杂化轨道分别与 L 中含有孤对电子的价层原子轨道发生最大重叠，形成配位键。

③ 杂化类型受中心离子的价电子构型和配体的性质影响。

2.3.2 杂化类型与空间构型的关系

一些配离子的配位数、杂化类型与空间构型如表 2-5 所示。

① 配位化合物的概念和命名见 6.2.1。

表 2-5 一些配离子的配位数、杂化类型与空间构型

配位数	杂化类型	空间构型	示 例
2	sp		$[Ag(NH_3)_2]^+$，$[Cu(NH_3)_2]^+$
4	sp^3		$[Zn(CN)_4]^{2-}$，$[ZnCl_4]^{2-}$
	dsp^2		$[PtCl_4]^{2-}$，$[Pt(CN)_4]^{2-}$，$[Cu(NH_3)_4]^{2+}$，$[Ni(CN)_4]^{2-}$
6	sp^3d^2		$[FeF_6]^{3-}$，$[Fe(H_2O)_6]^{3+}$，$[Co(H_2O)_6]^{3+}$
	d^2sp^3		$[Fe(CN)_6]^{3-}$，$[Co(NH_3)_6]^{3+}$

例 2-2 用配位键理论说明直线形$[Ag(NH_3)_2]^+$的形成过程。

解 Ag^+的价电子构型为$4d^{10}5s^05p^0$，在形成$[Ag(NH_3)_2]^+$时，Ag^+价层中一个 5s 和一个 5p 空轨道组合发生 sp 杂化，得到两个呈直线形分布的等价 sp 杂化轨道。两个 sp 杂化轨道与两个NH_3中 N 原子的含孤对电子的sp^3杂化轨道以“头碰头”形式重叠，形成两个 σ 型配位键 $H_3N \rightarrow Ag^+$，因此，配离子$[Ag(NH_3)_2]^+$的空间构型为直线形$[H_3N-Ag-NH_3]^+$。$[Ag(NH_3)_2]^+$的形成示意图如下：

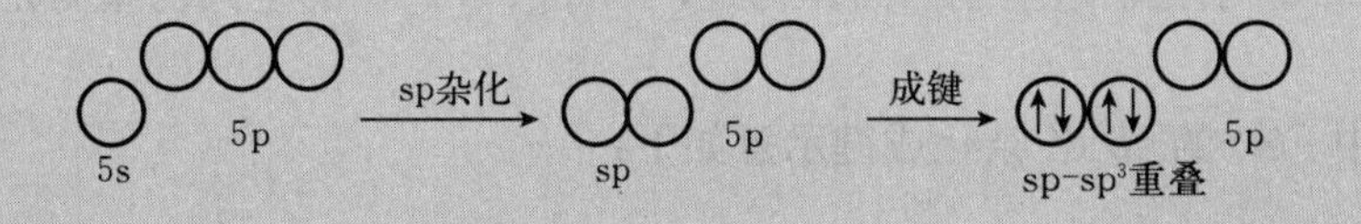

例 2-3 用配位键理论说明正四面体构型$[Zn(NH_3)_4]^{2+}$的形成过程。

解 Zn^{2+}的电子构型为$[Ar]3d^{10}4s^04p^0$，在形成$[Zn(NH_3)_4]^{2+}$时，Zn^{2+}价层的一个 4s、三个 4p 空轨道组合杂化，得到四个完全等同且呈正四面体分布的sp^3杂化轨道。四个杂化空轨道与四个 NH_3 中 N 原子的含孤对电子的 sp^3 杂化轨道重叠成键，因此$[Zn(NH_3)_4]^{2+}$为正四面体构型。$[Zn(NH_3)_4]^{2+}$的形成示意图如下：

4s　4p　sp^3杂化　sp^3　成键　sp^3-sp^3重叠

从表 2-5 可以看出，配位数为 4 和 6 的配合物都存在两种不同的杂化类型，其中以 sp^3 和 sp^3d^2 杂化的配合物称为外轨型配合物，以 dsp^2 和 d^2sp^3 杂化的配合物称为内轨型配合物。

2.3.3 内轨型配合物和外轨型配合物

在配离子中，若中心离子以价层中次外层的$(n-1)$d 和最外层 ns、np 轨道杂化成键，所形成的配合物称为**内轨型配合物**(inner orbital coordination compound)；若中心离子以价层中最外层空轨道(*n*s，*n*p，*n*d 轨道)杂化成键，所形成的配合物称为**外轨型配合物**(outer orbital coordination compound)。

(1)内轨型配合物的特点 电负性较小，较易给出孤对电子的配位原子，如 C(在CN^-、CO 中)和 N(在NO_2^- 中)等，对中心离子$(n-1)$d 轨道上的成单电子排斥作用较大，$(n-1)$d 上的电子容易发生重排或激发，从而空出内层能量较低的空轨道接受配体的孤电子对，形成内轨型配合物。例如，Fe^{3+} 的价电子构型为$3d^5 4s^0 4p^0$，当 Fe^{3+} 与CN^-配位时，CN^-使 Fe^{3+} 的五个自旋相同的 3d 电子重排，五个电子挤入三个 3d 轨道，空出两个 3d 轨道；同时，中心离子以两个 3d、一个 4s 和三个 4p 空轨道杂化，形成六个等价的 d^2sp^3 杂化轨道，接受六个CN^-提供的六对孤对价电子成键。由于 d^2sp^3 杂化轨道呈正八面体构型，故$[Fe(CN)_6]^{3-}$配离子的空间构型为正八面体。

Fe^{3+} 的价电子排布、$[Fe(CN)_6]^{3-}$ 中 Fe^{3+} 的 d^2sp^3 杂化和成键示意如下：

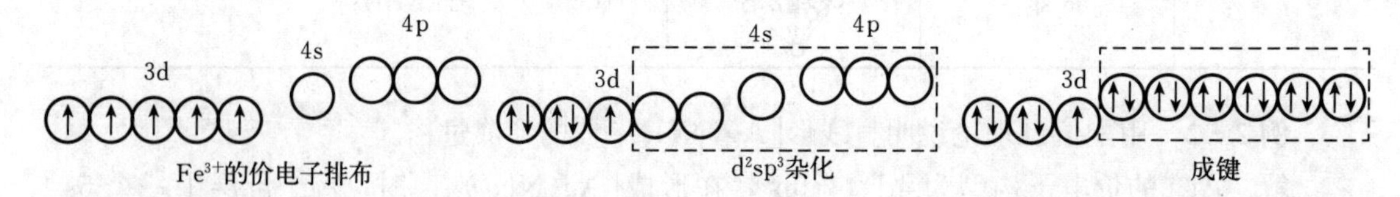

(2)外轨型配合物的特点 配位原子的电负性较大，如卤素 X^-、O 等，不易给出孤电子对，则中心离子的价电子排布不发生变化，仅用其外层空轨道 *n*s、*n*p 和 *n*d 与配体结合，形成外轨型配合物。例如，在配离子$[FeF_6]^{3-}$中，Fe^{3+} 以一个 4s、三个 4p 和两个 4d 空轨道经 sp^3d^2 杂化，形成六个等价的 sp^3d^2 杂化轨道，分别接受 F^- 的一对孤对电子，形成六个配位键。由于 sp^3d^2 杂化轨道呈正八面体构型，因此$[FeF_6]^{3-}$的空间构型为正八面体，Fe^{3+} 的配位数为 6。

$[FeF_6]^{3-}$ 中 Fe^{3+} 的 sp^3d^2 杂化成键示意如下：

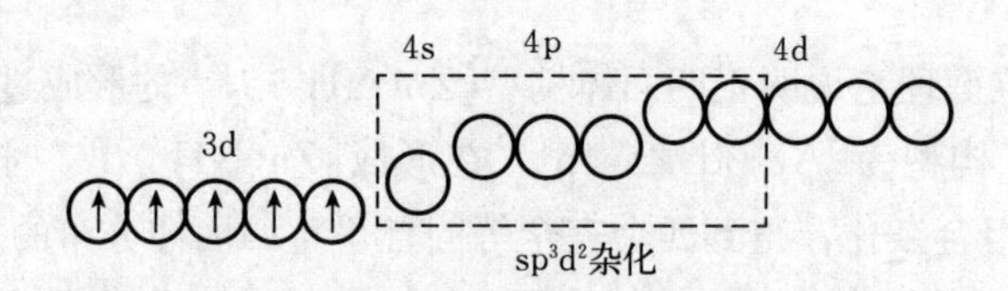

注意： 当配位原子的电负性居中时，例如配体 NH_3 分子中的 N，配合物既可能是内轨型，也可能是外轨型，实际形成何种轨型需通过实验测定。

2.3.3.1 配合物稳定性与轨型的关系

在内轨型配离子中，配体提供的孤对价电子进入中心离子的次外层空轨道成键，中心离子与配体结合得牢固，因此内轨型配合物的键能大，较稳定，在水中不易解离；而与之相反，外轨型配离子的键能小，不稳定，在水中易解离。当同一中心离子与同类型配体形成相同配位数的不同轨型配离子时，一般内轨型配合物比外轨型配合物稳定。例如

稳定性：$[Fe(CN)_6]^{3-}>[FeF_6]^{3-}$，$[Ni(CN)_4]^{2-}>[Ni(NH_3)_4]^{2+}$

2.3.3.2 配合物磁性与轨型的关系

物质的磁性是指其在磁场中表现出来的性质。若把物质放在磁场中，按照受磁场的影响

情况，物质可分为两大类：一类是反磁性物质，另一类是顺磁性物质。磁力线通过反磁性物质时受到的阻力比在真空中大，外磁场力图把这类物质从磁场中排斥出去；磁力线通过顺磁性物质比在真空中容易，外磁场倾向于把这类物质吸向自己。除此之外，还有一类被磁场强烈吸引的物质称为铁磁性物质，如铁、钴、镍及其合金。

配合物的磁性与其内部的电子自旋有关。若配合物中电子都是偶合的，由电子自旋产生的磁效应彼此抵消，则配合物在磁场中表现出反磁性。反之，有未成对价电子存在时，由电子自旋产生的磁效应不能抵消，这种配合物就表现出顺磁性。

通常把顺磁性物质在磁场中产生的磁效应用物质的磁矩(μ)来表示，μ 的单位为玻尔磁子(B. M.)。当仅考虑电子自旋运动，并假定配体中没有成单价电子时，过渡金属离子及其配离子的磁矩与中心离子的未成对电子数 n 有如下近似关系：

$$\mu=\sqrt{n(n+2)} \tag{2-1}$$

通过实验测得配合物的磁矩 μ，利用式(2-1)可计算出中心离子的未成对价电子数 n。将 n 与自由金属离子中未成对的价电子数相比，就可以确定配合物的轨型。用式(2-1)计算出不同 n 值所对应的磁矩 μ 的理论值列于表 2-6 中。

表 2-6　中心离子的未成对价电子数 n 值不同时配合物磁矩 μ 的理论值

未成对电子数 n	0	1	2	3	4	5
μ/B. M.	0	1.73	2.83	3.87	4.90	5.92

不同的配离子表现出不同的磁性，其磁性大小与中心离子所含未成对价电子数密切相关。在外轨型配离子中，中心离子的价层电子构型保持不变，即次外层 d 电子尽可能以自旋平行方式分占不同的 d 轨道，未成对的价电子数一般较多，因而外轨型配合物大多表现为顺磁性，且磁矩较大，称为**高自旋配合物**；而在内轨型配离子中，中心离子的次外层 d 电子经常发生重排，使未成对价电子数减少，因而内轨型配合物大多表现为弱的顺磁性，磁矩较小，称为**低自旋配合物**。如果中心离子的价电子完全配对或重排后完全配对，则表现为反磁性，磁矩为零。

例 2-4　实验测得$[FeF_6]^{3-}$和$[Fe(CN)_6]^{3-}$的磁矩分别为 5.88B. M. 和 2.0 B. M.。

(1)判断这两种配离子的空间构型；

(2)计算两种配离子中的未成对价电子数；

(3)说明中心离子的杂化方式，属内轨型配合物还是外轨型配合物。

解

(1)由化学式可知，两种配离子的配位数都为 6，则它们的空间构型皆为正八面体。

(2)由 $\mu=\sqrt{n(n+2)}=5.88$ 计算，可得 $n=4.96\approx5$，因此，$[FeF_6]^{3-}$中的未成对价电子数为 5；同理，$[Fe(CN)_6]^{3-}$中的未成对价电子数为 1。

(3)根据$[FeF_6]^{3-}$的未成对价电子数为 5，推断 Fe^{3+} 的 5 个未成对价电子分占 5 个$(n-1)$d 轨道，中心离子的杂化方式为 sp^3d^2，$[FeF_6]^{3-}$ 为外轨型配合物；同理，在$[Fe(CN)_6]^{3-}$中，价层轨道中未成对价电子为 1，推断 Fe^{3+} 的 3d 轨道电子发生了配对重排，Fe^{3+} 采取的杂化方式为 d^2sp^3，因此$[Fe(CN)_6]^{3-}$为内轨型配合物。

【思考题】

1. 怎么理解配位键是一种特殊的共价键？
2. 如何判断配合物的杂化类型和空间构型？

2.4 分子间作用力与氢键

气态分子在一定条件下可以凝聚成液体，液体在一定条件下可以凝结成固体，这说明分子与分子之间存在着某种相互吸引力，即**分子间力**(intermolecular force)。分子间力的概念是荷兰物理学家范德华(Van der Waals)在1930年研究真实气体的行为时提出的，所以这种力称为**范德华力**。分子间力的强度弱于化学键，一般只有几至几十千焦每摩尔。与决定物质化学性质的化学键不同，分子间力主要影响物质的物理性质，如熔点、沸点、汽化热、溶解度、表面张力等。

2.4.1 分子的极性与变形性

2.4.1.1 分子的极性

分子中都含有原子核和电子，由于原子核所带正电荷与电子所带负电荷相等，因此分子是电中性的。但在不同分子中，正、负电荷的分布会有所不同。设想一个分子中有“正电荷中心”和“负电荷中心”，如果正、负电荷中心重合，则该分子为**非极性分子**；如果正、负电荷中心不重合，则为**极性分子**。

共价分子的极性与共价键的极性有关。对于双原子分子，分子极性与共价键的极性一致，如果共价键为极性键，则分子为极性分子。对于多原子分子，分子极性不仅与共价键的极性有关，还与分子的空间构型有关。如果分子中的共价键为极性键，但分子的空间构型是完全对称的，则正、负电荷中心重合，分子为非极性分子；如果分子中的共价键为极性键，但分子的空间构型不对称，则正、负电荷中心不重合，分子为极性分子。例如，NH_3和BF_3两种分子，虽然N—H键和B—F键都是极性键，但是BF_3分子的平面三角形构型完全对称，其正、负电荷中心重合，BF_3是非极性分子；而NH_3的三角锥形构型空间不完全对称，其正、负电荷中心不重合，则NH_3是极性分子。

分子的极性大小常用偶极矩μ来衡量。分子偶极矩等于正电荷中心(或负电荷中心)的电量q与正、负电荷之间的距离d的乘积：

$$\mu = q \cdot d \qquad (2-2)$$

分子的偶极矩越大，分子的极性就越强；反之，偶极矩越小，分子的极性就越弱；偶极矩为零的分子是非极性分子。表2-7列出了一些常见分子的偶极矩和空间构型。

由表2-7可见，结构对称(如直线形、平面三角形、正四面体)的多原子分子，其分子偶极矩为零；结构不对称(如V形、四面体、三角锥形)的多原子分子，其分子偶极矩不为零。因此，根据分子偶极矩可以推出分子的空间构型；反之，若知道分子的空间构型，也可以判断其偶极矩是否为零。例如，实验测得CO_2分子的偶极矩为零，说明CO_2分子中正、负电荷中心是重合的，由此推断CO_2分子为直线形。

表 2－7　一些常见分子的偶极矩与空间构型

分子	$\mu/(10^{-30}C\cdot m)$	分子空间构型	分子	$\mu/(10^{-30}C\cdot m)$	分子空间构型
H_2	0		BF_3	0	平面正三角形
N_2	0		O_3	1.67	V形
CO_2	0		SO_2	5.28	
CS_2	0		CCl_4	0	正四面体
CO	0.33	直线形	CH_4	0	
HF	6.47		$CHCl_3$	3.63	三角锥形
HCl	3.60		NH_3	4.29	四面体
HBr	2.60		H_2S	3.63	V形
HI	1.27		H_2O	6.17	

2.4.1.2　分子的变形性

上面所讨论的分子极性，是在没有任何外界影响下分子本身的属性。如果分子受到外加电场的作用，分子内部电荷的分布受到同电相斥、异电相吸的作用而发生相对位移。例如，将非极性分子放在电容器的两个平板之间，如图 2－12 所示。分子中带正电荷的核将被吸引向负极，而带负电荷的电子云将被吸引向正极，其结果是核和电子云产生相对位移，分子发生变形，称为**分子的变形性**。这样，非极性分子在未受外电场作用前重合的正、负电荷中心，在外电场影响下相互位移分离，产生偶极，此过程称为**分子的极化**，所形成的偶极称为**诱导偶极**(induced dipole)。

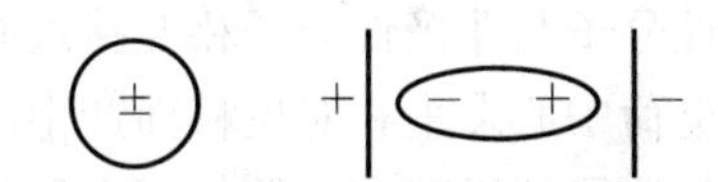

图 2－12　非极性分子在电场中的变形变化

分子的变形性与外电场强度和分子中电子数有关。外电场强度越强，分子越易变形。当取消外电场时，诱导偶极随之消失，分子又恢复为非极性分子；当外电场强度一定时，则分子中电子数越多，电子云越弥散，诱导偶极矩越大，分子的变形性也越大。

对极性分子来说，本身就存在着偶极，此偶极称**固有偶极**或**永久偶极**(permanent dipole)。极性分子通常都做不规则的热运动，如图 2－13(a)所示。在外电场的作用下，极性分子的正极转向电场负极，负极转向电场正极，在电场中定向排列，此过程称为**取向**，如图 2－13(b)所示。同时电场也使分子正、负电荷中心之间的距离拉大，发生变形，产生诱导偶极，此时，分子的偶极为固有偶极和诱导偶极之和，分子的极性有所增强，如图 2－13(c)所示。

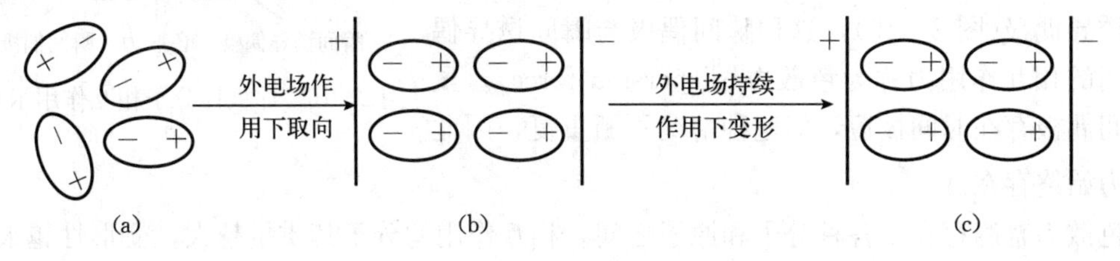

图 2－13　极性分子在电场中的变化

分子的取向、极化和变形，不仅在外电场中发生，而且在相邻分子间也可发生。这是因为极性分子的固有偶极就相当于无数个微电场，所以当极性分子与极性分子、极性分子与非极性分子相邻时同样也会发生极化作用。这种极化作用对分子间作用力的产生有重要影响。

2.4.2 分子间作用力

分子间作用力按产生的原因和特点分为取向力、诱导力和色散力。

2.4.2.1 取向力

由于极性分子的正、负电荷中心不重合，所以极性分子中存在永久偶极。当极性分子相互接近时，极性分子的永久偶极间同极相斥、异极相吸(图 2-14)，使分子发生取向。这种由于取向而在极性分子的永久偶极间产生的静电作用力称为**取向力**(orientation force)。取向力的本质是静电作用力，其只存在于极性分子之间。

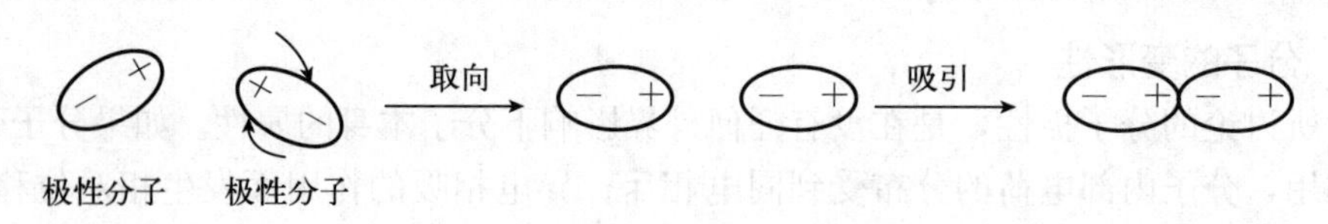

图 2-14 极性分子相互作用示意图

2.4.2.2 诱导力

极性分子与非极性分子相互接近时，在极性分子永久偶极的影响下，非极性分子重合的正、负电荷中心发生相对位移而产生诱导偶极(图 2-15)，这种极性分子的永久偶极与非极性分子的诱导偶极间产生的作用力称为**诱导力**(induced force)。极性分子相互接近时，在永久偶极的相互影响下，每个极性分子也将产生诱导偶极，因此诱导力不仅存在于极性和非极性分子之间，也存在于极性分子之间。

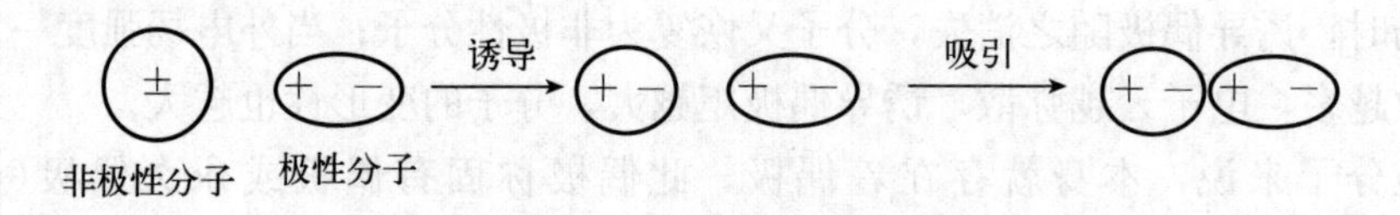

图 2-15 极性分子与非极性分子相互作用示意图

2.4.2.3 色散力

在非极性分子中，由于电子的运动和原子核的振动，分子的正、负电荷中心瞬间不重合而产生**瞬间偶极**(instantaneous dipole)。瞬间偶极诱导相邻分子产生相应的诱导偶极(图 2-16)，这种瞬间偶极与瞬间诱导偶极之间的相互作用力称为**色散力**(dispersion force)。虽然瞬间偶极存在时间极短，但这种情况不断重复，因此色散力始终存在。

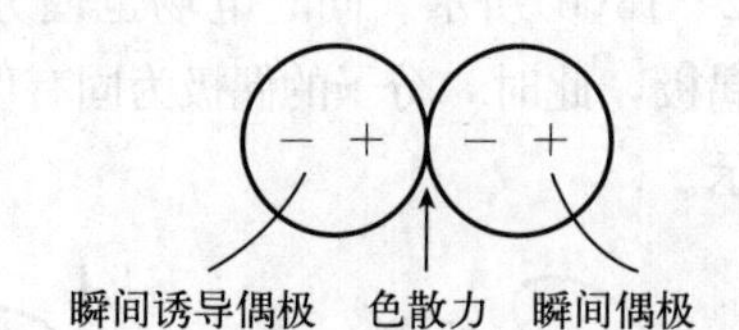

图 2-16 非极性分子相互作用示意图

色散力普遍存在于各种分子和原子之间。相互作用的分子其质量越大，变形性越大，色散力越大。

综上所述，**在极性分子之间存在色散力、诱导力和取向力；在极性分子与非极性分子之间存在色散力和诱导力；在非极性分子之间只存在色散力。**对大多数分子来说，色散力是主要的；只有当分子极性很大时，取向力才比较显著；而诱导力通常很小。

通常共价键键能可达 150～500 kJ·mol^{-1}，而分子间力一般仅几至几十千焦每摩尔。然而分子间这种微弱的作用力是决定物质熔点、沸点、表面张力、稳定性等物理性质的主要因素。液态物质分子间力越大，汽化热就越大，沸点就越高；固态物质分子间力越大，熔化热就越大，熔点就越高。一般来说，结构相似的同系列物质相对分子质量越大，分子变形性越大，分子间力越强，物质的熔点、沸点就越高，分子的聚集状态就由气态过渡到固态。例如，卤素分子是非极性分子，分子间只存在色散力。由于卤素分子的色散力随相对分子质量的增加而增大，它们的熔点、沸点也随相对分子质量的增大而升高，在常温下，F_2、Cl_2是气体，Br_2是液体，而I_2是固体；稀有气体的熔点、沸点也是随着相对分子质量的增大而升高的。

分子间力对液体的互溶性以及固、气态非电解质在液体中的溶解度也有一定影响。溶质和溶剂的分子间力越大，则溶质在溶剂中的溶解度也越大。

分子间力对分子型物质的硬度也有一定影响。极性小的聚乙烯、聚异丁烯等物质，分子间力较小，因此硬度不大；含有极性基团的有机玻璃等物质，分子间力较大，具有一定的硬度。

2.4.3 氢键

前面已经提及，结构相似的同系列物质的熔点、沸点一般随着分子质量的增大而升高。图 2-17 列出了同族元素氢化物的沸点变化趋势。从图 2-17 中可以看出 NH_3、H_2O 和 HF 比相应的同族元素氢化物沸点反常地高，原因是这些分子间除了有范德华力外，还有另一种特殊的分子间力——**氢键**(hydrogen bond)。

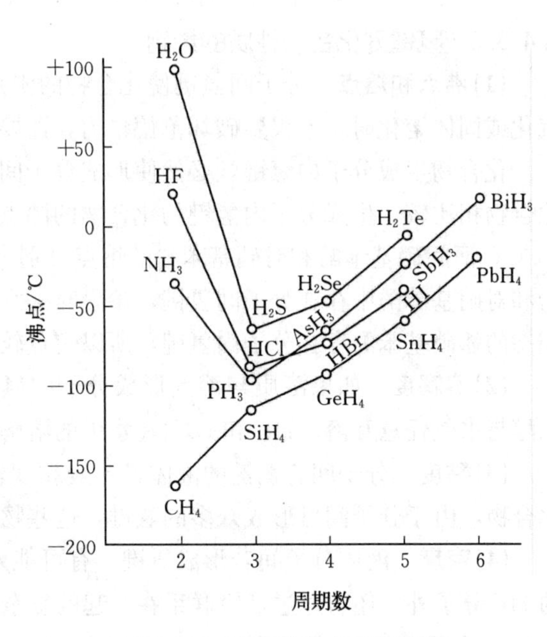

图 2-17 氢化物沸点变化趋势

2.4.3.1 氢键的形成

氢原子只有一个电子，当它与电负性大、半径小的原子 X(X=F、O、N)以共价键结合时，由于 X 原子吸引成键电子的能力大，共用电子对偏向 X，使氢原子几乎成为没有带电子云的“赤裸”质子，而呈较强的正电性，且半径极小(约 30pm)。这个赤裸的质子极易与邻近的另一个电负性大、半径小的原子 Y(Y=F、O、N)中的孤对电子产生静电吸引作用。这种产生在氢原子与电负性较大的原子 Y 之间的静电吸引力称为**氢键**。

氢键通常用 X—H…Y 表示，其中 X 和 Y 可以是同种原子，也可以不同，X 和 Y 一般是

F、O、N 等电负性大、半径小的非金属元素的原子。H_2O 分子之间形成的氢键如图 2-18(a)所示。

氢键分为分子间氢键和分子内氢键。一个分子的 X—H 键与另一个分子中的 Y 形成的氢键称为**分子间氢键**。一个分子的 X—H 键与该分子内的 Y 形成的氢键称为**分子内氢键**。例如，邻硝基苯酚的硝基 O 与羟基 H 原子生成分子内氢键，如图 2-18(b)所示。

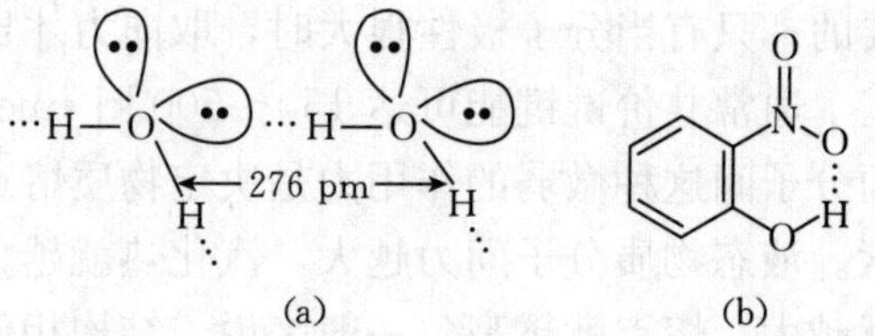

(a) (b)

图 2-18 分子间和分子内氢键示意图

2.4.3.2 氢键的特点和强度

(1)氢键具有方向性与饱和性 氢键的方向性是指形成氢键 X—H—Y 时，X、H、Y 尽可能在同一直线上，这样可使 X 与 Y 距离最远，相互斥力最小；氢键的饱和性是指 X—H 只能与一个 Y 形成氢键，当 X—H 与一个 Y 形成氢键后，如果再有一个 Y 接近，则这个 Y 原子受到氢键上的 X、Y 的排斥力远大于氢对它的吸引力，不可能形成第二个氢键。

(2)氢键的强度 氢键的键能一般为 15～35 $kJ \cdot mol^{-1}$，约与分子间力相当，比化学键小得多。氢键的强弱与 X 和 Y 的电负性大小有关。X、Y 的电负性越大，则形成的氢键越强。氟原子的电负性最大，半径又小，形成的氢键最强。Cl 原子的电负性虽大，但原子半径较大，因而形成的氢键很弱。C 原子的电负性较小，一般不易形成氢键。根据电负性大小，氢键的强弱顺序为

$$F—H\cdots F > O—H\cdots O > O—H\cdots N > N—H\cdots N$$

2.4.3.3 氢键对化合物性质的影响

(1)沸点和熔点 分子间氢键使化合物的沸点和熔点升高。因为分子间形成氢键，液体汽化或固体熔化时，不仅要破坏范德华力，还要消耗更多的能量去破坏分子间氢键。

化合物生成分子内氢键，必然使形成分子间氢键的机会减少，因此与形成分子间氢键的化合物相比较，生成分子内氢键的化合物的沸点和熔点会降低。例如，邻硝基苯酚的熔点为 45 ℃，而间硝基苯酚和对硝基苯酚的熔点分别为 96 ℃和 114 ℃。这是因为固态的间硝基苯酚和对硝基苯酚中存在分子间氢键，熔融时必须破坏一部分分子间氢键，所以熔点较高。而固态的邻硝基苯酚存在分子内氢键，所以熔点较低。

(2)溶解度 如果溶质与溶剂形成分子间氢键，则溶质在溶剂中的溶解度增大。例如，乙醇与水能任意互溶，HF 和 NH_3 在水中的溶解度较大，就是这个原因。

(3)黏度 分子间有氢键的液体，一般黏度较大。例如，甘油、磷酸、浓硫酸等多羟基化合物，由于分子间可形成众多的氢键，这些物质通常为黏稠状液体。

(4)密度 液体分子间若形成氢键，有可能发生缔合现象，例如液态 HF 中，除了简单的 HF 分子外，还有通过氢键联系在一起的复杂分子链 $(HF)_n$。这种由若干个简单分子连成复杂分子而又不会改变原物质化学性质的现象，称为**分子缔合**。分子缔合会影响液体的密度。水分子之间也有缔合，冰就是温度降到 0 ℃以下时水分子的巨大缔合物。

氢键在生命过程中具有非常重要的意义。与生命现象密切相关的蛋白质和核酸分子中都含有氢键，蛋白质分子的 α-螺旋结构就是靠羰基(C═O)氧和氨基(—NH)氢以氢键(C═O··H—N)彼此联合而成。脱氧核糖核酸(DNA)的双螺旋结构也是通过氢键构筑以增强其稳定性的。

【思考题】

1. 氢键是否只能在液态下形成？固态呢？气态呢？
2. Cl 原子和 N 原子的电负性相同，但 HCl 分子之间不形成氢键，为什么？
3. H_2O 和 HCHO 分子之间能不能形成氢键？

2.5 晶体结构简介

2.5.1 晶体与非晶体

物质通常有三种聚集状态：气态、液态和固态。固体物质按其原子或离子排列的有序程度可分为晶体(crystal)和非晶体[non-crystal，又称无定形体(amorphous body)]。

2.5.1.1 晶体的特征

(1)有一定的几何外形 从外观看，晶体一般具有明显的几何外形。例如食盐晶体为立方体、石英为六角柱体等，如图 2-19 所示。与晶体相反，非晶体没有固定的几何外形，例如玻璃、橡胶、沥青、松香、石蜡等。但是，有一些物质从外观上看不具备整齐的外形，而结构分析证明它们由微小的晶体组成，如化学反应形成的晶型沉淀，我们称其为微晶，微晶仍属于晶体的范畴。

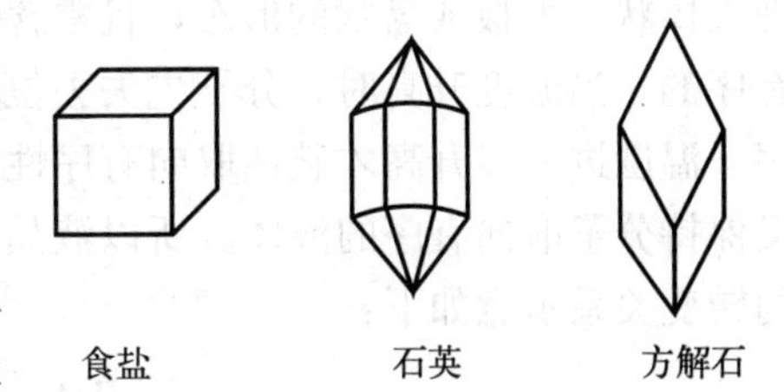

图 2-19 几种晶体的外形

(2)有固定的熔点 在一定压强下，晶体熔化时温度几乎不变，吸收的热能用于使晶体变为液体，直到晶体完全熔化温度才继续上升，这说明晶体具有固定的熔点；而非晶体在加热时先变软，继而转为黏度很大的熔体，此期间温度不断上升，非晶体没有固定的熔点。

(3)晶体具有各向异性 晶体的各向异性是指晶体的一些性质(光学、力学、电学等性质)从晶体的不同方向测定的结果常常是不同的。例如，在石墨晶体内，平行于石墨层的方向比垂直于石墨层方向的热导率大 4～6 倍，电导率大 5 000 倍左右。而非晶体各向同性。

晶体与非晶体之间并不存在不可逾越的鸿沟。在一定条件下晶体与非晶体是可以相互转化的，例如把石英晶体加热熔化后，迅速冷却，可以得到非晶态的石英玻璃；而石英玻璃反复熔化、缓慢冷却后，可以得到晶态的石英晶体。

2.5.1.2 晶体内部结构简介

晶体与非晶体性质上的差异反映了两者内部结构的差别。X 射线研究表明，晶体内部微粒(分子、离子或原子)的排列是有次序、有规律的。

为了便于研究晶体中微粒的排列规律，法国晶体学家布拉维(A. Bravais)提出：把晶体中的微粒抽象为几何学中的点，称为**结点**，结点的总和称为**空间点阵**。沿着一定的方向按某种规则把结点连接起来，可以得到描述各种晶体内部结构的几何图像，称为**晶格**(crystal lattice)。

在晶格中，能表现出其结构的一切特征的最小单元称为**晶胞**(crystal cell)。晶胞在三维空间中的无限重复就形成了晶格。根据形状和大小，晶胞分成**七大晶系**：立方、四方、正交、三方、单斜、三斜和六方；每一个晶系又可分为若干种晶格，七大晶系共有**14种晶格**。其中最简单的是立方晶系，它包括三种晶格，即简单立方晶格、体心立方晶格和面心立方晶格(图2-20)。

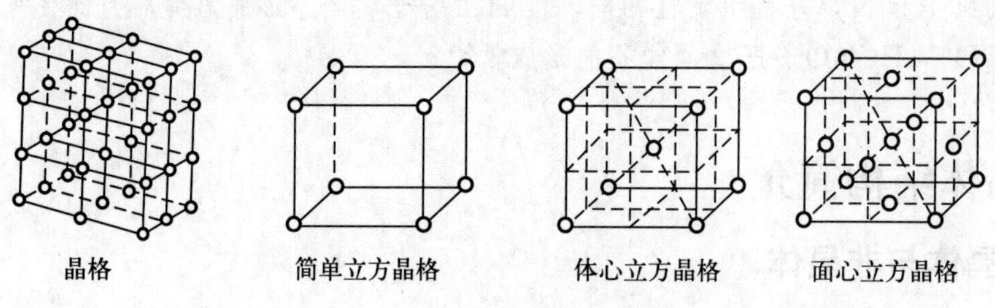

图2-20　晶格与三种立方晶格

2.5.1.3　液晶

液晶(liquid crystal)是介于液体和晶体之间的一种各向异性的流体。液晶化合物常具有细长棒状、平板或盘状的形态，且常含一两个极性基团。在液晶中，分子的位置和取向都是有序的，当温度升高时，分子先失去位置的有序性而后产生流动性，但其仍保持分子取向有序。温度进一步升高才破坏取向有序性而形成各向同性的液体。液晶就是这种具有流动性而又保持分子取向有序的液体。所以液晶与晶体一样表现为各向异性。晶体、液晶、液体三者的转变关系示意如下：

$$\text{晶体} \underset{}{\overset{T_1}{\rightleftharpoons}} \text{液晶} \underset{}{\overset{T_2}{\rightleftharpoons}} \text{液体}$$

晶体	液晶	液体
无流动性	有流动性	有流动性
各向异性	各向异性	各向同性

目前已合成出来的液晶物质有6 000～7 000种，人体中的大脑、肌肉、神经髓鞘、眼睛的视网膜可能存在液晶组织。由于对光、电、磁、热及化学环境变化都非常敏感，液晶作为各种信息的显示和记忆材料被广泛用于科技领域。液晶的研究和应用涉及化学、物理学、生物学和技术科学各个领域，是许多科学家感兴趣的一个新兴领域。

2.5.2　晶体的类型

根据晶格结点上微粒的种类及微粒间结合力的不同，晶体分为离子晶体、原子晶体、分子晶体和金属晶体。

2.5.2.1　离子晶体

(1)离子晶体的特征与性质　由阳离子和阴离子通过离子键结合而成的晶体称为**离子晶体**(ionic crystal)。离子型化合物在常温下均为离子晶体，如NaCl、NaF、$CaCl_2$等。

在离子晶体中，晶格结点上交替排列着阴、阳离子。如图2-21所示，NaCl晶体中，Na^+和Cl^-按一定的规则在空间交替排列，每个Na^+的周围有6

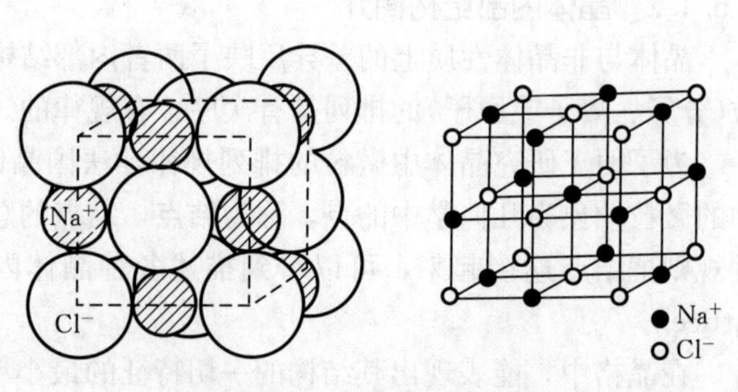

图2-21　NaCl的晶体结构

个Cl^-，而每个 Cl^- 的周围有 6 个 Na^+。通常把晶体内(或分子内)某一粒子周围最接近的粒子数目称为该粒子的配位数。NaCl 晶体中，Na^+ 和 Cl^- 的配位数都是 6，Na^+ 和Cl^- 的数目比为 1∶1，因此 NaCl 是其化学式，不是分子式。

在离子晶体中，晶格结点上阴、阳离子之间的静电引力较大，破坏离子晶体需要更多的能量，因此离子晶体物质一般熔点较高、硬度较大、难挥发。如 NaF 和 MgF_2的熔点分别为 993 ℃和 1261 ℃。

离子晶体的硬度虽大，但比较脆，延展性差。这是由于离子晶体受到外力作用时，各层晶格结点上的离子发生位移，使异号离子相间排列的稳定状态转变为同号离子相邻的排斥状态，晶体结构即被破坏。

离子晶体一般易溶于水，其水溶液或熔融状态都能导电，但在固体状态，由于离子被限制在晶格结点上震动，因此不导电。

(2)离子极化及其对晶体结构与性质的影响

① 离子的极化和变形：离子并非刚性的，当有外加电场作用时，离子的电子云会产生变形。在离子晶体中，离子本身就是一个小的“电场”，会使异号离子的电子云发生变形。离子使带异电荷离子发生变形的作用称为**离子的极化作用**；而被异电荷极化发生变形的性质称为**离子的变形性**。

对相互靠近的正、负离子而言，本身作为电场可以使带异号电荷的离子因极化产生变形，表现出极化作用，同时又受到被极化离子的反极化，自身也发生变形。通常正离子半径较小，它对相邻的负离子会发生诱导作用而使之极化，负离子半径一般较大，易于被诱导变形，所以，通常对正离子只考虑极化作用，对负离子则只考虑变形性。

正离子的极化：极化作用的强弱取决于离子的电荷、半径和电子构型。正离子电荷越高，半径越小，极化作用越强。例如，$Al^{3+}>Mg^{2+}>Na^+$。如果电荷相等，半径相近，则主要考虑正离子的电子层构型对极化的影响。其作用的次序是：外层具有 8 电子构型时(Na^+、Mg^{2+} 等)，极化能力最小；外层具有 9～17 电子构型时(Mn^{2+}、Cr^{3+}、Fe^{2+}、Fe^{3+})，具有较大的极化能力；外层具有 18、18+2 和 2 电子构型时(Cu^+、Cd^{2+}、Be^{2+})，极化能力最强。

负离子的变形性：离子的电荷、半径和电子构型也影响离子的变形性。负离子半径越大，电荷越高，变形性越大。例如，卤素离子 X^- 的变形性大小顺序为：$I^->Br^->Cl^->F^-$。变形性也与电子构型有关，价层具有 9～17 或 18 电子构型的离子变形性比 8 电子构型的要大得多。所以，有时 18 电子构型的正离子的变形性也需要考虑。

② 离子的极化对化学键与性质的影响：

a. 离子极化影响化学键的成分。在离子晶体中，如果没有极化作用，化学键是纯粹的离子键。但正、负离子间的极化是不可避免的，离子极化使离子的电子云变形并相互重叠，离子键中增加了共价键的成分。离子极化作用越强，共价键的成分越多，使离子键向共价键过渡。例如，K^+ 的极化作用明显小于 Ag^+，当它们与Cl^- 成键时，KCl 的化学键以离子键为主，而 AgCl 则带有一定成分的共价键，两者在物理、化学性质上表现出明显的差异。

b. 离子极化影响化合物的性质。离子极化使化合物熔点和沸点降低。例如，在 $BeCl_2$、$MgCl_2$、$CaCl_2$ 中，Be^{2+} 半径最小，又是 2 电子构型，因此 Be^{2+} 有很强的极化能力，使Cl^- 发生明显变形，Be^{2+} 和Cl^- 的化学键有显著的共价性。因此 $BeCl_2$的熔点和沸点明显较同族氯化物低。$BeCl_2$、$MgCl_2$、$CaCl_2$的熔点依次为 410 ℃、714 ℃、782 ℃。

离子键中共价成分的增加会导致晶体在水中的溶解度下降，例如 Ag^+ 与 F^-、Cl^-、Br^-、I^- 形成的卤化物在水中的溶解度从 AgF 的易溶到 AgI 的难溶，溶解度逐渐减小。这是因为 F^-、Cl^-、Br^-、I^- 变形性依次增大，离子极化使 AgX 化学键由离子型逐渐向共价型过渡。

离子极化还会导致离子晶体颜色加深，例如 AgCl、AgBr 和 AgI 的颜色由白色、淡黄色到黄色逐渐加深。再如 Pb^{2+}、Hg^{2+} 和 I^- 均为无色离子，但由于离子极化明显，PbI_2 呈金黄色，HgI_2 呈朱红色。

2.5.2.2 原子晶体

晶格结点上排列着通过共价键结合的原子的晶体称为**原子晶体**(atomic crystal)。金刚石是原子晶体的典型代表，在晶体中碳原子占据晶格结点的位置。每个碳原子都以 4 个 sp^3 杂化轨道与 4 个相邻碳原子形成 4 个等同的共价键，构筑成正四面体，无数个碳原子连接成一个整体，如图 2-22 所示。因此原子晶体中不存在分子。

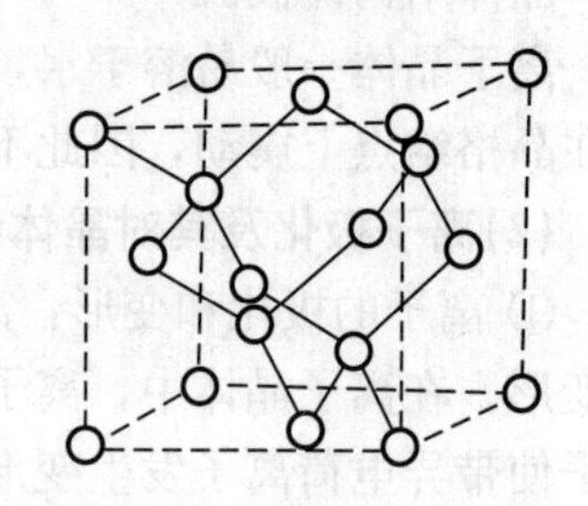

图 2-22 金刚石的晶体结构

原子晶体中原子间以共价键结合，因此晶体一般都有很高的熔点和很大的硬度。金刚石是硬度最大的物质，硬度定义为 10 级，其他物质的硬度是与金刚石比较而得；金刚石的熔点高达 3570 ℃。

原子晶体一般不导电，即使熔化也不导电，但某些原子晶体(如硅等)具有半导体性质，在一定条件下也能导电。

原子晶体很少，主要是由 C、Si 元素和周期表中与其邻近的元素形成的，如金刚石、硅、碳化硅(SiC)、碳化硼(B_4C)、石英(SiO_2)等。

2.5.2.3 分子晶体

凡是靠分子间力(有时可能是氢键)结合而成的晶体称为**分子晶体**(molecular crystal)。分子晶体晶格结点上排列的是分子。固体 CO_2(即干冰)是一种典型的分子晶体(图 2-23)，其中 C、O 原子间以共价键结合成 CO_2 分子，CO_2 分子占据晶格结点。不同的分子晶体，分子的排列方式可能不同，但分子之间都以分子间力相结合。

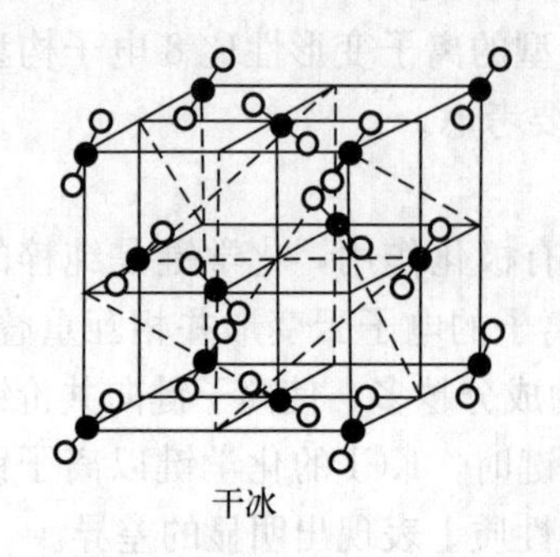

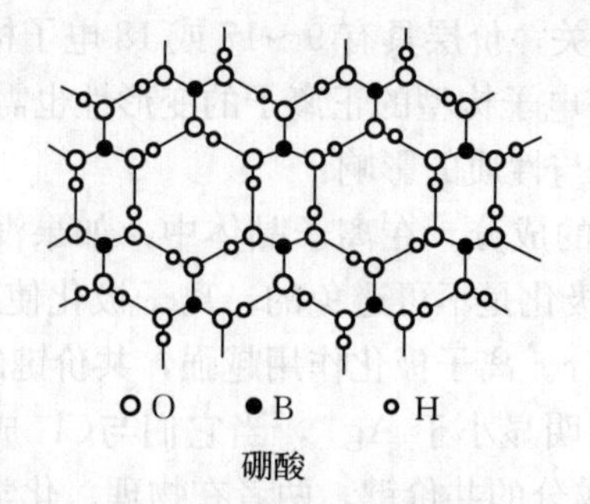

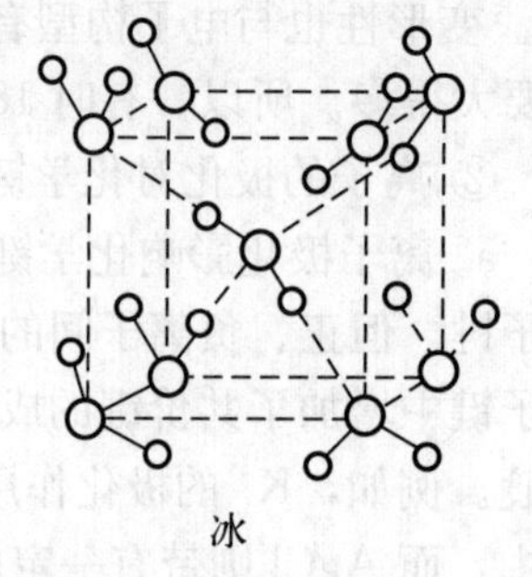

图 2-23 干冰、硼酸和冰的晶体结构

分子间力比离子键、共价键弱得多，因此，分子晶体一般熔点低、硬度小、易挥发、不导电。大多数非金属元素的单质、稀有气体和非金属元素之间形成的化合物及大部分有机化合物，在固态时都是分子晶体。有些分子晶体中还存在着氢键，如冰、草酸、硼酸等。

2.5.2.4 金属晶体

元素周期表中大多数元素都是金属元素，在常温下，除汞是液态外，其他金属都是晶状固体，即金属晶体。金属晶体和许多合金通常显示出离子型物质和共价型物质所不具有的某些特性，如有金属光泽和延展性、优良的导电和导热性等。金属的这些特性可以用金属键理论解释。目前有两种金属键理论：一种是应用共价键理论来研究金属晶体而形成的**金属键的改性共价键理论**(又称**金属键的自由电子模型**)；另一种是应用分子轨道理论来研究金属晶体中原子间结合力而逐步发展形成的**金属键的能带理论**或**固体能带理论**(又称**金属键的量子力学模型**)。

(1)金属键的改性共价键理论　同非金属元素相比，金属元素的原子半径较大，电负性和电离能较小，价电子容易脱离原子核的束缚。当很多金属原子聚集在一起形成金属晶体时，价电子可以自由运动，为很多原子共用，称为**自由电子**(或离域电子)。这些自由电子把失去价电子的金属正离子吸引在一起形成**金属晶体**(metallic crystal)。自由电子与金属离子间的作用力称为**金属键**(metallic bond)，金属键没有方向性和饱和性。这种观点称为**金属键的改性共价键理论**。

改性共价键理论可以简单地定性解释金属的大多数特征。例如，自由电子不受键的束缚，因而能吸收并重新发射很宽波长范围的可见光，使金属晶体不透明且具有金属光泽；自由电子在外电场影响下定向流动形成电流，使金属具有良好的导电性；自由电子的运动和金属离子的振动可以交换能量，使金属具有良好的导热性；由于自由电子的存在，当外力作用于金属晶体时，金属正离子的滑动不会导致金属键的断裂，使金属表现出良好的延展性。

(2)金属键的能带理论　能带理论是把任何一块晶体看作一个大分子，然后应用分子轨道理论来描述金属晶体内电子的运动状态。其基本要点如下：

① 假设原子核都位于金属晶体晶格结点上，构成一个联合的核势场，所有电子按照分子建造原理分布在核势场中的分子轨道内，其中价电子不属于任何一个特定的原子，可以在金属原子间运动，称为**离域电子**。

② 原子轨道组成分子轨道，每两个相邻分子轨道间的能量差极其微小，以至于实际能级无法分清楚。因此将由 n 条能级相同的原子轨道组成的能量几乎连续的 n 条分子轨道总称为**能带**。

③ 按照组合能带的原子轨道能级以及电子在能带中分布的不同，将能带分为**价带**(valance band)、**导带**(conduction band)和**禁带**(forbidden energy gap)等。价带(又称满带)是指金属分子轨道中能量最高的全部充满电子的能带；导带(又称半满带)是指金属分子轨道中没有充满电子，且电子可在其中自由运动的高能量的能带；禁带是指金属晶体中能带和能带之间的区域，电子在该区域不能停留。各种能带的能量不同，禁带间的能量用**间隙能**表示。间隙能越大，禁带越宽。金属中相邻的能带有时可以互相重叠。图 2－24 为金属锂和金属镁能带形成示意图。

能带的存在通过 X 射线衍射研究已被证实。利用能带理论可以阐明金属的一些特性。例如，在外电场作用下，金属导体内导带中的电子在能带中做定向运动，形成电流，所以金属能导电；光照时导带中的电子可以吸收光能跃迁到能量较高的能带上，当电子跃回时把吸收的能量又发射出来，使金属具有金属光泽；局部加热时，电子运动和核的振动可以传热，使金属具有导热性；受机械力作用时，在导带中电子的润滑下原子可以相互滑动而不破坏能带，使金属具有延展性。

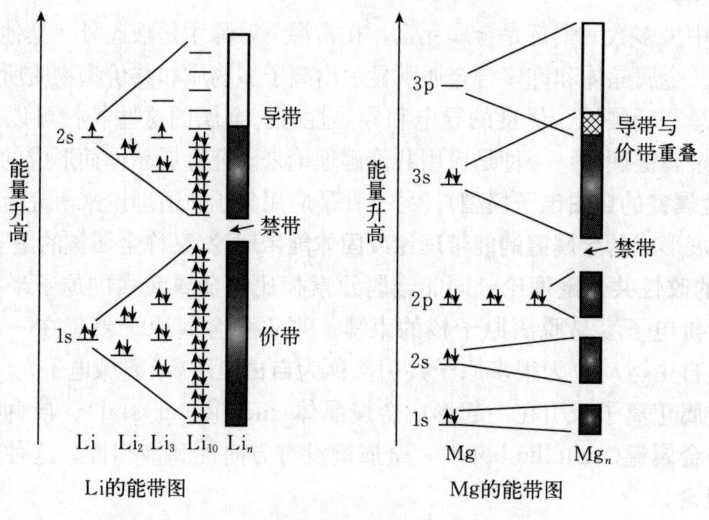

图 2-24　金属锂和金属镁能带形成示意图

根据固体的能带理论，禁带宽度和能带中电子的填充状况可以决定固体材料是导体、半导体还是绝缘体。从禁带宽度来看，半导体的禁带宽度一般小于 3 eV，绝缘体的禁带宽度一般大于 5 eV。从电子填充状况来看，一般金属导体的价电子能带是半满的，或者虽然价电子能带全满，但有能量间隔较小的空带彼此可以重叠，电子容易跃迁成为导带。绝缘体由于价电子都在满带，导带是空的，而且禁带的宽度大(能量间隔大)，电子在外电场作用下，不能越过禁带跃迁到导带，故不能导电。半导体的能带结构是满带，被电子充满，禁带宽度很窄，在通常情况下是不导电的。但在光照或外电场中，满带上的电子很容易跃迁到空带上，使原来的空带成为导带，跃迁留下的空穴是原来的满带也称为导带，所以能导电。一般而言，半导体的温度越高，跃迁电子越多，导电性越强。

以上简单介绍了晶体的四种基本类型，其结构与特性归纳于表 2-8 中。

表 2-8　离子晶体、原子晶体、分子晶体和金属晶体的结构与特性

晶体类型	晶格结点上的粒子种类	粒子间作用力	晶体的一般性质	晶体实例
离子晶体	阴、阳离子	离子键	熔点较高，略硬而脆，除固体电解质外，固态时一般不导电(熔化或溶于水时导电)	活泼金属的氧化物和盐类等
原子晶体	原子	共价键	熔点高，硬度大，不导电	金刚石、单质硅、单质硼、碳化硅、石英等
分子晶体	分子	分子间力、氢键	熔点低，易挥发，硬度小，不导电	稀有气体、多数非金属单质、非金属之间的化合物、有机化合物等
金属晶体	金属原子金属阳离子	金属键	导电性、导热性、延展性好，有金属光泽，熔点、硬度差别大	金属或合金

【思考题】

试比较 CO_2、SiO_2、NaCl 三种晶体的熔点高低，并说明原因。

阅读材料

超分子化学

超分子化学(supramolecular chemistry)是以非共价键弱相互作用力键合起来的复杂有序且具有特定功能的分子聚合体的化学。可以说超分子化学是共价键分子化学的一次升华、一次质的超越，因此被称为是“超越分子概念的化学(chemistry beyond the molecule)”。打个形象的比喻，如果把超分子比作足球队的话，那么球队的每个成员就是一个分子，一个有组织的足球队的表现并不是单个球员表现的简单加和，而是作为一个有序的聚合体，具有远远超过单个成员简单加和的更特殊和更高级的功能。

1. 超分子体系的分类　根据形成超分子的主体不同，可分为冠醚超分子、环糊精超分子、杯芳烃超分子和葫芦脲超分子等。根据超分子组装体的结构，可分为层状结构、纳米管道、无限网络结构和胶囊等。根据超分子的尺寸进行分类，可分为小尺寸超分子、中尺寸超分子和大尺寸超分子。

(1)小尺寸超分子　在分子水平上，分子间选择性的“捕捉”称为“分子识别”，具有识别功能的分子称为“主体分子(host molecules)”，被识别的分子称为“客体分子(guest molecules)”。由一个主体分子和客体分子选择性地结合在一起就组成了最简单的超分子。

冠醚是第一代人工合成的超分子主体化合物，它可以根据环空腔大小的不同而选择性地识别不同半径的金属离子。如环上具有 4 个氧原子的 12-冠-4 可以特异性地配位 Li^+，因为其内径(0.12～0.15 nm)正好与 Li^+ 的半径(0.136 nm)大小相当。15-冠-5(内径 0.15～0.22 nm)可以识别 Na^+(0.194 nm)，18-冠-6(内径 0.26～0.32 nm)可以识别 K^+(0.266 nm)。

环糊精是自然界存在的天然环状主体化合物，可以通过淀粉经特殊的酶水解得到。它的空腔外部是亲水的，而内部则是疏水的，因此环糊精可以用来识别水相中的亲油客体分子。如通过化学反应在环糊精的环上修饰 2 个萘基团，在没有客体存在时，其中一个萘被包裹在环糊精的疏水空腔内。当一个合适的客体分子进入环糊精空腔时，先前进入空腔的萘基团就被“推出来”，从而与另一个萘基团形成二聚体而发射强烈的荧光。因此，在这个识别体系中，可以通过检测 400 nm 处的荧光证实客体被包合。

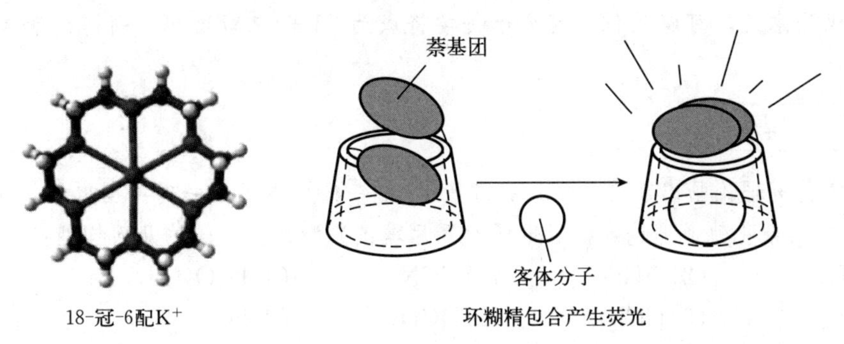

18-冠-6配K^+　　环糊精包合产生荧光

(2)中尺寸超分子　中尺寸超分子是由少数分子组成的，这种超分子具有几何上的特殊形状，而且从拓扑学的角度看，它们具有非常有趣的特征。**轮烷**(rotaxanes)是一类由一个环状分子套在一个哑铃状的线型分子上而形成的内锁型超分子体系。如果包含多个环状分子，则称为**聚轮烷**。**索烃**(catenanes)则是由2个或更多相互锁定的环组成。

轮烷　聚轮烷　假轮烷

轮烷

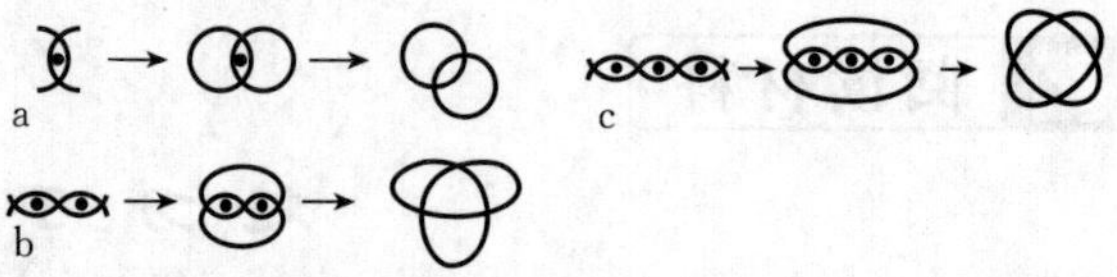

a　b　c

索烃

(3)大尺寸超分子　通过控制分子间相互作用，可以自发形成具有特殊形状和功能的大尺寸超分子。这个自发过程称为“自组装”或“自组织”。自组装的过程可以分为两种：第一种，分子间是通过“紧密”的相互作用结合在一起，如氢键。第二种自组装模式是基于“疏松”的分子间作用力，比如水介质中疏水相互作用就是其主要的键合方式之一。从自组装形态上可将分子自组装划分为自组装无限网络结构、自组装纳米管道、自组装胶囊、LB膜等。

2. 超分子体系的功能与应用　人工合成的超分子可以模拟自然界中的超分子体系实现多种功能，如材料转化、能量转化、信号传感、分子传输、信息传导与转换、模拟酶的分子转换作用以及分子水平的微制造等。2016年诺贝尔化学奖授予Jean-Pierre Sauvage，Sir J. Fraser Stoddart，以及Bernard L. Feringa。他们做出了只有头发丝千分之一粗细的分子机器。他们成功地将分子连在一起，共同设计了包括微型电梯、微型电机还有微缩肌肉结构在内的所有分子机器。

21世纪，分子水平的科学与技术在纳米科学的发展中将扮演重要的角色。纳米机器和纳米产品会使得空间探索任务更安全、更廉价。美国化学会的期刊《化学与工程新闻》有一篇题为“*NASA goes NANO*”的文章，文中强调了纳米技术在航空事业中的重要性。例如，如果能将登陆火星的重达180 kg的航天器缩小成饮料罐那么大，会节省很多资金。NASA致力于发展的纳米技术包括以下几个方面：①基于有机材料和碳纳米管的纳米计算机；②具有原子或夸克级精确度的量子计算机；③具有DNA和人工神经的生物计算机；④光子驱动的光子计算机。

超分子化学为我们展开了一个丰富多彩的超分子世界，并对传统化学提出了新的挑战。超分子化学成为化学的一个崭新的分支学科，并与物理学、信息学、材料科学和生命科学等紧密相关，超分子化学已发展成了超分子科学。由于超分子学科具有广阔的应用前景和重要的理论意义，可以确信，超分子科学将成为21世纪新思想、新概念和高新技术的重要源头。

习　题

1. 根据价键理论画出下列分子的成键情况(用一根短线表示一对共用电子，用:表示孤对电子)，并用杂化轨道理论或价层电子对互斥理论判断这些分子的几何构型：

(1)PH_3　(2)SiH_4　(3)HCN　(4)H_2O_2

(5)OF_2　(6)HClO　(7)HCHO　(8)PCl_5

2. 说明下列各组分子之间存在哪些类型的范德华力(取向力、诱导力、色散力)，是否存在氢键。

(1)苯和四氯化碳　　(2)甲醇和水　　(3)苯和水

3. 下列化合物的分子之间是否存在氢键？为什么？

(1)C_2H_6　(2)NH_3　(3)C_2H_5OH　(4)H_3BO_3　(5)CH_3OCH_3

4. 对于下列物质，指出使其固化的吸引力的种类和最主要的吸引力：

(1)CO_2　(2)KCl　(3)SiI_4　(4)H_2O

5. 判断题

(1)在 NH_3 分子中的三个 N—H 键是一样的；

(2)两个原子之间若形成共价键，首先形成的一定是 σ 键；

(3)极性分子中的化学键一定是极性键，非极性分子中的化学键一定是非极性键；

(4)直线形分子都是非极性分子；

(5)H_2O 在同族氢化物中具有最高的熔点和沸点，原因是水分子之间形成了氢键；

(6)分子的极性大小用偶极矩大小衡量。

6. 选择题

(1)采取 sp^3 不等性杂化的分子是(　　)。

A. CH_4　　B. NH_3

C. BF_3　　D. C_2H_6

(2)杂化轨道理论能较好地解释(　　)。

A. 共价键的形成　　B. 共价键的键能大小

C. 分子的空间构型　　D. 上述均正确

(3)二卤甲烷(CH_2X_2)中，沸点最高的是(　　)。

A. CH_2I_2　　B. CH_2Cl_2

C. CH_2Br_2　　D. CH_2F_2

(4)苯与水分子之间存在的作用力是(　　)。

A. 取向力、诱导力　　B. 取向力、色散力

C. 诱导力、色散力　　D. 取向力、诱导力、色散力

(5)下列哪一种化合物不含有双键或叁键？(　　)

A. C_2H_6　　B. HCN

C. CO　　D. N_2

(6)下列物质分子中以 sp 杂化轨道成键的是(　　)。

A. H_2O　　B. NH_3

C. CO_2(直线形)　　D. BF_3

(7)下列化合物中，含有非极性键的离子化合物是(　　)。

A. $Ba(OH)_2$　　B. H_2SO_4

C. $CaCl_2$　　D. Na_2O_2

(8)只需克服色散力就能沸腾的物质是(　　)。

A. HCl　　B. C

C. N_2　　D. H_2O

(9)当碘升华时，下列各项中不发生变化的是(　　)。

A. 分子内共价键　　B. 分子间作用力

C. 聚集状态　　D. 分子间距离

(10)HCHO 分子中，C 原子采取的杂化是(　　)。

A. sp　　B. sp^2

C. sp^3　　D. dsp^2

(11)稀有气体能够液化是由于原子间存在(　　)。

A. 取向力　　B. 诱导力

C. 色散力　　D. 共价键

(12)下列分子哪一种是极性分子？(　　)

A. O_2　　B. CO_2

C. BF_3　　D. $CHCl_3$

(13)下列晶体熔化时，需克服共价键的是(　　)。

A. HF　　B. Al

C. KF　　D. SiO_2

(14)石墨中，层与层之间的结合力是(　　)。

A. 共价键　　B. 配位键

C. 离子键　　D. 色散力

7. 填空题

(1)NH_3分子的中心原子 N 的价层上有______对孤对电子，H_2O 分子的中心原子 O 的价层上有______对孤对电子，由于孤对电子之间的排斥力________成键电子之间的排斥力，使得 NH_3分子的键角______H_2O 分子的键角。(后两个空填大于、小于或等于)

(2)杂化轨道的数目____________参与杂化的原子轨道的总数。(填大于、小于或等于)

(3)CS_2分子的杂化轨道类型是__________，$CHCl_3$分子的杂化轨道类型是__________。

(4)BF_3的空间几何构型为____________。

(5)H_2O 分子间存在着__________，致使 H_2O 的沸点比 H_2S 和 H_2Se __________，H_2O 中存在的分子间作用力包括____________________。

(6)现有下列分子：$BeCl_2$，BCl_3，H_2S，HBr，F_2，$SiCl_4$，$CHCl_3$，其中偶极矩为 0 的分子是______________________________。

(7)臭氧能吸收有害紫外线，保护人类，1995 年诺贝尔化学奖授予了为研究大气中的臭氧做出贡献的 3 位科学家。臭氧分子为 O_3，结构呈 V 形，键角 116.5°(见下图)，中间 O 原子提供 2 个电子，旁边两个 O 原子各提供 1 个电子，构成一个特殊的化学键(大 π 键)——3 个 O 原子均等地享有这 4 个电子。

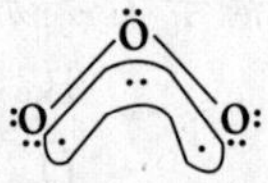

(a)臭氧分子的中心氧原子的杂化类型是________。

(b)下列分子中与 O_3 分子的结构最相似的是________。

A. H_2O　　B. CO_2　　C. SO_2　　D. $BeCl_2$

(c)分子中某原子有一对没有跟其他原子共用的价电子叫孤对电子，那么 O_3 分子有________对孤对电子。

(d)O_3 分子是否为极性分子？__________(填是或否)

(8)分子在外电场影响下，正、负电荷的中心会发生相对位移，使分子的电子云发生变形，产生的偶极称为__________________，此过程称为____________。

(9)预测下列分子中心原子的杂化类型与分子的几何构型。

PH_3杂化类型__________，几何构型____________________。

CO_2杂化类型__________，几何构型____________________。

$SiCl_4$杂化类型__________，几何构型____________________。

3 分散体系

学习要求

1. 掌握稀溶液的依数性及有关计算。
2. 了解表面能和固体表面吸附现象。
3. 了解溶胶的光学、动力学和电学性质。
4. 掌握胶团结构式的书写。
5. 了解溶胶的稳定性因素以及聚沉方法。
6. 掌握溶胶的聚沉作用。
7. 了解表面活性物质和乳浊液。

知识结构导图

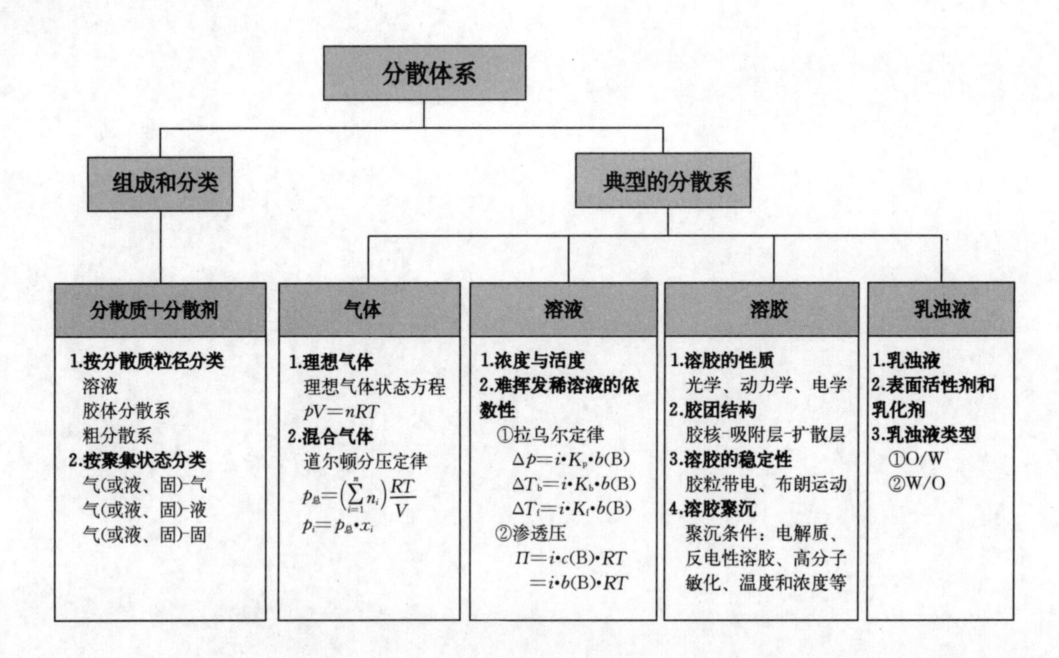

3.1 分散系的概念

一种或几种物质分散在另一种物质中所形成的体系称为**分散体系**，简称**分散系**(dispersed system)。被分散的物质称为**分散质**或**分散相**(dispersed phase)，容纳分散质的物质称为**分散剂**或**分散介质**(dispersed medium)。例如牛奶是一种分散系，其中奶油、蛋白质和乳糖是分散质，水是分散剂。

根据分散质粒子的大小，分散系分为三类，见表 3-1。

表 3-1 分散系按分散质粒子大小的分类

类 型	分散质粒子直径	主要性质	实 例
分子或离子分散系（溶液）	<1 nm	均匀稳定的单相（homogeneous）体系，分散质粒子扩散速度快，能透过半透膜，电子显微镜下观察不到	食盐水、蔗糖水
胶体分散系（溶胶和高分子溶液）	1～100 nm	多相（heterogeneous）体系，较稳定，粒子扩散速度慢，能透过滤纸，不能透过半透膜，超显微镜可看见	氢氧化铁溶胶、淀粉溶液
粗分散系（乳浊液和悬浊液）	100 nm～10 μm	多相不稳定体系，粒子扩散慢，不能透过滤纸，普通显微镜可见，分散质易从分散剂中分离出来	牛奶、泥浆

这三种分散系之间虽有明显的区别，但是没有截然的界限，三者之间的过渡是渐变的。实际上已经发现颗粒直径为 500 nm 的分散系也可表现出胶体的性质。

根据分散质与分散剂的聚集状态，分散系可分为九类，见表 3-2。

表 3-2 分散系按聚集状态的分类

分散质	分散剂	分散系实例
气	气	空气、家用煤气
液	气	云、雾
固	气	烟、灰尘
气	液	泡沫、汽水
液	液	牛奶、豆浆、农药乳浊液
固	液	泥浆、油漆
气	固	泡沫塑料、乳石
液	固	肉冻、硅胶
固	固	合金、有色玻璃

3.2 气体

气体是物质存在的一种形态，没有固定形状和体积，能自发充满整个容器。气体常以混合物的形式存在，形成气体分散系。气体的特性是具有扩散性和压缩性。通常一定量的气体所处的状态可以用压强、体积、温度来描述。

3.2.1 理想气体状态方程

假设存在一种气体，其分子是不占体积、仅具位置的一个几何点，分子间没有相互吸引与排斥，分子间以及分子与器壁间的碰撞不损失动能，这种气体称为**理想气体**(ideal gas)。理想气体的体积V、物质的量n、压强p和温度T之间具有下列关系：

$$pV=nRT \tag{3-1}$$

式(3-1)称为**理想气体状态方程**。式中：R为摩尔气体常数，$R=8.314\ J\cdot mol^{-1}\cdot K^{-1}$或$kPa\cdot L\cdot mol^{-1}\cdot K^{-1}$。

式(3-1)还可以表示为

$$p=\frac{m}{MV}RT=cRT \tag{3-2}$$

式中：m为气体的质量；M为气体的摩尔质量；c为气体的物质的量浓度。

理想气体是实际气体的一种极限情况。在高温低压时，实际气体非常接近于理想气体。所以研究理想气体是为了把研究对象简单化，在此基础上再进行一定的修正，推广应用于实际气体。

3.2.2 道尔顿分压定律

如果将几种彼此不发生化学反应的气体混合在同一容器中，则在一定温度下，混合气体中任一组分气体单独占有整个容器时所产生的压强，称为该气体的**分压**。1801年，英国科学家道尔顿(J. Dalton)通过总结实验事实，得出下列结论：混合气体的总压等于各组分气体的分压之和，这就是**道尔顿分压定律**(Dalton's law of partial pressures)。

假设一理想气体混合物，有i种组分，$i=1, 2, 3, \cdots, n$，则道尔顿分压定律可表示为

$$p_{总}=p_1+p_2+\cdots+p_n=\sum_{i=1}^{n}p_i \tag{3-3}$$

由理想气体状态方程：$p_1=n_1\dfrac{RT}{V}$，$p_2=n_2\dfrac{RT}{V}$，…，$p_n=n_n\dfrac{RT}{V}$得

$$p_{总}=\sum_{i=1}^{n}p_i=(\sum_{i=1}^{n}n_i)\frac{RT}{V}=n_{总}\frac{RT}{V} \tag{3-4}$$

式中：$n_{总}$为混合气体的总物质的量。式(3-4)表明理想气体状态方程不仅适用于单一理想气体，也适用于混合理想气体。

道尔顿分压定律的其他表达形式为

$$\frac{p_i}{p_{总}}=\frac{n_i\dfrac{RT}{V}}{n_{总}\dfrac{RT}{V}}=\frac{n_i}{n_{总}}=x_i,\quad p_i=p_{总}\cdot x_i \tag{3-5}$$

当温度和体积恒定时，理想气体混合物中各组分的分压p_i等于总压$p_{总}$乘以该组分的摩尔分数(x_i)(物质的量分数)。

道尔顿分压定律描述的是**理想气体的特性**，实际气体并不严格遵从道尔顿分压定律，尤其在高压下，但是在一般应用中可做近似计算。

例3-1 某容器中含有NH_3、O_2与N_2气体的混合物。在20℃时取样测试得知其中$n(NH_3)=0.32\ mol$，$n(O_2)=0.18\ mol$，$n(N_2)=0.70\ mol$。混合气体的总压为133 kPa。试计算：(1)各组分的分压；(2)该容器的体积。

解　(1)$n_{总}=n(NH_3)+n(O_2)+n(N_2)=0.32+0.18+0.70=1.20(mol)$

根据式(3-5)$p_i=\frac{n_i}{n_{总}}\cdot p_{总}$，得

$$p(NH_3)=\frac{n(NH_3)}{n_{总}}p_{总}=\frac{0.32}{1.20}\times 133=35(kPa)$$

$$p(O_2)=\frac{n(O_2)}{n_{总}}p_{总}=\frac{0.18}{1.20}\times 133=20(kPa)$$

$$p(N_2)=p_{总}-p(NH_3)-p(O_2)=133-35-20=78(kPa)$$

(2)三种气体都充满整个容器，故该容器的体积可以用任一组分的物质的量及其分压计算

$$V=\frac{n(NH_3)RT}{p(NH_3)}=\frac{0.32\times 8.314\times 293}{35}=22(L)$$

3.3　溶液

3.3.1　溶液浓度的表示方法

3.3.1.1　物质的量浓度 $c(B)$

单位体积溶液中所含溶质(B)的物质的量称为物质的量浓度，用$c(B)$表示，其单位为$mol\cdot L^{-1}$。

$$c(B)=\frac{n(B)}{V} \tag{3-6}$$

式中：$n(B)$为溶质B的物质的量，单位为mol；V为溶液的体积，单位为L。

3.3.1.2　质量摩尔浓度 $b(B)$

单位质量溶剂(A)中所含溶质(B)的物质的量称为质量摩尔浓度，用$b(B)$表示，其单位为$mol\cdot kg^{-1}$。

$$b(B)=\frac{n(B)}{m(A)} \tag{3-7}$$

式中：$m(A)$为溶剂A的质量，单位为kg。

3.3.1.3　物质的量分数 $x(B)$

在溶质B与溶剂A组成的溶液中，溶质B的物质的量与溶液总物质的量之比称为组分B的物质的量分数（摩尔分数），用$x(B)$表示，$x(B)$没有单位。

$$x(B)=\frac{n(B)}{n(A)+n(B)},\quad x(A)=\frac{n(A)}{n(A)+n(B)} \tag{3-8}$$

式中：$n(A)$为溶剂A的物质的量，单位为mol；$x(A)$是溶剂A的物质的量分数，没有单位。此时，$x(A)+x(B)=1$。

对含有n个组分的溶液，各组分的物质的量分数之和为1，即

$$x_1+x_2+\cdots+x_n=1\text{ 或 }\sum_{i=1}^{n}x_i=1 \tag{3-9}$$

3.3.1.4　质量分数 $\omega(B)$

溶液中溶质B的质量与溶液总质量之比称为B的质量分数，用$\omega(B)$表示。

$$\omega(B)=\frac{m(B)}{m(A)+m(B)},\ \omega(A)=\frac{m(A)}{m(A)+m(B)} \quad (3-10)$$

式中：$m(B)$为溶质B的质量，单位kg；$\omega(A)$是溶剂A的质量分数，没有单位。此时，$\omega(A)+\omega(B)=1$。

同样，对含n个组分的溶液，各组分的质量分数之和也为1，即$w_1+w_2+\cdots+w_n=1$。

3.3.2 水的相图

溶液的性质与溶剂的相平衡有关，水是重要的常用溶剂，下面介绍水的相平衡及相图。

在一个系统中，物理性质和化学性质完全相同且组成均匀的部分称为**相**(phase)。如果系统中只有一个相称为单相系统，含有两个或两个以上相的系统则称为多相系统。系统里的气体，无论是纯气体还是混合气体，总是单相的；系统中若只有一种液体，无论是纯液体(如水)还是真溶液(如NaCl水溶液)也总是单相的。若系统里有两种液体，则情况较复杂：酒精和水这两种液体能以任意比例混合，是单相系统；而乙醚与水之间有液-液界面，为互不相溶的油、水构成的两相系统。由不同固体组成的混合物是多相系统，如由石英、云母、长石等多种矿物组成的花岗岩属于多相系统。

不同相之间具有明显的光学界面，光由一相进入另一相会发生反射和折射，光在不同相里行进的速度不同。

注意：①相和**态**(state)是两个不同的概念，态指聚集状态，如上述由乙醚和水构成的系统，虽然包含两个相，却只有一种状态——液态。②相和**组分**(component)也是不同的概念。例如同时存在水蒸气、水和冰的系统是三相系统，但这个系统中只有一种组分——水。冰、水、水蒸气的化学组成相同，三者之间的转化虽然没有发生化学变化，却发生了相的变化。

固、液、气三相之间的转化称为相变，相变达到平衡状态时称为**相平衡**。用以表达系统状态以及温度和压强间关系的图称为**相图**。为了表示水的三态之间的平衡关系，以压强为纵坐标、温度为横坐标，得到水的相图(图3-1)。

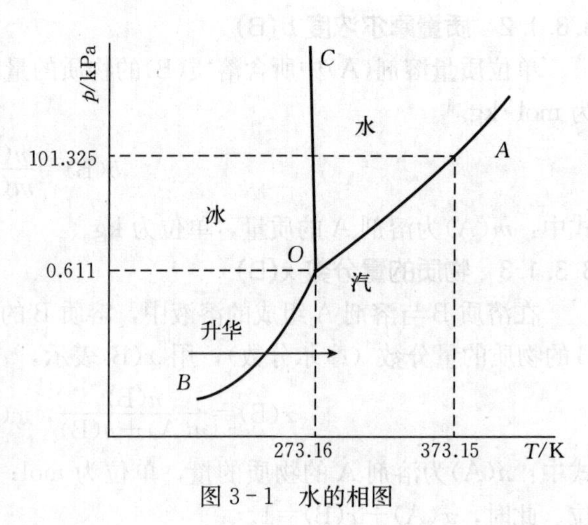

图3-1 水的相图

水的相图由三条线、三个区和一个点组成。

*OA*线是水的**蒸气压曲线**，表示的是水和水蒸气共存的温度和压强。*OA*线不能无限延长，有一临界点，水的临界温度是647.15 K，(高于此温度时，不论多大的压强也不能使水蒸气液化)；水的临界压强(临界温度时水蒸气液化所需要的压强)是2.21×10^4 kPa。

*OB*线是冰的**蒸气压曲线**(又称为冰的**升华曲线**)，线上各点表示冰与水蒸气长期共存的温度和压强条件。

*OC*线是水的**凝固曲线**，线上各点表示水与冰两相平衡时对应的温度和压强条件。*OC*

线几乎与纵坐标平行，说明压强变化对水的凝固点变化影响不大。

三条曲线的交点 O 点称为三相点，它表示冰、水、水蒸气三相共存时的温度和压强。三相点是纯水在其饱和蒸气压下的凝固点。三相点的蒸气压为 0.611 kPa，温度为 0.009 81 ℃，要维持三相平衡，须保持此温度和压强，改变任何一个条件都会使三相平衡遭到破坏。三相点与冰点不同，冰点是在 101.325 kPa 下被空气饱和的水和冰的平衡温度，冰点的温度为 0 ℃。

三条曲线将图分为三个区，AOB 是气相区，AOC 是液相区，BOC 为固相区。每个区内只存在水的一种状态，称单相区。如在 AOB 区域内，在每一点相应的温度和压强下，水都呈气态。在单相区中，温度和压强可以在一定范围内同时改变而不引起状态变化即相变，因此，只有同时指明温度和压强，系统的状态才能完全确定。

3.3.3　稀溶液的依数性

溶液的性质既不同于溶质，也不同于溶剂。溶液的性质可分为两类：第一类性质，如颜色、体积、导电性、密度和酸碱性等，其变化与溶质的本性有关，溶质不同，溶液的这些性质也不同；第二类性质，如溶液的蒸气压下降、沸点上升、凝固点下降和渗透压等，则与溶质的本性无关，只与单位体积内溶质粒子数的多少即溶液的浓度有关。例如，0.1 $mol \cdot kg^{-1}$ 甘油溶液、葡萄糖溶液的凝固点都为 273.02 K，都低于纯水（273.15 K）。因为这类性质只与单位体积内溶质的粒子数有关，所以这类性质称为稀溶液的**依数性**（colligative property）或**通性**。

3.3.3.1　非电解质稀溶液的依数性

（1）溶液的蒸气压下降　将水放在密闭容器中，少数动能较大的水分子会摆脱表面的束缚而逸出，成为蒸气分子，这种过程称为**蒸发**。在蒸发的同时，部分水蒸气分子可能由于碰撞或受到液面的吸引又回到水中，这种过程称为**凝结**。开始时蒸发速度大于凝结速度，随着液面上方蒸气分子逐渐增多，凝结速度随之加快。经过一段时间后，蒸发速度和凝结速度相等，系统处于动态平衡，这时液面上的水蒸气的压强不随时间改变，称为水的**饱和蒸气**。水的饱和蒸气所产生的压强称为水的**饱和蒸气压**，简称水的**蒸气压**，如图 3-2 所示。由于蒸发是吸热过程，所以同一物质的蒸气压随温度的升高而增大。

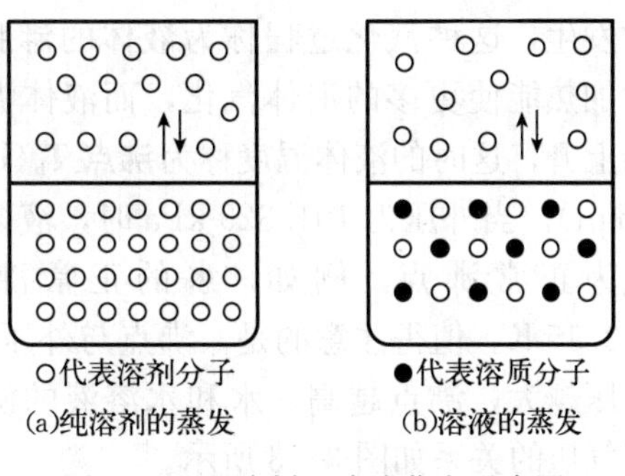

(a)纯溶剂的蒸发　(b)溶液的蒸发

图 3-2　纯溶剂和溶液蒸发示意图

在一定温度下，不同物质有不同的蒸气压。通常把在常温下蒸气压较低的物质称为**难挥发物质**，如甘油、葡萄糖、食盐等；蒸气压较高的物质称为**易挥发物质**，如苯、乙醇、碘等。

对于难挥发非电解质溶液[①]，实验证明，其蒸气压比纯溶剂的蒸气压低。这种现象称为

① 如果溶质易挥发，则溶液的蒸气压应该是溶剂的蒸气压加上溶质的蒸气压：$p_{溶液}=p(A)+p(B)$。例如，在水中加少量乙醇，乙醇是易挥发物质，其蒸气压比同温度下的水大。因此加入乙醇后，溶液的蒸气压增大，沸点降低，凝固点升高。

溶液的蒸气压下降(vapor pressure lowering)。

溶液蒸气压下降的原因可从以下两个方面来解释：一方面，由于每个溶质分子与若干溶剂分子作用，形成溶剂化分子，从而束缚了一些高能量的溶剂分子；另一方面，由于溶质的加入，溶剂的一部分表面被溶质分子所占据，所以单位时间内逸出液面的溶剂分子数目相应地减少。

1887 年，法国物理学家拉乌尔(F. M. Raoult)根据溶液蒸气压下降的实验结果，总结出一条规律：在一定温度下，难挥发非电解质稀溶液的蒸气压下降值 Δp 仅与溶质的物质的量分数成正比，而与溶质的本性(种类)无关。这一规律称为**拉乌尔定律**(Raoult Law)。

$$\Delta p = p(\mathrm{A}) - p(\mathrm{aq}) = p(\mathrm{A})\cdot x(\mathrm{B}) \tag{3-11}$$

式中：$p(\mathrm{A})$为溶剂 A 的蒸气压；$p(\mathrm{aq})$为溶液的蒸气压。

在稀溶液中可认为 $n(\mathrm{A})+n(\mathrm{B})\approx n(\mathrm{A})$，所以

$$\Delta p = p(\mathrm{A})\cdot x(\mathrm{B}) = p(\mathrm{A})\cdot\frac{n(\mathrm{B})}{n(\mathrm{A})+n(\mathrm{B})} \approx p(\mathrm{A})\cdot\frac{n(\mathrm{B})}{n(\mathrm{A})} = p(\mathrm{A})\cdot\frac{n(\mathrm{B})}{\dfrac{m(\mathrm{A})}{M(\mathrm{A})}} = p(\mathrm{A})\cdot M(\mathrm{A})\cdot b(\mathrm{B})$$

在一定温度下，$p(\mathrm{A})$和 $M(\mathrm{A})$均为常数，令 $K_p = p(\mathrm{A})\cdot M(\mathrm{A})$，则有

$$\Delta p = K_p \cdot b(\mathrm{B}) \tag{3-12}$$

式(3-12)表明：在一定温度下，难挥发非电解质稀溶液的蒸气压下降值与溶液的质量摩尔浓度成正比。实验表明，溶液越稀，实验值与计算结果越相符。浓溶液的实验值与计算结果不相符，因此**拉乌尔定律只适用于稀溶液**。

(2)溶液的沸点上升 当液体的蒸气压等于外压时，液体的汽化将在其表面和内部同时发生，这种汽化过程称为液体的**沸腾**。此时加热能使更多的液体汽化，而液体温度不会上升，这时的液体温度称为**沸点 T_b**(boiling point)。当外压为 101.325 kPa 时，液体的沸点为正常沸点。例如，水的正常沸点为 373.15 K。值得注意的是，沸点与外压有关，外压越大，沸点越高。水和水溶液的沸点与蒸气压的关系如图 3-3 所示。

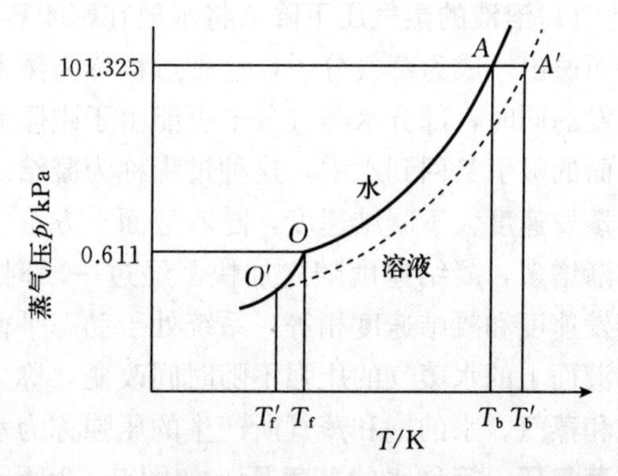

图 3-3 水溶液的沸点上升和凝固点下降示意图

图 3-3 中，OA 曲线为水的蒸气压随温度的变化曲线。在 A 点，水的蒸气压等于外压 101.325 kPa，对应的温度为水的正常沸点 T_b(373.15 K)；$O'A'$曲线是水溶液的蒸气压随温度的变化曲线，在 A'点，溶液的蒸气压等于外压 101.325 kPa，对应的温度为溶液的沸点 T'_b。由于溶液的蒸气压要比同一温度下水的蒸气压低，在 373.15 K 时溶液的蒸气压小于 101.325 kPa，因此在 373.15 K 时溶液不会沸腾。只有将温度升高使溶液蒸气压达到 101.325 kPa，溶液才会沸腾，此时溶液的沸点高于 373.15 K，这一现象称为**溶液的沸点上升**(boiling point elevation)。

溶液的沸点 T'_b与溶剂的正常沸点 T_b 之差即为沸点上升值，用 ΔT_b 表示。因为溶液沸点升高是由溶液的蒸气压下降引起的，所以难挥发非电解质稀溶液的沸点升高值只与溶液的质量摩尔浓度有关，与溶质的种类无关。即

$$\Delta T_b = T'_b - T_b = K_b \cdot b(B) \quad (3-13)$$

式中：K_b 称为**沸点上升常数**，K_b 与溶剂有关，而与溶质无关，常用溶剂的 K_b 列于表 3－3 中。K_b 可通过实验测得，如在 1 kg 水中溶解 0.1 mol 任何难挥发非电解质后，溶液的沸点都比水的沸点上升 0.0512 K，则水的 $K_b = 0.512\ K \cdot kg \cdot mol^{-1}$。

表 3－3　常用溶剂的 K_b 和 K_f 值

溶剂	沸点/K	K_b/(K·kg·mol^{-1})	凝固点/K	K_f/(K·kg·mol^{-1})
水 H_2O	373.15	0.512	273.15	1.86
乙酸 CH_3COOH	391.65	1.22	289.75	3.90
苯 C_6H_6	353.30	2.53	278.65	5.12
环已烷 C_6H_{12}	354.15	2.79	279.65	20.2
萘 $C_{10}H_8$	491.15	5.80	353.35	6.90
樟脑 $C_{10}H_{16}O$	481.40	5.95	451.55	37.7

利用式(3－13)可以计算溶液的沸点或溶质的摩尔质量。

例 3－2　将 0.20 g 二苯胺$(C_6H_5)_2NH$ 溶于 60.0 g 苯中，计算溶液在常压下的沸点。

解　二苯胺的摩尔质量 $M = 169\ g \cdot mol^{-1}$，溶剂苯的 $K_b = 2.53\ K \cdot kg \cdot mol^{-1}$，沸点 $T_b = 353.30$ K(查表 3－3)，溶液的质量摩尔浓度为

$$b(B) = \frac{0.20/169}{0.060} = 0.0197(mol \cdot kg^{-1})$$

根据沸点上升公式(3－13)，得

$$\Delta T_b = T'_b - T_b = K_b \cdot b(B) = 2.53 \times 0.0197 = 0.050(K)$$

$$T'_b = \Delta T_b + T_b = 0.050 + 353.30 = 353.35(K)$$

(3)溶液的凝固点下降　在一定外压下，物质的固液两相平衡时的温度称为固相的**熔点**或液相的**凝固点**(freezing point)。一般将外压为 101.325 kPa 下的凝固点称为正常凝固点。如在 101.325 kPa 下，水的凝固点为 273.15 K，此时水和冰的蒸气压相等。

在 101.325 kPa 下，往冰和水的平衡体系中加入难挥发非电解质，由于溶质只溶解到水中，不会溶解到冰中，所以溶液的蒸气压下降。由于固液两相的蒸气压不相等，体系处于非平衡状态。此时，少量的冰会融化，体系温度下降，溶液和冰的蒸气压也随着降低，由于冰的蒸气压降低速度(图 3－3 中 OO' 曲线)比溶液的蒸气压降低速度(图 3－3 中 $O'A'$曲线)快，经过一段时间，当温度降到 T_f' 时，溶液的蒸气压与冰的蒸气压相等，冰和水溶液重新达到两相平衡，这一温度就是溶液的凝固点。这一现象称为溶液的**凝固点下降**(freezing point lowering)。

显然，溶液凝固点下降也是由溶液蒸气压下降引起的，因此难挥发非电解质稀溶液的凝固点下降也只与溶液的质量摩尔浓度成正比，与溶质的种类无关。即

$$\Delta T_f = T_f - T'_f = K_f \cdot b(B) \quad (3-14)$$

式中：K_f 为**凝固点下降常数**，其值只与溶剂有关，而与溶质无关。常用溶剂的 K_f 见表 3－3。K_f 值也可以通过实验测得。

例 3-3 将 1.29 g 丙酮$(CH_3)_2CO$溶解在 200 g 水中，测得此溶液的凝固点为 272.94 K，求丙酮的摩尔质量。

解 查表 3-3，水的凝固点 $T_f=273.15$ K，$K_f=1.86\ K\cdot kg\cdot mol^{-1}$

$$\Delta T_f=T_f-T_f'=273.15-272.94=0.21(K)$$

设丙酮的摩尔质量为 M，代入式(3-14)得

$$\Delta T_f=K_f\cdot b(B),\ 0.21=1.86\times\frac{1.29/M}{0.200}$$

解得
$$M=57.1(g\cdot mol^{-1})$$

溶液沸点上升和凝固点下降实验都可以用来测定溶质的摩尔质量，但凝固点下降法比较常用。原因是：一方面，只有稀溶液才符合拉乌尔定律，即实验时所用溶液的 b(B)较小，使测得的 ΔT_f 和 ΔT_b 均比较小。由于同一溶剂的 K_f 均大于 K_b，因此同一溶液的 ΔT_f 大于 ΔT_b，实验误差较小。如例 3-2 中 ΔT_b 只有 0.050 K，例 3-3 中 ΔT_f 为 0.21 K。另一方面，在凝固点时，溶液中有溶剂晶体析出，易于观察。所以常用凝固点下降法测定溶质的摩尔质量，并且尽量选择 K_f 较大的溶剂。

溶液蒸气压下降、沸点上升和凝固点下降规律，有助于理解植物抗旱性与耐寒性：当外界温度偏离常温时，不论是升高还是降低，有机体细胞中都会强烈地产生可溶性糖类，从而增加细胞液的浓度。细胞液浓度越大，则蒸气压越小，蒸发过程就越慢，在气温较高时，植物能保持一定的水分，表现出抗旱性；同时，细胞液浓度越大，凝固点越低，因此细胞液在 273.15 K 以下尚不致结冰，使植物保持生命力，表现出耐寒性。另外，生活在南极海域的鱼类血液中，存在着糖与蛋白质结合在一起的一种糖蛋白，这种物质的存在降低了鱼血液的凝固点，使其能在极寒冷的条件下生存。

稀溶液的这些规律在实际工作中也很有用处，例如，在严寒的冬天，为防止汽车水箱冻裂，常在水箱的水中加入甘油或乙二醇，以降低水的凝固点，避免水箱中的水因结冰而体积膨胀使水箱破裂。

(4)溶液的渗透压 如果将一杯水倒入一杯浓蔗糖水中，由于分子的扩散作用，一段时间后就会得到一杯稀糖水。但如果在浓蔗糖水和纯水之间用一种只允许水(溶剂)分子自由通过，而溶质分子不能通过的**半透膜**(semi-permeable membrane，天然的半透膜如动物的膀胱、肠衣、细胞膜等，人工半透膜如硝化纤维膜、醋酸纤维膜等高分子薄膜)隔开，会发生什么现象呢？

实验装置如图 3-4 所示，(a)为实验开始前的情况，(b)为放置一段时间后的情况。(b)图中显示经过一段时间后，蔗糖水的液面升高，纯水的液面下降，这种现象称为**渗透**(osmosis)。从宏观看，渗透是溶剂分子通过半透膜进入溶液的单向扩散过程。

水(溶剂)分子可以自由地通过半透膜，由于单位时间内由纯水中穿过半透膜的水分子数比溶液中穿过半透膜的水分子数多，结果使溶液一侧的液面升高。半透膜两边的水位差所表示的静压称为**渗透压**(osmotic pressure)，以符号 Π 表示。如果在溶液的液面上施加压强，则上述渗透作用不能发生，如图 3-4(c)所示。因此也可以说，渗透压是为了阻止渗透现象发生所需施加于溶液液面上的最小压强。当半透膜两边通过的水分子数相等时，便达到渗透平衡。

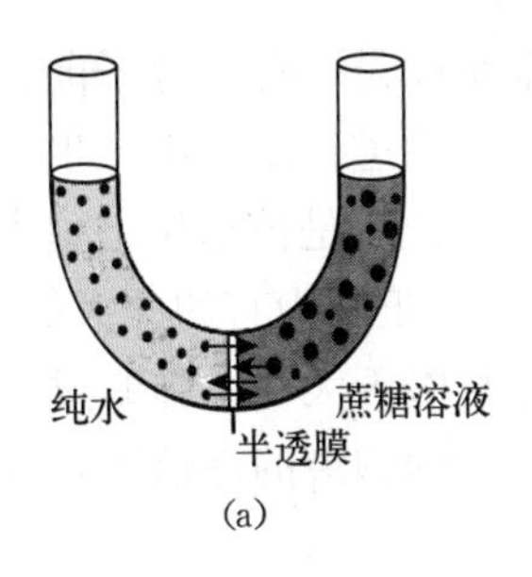

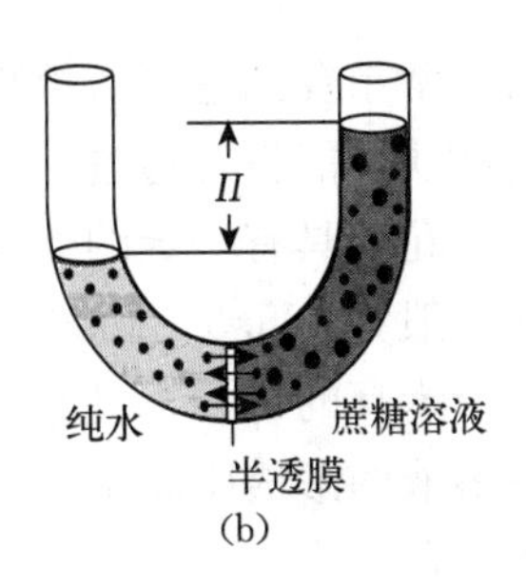

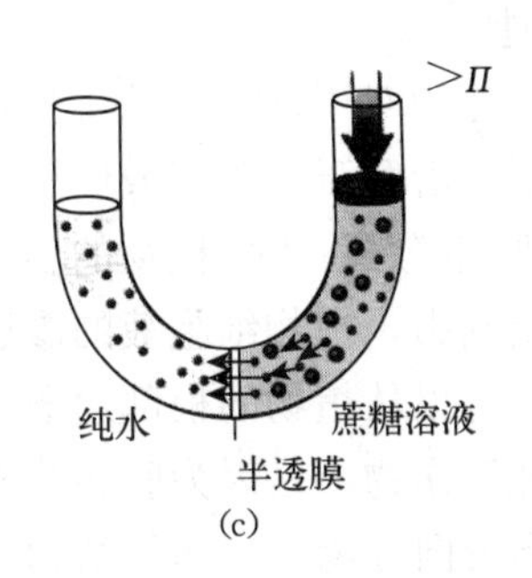

图 3-4　渗透压示意图

渗透现象不仅发生在纯溶剂和溶液之间，也发生在两种不同浓度的溶液之间，这时溶剂自发地从稀溶液向浓溶液渗透。如果半透膜两侧溶液的浓度相等，由于这两种溶液的渗透压相等，所以渗透不会发生。通常将渗透压相等的溶液称为**等渗液**。

1886 年荷兰物理学家范特霍夫(Van't Hoff)总结大量实验结果指出，非电解质稀溶液的渗透压与其物质的量浓度及热力学温度成正比，而与溶质无关。即

$$\Pi=c(\mathrm{B})\cdot RT \tag{3-15}$$

式中：Π 为渗透压(kPa)；T 为热力学温度(K)；R 为摩尔气体常数。

对稀水溶液来说，$c(\mathrm{B})\approx b(\mathrm{B})$，因此也可以用下式近似计算溶液的渗透压：

$$\Pi=b(\mathrm{B})\cdot RT \tag{3-16}$$

应注意的是，非电解质稀溶液的渗透压与理想气体状态方程十分相似，但两种压强产生的原因和测定方法完全不同，按照规定，只有半透膜存在于溶液和其溶剂之间时表现出来的压强差才称为该溶液的**渗透压**。

利用式(3-15)可测定非电解质稀溶液的渗透压，也可计算非电解质溶质的相对分子质量。实际工作中常用来测定高分子化合物的相对分子质量。因为高分子化合物的相对分子质量较大，所配溶液的浓度较小，用渗透压法测定其相对分子质量有其独特的优点。

例 3-4　将血红素 1.00 g 溶于适量水中，配成 100 mL 溶液，298 K 时此溶液的渗透压为 0.366 kPa。求：(1)溶液的物质的量浓度；(2)血红素的摩尔质量；(3)溶液的沸点上升和凝固点下降值。

解　(1)

$$\Pi=c(\mathrm{B})\cdot RT$$

$$c(\text{血红素})=\frac{\Pi}{RT}=\frac{0.366}{8.314\times 298}=1.48\times 10^{-4}(\mathrm{mol\cdot L^{-1}})$$

(2)设血红素的摩尔质量为 M，则

$$c(\text{血红素})=\frac{(m/M)_{\text{血红素}}}{V}=\frac{1.00/M}{0.100}=1.48\times 10^{-4}$$

解得

$$M=6.76\times 10^{4}(\mathrm{g\cdot mol^{-1}})$$

(3)根据沸点上升公式和凝固点下降公式

$$\Delta T_{\mathrm{b}}=K_{\mathrm{b}}\cdot b(\mathrm{B})=0.512\times 1.48\times 10^{-4}=7.58\times 10^{-5}\ (\mathrm{K})$$

$$\Delta T_{\mathrm{f}}=K_{\mathrm{f}}\cdot b(\mathrm{B})=1.86\times 1.48\times 10^{-4}=2.75\times 10^{-4}\ (\mathrm{K})$$

由计算可见，ΔT_{b} 和 ΔT_{f} 数值很小，测量起来比较困难，但此溶液的渗透压较大，比

较容易测量。

渗透作用对于动植物的生长具有非常重要的意义。植物细胞膜是一种水分子能自由进出的半透膜，溶解于细胞液或体液中的物质不能自发透过。水分子渗透进细胞中产生一定的压强，使细胞膨胀，因此植物的茎、叶、花瓣具有一定的弹性。渗透压是植物从土壤中吸收水分的重要动力，植物细胞液的渗透压一般为405.3～2026.5 kPa，正因为有如此大的推动力，水分子才可以从植物的根部运送到数十米高的顶端，自然界才有参天大树。施肥过多或过浓会“烧死”作物，是因为肥多使土壤溶液的渗透压高于植物根部细胞液的渗透压，导致植物细胞内水分向外渗透，而使植物枯萎。

人体的血浆、胃液、胰液、肠液和脊髓液等的渗透压都大致相等，饮水后水渗入血液，使血浆渗透压降低，水分即可由血液渗透至各组织，并可进入肾脏而排尿。如果因为发高烧、腹泻或其他原因，使机体内失水过多，血液的渗透压过高，会产生无尿现象，故应多饮水以降低血液的渗透压。人体血液的平均渗透压约为780 kPa，因此对病人输入补液时，必须使用与人体体液渗透压相等的等渗溶液，常用质量分数为0.9%的生理盐水和质量分数为5%的葡萄糖溶液。若所输补液的浓度过低(低渗溶液)，会使血液中的红细胞膨胀，甚至破裂而产生溶血现象；浓度过高(高渗溶液)则会使红细胞中的水分外渗而皱缩，导致胞浆分离。这些都会造成严重后果。见图3-5。

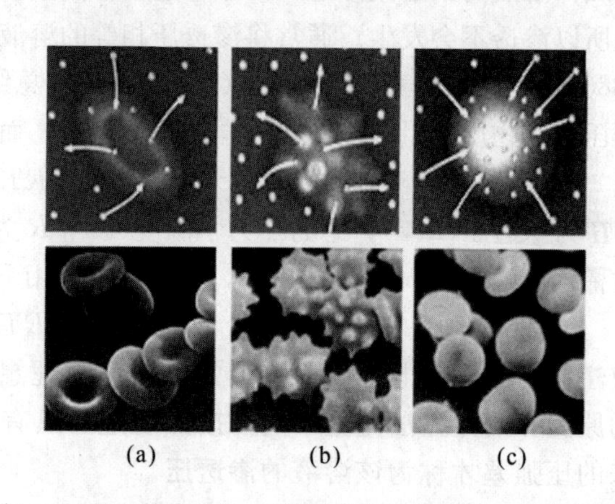

图3-5　处于等渗液(a)、高渗液(b)和低渗液(c)中的红细胞

如果在图3-4中溶液的液面上施加比其渗透压更大的压强，就会逆转渗透的方向，使糖水溶液中的水分子通过半透膜扩散到纯水中去，这一过程称为**反渗透**(reverse osmosis)。利用反渗透技术可以进行海水、苦碱水的淡化。尽管目前这一技术的成本是城市自来水生产的3倍左右，但要比用蒸馏法从海水制取淡水所需的能量少得多。反渗透技术还可用于工业废水处理、重金属盐的回收以及稀溶液的浓缩等。反渗透技术的关键是寻找高强度、耐高压、低成本的半透膜。

综上所述，对于难挥发的非电解质稀溶液，其蒸气压下降、沸点上升、凝固点下降和渗透压都只与溶液的质量摩尔浓度成正比，而与溶质的种类无关，因此把这些性质称为依数性。值得注意的是：浓溶液也有蒸气压下降、沸点上升、凝固点下降，也存在渗透压，但由于浓溶液中溶质分子数较多，分子间相互影响大，这些性质不能进行定量计算。

3.3.3.2　电解质稀溶液的依数性

难挥发电解质稀溶液是否与非电解质稀溶液一样，也具有蒸气压下降、沸点上升、凝固点下降和渗透压等依数性呢？如果有，是否也可以用难挥发非电解质稀溶液的计算公式来定量计算呢？表3-4列出了几种电解质稀溶液的计算值ΔT_f和实验值$\Delta T_f'$。由表3-4可见，实验值$\Delta T_f'$比计算值ΔT_f大得多。

表 3-4　几种电解质溶液的计算值 ΔT_f 和实验值 $\Delta T_f'$

电解质	浓度 $c/(mol \cdot L^{-1})$	计算值 $\Delta T_f/K$	实验值 $\Delta T_f'/K$	$i=\Delta T_f'/\Delta T_f$
KCl	0.2	0.372	0.673	1.81
KNO_3	0.2	0.372	0.664	1.78
NaCl	0.1	0.186	0.347	1.87
$MgCl_2$	0.1	0.186	0.519	2.79
$Ca(NO_3)_2$	0.1	0.186	0.461	2.48

实验表明，难挥发电解质稀溶液蒸气压下降值 $\Delta p'$，沸点上升值 $\Delta T_b'$、凝固点下降值 $\Delta T_f'$和渗透压 Π'等均比计算值大，并且存在下列关系：

$$i=\frac{\Delta p'}{\Delta p}=\frac{\Delta T_b'}{\Delta T_b}=\frac{\Delta T_f'}{\Delta T_f}=\frac{\Pi'}{\Pi} \tag{3-17}$$

式中：i 称为范特霍夫校正系数。实验还表明，范特霍夫校正系数 i 与电解质的类型有关，1∶1型电解质如 NaCl 的稀溶液的 i 值接近于 2，1∶2 型或 2∶1 型电解质如 $MgCl_2$ 和 Na_2SO_4 等稀溶液的 i 值大于 2 而接近于 3，其余类推。溶液越稀，i 值越接近于整数。这是由于电解质在稀溶液中发生解离，而稀溶液的依数性只取决于单位体积内溶质 B 的粒子数。

对难挥发电解质稀溶液，其依数性的计算公式可写为

$$\Delta p'=i\cdot\Delta p=i\cdot K_p\cdot b(B)$$
$$\Delta T_b'=i\cdot\Delta T_b=i\cdot K_b\cdot b(B)$$
$$\Delta T_f'=i\cdot\Delta T_f=i\cdot K_f\cdot b(B)$$
$$\Pi'=i\cdot\Pi=i\cdot b(B)\cdot RT \tag{3-18}$$

强电解质在水中是全部电离的，但实验测得电解质稀溶液的范特霍夫校正系数 i 并非整数，这个问题一般用离子互吸理论来解释。

离子互吸理论认为，强电解质在溶液中是完全电离的，电离产生的正负离子由于带电而相互作用，每个离子都被异电离子和溶剂所包围，形成了“离子氛”，阳离子周围有较多的阴离子，阴离子周围有较多的阳离子，使得离子在溶液中不能完全自由。离子之间相互牵制，离子的运动速度显然比“毫无牵挂”要慢，因此，所测得的溶液的导电性就比完全电离的理论模型要低，产生不完全电离的假象。

为了定量描述电解质溶液中离子间的牵制作用，引入了活度的概念。**活度**(activity)是电解质溶液中实际发挥作用的离子浓度，即有效浓度。活度 a 与实际浓度 c 的关系为

$$a=\gamma c \tag{3-19}$$

式中：γ 为活度系数。电解质溶液的浓度越大，γ 越小；离子电荷越高，γ 越小。γ 反映了电解质溶液中离子间相互牵制作用的大小，溶液越浓，离子电荷越高，离子间的牵制作用越强烈，γ 值越小。溶液越稀，离子间相互作用越弱，$\gamma\rightarrow1$，活度与浓度趋于一致。因此通常情况下就用浓度代替活度。

电解质稀溶液依数性的应用也有很多。例如，工业上或实验室中常采用某些易潮解的固态物质如 $CaCl_2$、P_2O_5 等作为干燥剂，其干燥原理是：固态物质潮解后在其表面上形成饱和溶液，由于溶液浓度较大，其蒸气压较低，当空气中水蒸气的分压大于溶液的蒸气压时，空气中的水蒸气就会不断地进入溶液，使固态物质不断潮解，直到固体物质完全溶解或气液

两相的蒸气压相等为止。又如，利用溶液凝固点下降这一性质，食盐和冰的混合物可以作为制冷剂。这是因为当盐与冰混合时，盐溶解在冰表面的水中成为饱和溶液。由于此溶液的蒸气压低于冰的蒸气压，一些冰会融化。由于冰融化时要吸热，就使得周围的温度下降。在100 g冰中加入30 g食盐可获取250 K的低温，在水产业和食品贮藏及运输中，这是廉价且易得的冷冻剂。在100 g冰中加入42.5 g $CaCl_2 \cdot 2H_2O$作制冷剂，最低温度可达218 K，此制冷法有利于冬天施工。

【思考题】

1. 难挥发非电解质溶液在不断沸腾时，它的沸点是否恒定？在不断冷却过程中，它的凝固点是否恒定？为什么？

2. 将一块冰放在273.15 K的水中和放在273.15 K的盐水中，现象一样吗？为什么？

3. 浓度相同的非电解质和电解质稀溶液，两者的沸点上升值是否相同？为什么？

4. 在半透膜两侧不同物质的量浓度的溶液会产生渗透作用，则膜两边的水位差所示的静压是某侧溶液的渗透压吗？

3.4 溶胶

胶体在自然界普遍存在。例如食品、制药、橡胶、印刷、造纸等工业，以及吸附剂、润滑剂、催化剂等的生产，在一定程度上都需要胶体化学知识。土壤中的多种过程也都不同程度地与胶体现象相联系。

胶体分散系按分散质和分散剂的聚集状态可分为液溶胶、固溶胶和气溶胶。**液溶胶**简称**溶胶**(sol)，是胶体的典型代表，本节只讨论溶胶。由难溶于分散剂的固体分散质高度分散(分散质粒子直径为1～100 nm)在液体分散剂中所形成的胶体称为溶胶。溶胶不是一种特殊的物质，而是以一定的分散程度存在的一种状态。例如将$FeCl_3$溶解在沸水中可制备氢氧化铁溶胶，NaCl在苯或酒精中也可形成溶胶等。在溶胶中，分散质与分散剂的亲和力不强，有界面，是高度分散的多相体系，溶胶粒子有自发聚结合并而沉降的趋势。所以，溶胶是一个高度分散的不稳定的多相体系。溶胶的许多性质都是由这些特点引起的。

3.4.1 分散度与表面能及表面吸附现象

3.4.1.1 分散度

物质在一定条件下可形成气、液、固三种相态。各物态之间经常存在相的分界面，称为**界面**(interface)。如果两相中有一相是气相，习惯上称为**表面**(surface)。但两者无严格区分，经常通用。

分散度(degree of dispersion) 即分散的程度，常用**比表面**(ratio of surface area)表示分散度的大小。单位体积分散质所具有的表面积称为比表面，如以V表示分散质的总体积，S表示分散质的总表面积，则比表面S_0为

$$S_0=\frac{S}{V} \qquad (3-20)$$

假设分散质粒子是一个立方体，边长为 L，体积为 L^3，总表面积为 $6L^2$，则

$$S_0=\frac{S}{V}=\frac{6L^2}{L^3}=\frac{6}{L}$$

可见，粒子越小，比表面越大，分散度越大。例如，边长为 10^{-3} m 的小立方体的表面积为 6×10^{-6} m^2，比表面为 6×10^3 m^{-1}。将该立方体分割成边长为 1～100 nm 的小立方体（即胶体分散体系中分散质粒子的大小），总表面积为 6～0.06 m^2，比表面增大到 6×10^9～6×10^7 m^{-1}。可见，胶体分散体系是分散度很高的体系，具有很大的比表面。

3.4.1.2　表面能

图 3-6 是表面及内部粒子所处状态的示意图。由图中可以看到，液体表面粒子所处的状态与内部粒子所处的状态是不同的。在液体内部，每个粒子都均衡地被邻近粒子包围着，使来自不同方向的吸引力相互平衡，所受的合力为零。而处于液体表面的粒子却不同，它受到上方气体分子的作用力较小，而受到液体内部粒子的吸引力较大，彼此不能平衡，因而处于表面的粒子受到一个指向液体内部的合力，这种力称为**表面张力**（surface tension）。换一个角度来说，假设要把液体内部的粒子迁移到表面上，则需要克服向内的拉力而做功，这部分功会转变成表面粒子的势能，使表面粒子和内部粒子具有不同的能量。表面粒子比内部粒子多出的这部分能量，称为**表面能**（surface energy）。系统的表面积越大，表面能越高，系统越不稳定。因此，**液体表面具有自动收缩至表面积最小的趋势，这样可以减小表面能，降低表面张力**。

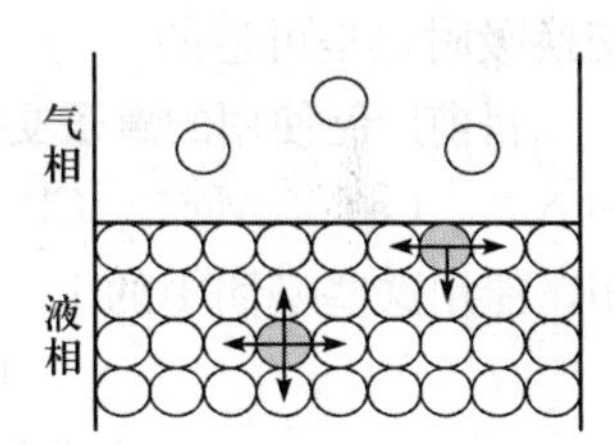

图 3-6　表面及内部粒子所处的状态

实践证明，不仅在液气两相的表面上存在表面能，在任何两相界面上均存在着表面能（界面能）。前面提到，溶胶是一个固液多相体系，有很大的比表面，相应地具有很大的表面能。为了降低表面能，溶胶粒子除了会相互聚结以减小分散度之外，还会进行吸附。

3.4.1.3　吸附作用

表面吸附是固体降低表面能的有效途径之一。一种物质的分子、原子或离子自动地聚集在另一种固体物质表面的过程，称为**吸附**（adsorption），具有吸附能力的物质称为**吸附剂**，被吸附的物质称为**吸附质**。吸附质由于分子振动或热运动，又可挣脱表面，这种过程称为**解吸**。吸附是放热过程，解吸是吸热过程，在一定的温度下吸附和解吸会达到动态平衡。

固体物质吸附能力的大小与比表面有关，比表面越大，吸附能力越强。例如，疏松多孔的固体，如活性炭、骨炭、硅胶、活性氧化铝和铂黑等都是良好的吸附剂。活性炭还可用于防毒面具、家庭装修后的有机污染物和异味的消除；硅胶和活性氧化铝可用作色谱分析中的层析柱或薄层吸附剂；氢电极中的铂黑可以吸附氢气。

（1）固体对气体的吸附　气体在固体表面上的吸附是可逆过程。当吸附与解吸达到动态平衡时，单位质量吸附剂所能吸附气体的量称为吸附量。一般来说，吸附剂的比表面越大，吸附量越大；当吸附质和吸附剂一定时，吸附量还与温度和气体的分压有关。因吸附是放热过程，温度降低，吸附量增大。在一定的温度下，吸附量随气体分压的增大逐渐增加，当气体分压达到一定程度后，吸附量增加缓慢直至不再随气体分压的增大而增加，即吸附作用达到饱和。

（2）溶液中固体对分子或离子的吸附　固体在溶液中既可吸附溶质分子或离子，也可吸附溶剂分子。固体在溶液中的吸附可分为分子吸附和离子吸附两类。

① 分子吸附：在非电解质或弱电解质溶液中，固体吸附剂对溶液中分子的吸附，称为分子吸附。这类吸附与溶质、溶剂及固体吸附剂三者的性质都有关系。一般来说，吸附的特点表现为“相似相吸”，即极性吸附剂较易吸附极性分子，非极性吸附剂较易吸附非极性分子。例如活性炭在含色素的水溶液中能很好地吸附色素分子，而对水分子的吸附很小。

② 离子吸附：在强电解质溶液中，固体吸附剂的吸附主要是离子吸附。当溶液中含有多种离子时，固体吸附剂优先吸附其中某种离子的现象，称为**离子选择性吸附**。一般地，固体优先吸附与它组成相关的离子，例如 AgCl 固体，如果溶液中有过量的 $AgNO_3$，则 Ag^+ 被优先吸附；如果溶液中存在过量的 KCl，则 Cl^- 被优先吸附。

当固体吸附剂从溶液中吸附某种离子的同时，吸附剂本身被置换出另一种符号相同的离子进入溶液中，即吸附剂与溶液之间进行离子交换，这种吸附现象称为**离子交换吸附**。离子交换吸附也是可逆的。

目前广泛使用的**离子交换树脂**(ion exchange resin)就是一种离子交换剂，可用于去除水中的 Na^+、Ca^{2+}、Mg^{2+}、Cl^- 和 SO_4^{2-} 等杂质。**阳离子型交换树脂**含有—COOH 或—SO_3H 等基团，能用这些基团中的 H^+ 与水中的金属离子 Na^+、Ca^{2+} 和 Mg^{2+} 等进行交换：

$$R—COOH + Na^+ = R—COONa + H^+$$
$$2R—SO_3H + Ca^{2+} = (R—SO_3)_2Ca + 2H^+$$

阴离子型交换树脂含有—NH_2、≡N、—$N^+(CH_3)_3$ 等基团，能与酸结合生成盐，例如：

$$R—NH_2 + H^+ + Cl^- = R—NH_3Cl$$
$$2R—N(CH_3)_3OH + 2H^+ + SO_4^{2-} = [R—N(CH_3)_3]_2SO_4 + 2H_2O$$

用离子交换树脂处理过的水已不含离子，称为**去离子水**，可代替蒸馏水使用。用过的离子交换树脂可用 HCl 和 NaOH 溶液进行处理使之再生而重新使用。

离子交换吸附与土壤中养分的保持与释放密切相关。例如，在土壤中施用 $(NH_4)_2SO_4$ 肥料时，NH_4^+ 与土壤中的 K^+、Ca^{2+} 等阳离子进行交换而将氮贮存在土壤中：

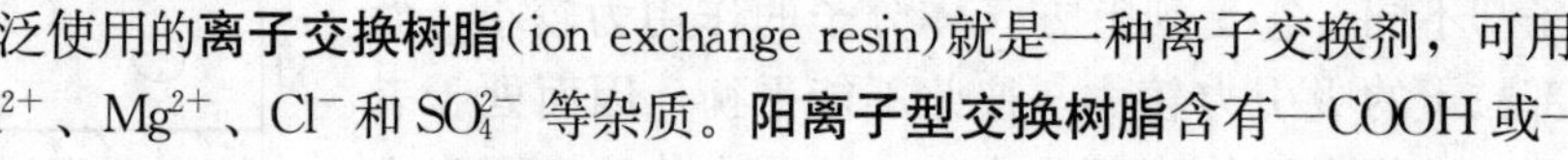

$$\boxed{黏土颗粒}\begin{matrix}—K^+\\—Ca^{2+}\end{matrix} + 3NH_4^+ = \boxed{黏土颗粒}\begin{matrix}—NH_4^+\\—NH_4^+\\—NH_4^+\end{matrix} + Ca^{2+} + K^+$$

当植物根系在代谢过程中分泌出有机酸时，有机酸解离出的 H^+ 与土壤中的 NH_4^+ 进行离子交换：

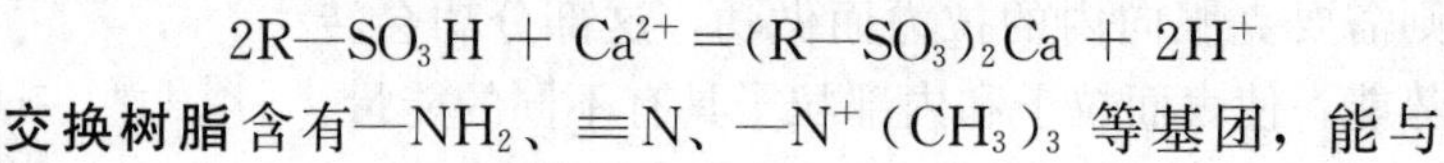

$$\boxed{黏土颗粒}\begin{matrix}—NH_4^+\\—NH_4^+\\—NH_4^+\end{matrix} + 3H^+ = \boxed{黏土颗粒}\begin{matrix}—H^+\\—H^+\\—H^+\end{matrix} + 3NH_4^+$$

交换出的 NH_4^+ 进入土壤溶液，作为养分供植物吸收。

3.4.2 溶胶的性质

3.4.2.1 光学性质——Tyndall 效应

若用一束强光从侧面照射溶胶，在与光路垂直的方向上可清楚地看到一个发亮的光锥，这种现象是丁达尔(J. Tyndall)于 1869 年首先发现的，称为 Tyndall 效应，如图 3－7 所示。

Tyndall 效应的产生与介质粒子的大小和入射光的强度有关。当粒子直径小于入射光波长时，就能发生**光的散射**。溶胶粒子(简称胶粒)的直径为 1～100 nm，小于可见光波长(400～

700 nm)，当可见光通过溶胶时，散射现象十分明显。

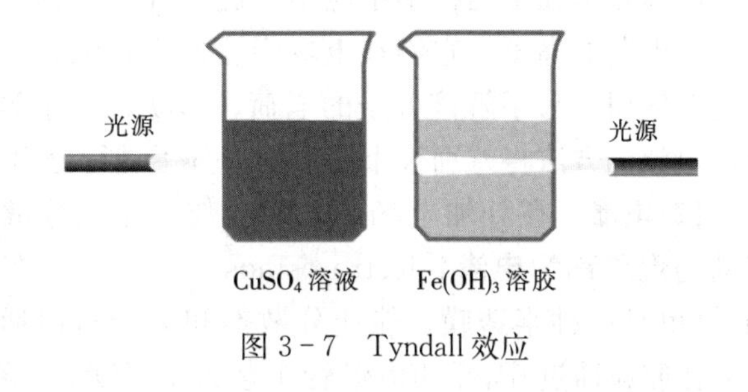

图 3-7　Tyndall 效应

Tyndall 效应是光在溶胶中的散射现象。对于分子或离子分散系，由于分散质和分散剂的粒子均太小，散射现象微弱，观察不到 Tyndall 效应。粗分散系主要发生光的反射，也观察不到 Tyndall 效应。所以 Tyndall 效应是溶胶特有的光学性质，实际上已成为判别溶胶与溶液的最简便的方法。

3.4.2.2　动力学性质——Brown 运动

在超显微镜下观察溶胶，可以看到代表胶粒的光点不停地做无规则的运动，这种运动是生物学家布朗(R. Brown)首先发现的，称为 **Brown(布朗)运动**，见图 3-8。

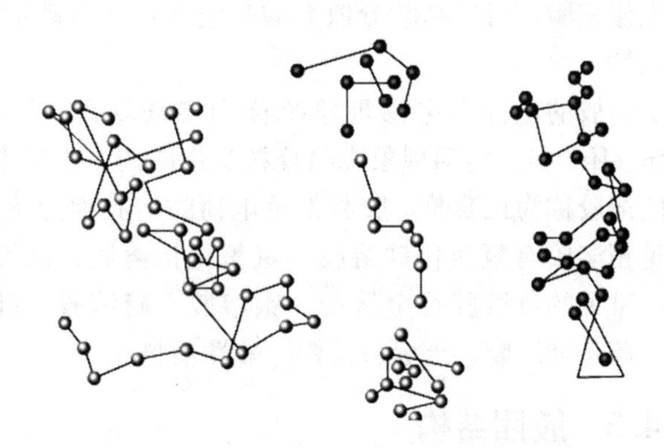

图 3-8　溶胶粒子的 Brown 运动

Brown 运动是胶粒受周围分散剂分子不断撞击的结果。胶粒在某一瞬间受到某一方向的撞击较大，而另一瞬间又受到另一方向的撞击较大，因而产生不断改变方向和速率的 Brown 运动。在粗分散系中，由于分散质粒子较大，每一瞬间受到极多溶剂分子从各个方向的撞击，这些撞击可能互相抵消，合力接近于零，而且即使这些撞击合力不能完全抵消，由于颗粒质量大，产生的运动也不易觉察，观察不到 Brown 运动。至于分子或离子分散体系，由于分散质粒子太小，受分散剂分子撞击时，位移非常大，从而形成高速的热运动，也观察不到 Brown 运动。

胶粒的 Brown 运动导致溶胶具有扩散作用，使胶粒能自发地从粒子浓度大的区域向浓度小的区域扩散。只是胶粒比一般分子或离子要大得多，因而扩散较慢而已。

3.4.2.3　电学性质

(1)电泳　在外加电场下，胶粒在分散剂中定向移动的现象称为**电泳**(electrophoresis)。例如，在 U 形电泳管中装入红棕色的 $Fe(OH)_3$溶胶，然后在溶胶液面上小心地加入稀 KCl 溶液(其作用是避免电极直接与溶胶接触)，使溶胶和溶液间有明显的界面，且 U 形管中 $Fe(OH)_3$溶胶的液面在同一水平面上。插入铂电极并接通直流电源，一段时间后可以看到：负极一侧红棕色界面上升，颜色变深；正极一侧红棕色界面下降，颜色变浅，如图 3-9 所示。电泳实验表明，$Fe(OH)_3$溶胶的胶粒带正电荷。

如果用金黄色的 As_2S_3溶胶做同样的实验，通电后可以看到：正极一侧金黄色界面上升，颜色变深；负极一侧金黄色界面下降，颜色变浅。说明 As_2S_3溶胶的胶粒带负电荷。电泳实验可以证实溶胶的胶粒是带电荷的，通过电泳实验可测出胶粒是带正电荷还是带负电荷。

电泳技术在生物科学中应用广泛，许多生物大分子常常是带电荷的离子，它们在电场中会发生移动，可以根据移动速度研究来了解该分子的电荷、形状、大小等，也可以用电泳的方法将差别很小的生物大分子进行分离。

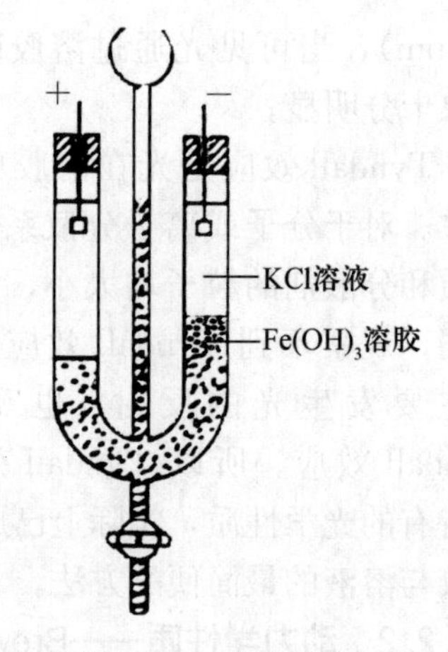

图 3-9　电泳示意图

(2)电渗　在外加电场下，使胶粒不动，分散剂定向移动的现象称为**电渗**(electro osmosis)。例如，在中间用隔膜(也是一种半透膜，能让分散剂和离子自由通过，但不能让胶粒通过)隔开的电渗管中装入 $Fe(OH)_3$溶胶，插入电极，接通直流电源后，可以看到正极一侧的液面上升，负极一侧的液面下降(图 3-10)。分散剂向正极移动，说明 $Fe(OH)_3$溶胶的分散剂带负电荷，胶粒带正电荷。通过电渗实验，可以判断分散剂的带电性，从而确定胶粒的带电性。

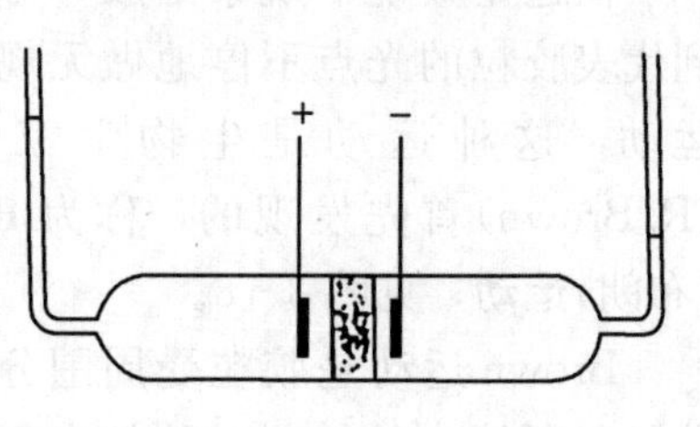

图 3-10　电渗示意图

溶胶的电泳和电渗现象统称为**电动现象**(electrokinetic effects)。电动现象说明胶粒是带电的，胶粒带正电荷的溶胶称为**正溶胶**，胶粒带负电荷的溶胶称为**负溶胶**。常见正溶胶有氢氧化铁溶胶、氢氧化铝溶胶、碱性染料等；常见的负溶胶有金溶胶、银溶胶、硫溶胶、硅酸溶胶、硫化砷溶胶、土壤、淀粉、酸性染料等。

3.4.3　胶团结构

3.4.3.1　胶粒带电的原因

(1)吸附带电　许多溶胶是由于分散质粒子(固体)发生离子选择吸附而带电的。例如，用 $FeCl_3$水解来制备的氢氧化铁溶胶，由于 $FeCl_3$水解是分步进行的：

$$Fe^{3+} + H_2O = Fe(OH)^{2+} + H^+$$

$$Fe(OH)^{2+} + H_2O = Fe(OH)_2^+ + H^+ = FeO^+ + H_2O + H^+$$

$$Fe(OH)_2^+ + H_2O = Fe(OH)_3(s，胶核) + H^+$$

$Fe(OH)_3$胶核优先吸附与它组成相关的 FeO^+ 而带正电荷。

又如，在 KBr 溶液中慢慢滴加稀 $AgNO_3$(KBr 过量)，并且在加入的过程中充分搅匀，形成的 AgBr 胶核将优先吸附 Br^-，制得胶粒带负电荷的 AgBr 溶胶。若在 $AgNO_3$溶液中滴加 KBr($AgNO_3$过量)，形成的 AgBr 胶核将优先吸附 Ag^+，制得胶粒带正电荷的 AgBr 溶胶。

注意：在制备过程中，若 $AgNO_3$和 KBr 等量加入，形成的 AgBr 颗粒不是发生离子选择吸附，而是有些吸附 K^+ 带正电，有些吸附 NO_3^- 带负电，这些粒子间将发生聚结而沉淀。

(2)解离带电　某些溶胶是由于分散质固体表面上的分子发生解离而带电的。例如硅酸溶胶，胶粒表面的 H_2SiO_3分子发生部分解离：

$$H_2SiO_3 = H^+ + HSiO_3^-$$

解离出来的 H^+ 进入分散剂中，$HSiO_3^-$ 则留在胶粒表面，使胶粒带负电荷。

3.4.3.2 胶团结构

溶胶具有扩散双电层结构。例如，$Fe(OH)_3$溶胶，许多$Fe(OH)_3$分子聚集在一起形成**胶核**(直径为1～100 nm)，为了降低表面能，$Fe(OH)_3$胶核优先吸附与它组成有关的FeO^+，使其表面带正电荷，FeO^+称为**电位离子**。由于静电引力，吸附在胶核上的FeO^+会吸引液相中的带相反电荷的Cl^-，Cl^-称为**反离子**。反离子受到两个不同方向力的作用：电位离子的静电吸引使反离子聚集在胶核表面的溶液中；溶液的热运动使反离子发生扩散。结果使反离子浓度呈梯度分布：一部分反离子被束缚在胶核表面与电位离子一起形成**吸附层**，电泳时吸附层与胶核一起移动，这个运动单位就是**胶粒**(colloidal particle)；另一部分反离子离散地分布在胶粒周围，离胶核越远，浓度越小，这个液相层称为**扩散层**(diffusion layer)。胶粒与扩散层一起称为**胶团**(micelle)，胶团内反离子的电荷总数与电位离子的电荷总数相等，使胶团呈电中性。

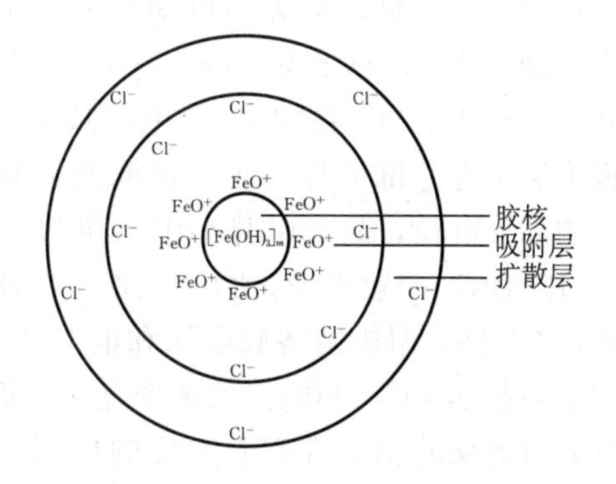

图3-11 $Fe(OH)_3$溶胶的胶团结构和溶胶的扩散双电层结构示意图

胶粒内反离子的电荷数总是少于电位离子的电荷数，因此胶粒的带电性由电位离子决定。$Fe(OH)_3$溶胶的胶团结构和溶胶的**扩散双电层结构**(the structure of diffusion electrical-double-layer)如图3-11所示。

胶团结构可用胶团结构式表示。例如$Fe(OH)_3$溶胶的胶团结构式为

$$\underbrace{\{\underbrace{\underbrace{[Fe(OH)_3]_m}_{\text{胶核}}\cdot\underbrace{\underbrace{nFeO^+}_{\text{电位离子}}\cdot\underbrace{(n-x)Cl^-}_{\text{反离子}}}_{\text{吸附层}}}_{\text{胶粒(带正电)}}\}^{x+}\cdot\underbrace{\underbrace{xCl^-}_{\text{反离子}}}_{\text{扩散层}}}_{\text{胶团(电中性)}}$$

胶团结构式中，m为形成胶核物质的分子数(约10^3数量级)；n为吸附在胶核表面上的电位离子数；x为扩散层中反离子数；$(n-x)$为吸附层中的反离子数。

一些溶胶的制备和胶团结构式如下：

将H_2S通入As_2O_3溶液制备的As_2S_3溶胶：

$$[(As_2S_3)_m\cdot nHS^-\cdot(n-x)H^+]^{x-}\cdot xH^+$$

H_2SiO_3溶胶：

$$[(H_2SiO_3)_m\cdot nHSiO_3^-\cdot(n-x)H^+]^{x-}\cdot xH^+$$

由$AgNO_3$溶液与过量KI溶液制备的AgI溶胶：

$$[(AgI)_m\cdot nI^-\cdot(n-x)K^+]^{x-}\cdot xK^+$$

由KI溶液与过量$AgNO_3$溶液制备的AgI溶胶：

$$[(AgI)_m\cdot nAg^+\cdot(n-x)NO_3^-]^{x+}\cdot xNO_3^-$$

3.4.3.3 电动电势

从胶团结构式中可以看到，胶核表面的电位离子与液相中的反离子之间存在电势差，此电势差与热力学因素(表面能)有关，称为热力学电势，简称φ电势(phi potential)。胶核表面的电位离子数目越多，φ电势越大。

在溶胶的胶粒(吸附层)与扩散层之间也存在电势差，此电势差与电动现象有关，称为电动电势，简称ζ电势(zeta potential)。吸附层中反离子的数目越小，ζ电势越大。由于吸附层中有一部分反离子，它抵消了电位离子的部分电荷，故ζ电势小于φ电势，如图3-12所示。一般来说，ζ电势比φ电势更重要，ζ电势不但决定溶胶电泳和电渗的速率，ζ电势越大，电泳和电渗的速率越大，而且ζ电势对溶胶的稳定性起着重要的作用。溶胶的电泳和电渗现象与φ电势无关。

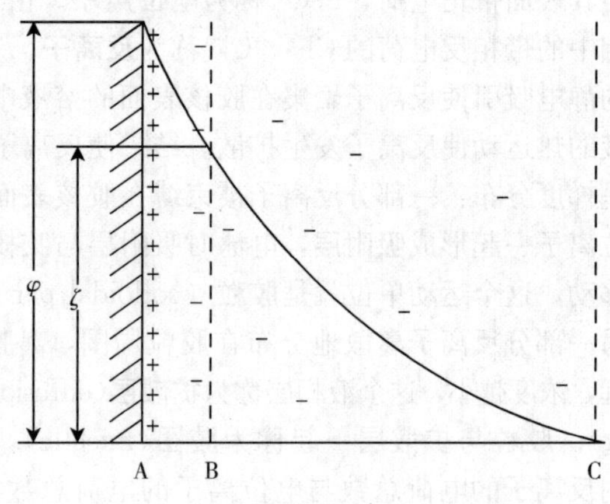

图3-12 $Fe(OH)_3$溶胶的双电层示意图

A. 胶核表面 AB. 吸附层 BC. 扩散层

3.4.4 溶胶的稳定性与聚沉

3.4.4.1 溶胶的稳定性

溶胶是高度分散的多相体系，具有很大的表面能，有自动聚结成大颗粒以降低表面能的趋势，即溶胶具有聚结不稳定性。但一般溶胶能稳定存在一段时间，例如$Fe(OH)_3$溶胶经纯化后可以存放数年之久。溶胶稳定的原因如下：

① Brown运动使溶胶具有扩散作用，使胶粒能分散在分散剂中，不至于在重力的作用下下沉，即溶胶具有动力学稳定性。

② 胶粒都带有同种电荷，由于相同电荷之间的相互排斥作用，阻止了胶核间的聚结。胶粒所带的电荷越多，即ζ电势越大，溶胶的稳定性越大。这是溶胶能稳定存在一段时间的最主要原因。

③ 胶粒包括胶核和吸附层，吸附层是胶核的保护膜，可以阻碍胶核间的接触，从而提高了溶胶的稳定性。

某些高分子化合物如动物胶、蛋白质、淀粉、聚乙烯醇等的溶液对溶胶具有保护作用。这些高分子被吸附在胶粒的表面上，形成网状结构和凝胶(以一定的方式凝聚成的一种具有弹性的内部包含大量水分的稠厚状物质)状结构的吸附层，略有弹性和机械强度，能阻碍胶粒的合并聚沉，因而对胶体具有**保护作用**(protective effect)。但当高分子溶液的浓度较小时，大分子不能完全覆盖胶粒表面，反而会使多个胶粒吸附在大分子链上，使溶胶易于聚沉，这就是高分子的**敏化作用**(sensitizing effect)，如图3-13所示。例如，血液中所含的难溶盐

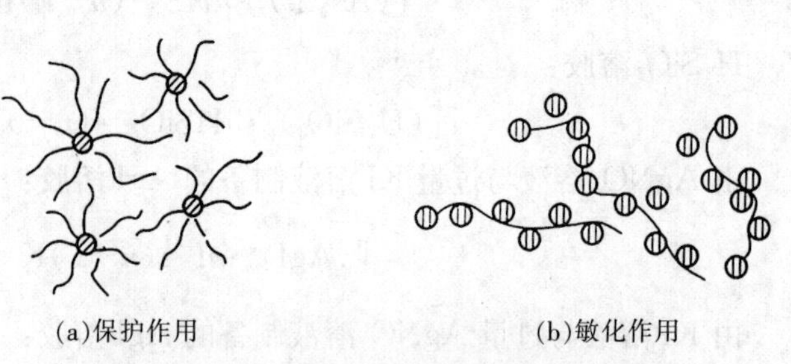

(a)保护作用 (b)敏化作用

图3-13 大分子物质的保护作用和敏化作用

类，如碳酸钙、磷酸钙等，是靠血液中蛋白质的保护而以溶胶形式存在的，一旦身体出现异常，蛋白质浓度下降，这些难溶盐就会聚结沉积而形成结石。

3.4.4.2　溶胶的聚沉

溶胶的稳定是相对的、暂时的和有条件的，一旦稳定的条件遭到破坏，胶核就会聚结变大，最后从分散剂中沉降出来，这就是溶胶的**聚沉**(coagulation)。外观上，聚沉表现为颜色的改变，并由澄清变为混浊。促使溶胶聚沉的因素很多，下面讨论几个主要的因素。

(1)电解质对溶胶的聚沉作用　在溶胶中加入强电解质后，由于反离子的浓度增大，被电位离子吸引进入吸附层的反离子就会增多，从而使胶粒所带电荷减少，使 ζ 电势降低甚至等于0。这样，胶粒就失去了静电相斥的保护作用。失去电性保护的胶核在Brown运动中发生碰撞而合并变大，最后发生聚沉。溶胶对外加电解质十分敏感，极少量的电解质即可引起溶胶的聚沉。自然界中，江河入海口沉积的泥沙三角洲，形成的原因之一就是江河水与海水相遇时，海水中大量存在的电解质使江河中携带的黏土粒子、腐殖质等胶体物质聚沉。

电解质对溶胶的聚沉能力通常用聚沉值表示。聚沉值是指在一定时间内使一定量的溶胶完全聚沉时所需电解质的最低浓度($mmol \cdot L^{-1}$)。显然，电解质的聚沉值越小，聚沉能力越大；反之，聚沉值越大，聚沉能力越小。电解质的聚沉规律主要有以下两点：

① 电解质的负离子对正溶胶起聚沉作用，正离子对负溶胶起聚沉作用，聚沉能力随离子价数的升高而显著增大。例如，NaCl、$MgCl_2$和$AlCl_3$三种电解质对As_2S_3负溶胶的聚沉值分别为51、0.72和0.093，则它们的聚沉能力之比为1∶71∶548。可见，二价离子的聚沉能力数十倍于一价离子，三价离子的聚沉能力数百倍于一价离子。

② 同价离子的聚沉能力相近，但随水化离子半径[①]增大而减小。例如，不同的一价和二价阳离子的硝酸盐对带负电的溶胶的聚沉能力次序为

$$H^+ > Cs^+ > Rb^+ > NH_4^+ > K^+ > Na^+ > Li^+$$

$$Ba^{2+} > Sr^{2+} > Ca^{2+} > Mg^{2+}$$

不同的一价阴离子对带正电的溶胶的聚沉能力次序为

$$F^- > Cl^- > Br^- > NO_3^- > I^-$$

上述两个规律都可用电位离子与反离子的静电作用强弱来解释：反离子的电荷越大，或离子水化半径越小，与电位离子的静电作用越强，越容易进入吸附层，因而聚沉能力越大。

(2)溶胶的相互聚沉　当把电性相反的两种溶胶混合时，由于带相反电荷的胶粒相互吸引而发生聚沉，这种聚沉称为溶胶的相互聚沉。实践证明，当两种溶胶混合时，只有当胶粒所带电荷的代数和为零时，才能完全聚沉，否则只能部分聚沉，甚至不聚沉。因此，溶胶的相互聚沉作用取决于两种溶胶的用量。

例如，用明矾[$K_2SO_4 \cdot Al_2(SO_4)_3 \cdot 24H_2O$]净水，就是应用了这个原理。水混浊的主要原因是水中含有硅酸、黏土粒子和腐殖质等负溶胶，加入的明矾水解生成$Al(OH)_3$正溶胶，两者

---

① 离子与水的溶剂化作用称为水化作用，又称水合作用。紧靠离子的第一层水分子与离子牢固结合，并与离子一起移动，不受温度变化的影响，这样的水化作用称为原水化，它所包含的水分子数称为原水化数。第一层以外的水分子也受到离子的吸引作用，但由于距离稍远，吸引较弱，与离子联系较松，这部分水化作用称二级水化。它所包含的水分子数随温度的变化而改变，不是固定值。离子的水化程度与离子半径、离子电荷数有关。离子半径越小，或离子电荷数越大，离子的水化程度越大。例如，一价正离子的水化半径增大次序为 $H^+ < Cs^+ < Rb^+ < NH_4^+ < K^+ < Na^+ < Li^+$；一价负离子水化半径增大次序为 $F^- < Cl^- < Br^- < NO_3^- < I^-$。

相遇，电性中和而聚沉，从而使水变澄清。又如，土壤中存在带正电的$Fe(OH)_3$、Al_2O_3等溶胶和带负电的硅酸、腐殖质溶胶，它们之间的相互聚沉有利于土壤团粒结构的形成。

(3)温度对溶胶稳定性的影响 加热可使许多溶胶聚沉，这是因为加热能加快胶粒的运动速率，从而增加胶粒之间的碰撞机会。另外，由于固体吸附是放热过程(从活性炭吸附了气体后加热可再生可以类推)，加热会降低胶核对电位离子的吸引，从而有利于溶胶聚沉。

(4)浓度对溶胶稳定性的影响 溶胶浓度增大时，单位体积内胶粒数目增多，碰撞机会也随之增多，因而容易聚沉。一般很难制得较高浓度(1%以上)的溶胶。

【思考题】

1. 电渗实验中，如果电渗管负极一边毛细管液面上升，说明胶粒带什么电荷？
2. 如何用胶团结构来解释胶体的电动性质？
3. 哪些方法可以破坏胶体和保护胶体？

3.5 乳浊液

3.5.1 乳浊液

一种液体分散在另一种互不相溶的液体中所形成的体系称为**乳浊液**(emulsion)，也叫乳状液。乳浊液属于粗分散体系，分散质粒子直径为100～500 nm，用普通显微镜即可看见。由于液珠对可见光的反射作用，大部分乳浊液外观为不透明或半透明的乳白色。

乳浊液通常由水和油(与水不互溶的有机液体如苯、煤油等统称为油)所组成。水和油可以形成两种类型的乳浊液：一种是油分散在水中，称为**水包油型乳浊液**，用**油/水**或**O/W乳浊液**表示，例如牛奶、豆浆、某些农药制剂等；另一种是水分散在油中，称为**油包水型乳浊液**，用**水/油**或W/O **乳浊液**表示，例如原油、人造黄油等。

当用机械振动的方法，把水和油两种液体混在一起时，虽然可以得到乳浊液，但这样得到的乳浊液不稳定，因为体系的相界面较大，具有较高的表面能，液滴很快便会互相合并，最后分层。为了得到稳定的乳浊液，必须加入第三种物质作稳定剂。例如，在水和油体系中加入液体肥皂再振荡，可以得到稳定的乳浊液。乳浊液的稳定剂称为**乳化剂**。

3.5.2 乳化剂

乳化剂多是表面活性剂。凡是溶于水后能显著降低水的表面能的物质称为**表面活性剂**(surface active agent)，如肥皂、洗涤剂、胆碱、蛋白质等都是表面活性剂。

表面活性剂分子由性质截然不同的两部分组成，一部分是亲水的极性基团，如—OH，—COOH，$—COO^-$，$—NH_3^+$，$—SO_3H$等，它们与水的亲和力较强，称为亲水基；另一部分是亲油的非极性基团，如烃基，它们与水的亲和力较弱，与油的亲和力较强，称为亲油基(也称憎水基)。直链烃基的碳原子数在8个以上的有明显的表面活性，但碳氢链过长会降低在水中的溶解性而无实用价值。日常所用的肥皂就是一种表面活性物质，块状的为钠肥皂，液体状的为钾肥皂，化学名称是硬脂酸盐，化学式为$C_{17}H_{35}COONa(K)$，烃基$—C_{17}H_{35}$是亲油基，—COONa(K)是亲水基，结构如图3-14所示。

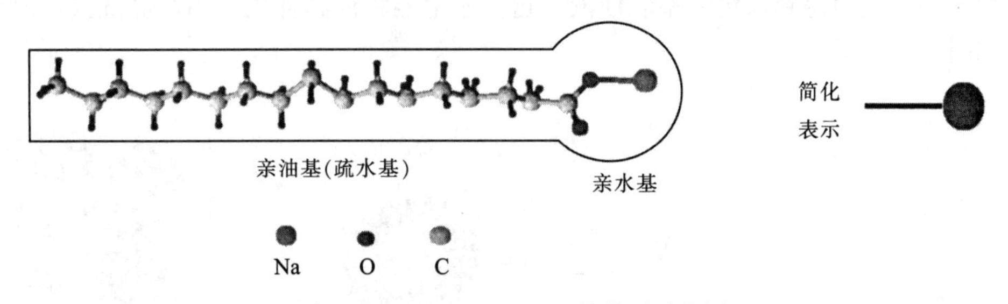

图 3-14　$C_{17}H_{35}COONa$ 的分子示意图

表面活性剂溶于水后，亲水基伸入水中，亲油基受到水分子的排斥，翘出水面，结果表面活性物质的分子聚集在水的表面。当表面活性剂浓度达到一定值时，表面活性剂在水相表面定向排列形成一层分子膜。这种定向排列，使得表面活性物质分子占据在水的表面，疏水基与水分子的斥力使表面水分子受到向外的推力，部分抵消了表面水分子的表面张力，从而降低了水的表面能。这时，即使再增大表面活性剂浓度，表面已不能再容纳更多的分子，表面张力也不再降低。只是溶液内部的表面活性剂分子不断增加，其憎水基之间互相以分子间力缔合在一起形成胶束。如图 3-15 所示。如溶液中有不溶于水或微溶于水的“油”存在，则油可进入胶束中心而溶解。这就是表面活性剂的增溶作用。

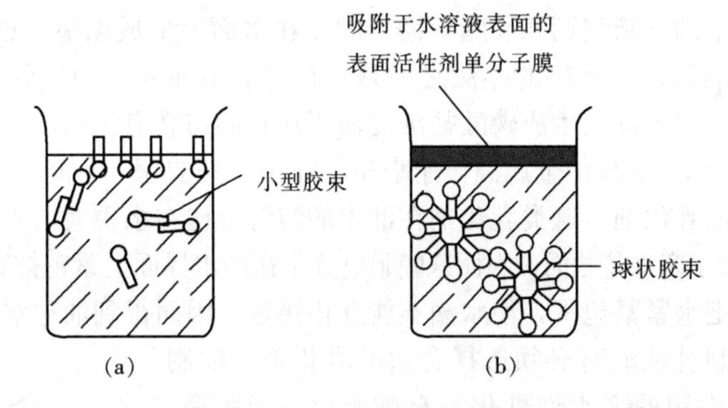

图 3-15　表面活性剂分子在水表面上的定向排列(a)和胶束的形成(b)

上述现象不仅存在于水和空气的界面上，在水和油两种互不相溶的液体界面以及固液界面上也同样存在，甚至更为显著。此时，表面活性剂分子的亲水基伸入水中，亲油基则伸入油中，两相的界面消失，体系趋于稳定。

表面活性剂的种类很多，用途极广。根据用途不同，表面活性剂可以分为乳化剂、洗涤剂、润湿剂、发泡剂、增溶剂等。

3.5.3　乳化剂与乳浊液类型的关系

乳浊液是油包水型还是水包油型，并不是取决于两种液体的量，而是取决于所选用的乳化剂的结构。一般来说，如果乳化剂亲水基截面较大，往往有利于形成水包油型的乳浊液；反之，如果乳化剂亲油基截面较大，往往有利于形成油包水型的乳浊液。

例如，Na^+、K^+等一价金属离子肥皂，这类肥皂分子的亲水基截面较大，亲油基截面较小，在油水界面上紧密排布时可得如图 3-16 所示的情况，水相把油相紧紧包围，使油滴不能互相接触，因而得到水包油型乳浊液。这类肥皂能将油滴乳化后用水漂洗去，故可以去油污。如图 3－17 所示。

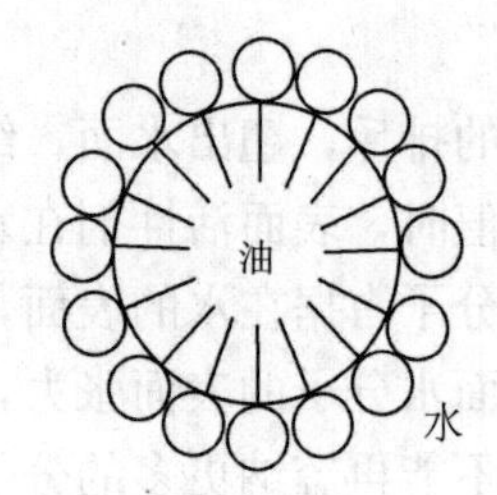

图 3－16 钠肥皂分子在液滴界面上排列情况示意图

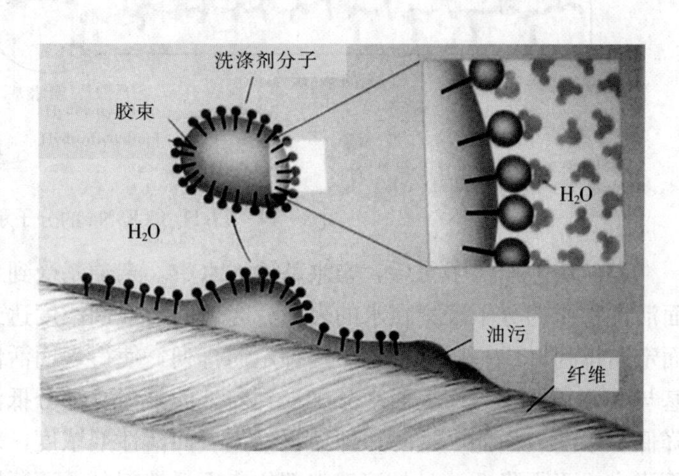

图 3－17 洗涤剂乳化去污示意图

当肥皂遇到硬水时就会失去去污能力。因为硬水中含有钙离子和镁离子，它们与肥皂发生反应生成不溶于水的硬脂酸钙和硬脂酸镁，漂浮在水面上形成垢皂，或粘污在被洗物上，使肥皂起不到去污的效果。解决的办法之一是：在肥皂中加入一种抗硬水剂，如三聚磷酸钠，其能与钙、镁等离子反应生成磷酸盐沉淀而不让它们与肥皂作用。

Ca^{2+}、Mg^{2+}、Zn^{2+} 等高价金属离子肥皂虽不能用来洗衣服，但可用这种类型的肥皂来作油包水型乳浊液的乳化剂。这类乳化剂在油中的溶解度比在水中大，乳化剂分子的亲油基截面(两个脂肪链)大于亲水基截面，因而这些肥皂分子在油水界面上紧密排布时可得如图 3－18 所示的情况，油相把水紧紧包围，使水滴不能互相接触，因而得到油包水型乳浊液。

由此可见，配制乳浊液时必须选择合适的乳化剂。配制水包油型乳浊液时常用的亲水性乳化剂有钠肥皂、钾肥皂、蛋白质、植物胶、淀粉、白土等，配制油包水型乳浊液时常用的亲油性乳化剂有钙肥皂、镁肥皂、铝肥皂、高级醇类、高级脂类等。

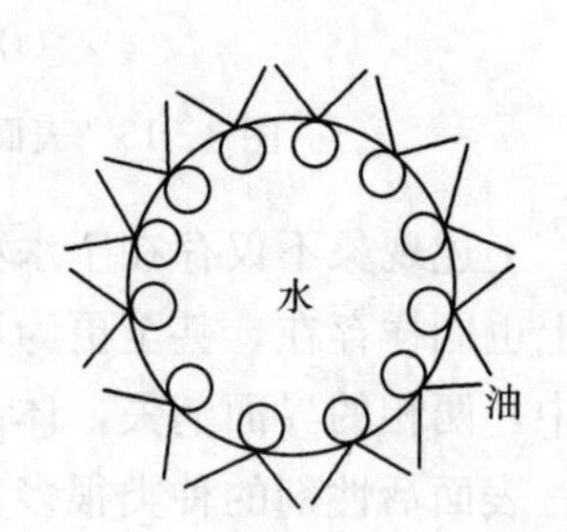

图 3－18 钙肥皂分子在液滴界面上排列情况示意图

如何判断乳浊液是油/水型还是水/油型呢？最简便的方法是稀释法：取少量乳浊液加水稀释，如果分散剂与水互溶，不出现分层现象，即为水包油型乳浊液；相反，如果分散剂与水不互溶而出现分层现象，则是油包水型乳浊液。例如牛奶加水稀释时，不但不分层，而且瞬时即达到“水乳交融”，故牛奶是水包油型乳浊液。

乳化剂和乳浊液在工农业生产和生物科学中都有广泛的应用。例如很多农药都是不溶于水的有机油状物，不能直接使用，需将它们与亲水性乳化剂配合制成 O/W 型乳浊液后再使用。这样就能以少量药剂较均匀地喷洒在作物上，既能充分发挥药效，又能防止农药太集中而伤害作物。同时由于表面活性剂对虫体的润湿和渗透作用也可提高杀虫效果。又如在正常生理活动中，脂肪因不溶于水而难以被机体消化吸收，因此在消化系统内的运输和吸收需经胆汁中胆酸的乳化作用和小肠的蠕动，使脂肪形成乳浊液后，就易于进行生化反应而被消化吸收了。

【思考题】

1. 什么叫表面活性剂？它在分子结构上有什么特点？
2. 表面活性剂溶入水中后能显著降低水的表面能的原因是什么？
3. 苯和水混合后加入钾肥皂振动，得到哪种类型乳浊液？若加入镁肥皂又得到哪种类型乳浊液？
4. 家用肥皂为什么能去油污？为什么在硬水中肥皂的去油污能力会丧失？

阅读材料

空气质量与 PM2.5

在空气动力学和环境气象学中，悬浮颗粒物粒径小于 100 μm 的称为 TSP(total suspended particle)，即总悬浮颗粒物；粒径小于 10 μm 的称为 PM10(PM 为 particulate matter 的缩写)，即可吸入颗粒物；粒径小于 2.5 μm 的称为 PM2.5，即可入肺颗粒物，它的直径相当于人发丝粗细的 1/20。科学家用 PM2.5 表示每立方米空气中这种颗粒的含量，这个值越高，就代表空气污染越严重。

1. PM2.5 的污染来源 颗粒物主要来源于地表扬起的尘土，含有氧化物矿物和其他成分。海盐是颗粒物的第二大来源，其组成与海水的成分类似。一部分颗粒物源自火山爆发、沙尘暴、森林火灾、浪花等自然过程。

一般而言，粒径 2.5～10 μm 的粗颗粒物主要来自道路扬尘等；PM2.5 主要是日常发电、工业生产、汽车尾气排放等过程中经过燃烧而排放的残留物，如机动车尾气、燃煤等，通常含有重金属等有毒物质。在发展中国家，煤炭燃烧是家庭取暖和能源供应的主要方式。没有先进废气处理装置的柴油汽车也是颗粒物的来源。

在室内，二手烟是颗粒物最主要的来源。颗粒物的来源是不完全燃烧，因此只要是靠燃烧的烟草产品，都会产生具有严重危害的颗粒物；另外，金纸燃烧、焚香及燃烧蚊香也会产生颗粒物。

2. PM2.5 的危害 在 20 世纪 70 年代，人们开始注意到颗粒物污染与健康问题之间的联系。在美国，每年由于颗粒物污染造成的死亡人数为 22 000～52 000 人(2000 年数据)，在欧洲这一数字则高达 20 万。现在，许多研究已证实颗粒物会对呼吸系统和心血管系统造成伤害，导致哮喘、肺癌、心血管疾病、出生缺陷和过早死亡。

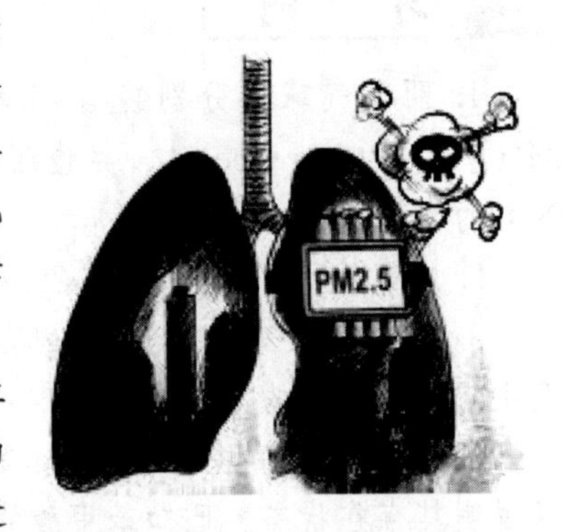

颗粒物的大小决定了它们最终在呼吸道中的位置。粒径 10 μm 以上的颗粒物会被纤毛和黏液过滤，被挡在人的鼻子外面，无法通过鼻子和咽喉。然而，PM10 可以穿透

这些屏障达到支气管和肺泡进入上呼吸道，但部分可通过痰液等排出体外，也可能被鼻腔内部的绒毛阻挡，对人体健康危害相对较小。而PM2.5的比表面大于PM10，更易吸附有毒害的物质。由于体积更小，PM2.5具有更强的穿透力，可能抵达细支气管壁，并干扰肺内的气体交换，引发包括哮喘、支气管炎和心血管病等方面的疾病。更小的微粒(直径小于等于100 nm)会通过肺部传递影响其他器官。

发表于《美国医学会杂志》的一项研究表明，PM2.5会导致动脉斑块沉积，引发血管炎症和动脉粥样硬化，最终导致心脏病或其他心血管问题。这项始于1982年的研究证实，当空气中PM2.5的浓度长期高于10 $\mu g \cdot m^{-3}$时，就会带来死亡风险的上升。浓度每增加10 $\mu g \cdot m^{-3}$，总的死亡风险会上升4%，心肺疾病带来的死亡风险上升6%，肺癌带来的死亡风险上升8%。此外，PM2.5极易吸附多环芳烃等有机污染物和重金属，使致癌、致畸、致基因突变的概率明显升高。

最小的颗粒物(直径≤100 nm)带来的危害更为严重。有证据表明，这些颗粒物可以通过细胞膜到达其他器官，包括大脑，可能引发脑损伤(包括阿尔茨海默病)。值得注意的是，柴油发动机产生的微粒直径通常在100 nm左右。

3. 悬浮颗粒物的监控现状 总悬浮颗粒物(PM100)、可吸入颗粒物(PM10)和可入肺颗粒物(PM2.5)是环境空气质量监测中经常使用的三个概念，它们代表三类大小不同的大气污染物，对人体健康和环境空气质量都有重要的影响。20世纪七八十年代开始，欧美国家开始发布量化指标限制空气中颗粒物的浓度。1997年，美国在《国家环境空气质量标准》中增加了对PM2.5浓度上限的要求。2006年，美国修订空气质量标准，对PM2.5浓度提出了更为严格的限定标准。按照美国目前的标准，PM10日均浓度上限为150 $\mu g \cdot m^{-3}$（相当于世界卫生组织对PM10确定的第一个过渡时期的目标值)；PM2.5日均浓度上限为35 $\mu g \cdot m^{-3}$，年均浓度上限为15 $\mu g \cdot m^{-3}$(相当于世界卫生组织对PM2.5确立的第三个过渡时期的目标值。目前，欧盟的空气质量标准是世界上对PM10监控标准最严格的地区之一。欧盟PM10日均浓度限值(50 $\mu g \cdot m^{-3}$)已达到世界卫生组织所设定的准则值标准。

欧美等国目前都普遍制定了完备的空气质量法律，对不达标者进行惩罚。2008年，欧盟委员会通过了新的空气质量法令(2008/50/EC)，开始严格监督执行空气质量标准，对超标行为进行严厉惩罚，有些超标城市可能面临每天高达700 000欧元的罚款。近年来，有些发展中国家也收紧了对PM2.5和PM10的监控标准，如中国、印度、墨西哥等国。目前我国已将PM2.5纳入了监控范围。

习　题

1. 两个气球中分别装有O_2和N_2O气体，温度和密度都相等，已知O_2的摩尔质量、$M(O_2)=32.00 g \cdot mol^{-1}$。实验测得$O_2$气球中的压强是$N_2O$气球中压强的1.3754倍，求$N_2O$的摩尔质量。

2. 空气的平均摩尔质量是$28.96 g \cdot mol^{-1}$，则15 ℃、1.01×10^2 kPa时空气的密度为多大?

3. 将1.00 g硫溶于20.0 g萘中，可使萘的凝固点降低1.32 K，则此溶液中硫分子是由几个硫原子组成的?

4. 12.2 g苯甲酸溶于100 g苯中，溶液的沸点升高了1.26 K。计算苯甲酸的摩尔质量，并说明其存在状态。已知苯甲酸的相对分子质量为122。

5. 冬天，在汽车的水箱中加入一定量的乙二醇可防止水的冻结。在 200 g 的水中需溶解多少克乙二醇($C_2H_6O_2$)，才能使冰点降到 270 K?

6. 有两种溶液，一种为 3.6 g 葡萄糖($C_6H_{12}O_6$)溶于 200 g 水中，另一种为 20 g 未知物溶于 500 g 水中，这两种溶液在同一温度下结冰，计算未知物的摩尔质量。

7. 某蛋白质饱和水溶液含溶质 5.18 g·L^{-1}，298 K 时测得其渗透压为 0.413 kPa。(1)计算此蛋白质的相对分子质量；(2)计算溶液的凝固点下降值。

8. 海水中盐的总浓度约为 0.60 mol·L^{-1}。若以主要组分 NaCl 按 $i \approx 2$ 计，试估算海水开始结冰的温度和沸腾的温度，以及在 298 K 时用反渗透法提取纯水所需的最低压强。提示：假设海水中盐的质量摩尔浓度约为 0.60 mol·kg^{-1}。

9. 为制备 AgI 负溶胶，应向 25 mL 0.016 mol·L^{-1} KI 溶液中加入 0.005 mol·L^{-1} $AgNO_3$溶液多少毫升？该胶核吸附的电位离子是什么？

10. 选择题

(1)下列几种条件下的实际气体，最接近理想气体的行为的是(　　)。

A. 高温低压　　B. 高温高压　　C. 低温高压　　D. 低温低压

(2)对于混合理想气体中的组分 i，其物质的量 n_i 应等于(　　)。

A. $n_i = \frac{p_{总} V_{总}}{RT}$　　B. $n_i = \frac{p_i V_{总}}{RT}$　　C. $n_i = \frac{p_{总} V}{RT}$　　D. $n_i = \frac{p_i V_i}{RT}$

(3)一只充满氢气的气球，飞到一定高度即会爆炸，影响该高度的因素为(　　)。

A. 外压　　B. 温度　　C. 外压和温度　　D. 湿度

(4)下列溶液中蒸气压最高的是(　　)。

A. 0.01 mol·kg^{-1}丙三醇($C_3H_8O_3$)溶液　　B. 0.01 mol·kg^{-1} H_2SO_4溶液

C. 0.1 mol·kg^{-1}葡萄糖($C_6H_{12}O_6$)溶液　　D. 0.1 mol·kg^{-1} NaCl 溶液

(5)0.01 mol·kg^{-1} $CaCl_2$溶液与同浓度的葡萄糖溶液的凝固点下降值的比值为(　　)。

A. 等于 2　　B. 接近于 2　　C. 等于 3　　D. 接近于 3

(6)等体积的 0.015 mol·L^{-1} KI 溶液与 0.012 mol·L^{-1} $AgNO_3$溶液混合制得 AgI 溶胶，下列电解质中，对该溶胶的聚沉值最小的是(　　)。

A. NaCl　　B. Na_2SO_4　　C. $Mg(NO_3)_2$　　D. $Ca(NO_3)_2$

(7)35 mL 0.008 mol·L^{-1} NaCl 溶液与 45 mL 0.005 mol·L^{-1} $AgNO_3$溶液混合制得 AgCl 溶胶，该溶胶的电位离子是(　　)。

A. Na^+　　B. Cl^-　　C. Ag^+　　D. NO_3^-

(8)As_2S_3负溶胶电泳时，可以观察到(　　)。

A. 正极一端毛细管液面升高　　B. 负极一端毛细管液面升高

C. 正极附近的颜色变深　　D. 负极附近的颜色变深

4 化学热力学基础

学习要求

1. 掌握系统和环境、状态和状态函数、过程和途径、标准状态、反应进度、功和热、热力学能、标准摩尔生成焓、标准摩尔生成自由能、反应的摩尔焓变、反应的摩尔熵变、反应的摩尔自由能变等热力学基本概念，正确理解有关符号的意义。

2. 理解定压反应热与焓变、定容反应热与热力学能变的关系。

3. 掌握化学反应的 $\Delta_r H_m^{\ominus}$、$\Delta_r S_m^{\ominus}$、$\Delta_r G_m^{\ominus}(T)$ 和转折温度的计算。

4. 掌握化学反应定温式(即范特霍夫定温式)和自由能判据，能判断反应自发进行的方向和限度。

5. 理解化学平衡的概念，掌握标准平衡常数 $K^{\ominus}$ 的意义、表达式及有关平衡的计算。

6. 掌握同时平衡原理，了解和探究多重平衡的计算。

7. 掌握浓度、压强和温度对化学平衡移动的影响。

知识结构导图

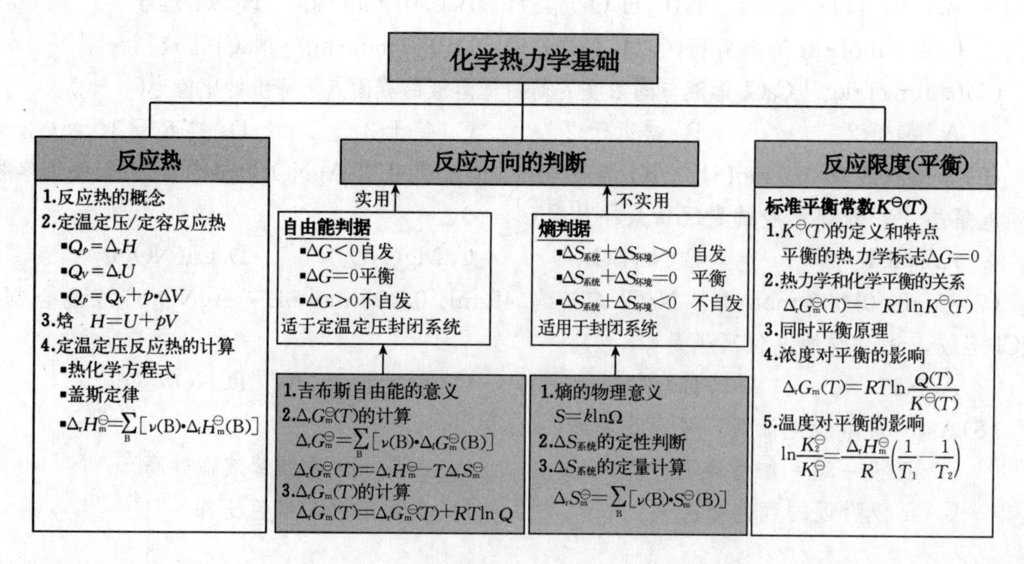

热力学(thermodynamics)是研究各种能量相互转换过程所遵循规律的科学。热力学发展初期，为提高热机效率，它只研究热和机械功之间的转换关系。随着科学的发展，热力学的研究范围逐渐扩大，使用热力学的原理和方法研究化学，则产生了**化学热力学**(chemical thermodynamics)。

化学热力学的结论主要建立在19世纪建立起来的两个经验定律——热力学第一定律和

第二定律的基础上，这两个定律奠定了热力学的基础。20世纪初建立的热力学第三定律不像热力学第一和第二定律那样应用广泛，但使得热力学臻于完善。

化学热力学在讨论物质变化时，只研究宏观系统，只要知道系统的宏观性质，确定系统的始态和终态，就可以根据化学热力学数据对系统的能量变化进行计算，得出有用的结论，用于指导实践。化学热力学方法不涉及物质的微观结构，就可以得出许多有用的结论，这是化学热力学最成功的一面。注意：化学热力学原理没有时间概念，因此不能解决化学变化进行的速率以及其他与时间有关的问题。

化学热力学主要研究以下三个内容：①一定条件下，某化学反应中的能量变化；②一定条件下，某化学反应能否自发进行；③一定条件下，某化学反应的限度，以及如何改变反应限度。这些是认识一个化学反应的最基本问题。

4.1　热力学的基本概念

4.1.1　系统与环境

根据研究的需要，将所研究的对象或空间称为**系统**(system)，也叫**体系**，而与系统密切相关的其余部分称为**环境**(environment)。系统与环境的划定完全是人为的。

依据系统和环境之间有无能量和物质的交换，系统可分为以下三种类型：

敞开系统(open system)　系统和环境之间既有能量交换又有物质交换。

封闭系统(closed system)　系统和环境之间有能量交换但没有物质交换。

孤立系统(又称隔离系统，isolated system)　系统和环境之间既无能量交换又无物质交换。

例如，在一敞口杯中盛有热水，以热水为研究对象则是一敞开系统，在降温过程中系统向环境放出热能，且不断地有水分子变为水蒸气逸出。若在杯上加一个不让水分子蒸发出去的盖子，避免系统与环境间的物质交换，则得到一个封闭系统。若将热水盛于一个理想的保温瓶中，杜绝能量和物质交换，则得到一个孤立系统。

化学反应作为一个系统，由于化学反应遵循质量守恒定律，反应系统与环境之间可以有能量交换，但不能有物质交换，所以应属于封闭系统。在化学热力学中，我们主要研究封闭系统。注意：研究对象是根据研究需要人为划定的，系统的类型可以改变，如敞开(或封闭)系统＋环境＝孤立系统。

4.1.2　状态和状态函数

系统的物理性质和化学性质的综合表现称为系统的**状态**(state)，也就是热力学平衡态。描述系统的状态要用到系统的一系列性质，如物质的量、温度、压强、体积、浓度等。热力学中把具有这种能够确定系统状态的物理量称为系统的**状态函数**(state function)。系统的状态是由一系列状态函数确定的。例如，我们研究的系统是理想气体，其物质的量 $n=1$ mol，热力学温度 $T=273$ K，压强 $p=1.013\ 25\times10^5$ Pa，体积 $V=22.4$ L，即物理学上的**标准状况**，这里的 n、T、V 和 p 是系统的状态函数，理想气体的标准状况只是系统的一种状态。

状态函数具有如下特点：①当系统处于一定状态时，系统的各种状态函数有确定的值。②系统状态发生变化，其状态函数随之变化，并且状态函数的改变值只与系统的初始状态

(始态)和终止状态(终态)有关。系统变化的始态和终态一经确定，各状态函数的变化值也就确定了。状态函数的变化值经常用希腊字母Δ(读 delta)表示。例如，一杯水的初始温度 $T_1=300$ K，加热升温至 $T_2=350$ K，温度变化值 $\Delta T=T_2-T_1=50$ K。

从状态函数的特点②可以得出：系统由状态Ⅰ变化到状态Ⅱ，无论经过一步完成还是多步完成，其状态函数(如热力学能 U、焓 H)的变化值都相等，如图 4-1 所示。

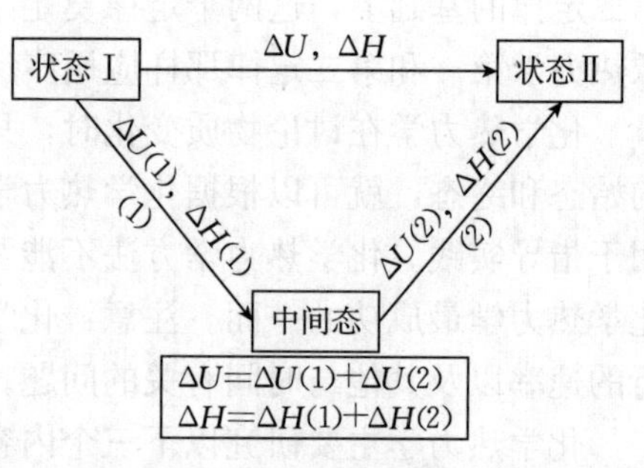

图4-1 状态函数的特点

4.1.3 标准状态

下面将要介绍到的热力学状态函数，如热力学能 U、焓 H、熵 S 和自由能 G 等都与状态有关，为了能够在相同的状态下进行计算和比较，提出了标准状态。处于标准状态下的热力学函数在右上角用“$\ominus$”标记。根据国际上的共识和我国的国家标准，规定在指定温度和标准压强 $p^{\ominus}=10^5$ Pa 下的以下状态为各物质的**标准状态**(standard state)：

理想气体的标准状态是该气体处于标准压强 $p^{\ominus}$ 下的纯理想气体状态；纯液体或纯固体物质的标准状态就是在标准压强 $p^{\ominus}$ 下的纯液体或纯固体的状态；溶液中溶质的标准状态是在标准压强 $p^{\ominus}$ 下该组分的质量摩尔浓度 $b^{\ominus}=1\ \text{mol}\cdot\text{kg}^{-1}$ 或物质的量浓度 $c^{\ominus}=1\ \text{mol}\cdot\text{L}^{-1}$ 的状态。

由于标准状态中没有规定温度，故随着温度的变化，可有无数个标准状态。一般选择 298 K为参考温度，所以手册上的热力学数据大都是298 K时的数据。若非 298 K，须特别指明。

4.1.4 过程和途径

系统的状态发生变化，从始态变到终态，我们就说系统经历了一个热力学过程，简称过程(process)。有一些过程是热力学常用的过程，如：

定压过程 系统的始态和终态压强相等，且等于环境压强的过程；

定容过程 系统的始态和终态体积相等的过程；

定温过程 系统的始态和终态温度相等，且等于环境温度的过程。

系统由始态变化到终态经历一个过程，这一变化过程可以采取许多不同的具体方式来实现，我们把实现过程的每一种具体方式称为一种**途径**(path)。例如，一个化学反应是一个过程，反应物是始态，产物是终态，可以由反应物一步生成产物，也可以通过多种中间步骤来完成。但是不管采取何种途径，这个过程的状态函数的变化值只取决于始态和终态，与具体经历的途径无关。

4.1.5 化学计量系数和反应进度

在化学反应中，将满足质量守恒定律的化学反应方程式称为化学反应计量方程式。在热力学计算中，所涉及的化学反应方程式都必须满足质量守恒定律，因此下面所涉及的化学反应方程式都是化学反应计量方程式。对任意化学反应：

$$a\text{A} + d\text{D} = g\text{G} + h\text{H}$$

可将反应物移项至等号右面，则上式变为

$$0 = g\text{G} + h\text{H} - a\text{A} - d\text{D} = \sum[\nu(\text{B})\cdot\text{B}]$$

式中：$\sum$ 为求和号；B为该化学反应中任一反应物或产物的化学式；$\nu(\mathrm{B})$(nu，读“纽”)为物质B的化学计量系数(chemical stoichiometric number)，无单位。注意：对反应物 $\nu(\mathrm{B})$ 取负值($-a$ 和 $-d$)，对生成物 $\nu(\mathrm{B})$ 取正值(g 和 h)。

例如，化学反应

$$\mathrm{CH_4(g) + 2O_2(g) = CO_2(g) + 2H_2O(l)}$$

各物质的化学计量系数 $\nu(\mathrm{B})$ 分别为 $\nu(\mathrm{CH_4})=-1$，$\nu(\mathrm{O_2})=-2$，$\nu(\mathrm{CO_2})=1$，$\nu(\mathrm{H_2O})=2$。

为了表示化学反应在某一时刻进行的程度，需要引进一个重要物理量——化学反应进度(extent of reaction)。化学反应进度以符号 ξ(xi，读“克西”)表示，其单位为mol。ξ 的定义如下：

对任意化学反应

$$a\mathrm{A} + d\mathrm{D} = g\mathrm{G} + h\mathrm{H}$$

t_1 时刻，各物质的物质的量　　$n_1(\mathrm{A})$　$n_1(\mathrm{D})$　$n_1(\mathrm{G})$　$n_1(\mathrm{H})$

t_2 时刻，各物质的物质的量　　$n_2(\mathrm{A})$　$n_2(\mathrm{D})$　$n_2(\mathrm{G})$　$n_2(\mathrm{H})$

$$\xi=\frac{n_2(\mathrm{A})-n_1(\mathrm{A})}{-a}=\frac{n_2(\mathrm{D})-n_1(\mathrm{D})}{-d}=\frac{n_2(\mathrm{G})-n_1(\mathrm{G})}{g}=\frac{n_2(\mathrm{H})-n_1(\mathrm{H})}{h}$$

若将化学反应写成

$$0=\sum[\nu(\mathrm{B})\cdot\mathrm{B}]$$

则

$$\xi=\frac{n_2(\mathrm{B})-n_1(\mathrm{B})}{\nu(\mathrm{B})}=\frac{\Delta n(\mathrm{B})}{\nu(\mathrm{B})} \tag{4-1}$$

在计算反应进度 ξ 时，应该注意以下几个问题：

(1)反应进度 ξ 与化学反应方程式的写法有关，在使用反应进度 ξ 时，要指明具体的反应方程式，且反应方程式应配平，并标明各物质的聚集状态，如气态(g)、纯液体(l)、纯固体(s)、水溶液中的分子或离子(aq)等。例如甲烷燃烧反应：$\mathrm{CH_4(g) + 2O_2(g) = CO_2(g) + 2H_2O(l)}$，当 $\Delta n(\mathrm{CO_2})=1\ \mathrm{mol}$ 时，反应进度 ξ 为

$$\xi=\frac{\Delta n(\mathrm{CO_2})}{\nu(\mathrm{CO_2})}=\frac{1\ \mathrm{mol}}{1}=1\mathrm{mol}$$

若将反应方程式写为 $\mathrm{0.5CH_4(g) + O_2(g) = 0.5CO_2(g) + H_2O(l)}$，同样 $\Delta n(\mathrm{CO_2})=1\ \mathrm{mol}$，反应进度 ξ 则为

$$\xi=\frac{\Delta n(\mathrm{CO_2})}{\nu(\mathrm{CO_2})}=\frac{1\ \mathrm{mol}}{0.5}=2\mathrm{mol}$$

(2)当反应进度 $\xi=1\ \mathrm{mol}$ 时，$\Delta n(\mathrm{B})=\nu(\mathrm{B})$，反应恰好按配平系数的量完成，称为**单位反应进度**。

(3)对于指定的化学反应，反应进度 ξ 与物质B的选择无关。例如，用 $0.020\,00\ \mathrm{mol\cdot L^{-1}}$ $\mathrm{KMnO_4}$ 溶液滴定20.00 mL $0.052\,00\ \mathrm{mol\cdot L^{-1}}$ 草酸钠溶液，滴定至终点时消耗 $\mathrm{KMnO_4}$ 溶液20.80 mL。滴定反应方程式为

$$\mathrm{2MnO_4^-(aq)+5C_2O_4^{2-}(aq)+16H^+(aq)=2Mn^{2+}(aq)+10CO_2(g)+8H_2O(l)}$$

以消耗的 $\mathrm{C_2O_4^{2-}}$ 来计算反应进度 ξ：

$$\xi=\frac{\Delta n(\mathrm{C_2O_4^{2-}})}{\nu(\mathrm{C_2O_4^{2-}})}=\frac{(0-0.052\,00\times 20.00\times 10^{-3})\mathrm{mol}}{-5}=2.080\times 10^{-4}\ \mathrm{mol}$$

以消耗的 MnO_4^- 来计算反应进度 ξ：

$$\xi=\frac{\Delta n(MnO_4^-)}{\nu(MnO_4^-)}=\frac{(0-0.020\,00\times 20.80\times 10^{-3})\text{mol}}{-2}=2.080\times 10^{-4}\ \text{mol}$$

显然，反应进度 ξ 与物质 B 的选择无关。

【思考题】

1. 反应 $Zn(s)+2H^+(aq)=Zn^{2+}(aq)+H_2(g)$ 属于敞开系统还是封闭系统？

2. 状态函数有什么特点？

3. 为什么要提出状态函数这一概念？

4. 如果一个反应是在 298 K、标准状态下进行的，是否意味着反应中的各个物质都处于标准状态？若反应为气相反应，则各气体的分压为多少？

4.2 热力学第一定律

4.2.1 热和功

系统在状态发生变化时通常会与环境进行能量交换或传递，能量交换或传递的方式分热和功两种形式。

热(heat)是指系统和环境间因存在温差而传递的能量，用符号 Q 表示，单位为 J 或 kJ。

除了热以外，系统和环境之间传递的其他各种能量统称为**功**(work)，用符号 W 表示，单位为 J 或 kJ。功的种类很多，有机械功、电功、表面功，以及由体积变化产生的膨胀功和压缩功等。为研究方便，常把各种功分为两类：一类为体积功，它是系统因体积变化而与环境交换的功，包括膨胀功和压缩功；另一类为非体积功，它是除体积功以外所有类型的功。在化学热力学的讨论中，为了使问题简化，我们仅讨论非体积功为零的条件下进行的过程。

热力学规定：系统从环境吸热，Q 为正值；系统向环境放热，Q 为负值；环境对系统做功，W 为正值；系统对环境做功，W 为负值。

热和功都是系统在状态发生变化时与环境之间交换或传递的能量，与变化的途径密切相关。因此，不能说系统在某状态下具有多少功或具有多少热，功和热都不是状态函数。

许多化学反应有气体参加，反应时若体积发生变化，就会产生体积功。体积功对于化学反应过程来说具有特殊意义。例如，定温定压过程的体积功可用式(4-2)计算：

$$W_{\text{体积}}=-p_{\text{外}}\Delta V=-p\Delta V \qquad (4-2)$$

式中：$p_{\text{外}}$ 为环境的压强；p 为系统的压强，定压过程 $p_{\text{外}}=p$；ΔV 为系统体积的变化值。

例如，在 1200 K、标准状态下，反应 $CaCO_3(s)=CaO(s)+CO_2(g)$ 的体积功为

$$W_{\text{体积}}=-p\cdot\Delta V\approx -p\cdot\Delta V(g)=-\Delta n(g)\cdot RT=-1\times 8.314\times 1200=-9976.8(\text{J})$$

4.2.2 热力学能

热力学能(thermodynamic energy)又称**内能**(internal energy)，它是系统内部各种形式能量的总和，用符号 U 表示，单位为 J 或 kJ。热力学能包括系统中各种物质的分子或原子的位能、平动能、转动能、振动能、电子能量及核能等。显然热力学能是微观能量，其绝对值目前无法

测定。但热力学能却是系统的状态函数，系统的状态一定，系统就有一个确定的热力学能，系统状态发生变化时，只要变化过程的始态和终态确定，热力学能的变化值 ΔU 就一定。

4.2.3 热力学第一定律

系统和环境之间的能量交换有两种方式，一种是热传递，另一种是做功。在系统和环境的能量交换过程中，系统的热力学能将发生变化。

设想一个封闭系统由状态Ⅰ变化到状态Ⅱ，在这一过程中系统与环境间传递的热量为 Q，同时环境对系统做功为 W，则系统热力学能的变化值 ΔU 可表示为

$$\Delta U = U_2 - U_1 = Q + W \tag{4-3}$$

这就是**热力学第一定律**(the first law of thermodynamics)的数学表达式。它的实质就是**能量转化守恒定律**(energy conservation law)。因此，热力学第一定律也称为能量守恒定律。利用热力学第一定律，可以从过程的热和功计算系统的热力学能变 ΔU。

例 4-1 某系统从始态变到终态，从环境吸热 500 kJ，同时对环境做功 300 kJ，求系统和环境的热力学能变 ΔU。

解 根据功和热的符号规定，系统吸收的热 Q=500 kJ，系统对环境做功 W=−300 kJ，由热力学第一定律的数学表达式(4-3)可得

$$\Delta U_{系统} = Q + W = 500 + (-300) = 200(\text{kJ})$$

系统的热力学能增加值应等于环境的热力学能减少值，所以

$$\Delta U_{环境} = -\Delta U_{系统} = -200(\text{kJ})$$

【思考题】

1. 因为热力学能 U 目前无法测定，所以过程的热力学能变 ΔU 目前也无法知道，对吗?
2. 在敞开系统中，热力学第一定律适用吗?

4.3 反应热与反应的焓变

4.3.1 定容反应热和定压反应热

化学反应常常伴有吸热或放热现象，反应放出或吸收的热称为化学反应的热效应，简称**反应热**(heat of reaction)。测定反应热，并研究其一般规律的科学称为**热化学**(thermo chemistry)。热化学是化学热力学中的一个重要组成部分，是热力学中建立和发展较早的一部分，是热力学第一定律在化学反应过程中的实际应用。

在反应热的测定中，为避免问题的复杂化，做了两个规定：一是化学反应系统不做非体积功，即系统和环境之间只有热和体积功的传递；二是反应在定温条件下进行，反应放出的热全部传递给环境，或反应吸收的热全部由环境提供。

由于热不是状态函数，所以反应热与反应的途径有关。在定容条件下测得的反应热称**定容反应热**(heat of reaction at isovolume)，用 Q_V 表示；在定压条件下测得的反应热称**定压反应热**(heat of reaction at isothermal)，用 Q_p 表示。

4.3.1.1 定容反应热和反应的热力学能变

在定温定容、不做非体积功的条件下：

$$W_{体积}=0$$

$$\Delta_r U=Q_V+W_{体积}=Q_V \tag{4-4}$$

由式(4-4)可得，在定温定容、不做非体积功的条件下，化学反应吸收的热全部用来增加系统的热力学能。式中，下标 r 代表反应(reaction)，下同。

4.3.1.2 定压反应热和反应的焓变

在定温定压、不做非体积功的条件下，根据式(4-2)：

$$W_{体积}=-p\Delta V$$

$$\Delta_r U=U_2-U_1=Q_p+W_{体积}=Q_p-p\Delta V$$

移项得

$$Q_p=\Delta_r U+p\Delta V$$

由于定压过程 $p_1=p_2=p$，$\Delta_r U=U_2-U_1$，$\Delta V=V_2-V_1$，所以

$$Q_p=U_2-U_1+p(V_2-V_1)=(U_2+p_2V_2)-(U_1+p_1V_1)$$

令

$$H\equiv U+pV \tag{4-5}$$

$$Q_p=\Delta_r H \tag{4-6}$$

我们把 H 称为**焓**(enthalpy，“热的含量”之意)，$\Delta_r H$ 称为**反应的焓变**(enthalpy change，“热含量变化”之意)，H 的常用单位为 J 或 kJ。因为 U、p 和 V 均为系统的状态函数，所以 H 也是一个状态函数。由于热力学能 U 的绝对值不可知，所以焓 H 的绝对值也是不可知的。

由式(4-6)可得，在定温定压、不做非体积功时，化学反应所吸收的热全部用来增加系统的焓。

焓这一状态函数是为了能更方便地说明问题而引入的。因为大多数化学反应是在定温定压过程中进行的，因此对于一个在定温定压过程中进行的化学反应是否放热，可用 $\Delta_r H$ 的符号来判断：如果 $\Delta_r H<0$，反应是放热的；如果 $\Delta_r H>0$，反应是吸热的。

4.3.1.3 定压反应热和定容反应热的关系

同一个反应的定压反应热和定容反应热是不同的。弹式量热计可以测定定容反应热 Q_V，但化学反应一般是在定压下进行的，定压反应热比较难测定，因此如何由 Q_V 计算出 Q_p 就更为重要了。

用弹式量热计测定出 Q_V 后，借助图 4-2 所示的循环，可以近似计算出 Q_p。

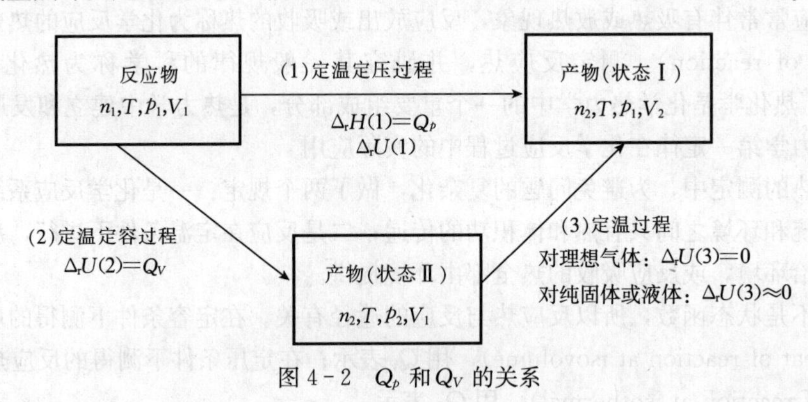

图 4-2 Q_p 和 Q_V 的关系

在定温条件下，理想气体的热力学能只与温度有关，而纯液体或纯固体的热力学能变受 p 和 V 的影响很小，因此，在上述循环中存在下列关系：

$$\Delta_r U(1)=\Delta_r U(2)+\Delta_r U(3)\approx\Delta_r U(2)=Q_V$$

$$\Delta_r H(1)=Q_p=\Delta_r U(1)+p\Delta V$$

整理得

$$Q_p=Q_V+p\Delta V \quad (4-7)$$

根据理想气体状态方程式：

$$pV=nRT$$

$$p\Delta V=RT\Delta n$$

代入式(4－7)得

$$Q_p=Q_V+RT\Delta n \quad (4-8)$$

式中：$\Delta n=n_2-n_1$，n_1 和 n_2 分别为反应物和生成物中气体分子的物质的量；R 为摩尔气体常数，$R=8.314\ J\cdot mol^{-1}\cdot K^{-1}$。

从式(4－8)可以看出：对于没有气体参与的反应，$\Delta n=0$，所以 $Q_p=Q_V$；对于有气体参与的反应，只有当 $\Delta n\neq0$ 时，Q_p 和 Q_V 才存在差别。

例 4－2 用弹式量热计测得在298 K时，燃烧 1 mol 丙二酸[$CH_2(COOH)_2$]晶体放热 866.5 kJ，求 1 mol 丙二酸在298 K时的定压反应热 Q_p。

解 丙二酸的燃烧反应为

$$CH_2(COOH)_2(s)+2O_2(g)=3CO_2(g)+2H_2O(l)$$

$Q_V=-866.5\ kJ\cdot mol^{-1}$，根据 Q_V 和 Q_p 的关系：

$$Q_p=Q_V+RT\Delta n=-866.5+8.314\times298\times(3-2)\times10^{-3}$$

$$=-864.2(kJ\cdot mol^{-1})$$

4.3.2 标准摩尔焓变

反应的焓变，即定温定压反应热，不仅与温度 T 和压强 p 有关，还与反应的量有关。例如，燃烧 2 g 氢气放出的热是燃烧 1 g 氢气放出的热的 2 倍。在进行分析和计算时，如果总要说明反应的温度、压强以及反应了多少，会比较麻烦。为简便起见，提出了**反应标准摩尔焓变** $\Delta_r H_m^\ominus(T)$的概念。

所谓“标准”是指反应在标准状态(指定温度 T，标准压强)下进行，即参与反应的物质均处在各自的标准状态，用上角标“$\ominus$”表示；所谓“摩尔”是指反应进度为 1 mol，用下角标“m”表示。$\Delta_r H_m^\ominus$ 的单位为 $kJ\cdot mol^{-1}$。因此，反应的标准摩尔焓变 $\Delta_r H_m^\ominus(T)$是指反应在温度 T 和标准状态下，单位反应进度时的焓变。

必须注意，$\Delta_r H_m^\ominus(T)$与反应进度一样，都与反应方程式的写法有关，常将 $\Delta_r H_m^\ominus(T)$写在反应方程式后面，并将这种表示出反应和反应热的式子称为**热化学方程式**。例如，在298 K和标准状态下，合成氨反应的热化学方程式为

$$3H_2(g)+N_2(g)=2NH_3(g) \qquad \Delta_r H_m^\ominus(298\ K)=-92.22\ kJ\cdot mol^{-1}$$

表示反应进度为 1 mol 时，即 3 mol H_2 与 1 mol N_2 完全反应生成 2 mol NH_3 时，放出的热

为92.22 kJ。

合成氨的热化学方程式也可以写为

$$\frac{3}{2}H_2(g)+\frac{1}{2}N_2(g)=NH_3(g) \qquad \Delta_r H_m^{\ominus}(298\ K)=-46.11\ kJ\cdot mol^{-1}$$

则表示反应进度为1 mol时，即$\frac{3}{2}$ mol H_2 与$\frac{1}{2}$ mol N_2 完全反应生成1 mol NH_3 时，放出的热减少一半，为46.11 kJ。

4.3.3 盖斯定律

许多化学反应由于受到反应条件、反应速率以及产物纯度等因素的限制，反应热不容易直接测定。在化学热力学的早期，如何利用已知的反应热来计算未知的反应热成为化学家们关注的问题。1840年，俄国科学家盖斯(G. H. Hess)根据大量的实验事实，得出了如下结论：在不做非体积功和定温定压(或定温定容)的条件下，不论反应是一步完成还是分几步完成，总反应的反应热都等于各步反应的反应热之和。这一定律称为盖斯定律。

盖斯定律的本质是状态函数特点②的体现。因为反应热虽然不是状态函数，其值与途径有关，但在定温定压或定温定容且不做非体积功的条件下，$Q_p=\Delta H$，$Q_V=\Delta U$，这表明Q_p和Q_V在数值上具有了状态函数的特点。

盖斯定律的实用性很大，利用它可将化学方程式当作普通代数方程一样进行计算，根据已准确测定的反应热数据，通过加减运算就能得到一些实际上难以测定的反应热。

注意：在进行方程式的加减计算时，各方程式中同一物质应处于同一状态才能进行加减。

例4-3 已知298 K，100 kPa下，

(1)$C(石墨)+O_2(g)=CO_2(g) \qquad \Delta_r H_m^{\ominus}(1)=-393.5\ kJ\cdot mol^{-1}$

(2)$CO(g)+\frac{1}{2}O_2(g)=CO_2(g) \qquad \Delta_r H_m^{\ominus}(2)=-283.0\ kJ\cdot mol^{-1}$

计算反应(3) $C(石墨)+\frac{1}{2}O_2(g)=CO(g)$的$\Delta_r H_m^{\ominus}(3)$。

解 因为　　反应式(3)=反应式(1)−反应式(2)

所以　　$\Delta_r H_m^{\ominus}(3)=\Delta_r H_m^{\ominus}(1)-\Delta_r H_m^{\ominus}(2)$

代入数据计算　$\Delta_r H_m^{\ominus}(3)=\Delta_r H_m^{\ominus}(1)-\Delta_r H_m^{\ominus}(2)$

$=-393.5-(-283.0)$

$=-110.5(kJ\cdot mol^{-1})$

例4-4 已知在298 K，100 kPa下，

(1)$CH_4(g)+2O_2(g)=CO_2(g)+2H_2O(l) \qquad \Delta_r H_m^{\ominus}(1)=-890.3\ kJ\cdot mol^{-1}$

(2)$C(石墨)+O_2(g)=CO_2(g) \qquad \Delta_r H_m^{\ominus}(2)=-393.5\ kJ\cdot mol^{-1}$

(3)$H_2(g)+\frac{1}{2}O_2(g)=H_2O(l) \qquad \Delta_r H_m^{\ominus}(3)=-285.8\ kJ\cdot mol^{-1}$

计算反应(4) $C(石墨)+2H_2(g)=CH_4(g)$的$\Delta_r H_m^{\ominus}(4)$。

解 分析上述四个反应，找到它们之间的关系为

$$反应(4)=反应(2)+2\times反应(3)-反应(1)$$

得 $$\Delta_r H_m^{\ominus}(4)=\Delta_r H_m^{\ominus}(2)+2\times\Delta_r H_m^{\ominus}(3)-\Delta_r H_m^{\ominus}(1)$$
$$=(-393.5)+2\times(-285.8)-(-890.3)$$
$$=-74.8(kJ\cdot mol^{-1})$$

4.3.4 反应的标准摩尔焓变的计算

用盖斯定律求算反应热需要知道许多反应的热效应，这经常是很复杂的过程。因为焓是状态函数，如果知道各反应物和产物的焓的绝对值，则反应的焓变就可计算了，这种方法最简单。例如，对反应：

$$C(石墨)+2H_2(g)=CH_4(g)$$
$$\Delta_r H_m=H(CH_4,g)-[H(C,石墨)+2H(H_2,g)]$$

虽然焓 H 的绝对值无法测定，但化学热力学通过某些规定得到了纯物质的相对焓值(即标准摩尔生成焓)，利用物质的相对焓值就可以像上式一样很简便地计算出反应的焓变。

4.3.4.1 纯物质的标准摩尔生成焓

在化学热力学中，在指定温度 T 和标准压强 $p^{\ominus}$ 下，由指定单质生成 1 mol 某物质 B 时反应的焓变称为物质 B 的**标准摩尔生成焓**(standard molar enthalpy of formation)，用符号 $\Delta_f H_m^{\ominus}(B,T)$ 表示。下标 f 是 formation 的词头，T 一般指定为298 K，可略去不写。$\Delta_f H_m^{\ominus}(B)$ 单位为 $kJ\cdot mol^{-1}$。

根据标准摩尔生成焓的定义，在指定温度(298 K)和标准压强 $p^{\ominus}$ 下，指定单质的标准摩尔生成焓为零。**指定单质**①一般为在指定温度和标准状态下稳定存在(或常用)的单质。例如，$H_2(g)$、$O_2(g)$、$N_2(g)$、C(石墨)、$Cl_2(g)$、$Br_2(l)$、$I_2(s)$、P(白磷)、S(s,单斜)等单质的标准摩尔生成焓为零，这些单质也就是各元素的指定单质。

一些常见物质在298 K时的 $\Delta_f H_m^{\ominus}(B)$ 列于附录 2 中。例如，$\Delta_f H_m^{\ominus}(H_2O,l)=-285.84\ kJ\cdot mol^{-1}$，表示在298 K和标准状态下，反应 $H_2(g)+\frac{1}{2}O_2(g)=H_2O(l)$ 的 $\Delta_r H_m^{\ominus}=-285.84\ kJ\cdot mol^{-1}$。

4.3.4.2 反应的标准摩尔焓变的计算

利用 $\Delta_f H_m^{\ominus}(B)$ 可很方便地计算出反应的 $\Delta_r H_m^{\ominus}(298\ K)$。在 298 K 和标准状态下，化学反应

$$aA+dD=gG+hH$$

的标准摩尔焓变 $\Delta_r H_m^{\ominus}(298\ K)$ 为

$$\Delta_r H_m^{\ominus}(298\ K)=g\Delta_f H_m^{\ominus}(G)+h\Delta_f H_m^{\ominus}(H)-a\Delta_f H_m^{\ominus}(A)-d\Delta_f H_m^{\ominus}(D) \tag{4-9}$$

① 指定单质不一定是最稳定单质。在标准摩尔生成焓的数据中，有些单质的同素异形体的标准摩尔生成焓小于零。如比白磷稳定的红磷的 $\Delta_f H_m^{\ominus}$(红磷)$=-17.6\ kJ\cdot mol^{-1}$，比 $C_{石墨}$ 稳定的 C_{60} 和 C_{70} 的 $\Delta_f H_m^{\ominus}$ 分别为$-25\ 947\ kJ\cdot mol^{-1}$和$-29\ 956\ kJ\cdot mol^{-1}$，说明指定单质不一定就是最稳定单质。对有两种或两种以上同素异形体的元素来说，到底选取哪种同素异形体作为指定单质，主要考虑两方面：a. 根据实验具体情况，选取的同素异形体反应活性要高，能生成一系列化合物，同时无副反应发生，产物组成固定，便于纯化，如白磷和红磷，尽管红磷比白磷稳定，但红磷的结构复杂至今尚未清楚。b. 有的更稳定的同素异形体是后来被发现的，C_{60} 和 C_{70} 就属于这种情况。

如把化学反应写成如下通式形式：

$$0 = \sum [\nu(\mathrm{B}) \cdot \mathrm{B}]$$

则反应的标准摩尔焓变为

$$\Delta_r H_m^\ominus(298\ \mathrm{K}) = \sum_{\mathrm{B}} [\nu(\mathrm{B}) \cdot \Delta_f H_m^\ominus(\mathrm{B})] \quad (4-10)$$

在物理化学中可对其他温度下反应的焓变进行计算，这里从略。但计算表明，反应焓变受温度的影响不大，如反应 $SO_2(g) + \frac{1}{2}O_2(g) = SO_3(g)$，在298 K时 $\Delta_r H_m^\ominus = -98.9\ \mathrm{kJ \cdot mol^{-1}}$，在 873 K 时 $\Delta_r H_m^\ominus = -96.9\ \mathrm{kJ \cdot mol^{-1}}$。因此，在本教材的计算中，忽略温度对焓变的影响，即

$$\Delta_r H_m^\ominus(T) \approx \Delta_r H_m^\ominus(298\ \mathrm{K}) = \Delta_r H_m^\ominus \quad (4-11)$$

例 4-5 试计算在298 K时，联氨在空气中燃烧反应 $N_2H_4(l) + O_2(g) = N_2(g) + 2H_2O(l)$ 的 $\Delta_r H_m^\ominus$。

解 由附录 2 查得

	$N_2H_4(l)$	$+\ O_2(g)$	$=N_2(g)$	$+\ 2H_2O(l)$
$\Delta_f H_m^\ominus/(\mathrm{kJ \cdot mol^{-1}})$	50.63	0	0	−285.84

$$\begin{aligned}\Delta_r H_m^\ominus &= \Delta_f H_m^\ominus(N_2,g) + 2\Delta_f H_m^\ominus(H_2O,l) - \Delta_f H_m^\ominus(N_2H_4,l) - \Delta_f H_m^\ominus(O_2,g) \\ &= 0 + 2 \times (-285.84) - 50.63 - 0 = -622.31(\mathrm{kJ \cdot mol^{-1}})\end{aligned}$$

联氨 N_2H_4 与质量分数为 90%的过氧化氢混合，能剧烈反应生成 N_2 和 H_2O，并放出更大量的热($\Delta_r H_m^\ominus = -818.4\ \mathrm{kJ \cdot mol^{-1}}$)，联氨可用作火箭燃料。

【思考题】

1. 要使木炭燃烧，必须首先加热，为什么？这个反应究竟是放热的还是吸热的？
2. 下列说法是否正确？

   (1)功、热与热力学能均与能量有关，所以它们都是状态函数。

   (2)定压反应热 Q_p 是状态函数。

   (3)反应的 ΔH 就是反应的热效应。

   (4)反应 $2NH_3(g) + 3Cl_2(g) = N_2(g) + 6HCl(g)$的反应热 $\Delta_r H_m^\ominus = -468\ \mathrm{kJ \cdot mol^{-1}}$，表示 1 mol $NH_3(g)$完全反应所放出的热为 468 kJ。

   (5)在给定条件下，反应 $H_2(g) + \frac{1}{2}O_2(g) = H_2O(l)$和反应 $2H_2(g) + O_2(g) = 2H_2O(l)$的反应热是相同的。

4.4 混乱度与反应的熵变

热力学第一定律是能量守恒原理，它只能计算某一过程所伴随的能量变化，而不能判断

这一过程是否可以发生，即不能判断过程进行的方向和进行的限度。那么，哪些因素可以作为反应自发进行的依据呢？早在19世纪中期，就有人提出以反应热来预言反应的自发性。他认为自发进行的反应都是放热的，即反应过程的 $\Delta H<0$，ΔH 越小，反应自发进行的倾向就越大。这种观点从反应过程的能量变化看，符合系统趋向于取得最低能量状态这一基本自然定律，有一定的道理。但很多吸热过程也可以自发进行，例如冰的融化、硝酸钾溶于水等过程都是吸热过程，在常温常压下却能自发进行。又如碳酸钙的分解是吸热反应，虽然在常温常压下不能进行，但在高温时碳酸钙能自动分解为二氧化碳和氧化钙。因此用化学反应热 ΔH 作为反应自发性的一种普遍性判据是不恰当的。

除了系统倾向于达到最低能量状态外，还有什么因素影响过程的自发性呢？经验表明，宏观物质世界中一个变化过程自发进行的方向普遍遵循以下两个自然法则：一是系统趋于能量最低状态；二是系统倾向于增加混乱度。上述吸热过程之所以能够自发进行，就是由于系统混乱度增大了。

4.4.1 混乱度与熵的概念

混乱度就是系统的混乱程度，其大小是通过与一定的宏观状态对应的微观状态数 Ω 来反映的。热力学中用**熵 S** 来描述混乱度。熵和混乱度之间的定量关系为

$$S=k\ln\Omega \tag{4-12}$$

式中：k 为玻耳兹曼常数，$k=1.381\times10^{-23}\ \mathrm{J\cdot K^{-1}}$。

式(4-12)说明系统的微观状态数越多，混乱度越大，熵值越大。熵的常用单位和 k 相同，为 $\mathrm{J\cdot K^{-1}}$。

系统的宏观状态一定，其微观状态数一定，系统就有确定的熵值，因此物质在给定条件下都有一定的熵值，这说明熵也是状态函数。

4.4.2 熵判据

在孤立系统中发生的过程总是自发地向着熵增加的方向进行，直到系统的熵增加到最大值达到平衡态为止。在孤立系统中，熵值减少的过程是不可能发生的。这就是热力学第二定律，也称**熵增原理或熵判据**。熵判据已经被证明是普遍适用的。根据熵判据，能够判断孤立系统中所发生的过程的方向。熵判据用数学式表示为

$$\left.\begin{array}{ll}\Delta S_{孤立}>0 & 自发过程\\ \Delta S_{孤立}=0 & 平衡状态\\ \Delta S_{孤立}<0 & 不可能发生的过程\end{array}\right\} \tag{4-13}$$

对于在封闭系统中进行的反应过程，可将系统和环境合在一起构成孤立系统。所以，对于封闭系统，熵判据可改写为如下形式：

$$\left.\begin{array}{ll}\Delta S_{系统}+\Delta S_{环境}>0 & 自发过程\\ \Delta S_{系统}+\Delta S_{环境}=0 & 平衡状态\\ \Delta S_{系统}+\Delta S_{环境}<0 & 不可能发生的过程\end{array}\right\} \tag{4-14}$$

由于 $\Delta S_{环境}$ 计算很麻烦，所以利用熵判据判断封闭系统中发生的化学反应的自发性受到很大的限制。

4.4.3 化学反应熵变的定性判断与定量计算

4.4.3.1 化学反应熵变的定性判断

物质的熵值大小有如下规律，据此可以定性比较物质熵值的大小，以及判断反应过程熵的变化：

① 同一种物质的不同聚集状态，其气态的熵值大于液态的熵值，液态的熵值大于固态的熵值，即

$$S(g)>S(l)>S(s)$$

② 同一种物质的同一种聚集状态，温度越高，热运动越剧烈，熵值越大，即

$$S(\text{高温})>S(\text{低温})$$

③ 同一聚集状态下的不同物质，熵值的大小与其分子的组成和结构有关，一般来说，分子越大，或结构越复杂，熵值越大。例如：

$$S(O_3,g)>S(O_2,g)；S(NaCl,s)>S(Na,s)$$

$$S(I_2,g)>S(Br_2,g)>S(Cl_2,g)>S(F_2,g)$$

根据物质熵值大小的规律，对于一个化学反应，特别是有气体参加而且反应前后气体分子数有变化的反应，可以根据气体分子数的变化定性判断反应的熵变。一般来说，如果化学反应中气体分子数增加，则反应的 $\Delta S>0$；反之，则 $\Delta S<0$。例如，在反应 $2Fe(s)+3/2O_2(g)=Fe_2O_3(s)$中，气体分子数由 3/2 变为 0，气体分子数减少，可以判断该反应的 $\Delta S<0$；在反应 $3Fe(s)+4H_2O(l)=Fe_3O_4(s)+4H_2(g)$中，气体分子数由 0 变为 4，可以判断该反应的 $\Delta S>0$。

对于反应前后气体分子数不变，或没有气体参加的反应，如果反应过程的熵变明显，可以直接判断熵变的符号，例如溶解少量食盐于水中的过程，$\Delta S>0$；如果反应过程的熵变不明显，就不能直接判断熵变的符号，这时就必须通过定量计算来判断。

4.4.3.2 化学反应熵变的定量计算

由于熵是状态函数，所以只要知道各种物质熵的绝对值，就可以计算反应的熵变。

在热力学温度为 0 K 时，任何纯物质分子的热运动完全停止，分子都位于理想有序的晶格点上，称为完美晶体。完美晶体的原子或分子排布规则有序，微观状态数 $\Omega=1$，根据式(4-12)，$S=k\ln\Omega=0$。因此，**任何纯物质的完美晶体在热力学温度为 0 K 时的熵值等于零，这就是热力学第三定律。**

根据热力学第三定律，把 1 mol 任何纯物质在指定压强下从 0 K(完美晶体)升温到 T，该过程的熵变 ΔS[①] 就等于这种纯物质在温度 T 时的绝对熵 S_T：

$$\Delta S=S_T-S_0=S_T \tag{4-15}$$

为了计算方便，我们把 1 mol 物质 B 在指定温度 T 和标准压强 $p^{\ominus}$下的熵称为物质 B 的**标准摩尔熵**，用符号 $S_m^{\ominus}(B,T)$表示，单位为 $J\cdot mol^{-1}\cdot K^{-1}$。由于多数反应在常温下进行，所以手册上给出的标准摩尔熵是 $T=298$ K时的数据。当 $T=298$ K 时，标准摩尔熵的符号简写为 $S_m^{\ominus}(B)$。书后附录 2 列出了一些物质在 298 K 时的标准摩尔熵 $S_m^{\ominus}$。

在 298 K、标准压强 $p^{\ominus}$下，化学反应的标准摩尔熵变 $\Delta_r S_m^{\ominus}$可根据物质的标准摩尔熵

① 过程的 ΔS 等于各温度变化过程的熵变加上各相变过程的熵变。这些熵变的具体计算请参阅《物理化学》教材。

$S_m^\ominus(B)$求得。对任意化学反应：

$$aA + dD = gG + hH$$

$$\Delta_r S_m^\ominus(298\ K) = gS_m^\ominus(G) + hS_m^\ominus(H) - aS_m^\ominus(A) - dS_m^\ominus(D) = \sum_B [\nu(B) \cdot S_m^\ominus(B)] \tag{4-16}$$

虽然 $\Delta_r S_m^\ominus$与温度 T 有关，但受温度的影响较小，在近似计算中常忽略温度的影响，即

$$\Delta_r S_m^\ominus(T) \approx \Delta_r S_m^\ominus(298\ K) = \Delta_r S_m^\ominus \tag{4-17}$$

需要注意的是：单质的标准摩尔熵 $S_m^\ominus$不等于零，所有物质的 $S_m^\ominus$值都大于零。

例 4-6 计算 298 K 时，反应 $CO_2(g) + C(石墨) \longrightarrow CO(g)$的 $\Delta_r S_m^\ominus$和 $\Delta_r H_m^\ominus$，并初步分析该反应的自发性。

解 先配平反应方程式，然后从附录 2 中查出反应物和产物的 $\Delta_f H_m^\ominus$和 $S_m^\ominus$，并标在反应式的下方。

	$CO_2(g)$	+ C(石墨)	$=2CO(g)$
$\Delta_f H_m^\ominus/(kJ \cdot mol^{-1})$	−393.5	0	−110.5
$S_m^\ominus/(J \cdot mol^{-1} \cdot K^{-1})$	213.6	5.7	197.6

根据式(4-10)和式(4-16)，分别得到

$$\Delta_r H_m^\ominus = 2\Delta_f H_m^\ominus(CO,g) - \Delta_f H_m^\ominus(CO_2,g) - \Delta_f H_m^\ominus(C,石墨)$$
$$= 2 \times (-110.5) - (-393.5) - 0 = 172.5(kJ \cdot mol^{-1})$$

$$\Delta_r S_m^\ominus = 2S_m^\ominus(CO,g) - S_m^\ominus(CO_2,g) - S_m^\ominus(C,石墨) = 2 \times 197.6 - 213.6 - 5.7$$
$$= 175.9(J \cdot mol^{-1} \cdot K^{-1})$$

由计算得到反应的 $\Delta_r H_m^\ominus > 0$，表明此反应是吸热反应，从系统倾向于取得最低能量这一因素来看，吸热不利于反应自发进行。但由计算也得到反应的 $\Delta_r S_m^\ominus > 0$，表明反应过程中系统的熵值增大，从系统倾向于取得最大混乱度这一因素来看，熵值增大有利于反应自发进行。因此该反应能否自发进行还需要进一步讨论。

【思考题】

1. 为什么要提出熵的概念？熵是状态函数吗？
2. 熵判据是一个不实用的判据，为什么？
3. 反应的标准摩尔熵变如何计算？

4.5 反应自发性与反应的吉布斯自由能变

系统自发进行有两种驱动力：一是趋向于最低能量状态，二是趋向于最大混乱度。据此可以判断：对定温定压下发生的化学反应，如果反应的 $\Delta H < 0$、$\Delta S > 0$，则反应一定能自发进行；反之则不能自发进行。但如果两种驱动力相矛盾(如例 4-6)，则需看哪一种驱动力占主导。

4.5.1 吉布斯自由能和自由能判据

1876 年，美国著名的数学和物理学家吉布斯(J. W. Gibbs)综合了焓 H、熵 S 和温度 T，引进了新的热力学函数——吉布斯自由能 G。

$$G \equiv H - TS \tag{4-18}$$

G 的常用单位为 J 或 kJ。因为 G 是 H、T 和 S 的组合，所以 G 也是状态函数。

吉布斯从热力学第一定律和第二定律出发，证明了在定温定压下，化学反应的非体积功(记为 W')与 $\Delta_r G$ 存在如下关系：

$$\Delta_r G \leqslant W' \tag{4-19}$$

通常，化学反应是在不做非体积功的条件下进行的，因此，将式(4-19)改写成

$$\Delta_r G \leqslant 0 \tag{4-20}$$

这就得到了定温定压下非体积功等于零的化学反应自发方向的**自由能判据**：

$$\left.\begin{array}{ll} \Delta G < 0 & \text{反应自发向右进行} \\ \Delta G = 0 & \text{平衡状态} \\ \Delta G > 0 & \text{反应自发向左进行} \end{array}\right\} \tag{4-21}$$

自由能判据也是热力学第二定律的一种表述形式。通常在大气环境中发生的化学反应符合定温定压条件，可以用自由能判据来判别反应的自发方向。因此自由能判据是一个实用的判据。

4.5.2 吉布斯-亥姆霍兹方程

根据自由能 G 的定义式 $G \equiv H - TS$，得到在定温定压下化学反应的 ΔG、ΔH 和 ΔS 之间的关系式为

$$\Delta G = \Delta H - T\Delta S \tag{4-22}$$

式(4-22)称为**吉布斯-亥姆霍兹方程**，简称**吉-亥方程**。

对于在定温定压、标准状态下进行的化学反应，吉-亥方程可写为

$$\Delta_r G_m^{\ominus}(T) = \Delta_r H_m^{\ominus}(T) - T\Delta_r S_m^{\ominus}(T) = \Delta_r H_m^{\ominus} - T\Delta_r S_m^{\ominus} \tag{4-23}$$

从吉-亥方程可以看到，ΔG 受温度 T 影响。在书写 $\Delta_r G_m^{\ominus}(T)$ 时，**一定要注明温度 T**。表 4-1 概括了 ΔH、ΔS 和 T 对反应自发性的影响。

表 4-1 ΔH、ΔS 和 T 对反应自发性的影响

反应类型	ΔH	ΔS	$\Delta G = \Delta H - T\Delta S$	反应自发性	反应实例
1	−	+	−	任何温度均自发	$H_2(g) + Cl_2(g) = 2HCl(g)$
2	+	−	+	任何温度均不自发	$CO(g) = C(s) + 1/2O_2(g)$
3	+	+	T 升高， ΔG 由正值变为负值	高温自发 低温不自发	$CaCO_3(s) = CaO(s) + CO_2(g)$
4	−	−	T 升高， ΔG 由负值变为正值	低温自发 高温不自发	$N_2(g) + 3H_2(g) = 2NH_3(g)$

对于表 4-1 中的反应类型 3 和 4 的反应，根据式(4-23)，当反应在标准状态下达到平衡时，$\Delta_r G_m^{\ominus}(T)=0$，得

$$T_{转折}=\frac{\Delta_r H_m^{\ominus}}{\Delta_r S_m^{\ominus}} \tag{4-24}$$

$T_{转折}$称为反应的**转折温度**，是反应在标准状态下从自发到不自发，或从不自发到自发转变的温度。对于表 4-1 中的反应类型 1 和 2 的反应，在标准状态下没有转折温度。

4.5.3 反应的标准摩尔自由能变 $\Delta_r G_m^{\ominus}$的计算

自由能 G 和焓 H 一样，绝对值无法确定。因此，在化学热力学中，将在指定温度(一般指定为 298 K)和标准压强 $p^{\ominus}$下，由指定单质生成 1 mol 某物质 B 时反应的自由能变 $\Delta_r G_m^{\ominus}$，称为该物质 B 的**标准摩尔生成自由能**，用符号 $\Delta_f G_m^{\ominus}(B)$表示，常用单位为 $kJ \cdot mol^{-1}$。根据标准摩尔生成自由能的定义，在指定温度(298 K)和标准压强 $p^{\ominus}$下，$\Delta_f G_m^{\ominus}$(指定单质)=0。

附录 2 列出了部分物质在 298 K 时的标准摩尔生成自由能。

与 $\Delta_r H_m^{\ominus}$的计算类似，在 298 K 时反应的标准摩尔自由能变 $\Delta_r G_m^{\ominus}$可以通过 $\Delta_f G_m^{\ominus}$计算。

对任意化学反应

$$aA + dD = gG + hH$$

$$\begin{aligned}\Delta_r G_m^{\ominus}(298\ K) &= g\Delta_f G_m^{\ominus}(G)+h\Delta_f G_m^{\ominus}(H)-a\Delta_f G_m^{\ominus}(A)-d\Delta_f G_m^{\ominus}(D)\\ &=\sum_B[\nu(B)\cdot\Delta_f G_m^{\ominus}(B)]\end{aligned} \tag{4-25}$$

只要从附录 2 中查出反应中各物质的 $\Delta_f G_m^{\ominus}$，代入式(4-25)，即可算出 298 K 时该反应的标准摩尔自由能变 $\Delta_r G_m^{\ominus}$。

例 4-7 已知尿素(NH_2CONH_2)的生成反应

	$CO_2(g)$	+ $2NH_3(g)$	$=NH_2CONH_2(s)$	+ $H_2O(l)$
$\Delta_f G_m^{\ominus}/(kJ \cdot mol^{-1})$	−394.36	−16.5	−197.3	−237.19

利用各物质的 $\Delta_f G_m^{\ominus}$，计算 298 K 时反应的 $\Delta_r G_m^{\ominus}$，并说明该反应的自发性。

解 根据式(4-25)

$$\begin{aligned}\Delta_r G_m^{\ominus}(298\ K)&=\Delta_f G_m^{\ominus}[NH_2CONH_2,s]+\Delta_f G_m^{\ominus}(H_2O,l)-\Delta_f G_m^{\ominus}(CO_2,g)-2\Delta_f G_m^{\ominus}(NH_3,g)\\&=-197.3+(-237.19)-(-394.36)-2\times(-16.5)\\&=-7.13(kJ\cdot mol^{-1})\end{aligned}$$

由于 $\Delta_r G_m^{\ominus}(298\ K)<0$，所以尿素的生成反应在 298 K、标准状态下能自发进行。

例 4-8 分别计算 298 K 和 1500 K 时反应 $CaCO_3(s)=CaO(s)+CO_2(g)$的 $\Delta_r G_m^{\ominus}$，并判断在这两种温度下反应的自发性，估算该反应自发进行的最低温度。

解 查附录 2 得到有关热力学数据如下：

	$CaCO_3(s)$	$=CaO(s)$	+ $CO_2(g)$
$\Delta_f H_m^{\ominus}/(kJ \cdot mol^{-1})$	−1206.9	−635.1	−393.5
$S_m^{\ominus}/(J \cdot mol^{-1} \cdot K^{-1})$	92.88	39.75	213.64

$\Delta_r H_m^{\ominus}=\Delta_f H_m^{\ominus}(CaO,s)+\Delta_f H_m^{\ominus}(CO_2, g)-\Delta_f H_m^{\ominus}(CaCO_3,s)$

$=-635.1+(-393.5)-(-1206.9)=178.3(kJ\cdot mol^{-1})$

$\Delta_r S_m^{\ominus}=S_m^{\ominus}(CaO,s)+S_m^{\ominus}(CO_2,g)-S_m^{\ominus}(CaCO_3,s)$

$=39.75+213.64-92.88=160.51(J\cdot mol^{-1}\cdot K^{-1})\approx 0.161(kJ\cdot mol^{-1}\cdot K^{-1})$

(**注意**：$\Delta_r S_m^{\ominus}$ 的单位为 $J\cdot mol^{-1}\cdot K^{-1}$，而 $\Delta_r H_m^{\ominus}$ 和 $\Delta_r G_m^{\ominus}$ 的单位为 $kJ\cdot mol^{-1}$，在吉-亥方程中，为了统一单位，常将 $\Delta_r S_m^{\ominus}$ 的单位换算为 $kJ\cdot mol^{-1}\cdot K^{-1}$)

根据吉-亥方程

$\Delta_r G_m^{\ominus}(298\ K)=\Delta_r H_m^{\ominus}-298\times\Delta_r S_m^{\ominus}=178.3-298\times 0.161=130.3(kJ\cdot mol^{-1})$

$\Delta_r G_m^{\ominus}(1500\ K)=\Delta_r H_m^{\ominus}-1500\times\Delta_r S_m^{\ominus}=178.3-1500\times 0.161=-63.2(kJ\cdot mol^{-1})$

因为 $\Delta_r G_m^{\ominus}(298\ K)>0$，所以 298 K 时反应不能自发向右进行。因为 $\Delta_r G_m^{\ominus}(1500\ K)<0$，所以 1 500 K 时反应能自发向右进行。因为

$$T_{转折}=\frac{\Delta_r H_m^{\ominus}}{\Delta_r S_m^{\ominus}}=\frac{178.3}{0.161}=1107(K)$$

所以，反应温度只要高于 1107 K，$\Delta_r G_m^{\ominus}(T)$就小于 0，反应就能自发向右进行。

例 4－9 用计算说明反应 $NO(g)+CO(g)=1/2N_2(g)+CO_2(g)$的自发性，并说明该反应能否用于消除汽车尾气中的污染物 CO 和 NO。

解 反应在定温定压下进行，查附录 2 得到有关热力学数据如下：

	$NO(g)$	$+\ CO(g)$	$=1/2N_2(g)$	$+\ CO_2(g)$
$\Delta_f H_m^{\ominus}/(kJ\cdot mol^{-1})$	90.2	−110.5	0	−393.5
$S_m^{\ominus}/(J\cdot mol^{-1}\cdot K^{-1})$	210.6	197.6	191.5	213.6

$\Delta_r H_m^{\ominus}=\frac{1}{2}\Delta_f H_m^{\ominus}(N_2,g)+\Delta_f H_m^{\ominus}(CO_2,g)-\Delta_f H_m^{\ominus}(NO,g)-\Delta_f H_m^{\ominus}(CO,g)$

$=0+(-393.5)-90.2-(-110.5)=-373.2(kJ\cdot mol^{-1})$

$\Delta_r S_m^{\ominus}=\frac{1}{2}S_m^{\ominus}(N_2,g)+S_m^{\ominus}(CO_2,g)-S_m^{\ominus}(NO,g)-S_m^{\ominus}(CO,g)$

$=\frac{1}{2}\times 191.5+213.6-210.6-197.6=-98.8(J\cdot mol^{-1}\cdot K^{-1})$

$=-0.0988(kJ\cdot mol^{-1}\cdot K^{-1})$

$$T_{转折}=\frac{\Delta_r H_m^{\ominus}}{\Delta_r S_m^{\ominus}}=\frac{-373.2}{-0.0988}=3777(K)$$

计算表明，$\Delta_r H_m^{\ominus}<0$，$\Delta_r S_m^{\ominus}<0$，根据吉-亥方程，此反应在定温定压和标准状态下低温自发，高温不自发，反应的转折温度为 3777 K。

在汽车尾气中各气体组分的压强低于标准压强，严格来说不能用 $\Delta_r G_m^{\ominus}$ 判断反应进行的方向。但由于反应的转折温度较高，而汽车尾气实际温度达不到这么高，因此可以利用该反应来消除尾气污染物。实际上这个反应能够进行，只是反应速率很慢，必须使用催化剂(Pt、Pd、Rh 等)来提高反应速率。

4.5.4　任意状态下反应的 $\Delta_r G_m(T)$ 的计算

像例 4－9 一样，当实际进行的化学反应并不处于标准状态时，化学反应自发进行的方向不能用 $\Delta_r G_m^{\ominus}(T)$ 是否小于零来判断，而要用 $\Delta_r G_m(T)$ 是否小于零来判断。任意状态下反应的摩尔自由能变 $\Delta_r G_m(T)$ 可由**范特霍夫**(J. H. Van't Hoff)**定温式**，也称为**化学反应定温式**计算。

在定温定压下，对于任意反应

$$aA + dD = gG + hH$$

范特霍夫定温式为

$$\Delta_r G_m(T) = \Delta_r G_m^{\ominus}(T) + RT\ln Q \tag{4-26}$$

式中：$\Delta_r G_m(T)$ 为反应的摩尔自由能变；$\Delta_r G_m^{\ominus}(T)$ 为反应的标准摩尔自由能变；Q 为反应商。

值得注意的是，反应商 Q 没有一个固定的计算公式，根据反应方程式的不同，反应商 Q 的计算式不同。例如，对气体反应

$$aA(g) + dD(g) = gG(g) + hH(g)$$

由于气态物质的标准状态为 $p^{\ominus} = 10^5$ Pa，反应商 Q 的计算式为

$$Q = \frac{[p(G)/p^{\ominus}]^g \cdot [p(H)/p^{\ominus}]^h}{[p(A)/p^{\ominus}]^a \cdot [p(D)/p^{\ominus}]^d} \tag{4-27}$$

对于溶液中的反应

$$aA(aq) + dD(aq) = gG(aq) + hH(aq)$$

由于溶液中物质的标准状态为 $c^{\ominus} = 1\ mol \cdot L^{-1}$，反应商 Q 的计算式为

$$Q = \frac{[c(G)/c^{\ominus}]^g \cdot [c(H)/c^{\ominus}]^h}{[c(A)/c^{\ominus}]^a \cdot [c(D)/c^{\ominus}]^d} \tag{4-28}$$

对多相反应

$$Zn(s) + 2H^+(aq) = Zn^{2+}(aq) + H_2(g)$$

纯固体或纯液体不用参加计算，气体用 $p(B)/p^{\ominus}$ 代入，溶液用 $c(B)/c^{\ominus}$ 代入，反应商 Q 的计算式为

$$Q = \frac{[c(Zn^{2+})/c^{\ominus}] \cdot [p(H_2)/p^{\ominus}]}{[c(H^+)/c^{\ominus}]^2}$$

例 4－10　已知反应　　$2SO_2(g) + O_2(g) = 2SO_3(g)$

$\Delta_f G_m^{\ominus}/(kJ \cdot mol^{-1})$　　-300.2　　0　　-371.1

试计算在 298 K，$p(SO_2) = 1$ kPa，$p(O_2) = 10$ kPa，$p(SO_3) = 10$ kPa 时，反应的 $\Delta_r G_m(298\ K)$，并判断此时反应是否自发向右进行。

解　由于

$$\begin{aligned}\Delta_r G_m^{\ominus}(298\ K) &= 2\times\Delta_f G_m^{\ominus}(SO_3,g) - 2\times\Delta_f G_m^{\ominus}(SO_2,g) - \Delta_f G_m^{\ominus}(O_2,g)\\ &= 2\times(-371.1) - 2\times(-300.2) - 0\\ &= -141.8(kJ \cdot mol^{-1})\end{aligned}$$

$$Q = \frac{[p(SO_3)/p^{\ominus}]^2}{[p(SO_2)/p^{\ominus}]^2 \cdot [p(O_2)/p^{\ominus}]} = \frac{(10\times10^3/10^5)^2}{(1\times10^3/10^5)^2\times(10\times10^3/10^5)} = 1000$$

根据范特霍夫定温式

$$\Delta_r G_m(T) = \Delta_r G_m^{\ominus}(T) + RT\ln Q$$

$$\Delta_r G_m(298\ K) = -141.8 + 8.314\times10^{-3}\times298\times\ln1000 = -124.6(kJ \cdot mol^{-1})$$

因为 $\Delta_r G_m(298\ K) < 0$，所以反应在 298 K 时自发向右进行。

例 4-11 已知空气中 CO_2 的分压为 30.4 Pa，试用热力学原理计算说明 298 K 时 $Ag_2CO_3(s)$能否在空气中稳定存在。

解 写出 $Ag_2CO_3(s)$分解反应方程式，并在附录 2 中查出各物质的 $\Delta_f G_m^\ominus$。

$$Ag_2CO_3(s) = Ag_2O(s) + CO_2(g)$$

$\Delta_f G_m^\ominus/(kJ \cdot mol^{-1})$ $\quad -436.8 \quad -11.2 \quad -394.4$

$$\Delta_r G_m^\ominus(298\ K) = \Delta_f G_m^\ominus(CO_2, g) + \Delta_f G_m^\ominus(Ag_2O, s) - \Delta_f G_m^\ominus(Ag_2CO_3, s)$$

$$= -394.4 - 11.2 + 436.8 = 31.2(kJ \cdot mol^{-1})$$

根据分解反应计算反应商 Q

$$Q = p(CO_2)/p^\ominus = 30.4/10^5 = 3.04 \times 10^{-4}$$

将 $\Delta_r G_m^\ominus$和反应商 Q 代入范特霍夫定温式

$$\Delta_r G_m(T) = \Delta_r G_m^\ominus(T) + RT\ln Q$$

$$\Delta_r G_m(298\ K) = 31.2 + 8.314 \times 10^{-3} \times 298 \times \ln(3.04 \times 10^{-4}) = 11.1(kJ \cdot mol^{-1})$$

因为 $\Delta_r G_m(298\ K) > 0$，所以 298 K 时，$Ag_2CO_3(s)$分解反应不能自发进行，说明其能在空气中稳定存在。

【思考题】

1. 判断反应自发进行的依据是什么？能否用反应的焓变或熵变作为衡量的依据？熵判据和自由能判据的适用条件是什么？

2. 判断下列说法是否正确。

   a. 放热反应是自发的。

   b. 如果反应的 ΔS 为正值，那么该反应是自发的。

   c. 凡是自由能降低的反应一定是自发反应。

3. 植物在光合作用中合成葡萄糖的反应近似表示为

$$6CO_2(g) + 6H_2O(l) \longrightarrow C_6H_{12}O_6(s) + 6O_2(g)$$

该反应的 $\Delta_r G_m^\ominus(298\ K) > 0$，据此可判断该反应在 298 K 及标准状态下不能自发进行，这与事实相违，如何解释？

4. 将 $Ag_2CO_3(s)$放在 383 K 的恒温烘箱里烘干，若此温度下 CO_2 的饱和蒸气压为 101.3 Pa，则 $Ag_2CO_3(s)$是否会发生分解？

4.6 化学平衡与反应限度

研究和应用一个化学反应，不仅要考虑它在一定条件下能否自发反应，还需要知道反应最终可能进行到什么程度。在一定条件下，不同化学反应进行的程度差别很大，有的反应几乎能够进行到底，但大多数反应只能进行到一定程度就达到最大限度，即达到化学平衡状态。因此研究化学平衡的有关问题，无论在实验室还是在工业上对提高产品产率都有重要意义。

4.6.1　化学平衡的热力学标志

对在定温定压下、非体积功为零的可逆化学反应，在 $\Delta_r G(T)<0$ 的推动下，反应自发向右进行。随着反应的不断进行，当 $\Delta_r G_m(T)=0$ 时，反应失去热力学推动力，达到平衡状态。因此 **$\Delta_r G_m(T)=0$ 是化学平衡的热力学标志**。

反应达到平衡状态时，宏观上来看反应停止了，但微观上来看反应仍在进行，只不过正逆反应速率相等，所以化学平衡是动态平衡。

平衡常数是化学平衡中的一个重要基本概念。由于平衡常数的获得方法不同，可分为实验平衡常数和标准平衡常数两类。实验平衡常数是通过对实验数据的归纳得到的，标准平衡常数是通过热力学计算得到的。

4.6.2　实验平衡常数

当可逆反应处于平衡状态时，各种物质的浓度不再变化，**实验平衡常数等于生成物平衡浓度幂乘积与反应物平衡浓度幂乘积之比**。浓度的幂次在数值上等于反应方程式中各物质化学式前的配平系数。例如，对任意可逆反应

$$a\mathrm{A} + d\mathrm{D} = g\mathrm{G} + h\mathrm{H}$$

在一定温度下达到平衡状态时，反应物和生成物的平衡浓度之间存在如下关系：

$$K_c=\frac{[c(\mathrm{G})]^g[c(\mathrm{H})]^h}{[c(\mathrm{A})]^a[c(\mathrm{D})]^d} \tag{4-29}$$

测定出平衡时系统中各物质的物质的量浓度($\mathrm{mol \cdot L^{-1}}$)，代入平衡常数表达式中，即可算出实验平衡常数 K_c。对于气体反应，在定温定压条件下，气体的分压与浓度成正比，因此，在实验平衡常数表达式中，也可用平衡时各气体的分压来代替浓度。例如，对于气体反应

$$a\mathrm{A} + d\mathrm{D} = g\mathrm{G} + h\mathrm{H}$$

$$K_p=\frac{[p(\mathrm{G})]^g[p(\mathrm{H})]^h}{[p(\mathrm{A})]^a[p(\mathrm{D})]^d} \tag{4-30}$$

实验平衡常数是通过实验测定反应物和生成物的平衡浓度或平衡分压，再根据平衡常数表达式计算而得到的平衡常数。实验平衡常数 K 形式简单，在一些实验过程中处理数据比较方便。显然，K_c 或 K_p 有单位，且它们的单位与反应方程式的写法有关。

4.6.3　标准平衡常数

由范特霍夫定温式，当反应在一定温度下达到平衡时，得

$$\Delta_r G_m(T)=\Delta_r G_m^{\ominus}(T)+RT\ln Q_{平衡}=0$$

因为在一定温度下，$\Delta_r G_m^{\ominus}(T)$为定值，所以 $Q_{平衡}$ 也为定值。令 $Q_{平衡}=K^{\ominus}$，得

$$\Delta_r G_m^{\ominus}(T)=-RT\ln K^{\ominus} \tag{4-31}$$

通常把 $K^{\ominus}$ 称为热力学平衡常数，也称为标准平衡常数，它没有单位。

在书写和应用标准平衡常数式时，应该注意以下几点：

① 标准平衡常数 $K^{\ominus}$ 是反应商 Q 的一个特殊值，因此在 $K^{\ominus}$ 的表达式中各物质的浓度或分压一定要用平衡浓度或平衡分压代入，而且 $K^{\ominus}$ 与 K_c、K_p 之间可以互相换算。例如：

$$2NO_2(g)=N_2O_4(g)$$

$$K^{\ominus}=\frac{p(N_2O_4)/p^{\ominus}}{[p(NO_2)/p^{\ominus}]^2}=K_p\cdot p^{\ominus}$$

$$HAc(aq)+H_2O(l)=H_3O^+(aq)+Ac^-(aq)$$

$$K^{\ominus}=\frac{[c(H^+)/c^{\ominus}]\cdot[c(Ac^-)/c^{\ominus}]}{c(HAc)/c^{\ominus}}=K_c/c^{\ominus}$$

② 标准平衡常数值的大小只与反应温度有关，而与参加反应的各物种的浓度或分压无关。所以在具体表示 $K^{\ominus}$ 时必须注明温度。

③ 标准平衡常数表达式的书写形式和数值大小与反应方程式的写法有关。例如，合成氨反应：

$$(a)N_2(g)+3H_2(g)=2NH_3(g)$$

$$K^{\ominus}(a)=\frac{[p(NH_3)/p^{\ominus}]^2}{[p(N_2)/p^{\ominus}]\cdot[p(H_2)/p^{\ominus}]^3}$$

$$(b)\frac{1}{2}N_2(g)+\frac{3}{2}H_2(g)=NH_3(g)$$

$$K^{\ominus}(b)=\frac{p(NH_3)/p^{\ominus}}{[p(N_2)/p^{\ominus}]^{\frac{1}{2}}\cdot[p(H_2)/p^{\ominus}]^{\frac{3}{2}}}$$

在数值上，$K^{\ominus}(b)=[K^{\ominus}(a)]^{\frac{1}{2}}$。

4.6.4 反应限度的热力学表示

从 K_c、K_p 和 $K^{\ominus}$ 的表达式可以看出，平衡常数表示平衡时各物质间浓度的相互关系，平衡常数的大小表示在一定的反应条件下反应进行的最大限度。因为一个反应的平衡常数越大，生成物在平衡中所占的比例越大，因而反应进行得越完全。

反应限度除了用平衡常数表示外，还可以用热力学函数 $\Delta_r G_m^{\ominus}$ 表示。根据式(4－31)，$\Delta_r G_m^{\ominus}(T)=-RT\ln K^{\ominus}(T)$，在一定温度下，$\Delta_r G_m^{\ominus}(T)$ 值越小，$K^{\ominus}$ 值越大。因而反应限度可以用 $\Delta_r G_m^{\ominus}(T)$ 表示。

4.6.5 同时平衡

通常见到的化学平衡系统中，往往同时包含多个平衡。在这些平衡中有些物质同时参与两个或多个平衡，使这些平衡相互关联。例如，碳在氧气中燃烧，反应系统中存在以下三个相关平衡：

$$(1)C(s)+\frac{1}{2}O_2(g)=CO(g)$$

$$K^{\ominus}(1)=\frac{p(CO)/p^{\ominus}}{[p(O_2)/p^{\ominus}]^{\frac{1}{2}}}$$

$$(2)CO(g)+\frac{1}{2}O_2(g)=CO_2(g)$$

$$K^{\ominus}(2)=\frac{p(CO_2)/p^{\ominus}}{[p(CO)/p^{\ominus}]\cdot[p(O_2)/p^{\ominus}]^{\frac{1}{2}}}$$

$$(3)C(s) + O_2(g) = CO_2(g)$$

$$K^{\ominus}(3) = \frac{p(CO_2)/p^{\ominus}}{p(O_2)/p^{\ominus}}$$

其中，O_2 同时参与了三个平衡，CO 和 CO_2 同时参与了两个平衡。那么，在不同的平衡常数表达式中，$p(O_2)$、$p(CO)$和 $p(CO_2)$是否相同呢？答案是肯定的，因为这三个平衡处于同一个反应系统中，平衡后实验只能测出一个 $p(O_2)$、$p(CO)$和 $p(CO_2)$，因此在不同的平衡常数表达式中的$p(O_2)$、$p(CO)$和 $p(CO_2)$必然相同。

这样就引出了同时平衡的概念。在指定条件下，当一个反应系统中的某一种(或几种)物质同时参与两个(或两个以上)反应时，这些反应将同时达到化学平衡，称为**同时平衡**(simultaneous equilibrium)或**多重平衡**(multiple equilibrium)。

同时平衡的特点是：同时平衡的各反应中相同物质的平衡浓度或平衡分压相等。

根据式(4－31)不难证明，前面例子中提到的三个反应的 $K^{\ominus}(1)$、$K^{\ominus}(2)$和 $K^{\ominus}(3)$之间存在如下关系：

因为 反应(3)＝反应(1)＋反应(2)

$$\Delta_r G_m^{\ominus}(3) = \Delta_r G_m^{\ominus}(1) + \Delta_r G_m^{\ominus}(2)$$

$$-RT\ln K^{\ominus}(3) = -RT\ln K^{\ominus}(1) - RT\ln K^{\ominus}(2)$$

所以 $$K^{\ominus}(3) = K^{\ominus}(1) \cdot K^{\ominus}(2)$$

从以上证明可得到如下结论：若同时平衡的几个反应相加得到一总反应，则总反应的平衡常数等于各分反应平衡常数之积；若同时平衡的几个反应相减得到一总反应，则总反应的平衡常数等于各分反应平衡常数之商。利用这个结论，可以十分方便地根据有关已知的标准平衡常数求算相关较复杂反应的标准平衡常数。

例 4－12 已知下列反应在298 K时的标准平衡常数：

(1) $HAc(aq) + H_2O(l) = H_3O^+(aq) + Ac^-(aq)$ $K^{\ominus}(1) = 1.8 \times 10^{-5}$

(2) $H_2O(l) + H_2O(l) = H_3O^+(aq) + OH^-(aq)$ $K^{\ominus}(2) = 1.0 \times 10^{-14}$

试求298 K时反应(3) $Ac^-(aq) + H_2O(l) = HAc(aq) + OH^-(aq)$的 $K^{\ominus}(3)$。

解 分析上述各反应得 反应(2)－反应(1)＝反应(3)

所以 $$K^{\ominus}(3) = \frac{K^{\ominus}(2)}{K^{\ominus}(1)} = \frac{1.0 \times 10^{-14}}{1.8 \times 10^{-5}} = 5.6 \times 10^{-10}$$

4.6.6 平衡转化率和产率

当反应达到平衡时，除了用标准平衡常数来标志反应的限度外，还常用平衡时反应物的转化率(简称转化率)或产物的产率来描述反应的限度。

转化率 α 是指反应达到平衡时，该反应物已转化为产物的百分数。

$$\alpha = \frac{\text{某反应物已转化的量}}{\text{该反应物的起始量}} \times 100\% \qquad (4-32)$$

注意：平衡转化率是理论上反应的最大转化率，一般教材中所说的转化率为平衡转化率，而工业生产中所说的转化率一般指实际转化率，实际转化率要低于平衡转化率。

产率是指反应达到平衡时，该产物的实际产量占理论产量的百分数。理论产量就是在该反应条件下，反应物百分之百转化为产物时产物的生成量。

$$产率=\frac{某产物的实际产量}{该产物的理论产量}\times 100\% \tag{4-33}$$

在用转化率来表示反应的限度时，必须注意转化率与起始浓度有关。

4.6.7 化学平衡的有关计算

4.6.7.1 标准平衡常数 $K^{\ominus}$的计算

例4-13 在 520 K，将 $NH_4Cl(s)$放入抽空的容器，$NH_4Cl(s)$发生分解反应

$$NH_4Cl(s)=NH_3(g)+HCl(g)$$

分解达平衡时测得体系的总压为 5.0 kPa，求该分解反应的标准平衡常数。

解 因为 $NH_3(g)$和 $HCl(g)$由 $NH_4Cl(s)$分解而来，平衡时

$$p(NH_3,g)=p(HCl,g)=0.5p_{总}=2.5(kPa)$$

根据标准平衡常数表达式：

$$K^{\ominus}(520\ K)=[p(NH_3)/p^{\ominus}]\cdot[p(HCl)/p^{\ominus}]=(2.5/100)^2=6.25\times 10^{-4}$$

例4-14 胆矾的脱水反应为 $CuSO_4\cdot 5H_2O(s)=CuSO_4(s)+5H_2O(g)$。借助附录 2 中的热力学数据，计算在 298 K 和 553 K 时反应的 $K^{\ominus}$。

解 从附录 2 中查出

	$CuSO_4\cdot 5H_2O(s)=$	$CuSO_4(s)\ +$	$5H_2O(g)$
$\Delta_f H_m^{\ominus}/(kJ\cdot mol^{-1})$	-2280	-771	-242
$S_m^{\ominus}/(J\cdot mol^{-1}\cdot K^{-1})$	300	109	189

$$\Delta_r H_m^{\ominus}=5\Delta_f H_m^{\ominus}(H_2O,g)+\Delta_f H_m^{\ominus}(CuSO_4,s)-\Delta_f H_m^{\ominus}(CuSO_4\cdot 5H_2O,s)$$
$$=5\times(-242)+(-771)-(-2280)=299(kJ\cdot mol^{-1})$$

$$\Delta_r S_m^{\ominus}=5S_m^{\ominus}(H_2O,g)+S_m^{\ominus}(CuSO_4,s)-S_m^{\ominus}(CuSO_4\cdot 5H_2O,s)$$
$$=5\times 189+109-300=754(J\cdot mol^{-1}\cdot K^{-1})=0.754(kJ\cdot mol^{-1}\cdot K^{-1})$$

$$\Delta_r G_m^{\ominus}(298\ K)=\Delta_r H_m^{\ominus}-298\Delta_r S_m^{\ominus}=299-298\times 0.754=74.3(kJ\cdot mol^{-1})$$

$$\Delta_r G_m^{\ominus}(553\ K)=\Delta_r H_m^{\ominus}-553\Delta_r S_m^{\ominus}=299-553\times 0.754=-118(kJ\cdot mol^{-1})$$

根据 $\Delta_r G_m^{\ominus}(T)=-RT\ln K^{\ominus}(T)$，得

$$K^{\ominus}(298\ K)=e^{-\frac{\Delta_r G_m^{\ominus}(298\ K)}{RT}}=e^{-\frac{74.3\times 10^3}{8.314\times 298}}=9.46\times 10^{-14}$$

$$K^{\ominus}(553\ K)=e^{-\frac{\Delta_r G_m^{\ominus}(553\ K)}{RT}}=e^{-\frac{-118\times 10^3}{8.314\times 553}}=1.40\times 10^{11}$$

结果表明：由于 $K^{\ominus}(553\ K)$远大于 $K^{\ominus}(298\ K)$，所以在 553 K 时该脱水反应进行得较完全。

4.6.7.2 标准平衡常数 $K^{\ominus}$和转化率 α 的换算

例4-15 将 $N_2O_4(g)$放入密闭容器中，$N_2O_4(g)$发生如下解离反应

$$N_2O_4(g)=2NO_2(g)$$

在 298 K，系统的平衡总压为 200 kPa，N_2O_4 的转化率为 12%。试求 298 K 时该反应的 $K^{\ominus}$。

解　设 N_2O_4 的起始物质的量为 1 mol。

$$N_2O_4(g) = 2NO_2(g)$$

反应前物质的量/mol	1	0
平衡时物质的量/mol	$1-12\%=0.88$	$2\times12\%=0.24$
平衡时：	$n_{总}=0.88+0.24=1.12(\text{mol})$	
平衡分压/kPa	$\dfrac{0.88}{1.12}\times200=157$，	$\dfrac{0.24}{1.12}\times200=43$

根据平衡常数表达式，$K^{\ominus}(298\ \text{K})=\dfrac{[p(NO_2)/p^{\ominus}]^2}{p(N_2O_4)/p^{\ominus}}=\dfrac{(43/100)^2}{157/100}=0.12$

4.6.7.3　范特霍夫定温式的计算

例4-16　已知：反应 $CO(g)+H_2O(g)=CO_2(g)+H_2(g)$ 的 $K^{\ominus}(973\ \text{K})=0.71$。在 973 K，当 $p(CO,g)=10\ \text{kPa}$，$p(H_2O,g)=5.0\ \text{kPa}$，$p(CO_2,g)=2.0\ \text{kPa}$，$p(H_2,g)=2.0\ \text{kPa}$ 时，计算该反应的 $\Delta_rG_m(973\ \text{K})$，并说明此时反应进行的方向。

解　因为　$$Q=\frac{[p(CO_2)/p^{\ominus}]\cdot[p(H_2)/p^{\ominus}]}{[p(CO)/p^{\ominus}]\cdot[p(H_2O)/p^{\ominus}]}=\frac{2.0\times2.0}{10\times5.0}=0.080$$

根据范特霍夫定温式

$$\Delta_rG_m(973\ \text{K})=-RT\ln K^{\ominus}(973\ \text{K})+RT\ln Q=RT\ln\frac{Q}{K^{\ominus}(973\ \text{K})}$$

$$=8.314\times973\times\ln\frac{0.080}{0.71}=-1.8\times10^4(\text{J}\cdot\text{mol}^{-1})$$

因为 $\Delta_rG_m(973\ \text{K})<0$，所以反应自发向右进行。

例4-17　已知反应 $Fe(s)+H_2O(g)=FeO(s)+H_2(g)$ 的 $K^{\ominus}(973\ \text{K})=2.35$。在 973 K 下，若混合气体的总压为 $p^{\ominus}$，要使 FeO 不被还原，$H_2O(g)$ 的分压最小应为多少？

解　要使 FeO 不被还原，反应需向右进行，即需满足 $\Delta_rG_m(973\ \text{K})<0$ 条件。根据

$$\Delta_rG_m(T)=-RT\ln K^{\ominus}(T)+RT\ln Q=RT\ln\frac{Q}{K^{\ominus}(T)}$$

如果 $\Delta_rG_m(973\ \text{K})<0$，则

$$\frac{Q}{K^{\ominus}(973\ \text{K})}<1$$

$$Q<K^{\ominus}(973\ \text{K})=2.35$$

根据反应和题意，混合气体的总压为 $p^{\ominus}$，即 $p(H_2)+p(H_2O)=p^{\ominus}$，则

$$Q=\frac{p(H_2)/p^{\ominus}}{p(H_2O)/p^{\ominus}}=\frac{p^{\ominus}-p(H_2O)}{p(H_2O)}<2.35$$

$$p(H_2O)>0.3p^{\ominus}=30\ \text{kPa}$$

因此，要使 FeO 不被还原，水蒸气的分压不得低于 30 kPa。

4.6.8 平衡移动

一切平衡都是相对的和暂时的。化学平衡只是在一定的条件下才能保持，条件改变，系统的平衡就会被破坏，系统内物质的浓度就会发生变化，直到系统达到新的平衡。这种因外界条件的改变使化学反应从原来的平衡状态转变到新的平衡状态的过程，称为**化学平衡的移动**。

化学平衡的移动实际上是系统的条件改变后，再一次考虑化学反应的方向和程度的问题。在中学已经学习了浓度、压强、温度等因素对化学平衡移动的影响规律，即1907年吕•查德里(Le Chatlier)通过总结大量实验事实定性地得出的平衡移动的普遍原理：任何一个处于化学平衡的系统，假若改变平衡系统的条件(浓度、压强、温度)，平衡就向着能够减弱这种改变的方向移动。这里我们主要学习如何用热力学方法对吕•查德里原理进行定量证明。

4.6.8.1 浓度对化学平衡的影响

根据范特霍夫定温式：

$$\Delta_r G_m(T)=\Delta_r G_m^{\ominus}(T)+RT\ln Q=-RT\ln K^{\ominus}+RT\ln Q=RT\ln\frac{Q}{K^{\ominus}} \tag{4-34}$$

在定温条件下，对任何已达平衡的化学反应，浓度或分压发生的变化对化学平衡的影响如下：

$$\left.\begin{array}{l}\text{当}\ Q<K^{\ominus}\ \text{时，}\Delta_r G_m<0\text{，平衡向右移动}\\ \text{当}\ Q=K^{\ominus}\ \text{时，}\Delta_r G_m=0\text{，平衡状态}\\ \text{当}\ Q>K^{\ominus}\ \text{时，}\Delta_r G_m>0\text{，平衡向左移动}\end{array}\right\} \tag{4-35}$$

根据式(4-35)，在一定温度下，当 $Q=K^{\ominus}$ 时，$\Delta_r G_m=0$，反应达到平衡状态。若在这个平衡系统中，增大反应物的浓度，或减小生成物的浓度，都会使 $Q<K^{\ominus}$，$\Delta_r G_m<0$，平衡被破坏，反应向正向移动，反应物浓度不断减小，生成物浓度不断增大，Q 值不断增大，直至 $Q=K^{\ominus}$，系统又建立起新的平衡。此时，各物质的平衡浓度均不同于前一个平衡时的浓度。反之，若减小反应物的浓度或增大生成物的浓度，$Q>K^{\ominus}$，$\Delta_r G_m>0$，平衡逆向移动，Q 值不断减小，直至 $Q=K^{\ominus}$。

结论：增大反应物浓度或减小生成物浓度，平衡向正反应方向移动；反之，减小反应物浓度或增大生成物浓度，平衡向逆反应方向移动。

例 4-18 在合成氨的换气工段，主要化学反应有：$CO(g)+H_2O(g)=CO_2(g)+H_2(g)$，已知937 K时，$K^{\ominus}=0.71$，如果反应系统中各组分的分压都是 1.5×10^5 Pa，反应能否正向进行?

解 依题意

$$Q=\frac{[p(CO_2)/p^{\ominus}]\cdot[p(H_2)/p^{\ominus}]}{[p(CO)/p^{\ominus}]\cdot[p(H_2O)/p^{\ominus}]}$$

$$=\frac{[(1.5\times10^5)/10^5]\times[(1.5\times10^5)/10^5]}{[(1.5\times10^5)/10^5]\times[(1.5\times10^5)/10^5]}=1$$

因为 $Q>K^{\ominus}$，$\Delta_r G_m(973\ K)>0$，因此反应不能正向进行。

4.6.8.2 压强对化学平衡的影响

压强变化对液相反应或固相反应几乎没有影响，但对于有气体参加的反应，在一定温度下改变系统的总压，可能引起平衡的移动。例如，合成氨反应：

$$N_2(g) + 3H_2(g) = 2NH_3(g)$$

$$K^{\ominus} = \frac{[p(NH_3)/p^{\ominus}]^2}{[p(N_2)/p^{\ominus}]\cdot[p(H_2)/p^{\ominus}]^3}$$

若将总压增加到原来的 2 倍，根据分压定律，各组分气体的分压也增加到原来的 2 倍，此时

$$Q = \frac{[p'(NH_3)/p^{\ominus}]^2}{[p'(N_2)/p^{\ominus}]\cdot[p'(H_2)/p^{\ominus}]^3}$$

$$= \frac{[2\times p(NH_3)/p^{\ominus}]^2}{[2\times p(N_2)/p^{\ominus}]\cdot[2\times p(H_2)/p^{\ominus}]^3} = \frac{1}{4}K^{\ominus}$$

$Q<K^{\ominus}$，$\Delta_r G_m(973\ K)<0$，因此平衡向生成 NH_3 的方向移动。

结论：在一定温度下，

(1)对于 $\sum_B \nu(B,g)>0$ 的反应，增大系统总压，平衡向逆反应方向移动；

(2)对于 $\sum_B \nu(B,g)<0$ 的反应，增大系统总压，平衡向正反应方向移动；

(3)对于 $\sum_B \nu(B,g)=0$ 的反应，如反应 $2HI(g) = H_2(g) + I_2(g)$，平衡不受压强变化的影响。

4.6.8.3 温度对化学平衡的影响

温度对化学平衡的影响与浓度、压强的影响有本质的区别。在一定温度下，改变浓度或系统的总压，平衡会移动，但不管浓度或系统的压强怎样变化，标准平衡常数值并不改变。若改变温度，标准平衡常数值将随之改变，从而导致平衡移动。

温度 T 如何定量影响 $K^{\ominus}$呢？根据热力学原理

$$\Delta_r G_m^{\ominus}(T) = \Delta_r H_m^{\ominus} - T\Delta_r S_m^{\ominus} = -RT\ln K^{\ominus}(T)$$

整理得

$$\ln K^{\ominus}(T) = -\frac{\Delta_r H_m^{\ominus}}{RT} + \frac{\Delta_r S_m^{\ominus}}{R} \tag{4-36}$$

不同温度下的 $K^{\ominus}$之间的关系可按以下方法求得

$$\ln K^{\ominus}(T_1) = -\frac{\Delta_r H_m^{\ominus}}{RT_1} + \frac{\Delta_r S_m^{\ominus}}{R}$$

$$\ln K^{\ominus}(T_2) = -\frac{\Delta_r H_m^{\ominus}}{RT_2} + \frac{\Delta_r S_m^{\ominus}}{R}$$

两式相减得

$$\ln\frac{K^{\ominus}(T_2)}{K^{\ominus}(T_1)} = \frac{\Delta_r H_m^{\ominus}}{R}\left(\frac{1}{T_1} - \frac{1}{T_2}\right) \tag{4-37}$$

从式(4－37)可得，在温度变化不大时，忽略温度对 $\Delta_r H_m^{\ominus}$ 的影响，即把 $\Delta_r H_m^{\ominus}$ 看作常数，对于放热反应，$\Delta_r H_m^{\ominus}<0$，升高温度，$K^{\ominus}(T_2)<K^{\ominus}(T_1)$，反应进行的程度减小，平衡将向逆方向移动直到建立新平衡。对于吸热反应，$\Delta_r H_m^{\ominus}>0$，升高温度，$K^{\ominus}(T_2)>K^{\ominus}(T_1)$，反应进行的程度增大，平衡将向正方向移动直到建立新平衡。

结论：升高温度，平衡向吸热反应方向移动；降低温度，平衡向放热反应方向移动。

例 4-19 合成氨反应：$\frac{1}{2}N_2(g) + \frac{3}{2}H_2(g) = NH_3(g)$在298 K时的标准平衡常数$K^{\ominus}(298\ K) = 1.93\times10^3$，反应的$\Delta_r H_m^{\ominus} = -53.0\ kJ\cdot mol^{-1}$，计算该反应在773 K时的标准平衡常数$K^{\ominus}(773\ K)$，并判断升高温度是否有利于提高转化率。

解 根据式(4-37)

$$\ln\frac{K^{\ominus}(773\ K)}{1.93\times10^3} = \frac{-53.0\times10^3}{8.314}\times\left(\frac{1}{298}-\frac{1}{773}\right)$$

$$K^{\ominus}(773\ K) = 3.8\times10^{-3}$$

$K^{\ominus}(773\ K) < K^{\ominus}(298\ K)$，即升高温度，平衡向逆方向移动，不利于提高反应的转化率。但合成氨工业上之所以在高温下合成氨，是为了提高反应速率，从而提高生产效率。

【思考题】

1. $K^{\ominus}$代表的物理意义是什么？
2. $\Delta_r G_m^{\ominus}(T) = 0$是一种什么样的状态？此时$K^{\ominus}(T)$等于什么？
3. 写出下列反应的标准平衡常数表达式：

   (1)$AgBr(s) = Ag^+(aq) + Br^-(aq)$

   (2)$CaCO_3(s) = CaO(s) + CO_2(g)$

   (3)$Hb(aq)$(血红蛋白) + $O_2(g) = HbO_2(aq)$(氧合血红蛋白)

   (4)$SO_3(g) + H_2(g) = SO_2(g) + H_2O(g)$
4. 反应标准平衡常数$K^{\ominus}$的计算方法有哪些？试举两种方法。

阅读材料1

微观状态数与熵

大量微观粒子组成了热力学宏观体系，体系的各种宏观性质是微观粒子的平均行为的表现。经典力学方法无法研究大量的微观粒子的平均行为，而采用统计力学方法则可将大量微观粒子的平均行为与宏观性质联系起来。

如果系统的始态与终态的微观状态数分别为Ω_1和Ω_2，则按照公式(4-12)，系统的熵变为

$$\Delta S = S_2 - S_1 = k\ln\frac{\Omega_2}{\Omega_1}$$

下面以理想气体的自由膨胀过程来理解熵的统计学物理意义。

设体积膨胀一倍。如果只有1个分子，膨胀后它出现在整个容器中的概率为1，它在左右两半的概率各是1/2。

如果有2个分子，则可能的分布状态有2^2种，2个分子都在左边的概率为$(1/2)^2$。如图4-3(a)所示。

如果有3个分子，则可能的分布状态有2^3种，3个分子都在左边的概率为$(1/2)^3$。如图

4－3(b)所示。

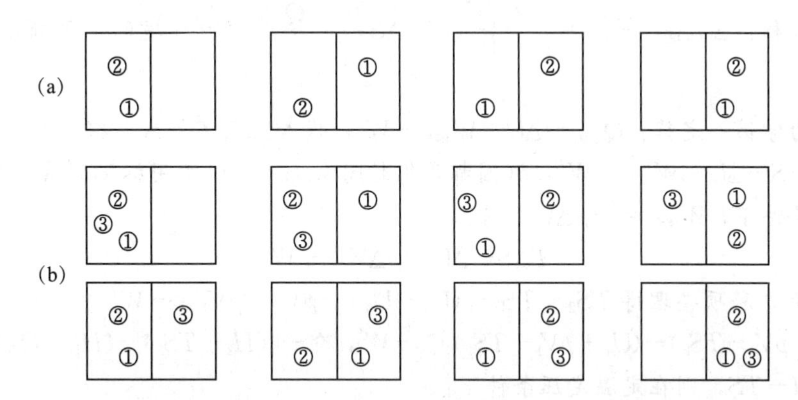

图 4－3　理想气体自由膨胀后的可能分布状态示意图

依此类推，如果系统中有 $N=nN_A$ 个分子，其中 n 为气体的物质的量，N_A 为阿伏伽德罗常数，则可能的分布状态共有 2^N 种，所有分子都在左边的概率为 $(1/2)^N$。注意：N 的数量级约为 10^{23}，是非常大的数，因此自由膨胀后，所有分子都在左边的概率很小，接近于 0。

显然，有序性高的状态对应的可能分布，即微观状态数少，混乱度低；反之则混乱度高。所以**自发进行的方向总是向着微观状态数增大的方向进行**。

从这个例子还可以看出

$$\frac{\Omega_2}{\Omega_1}=2^N$$

所以

$$\Delta S=k\ln\frac{\Omega_2}{\Omega_1}=k\ln 2^N=nkN_A\ln 2=nR\ln 2$$

其中 R 为理想气体常数。可见，气体自由膨胀过程的熵变 $\Delta S>0$，而其逆过程 $\Delta S<0$。所以在自然界中，气体自由膨胀可自动发生，而气体压缩过程则不能自动发生。当然，气体压缩过程不能自动发生并不是说气体压缩过程不能发生，气体压缩过程是一种熵减少过程，所以为了实现气体压缩过程，需附加其他的熵增加过程(如利用电动压缩机的工作过程)。

阅读材料 2

自由能判据的推导

经热力学推导可以得出：在定温可逆过程中，系统所吸收或放出的热量(以 Q_r 表示，下标 r 表示可逆过程)除以温度等于系统的熵变，即

$$\Delta S=\frac{Q_r}{T}$$

“熵”由此“热温商”而得名。例如，在 101 325 Pa 和 273.15 K 下冰融化为水的过程就是一个定温可逆过程，熔化热为 $Q_r=6.01\ \text{kJ}\cdot\text{mol}^{-1}$，冰融化过程的摩尔熵变为

$$\Delta_r S_m=\frac{Q_r}{T}=\frac{6.01\times 10^3}{273.15}=22.0\ \text{J}\cdot\text{mol}^{-1}\cdot\text{K}^{-1}$$

根据熵判据，在封闭系统中化学反应自发进行的判据为

$$\Delta S_{系统}+\Delta S_{环境}\geqslant 0$$

对定温过程：$\Delta S_{环境}=\frac{Q_{环境}}{T}=-\frac{Q_{系统}}{T}$，则 $\Delta S_{系统}-\frac{Q_{系统}}{T}\geqslant 0$(环境的定温熵变过程可看作可逆过程)

根据热力学第一定律：$Q_{系统}=\Delta U-W_{体积}-W'$，代入上面不等式，得

$T\Delta S-\Delta U+W_{体积}+W'\geqslant 0$(因都是指封闭系统，所以不用标记“系统”)

在定压条件下，$W_{体积}=-p\Delta V$

所以
$$T\Delta S-\Delta U-p\Delta V\geqslant -W'$$

将Δ展开，移项整理得 $TS_2-TS_1-(U_2-U_1)-pV_2+pV_1\geqslant -W'$

$-[(U_2+pV_2-TS_2)-(U_1+pV_1-TS_1)]\geqslant -W'$，即$-[(H_2-TS_2)-(H_1-TS_1)]\geqslant -W'$

令 $G\equiv H-TS$，则在定温定压条件下：

$$-\Delta G\geqslant -W'$$

结果表明：封闭系统在定温定压条件下，当自由能 G 的减小值($-\Delta G$)大于等于系统所做的非体积功($-W'$)时，化学反应(或物理过程)能够自发进行。或者说，系统自由能的减少是用于对环境做功的，ΔG 表示系统所能做的最大非体积功 W′。由此可见，系统自由能的减少是反应自发进行的推动力。

阅读材料3

非平衡态热力学——耗散结构理论简介

19世纪中叶，关于演化的理论给自然界指出两个截然相反的演化方向。Clausius将热力学第二定律推广到整个宇宙，得出自然界将变成越来越无序的高度混乱状态的结论，而Darwin根据自然选择学说得出，自然界将变成越来越有序的组织化程度更高的状态。自然界的演化到底是越来越有序，还是越来越混乱，两者的矛盾最终在Prigogine的耗散结构理论中得到了统一。

耗散结构理论是比利时化学家Prigogine在1969年提出的，他因此获得1977年诺贝尔化学奖。耗散结构理论是化学热力学理论方面的重大突破，具有深远的理论意义和实用价值。耗散结构不仅存在于化学领域，而且也普遍存在于整个自然界乃至人类社会活动的各个领域，具有极为重要的科学意义和哲学意义。

耗散结构理论认为，一切孤立系统的自发变化总是朝着最混乱无序的方向进行，直至达到平衡。一个生物体一旦与环境隔绝开，成为孤立系统，它就会死亡、解体，从一种结构和功能有序状态变为无序的混乱状态。在这种情况下，生物体服从热力学第二定律。但活的生物体不是孤立系统，而是远离平衡的敞开系统，它与外界环境不断地进行物质和能量交换时，就有可能维持自身的有序结构组织，而不向平衡态变化。还可能产生自组织过程，向更加有序的组织结构方向进化。Prigogine把一切远离平衡条件下，因系统与环境间不断地进行物质和能量交换而形成和维持的有序结构称为**耗散结构**。

系统由一种无序状态变为有序状态，或从一种初级有序状态向更高级的有序状态变化的过程称作**自组织过程**。当系统处于稳定状态时，它不会向其他状态变化，不可能发生自组织过程。只有系统处于不稳定状态时，才可能发生自组织现象，向着一个新的有序结构变化。

系统状态的不稳定性是产生自组织过程的前提条件。

耗散结构理论的研究起源于**化学振荡现象**，即自组织化学反应。化学上发现的著名的化学振荡反应是贝-札反应。1959 年，苏联化学家贝洛索夫用硫酸铈盐(Ce^{4+} 和 Ce^{3+})的溶液为催化剂，在 298 K 时以溴酸钾氧化柠檬酸。当把反应物和生成物的浓度控制在远离平衡态的浓度时发现，溶液中 Ce^{4+} 的黄色时而出现，时而消失，在两种状态之间振荡，周期为 30 s。1964 年苏联化学家札布金斯基改进了这一实验。用铁盐代替铈盐为催化剂，以丙二酸代替柠檬酸，从而出现了时而变蓝、时而变红的更加鲜明的化学振荡现象。特别是还发现了在容器中不同部位溶液浓度不均匀的空间有序结构，展现出同心圆形或螺旋状的卷曲花纹波，且由里向外“喷涌”，呈现出一幅色彩壮观的动力学画面。在贝-札反应中，如果把反应物一次加入系统中，振荡现象的“寿命”一般为 50 min。但是，如果这个系统能进行耗散，即不断加入反应物，同时又不断取走产物，即保持系统的远离平衡状态，那么系统就会长期维持红-蓝振荡的时间结构，呈现出有规律的节奏和美丽的花纹，化学振荡可长期保持。否则只能维持 50 min，达到化学平衡后消失。

耗散结构理论的中心论点：一个敞开系统，在达到远离平衡态的非线性区域时，一旦系统的某个参量达到一定的阈值，通过涨落，系统可以发生突变，即非平衡相变，这样系统就会产生化学振荡一类的自组织现象，由无序的混沌状态，变成时间、空间或功能有序的新状态。

耗散结构能够建立起来必须满足四个必要条件：

(1)系统必须是敞开的；

(2)系统应远离平衡态；

(3)系统内部各要素之间呈非线性作用；

(4)系统具有涨落或起伏变化。

Prigogine 的耗散结构理论是直接从热力学的延伸和扩展发展起来的，是通过热力学和动力学的结合，并把对宏观过程的决定论分析同微观组成元素随机过程分析结合起来，全面描述了形成、维持有序结构机制。耗散结构理论不仅是非平衡态热力学理论，还是关系系统进化的学说。耗散结构理论提出的自组织过程不论是对自然界，还是对社会，以至思想文化领域都普遍存在着广泛的适用性。

习　题

1. 根据下列热化学方程式

(1)$Fe_2O_3(s) + 3CO(g) = 2Fe(s) + 3CO_2(g)$　　$\Delta_r H_m^\ominus = -27.61\ kJ \cdot mol^{-1}$

(2)$3Fe_2O_3(s) + CO(g) = 2Fe_3O_4(s) + CO_2(g)$　　$\Delta_r H_m^\ominus = -58.58\ kJ \cdot mol^{-1}$

(3)$Fe_3O_4(s) + CO(g) = 3FeO(s) + CO_2(g)$　　$\Delta_r H_m^\ominus = 38.07\ kJ \cdot mol^{-1}$

不查表计算反应：$FeO(s) + CO(g) = Fe(s) + CO_2(g)$ 的 $\Delta_r H_m^\ominus$。

2. 已知298 K时下列数据，不查表计算 NO(g)的标准摩尔生成焓。

(1)$4NH_3(g) + 5O_2(g) = 4NO(g) + 6H_2O(l)$　　$\Delta_r H_m^\ominus = -1\,170\ kJ \cdot mol^{-1}$

(2)$4NH_3(g) + 3O_2(g) = 2N_2(g) + 6H_2O(l)$　　$\Delta_r H_m^\ominus = -1\,530\ kJ \cdot mol^{-1}$

3. 利用标准摩尔生成焓和标准摩尔熵的数据，计算下列反应的 $\Delta_r H_m^\ominus$ 和 $\Delta_r S_m^\ominus$。

(1)$2C_6H_5COOH(s) + 15O_2(g) = 14CO_2(g) + 6H_2O(l)$

(2)$CH_4(g) + 2O_2(g) = CO_2(g) + 2H_2O(l)$

(3)$Fe_2O_3(s) + 3H_2(g) = 2Fe(s) + 3H_2O(l)$

4. 根据标准摩尔生成吉布斯自由能的数据，计算下列反应的$\Delta_r G_m^{\ominus}(298\ K)$。

(1)$4NH_3(g) + 7O_2(g) = 4NO_2(g) + 6H_2O(l)$

(2)$SiO_2(s) + 2H_2(g) = Si(s) + 2H_2O(l)$

5. 定性判断下列变化过程ΔH、ΔS和ΔG的符号。

(1)冰在常温下融化；

(2)用水稀释浓硫酸；

(3)在常温下反应$HCl(g) + NH_3(g) = NH_4Cl(s)$；

(4)液态饱和烃燃烧后生成$CO_2(g)$及$H_2O(l)$。

6. 根据下列铁、铜的氧化物还原反应：

$$2Fe_2O_3(s) + 3C(s) = 4Fe(s) + 3CO_2(g)$$
$$2CuO(s) + C(s) = 2Cu(s) + CO_2(g)$$

(1)计算 700 K 时该反应的$\Delta_r G_m^{\ominus}$，说明哪种氧化物在木材燃烧的火焰(约 700 K)中可被碳还原；

(2)能否解释历史上铜器时代和铁器时代出现的先后？

7. 利用热力学数据，求反应$2SO_2(g) + O_2(g) = 2SO_3(g)$在 500 K 时的标准平衡常数。

8. 已知反应$CO(g) + 2H_2(g) = CH_3OH(g)$的$K^{\ominus}(700\ K) = 1.74$，计算该温度下反应的标准摩尔自由能变。

9. 利用标准热力学函数估算反应：

$$CO_2(g) + H_2(g) = CO(g) + H_2O(g)$$

在 873 K 时的标准摩尔吉布斯自由能变和标准平衡常数。若此时系统中各组分气体的分压为$p(CO_2) = p(H_2) = 127\ kPa$，$p(CO) = p(H_2O) = 76\ kPa$，计算此条件下反应的摩尔吉布斯自由能变，并判断反应进行的方向。

10. 反应$2SO_2(g) + O_2(g) = 2SO_3(g)$。

(1)计算反应的转折温度$T_{转折}$；

(2)计算298 K和 1000 K 时的$K^{\ominus}$；

(3)增大压强，平衡向哪边移动？升高温度，平衡向哪边移动？

11. 已知反应：$\frac{1}{2}H_2(g) + \frac{1}{2}Cl_2(g) = HCl(g)$在298 K时，$K^{\ominus}(298\ K) = 4.9 \times 10^{16}$，$\Delta_r H_m^{\ominus} = -92.3\ kJ \cdot mol^{-1}$，计算$K^{\ominus}(500\ K)$。

12. 选择题

(1)在下列反应中，进行 1 mol 反应时放出热量最大的是(　　)。

A. $CH_4(l) + 2O_2(g) = CO_2(g) + 2H_2O(g)$

B. $CH_4(g) + 2O_2(g) = CO_2(g) + 2H_2O(g)$

C. $CH_4(g) + 2O_2(g) = CO_2(g) + 2H_2O(l)$

D. $CH_4(g) + \frac{3}{2}O_2(g) = CO(g) + 2H_2O(l)$

(2)下列说法中，不正确的是(　　)。

A. 反应的焓变只有在某种特定条件下，才与反应热相等

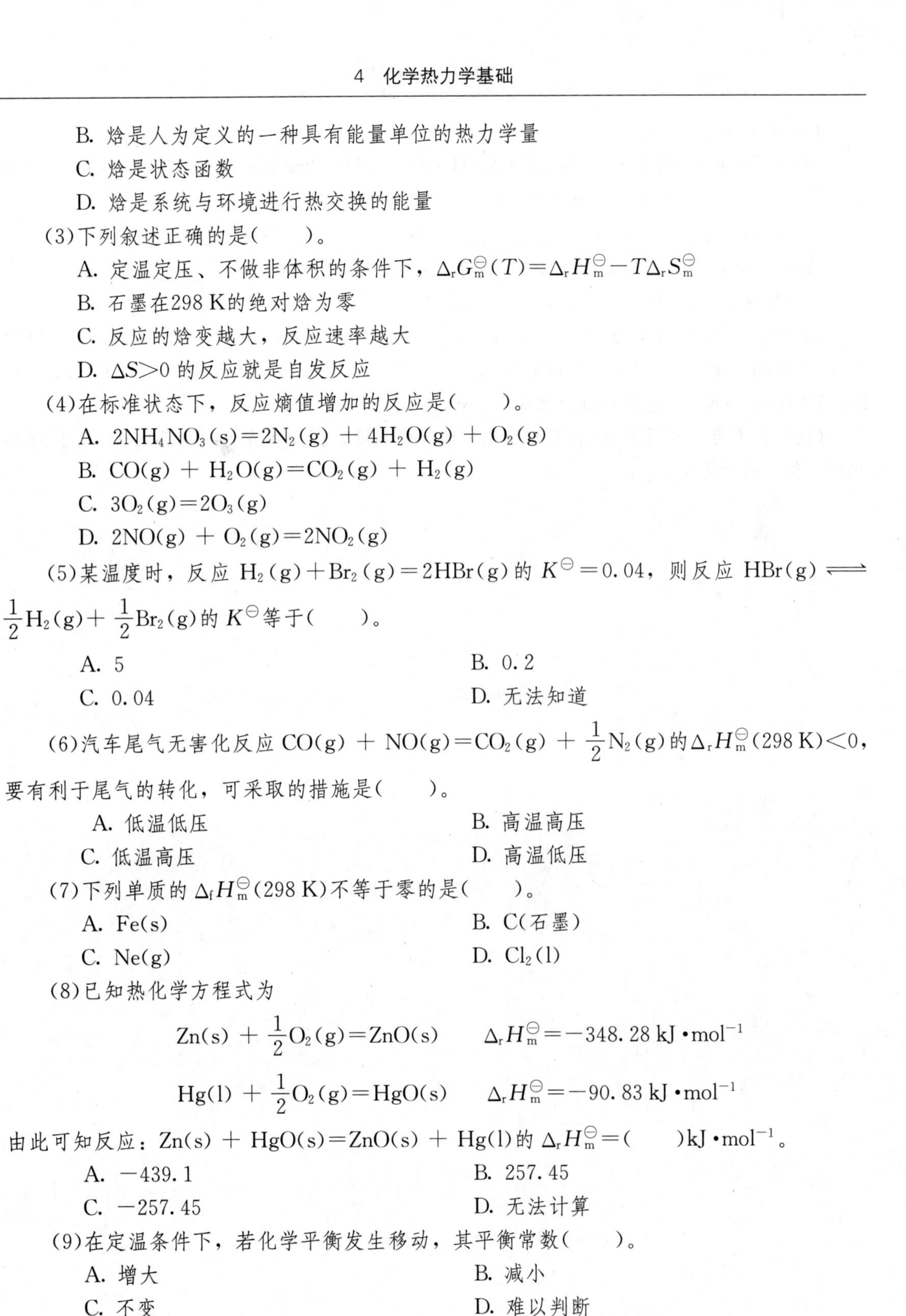

B. 焓是人为定义的一种具有能量单位的热力学量

C. 焓是状态函数

D. 焓是系统与环境进行热交换的能量

(3)下列叙述正确的是(　　)。

A. 定温定压、不做非体积的条件下，$\Delta_r G_m^\ominus(T)=\Delta_r H_m^\ominus - T\Delta_r S_m^\ominus$

B. 石墨在298 K的绝对焓为零

C. 反应的焓变越大，反应速率越大

D. $\Delta S>0$ 的反应就是自发反应

(4)在标准状态下，反应熵值增加的反应是(　　)。

A. $2NH_4NO_3(s)=2N_2(g)+4H_2O(g)+O_2(g)$

B. $CO(g)+H_2O(g)=CO_2(g)+H_2(g)$

C. $3O_2(g)=2O_3(g)$

D. $2NO(g)+O_2(g)=2NO_2(g)$

(5)某温度时，反应 $H_2(g)+Br_2(g)=2HBr(g)$ 的 $K^\ominus=0.04$，则反应 $HBr(g) \rightleftharpoons \frac{1}{2}H_2(g)+\frac{1}{2}Br_2(g)$ 的 $K^\ominus$ 等于(　　)。

A. 5　　　　B. 0.2

C. 0.04　　　　D. 无法知道

(6)汽车尾气无害化反应 $CO(g)+NO(g)=CO_2(g)+\frac{1}{2}N_2(g)$ 的 $\Delta_r H_m^\ominus(298\ K)<0$，要有利于尾气的转化，可采取的措施是(　　)。

A. 低温低压　　　　B. 高温高压

C. 低温高压　　　　D. 高温低压

(7)下列单质的 $\Delta_f H_m^\ominus(298\ K)$ 不等于零的是(　　)。

A. Fe(s)　　　　B. C(石墨)

C. Ne(g)　　　　D. $Cl_2(l)$

(8)已知热化学方程式为

$$Zn(s)+\frac{1}{2}O_2(g)=ZnO(s)\qquad \Delta_r H_m^\ominus=-348.28\ kJ\cdot mol^{-1}$$

$$Hg(l)+\frac{1}{2}O_2(g)=HgO(s)\qquad \Delta_r H_m^\ominus=-90.83\ kJ\cdot mol^{-1}$$

由此可知反应：$Zn(s)+HgO(s)=ZnO(s)+Hg(l)$ 的 $\Delta_r H_m^\ominus=$(　　)$kJ\cdot mol^{-1}$。

A. −439.1　　　　B. 257.45

C. −257.45　　　　D. 无法计算

(9)在定温条件下，若化学平衡发生移动，其平衡常数(　　)。

A. 增大　　　　B. 减小

C. 不变　　　　D. 难以判断

(10)下列四种反应过程中，一定能自发进行的是(　　)。

A. $\Delta H>0$，$\Delta S>0$　　　　B. $\Delta H<0$，$\Delta S<0$

C. $\Delta H>0$，$\Delta S<0$　　　　D. $\Delta H<0$，$\Delta S>0$

13. 填空题

(1)对于反应：$3H_2(g) + N_2(g) = 2NH_3(g)$，$\Delta_r H_m^{\ominus}(298\ K) = -92.2\ kJ \cdot mol^{-1}$。若升高温度，则下列各项将如何变化？（填写：不变、基本不变、增大或减小）

$\Delta_r H_m^{\ominus}$ ________；$\Delta_r S_m^{\ominus}$ ________；$\Delta_r G_m^{\ominus}$ ________；$K^{\ominus}$ ________。

(2)不查表，下列物质其标准熵 $S_m^{\ominus}(298\ K)$ 值由大到小的顺序为________。

K(s)；Na(s)；$Br_2(l)$；$Br_2(g)$；KCl(s)

(3)已知 298 K 时，$\Delta_f H_m^{\ominus}(C_2H_5OH, l) = -277.7\ kJ \cdot mol^{-1}$，$S_m^{\ominus}(C_2H_5OH, l) = 160.8\ J \cdot mol^{-1} \cdot K^{-1}$，$\Delta_f H_m^{\ominus}(C_2H_5OH, g) = -235.1\ kJ \cdot mol^{-1}$，$S_m^{\ominus}(C_2H_5OH, g) = 282.7\ J \cdot mol^{-1} \cdot K^{-1}$，乙醇的沸点约为________℃。

（提示：沸点为常压下气-液两相达到平衡时的温度，因此沸点可视为标准状态下液体转化成气体的转折温度）

5 化学动力学基础

学习要求

1. 理解化学热力学与化学动力学的联系与区别。

2. 掌握反应速率的表示方法。

3. 理解基元反应和复杂反应、反应分子数和反应级数、反应速率常数、活化能、有效碰撞和过渡态等基本概念。

4. 了解有效碰撞理论和过渡态理论。

5. 掌握浓度、温度对化学反应速率的影响及相关计算。

6. 理解催化剂对反应速率的影响。

知识结构导图

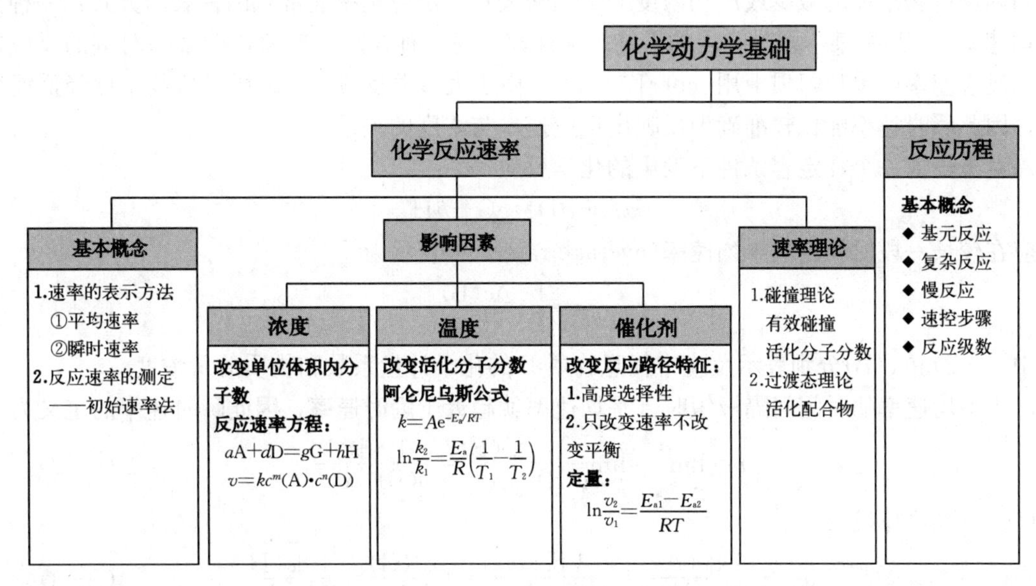

化学热力学知识可以判断化学反应的方向和限度。对于化学热力学上能够自发进行的化学反应，有的反应速率很快，而有的反应速率却很慢，这就涉及化学动力学问题。

例如：$H_2(g)+1/2\ O_2(g)=H_2O(l)$　$\Delta_r G_m^\ominus=-237.1\ kJ\cdot mol^{-1}$

$\Delta_r G_m^\ominus$ 远小于零，因此反应向右进行的程度相当大。但事实上，在此条件下将 H_2 与 O_2 混合，观察不到水的生成。只有改变条件，例如点火、加入适当的催化剂或在较高的温度下，反应才能发生，甚至发生爆炸。

类似的例子很多，这说明研究一个化学反应，除了通过化学热力学原理研究化学反应的可能性和限度之外，还必须从化学动力学的角度研究反应的现实性。例如，水能从高处往下流，但如果有堤坝拦阻，水就不能往下流；或者高处的水源和低处的水源间有一水道相通，但水道狭窄，水虽然可以下流，但速率很小，在短时间内看不出高处水源的水量减少。这就是上面所说的现实性，即涉及化学反应速率和反应历程的问题。

化学动力学是研究化学反应速率的科学，其基本任务是确定各种化学反应的速率以及影响因素(浓度、温度、催化剂、光、介质等)，从而提供合适的反应条件，使反应按人们期望的速率进行。化学动力学的另一任务是研究化学反应历程，揭示化学反应进行的机理，使人们能自主地去控制和调节化学反应速率。

从发展上看，化学动力学的发展比热力学迟，而且没有热力学那样完整的体系，迄今为止，真正弄清反应历程的反应为数不多。近 40 年来，由于红外化学发光技术、计算机和质谱技术特别是分子束和激光技术的发展和应用，人们可以从分子水平上观察化学过程的动态行为，从而开创了微观反应动力学，使该学科成为当代化学学科最活跃的研究领域之一。

5.1 化学反应速率

5.1.1 化学反应速率的表示方法

化学反应速率(rate of reaction)是指在一定条件下反应物转变为产物的速率。常用单位时间内反应物浓度的减少或产物浓度的增加来表示。反应速率通常有两种表示方式：一种为平均速率 $\bar{v}$，是指某一段时间内的平均反应速率；另一种为瞬时速率，即某一时刻的反应速率。反应速率的单位习惯上用 $mol \cdot L^{-1} \cdot s^{-1}$。由于大多数反应的速率随反应物浓度降低而变慢，因此瞬时速率能比较准确地反映出反应速率与浓度的关系。

对于任何一个在定容条件下发生的化学反应

$$aA + dD = gG + hH$$

反应在较长一段时间内的**平均速率**(average rate) $\bar{v}$ 可表示为

$$\bar{v} = \frac{1}{\nu(B)} \frac{\Delta c(B)}{\Delta t} \tag{5-1}$$

式中：$\nu(B)$和 $c(B)$分别表示反应中任意物质 B 的化学计量系数和物质的量浓度。

当平均速率的时间间隔极短时，平均速率就趋近于**瞬时速率**，因此瞬时速率的定义为

$$v = \lim_{\Delta t \to 0} \bar{v} = \lim_{\Delta t \to 0} \frac{1}{\nu(B)} \frac{\Delta c(B)}{\Delta t} = \frac{1}{\nu(B)} \frac{dc(B)}{dt} \tag{5-2}$$

式(5-2)也可写成

$$v = -\frac{1}{a} \frac{dc(A)}{dt} = -\frac{1}{d} \frac{dc(D)}{dt} = \frac{1}{g} \frac{dc(G)}{dt} = \frac{1}{h} \frac{dc(H)}{dt} \tag{5-3}$$

瞬时速率与平均速率是反应速率的两种表示形式，时间间隔越短，平均速率的值就越趋近于瞬时速率，也越能反映出真实的反应速率。

5.1.2 反应速率的测定

对可逆化学反应来说，当正反应开始进行后，随之即有逆反应发生，所以实验测定的反应速率实际上是正反应速率和逆反应速率之差。可逆反应达到动态平衡时，正反应速率与逆反应速率相等，平衡浓度不再随时间变化，分析测定是容易进行的。但在到达平衡之前反应

体系中各物质的浓度时刻都在发生变化，这就给反应速率的测定带来一定困难。若用一般的化学分析法，取样时必须使化学反应立即停止，通常采用骤冷、冲稀、加入阻化剂或除去催化剂等方法，然后进行化学分析。

较为简单的方法是利用与系统浓度有关的物理性质进行快速测定或连续测定，称之为物理方法。通常利用的物理性质和方法有测定压强、体积、旋光度、折射率、吸收光谱、电导、电动势、介电常数、黏度、导热率等。例如对于气相反应，通常通过测定压强或体积的变化来研究它们的反应速率。

5.1.3　化学反应历程

绝大多数反应并不像化学计量方程表示的那样直接生成产物，往往经历许多中间具体步骤。如反应 $H_2+Cl_2=2HCl$，已证明该反应不是由一分子 H_2 和一分子 Cl_2 直接作用生成两分子 HCl，该反应经过以下四个具体步骤：

① $Cl_2=2Cl\cdot$

② $Cl\cdot+H_2=HCl+H\cdot$

③ $H\cdot+Cl_2=HCl+Cl\cdot$

④ $2Cl\cdot+M=Cl_2+M$

M 是必需的，可以是气体分子也可以是器壁，其作用只是传递能量。这四个反应都是由反应物粒子(分子、原子、离子、自由基)直接作用生成产物的反应，即一步完成的反应，称为**基元反应**(也称**简单反应**)。不是一步完成的反应称为**非基元反应**，非基元反应是由两个或两个以上的基元反应所构成的**复杂反应**(也称为**复合反应**)。组成复杂反应的基元反应的总合，即化学反应所经历的途径称为**反应历程**(或**反应机理**)，它从微观上表明反应物变为产物的经过。

反应 $H_2+Cl_2=2HCl$ 是复杂反应，它只说明反应的始态、终态及反应物与产物之间的数量变化比例关系，而不能体现反应历程，因此它是化学反应的计量方程。又如长期以来人们一直认为是基元反应的反应

$$H_2(g)+I_2(g)=2HI(g)$$

近年来，实验结果和理论都证明，该反应不是基元反应，它的反应历程可能是如下两步基元反应

① $I_2(g)=2I(g)$　　(快速平衡)

② $H_2(g)+2I(g)=2HI(g)$　　(慢反应)

这个反应是由两个基元反应构成的复杂反应，相对于第一个基元反应，第二个基元反应进行得慢，称为慢反应，整个反应的速率取决于慢反应的速率。因此把复杂反应中决定整个反应速率的一步称为**速控步骤**。

在化学反应中，绝大多数反应为复杂反应，而仅由一个基元反应组成的简单反应是极少的。

探索和确定反应机理的工作是很重要的，但又是相当困难的。最近 30 年来由于分子束、激光、闪光光解等新技术的发展，建立了快速反应动力学，极大地促进了反应机理的研究工作。一般来说，探索反应机理大致有以下几步：

① 从实验确定反应的速率方程式和反应活化能。

② 推测可能的反应机理，经数学处理得速率方程式，分析该方程式与经验速率方程式是否一致。

③ 用其他实验方法或从理论上，尽可能从多角度对所推测的反应机理加以验证。

因此，随着人们对反应过程认识的不断深入，在一定时期被认为是正确的反应机理，可能被发现并不正确，于是需要进行修正[①]。

【思考题】

1. 对反应 $N_2+3H_2=2NH_3$，用 N_2、H_2 和 NH_3 的浓度随时间的变化量表示该反应的瞬时速率。

2. 基元反应和复杂反应的区别是什么？

3. 如何确定一个反应是基元反应还是复杂反应？

5.2 化学反应速率理论简介

化学反应是如何发生的？为什么反应速率有快有慢？为了阐明这些问题，也为了讨论影响反应速率的各种因素，化学界先后提出了反应速率的碰撞理论和过渡态理论。

5.2.1 碰撞理论

1918 年，美国的路易斯(G. N. Lewis)在气体分子运动论的基础上提出了双分子反应的**碰撞理论**(collision theory)。其主要内容为：

(1)反应物分子间发生碰撞是反应的首要条件 碰撞的频率越高，反应的机会越大。在一定条件下，碰撞的频率与反应物浓度成正比。

(2)有效碰撞 并不是每一次碰撞都能引起反应，在参加反应的全部分子中，只有少数能量较高的分子间碰撞才能引起反应，这种能发生化学反应的碰撞称为**有效碰撞**。能够进行有效碰撞的分子称为**活化分子**(activating molecule)。

例如，HI 气体的分解反应

$$2HI(g)=H_2(g)+I_2(g)$$

用统计方法可以计算出，浓度为 $1\times10^{-3}\ mol\cdot L^{-1}$ 的 HI 气体，在 973 K 时，分子的碰撞次数为 3.5×10^{28} 次$\cdot L^{-1}\cdot s^{-1}$，如果每次碰撞都发生反应，则反应速率应为 $5.8\times10^{4}\ mol\cdot L^{-1}\cdot s^{-1}$，反应可谓瞬间完成。但实际测得在 973 K 时，反应速率约为 $1.2\times10^{-8}\ mol\cdot L^{-1}\cdot s^{-1}$。这表明，在众多反应物分子的千万次碰撞中，大多数碰撞并不能引起反应，只有很少数的碰撞能发生反应。

碰撞理论认为发生有效碰撞一般应满足以下两个条件：

① 在研究反应机理时符合实验速率方程和化学计量关系的反应机理可能设计出不止一种。化学家无法证明哪一种机理正确，只能证明哪一种不正确。他们往往要花费很多精力通过实验一个一个地去排除不正确的反应机理，并暂且认定最后不能排除的一种机理为“正确”。当不能排除的机理不止一种时就只能认定为可能性最大的一种。不同的研究人员可能具有不同的看法，往往导致化学文献中出现矛盾的结论。因此讨论反应机理时总是说提出的机理是否“合理”，而从来不说其是否“正确”。

(1)碰撞粒子的能量必须足够大　因为分子相互靠近时，彼此间电子的排斥作用使其难以接触(碰撞)，只有能量比较高的分子才能克服这种排斥力，使分子发生有效碰撞。另外，只有高能量分子间的碰撞，才有可能破坏原有化学键，形成新的化学键，发生化学反应。

(2)分子碰撞还必须采取适当的取向　例如反应：$O_3(g)+NO(g)=NO_2(g)+O_2(g)$，$O_3$ 和 NO 分子碰撞时，NO 分子中的 N 与 O_3 分子中的 O 相碰，能发生氧原子的转移，是有效碰撞；NO 分子中的 O 与 O_3 分子中的 O 相碰，不能发生氧原子的转移，是无效碰撞。见图 5-1。

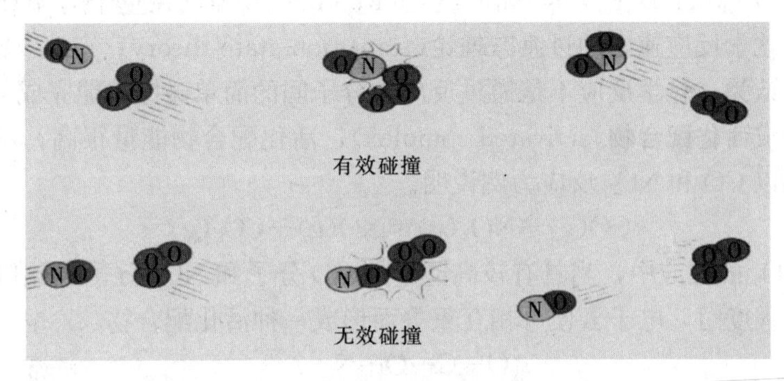

图 5-1　分子碰撞的不同取向

体系中活化分子具有的平均能量 $\bar{E}_{活化分子}$ 与反应物分子的平均能量 $\bar{E}_{反应物}$ 之差称为反应的**活化能**，以 $\boldsymbol{E_a}$[①] 表示，单位为 $kJ \cdot mol^{-1}$。活化能主要由反应的本性决定，与浓度无关。在一定的温度范围内，活化能 $\boldsymbol{E_a}$ 近似为常数。

$$E_a=\bar{E}_{活化分子}-\bar{E}_{反应物} \tag{5-4}$$

为更好地理解活化能的概念，图 5-2 是从气体分子运动论中得到的气体分子的动能分布曲线。图中横坐标为分子的能量，纵坐标表示具有一定能量的分子的百分数，曲线和横坐标包围的面积表示气体分子的总数，阴影部分的面积表示活化分子的数目。由于在指定温度下气体的平均动能为定值，因而活化分子的数目与活化能 E_a 的大小有关，活化能 E_a 越小，活化分子的数目越多，有效碰撞的频率越大，反应速率越大。

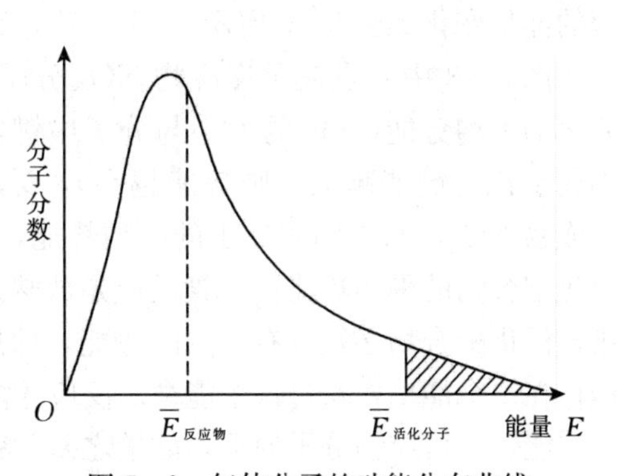

图 5-2　气体分子的动能分布曲线

化学反应的活化能越大，活化分子所占反应物分子的分数越小，有效碰撞次数就越少，反应速率就越慢。反之，活化能越小，活化分子的分数就越大，反应速率就越快。例如，中和反应的活化能 $E_a<40kJ \cdot mol^{-1}$，通常这类反应的反应速率很大，实际上中和反应往往是瞬间完成的。而合成氨反应的活化能 $E_a=326\ kJ \cdot mol^{-1}$，该反应在常温下相当慢，以至于不能觉察到它的进行。由此可见，反应的活化能是决定反应速率快慢的首要因素。

① 在不同的资料中活化能的概念或定义有差别。本书采用托尔曼引入的已为多数化学动力学专家所接受的活化能的概念。具体参见赵学庄和罗渝然等编著的《化学反应动力学原理》(下册)，441～449 页，高等教育出版社(1990)。

碰撞理论比较直观，用于解释简单反应比较成功，但对分子结构复杂的反应特别是有机化学反应，不能适用。多数情况下，用碰撞理论算出的速率往往比实验值大很多，原因是该理论简单地把分子看成是刚性球体，忽略了分子的内部结构。

5.2.2 过渡态理论

碰撞理论把分子看成是没有内部结构和没有内部运动的刚性球体，因而不能解释相对分子质量较大的复杂分子间反应的速率问题。随着人们对原子、分子内部结构认识的深化，1935 年，美国的艾林(H. D. Eyring)和波兰尼(M. Polany)等人在量子力学和统计热力学的基础上，提出了化学反应速率的**过渡态理论**(transition-state theory)。

过渡态理论认为：化学反应不是通过反应物分子间的简单碰撞就能完成，而是要经过一个过渡态，先形成**活化配合物**(activated complex)，活化配合物能量很高，不稳定，再进一步转变为产物。以 CO 和 NO_2 反应为例说明。

$$CO(g)+NO_2(g)=NO(g)+CO_2(g)$$

在 CO 和 NO_2 的反应中，当具有较高能量的 CO 分子和 NO_2 分子彼此以适当的取向相互靠近到一定的程度时，电子云便可相互重叠而形成一种活化配合物：

O—C···O···N
　　　　　　＼
　　　　　　　O

在活化配合物中，原有的 N—O 键部分断裂，新的 C—O 键部分形成。活化配合物一经形成，便会迅速分解为产物(也可能分解为反应物)，同时放出热量。根据过渡态理论，反应过程的能量变化如图 5-3 所示。

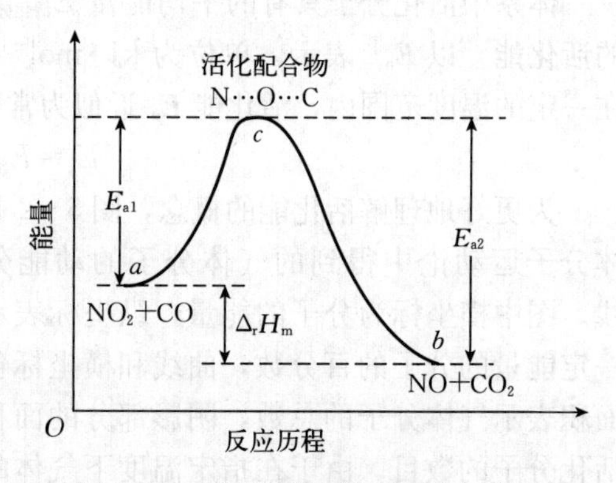

图 5-3 反应历程与能量变化示意图

图 5-3 中 a 点表示反应物 NO_2 分子和 CO 分子的平均势能(势能的大小与分子中键能的大小成反比，键能越大，则势能越小)，b 点表示生成物 NO 分子和 CO_2 分子的平均势能，c 点为活化配合物的平均势能。不管反应是放热还是吸热，活化配合物必须具有 c 点的势能，即反应过程存在一个能垒，跃过这个能垒，反应才能进行。如果反应是可逆反应，活化配合物分子的平均能量与反应物分子的平均能量之差，就是正反应的活化能 E_{a1}；同理，逆反应的活化能可表示为 E_{a2}。

从图 5-3 中可以得到：

$$NO_2+CO=O—N\cdots O\cdots C—O \quad \Delta_r H_m(1)=E_{a1}$$

$$O—N\cdots O\cdots C—O=NO+CO_2 \quad \Delta_r H_m(2)=-E_{a2}$$

这两个反应之和正是所讨论的总反应

$$NO_2+CO=NO+CO_2$$

$$\Delta_r H_m=\Delta_r H_m(1)+\Delta_r H_m(2)=E_{a1}-E_{a2}$$

显然，$E_{a1}>E_{a2}$时，正反应为吸热反应；$E_{a1}<E_{a2}$时，正反应为放热反应。

活化能的大小代表反应阻力的大小。例如合成氨反应、葡萄糖的氧化反应等，从化学热力学角度看，反应能够进行，而且反应倾向很大，但是由于反应阻力(活化能)很大，在常温常压下数年也无法觉察到反应的进行。

过渡态理论将反应物质的微观结构与反应速率联系起来，原则上能计算反应活化能，比碰撞理论前进了一步，但由于实验技术的限制，许多活化配合物的结构难以确定，加之理论计算过于复杂，致使该理论的应用受到一定限制。

【思考题】

碰撞理论和过渡态理论的主要内容分别是什么？二者各有何优点和局限性？

5.3 影响化学反应速率的因素

5.3.1 浓度对化学反应速率的影响

在其他条件保持不变的情况下，增大反应物浓度可增大反应速率。这是由于增大反应物浓度，等于增大了单位体积内分子的总数，使分子碰撞频率增加，从而反应速率加快。

浓度对化学反应速率的影响可用反应的速率方程式来表达。大量经验表明，在一定温度下，对于任意一个反应

$$a\mathrm{A}+d\mathrm{D}=g\mathrm{G}+h\mathrm{H}$$

某一时刻的瞬时速率与反应物的浓度之间通常具有如下关系

$$v=kc^{m}(\mathrm{A})\cdot c^{n}(\mathrm{D}) \qquad (5-5)$$

式(5-5)称为**反应的速率方程式**(rate equation of reaction)。式中，k 称为**速率常数**(rate constant)，对于某一给定反应，在温度和催化剂等条件一定时，速率常数 k 是一个定值，即 k 与反应物的浓度无关，但与温度及催化剂有关。k 的单位取决于反应级数，反应级数不同，k 的单位不同。k 的单位通式为：(浓度的单位)$^{1-n}$(时间的单位)$^{-1}$。例如，零级反应的单位是：(浓度的单位)(时间的单位)$^{-1}$；一级反应的单位是：(时间的单位)$^{-1}$；二级反应的单位是：(浓度的单位)$^{-1}$(时间的单位)$^{-1}$。因此可以通过 k 的单位来判断反应的级数。

式(5-5)中 m、n 分别为反应物 A、D 的级数，$(m+n)$则为**反应级数**(order of reaction)。反应级数可以是 0、1、2、3 等正整数，也可是分数或小数，甚至是负数。目前最常见的反应有负一级、零级、一级、二级反应，三级反应不常见，四级或四级以上的反应还未见有报道。

如果上述反应为基元反应，则 $m=a$，$n=d$，其速率方程式可根据反应方程式直接写出

$$r=kc^{a}(\mathrm{A})\cdot c^{d}(\mathrm{D}) \qquad (5-6)$$

即在一定温度下，基元反应的化学反应速率与反应物浓度以其化学计量系数为指数的幂的乘积成正比。这一规律称为**质量作用定律**(law of mass action)①。

对于复杂反应，反应速率常数 k 和反应级数$(m+n)$均需由实验测得。

① 质量作用定律是由挪威化学家古德贝格(N. C. M. Guldberg，1826—1902)和瓦格(P. Waage，1833—1903)在19世纪中期提出的。他们在法国化学家贝特罗(Berthelot)研究醋酸和酒精酯化反应及其逆向皂化反应的工作基础上，做了约300个实验，总结出经验规律：化学反应速率与反应物的有效质量成正比(质量的原意是指浓度)。

例 5-1 在 1073 K 时，测得反应 $2NO(g)+2H_2(g)=2H_2O(g)+N_2(g)$ 的浓度和瞬时速率如下：

实验编号	起始浓度/($mol \cdot L^{-1}$)		瞬时速率 v / $mol \cdot L^{-1} \cdot s^{-1}$
	$c(NO)$	$c(H_2)$	
1	6.00×10^{-3}	1.00×10^{-3}	3.19×10^{-3}
2	6.00×10^{-3}	2.00×10^{-3}	6.36×10^{-3}
3	6.00×10^{-3}	3.00×10^{-3}	9.56×10^{-3}
4	1.00×10^{-3}	6.00×10^{-3}	0.48×10^{-3}
5	2.00×10^{-3}	6.00×10^{-3}	1.92×10^{-3}
6	3.00×10^{-3}	6.00×10^{-3}	4.30×10^{-3}

求该反应的速率方程式。

解 设反应的速率方程为 $v=kc^m(NO)\cdot c^n(H_2)$

将实验 1 和 2 的数据代入上述速率方程式中，即先固定 NO 的浓度，改变 H_2 的浓度，求 n。

$$3.19\times10^{-3}=k(6.00\times10^{-3})^m\times(1.00\times10^{-3})^n$$

$$6.36\times10^{-3}=k(6.00\times10^{-3})^m\times(2.00\times10^{-3})^n$$

两式相除，得 $0.5=(0.5)^n$

即得 $n=1$

同理，将实验 4 和 5 的数据代入，即固定 H_2 的浓度，改变 NO 的浓度，求 m。

$$0.48\times10^{-3}=k(1.00\times10^{-3})^m\times(6.00\times10^{-3})^n$$

$$1.92\times10^{-3}=k(2.00\times10^{-3})^m\times(6.00\times10^{-3})^n$$

两式相除，得 $0.25=(0.5)^m$

即得 $m=2$

将任一组(如标号 4)数据代入速率方程式中，得

$$0.48\times10^{-3}=k(1.00\times10^{-3})^2\times(6.00\times10^{-3})^1$$

$$k=8.0\times10^4(L^2\cdot mol^{-2}\cdot s^{-1})$$

故该反应是一个三级($m+n=3$)反应，速率方程式为

$$v=8.0\times10^4\times c^2(NO)\cdot c(H_2)$$

注意：即使由实验测得的反应级数与反应方程式中反应物计量数之和相等，该反应也不一定是基元反应。例如反应

$$H_2(g)+I_2(g)=2HI(g)$$

实验测得该反应的速率方程式为 $v=kc(H_2)\cdot c(I_2)$，与质量作用定律写出的速率方程式完全一致，但近年来，从理论和实验上都证明了它不是基元反应，而是由多步基元反应组成的复杂反应。

【思考题】

1. 反应的速率方程式如何确定？有人根据反应 $H_2(g)+I_2(g)=2HI(g)$ 的速率方程 $v=kc(H_2)\cdot c(I_2)$，认为反应 $H_2(g)+Br_2(g)=2HBr(g)$ 的反应速度方程式为 $v=kc(H_2)\cdot c(Br_2)$，对吗？

2. 根据质量作用定律写出下列基元反应的速率方程。

(1) $A(g)+B(g)=2P(g)$

(2) $A(g)+2B(g)=2P(g)$

5.3.2　温度对化学反应速率的影响

前面讨论浓度对反应速率的影响时都是以温度不变为前提的，实际上温度对反应速率的影响比浓度的影响更为显著。对大多数反应来说，化学反应速率随温度升高而加快。当温度升高时，一方面分子的运动速率加快，单位时间内分子的碰撞频率增加，使反应速率加快；另一方面更主要的是温度升高时，分子的平均动能增加，具有较高能量的分子（活化分子）的百分数增加，从而使反应速率加快。1884 年，范特霍夫（Van't Hoff）根据实验结果总结出一个经验规则：在其他条件不变的情况下，温度每升高 10 ℃，反应速率增大到原来的 2～4 倍。

然而情况并非都是如此。图 5－4 给出了温度对五类反应的反应速率的影响：a 是大多数反应的情况，反应速率随温度上升而平稳增加；b 是燃烧和爆炸反应，该类反应一开始时反应速率随温度的上升平稳增加，到燃点附近反应速率急剧增加；c 是酶催化反应，这类反应开始时反应速率随温度上升而增加，到一定温度酶失活，反应速率随之下降；d 是烃类氧化反应，这类反应在低温时反应速率随温度上升而增加，到一定温度反应速率又随温度上升而下降，当达到一定的高温，反应速率又重新随温度上升而增加；e 反应速率随温度上升而逐渐减小，如 $2NO+O_2=2NO_2$。从以上分析可知：温度对反应速率的影响是十分复杂的。这里只介绍一般化学反应，即 a 类反应。

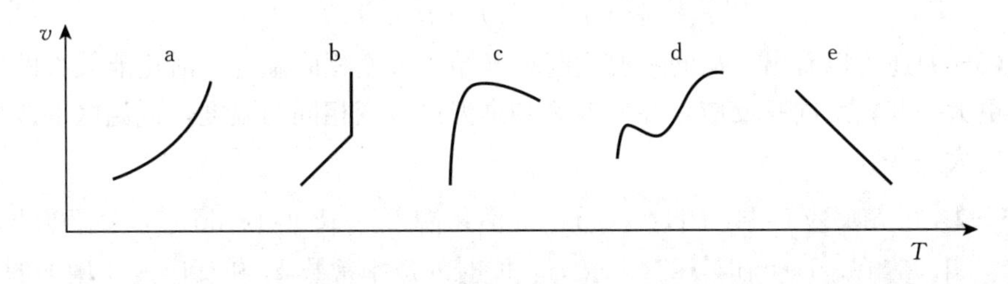

图 5－4　温度对反应速率的影响

a. 一般反应　b. 燃烧爆炸反应　c. 酶催化反应　d. 烃氧化反应　e. $2NO+O_2=2NO_2$

温度对反应速率的影响不同于浓度。当温度恒定时，反应的速率常数不随反应物浓度改变而改变。但当反应物浓度一定，改变温度时，反应速率常数 k 则随温度而变，升温，反应速率 v 增大，$v\propto k$，显然 k 也同倍增大，这里我们用反应速率常数 k 来讨论温度对反应速率的影响。

1889 年瑞典物理和化学家阿仑尼乌斯（S. A. Arrhenius）总结了大量实验事实，指出反应

速率常数和温度的定量关系为

$$k=Ae^{-E_a/RT} \tag{5-7}$$

或

$$\ln k=-\frac{E_a}{RT}+\ln A \tag{5-8}$$

式(5-7)和式(5-8)称为**阿仑尼乌斯公式**。式中：k 为反应速率常数，E_a 为反应的活化能，R 为摩尔气体常数，$R=8.314\text{J}\cdot\text{mol}^{-1}\cdot\text{K}^{-1}$；$T$ 为热力学温度，A 为指前因子或频率因子，是与碰撞频率有关的常数。E_a 和 A 对不同的反应有不同的数值。

对给定的化学反应，在一般温度范围内，活化能 E_a 可视为定值。由式(5-8)可知，$\ln k$ 与 $\frac{1}{T}$ 呈直线关系，直线的斜率为 $-\frac{E_a}{R}$，利用作图的方法可求得反应的活化能 E_a。温度与反应速率常数的关系如图 5-5 所示。

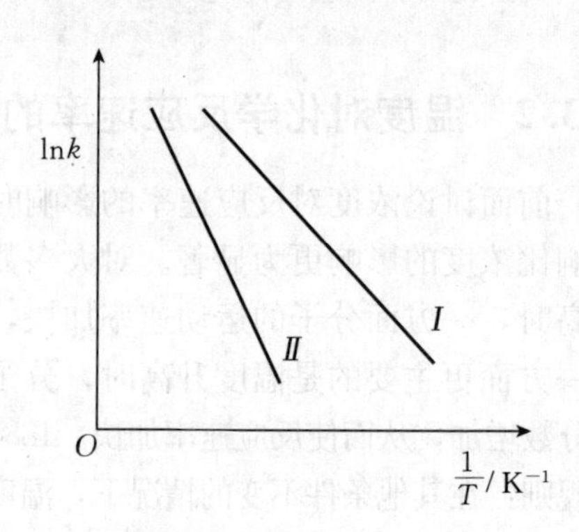

图 5-5 温度与反应速率常数的关系示意图

图 5-5 中两条斜率不同的直线，分别代表活化能不同的两个反应，直线 *II* 代表活化能较大的反应，直线 *I* 代表活化能较小的反应。可见，活化能越大，温度对反应速率的影响越大。

利用阿仑尼乌斯公式，可以求得温度变化对反应速率的影响。设温度 T_1，T_2 时的速率常数分别为 k_1，k_2，则

$$\ln k_1=-\frac{E_a}{RT_1}+\ln A$$

$$\ln k_2=-\frac{E_a}{RT_2}+\ln A$$

两式相减得

$$\ln\frac{k_2}{k_1}=\frac{E_a}{R}\left(\frac{1}{T_1}-\frac{1}{T_2}\right)=\frac{E_a}{R}\left(\frac{T_2-T_1}{T_1T_2}\right) \tag{5-9}$$

由式(5-9)还可以看出，从同一温度起点开始，改变相同温度，活化能较大的反应速率常数变化更大一些；对同一反应，在低温区和高温区改变相同的温度，低温区的改变对速率常数影响更大一些。

例 5-2 已知反应 $C_2H_4+H_2=C_2H_6$ 的活化能 $E_a=180\ \text{kJ}\cdot\text{mol}^{-1}$，在 700 K 时的速率常数 $k_1=1.3\times10^{-8}\text{L}\cdot\text{mol}^{-1}\cdot\text{s}^{-1}$，求 730 K 时的速率常数 k_2 和反应速率增加的倍数。

解 将有关数据代入式(5-9)，得

$$\ln\frac{k_2}{1.3\times10^{-8}}=\frac{180\times10^3}{8.314}\times\left(\frac{1}{700}-\frac{1}{730}\right)$$

$$k_2=4.6\times10^{-8}(\text{L}\cdot\text{mol}^{-1}\cdot\text{s}^{-1})$$

$$\frac{v_2}{v_1}=\frac{k_2}{k_1}=3.5$$

即温度自 700 K 升高到 730 K，反应的速率增加了 2.5 倍。

例 5-3 某反应的活化能为 1.14×10^2 kJ·mol^{-1}，600 K 时，k(600 K)＝0.750 L·mol^{-1}·s^{-1}，分别计算 500 K 和 700 K 时的速率常数 k。

解 根据

$$\ln\frac{k_2}{k_1}=\frac{E_a}{R}\left(\frac{T_2-T_1}{T_1T_2}\right)$$

将 T_1 ＝500 K，T_2＝600 K 代入上式，得

$$\ln\frac{0.750}{k(500\text{K})}=\frac{1.14\times10^2\times10^3}{8.314}\times\frac{600-500}{600\times500}$$

$$k(500\ \text{K})=0.0078(\text{L}\cdot\text{mol}^{-1}\cdot\text{s}^{-1})$$

将 T_1＝600 K，T_2＝700 K 代入，得

$$\ln\frac{k(700\ \text{K})}{0.750}=\frac{1.14\times10^2\times10^3}{8.314}\times\frac{700-600}{700\times600}$$

$$k(700\ \text{K})=19.6(\text{L}\cdot\text{mol}^{-1}\cdot\text{s}^{-1})$$

此例说明对同一反应，在低温区内反应速率随温度变化更显著。

【思考题】

为什么 H_2 和 O_2 混合气体在室温时贮存几年也不反应，在 573 K 时反应可在几天内完成，在 773 K 时需几分钟完成，而在 973 K 时几乎瞬间完成？

（提示：温度对反应速率影响较大，随着温度上升，反应速率加快。当温度较高，超过 673 K 时，随着气体压强的增加可能会发生爆炸）

5.3.3 催化剂对化学反应速率的影响

催化剂是影响化学反应速率的重要因素，反应物浓度的增大和温度的提高是有限度的，会受到能源以及反应器材的限制，因此现在化学工业生产中约有 90%的反应要使用催化剂。

5.3.3.1 催化剂与催化作用

催化剂(catalyst)是一种能改变反应速率，而其本身的质量和化学组成在反应前后基本保持不变的物质。例如，氯酸钾加热分解制备氧气时加入的少量二氧化锰；在 298 K 时使氢气和氧气能发生反应所加入的铂网等都是催化剂。反应前后催化剂的数量和某些性质虽然不变，但有些性状，特别是表面性状会发生变化，如 MnO_2 由块状变为粉末，Pt 网逐渐变粗糙。

催化剂又分为**正催化剂**和**负催化剂**。一般能加快反应速率的催化剂称为正催化剂；能减慢反应速率的催化剂称为负催化剂，也称为阻化剂。在没有特别说明时，提到的催化剂都指正催化剂。催化剂多数由金属、金属氧化物、多酸化合物和配合物组成。

一般来说，杂质对催化剂的性能有很大影响。能增强催化作用的物质称为助催化剂，能减弱催化作用的物质称为抑制剂。还有些杂质严重阻碍催化功能，甚至使催化剂“中毒”，完全失去催化作用，这种杂质称为催化剂的“毒物”。合成氨反应中所用的 Fe 催化剂，可因体系中存在的 H_2O、CO_2、CO、H_2S 等杂质而中毒。

催化剂的通常表示方法如下：

(1)用“/”来区分载体与活性组分，“/”前为活性组分，“/”后为载体。如：Ru/Al_2O_3，Pt/Al_2O_3，Pd/SiO_2，Au/C。

(2)用“-”来区分各活性组分及助剂，如 $Pt-Sn/Al_2O_3$，$Fe-Al_2O_3-K_2O$。

(3)用“⊂”“@”等表示催化剂具有新奇纳米结构，如 $Au\subset CeO_2$，$Pt@CeO_2$ 等。

5.3.3.2 催化作用的特征

催化剂的催化作用有如下特征：①催化剂具有高度的选择性，一种催化剂只适用于某一种或某几种反应，对其他反应没有作用。②催化剂参与反应，但反应前后其质量、化学组成、化学性质都不变。它只能改变反应速率，缩短达到平衡的时间，不能改变化学平衡状态，不能改变反应方向。对于热力学证明不能发生的反应，加入催化剂也不能进行。③催化剂加快正向反应速率的同时，也加快逆向反应速率。

催化作用的一般机理：催化剂通过改变反应的历程、改变反应的活化能来改变反应速率。例如对某一反应 A+B=AB，未加催化剂的反应途径为Ⅰ，活化能为 E_{a0}(图 5-6)，加入催化剂 K 后，反应途径变为Ⅱ，途径Ⅱ的两个反应如下：

$$(1)A+K \underset{E_{a2}}{\overset{E_{a1}}{\rightleftharpoons}} AK;\ (2)AK+B \xrightarrow{E_{a3}} AB+K$$

其中 E_{a1} 和 E_{a3} 皆明显小于 E_{a0}，即反应历程的改变使整体反应的活化能降低，从而提高了反应速率。

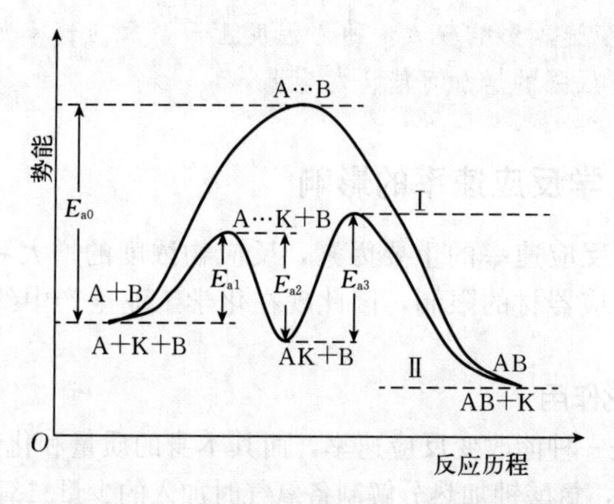

图 5-6 催化反应、非催化反应的活化能与反应历程示意图

催化剂增加反应速率的倍数是异常惊人的。例如 HI 的分解反应，若在 503 K 下进行，无催化剂时活化能为 184 kJ·mol^{-1}，而以 Pt 作催化剂时活化能降为 105 kJ·mol^{-1}，则反应速率增大的倍数为

$$\ln\frac{v_2}{v_1}=\ln\frac{k_2}{k_1}=\frac{E_{a1}-E_{a2}}{RT}=18.9,\ \frac{v_2}{v_1}=1.6\times10^8$$

其中：v_1 和 v_2 分别为无催化剂和有催化剂时的反应速率。加催化剂后，HI 的分解速率约为原来的 1.6 亿倍。

由于催化剂只有参与反应并降低活化能时才能加速反应，因而一种催化剂只能对某一个或某几个特定的反应起作用。在有多个反应的系统中，选用不同的催化剂，还可能得到不同的反应产物。例如使用不同的催化剂，合成气的催化反应会有不同的结果：

$$CO + H_2 \begin{cases} \xrightarrow[573\,K,\ 7\times10^5\,Pa]{Rh/Pt/SiO_2} C_2H_5OH \\ \xrightarrow[573\,K,\ 1.01\times10^7\sim2.03\times10^7\,Pa]{Cu-Zn-O,\ Zn-Cr-O} CH_3OH \\ \xrightarrow[493\,K,\ 3\times10^6\,Pa]{Cu,\ Zn} CH_3OCH_3 \\ \xrightarrow[473\sim573\,K,\ 1.0133\times10^5\,Pa]{Ni} CH_4 \\ \xrightarrow[473\,K,\ 1.0133\times10^5\,Pa]{Co,\ Ni} \text{合成汽油} \end{cases}$$

5.3.3.3 均相催化与多相催化

根据反应中催化剂和反应物所处的状态，可将催化反应分为两类：均相催化和多相催化。

反应物和催化剂处于同一相的催化反应称为**均相催化反应**。均相催化反应有气相催化和液相催化两种。

例如，乙醛的气相分解反应为 $CH_3CHO(g)=CH_4(g)+CO(g)$，该反应 $E_a=190\ kJ\cdot mol^{-1}$，若加入少许 I_2 蒸气催化，反应的 E_a 降为 $136kJ\cdot mol^{-1}$，反应速率提高 3700 倍。又如，H^+ 可催化乙酸乙酯的水解反应 $CH_3COOC_2H_5(l)+H_2O(l)=CH_3COOH(l)+C_2H_5OH(l)$。

反应物种与催化剂不属于同一相，存在相界面，在相界面上进行的催化反应，称为**多相催化反应**。在多相催化反应中，反应物一般为气体或液体，催化剂往往是固体。催化反应发生在固体表面，所以又称为**表面催化反应**。多相催化反应在工业生产中有广泛的应用，如合成氨中用 Fe 作催化剂，Ag 催化 H_2O_2 的分解。在高空中 SO_2 氧化成 SO_3 的过程，可能是受 NO、O_2 等催化的均相催化过程，也可能包括受烟尘中 Fe、Mn 氧化物催化的多相催化过程。

5.3.3.4 生物催化剂——酶

生物体内进行的许多生命过程，如蛋白质、脂肪、糖类的合成，以及细胞的形成等都是催化反应。这些反应是常温常压下在细胞中进行的，如果在烧杯中根本就不能反应。细胞中为什么具有这些化学反应的神奇能力？研究发现，是一种称为酶的蛋白质在起催化作用，其相对分子质量为 $10^4\sim10^6$。

酶催化反应速率常与反应物(又称底物)的浓度无关，表现为零级反应。除了具有一般催化剂的特点，酶催化反应还有以下特点：

(1)高度的专一性 每一种酶都有其独特的分子表面构型，这种独特的表面构型使一种酶只与一种特定物质结合并进行催化反应，因此酶具有高度的专一性。例如蛋白酶只能催化蛋白质水解，淀粉酶只能催化淀粉水解，酯酶只能催化水解有机酯中酸和醇形成的酯键。而这三类水解反应都可以在无机酸或碱的催化下进行。

(2)催化效率高 酶在生物体内的量很少，一般以微克计。极少量的酶可以催化大量的反应物发生转变。例如 1 mol 乙醇脱氢酶在室温下，1 s 内可使 720 mol 乙醇转化为乙醛。而同样的反应，在工业生产中用 Cu 作催化剂，在 200 ℃以下 1 mol Cu 只能催化 0.1～1 mol 的乙醇转化。可见酶的催化效率是普通催化剂无法比拟的。酶的催化效率一般比普通催化剂高 $10^6\sim10^{14}$倍。酶之所以具有惊人的催化效率，主要是酶能大幅度降低反应的活化能，从而极大地加快反应速率。

(3)反应条件温和 一般化工生产，常用高温或高压条件、强酸或强碱介质、高浓度等。例如合成氨反应，需要770 K，300 kPa以及特殊设备，而合成效率只有7%～10%。而酶催化反应所需条件温和，一般在常温常压条件下进行，介质也是中性或近中性，反应物浓度也往往不高。例如豆科植物的根瘤菌或其他固氮菌，可以在常温常压下固定空气中的氮，使之转化为氨态氮。

(4)酶的活性极易受到外界条件的影响 酶的本质是蛋白质，极易受外界条件影响而改变自身的组成和性质，因而影响催化活性，即容易中毒。如温度、酸碱浓度、重金属离子等都会影响催化活性。

酶催化反应具有高度专一性、高效性及反应条件温和等特点，用于工业生产，可以简化工艺、降低能耗、节约能源、减少污染，因此酶化学具有广阔的应用前景。据估计，人体内有30 000多种不同的酶，至今人类已经发现2000多种酶，而已在工业中应用的仅有60多种，如酿酒、抗生素药物等。随着生命科学和仿生科学的发展，人们正试图用模拟酶代替普通催化剂，这也是21世纪高新技术发展的新方向，如果取得突破，必将引发意义深远的技术革新。

【思考题】

对放热反应 $2A(g)+B(g)=2D(g)$，判断下列说法是否正确：

(1)增加总压，使A、B浓度增加，正反应速率增大

(2)升高温度，逆反应速率增大，正反应速率减小

(3)加入催化剂，正反应速率增大，逆反应速率减小

(4)催化剂能改变反应历程，降低反应的活化能，但不能改变反应的 $\Delta_r G_m^{\ominus}$

阅读材料1

从化学到考古

20世纪60年代，美国化学家比勒发现大气圈中 CO_2 的碳原子有些异样，大约1万亿个碳原子中有1个碳原子与众不同，它的原子核由6个质子和8个中子构成，原子质量不是12 u而是14 u，科学家称之为 ${}^{14}_{6}C$。${}^{14}_{6}C$ 是一种不稳定原子，按下面反应发生衰变：

$$ {}^{14}_{6}C \longrightarrow {}^{14}_{7}N + e^- $$

衰变反应是一级反应，半衰期 $t_{1/2}=5730$ 年。

一些想象力丰富的科学家提出一种方案，根据 ${}^{14}_{6}C$ 的含量来测定远古动植物遗骸的年代，因为植物是一切动物的基本食物来源。植物通过光合作用把大气中的 CO_2 和 H_2O 变成自己的机体，因此动植物体内的碳原子状况也应该和大气一样。大气中的N原子因为受到来自太空和地球内部放射性辐射的作用，有一小部分不断变成 ${}^{14}_{6}C$，${}^{14}_{6}C$ 又不断衰变最终达到平衡，大气中 ${}^{14}_{6}C$ 与 ${}^{12}_{6}C$ 保持恒定的比值。动植物一旦死亡停止摄取糖类，遗骸中 ${}^{14}_{6}C$ 的数量会随衰变而逐渐减少。测量遗骸中 ${}^{14}_{6}C/{}^{12}_{6}C$ 的比值，根据此衰变反应为一级反应，其速率方程为

$$v=kc({}^{14}_{6}\mathrm{C})=-\frac{\mathrm{d}c({}^{14}_{6}\mathrm{C})}{\mathrm{d}t}$$

即
$$\frac{\mathrm{d}c({}^{14}_{6}\mathrm{C})}{c({}^{14}_{6}\mathrm{C})}=\frac{\mathrm{d}[c({}^{14}_{6}\mathrm{C})/c({}^{12}_{6}\mathrm{C})]}{c({}^{14}_{6}\mathrm{C})/c({}^{12}_{6}\mathrm{C})}=-k\mathrm{d}t$$

令 $c_\mathrm{r}=c({}^{14}_{6}\mathrm{C})/c({}^{12}_{6}\mathrm{C})$，则

$$\frac{\mathrm{d}c_\mathrm{r}}{c_\mathrm{r}}=-k\mathrm{d}t$$

对上式积分，$\int_{c_{\mathrm{r},0}}^{c_\mathrm{r}}\frac{\mathrm{d}c_\mathrm{r}}{c_\mathrm{r}}=-k\int_0^t\mathrm{d}t$

$$\ln\frac{c_\mathrm{r}}{c_{\mathrm{r},0}}=-k\mathrm{t}$$

当${}^{14}_{6}\mathrm{C}$衰减一半时，即$\frac{c_\mathrm{r}}{c_{\mathrm{r},0}}=\frac{1}{2}$时，可计算出 k 值

$$k=\frac{\ln 2}{t_{\frac{1}{2}}}=\frac{0.693}{5730}=1.21\times10^{-4}(\text{年}^{-1})$$

根据考古时遗骸中测出的${}^{14}_{6}\mathrm{C}/{}^{12}_{6}\mathrm{C}$值，代入 $\ln\frac{c_\mathrm{r}}{c_{\mathrm{r},0}}=-kt$ 中就可以估算出它们存在的年代。据此，史前时期的许多重大历史事件有了明确的年代标志。

阅读材料2

绿　色　催　化

绿色化学又称环境无害化学(environmentally benign chemistry)、环境友好化学(environmentally friendly chemistry)、清洁化学(clean chemistry)。绿色化学即用化学的技术和方法减少或消灭那些对人类健康、社区安全、生态环境有害的原料、催化剂、溶剂和试剂、产物、副产物等的使用和产生。绿色化学的理想在于不再使用有毒、有害的物质，不再产生废物，不再处理废物。它是一门从源头上阻止污染的化学。

绝大多数工业化学反应是在催化剂作用下进行的，生产中使用的催化剂，有些不符合绿色化学的要求，如目前在烷基化、酯化、水合、酰化、烃类异构化反应中一般使用氢氟酸、硫酸、三氯化铝等液体酸催化剂。这些液体催化剂的共同缺点是，在工艺上难以实现连续生产、催化剂不易与原料和产物相分离、对设备的腐蚀严重、产生废渣、污染环境。因而高活性、高选择性、便于操作、使用周期长的绿色催化剂，在降低原材料和能源消耗、提高设备生产力、改进产品质量、减少“三废”、防止环境污染等方面都起着重要的作用，所带来的经济效益和社会效益是巨大的。多年来，国内外从分子筛、杂多酸、超强酸等新催化材料中大力开发新型的绿色催化剂，以下介绍几种催化剂绿色催化的实例。

1. 分子筛催化剂　分子筛是一种多功能的催化剂，它可作为酸性催化剂，对反应原料和产物也有筛分作用。最初的分子筛是天然沸石，即 Si 和 Al 组成的晶体化合物；目前，分子筛还可以是杂原子分子筛，可以由 P、B、Ti 等和 Si 或 Al 组成，已广泛用于石油化工和精细化工生产中。

例如采用 H－ZSM－5 分子筛催化，可直接把苯气氧化成苯酚，产率可达 99 %，副产

物是无毒害的氮气。旧工艺以异丙苯氧化成过氧化异丙苯，再经过酸水解成苯酚和丙酮，不但原子利用率低，而且产生大量含酚和含盐的废水。

$$C_6H_6 + N_2O \xrightarrow[300\sim400\ ℃]{H-ZSM-5} C_6H_5OH + N_2$$

再如环氧丙烷的生产，传统工艺为

$$CH_3CH{=}CH_2 \xrightarrow[(2)Ca(OH)_2]{(1)Cl_2} CH_3\overset{O}{CH{-}CH_2}\cdot CaCl_2 + H_2O$$

反应不仅以有毒的氯气为原料，而且还伴生大量的氯化钙废水。

以钛硅分子筛为催化剂时，丙烯与 H_2O_2 可经一步反应生成环氧丙烷，由于副产物是水，不会污染环境：

$$CH_3CH{=}CH_2 + H_2O_2 \xrightarrow{TS-1} CH_3\overset{O}{CH{-}CH_2} + H_2O$$

2. 石墨催化剂 石墨具有良好的热稳定性、膨胀性、层状结构及允许外来分子嵌入等特点，已成功地用作取代、加成、重排和氧化还原等反应的催化剂。

例如用于烷基化反应

$$RCH_2CN \xrightarrow{C_8K} [RCHCN]^- \xrightarrow[R=H,\ C_2H_5,\ C_6H_5]{R'X} RCHR'CN$$

再如催化还原反应：在石墨催化下，用水合肼作还原剂，芳香族、脂肪族硝基化合物几乎定量生成相应的胺。

$$RNO_2 \xrightarrow{H_2NNH_2\cdot H_2O} RNH_2$$

3. 固体超强酸、碱催化剂 超强酸固体催化剂是用超强酸处理固体载体而制得的。如用固体酸（$SO_4^{2-}/Fe_2O_3-TiO_2-SiO_2$）催化乙酸与丁醇的酯化反应，乙酸丁酯的收率为 93.26%。

4. 电催化 电催化的有机合成由于不使用化学试剂作催化剂、不需要在高温高压下进行反应，所以不存在催化剂对环境的污染，生产过程也相对比较安全。如自由基环化的传统方法是使用三丁基锡烷作催化剂，有机锡是有毒的试剂，而且反应过程原子利用率低。采用维生素 B_{12} 催化的电还原法可以在温和、中性条件下实现自由基的环化。

5. 手性催化 在医药工业生产中，合成旋光纯的产品是化学家们苦苦追求的目标。手性催化剂的作用是使反应朝目标产物转化，直接合成旋光纯的化合物或目标产物占绝对优势。

习 题

1. 对反应 A=B+C，当 $c(A)=0.100\ mol\cdot L^{-1}$ 时，反应速率为 $0.0025\ mol\cdot L^{-1}\cdot s^{-1}$。如果反应是零级或一级反应，分别计算反应的速率常数。

2. 在 298 K，标准状态时，反应 $O_3(g) + NO(g) = O_2(g) + NO_2(g)$ 的 $E_a = 10.7\ kJ\cdot mol^{-1}$，$\Delta_r H_m^{\ominus} = -193.8\ kJ\cdot mol^{-1}$，计算其逆反应的活化能。

3. 对反应 A(g) + B(g) = AB(g) 进行反应速率的测定，有关数据如下表所示：

c(A)/(mol·L^{-1})	c(B)/(mol·L^{-1})	反应速率/(mol·L^{-1}·s^{-1})
0.500	0.400	6.00×10^{-3}
0.250	0.400	1.50×10^{-3}
0.250	0.800	3.00×10^{-3}

(1)推导反应速率方程式；

(2)确定反应级数；

(3)若将容器体积减小到原来的$\frac{1}{2}$，则反应速率是原来的多少倍？

4. 人体内某种酶催化反应的E_a=75.0 kJ·mol^{-1}，人体正常体温为310 K，若病人发烧至314 K，则此酶催化反应速率增加了多少倍？

5. 在301 K时鲜牛奶经4 h变酸，在278 K的冰箱内，可保持48 h才变酸。设牛奶酸变的反应速率与酸变时间成反比，试估算该条件下牛奶酸变反应的活化能。

6. 反应$CO(g) + H_2O(g) = CO_2(g) + H_2(g)$在288 K时$k_1=3.1\times10^{-4}$ L·mol^{-1}·s^{-1}，在313 K时$k_2=8.15\times10^{-3}$ L·mol^{-1}·s^{-1}，求反应的活化能E_a，并计算T=303 K时的反应速率常数。

7. 选择题

(1)升高温度可以增大反应速率，最主要的原因是(　　)。

A. 增加了分子总数　　B. 增加了活化分子的百分数

C. 降低了反应的活化能　　D. 促使平衡向吸热方向移动

(2)对于一定温度下的某化学反应，下列说法正确的是(　　)。

A. E_a越大，反应速率越快

B. $K^{\ominus}$越大，反应速率越快

C. 反应物浓度越大，反应速率越快

D. $\Delta_r H_m^{\ominus}$ 的值越负，反应速率越快

(3)某反应在温度T_1时速率常数为k_1，T_2时速率常数为k_2，且$T_2>T_1$，$k_2>k_1$，则(　　)。

A. $E_a<0$　　B. $E_a>0$

C. $\Delta_r H_m^{\ominus}<0$　　D. $\Delta_r H_m^{\ominus}>0$

(4)下列叙述中不正确的是(　　)。

A. 并不是所有化学反应都符合阿仑尼乌斯公式

B. 非基元反应是由若干基元反应组合而成的

C. 大多数反应的反应速率与反应物的浓度有关

D. 速率常数的大小即是反应速率的大小

8. 填空题

(1)某反应的速率方程式为$v=k\cdot c^{\frac{1}{2}}(A)\cdot c^2(B)$,若将反应物A的浓度增加到原来的4倍，则反应速率为原来的________倍；若将反应的总体积增加到原来的4倍，则反应速率为原来的________倍。

(2)在化学反应中，凡________完成的反应称基元反应；一个反应是否是基元反应是通过____________确定的。

(3)某反应的速率常数 k 的单位为 $L \cdot mol^{-1} \cdot s^{-1}$，此反应的反应级数为________；若速率常数的单位为 $L^2 \cdot mol^{-2} \cdot s^{-1}$，反应为________级反应。

(4)对于反应 $C(s)+CO_2(g)=2CO(g)$，$\Delta_r H_m^\ominus=172.5\ kJ \cdot mol^{-1}$，若增加总压强或升高温度或加入催化剂，则反应速率常数、反应速率、标准平衡常数以及平衡移动的方向等将如何变化？分别填入下表。

	$k_{(正)}$	$k_{(逆)}$	$v_{(正)}$	$v_{(逆)}$	$K^\ominus$	平衡移动方向
增加总压强						
升高温度						
加催化剂						

6 电解质水溶液中的解离平衡

学习要求

1. 了解主要的三种酸碱理论，掌握酸碱质子理论、质子酸碱、两性物质、共轭酸碱对等概念。

2. 掌握物料平衡式、电荷平衡式和质子条件式的书写。

3. 理解酸度对弱酸或弱碱及其解离产物等型体分布的影响，能定性判断在某 pH 下弱酸(碱)的主要存在型体。

4. 掌握酸碱溶液酸碱度的近似计算，重点掌握一元和多元弱酸或弱碱溶液、两性物质溶液、共轭酸碱对溶液以及强酸弱酸混合溶液、强碱弱碱混合溶液中的酸碱度近似计算。

5. 掌握酸碱缓冲溶液的缓冲原理、有效缓冲范围以及 pH 的近似计算。

6. 掌握配合物的定义、组成及系统命名，了解影响配位数的因素。

7. 了解螯合物的结构特点，掌握螯合效应对配合物稳定性的影响及应用。

8. 掌握配位平衡及稳定常数的定义，在配体大大过量时，能进行配位平衡的近似计算。

9. 掌握沉淀-溶解平衡和溶度积的定义，能将溶度积和溶解度进行换算。

10. 掌握由溶度积原理判断沉淀的生成、溶解和分步沉淀，以及相关的计算。

11. 掌握化学平衡的移动(如稀释效应、同离子效应和盐效应、酸效应和水解效应、配位效应等)，能根据同时平衡原理进行多重平衡的近似计算，判断反应的方向。

知识结构导图

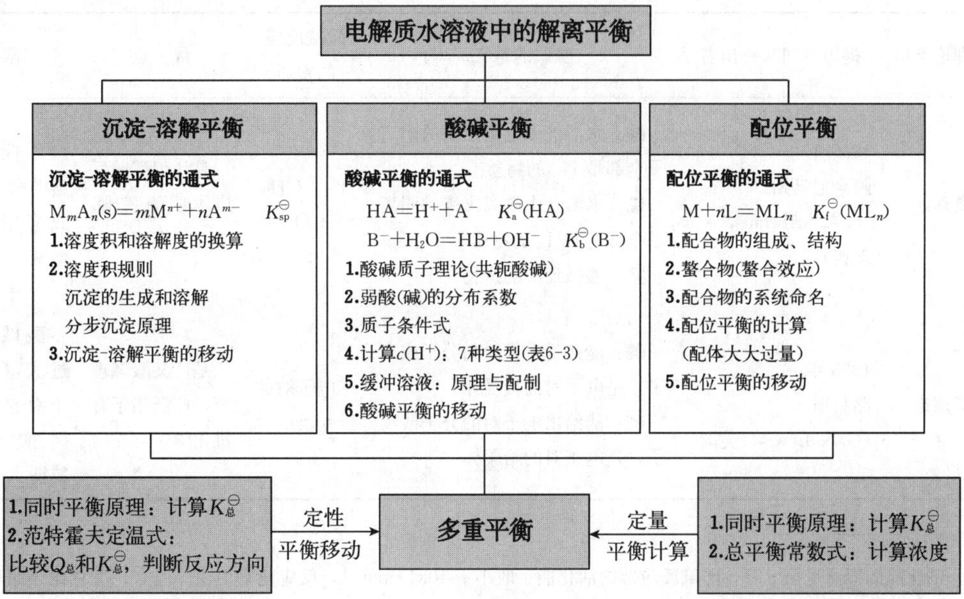

电解质水溶液中的解离平衡

沉淀-溶解平衡

沉淀-溶解平衡的通式

$M_mA_n(s)=mM^{n+}+nA^{m-}$ $K_{sp}^{\ominus}$

1.溶度积和溶解度的换算

2.溶度积规则

沉淀的生成和溶解

分步沉淀原理

3.沉淀-溶解平衡的移动

酸碱平衡

酸碱平衡的通式

$HA=H^++A^-$ $K_a^{\ominus}(HA)$

$B^-+H_2O=HB+OH^-$ $K_b^{\ominus}(B^-)$

1.酸碱质子理论(共轭酸碱)

2.弱酸(碱)的分布系数

3.质子条件式

4.计算 $c(H^+)$：7种类型(表6-3)

5.缓冲溶液：原理与配制

6.酸碱平衡的移动

配位平衡

配位平衡的通式

$M+nL=ML_n$ $K_f^{\ominus}(ML_n)$

1.配合物的组成、结构

2.螯合物(螯合效应)

3.配合物的系统命名

4.配位平衡的计算

(配体大大过量)

5.配位平衡的移动

多重平衡

定性 平衡移动：

1.同时平衡原理：计算 $K_{总}^{\ominus}$

2.范特霍夫定温式：

比较 $Q_{总}$ 和 $K_{总}^{\ominus}$，判断反应方向

定量 平衡计算：

1.同时平衡原理：计算 $K_{总}^{\ominus}$

2.总平衡常数式：计算浓度

参与无机化学反应的物质主要是电解质，因此在农林、食品、环境等学科中涉及的大多数无机反应是水溶液中的离子反应。根据反应类型，离子反应主要分为酸碱反应、配位反应、沉淀-溶解反应和氧化还原反应。由于氧化还原反应与电子转移有关，是电化学反应的基础，因此本章中主要讨论前三种反应平衡。

在本章讨论中，需注意水溶液中化学反应平衡的共同特点：①活化能[①]较低，反应速率较快，反应能在瞬间达到平衡；②若无气体参与，可忽略压强对平衡的影响；③大多数反应的热效应较小，在温度变化不大时，可忽略温度对平衡常数的影响。也就是说，水溶液中的化学平衡一般能在瞬间达到，在影响平衡的外部因素中，重点讨论浓度对平衡的影响。

水溶液中的化学平衡往往不是单一的反应平衡，通常存在多重平衡。多重平衡非常复杂，往往不能精确计算，因此对化学平衡的计算可近似处理，一般地，结果的相对误差绝对值小于5%是允许的。

6.1 酸碱平衡

酸(acid)和碱(base)是生产和生活中最常见的物质，不仅很多化学反应和生化反应都属于酸碱反应，而且在生产实际和自然界中的不少化学现象都与酸碱密切相关。了解酸碱的特征，掌握酸碱反应的本质是认识和研究水溶液中化学反应的重要基础。

6.1.1 酸碱质子理论

从最初把有酸味、能使蓝石蕊变红的物质称为酸，有涩味、能使红石蕊变蓝且能中和酸的物质称为碱开始，在认识物质的酸碱特征，寻找酸碱反应本质的过程中，化学家们先后提出了多种酸碱理论，表6-1比较了几种主要的酸碱理论的酸碱定义、优点和局限性。本节着重讨论酸碱质子理论。

表6-1 几种主要酸碱理论的比较

酸碱理论类型	提出时间和提出者	酸碱的定义	酸碱反应的实质	优 点	局限性
电离理论	1887年 阿仑尼乌斯 (S. A. Arrhenius，瑞典)	**酸**：水溶液中电离出来的阳离子全部是H^+的物质 **碱**：水溶液中电离出来的阴离子全部是OH^-的物质 **盐**：酸碱反应的产物	$H^+ + OH^- = H_2O$	是认识酸碱反应本质的基础，至今仍在使用	不能解释盐的酸碱性，只应用于水溶液
电子理论	1923年 路易斯 (G. N. Lewis，美国)	**酸**：能接受电子对的分子或离子，是电子对的接受体 **碱**：能给出电子对的分子或离子，是电子对的给予体	电子对的授受反应	是广义酸碱理论，广泛用于有机化学	酸碱范围过大，不利于总结和掌握酸碱的特征

① 活化能的概念见第5章，酸碱反应等的活化能一般小于40kJ·mol^{-1}，反应速率很快。但有一些氧化还原反应的活化能较大，反应速率较慢。

（续）

酸碱理论类型	提出时间和提出者	酸碱的定义	酸碱反应的实质	优 点	局限性
质子理论	1923 年 布朗斯特和劳里 (J. N. Brønsted，丹麦，T. M. Lowry，英国)	**酸**：能给出质子的物质 **碱**：能接受质子的物质 **两性物质**：既能给出又能接受质子的物质	质子转移（授受）反应	扩大了电离理论中的酸碱范围，没有盐的概念。适用于水溶液、非水溶剂或无溶剂体系	无法解释在无质子溶剂中的酸碱反应
软硬酸碱理论	1963 年 皮厄尔森 （R. G. Pearson，美国）	**硬酸**：电荷多，半径小，不易变形的正离子，如 Fe^{3+}、Al^{3+} **软酸**：电荷少，半径大，易变形的正离子，如 Cu^{+}、Ag^{+} **硬碱**：配位原子半径小，难失电子，不易变形，如 OH^{-}、F^{-} 和 H_2O **软碱**：配位原子半径大，易失电子，易变形，如 I^{-}、SCN^{-} 和 CN^{-}	电子对的授受反应	软硬酸碱反应规则：硬亲硬，软亲软。该规则主要应用于配合物	属经验规则，尚有不少例外

酸碱质子理论认为：**凡能给出质子(H^{+})[①]的物质是酸(也称为质子酸)**，如 HCl、HAc、H_2CO_3、HCO_3^{-}、NH_4^{+}、H_2O 等。**凡能接受质子的物质是碱(也称为质子碱)**，如 OH^{-}、Ac^{-}、HCO_3^{-}、CO_3^{2-}、NH_3、H_2O 等。可见，酸碱不仅是中性分子，还可以是阴、阳离子。能给出或接受一个质子的酸碱称为一元弱酸或弱碱，能给出或接受两个或两个以上质子的酸碱称为多元弱酸或弱碱，如 HAc、NH_4^{+}、NH_3、CN^{-} 等为一元弱酸或弱碱；H_2CO_3、CO_3^{2-}、PO_4^{3-} 等为多元弱酸或弱碱。

在上述例子中，HCO_3^{-} 和 H_2O 既能给出质子，又能接受质子，这类物质称为**两性物质**(amphoteric substance)。

注意：既不能给出质子也不能接受质子的离子属于非酸非碱，如 Cl^{-}、Na^{+} 等，它们对水溶液的 pH 无影响。

根据质子理论，酸碱之间的关系可表示为：酸＝H^{+}＋碱。例如

$$HAc = H^{+} + Ac^{-}$$

式中 HAc 是酸，它给出质子剩下的 Ac^{-} 对质子具有一定的亲和力，能接受质子，所以 Ac^{-} 是碱。像 HAc－Ac^{-} 这种因一个质子的得失而互相转换的一对酸碱，称为**共轭酸碱对**(conjugate acid－base pair)。也就是，酸失去质子变成它的共轭碱，碱得到质子变为它的共轭酸，

① H^{+} 的半径极小，电荷密度极高，在溶液中不能单独存在，常与水分子结合成水合质子。水合质子结构复杂，可能是 $H_9O_4^{+}$，一般简写为 $H_3^{+}O$，通常用 H^{+} 代表 $H_3^{+}O$。同理，水合 OH^{-} 的结构可能是 $H_7O_4^{-}$，简写为 OH^{-}。

两者互相依存。以下为共轭酸碱对的一些例子。

共轭酸=H^++共轭碱	共轭酸碱对
$HAc=H^++Ac^-$	$HAc-Ac^-$
$NH_4^+=H^++NH_3$	$NH_4^+-NH_3$
$H_3PO_4=H^++H_2PO_4^-$	$H_3PO_4-H_2PO_4^-$
$H_2PO_4^-=H^++HPO_4^{2-}$	$H_2PO_4^--HPO_4^{2-}$
$[Fe(H_2O)_6]^{3+}=H^++[Fe(H_2O)_5(OH)]^{2+}$	$[Fe(H_2O)_6]^{3+}-[Fe(H_2O)_5(OH)]^{2+}$

酸碱反应实质上就是**质子传递反应**(protolysis reaction)，即质子在两对共轭酸碱对之间的转移反应。下面几种类型反应均属于酸碱反应。

①酸碱中和(neutralization)反应：

$$H_3^+O+OH^-=H_2O+H_2O$$

$$HAc+NH_3=Ac^-+NH_4^+$$

②酸碱解离(dissociation)反应：

$$HF+H_2O=F^-+H_3^+O$$

$$NH_3+H_2O=NH_4^++OH^-$$

③弱酸弱碱的水解(hydrolysis)反应：

$$Ac^-+H_2O=HAc+OH^-$$

$$NH_4^++H_2O=NH_3+H_3^+O$$

④两性物质的**质子自递**(autoprotolysis)反应

$$H_2O+H_2O=H_3^+O+OH^-$$

$$HCO_3^-+HCO_3^-=H_2CO_3+CO_3^{2-}$$

6.1.2 解离常数

6.1.2.1 弱酸弱碱的强弱与解离常数

在室温水溶液中，酸碱的强弱与其给出质子或接受质子的能力有关①，因此弱酸的酸性(或弱碱的碱性)强弱可用解离度 α($\alpha=\frac{\text{已解离的分子数}}{\text{弱电解质的分子总数}}\times100\%$，也就是解离平衡转化率，见4.6.6)或标准平衡常数 $K^\ominus$ 表示。由于 $K^\ominus$ 仅受温度影响，与初始浓度无关，因此，用 $K^\ominus$ 讨论解离平衡问题比较方便。

弱酸(或弱碱)解离反应的标准平衡常数用**解离常数** $K_a^\ominus$(或 $K_b^\ominus$)表示。$K_a^\ominus$ 越大，说明弱酸在水溶液中的解离程度越大，$c(H^+)$越大，则酸性越强；同理，弱碱的 $K_b^\ominus$ 越大，弱碱水溶液碱性越强。例如

① 酸碱的强弱还与溶剂的酸碱强度有关。例如，醋酸在水中为弱酸，在液氨中则为强酸，这是因为：与水相比，液氨的碱性较强，得质子的能力较强，使得醋酸更容易失去质子，酸性增强。

弱酸(碱)	解离平衡	解离常数式	解离常数 $K_a^{\ominus}$ (298 K)	
HCOOH	$HCOOH+H_2O=HCOO^-+H_3^+O$	$K_a^{\ominus}(HCOOH)=\frac{[c(H^+)/c^{\ominus}]\cdot[c(HCOO^-)/c^{\ominus}]}{c(HCOOH)/c^{\ominus}}$[①]	1.77×10^{-4}	酸性 强
HAc	$HAc+H_2O=Ac^-+H_3^+O$	$K_a^{\ominus}(HAc)=\frac{c(H^+)\cdot c(Ac^-)}{c(HAc)}$	1.76×10^{-5}	↓
HClO	$HClO+H_2O=ClO^-+H_3^+O$	$K_a^{\ominus}(HClO)=\frac{c(H^+)\cdot c(ClO^-)}{c(HClO)}$	2.95×10^{-8}	弱
CH_3NH_2	$CH_3NH_2+H_2O=CH_3NH_3^++OH^-$	$K_b^{\ominus}(CH_3NH_2)=\frac{c(CH_3NH_3^+)\cdot c(OH^-)}{c(CH_3NH_2)}$	4.2×10^{-4}	碱性 强
$NH_3\cdot H_2O$	$NH_3+H_2O=NH_4^++OH^-$	$K_b^{\ominus}(NH_3)=\frac{c(NH_4^+)\cdot c(OH^-)}{c(NH_3)}$	1.77×10^{-5}	↓
NH_2OH	$NH_2OH+H_2O=NH_3^+OH+OH^-$	$K_b^{\ominus}(NH_2OH)=\frac{c(NH_3^+OH)\cdot c(OH^-)}{c(NH_2OH)}$	9.1×10^{-9}	弱

多元弱酸弱碱是分步解离的，各级解离常数分别用 $K_{a1}^{\ominus}$，$K_{a2}^{\ominus}$，…或 $K_{b1}^{\ominus}$，$K_{b2}^{\ominus}$，…表示。例如氢硫酸(H_2S)溶液存在下列解离平衡：

$$H_2S+H_2O=H_3^+O+HS^- \qquad K_{a1}^{\ominus}(H_2S)=\frac{c(H^+)\cdot c(HS^-)}{c(H_2S)}=9.5\times10^{-8}$$

$$HS^-+H_2O=H_3O^++S^{2-} \qquad K_{a2}^{\ominus}(H_2S)=\frac{c(H^+)\cdot c(S^{2-})}{c(HS^-)}=1.3\times10^{-14}$$

氢硫酸的 $K_{a2}^{\ominus}\ll K_{a1}^{\ominus}$，说明第二级解离程度远小于第一级。这是因为第一级解离产生的 H^+ 大大抑制了第二级解离。

弱酸、弱碱在 298 K 水溶液中的解离常数可查阅物理化学手册，一些常见弱酸、弱碱的解离常数列于附录 3。

6.1.2.2 水的离子积和 pH

纯水有微弱的导电性，因为水是两性物质，在水分子间能发生质子自递反应

$$H_2O+H_2O=H_3^+O+OH^-$$[②]

该反应的标准平衡常数称为水的**质子自递常数**(autoprotolysis constant)，或**水的离子积**(ion - product of water)，用 $K_w^{\ominus}$ 表示

$$K_w^{\ominus}=c(H^+)\cdot c(OH^-) \qquad (6-1)$$

式(6 - 1)表明：在一定温度下，水溶液中 H^+ 浓度和 OH^- 浓度的乘积是一个常数。在不做精密计算时，水的离子积通常取值为 1.0×10^{-14}。

由于水的质子自递反应是**吸热反应**，故 $K_w^{\ominus}$ 值随温度升高而增大(表 6 - 2)。

---

① $c^{\ominus}=1\ mol\cdot L^{-1}$，为了使计算公式简洁明了，在本章及之后各章中，标准平衡常数式中均省略 $c^{\ominus}$ 不写。

② 这一反应常简写为 $H_2O=H^++OH^-$，本章及后面章节都用简写形式。

表 6-2　不同温度时水的离子积 $K_w^\ominus$

T/K	273	295	298	303	333	373
$K_w^\ominus$	1.14×10^{-15}	1.00×10^{-14}	1.01×10^{-14}	1.47×10^{-14}	9.61×10^{-14}	5.50×10^{-13}

由于氢离子浓度较小，不方便书写和使用，1909 年，丹麦生理学家索仑生(Sorensen)提出用 pH 表示水溶液的酸度，即

$$\mathrm{pH}=-\lg[c(\mathrm{H^+})]$$

在式(6-1)两边取负对数，得

$$-\lg K_w^\ominus=-\lg[c(\mathrm{H^+})]-\lg[c(\mathrm{OH^-})]$$

将"$-\lg$"记为 p，$c(\mathrm{H^+})$和 $c(\mathrm{OH^-})$分别简写为 H 和 OH，则式(6-1)变为

$$\mathrm{p}K_w^\ominus=\mathrm{pH}+\mathrm{pOH}=14.00 \qquad (6-2)$$

在 298 K 时，纯水和中性水溶液的 $c(\mathrm{H^+})=c(\mathrm{OH^-})=\sqrt{1.0\times10^{-14}}=1.0\times10^{-7}(\mathrm{mol\cdot L^{-1}})$，即 pH=pOH=7.00；酸性水溶液的 $c(\mathrm{H^+})>c(\mathrm{OH^-})$，pH<7.00；碱性水溶液的$c(\mathrm{H^+})<c(\mathrm{OH^-})$，pH>7.00。**注意：**这一判断只在 295～298 K 时才是正确的，因为温度从 293 K 到 373 K，$K_w^\ominus$ 增加了约两个数量级，即在低于常温时，pH=7 的溶液是酸性溶液，高于常温时，pH=7 的溶液是碱性溶液。因此酸度计一般都有温度自动校正功能，能把测得的 pH 自动校正为常温下的数据。

6.1.2.3　共轭酸碱对的 $K_a^\ominus$与 $K_b^\ominus$的关系

由附录 3 可以查出 HAc、NH_3 等**分子型酸碱**的 $K_a^\ominus$、$K_b^\ominus$，但查不到 NH_4^+、Ac^- 等**离子型酸碱**的 $K_a^\ominus$、$K_b^\ominus$。离子型酸碱的 $K_a^\ominus$ 或 $K_b^\ominus$ 可以通过共轭关系计算得到，下面以计算 $K_b^\ominus(\mathrm{Ac^-})$为例加以说明。

在 HAc 溶液中，同时存在下列两个平衡

$$\mathrm{HAc+H_2O=H_3^+O+Ac^-} \qquad K_a^\ominus(\mathrm{HAc})=\frac{c(\mathrm{H^+})\cdot c(\mathrm{Ac^-})}{c(\mathrm{HAc})}$$

$$\mathrm{Ac^-+H_2O=HAc+OH^-} \qquad K_b^\ominus(\mathrm{Ac^-})=\frac{c(\mathrm{HAc})\cdot c(\mathrm{OH^-})}{c(\mathrm{Ac^-})}$$

由于这两个平衡共存于一个溶液中，相同离子的浓度必然相等，因此将上面两个平衡相加，约去共同离子，得

$$\mathrm{H_2O+H_2O=H_3^+O+OH^-} \qquad K_w^\ominus=c(\mathrm{H^+})\cdot c(\mathrm{OH^-})$$

根据**同时平衡**规则，三个平衡常数 $K_a^\ominus(\mathrm{HAc})$、$K_b^\ominus(\mathrm{Ac^-})$和 $K_w^\ominus$ 的关系为

$$K_w^\ominus=K_a^\ominus(\mathrm{HAc})\cdot K_b^\ominus(\mathrm{Ac^-})$$

因此，离子碱 Ac^- 的 $K_b^\ominus$ 为

$$K_b^\ominus(\mathrm{Ac^-})=\frac{K_w^\ominus}{K_a^\ominus(\mathrm{HAc})}$$

将这一结果推广至任意共轭酸碱对 HA-A^-，则

$$K_a^\ominus(\mathrm{HA})\cdot K_b^\ominus(\mathrm{A^-})=K_w^\ominus \qquad (6-3a)$$

298 K 时，

$$\mathrm{p}K_a^\ominus(\mathrm{HA})+\mathrm{p}K_b^\ominus(\mathrm{A^-})=14.00 \qquad (6-3b)$$

综上所述，只要知道弱酸的 $K_a^{\ominus}$，就可以计算其共轭碱的 $K_b^{\ominus}$；反之亦然。这也说明了共轭酸碱对的共轭关系：共轭酸的酸性越强，其共轭碱的碱性越弱；共轭碱的碱性越强，其共轭酸的酸性越弱。

例 6-1 计算 NH_3 的共轭酸的解离常数。已知 $K_b^{\ominus}(NH_3)=1.77\times10^{-5}$。

解 NH_3 的共轭酸是 NH_4^+，根据式(6-3a)，$K_a^{\ominus}(NH_4^+)\cdot K_b^{\ominus}(NH_3)=K_w^{\ominus}$，所以

$$K_a^{\ominus}(NH_4^+)=\frac{K_w^{\ominus}}{K_b^{\ominus}(NH_3)}=\frac{1.00\times10^{-14}}{1.77\times10^{-5}}=5.65\times10^{-10}$$

例 6-2 计算 CO_3^{2-} 的 $K_{b1}^{\ominus}$ 和 $K_{b2}^{\ominus}$。已知 H_2CO_3 的 $K_{a1}^{\ominus}=4.30\times10^{-7}$，$K_{a2}^{\ominus}=5.61\times10^{-11}$。

解 H_2CO_3 和 CO_3^{2-} 解离平衡的关系为

$$H_2CO_3 \underset{K_{b2}^{\ominus}}{\overset{K_{a1}^{\ominus}}{\rightleftharpoons}} HCO_3^- \underset{K_{b1}^{\ominus}}{\overset{K_{a2}^{\ominus}}{\rightleftharpoons}} CO_3^{2-}$$

CO_3^{2-} 的共轭酸为 HCO_3^-，HCO_3^- 的共轭酸为 H_2CO_3

因此，$$K_b^{\ominus}(CO_3^{2-})\cdot K_a^{\ominus}(HCO_3^-)=K_{b1}^{\ominus}(CO_3^{2-})\cdot K_{a2}^{\ominus}(H_2CO_3)=K_w^{\ominus}$$

$$K_b^{\ominus}(HCO_3^-)\cdot K_a^{\ominus}(H_2CO_3)=K_{b2}^{\ominus}(CO_3^{2-})\cdot K_{a1}^{\ominus}(H_2CO_3)=K_w^{\ominus}$$

$$K_{b1}^{\ominus}(CO_3^{2-})=\frac{K_w^{\ominus}}{K_{a2}^{\ominus}(H_2CO_3)}=\frac{1.0\times10^{-14}}{5.61\times10^{-11}}=1.8\times10^{-4}$$

$$K_{b2}^{\ominus}(CO_3^{2-})=\frac{K_w^{\ominus}}{K_{a1}^{\ominus}(H_2CO_3)}=\frac{1.0\times10^{-14}}{4.30\times10^{-7}}=2.3\times10^{-8}$$

【思考题】

1. 写出下列弱酸的共轭碱或弱碱的共轭酸：

HCN　　HOOCCOOH(草酸)　　F_5C_6COOH(五氟苯甲酸)

$[Al(H_2O)_6]^{3+}$　　C_5H_5N(吡啶)　　NH_2CH_2COOH

2. 根据解离常数的大小，能否判断相同浓度的甲胺溶液和氨水的碱性强弱？

3. 在标准状态下，酸碱反应自发进行的方向是强酸(HA)＋强碱(B^-)⟶弱碱(A^-)＋弱酸(HB)，还是弱酸(HA)＋弱碱(B^-)⟶强碱(A^-)＋强酸(HB)？

4. pH＝7.00 的溶液一定是中性溶液吗？

5. 计算下列各离子型弱酸、弱碱的解离常数：

(1) $HCOO^-$　　(2) 邻苯二甲酸根[$C_6H_4(COO)_2^{2-}$]

(3) NH_4^+　　(4) 乙二胺根($H_3N^+CH_2CH_2NH_3^+$)

6. 影响弱酸、弱碱的解离常数和离子积大小的因素有哪些？

6.1.3 pH 对弱酸(或弱碱)溶液中各型体浓度的影响

酸度是影响各类化学反应的一个重要因素。如将 Ca^{2+} 沉淀成 CaC_2O_4 时，CaC_2O_4 的生

成与溶液中游离草酸根$C_2O_4^{2-}$的浓度$c(C_2O_4^{2-})$有关，而$c(C_2O_4^{2-})$不仅与草酸盐的总浓度有关，而且还与溶液中$c(H^+)$密切相关。因此了解酸度对弱酸溶液中各型体浓度的影响，可更好地控制酸碱反应条件。

解离反应使弱酸(碱)及其解离产物等型体同时存在于溶液中，如在HAc溶液中同时存在HAc和解离产物Ac^-两种型体。这些型体的平衡浓度随$c(H^+)$的变化而变化。溶液中某酸碱型体的平衡浓度占其总浓度的分数，称为该型体的**分布系数**(distribution coefficient)，用符号δ表示。分布系数能定量说明溶液中各酸碱型体的分布情况。

6.1.3.1 弱酸的分布系数

一元弱酸HA在水溶液中以HA和A^-两种型体存在。设这两种型体的浓度之和为总浓度c_0，δ_1和δ_0分别为HA和A^-的分布系数，则

$$\delta_1=\frac{c(HA)}{c_0}=\frac{c(HA)}{c(HA)+c(A^-)},\quad \delta_0=\frac{c(A^-)}{c_0}=\frac{c(A^-)}{c(HA)+c(A^-)} \tag{6-4}$$

$$\delta_1+\delta_0=1$$

根据弱酸HA的解离常数式，可推导出分布系数δ_1和δ_0与溶液$c(H^+)$的关系：

$$\delta_1=\frac{c(HA)}{c_0}=\frac{c(HA)}{c(HA)+c(A^-)}=\frac{1}{1+\dfrac{c(A^-)}{c(HA)}}=\frac{1}{1+\dfrac{K_a^\ominus}{c(H^+)}}=\frac{c(H^+)}{c(H^+)+K_a^\ominus}$$

$$\delta_0=1-\delta_1=1-\frac{c(H^+)}{c(H^+)+K_a^\ominus}=\frac{K_a^\ominus}{c(H^+)+K_a^\ominus} \tag{6-5}$$

用同样的方法，也可以推导出多元弱酸(碱)的分布系数公式。例如，在$H_2C_2O_4$溶液中，存在$H_2C_2O_4$、$HC_2O_4^-$和$C_2O_4^{2-}$三种型体，它们的分布系数分别为

$$\delta_2=\frac{c(H_2C_2O_4)}{c_0}=\frac{c^2(H^+)}{c^2(H^+)+c(H^+)\cdot K_{a1}^\ominus+K_{a1}^\ominus\cdot K_{a2}^\ominus} \tag{6-6}$$

$$\delta_1=\frac{c(HC_2O_4^-)}{c_0}=\frac{c(H^+)\cdot K_{a1}^\ominus}{c^2(H^+)+c(H^+)\cdot K_{a1}^\ominus+K_{a1}^\ominus\cdot K_{a2}^\ominus}$$

$$\delta_0=\frac{c(C_2O_4^{2-})}{c_0}=\frac{K_{a1}^\ominus\cdot K_{a2}^\ominus}{c^2(H^+)+c(H^+)\cdot K_{a1}^\ominus+K_{a1}^\ominus\cdot K_{a2}^\ominus}$$

从式(6-5)和式(6-6)可以很明显地看出规律性，而且不论一元弱酸还是二元弱酸，各型体的分布系数δ只与弱酸的$K_a^\ominus$和溶液的$c(H^+)$有关，与总浓度无关。因此，在已知总浓度的弱酸溶液中，只要知道溶液的pH，就可以用分布系数乘以总浓度来计算其中某型体的浓度。

例6-3 当pH=5.00时，0.10 mol·L^{-1} $H_2C_2O_4$溶液中的$c(H_2C_2O_4)$、$c(HC_2O_4^-)$和$c(C_2O_4^{2-})$分别为多少？已知$H_2C_2O_4$的$K_{a1}^\ominus=5.60\times10^{-2}$，$K_{a2}^\ominus=5.42\times10^{-5}$。

解 pH=5.00时，$H_2C_2O_4$溶液的$c(H^+)=1.0\times10^{-5}$ mol·L^{-1}，$c_0=0.10$ mol·L^{-1}，各型体的分布系数和浓度计算如下

$$\delta_2=\frac{c(H_2C_2O_4)}{c_0}=\frac{c^2(H^+)}{c^2(H^+)+c(H^+)\cdot K_{a1}^\ominus+K_{a1}^\ominus\cdot K_{a2}^\ominus}$$

$$=\frac{(1.0\times10^{-5})^2}{(1.0\times10^{-5})^2+5.60\times10^{-2}\times1.0\times10^{-5}+5.60\times10^{-2}\times5.42\times10^{-5}}=2.8\times10^{-5}$$

$$c(H_2C_2O_4)=c_0\cdot\delta_2=2.8\times10^{-6}(\text{mol}\cdot\text{L}^{-1})$$

$$\delta_1=\frac{c(HC_2O_4^-)}{c_0}=\frac{c(H^+)\cdot K_{a1}^{\ominus}}{c^2(H^+)+c(H^+)\cdot K_{a1}^{\ominus}+K_{a1}^{\ominus}\cdot K_{a2}^{\ominus}}$$

$$=\frac{5.60\times10^{-2}\times1.0\times10^{-5}}{(1.0\times10^{-5})^2+5.60\times10^{-2}\times1.0\times10^{-5}+5.60\times10^{-2}\times5.42\times10^{-5}}=0.16$$

$$c(HC_2O_4^-)=c_0\cdot\delta_1=0.016(mol\cdot L^{-1})$$

$$\delta_0=\frac{c(C_2O_4^{2-})}{c_0}=1-\delta_2-\delta_1=0.84$$

$$c(C_2O_4^{2-})=c_0\cdot\delta_0=0.084(mol\cdot L^{-1})$$

一元弱碱和多元弱碱的分布系数公式与弱酸的类似，只需将式(6-5)和式(6-6)中$K_a^{\ominus}$换成$K_b^{\ominus}$，H^+换成OH^-即可。

6.1.3.2　弱酸(碱)的分布曲线

根据弱酸或弱碱的分布系数式，以分布系数δ对pH作图，可得各种弱酸(碱)的分布曲线。从分布曲线图可以直观地看出溶液pH对各型体浓度的影响。

图6-1为HAc溶液的分布曲线，曲线δ_1表示c(HAc)随溶液pH的增大而减小，曲线δ_0表示$c(Ac^-)$随pH的增大而增大。两条曲线相交时$\delta_1=\delta_0=0.5$，此时$c(HAc)=c(Ac^-)$，$pH=pK_a^{\ominus}(HAc)=4.75$。因此，当$pH<pK_a^{\ominus}$时，$\delta_1>\delta_0$，溶液中HAc为主要存在形式；当$pH>pK_a^{\ominus}$时，$\delta_1<\delta_0$，$Ac^-$为主要存在形式。

图6-2为草酸溶液的分布曲线，图中的三条曲线δ_2、δ_1和δ_0分别表示$H_2C_2O_4$、$HC_2O_4^-$和$C_2O_4^{2-}$的分布情况。值得注意的是，除了相邻曲线相交外，曲线δ_2和δ_0也相交。当曲线δ_2和δ_0相交，即$\delta_2=\delta_0$时，pH=2.76，$\delta_1=0.94$，$\delta_2=\delta_0=0.03$。这意味着用强碱中和$H_2C_2O_4$时，$H_2C_2O_4$还没有被完全中和成$HC_2O_4^-$，就有小部分$HC_2O_4^-$被中和为$C_2O_4^{2-}$了。而且不论溶液的pH怎么改变，$HC_2O_4^-$的分布系数δ_1都不可能超过0.94。

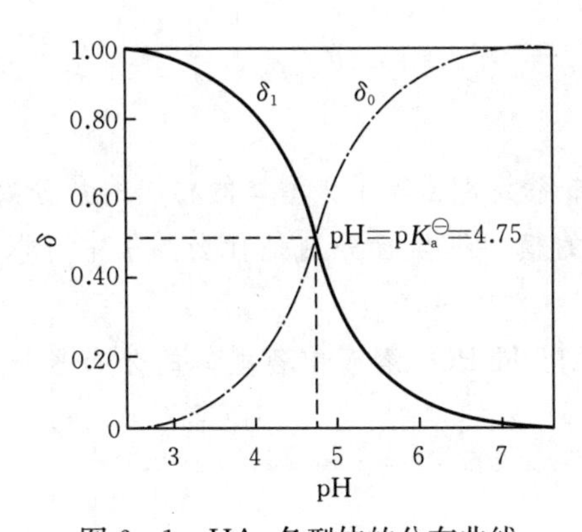

图6-1　HAc各型体的分布曲线

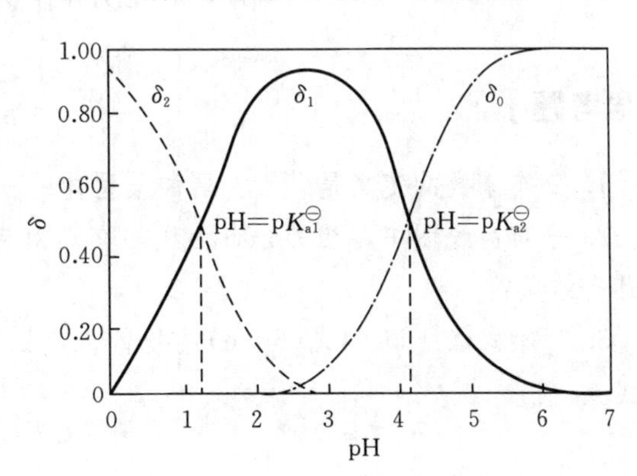

图6-2　草酸各型体的分布曲线

图6-3为H_3PO_4的分布曲线，图中有四条分布曲线，没有出现不相邻的两条曲线相交的情况，这说明用强碱中和H_3PO_4时，H_3PO_4先被全部中和至$H_2PO_4^-$，然后再被全部中和至HPO_4^{2-}，依此类推。

EDTA(乙二胺四乙酸，简写为H_4Y)在水中最多有七种型体：H_6Y^{2+}、H_5Y^+、H_4Y、

H_3Y^-、H_2Y^{2-}、HY^{3-}和 Y^{4-}，各型体的分布系数随 pH 的分布情况如图 6－4 所示。由图 6－4 可见，在强酸性（pH＜1）溶液中，EDTA 结合质子，主要以 H_6Y^{2+} 和 H_5Y^+ 形式存在。当 pH＝1～5 时，EDTA的多种型体共存，之后随着 pH 增大，HY^{3-} 和 Y^{4-} 交替出现，当 pH＞12 时，EDTA 全部以 Y^{4-} 存在。**注意：**EDTA 是配位滴定法常用的滴定剂，在其各型体中，只有 Y^{4-} 能与金属离子形成稳定的螯合物 MY（螯合物的概念见 6.2.1.2）。因此欲生成 MY，必须控制溶液的酸度。

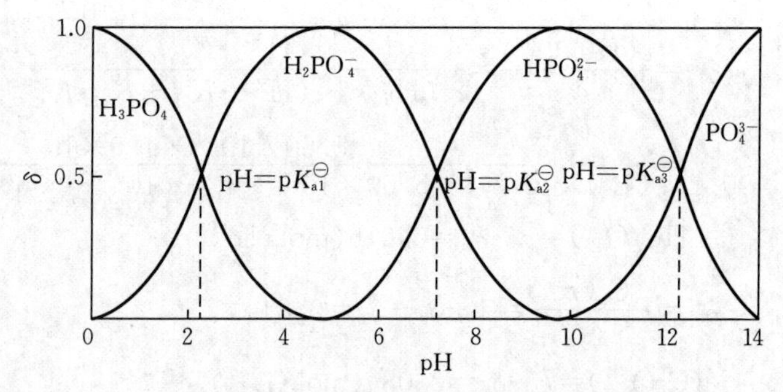

图 6－3　H_3PO_4 各型体的分布曲线

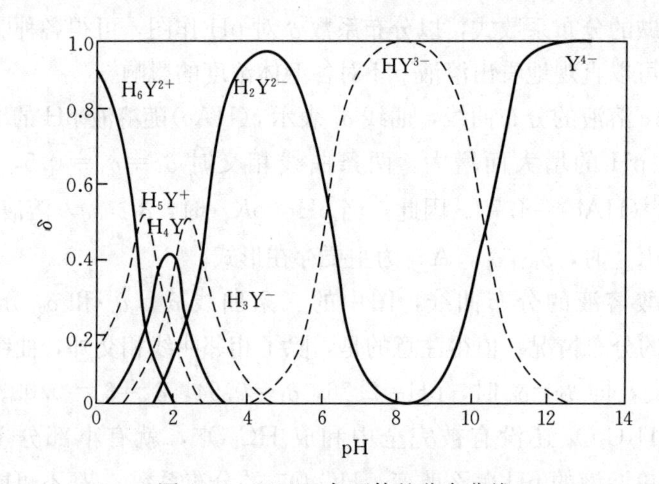

图 6－4　EDTA 各型体的分布曲线

【思考题】

1. 分布系数的定义是什么？弱酸某型体的分布系数是否等于该型体的物质的量分数？

2. 分布曲线图中，相邻分布曲线的交点对应的横、纵坐标分别是什么？从中可以得到什么结论？

3. 观察式(6－5)和式(6－6)的规律性，试写出 H_3PO_4 溶液中各型体的分布系数计算式。

6.1.4　酸碱溶液中 H^+ 浓度的计算

在化学平衡的计算中，合理的近似是必要的：使用的解离常数通常有一定的测量误差，且忽略了离子强度对浓度的影响；即使使用 pH 计测得的酸度，仪器测量也同样有 5%左右的相对误差。因此，酸碱平衡及其相关平衡计算结果的相对误差绝对值不超过 5%是允许的。

如何理解 5%的允许误差呢？

当两个数值直接相加或相减运算得到结果时，如果这两个数值相差 20 倍以上，较小的数值可以忽略不计。例如，运算式 $x=0.100+0.005$，令 $0.100+0.005\approx0.100$，计算结果的相对误差 E_r 为

$$E_r=\frac{-0.005}{0.100+0.005}\times100\%=-5\%$$

而**在根号下两个数值相加或相减运算时，要使结果的误差控制在 5%以内，这两个数值只需相差 10 倍以上，即可忽略较小的数值。**例如，运算式 $x=\sqrt{0.10+0.01}$，令 $\sqrt{0.10+0.01}=\sqrt{0.10}$，结果的相对误差为

$$E_r=\frac{\sqrt{0.10}-\sqrt{0.11}}{\sqrt{0.11}}\times100\%=-5\%$$

在酸碱平衡的计算中，常根据上述两个原则进行近似计算。

6.1.4.1 酸碱溶液中的定量关系式

(1)物料平衡式 物料平衡式(mass balance equation，简称 MBE)是指在平衡状态下，某化合物或离子的总浓度(常称为**分析浓度**，用 c_0 表示)等于其各型体平衡浓度之和，这是**质量守恒**的必然结果。例如，$0.10\ mol\cdot L^{-1}\ Na(NH_4)_2PO_4$ 溶液中存在以下三个物料平衡式

① $c(Na^+)=0.10\ mol\cdot L^{-1}$

② $c(NH_4^+)+c(NH_3)=0.20\ mol\cdot L^{-1}$

③ $c(PO_4^{3-})+c(HPO_4^{2-})+c(H_2PO_4^-)+c(H_3PO_4)=0.10\ mol\cdot L^{-1}$

式中，浓度 c 皆为平衡浓度。

(2)电荷平衡式 电荷平衡式(charge balance equation，简称 CBE)是指单位体积溶液中阳离子所带的正电荷量等于阴离子所带负电荷的量，即溶液为电中性。这是**电荷守恒**的必然结果。例如，

盐酸溶液的电荷平衡式为

$$c(H^+)=c(Cl^-)+c(OH^-)$$

Na_2CO_3 溶液的电荷平衡式为

$$c(Na^+)+c(H^+)=2c(CO_3^{2-})+c(HCO_3^-)+c(OH^-)$$

$Na(NH_4)_2PO_4$ 溶液的电荷平衡式为

$$c(Na^+)+c(NH_4^+)+c(H^+)=3c(PO_4^{3-})+2c(HPO_4^{2-})+c(H_2PO_4^-)+c(OH^-)$$

(3)质子平衡式 质子平衡(proton balance equation，简称 PBE)是指溶液中**质子(H^+)守恒**，即酸给出的质子数等于碱得到的质子数。根据质子平衡式，可以很方便地得到溶液中 $c(H^+)$与有关组分浓度的定量关系。这是酸碱平衡定量计算的基础。质子平衡式可由以下两种方法得到：

① **由溶液中得失质子的定量关系得到：**对简单的酸碱溶液，通过得失质子数相等而得出 PBE 的方法直接且简便。溶液中往往有多种酸碱组分，因此，列出 PBE 时需要知道哪些组分得质子，哪些组分失质子。

在判断得失质子时，**通常把溶液中大量存在的，与质子得失直接有关的酸、碱溶质和溶剂作为参考水准**。溶液中的其他酸碱组分与参考水准相比，少了质子的就是失质子产物，多

了质子的就是得质子产物，根据得、失质子数相等原则，即可列出 PBE 式。

例 6-4 写出下列溶液的 PBE 式。

(1)HAc　(2)Na_2S　(3)$NaHCO_3$　(4)Na_2HPO_4

解 先确定参考水准，根据参考水准找出得、失质子产物，按照得、失质子数相等原则列出 PBE 式，具体如下：

溶液	参考水准	得质子产物	失质子产物	PBE 式
(1)	HAc 和 H_2O	H^+	OH^- 和 Ac^-	$c(H^+)=c(Ac^-)+c(OH^-)$
(2)	S^{2-} 和 H_2O	H^+、HS^- 和 H_2S(得 2 个 H^+)	OH^-	$c(H^+)+c(HS^-)+2c(H_2S)=c(OH^-)$
(3)	HCO_3^- 和 H_2O	H^+ 和 H_2CO_3	OH^- 和 CO_3^{2-}	$c(H^+)+c(H_2CO_3)=c(OH^-)+c(CO_3^{2-})$
(4)	HPO_4^{2-} 和 H_2O	H^+、$H_2PO_4^-$ 和 H_3PO_4(得 2 个 H^+)	OH^- 和 PO_4^{3-}	$c(H^+)+c(H_2PO_4^-)+2c(H_3PO_4)=c(OH^-)+c(PO_4^{3-})$

注意：PBE 式中不应出现参考水准和非酸非碱物质的浓度项，因为它们与质子得失无关。

② **由物料平衡和电荷平衡求得：**设酸碱溶液浓度为 c_0，将物料平衡式合并入电荷平衡式，消去非酸非碱物质和初始酸碱组分，也可以得到 PBE 式。这种方法对较复杂的酸碱体系更为可靠。

例 6-5 写出 NaH_2PO_4 溶液的 PBE 式。

解

物料平衡式：$c(Na^+)=c(H_3PO_4)+c(H_2PO_4^-)+c(HPO_4^{2-})+c(PO_4^{3-})$

电荷平衡式：$c(H^+)+c(Na^+)=c(H_2PO_4^-)+2c(HPO_4^{2-})+3c(PO_4^{3-})+c(OH^-)$

将物料平衡式代入电荷平衡式中，约去 $c(Na^+)$和 $c(H_2PO_4^-)$，得

PBE：$c(H^+)+c(H_3PO_4)=c(HPO_4^{2-})+2c(PO_4^{3-})+c(OH^-)$

6.1.4.2 酸碱溶液中 H^+ 浓度的计算

在酸碱平衡中，H^+ 浓度可通过质子条件式和解离常数式进行计算。这里重点介绍由质子条件式出发，在推导出 H^+ 浓度的精确计算公式后，经过合理的近似，得到近似计算式。这是计算简单酸碱溶液中 H^+ 浓度的通用方法。

(1)一元弱酸、弱碱溶液 浓度为 $c_a(mol\cdot L^{-1})$的弱酸 HA 溶液，其 PBE 式为

$$c(H^+)=c(A^-)+c(OH^-)$$

由 $HA=H^++A^-$ 的解离常数式得

$$c(A^-)=\frac{c(HA)\cdot K_a^{\ominus}}{c(H^+)}$$

由水的离子积得

$$c(OH^-)=\frac{K_w^{\ominus}}{c(H^+)}$$

将 $c(A^-)$和 $c(OH^-)$代入 HA 溶液的 PBE 式中，得

$$c(H^+)=\frac{c(HA)\cdot K_a^{\ominus}}{c(H^+)}+\frac{K_w^{\ominus}}{c(H^+)}$$

因此，一元弱酸溶液中 $c(H^+)$ 的精确计算公式为

$$c(H^+)=\sqrt{c(HA)\cdot K_a^{\ominus}+K_w^{\ominus}} \tag{6-7}$$

求解式(6-7)：

根据分布系数公式：
$$c(HA)=c_a\cdot\delta_1=\frac{c_a\cdot c(H^+)}{c(H^+)+K_a^{\ominus}}$$

将 $c(HA)$ 代入式(6-7)，整理得

$$c^3(H^+)+K_a^{\ominus}\cdot c^2(H^+)-[K_a^{\ominus}\cdot c_a+K_w^{\ominus}]\cdot c(H^+)-K_a^{\ominus}K_w^{\ominus}=0$$

一元三次方程很难求解，实际也没必要精确求解。由于允许相对误差≤5%，所以先近似，再求解。

近似求解式(6-7)，处理方法如下：

① **第一次近似处理：** 当 $c(HA)\cdot K_a^{\ominus}\approx c_a\cdot K_a^{\ominus}\geqslant 10K_w^{\ominus}$ 时①，忽略 $K_w^{\ominus}$，即忽略水的解离，式(6-7)简化为

$$c(H^+)=\sqrt{c(HA)\cdot K_a^{\ominus}} \tag{6-8a}$$

而当忽略水的解离时，$c(HA)=c_a-c(A^-)=c_a-c(H^+)$，所以

$$c(H^+)=\sqrt{[c_a-c(H^+)]\cdot K_a^{\ominus}} \tag{6-8b}$$

式(6-8a)和式(6-8b)为一元弱酸溶液 $c(H^+)$ 的**近似计算式**。展开式(6-8b)得 $c(H^+)$ 的一元二次方程，用求根公式即可求解 $c(H^+)$②。

② **第二次近似处理：** 式(6-8b)中，若 $c_a\gg c(H^+)$，则 $c_a-c(H^+)\approx c_a$，式(6-8b)进一步简化为

$$c(H^+)=\sqrt{c_a\cdot K_a^{\ominus}} \tag{6-9}$$

式(6-9)就是一元弱酸溶液 $c(H^+)$ 的**最简计算式**。

一般来说，当 $c_a\cdot K_a^{\ominus}\geqslant 10K_w^{\ominus}$，且 $c_a/K_a^{\ominus}\geqslant 100$③ 时，即可用式(6-9)计算弱酸溶液的 $c(H^+)$。

注意： 常见一元弱酸的解离常数 $K_a^{\ominus}$ 比 $K_w^{\ominus}$ 大很多，只要弱酸的初始浓度不是太小，都可以忽略水的解离。

例 6-6 计算 0.10 $mol\cdot L^{-1}$ HAc 溶液的 pH。已知 $K_a^{\ominus}(HAc)=1.76\times10^{-5}$。

解 因为
$$c_a\cdot K_a^{\ominus}=0.10\times1.76\times10^{-5}=1.76\times10^{-6}>10K_w^{\ominus}$$
$$c_a/K_a^{\ominus}=0.10/(1.76\times10^{-5})=5682>100$$

所以，0.10 $mol\cdot L^{-1}$ HAc 溶液中 $c(H^+)$ 可用最简式(6-9)计算

$$c(H^+)=\sqrt{c_a\cdot K_a^{\ominus}}=\sqrt{0.10\times1.76\times10^{-5}}=1.3\times10^{-3}(mol\cdot L^{-1})$$

$$pH=2.89$$

---

① 大部分弱酸 HA 的解离度低于 10%，$c(HA)$ 可近似用 c_a 代替。

② $c(H^+)=\dfrac{-K_a^{\ominus}+\sqrt{K_a^{\ominus 2}+4c_a\cdot K_a^{\ominus}}}{2}$

③ 式(6-9)中，若 $c_a\geqslant 10c(H^+)$，则解离度 $\alpha(HA)=\dfrac{c(H^+)}{c_a}=\dfrac{\sqrt{c_aK_a^{\ominus}}}{c_a}\times100\%\leqslant10\%$，也就是 $c_a/K_a^{\ominus}\geqslant100$。

同理，对于一元弱碱溶液，只需将式(6-8b)和式(6-9)中的$c(H^+)$换成$c(OH^-)$，c_a换成c_b，就分别得到一元弱碱溶液中$c(OH^-)$的近似计算式和最简计算式。

例 6-7 计算 0.10 mol·L^{-1}下列溶液的 pH。已知$K_b^\ominus(NH_3)=1.77\times10^{-5}$。

(1)NH_4Cl；(2)$NH_3\cdot H_2O$

解 (1)NH_4^+是离子型一元弱酸，其解离常数为

$$K_a^\ominus(NH_4^+)=\frac{K_w^\ominus}{K_b^\ominus(NH_3)}=\frac{1.0\times10^{-14}}{1.77\times10^{-5}}=5.65\times10^{-10}$$

因为 $$c_a\cdot K_a^\ominus(NH_4^+)=0.10\times5.65\times10^{-10}=5.65\times10^{-11}>10K_w^\ominus$$

$$c_a/K_a^\ominus(NH_4^+)=0.10/(5.65\times10^{-10})=1.8\times10^8>100$$

所以，用式(6-9)计算$c(H^+)$

$$c(H^+)=\sqrt{c_a\cdot K_a^\ominus}=\sqrt{0.10\times5.65\times10^{-10}}=7.52\times10^{-6}(\text{mol}\cdot\text{L}^{-1})$$

0.10 mol·L^{-1} NH_4Cl溶液的 pH 为

$$pH=-\lg c(H^+)=-\lg(7.52\times10^{-6})=5.12$$

(2)NH_3为分子型一元弱碱

因为 $$c_b\cdot K_b^\ominus(NH_3)=0.10\times1.77\times10^{-5}=1.77\times10^{-6}>10K_w^\ominus$$

$$c_b/K_b^\ominus(NH_3)=0.10/(1.77\times10^{-5})=5.7\times10^3>100$$

所以，氨水溶液中$c(OH^-)$可用最简式计算

$$c(OH^-)=\sqrt{c_b\cdot K_b^\ominus}=\sqrt{0.10\times1.77\times10^{-5}}=1.3\times10^{-3}(\text{mol}\cdot\text{L}^{-1})$$

$$pOH=-\lg c(OH^-)=-\lg(1.3\times10^{-3})=2.89$$

0.10 mol·L^{-1} NH_3水溶液的 pH 为

$$pH=14-pOH=14-2.89=11.11$$

例 6-8 计算 0.10 mol·L^{-1} NaCN 溶液的 pH。已知$K_a^\ominus(HCN)=4.93\times10^{-10}$。

解 CN^-为离子型一元弱碱，其解离常数为

$$K_b^\ominus(CN^-)=\frac{K_w^\ominus}{K_a^\ominus(HCN)}=\frac{1.0\times10^{-14}}{4.93\times10^{-10}}=2.0\times10^{-5}$$

因为 $$c_b\cdot K_b^\ominus(CN^-)=0.10\times2.0\times10^{-5}=2.0\times10^{-6}>10K_w^\ominus$$

$$c_b/K_b^\ominus(CN^-)=0.10/(2.0\times10^{-5})=5.0\times10^3>100$$

所以，NaCN 溶液中$c(OH^-)$可用最简式计算

$$c(OH^-)=\sqrt{K_b^\ominus\cdot c_b}=\sqrt{2.0\times10^{-5}\times0.10}=1.4\times10^{-3}(\text{mol}\cdot\text{L}^{-1})$$

$$pOH=-\lg c(OH^-)=-\lg(1.4\times10^{-3})=2.85$$

$$pH=14-pOH=14-2.85=11.15$$

例 6-9 计算 0.10 mol·L^{-1}一氯乙酸溶液的 pH。已知一氯乙酸的$K_a^\ominus=1.38\times10^{-3}$。

解 一氯乙酸为分子型一元弱酸

因为 $c_a \cdot K_a^{\ominus}=0.10\times1.38\times10^{-3}=1.38\times10^{-4}>10K_w^{\ominus}$

$$c_a/K_a^{\ominus}=0.10/(1.38\times10^{-3})=72<100$$

所以，用式(6-8b)计算 $c(H^+)$

$$c(H^+)=\sqrt{K_a^{\ominus}[c_a-c(H^+)]}$$

整理，得

$$c(H^+)=\frac{-K_a^{\ominus}+\sqrt{K_a^{\ominus 2}+4K_a^{\ominus}\cdot c_a}}{2}$$

$$=\frac{-1.38\times10^{-3}+\sqrt{(1.38\times10^{-3})^2+4\times1.38\times10^{-3}\times0.10}}{2}$$

$$=1.1\times10^{-2}(\text{mol}\cdot\text{L}^{-1})$$

pH=1.96

(2)多元弱酸、弱碱溶液 多元弱酸在水中逐级解离。例如，H_3PO_4 在水中存在下列三级解离平衡

$$H_3PO_4+H_2O=H_2PO_4^-+H_3^+O \qquad K_{a1}^{\ominus}=7.52\times10^{-3}$$

$$H_2PO_4^-+H_2O=HPO_4^{2-}+H_3^+O \qquad K_{a2}^{\ominus}=6.23\times10^{-8}$$

$$HPO_4^{2-}+H_2O=PO_4^{3-}+H_3^+O \qquad K_{a3}^{\ominus}=2.20\times10^{-13}$$

$K_{a1}^{\ominus}\gg K_{a2}^{\ominus}\gg K_{a3}^{\ominus}$，这说明 H_3PO_4 的第一级解离程度最大，第二级和第三级解离相对要小得多。由附录3可见，大多数多元弱酸的各级解离常数之间都存在上述关系(只有酒石酸、柠檬酸等少数多元酸除外)。因此，对于 $K_1^{\ominus}\gg K_2^{\ominus}\gg K_3^{\ominus}$(即 $K_1^{\ominus}/K_2^{\ominus}\geqslant10^3$)的多元弱酸、多元弱碱，在近似计算 $c(H^+)$时，除了可以忽略水的解离外，还可以忽略第二级及以上的解离，即只考虑第一级解离，用一元弱酸、弱碱的近似计算式或最简式计算。

例6-10 室温时，氢硫酸(H_2S)的饱和溶液浓度为 0.10 $\text{mol}\cdot\text{L}^{-1}$，求此溶液中 H^+、HS^-、S^{2-}的浓度。已知氢硫酸的 $K_{a1}^{\ominus}=9.5\times10^{-8}$，$K_{a2}^{\ominus}=1.3\times10^{-14}$。

解 氢硫酸为二元弱酸，在水中存在两级解离平衡

$$H_2S+H_2O=HS^-+H_3^+O \qquad K_{a1}^{\ominus}=9.5\times10^{-8}$$

$$HS^-+H_2O=S^{2-}+H_3^+O \qquad K_{a2}^{\ominus}=1.3\times10^{-14}$$

由于 $K_{a1}^{\ominus}\gg K_{a2}^{\ominus}$，忽略第二级解离，按一元弱酸近似计算 $c(H^+)$。

因为 $c_aK_{a1}^{\ominus}=0.10\times9.5\times10^{-8}=9.5\times10^{-9}>10K_w^{\ominus}$

$$c_a/K_{a1}^{\ominus}=0.10/(9.5\times10^{-8})=1.1\times10^6>100$$

所以 $c(H^+)=\sqrt{c_a\cdot K_{a1}^{\ominus}}=\sqrt{0.10\times9.5\times10^{-8}}=9.7\times10^{-5}(\text{mol}\cdot\text{L}^{-1})$

$$c(HS^-)\approx c(H^+)=9.7\times10^{-5}(\text{mol}\cdot\text{L}^{-1})$$

将 $c(HS^-)\approx c(H^+)$代入 H_2S 的第二级解离常数式，得

$$K_{a2}^{\ominus}=\frac{c(H^+)\cdot c(S^{2-})}{c(HS^-)}\approx c(S^{2-})=1.3\times10^{-14}(\text{mol}\cdot\text{L}^{-1})$$

由例6-10可以看出：①$c(H^+)$或 $c(HS^-)$比 $c(S^{2-})$大得多，说明第一级解离程度比第

二级大得多，忽略第二级解离是合理的；②第二级解离产物 S^{2-} 的浓度很小，$c(S^{2-}) \approx K_{a2}^{\ominus}$。这一结果可以推广，即对任意二元弱酸水溶液，若 $K_{a1}^{\ominus} \gg K_{a2}^{\ominus}$，则酸根离子浓度约等于 $K_{a2}^{\ominus}$。例如碳酸水溶液中 $c(CO_3^{2-}) \approx K_{a2}^{\ominus}(H_2CO_3)$，$H_2SO_3$ 溶液中 $c(SO_3^{2-}) \approx K_{a2}^{\ominus}(H_2SO_3)$。

例 6-11 计算 0.10 $mol \cdot L^{-1}$ Na_2CO_3 溶液的 pH。已知 H_2CO_3 的 $K_{a1}^{\ominus} = 4.30 \times 10^{-7}$，$K_{a2}^{\ominus} = 5.61 \times 10^{-11}$。

解 Na_2CO_3 为二元弱碱，二元离子碱 CO_3^{2-} 在水中的两级解离平衡及其解离常数分别为

$$CO_3^{2-} + H_2O = HCO_3^- + OH^- \qquad K_{b1}^{\ominus} = K_w^{\ominus}/K_{a2}^{\ominus} = 1.8 \times 10^{-4}$$

$$HCO_3^- + H_2O = H_2CO_3 + OH^- \qquad K_{b2}^{\ominus} = K_w^{\ominus}/K_{a1}^{\ominus} = 2.3 \times 10^{-8}$$

由于 $K_{b1}^{\ominus} \gg K_{b2}^{\ominus}$，忽略第二级解离，只需考虑第一级解离平衡。

因为

$$c_b K_{b1}^{\ominus} = 0.10 \times 1.8 \times 10^{-4} = 1.8 \times 10^{-5} > 10K_w^{\ominus}$$

$$c_b / K_{b1}^{\ominus} = 0.10/(1.8 \times 10^{-4}) = 556 > 100$$

所以 $c(OH^-) = \sqrt{c_b \cdot K_{b1}^{\ominus}(CO_3^{2-})} = \sqrt{0.10 \times 1.8 \times 10^{-4}} = 4.2 \times 10^{-3} (mol \cdot L^{-1})$

$$pOH = 2.38, \quad pH = 11.62$$

(3) 两性物质溶液 较重要的两性物质有酸式盐（如 $NaHCO_3$）、弱酸弱碱盐（如 NH_4Ac）和氨基酸（如氨基乙酸）等。两性溶液中的酸碱平衡比较复杂，故应根据前面介绍的近似方法处理。

① 以酸式盐 NaHA 溶液为例，讨论两性物质溶液 $c(H^+)$ 的近似计算。

设 NaHA 溶液的浓度为 c_0，PBE 式为

$$c(H^+) + c(H_2A) = c(A^{2-}) + c(OH^-)$$

结合 H_2A 的两级解离平衡式，整理 PBE 式，得

$$c(H^+) + \frac{c(H^+) \cdot c(HA^-)}{K_{a1}^{\ominus}} = \frac{K_{a2}^{\ominus} \cdot c(HA^-)}{c(H^+)} + \frac{K_w^{\ominus}}{c(H^+)}$$

整理，得 H^+ 浓度的精确计算式

$$c(H^+) = \sqrt{\frac{K_{a1}^{\ominus}[K_{a2}^{\ominus} \cdot c(HA^-) + K_w^{\ominus}]}{K_{a1}^{\ominus} + c(HA^-)}} \tag{6-10a}$$

一般情况下，大多数 HA^- 的质子自递反应进行程度不大[①]，因此 $c(HA^-) \approx c_0$。将 $c(HA^-) \approx c_0$ 代入式(6-10a)，得

$$c(H^+) = \sqrt{\frac{K_{a1}^{\ominus}(K_{a2}^{\ominus} \cdot c_0 + K_w^{\ominus})}{K_{a1}^{\ominus} + c_0}} \tag{6-10b}$$

当 $K_{a2}^{\ominus} \cdot c_0 > 10K_w^{\ominus}$ 时，忽略 $K_w^{\ominus}$；若 $c_0 > 10K_{a1}^{\ominus}$，$K_{a1}^{\ominus} + c_0 \approx c_0$，则式(6-10b)变为

---

① NaHA 的酸式解离平衡及解离常数为：$HA^- + H_2O = A^{2-} + H_3^+O$ $K_{a2}^{\ominus}(H_2A)$

碱式解离平衡及解离常数为：$HA^- + H_2O = H_2A + OH^-$ $K_{b2}^{\ominus}(A^{2-}) = \dfrac{K_w^{\ominus}}{K_{a1}^{\ominus}(H_2A)}$

质子自递平衡为：$HA^- + HA^- = A^{2-} + H_2A$ $K_{自递}^{\ominus}(HA^-) = \dfrac{K_{a2}^{\ominus}}{K_{a1}^{\ominus}}$。一般 $K_{a2}^{\ominus}$ 比 $K_{a1}^{\ominus}$ 小得多，所以质子自递反应进行的程度不大。

$$c(H^+)=\sqrt{K_{a1}^{\ominus}\cdot K_{a2}^{\ominus}}\quad 或\quad pH=\frac{1}{2}(pK_{a1}^{\ominus}+pK_{a2}^{\ominus})\qquad(6-10c)$$

式(6－10c)是计算 HA^- 溶液中 $c(H^+)$ 的**最简式**。

②其他类型的两性物质溶液 $c(H^+)$ 的最简式，采用同样的方法推导，结果类似。例如

$H_2PO_4^-$ 溶液：$c(H^+)=\sqrt{K_{a1}^{\ominus}\cdot K_{a2}^{\ominus}}$，$pH=\frac{1}{2}(pK_{a1}^{\ominus}+pK_{a2}^{\ominus})$

HPO_4^{2-} 溶液：$c(H^+)=\sqrt{K_{a2}^{\ominus}\cdot K_{a3}^{\ominus}}$，$pH=\frac{1}{2}(pK_{a2}^{\ominus}+pK_{a3}^{\ominus})$

NH_4Ac 溶液：$c(H^+)=\sqrt{K_a^{\ominus}(HAc)\cdot K_a^{\ominus}(NH_4^+)}$，

$$pH=\frac{1}{2}[pK_a^{\ominus}(HAc)+pK_a^{\ominus}(NH_4^+)]$$

氨基乙酸溶液：$c(H^+)=\sqrt{K_{a1}^{\ominus}\cdot K_{a2}^{\ominus}}$，$pH=\frac{1}{2}(pK_{a1}^{\ominus}+pK_{a2}^{\ominus})$

例 6－12　计算 0.10 $mol\cdot L^{-1}$ $NaHCO_3$ 溶液的 pH。已知 H_2CO_3 的 $pK_{a1}^{\ominus}=6.37$，$pK_{a2}^{\ominus}=10.25$。

解　HCO_3^- 为两性物质，因为 $c_0K_{a2}^{\ominus}>10K_w^{\ominus}$，$c_0=0.10>10K_{a1}^{\ominus}$，所以用式(6－10c)计算 pH

$$pH=\frac{1}{2}(pK_{a1}^{\ominus}+pK_{a2}^{\ominus})=\frac{1}{2}\times(6.37+10.25)=8.31$$

或

$$c(H^+)=\sqrt{K_{a1}^{\ominus}\cdot K_{a2}^{\ominus}}=\sqrt{10^{-6.37}\times10^{-10.25}}=10^{-8.31}(mol\cdot L^{-1})$$

$$pH=8.31$$

例 6－13　将 0.10 $mol\cdot L^{-1}$ H_3PO_4 溶液与同浓度的 NaOH 溶液分别以体积比 1∶1 和 1∶2混合，计算混合后溶液的 pH。已知 H_3PO_4 的 $K_{a1}^{\ominus}=7.52\times10^{-3}$($pK_{a1}^{\ominus}=2.12$)，$K_{a2}^{\ominus}=6.23\times10^{-8}$($pK_{a2}^{\ominus}=7.20$)，$K_{a3}^{\ominus}=2.2\times10^{-13}$($pK_{a3}^{\ominus}=12.66$)。

解

(1)H_3PO_4 和 NaOH 溶液同浓度等体积混合，发生的反应为

$$H_3PO_4+OH^-=H_2PO_4^-+H_2O$$

反应后生成了两性物质 $H_2PO_4^-$ 溶液，浓度为 0.050 $mol\cdot L^{-1}$

因为　$c_0\cdot K_{a2}^{\ominus}=0.050\times6.23\times10^{-8}=3.1\times10^{-9}>10K_w^{\ominus}$，$c_0=0.050<10K_{a1}^{\ominus}$

所以　$c(H^+)=\sqrt{\dfrac{K_{a1}^{\ominus}\cdot K_{a2}^{\ominus}\cdot c_0}{K_{a1}^{\ominus}+c_0}}=\sqrt{\dfrac{7.52\times10^{-3}\times6.23\times10^{-8}\times0.050}{7.52\times10^{-3}+0.050}}$

$=2.0\times10^{-5}(mol\cdot L^{-1})$

$$pH=4.70$$

若直接用最简式计算：$pH=\frac{1}{2}\times(pK_{a1}^{\ominus}+pK_{a2}^{\ominus})=\frac{1}{2}\times(2.12+7.20)=4.66$

(2)等浓度的 H_3PO_4 和 NaOH 溶液以体积比 1∶2 混合，发生的反应为

$$H_3PO_4+2OH^-=HPO_4^{2-}+2H_2O$$

混合后生成了两性物质 HPO_4^{2-} 溶液，浓度为 0.033 $mol \cdot L^{-1}$。

因为 $c_0 \cdot K_{a3}^{\ominus}=0.033\times2.2\times10^{-13}=7.3\times10^{-15}<10K_w^{\ominus}$，$c_0=0.033>10K_{a2}^{\ominus}$

所以，$c(H^+)=\sqrt{\dfrac{K_{a2}^{\ominus}(K_{a3}^{\ominus}\cdot c_0+K_w^{\ominus})}{c_0}}$

$$=\sqrt{\frac{6.23\times10^{-8}\times(2.2\times10^{-13}\times0.033+1.0\times10^{-14})}{0.033}}$$

$$=1.8\times10^{-10}(mol\cdot L^{-1})$$

$$pH=9.74$$

若直接用最简式计算：

$$pH=\frac{1}{2}(pK_{a2}^{\ominus}+pK_{a3}^{\ominus})=\frac{1}{2}\times(7.20+12.66)=9.94$$

直接用最简式计算得出的结果虽然与用近似式得出的结果存在差别，但在计算精度要求不高的情况下，用最简式计算会简便很多。

(4)共轭酸碱对溶液　浓度分别为 c_a 和 c_b 的共轭酸碱对 HA 和 NaA 组成的溶液，其 pH 的计算式可由物料平衡、电荷平衡和弱酸解离平衡式推导。推导过程如下：

HA 的解离平衡及解离常数式为

$$HA+H_2O=A^-+H_3^+O \qquad K_a^{\ominus}=\frac{c(H^+)\cdot c(A^-)}{c(HA)}$$

物料平衡式：$c(Na^+)=c_b$；$c(HA)+c(A^-)=c_a+c_b$

电荷平衡式：$c(H^+)+c(Na^+)=c(OH^-)+c(A^-)$

整理物料和电荷平衡式，分别得

$$c(A^-)=c_b+c(H^+)-c(OH^-), \qquad c(HA)=c_a-c(H^+)+c(OH^-)$$

将 $c(A^-)$和 $c(HA)$代入 HA 的解离常数式，整理得 $c(H^+)$的精确计算式

$$c(H^+)=K_a^{\ominus}\frac{c(HA)}{c(A^-)}=K_a^{\ominus}\frac{c_a-c(H^+)+c(OH^-)}{c_b+c(H^+)-c(OH^-)} \qquad (6-11a)$$

直接求解上式相当复杂，近似处理如下：

若 c_a 和 c_b 较大，且都大于 20 倍的 $c(H^+)$和 $c(OH^-)$，则(6-11a)简化为

$$c(H^+)=K_a^{\ominus}\frac{c_a}{c_b} \text{或} pH=pK_a^{\ominus}-\lg\frac{c_a}{c_b} \qquad (6-11b)$$ ①

式(6-11b)为共轭酸碱对溶液中 $c(H^+)$的**最简计算式**。下面将弱酸、弱碱、两性物质以及共轭酸碱对溶液的 $c(H^+)$或 pH 计算式小结于表 6-3 中。

---

① 这一公式也可通过共轭酸的解离常数式得到：

$$HA \quad = \quad H^+ \quad + \quad A^-$$

平衡浓度/($mol\cdot L^{-1}$)　$\approx c_a$　$c(H^+)$　$\approx c_b$

因为 $K_a^{\ominus}=\dfrac{c(H^+)\cdot c_b}{c_a}$，$c(H^+)=K_a^{\ominus}\dfrac{c_a}{c_b}$

所以 $pH=pK_a^{\ominus}-\lg\dfrac{c_a}{c_b}$

表 6－3　弱酸、弱碱、两性物质以及共轭酸碱对溶液的 $c(H^+)$ 或 pH 计算公式(忽略水的解离)

	溶液类型	计算公式	适用条件
①	一元弱酸溶液	$c(H^+)=\dfrac{-K_a^\ominus+\sqrt{K_a^{\ominus 2}+4c_a\cdot K_a^\ominus}}{2}$(近似式) $c(H^+)=\sqrt{c_a\cdot K_a^\ominus}$(最简式)	$c_a\cdot K_a^\ominus\geqslant 10K_w^\ominus$ $c_a\cdot K_a^\ominus\geqslant 10K_w^\ominus$ 且 $c_a/K_a^\ominus\geqslant 100$
②	一元弱碱溶液	$c(OH^-)=\dfrac{-K_b^\ominus+\sqrt{K_b^{\ominus 2}+4c_b\cdot K_b^\ominus}}{2}$(近似式) $c(OH^-)=\sqrt{c_b\cdot K_b^\ominus}$(最简式)	$c_b\cdot K_b^\ominus\geqslant 10K_w^\ominus$ $c_b\cdot K_b^\ominus\geqslant 10K_w^\ominus$ 且 $c_b/K_b^\ominus\geqslant 100$
③	多元弱酸、弱碱溶液	只考虑第一级解离，按一元弱酸、弱碱近似计算	$K_1^\ominus\gg K_2^\ominus\gg K_3^\ominus$
④	两性物质溶液	$pH=\frac{1}{2}(pK_{a1}^\ominus+pK_{a2}^\ominus)$(最简式)	两性物质的浓度不能太低，$K_{a2}^\ominus\cdot c_0>10K_w^\ominus$ 且 $c_0>10K_{a1}^\ominus$
⑤	共轭酸碱对溶液	$pH=pK_a^\ominus-\lg\frac{c_a}{c_b}$	c_a 和 c_b 都较大，且都大于 20 倍的 $c(H^+)$ 和 $c(OH^-)$
⑥	强酸弱酸混合或强碱弱碱混合溶液	忽略弱酸或弱碱，只考虑强酸或强碱	强酸或强碱的浓度不能太低，否则不能忽略弱酸弱碱
⑦	强酸弱碱混合或强碱弱酸混合溶液	根据混合后发生的化学反应，先判断反应后溶液的类型，然后再计算	

【思考题】

1. 如何写出酸、碱溶液中的质子条件式？
2. 如何从质子条件式出发，推导酸碱溶液中 $c(H^+)$ 的精确计算公式？
3. 酸碱溶液的类型有哪几种？如何计算它们的酸度？
4. 强酸和弱酸的混合溶液中，$c(H^+)$ 近似等于强酸的浓度，为什么？
5. 你能写出两种弱酸(HA 和 HB)混合溶液的 PBE 式吗？试推导该溶液的 $c(H^+)$ 计算式：$c(H^+)=\sqrt{K_a^\ominus(HA)\cdot c(HA)+K_a^\ominus(HB)\cdot c(HB)+K_w^\ominus}$。

6.1.5　酸碱缓冲溶液

一般情况下，水溶液受到外加酸、碱或稀释会改变原来的酸度。但有一类溶液能抵抗外加少量强酸、强碱或一定的稀释，而使溶液 pH 保持基本不变，这种溶液称为**酸碱缓冲溶液**(buffer solution)。

缓冲溶液一般由浓度较大的共轭酸碱对组成。例如 $HAc-Ac^-$ (NaAc)、$NH_3-NH_4^+$

(NH_4Cl)、H_2CO_3 - HCO_3^- ($NaHCO_3$)、$H_2PO_4^-$ (NaH_2PO_4) - HPO_4^{2-} (Na_2HPO_4)等均为缓冲溶液。这类缓冲溶液主要用于控制 pH 2.0～12.0 范围内的酸碱度。通常将组成缓冲溶液的共轭酸碱对称为**缓冲对**，共轭酸碱对的浓度比(或物质的量比)称为**缓冲比**。

此外，高浓度的强酸或强碱也可作为缓冲溶液，用来控制高酸度(pH<2)和高碱度(pH>12)；两性物质溶液由于同时具有抗酸成分和抗碱成分，且当浓度一定时，溶液的酸碱度稳定，因此也常用作标准缓冲溶液。

对于共轭酸碱对组成的缓冲溶液，由于共轭酸和共轭碱的浓度都比较大，所以缓冲溶液的 pH 可用共轭酸碱对溶液的 pH 计算公式，即式(6-11b)计算。

6.1.5.1 缓冲原理

为什么缓冲溶液能够抵抗外来的少量酸、碱和稀释呢？以 HAc-NaAc 体系为例来说明(HAc 的初始浓度 c_a 和 Ac^- 的初始浓度 c_b 均较大)：

① 当加入少量强酸时，发生反应 $H^+ + Ac^- \longrightarrow HAc$，$c(HAc)$略微增大，$c(Ac^-)$略微减小，但是缓冲比变化不大，根据式(6-11b)，溶液的 pH 变化不大。

② 同理，当加入少量强碱时，发生反应 $OH^- + HAc \longrightarrow Ac^- + H_2O$，$c(HAc)$略微减小，$c(Ac^-)$略微增大，缓冲比变化也不大，根据式(6-11b)，溶液的 pH 改变也不大。

③ 当用少量水稀释时，$c(HAc)$和 $c(Ac^-)$同时减小，缓冲比基本不变，溶液的 pH 基本不变。

例 6-14 在 100 mL 下列溶液中加入 1.0 mL 1.0 mol·L^{-1} HCl 溶液，忽略体积变化和水的解离，计算溶液的 pH 改变了多少。已知 $K_a^{\ominus}(HAc)=1.8\times10^{-5}$，$pK_a^{\ominus}(HAc)=4.75$。

(1)0.10 mol·L^{-1} HAc 溶液；

(2)0.10 mol·L^{-1} HAc-0.10 mol·L^{-1} NaAc 溶液；

(3)0.050 mol·L^{-1} HAc-0.050 mol·L^{-1} NaAc 溶液；

(4)0.10 mol·L^{-1} HAc-0.050 mol·L^{-1} NaAc 溶液。

解 (1)HAc 为一元弱酸

因为 $$c_aK_a^{\ominus}=0.10\times1.8\times10^{-5}=1.8\times10^{-6}>10K_w^{\ominus}$$

$$c_a/K_a^{\ominus}=0.10/(1.8\times10^{-5})=5.6\times10^3>100$$

所以，$c(H^+)=\sqrt{c_a\cdot K_a^{\ominus}}=\sqrt{0.10\times1.8\times10^{-5}}=1.3\times10^{-3}(\text{mol}\cdot\text{L}^{-1})$，pH=2.88

加入盐酸后，$c(H^+)\approx c(HCl)=\dfrac{1.0\times1.0}{100}=0.010(\text{mol}\cdot\text{L}^{-1})$，pH=2.00

ΔpH=2.00−2.88=−0.88，溶液 pH 减小了 0.88 个单位。

(2)0.10 mol·L^{-1} HAc-0.10 mol·L^{-1} NaAc 为缓冲溶液，溶液 pH 为

$$pH=pK_a^{\ominus}-\lg\frac{c_a}{c_b}=4.75-\lg\frac{0.10}{0.10}=4.75$$

加入盐酸后：$c_a=0.10+0.010=0.11(\text{mol}\cdot\text{L}^{-1})$，$c_b=0.10-0.010=0.09(\text{mol}\cdot\text{L}^{-1})$

所以 $$pH=pK_a^{\ominus}-\lg\frac{c_a}{c_b}=4.75-\lg\frac{0.11}{0.09}=4.66$$

ΔpH=4.66−4.75=−0.09，溶液 pH 减小了 0.09 个单位。

(3)0.050 mol·L^{-1} HAc-0.050 mol·L^{-1} NaAc 溶液为缓冲溶液，其 pH 为

$$pH=pK_a^{\ominus}-\lg\frac{c_a}{c_b}=4.75-\lg\frac{0.050}{0.050}=4.75$$

加入盐酸后：$c_a=0.050+0.010=0.060(mol\cdot L^{-1})$，$c_b=0.050-0.010=0.040(mol\cdot L^{-1})$

所以
$$pH=pK_a^{\ominus}-\lg\frac{c_a}{c_b}=4.75-\lg\frac{0.060}{0.040}=4.57$$

$\Delta pH=4.57-4.75=-0.18$，溶液 pH 减小了 0.18 个单位。

(4)$0.10\ mol\cdot L^{-1}$ HAc - $0.050\ mol\cdot L^{-1}$ NaAc 溶液为缓冲溶液，其 pH 为

$$pH=pK_a^{\ominus}-\lg\frac{c_a}{c_b}=4.75-\lg\frac{0.10}{0.050}=4.45$$

加入盐酸后：$c_a=0.10+0.010=0.11(mol\cdot L^{-1})$，$c_b=0.050-0.010=0.040(mol\cdot L^{-1})$

$$pH=pK_a^{\ominus}-\lg\frac{c_a}{c_b}=4.75-\lg\frac{0.11}{0.040}=4.31$$

$\Delta pH=4.31-4.45=-0.14$，溶液 pH 减小了 0.14 个单位。

将(2)～(4)的计算结果列表，总结如下：

缓冲对	缓冲比	缓冲对总浓度	ΔpH	缓冲能力
$0.10\ mol\cdot L^{-1}$ HAc - $0.10\ mol\cdot L^{-1}$ NaAc	1.0	0.20	−0.09	↓
$0.10\ mol\cdot L^{-1}$ HAc - $0.050\ mol\cdot L^{-1}$ NaAc	2.0	0.15	−0.14	减弱
$0.050\ mol\cdot L^{-1}$ HAc - $0.050\ mol\cdot L^{-1}$ NaAc	1.0	0.10	−0.18	

从例 6 - 14 可以看出，**缓冲对的总浓度**和**缓冲比**影响缓冲溶液的缓冲能力：缓冲对的总浓度越大，缓冲比越接近于 1，缓冲溶液抵抗外加的少量强酸(或强碱)的作用越强，缓冲能力越大。

一般来说，当缓冲对的总浓度一定，缓冲比在 0.1～10 范围时，缓冲溶液具有缓冲作用，超出此范围则失去缓冲作用。根据缓冲溶液 pH 的计算公式，具有缓冲作用的 pH 范围为

$$pH=pK_a^{\ominus}\pm1 \tag{6-12}$$

式(6 - 12)称为缓冲溶液的**有效 pH 缓冲范围**。例如：NH_4Cl - NH_3 缓冲体系，$pK_a^{\ominus}(NH_4^+)=9.26$，其 pH 缓冲范围为 8.26～10.26；$NaH_2PO_4$ - Na_2HPO_4 缓冲体系，$pK_a^{\ominus}(H_2PO_4^-)=7.21$，其 pH 缓冲范围为 6.21～8.21。

6.1.5.2 缓冲溶液的选择和配制

在选择和配制缓冲溶液时，需要考虑以下因素：

① 缓冲溶液应该只维持酸度，不能参与反应，即对反应不能产生干扰。

② 所需控制的 pH 应在缓冲溶液的有效缓冲范围之内。如果缓冲溶液是由共轭酸碱对组成的，则缓冲比要尽量接近 1，即选择共轭酸的 $pK_a^{\ominus}$ 越接近所需控制的 pH 越好。例如：要配制 pH=5 的缓冲溶液，应选择 $pK_a^{\ominus}\approx5$ 的缓冲对(如 HAc - NaAc)；要配制 pH=10 的缓冲溶液，应选择 $pK_a^{\ominus}\approx10$ 的缓冲对(如 NH_4Cl - NH_3)。

③ 尽管缓冲对的总浓度越大缓冲作用越强，但实践中以 $0.01\sim0.1\ mol\cdot L^{-1}$ 为宜。浓度过大，不但浪费，而且还可能对反应体系产生副作用。

例 6-15 欲用 HAc 和 NaOH 配制 pH=5.00 的缓冲溶液，需在 50 mL 0.10 mol·L^{-1}的 HAc 溶液中加入同浓度的 NaOH 多少毫升？已知 $pK_a^{\ominus}(HAc)=4.75$。

解 用 HAc 和 NaOH 配制 pH=5.00 的 HAc-NaAc 缓冲溶液，所用的 NaOH 是为了中和部分 HAc 生成 NaAc。

依题意，设需加入 x mL NaOH，则

$$n(NaAc)=n(NaOH)=x\times 0.10=0.10x(mmol)$$

$$n(HAc)=50\times 0.10-x\times 0.10=(50\times 0.10-0.10x)(mmol)$$

根据缓冲溶液的 pH 计算公式

$$pH=pK_a^{\ominus}-\lg\frac{c_a}{c_b}=pK_a^{\ominus}-\lg\frac{n_a}{n_b}=4.75-\lg\frac{(50\times 0.10-0.10x)}{0.10x}=5.00$$

解得 $$x=32(mL)$$

在 50 mL 0.10 mol·L^{-1} HAc 溶液中加入 32 mL 同浓度 NaOH 溶液即可得到 pH=5.00 的缓冲溶液。

例 6-16 欲用 15 mol·L^{-1}浓氨水和 $NH_4Cl(s)$配制 500 mL pH=9.20 的缓冲溶液，且 $c(NH_3)=1.0$ mol·L^{-1}，则需加入多少克 $NH_4Cl(s)$？如何配制？已知 $pK_b^{\ominus}(NH_3)=4.75$。

解 $pK_a^{\ominus}(NH_4^+)=14-pK_b^{\ominus}(NH_3)=14-4.75=9.25$，$M(NH_4Cl)=53.5$ g·mol^{-1}

用 NH_4Cl-NH_3 配制缓冲溶液，设需加入 x g $NH_4Cl(s)$，则

$$c_a=c(NH_4^+)=\frac{\frac{x}{53.5}}{500\times 10^{-3}}=\frac{\frac{x}{53.5}}{0.500}(mol\cdot L^{-1}),\ c_b=c(NH_3)=1.0\ mol\cdot L^{-1}$$

代入缓冲溶液的 pH 计算公式

$$pH=pK_a^{\ominus}-\lg\frac{c_a}{c_b}=9.25-\lg\frac{\frac{x/53.5}{0.500}}{1.0}=9.20$$

解得 $$x=30(g)$$

500 mL 1.0 mol·L^{-1}的稀氨水是由 15 mol·L^{-1}浓氨水加水稀释获得的，因此所需浓氨水的体积为

$$V=500\times 1.0/15=33(mL)$$

所以缓冲溶液的配制方法是：称取 30 g 固体 NH_4Cl 溶于少量蒸馏水中，加入 33 mL 浓氨水，搅拌混合，最后用蒸馏水稀释至 500 mL。

6.1.5.3 缓冲溶液的种类

缓冲溶液可分为两类：标准缓冲溶液和常用缓冲溶液。

(1)标准缓冲溶液 表 6-4 列出了几种常用的标准缓冲溶液。它们的 pH 是经过准确测定的，目前已被国际规定为测定溶液 pH 的标准参考溶液。

表 6-4 几种常用标准缓冲溶液的 pH(25 ℃)

pH 标准溶液	pH(25 ℃)
饱和酒石酸氢钾(0.034 mol·L^{-1})	3.56

（续）

pH 标准溶液	pH(25 ℃)
0.05 mol·L^{-1}邻苯二甲酸氢钾	4.01
0.025 mol·L^{-1} KH_2PO_4—0.025 mol·L^{-1} Na_2HPO_4	6.86
0.01 mol·L^{-1}硼砂	9.18

(2)常用缓冲溶液 常用的酸碱缓冲溶液主要用于控制溶液的酸度，表 6-5 列出了几种常用缓冲溶液。

表 6-5 常用缓冲溶液

缓冲溶液	$pK_a^{\ominus}$(298 K)	pH 缓冲范围
H_2NCH_2COOH - HCl	2.35($pK_{a1}^{\ominus}$)	1.35～3.35
$CH_2ClCOOH$ - NaOH	2.86	1.86～3.86
HCOOH - NaOH	3.75	2.75～4.75
HAc - NaAc	4.75	3.75～5.74
KH_2PO_4 - K_2HPO_4	7.21	6.21～8.21
$(HOCH_2)_3CNH_2$·HCl，简称 Tris·HCl	8.08	7.08～9.08
NH_3 - NH_4Cl	9.25	8.25～10.25

6.1.5.4 缓冲溶液的应用

缓冲溶液用途广泛。在化学反应中常用缓冲溶液来控制化学反应的酸度。例如在配位滴定中必须控制酸度才能准确滴定。

在自然界中，许多水溶液能保持 pH 稳定都是因为溶液中存在浓度很大的共轭酸碱对，这些共轭酸碱对起到了缓冲溶液的作用。例如，土壤溶液 pH 相当稳定，尽管外施肥料、生物质腐烂以及植物根系在摄取养分时分泌有机酸等都会引入酸或碱。这是因为土壤溶液中存在大量的 H_2CO_3 - HCO_3^-、$H_2PO_4^-$ - HPO_4^{2-}、腐殖酸及其盐等缓冲对，这些缓冲对有效地稳定了土壤的 pH，有利于微生物的正常活动和农作物的生长发育。

许多生物化学反应对 pH 的变化极为敏感，整个过程只允许 pH 在极小的范围内变化，否则就会被破坏。人体内各种体液都保持在一定 pH 范围内，表 6-6 列出了一些体液的 pH。

表 6-6 人体内一些体液的 pH

体液	胃液	唾液	乳汁	脊椎液	血液	尿液
pH	1.0～3.1	6.0～7.5	6.6～7.6	7.3～7.5	7.35～7.45	4.8～7.5

人的血液的 pH 在 7.4 附近，这是因为在血浆中存在较多缓冲对，如 H_2CO_3 - $NaHCO_3$、KH_2PO_4 - Na_2HPO_4、H 蛋白质- Na 蛋白质等；在红细胞中还有 H_2CO_3 - $KHCO_3$、KH_2PO_4 - K_2HPO_4、H 蛋白质- K 蛋白质、K 氧合血红蛋白- H 氧合血红蛋白等缓冲对。在这些缓冲对中，H_2CO_3 - $NaHCO_3$ 缓冲对在血液中的浓度最高，缓冲能力最大，维持血液正常的功能也最为重要。

在制药工业中，药物都有稳定存在所需的 pH，而控制 pH 最好的方法是加入缓冲剂，譬如氯霉素滴眼液中常加入 pH＝7.0 的 H_3BO_3 缓冲液。H_3BO_3 缓冲液不仅使主药稳定，而且对眼膜也不产生刺激。又如，乳酸菌在分解葡萄糖产生乳酸后会使 pH 下降，因此在培养乳酸菌时，需要在培养基中加入 $KH_2PO_4-K_2HPO_4$ 等。

在实际分析测试工作中，用多元酸和碱可以配制成较宽 pH 范围的缓冲溶液。因为在这样的体系中，存在 $pK_a^{\ominus}$ 不同的多种共轭酸碱对。例如将柠檬酸（三元弱酸）和 Na_2HPO_4 两种溶液按不同比例混合，可以得到 pH 为 2～8 的一系列酸碱缓冲溶液。

【思考题】

1. 什么是缓冲溶液、缓冲对、缓冲比和缓冲范围？缓冲原理是什么？
2. 缓冲溶液的 pH 计算公式是什么？
3. 如何选择缓冲对配制缓冲溶液？

6.2 配位平衡

6.2.1 配合物的基本概念

配位化合物（coordination compound，或 complex compound）简称配合物，早期也称之为络合物，是由可以给出孤对电子（或 π 电子）的一定数目**配位体**（简称**配体**，ligand）和具有接受孤对电子（或 π 电子）的空轨道的**中心离子**按一定的比例和空间构型所形成的化合物。国外文献最早记录的配合物是蓝色染料普鲁士蓝（1704 年），它是普鲁士人将兽皮、兽血同碳酸钠在铁锅中煎煮而得到的，后经研究确定其化学式是 $Fe_4[Fe(CN)_6]_3$。自从 1893 年瑞士化学家维尔纳（Werner）在德国期刊 *Journal of Inorganic Chemistry* 上发表了题为《关于无机化合物的结构问题》的文章之后，有关配合物的研究更加深入、广泛，使得原本作为无机化学分支的配位化学得到极为迅速的发展，目前配位化学已是化学学科中的一门独立的分支学科，也是化学学科中最活跃、最具生长点的前沿学科之一。它还对分析化学、生物化学、催化动力学、电化学、量子化学等领域的研究有着重要的意义。

6.2.1.1 配合物的组成

在 $CuSO_4$ 溶液中加入过量的氨水，得到深蓝色的溶液，再加入乙醇可得化学式为 $[Cu(NH_3)_4]SO_4$ 的深蓝色晶体。将这种深蓝色晶体溶于水，溶液中主要存在 SO_4^{2-} 和 $[Cu(NH_3)_4]^{2+}$，而 Cu^{2+} 和 NH_3 的浓度很低。像 $[Cu(NH_3)_4]SO_4$ 这样，含有稳定的复杂结构单元 $[Cu(NH_3)_4]^{2+}$ 的化合物就是配合物。

配合物一般由内界和外界组成，内界（也称配离子）用方括号“[ ]”括起来，是稳定的结构单元，其中包含中心离子（或原子）和一定数目的配体，它是配合物的核心，如 $K_3[Fe(CN)_6]$ 和 $[Cu(NH_3)_4]SO_4$ 的内界分别是 $[Fe(CN)_6]^{3-}$ 和 $[Cu(NH_3)_4]^{2+}$。外界一般为简单离子，其作用是平衡内界离子的电荷，以保持溶液的电中性，如 $K_3[Fe(CN)_6]$ 中的 K^+ 和 $[Cu(NH_3)_4]SO_4$ 的 SO_4^{2-}。若内界为电中性，则配合物没有外界，如 $[Ni(CO)_4]$、$[Pt(NH_3)_2Cl_2]$ 等。配合物的组成见图 6-5。

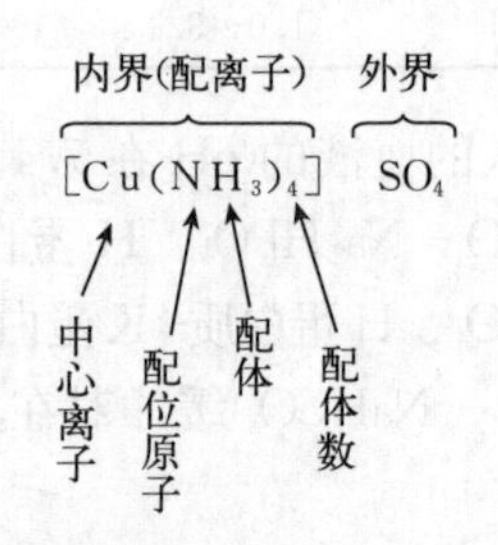

图 6-5 配合物的组成示意图

(1)中心离子 在配合物内界中，位于结构几何中心的离子或原子统称为**中心离子**，或**形成体**，主要是一些过渡金属离子，如 Fe^{3+}、Co^{3+}、Cu^{2+}、Ag^{+}、Au^{+}、Al^{3+} 等，但一些具有高氧化数的非金属离子也能作为中心离子，如 $K_2[SiF_6]$ 中的 Si(Ⅳ)和 $NH_4[PF_6]$ 中的 P(Ⅴ)等。也有中性原子作中心离子的，如 $[Ni(CO)_4]$、$[Fe(CO)_5]$ 中的 Ni 和 Fe。还有少数阴离子作中心离子的，如 $[I(I_2)]^-$ 中的 I^-、$[S(S_8)]^{2-}$ 中的 S^{2-} 等。

(2)配体和配位原子 在内界中，与中心离子结合的、价层含有孤对电子的中性分子或阴离子称为**配体**，如 NH_3、H_2O、CO、F^-、Cl^-、OH^-、CN^- 等。在配体中，直接与中心离子结合的原子称为**配位原子**，配位原子主要是 N、O、S、C 和卤素原子。如 NH_3、CO、F^-、OH^- 等配体中 N、C、F 和 O 分别是配位原子。只含一个配位原子的配体称为**单齿配体**，如 NH_3、Cl^-、OH^-、CN^- 等。含两个或两个以上配位原子的配体称为**多齿配体**。一些常见的配体列于表 6-7 中。

中心离子与配体的数目之比称为**配合比**。例如，$[PtCl_4]^{2-}$ 的配合比是 1∶4，$[PtCl_6]^{2-}$ 的配合比是 1∶6。配合比反映了配合物的组成。

表 6-7 一些常见的配体

配体类型	配位原子	实 例
单齿配体	C	CO(羰基)、CN^-(氰基)
	N	NH_3(氨)、NO_2^-(硝基)、NO(亚硝酰基)、NH_2^-(胺基)、NCS^-(异硫氰酸根)；CH_3NH_2(甲胺)、C_5H_5N(吡啶)
	O	H_2O、OH^-(羟基)、ONO^-(亚硝酸根)；$RCOO^-$(R 酸根)、ROH(R 醇/酚)、$(NH_2)_2CO$(尿素)
	P	PH_3(膦)、PX_3(X 代表卤素)、PR_3
	S	SCN^-(硫氰酸根)、$S_2O_3^{2-}$(硫代硫酸根)
	X	F^-、Cl^-、Br^-、I^-
双齿配体	N	$H_2NCH_2CH_2NH_2$(en，乙二胺)、$NH_4C_5-C_5H_4N$(bpy，联吡啶)
	O	$C_2O_4^{2-}$(ox，草酸根)、$H_3CCOCHCO^-CH_3$(acac，乙酰丙酮离子)
	N，O	$H_2NCH_2COO^-$(氨基乙酸根)
三齿配体	N	$H_2NCH_2CH_2NHCH_2CH_2NH_2$(dien，二乙三胺)
四齿配体	N，O	$N(CH_2COO)_3^{3-}$[nta，氨三乙酸根]
六齿配体	N，O	$[(OOCCH_2)_2NCH_2CH_2N(CH_2COO)_2]^{4-}$(EDTA，乙二胺四乙酸根)

(3)配位数 与一个中心离子直接结合的配位原子的总数称为该中心离子的**配位数**。它也是一个中心离子所形成的配位键的数目。配位数也表示配合物的组成。例如：$[PtCl_4]^{2-}$ 中 Pt^{2+} 的配位数是 4，$[AlF_6]^{3-}$ 中 Al^{3+} 的配位数是 6，$[Cu(en)_2]^{2+}$ 中 Cu^{2+} 的配位数是 4。

中心离子常见的配位数为 2、4、6，也有 3、5、8 等。Ag^+ 的常见配位数是 2；Cu^{2+} 的常见配位数是 4；Fe^{2+}、Fe^{3+}、Co^{3+}、Cr^{3+} 的常见配位数是 6；而 Zn^{2+}、Ni^{2+}、Co^{2+} 的常见配位数是 4 和 6。影响配位数的因素有很多，主要如下：

① 中心离子的电荷和半径：中心离子的电荷越多，吸引电子的能力越强，配位数越大。

例如，$[PtCl_4]^{2-}$中Pt^{2+}的配位数是4，而$[PtCl_6]^{2-}$中Pt^{4+}的配位数是6。中心离子的半径越大，其周围可容纳配体的有效空间越大，配位数也越大。例如，Al^{3+}的离子半径比B^{3+}大，$[AlF_6]^{3-}$中Al^{3+}的配位数为6，$[BF_4]^-$中B^{3+}的配位数为4。

② 配体的电荷和半径：配体的电荷越少，配体体积越小，中心离子的配位数越大。例如，F^-的半径比Cl^-小，它们与Al^{3+}形成的配离子分别是$[AlF_6]^{3-}$和$[AlCl_4]^-$。

影响中心离子配位数的因素还有浓度、温度等。因此，配位数要由实验来确定。

6.2.1.2 螯合物的基本概念

由多齿配体与金属离子形成的具有环状结构的配合物称为**螯合物**(chelate compound)。能形成螯合物的多齿配体称为**螯合剂**，它们大多是一些含有N、O、S、P等配位原子的有机分子或离子。例如，以两个O原子为配位原子的螯合剂：草酸根($C_2O_4^{2-}$)、羟基乙酸根($HOCH_2COO^-$)等；以O、N为配位原子的螯合剂：氨基乙酸根($H_2NCH_2COO^-$)、氨三乙酸根$[N(CH_2COO)_3^{3-}]$、EDTA($[(OOCCH_2)_2NCH_2CH_2N(CH_2COO)_2]^{4-}$)。这类既有氨基又有羧基的螯合剂称为**氨羧螯合剂**，其中以EDTA最为重要，它的螯合能力极强，可与绝大多数金属离子形成稳定的配离子。

螯合物的组成一般用**螯合比**来表示，即中心离子与螯合剂的数目之比。例如，Cu^{2+}与乙二胺(en)、Ni^{2+}与草酸根(ox)、Ca^{2+}与EDTA形成的螯合物分别为$[Cu(en)_2]^{2+}$、$[Ni(ox)_3]^{4-}$和$[CaY]^{2-}$，螯合比分别为1∶2、1∶3和1∶1，其结构如图6-6所示。EDTA与绝大多数金属离子的螯合比通常为1∶1。

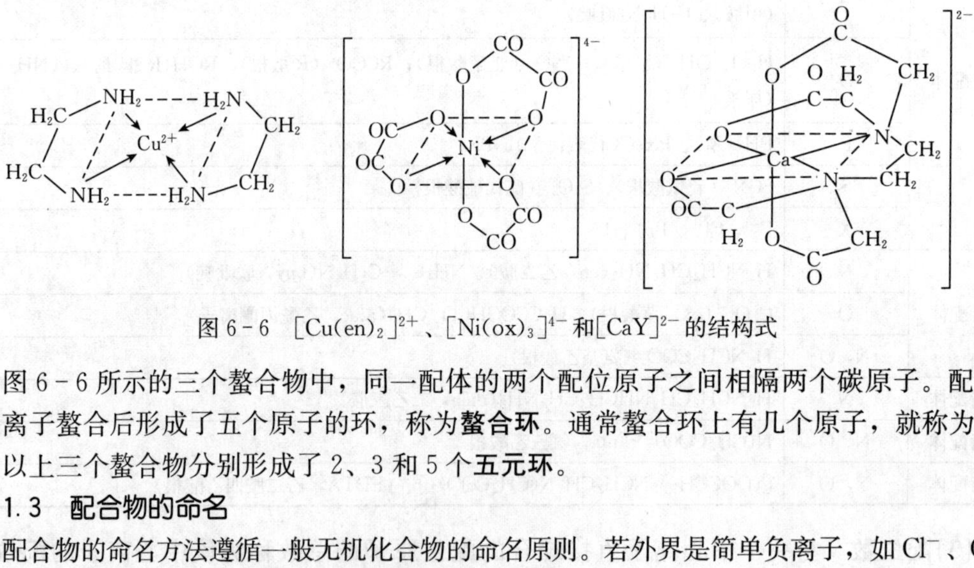

图6-6 $[Cu(en)_2]^{2+}$、$[Ni(ox)_3]^{4-}$和$[CaY]^{2-}$的结构式

图6-6所示的三个螯合物中，同一配体的两个配位原子之间相隔两个碳原子。配体与金属离子螯合后形成了五个原子的环，称为**螯合环**。通常螯合环上有几个原子，就称为几元环。以上三个螯合物分别形成了2、3和5个**五元环**。

6.2.1.3 配合物的命名

配合物的命名方法遵循一般无机化合物的命名原则。若外界是简单负离子，如Cl^-、OH^-等，则称为“某化……”；若外界是复杂负离子，如SO_4^{2-}、NO_3^-等，则称为“某酸……”。若外界是正离子，配离子带负电荷，则将配阴离子看作复杂酸根离子，称为“某酸某”。

(1)内界的命名 内界配离子的命名顺序为：配体数→配体名称→“合”→中心离子名称(中心离子的氧化数[①])。其中，配体数用中文数字一、二、三……表示，一个配体时可不写一；中心离子的氧化数用大写罗马数字Ⅰ，Ⅱ，Ⅲ，Ⅳ，…表示，氧化数为零时可以不标

① 氧化数就是化合物中某元素一个原子的表观电荷数，详见7.1.2。

明；带倍数的无机含氧酸阴离子配体和复杂有机配体命名时要用圆括号括上，如“二(乙二胺)”“三(硫代硫酸根)”。

当配体不止一种时，不同配体间用“·”分开。各配体的命名顺序遵循以下规则：

①无机配体在前，有机配体在后；

②先写阴离子，后写中性分子配体；

③同种类型(阴离子型、中性分子型)的配体，按配位原子元素符号的英文字母顺序排列；

④同种类型配体的配位原子也相同，先写简单的(含原子数少)，再写复杂的。

(2)配合物的命名 掌握了内界的命名方法，再加上外界，即可用一般无机物的命名原则进行命名。例如：

$[Ag(NH_3)_2]Cl$	氯化二氨合银(Ⅰ)
$[Co(NH_3)_6]Br_3$	三溴化六氨合钴(Ⅲ)
$[Cu(NH_3)_4]SO_4$	硫酸四氨合铜(Ⅱ)
$[CrCl_2(H_2O)_4]Cl$	氯化二氯·四水合铬(Ⅲ)
$[Co(NH_3)_5(H_2O)]Cl_3$	三氯化五氨·一水合钴(Ⅲ)
$NH_4[Cr(NCS)_4(NH_3)_2]$	四(异硫氰酸根)·二氨合铬(Ⅲ)酸铵
$K_4[Fe(CN)_6]$	六氰合铁(Ⅱ)酸钾
$H_2[PtCl_6]$	六氯合铂(Ⅳ)酸(俗名氯铂酸)
$[PtCl_4(NH_3)_2]$	四氯·二氨合铂(Ⅳ)
$[Co(NO_2)_3(NH_3)_3]$	三硝基·三氨合钴(Ⅲ)
$[Co(ONO)(NH_3)_5]SO_4$	硫酸(亚硝酸根)·五氨合钴(Ⅲ)
$[Fe(CO)_5]$	五羰基合铁

某些常见配合物通常用习惯名称。例如，$[Cu(NH_3)_4]^{2+}$称铜氨配离子，$[Ag(NH_3)_2]^+$称银氨配离子，$K_3[Fe(CN)_6]$称铁氰化钾，$K_4[Fe(CN)_6]$称亚铁氰化钾，$H_2[SiF_6]$称氟硅酸。

【思考题】

1. 配合物是由哪些部分组成的？配位数和配合比有什么区别？
2. 影响配位数的因素有哪些？
3. 在配合物$[Zn(NH_3)_4]Cl_2$中存在哪些化学键？
4. 命名下列配合物，并指出中心离子、配体、配位原子、配位数。

$[PtCl_3(NH_3)_3]$，$[CrCl_2(H_2O)_4]Cl$，$[Zn(OH)(H_2O)_3]NO_3$

5. 写出下列配合物的化学式。

硫酸四氨合锌(Ⅱ)，二氯化一氯·五水合铬(Ⅲ)，六氰合铁(Ⅱ)酸钾，二氯·二氨合铂(Ⅱ)

6.2.2 稳定常数

在水溶液中，各种配离子具有不同的稳定性，因此能发生不同程度的解离。例如，在溶液中Ni^{2+}和NH_3可以配位成$[Ni(NH_3)_4]^{2+}$；同时，$[Ni(NH_3)_4]^{2+}$在一定程度上也会解离

为 Ni^{2+} 和 NH_3。在一定温度下，配位和解离过程达到动态平衡

$$Ni^{2+} + 4NH_3 = [Ni(NH_3)_4]^{2+}$$

这种平衡称为**配位平衡**(coordination balance)①，其平衡常数式简写为

$$K_f^{\ominus} = \frac{c[Ni(NH_3)_4^{2+}]}{c(Ni^{2+}) \cdot c^4(NH_3)} \tag{6-13}$$

式中：$K_f^{\ominus}$ 称为配离子的稳定常数(stability constant)，$K_f^{\ominus}$ 越大，表明配离子越稳定，即配离子在水中的形成趋势越大。常见配离子的稳定常数见附录 4。

相同温度下，不同的配离子具有不同的稳定常数，对同类型(配体类型和配位数都相同)的配离子，可通过 $K_f^{\ominus}$ 值比较其稳定性。例如 $[Ag(NH_3)_2]^+$、$[Ag(S_2O_3)_2]^{3-}$ 和 $[Ag(CN)_2]^-$ 的 $K_f^{\ominus}$ 分别为 1.7×10^7、1.6×10^{13} 和 1.0×10^{21}，说明它们的稳定性依次增大。不同类型的配离子则不能仅用 $K_f^{\ominus}$ 值比较其稳定性。

6.2.3 逐级稳定常数和累积稳定常数

在水溶液中，配离子的生成、解离一般是逐级进行的。例如，将氨水滴入 Cu^{2+} 溶液中，铜氨配离子的**逐级配位平衡**(stepwise coordination balance)及其**逐级稳定常数**(stepwise stability constant)$K_{fi}^{\ominus}$ 如下：

$Cu^{2+} + NH_3 = [Cu(NH_3)]^{2+}$② $\quad K_{f1}^{\ominus} = \dfrac{c[Cu(NH_3)^{2+}]}{c(Cu^{2+}) \cdot c(NH_3)} = 1.35 \times 10^4$

$[Cu(NH_3)]^{2+} + NH_3 = [Cu(NH_3)_2]^{2+} \quad K_{f2}^{\ominus} = \dfrac{c[Cu(NH_3)_2^{2+}]}{c[Cu(NH_3)^{2+}] \cdot c(NH_3)} = 3.02 \times 10^3$

$[Cu(NH_3)_2]^{2+} + NH_3 = [Cu(NH_3)_3]^{2+} \quad K_{f3}^{\ominus} = \dfrac{c[Cu(NH_3)_3^{2+}]}{c[Cu(NH_3)_2^{2+}] \cdot c(NH_3)} = 7.41 \times 10^2$

$[Cu(NH_3)_3]^{2+} + NH_3 = [Cu(NH_3)_4]^{2+} \quad K_{f4}^{\ominus} = \dfrac{c[Cu(NH_3)_4^{2+}]}{c[Cu(NH_3)_3^{2+}] \cdot c(NH_3)} = 1.29 \times 10^2$

配离子的逐级稳定常数相差不大，因此计算时必须考虑各级配离子的存在。但在实际工作中，常加入过量的配体，这使得配位平衡向右移动，配离子主要以最高配位数形式存在③，这时其他低配位数的配离子可以忽略不计。所以在配体过量时，可用配离子的稳定常数 $K_f^{\ominus}$ 进行配位平衡的有关计算。

将上述逐级配位平衡相加，得到**累积配位平衡**和**累积稳定常数**(cumulative stability constant)β_i：

$Cu^{2+} + NH_3 = [Cu(NH_3)]^{2+} \quad \beta_1 = \dfrac{c[Cu(NH_3)^{2+}]}{c(Cu^{2+}) \cdot c(NH_3)} = K_{f1}^{\ominus}$

$Cu^{2+} + 2NH_3 = [Cu(NH_3)_2]^{2+} \quad \beta_2 = \dfrac{c[Cu(NH_3)_2^{2+}]}{c(Cu^{2+}) \cdot c^2(NH_3)} = K_{f1}^{\ominus} \cdot K_{f2}^{\ominus}$

---

① 本章介绍水溶液中的解离平衡，配合物的解离平衡就是配位平衡的逆过程，即 $[Ni(NH_3)_4]^{2+} = Ni^{2+} + 4NH_3$，其解离常数为 $(K_f^{\ominus})^{-1}$。

② 在水溶液中，Cu^{2+} 以 $[Cu(H_2O)_4]^{2+}$ 形式存在，而 $[Cu(NH_3)]^{2+}$ 是 $[CuNH_3(H_2O)_3]^{2+}$ 省略去配位水后的简写形式。一般情况下，配位水分子常略去不写。另外，为简洁地表示配离子浓度，也可略去内界的中括号，因此 $c([Cu(NH_3)]^{2+})$ 也可简写为 $c[Cu(NH_3)^{2+}]$。

③ 金属离子和配合物各物种的分布只与游离配体的浓度有关，用分布系数法处理，可求得金属离子和配合物各物种的分布系数公式。

$Cu^{2+}+3NH_3=[Cu(NH_3)_3]^{2+}$ $\beta_3=\dfrac{c[Cu(NH_3)_3^{2+}]}{c(Cu^{2+})\cdot c^3(NH_3)}=K_{f1}^{\ominus}\cdot K_{f2}^{\ominus}\cdot K_{f3}^{\ominus}$

$Cu^{2+}+4NH_3=[Cu(NH_3)_4]^{2+}$ $\beta_4=\dfrac{c[Cu(NH_3)_4^{2+}]}{c(Cu^{2+})\cdot c^4(NH_3)}=K_{f1}^{\ominus}\cdot K_{f2}^{\ominus}\cdot K_{f3}^{\ominus}\cdot K_{f4}^{\ominus}$

(6-14)

显然，最后的累积稳定常数就是配离子的稳定常数，即 $K_f^{\ominus}=\beta_4$。

例 6-17 将 0.20 $mol\cdot L^{-1}$ $AgNO_3$ 溶液分别与 2.0 $mol\cdot L^{-1}$ 氨水和氰化钠溶液等体积混合，计算这两种混合溶液中 $c(Ag^+)$。已知 $K_f^{\ominus}[Ag(NH_3)_2^+]=1.7\times10^7$，$K_f^{\ominus}[Ag(CN)_2^-]=1.0\times10^{21}$。

解 Ag^+ 的配位数为 2，因为配体过量很多，所以可假设 Ag^+ 几乎完全与 NH_3 结合成 $[Ag(NH_3)_2]^+$，因此混合后(即达平衡时) $c(Ag^+)$ 和 $c([Ag(NH_3)]^+)$ 都很小，下面的计算忽略 $[Ag(NH_3)]^+$。

$AgNO_3$ 溶液与氨水等体积混合，因此 $c(Ag^+)$ 和 $c(NH_3)$ 的起始浓度都减半。设混合后 $c(Ag^+)=x$ $mol\cdot L^{-1}$，则配位反应的平衡浓度为

	Ag^+	+	$2NH_3$	=	$[Ag(NH_3)_2]^+$
起始浓度/($mol\cdot L^{-1}$)	0.20/2		2.0/2		0.0
平衡浓度/($mol\cdot L^{-1}$)	x		$1.0-2\times(0.10-x)$		$0.10-x$
			≈0.8		≈0.10

$$K_f^{\ominus}=\frac{c[Ag(NH_3)_2^+]}{c(Ag^+)\cdot c^2(NH_3)}=\frac{0.10}{x\times0.8^2}=1.7\times10^7$$

$$x=9.2\times10^{-9}$$

$$c(Ag^+)=9.2\times10^{-9}(mol\cdot L^{-1})$$

计算结果表明，混合后游离 Ag^+ 浓度很小，这就证实了平衡浓度的近似是合理的。

同理，$AgNO_3$ 与氰化钠混合后 $c(Ag^+)=1.6\times10^{-22}$ $mol\cdot L^{-1}$。由于 $[Ag(CN)_2]^-$ 的稳定性远大于 $[Ag(NH_3)_2]^+$，因此混合后溶液中游离 Ag^+ 的浓度更小。

注意：当配体过量较多时，混合后 Ag^+ 几乎完全反应，因此平衡浓度还可以用下面方法确定：先计算出 Ag^+ 刚好完全反应时各物质的浓度，显然此时不是平衡状态。将此非平衡状态视为初始状态，可以很方便地得出各平衡浓度。这种方法在平衡计算中经常被采用，示意如下：

	Ag^+ +	$2CN^-$ =	$[Ag(CN)_2]^-$	
起始浓度/($mol\cdot L^{-1}$)	0.20/2	2.0/2	0	←非平衡状态 1
完全反应时的浓度/($mol\cdot L^{-1}$)	0	$1.0-2\times0.10=0.8$	0.10	←非平衡状态 2
平衡浓度/($mol\cdot L^{-1}$)	x	$0.8+2x\approx0.8$	$0.10-x\approx0.10$	←平衡状态

【思考题】

1. 什么是逐级稳定常数？逐级稳定常数有哪些特点？

2. 在 $[Ag(NH_3)_2]^+$ 的配位平衡中，如果 NH_3 不过量，计算 $c(Ag^+)$ 时能否忽略 $[Ag(NH_3)]^+$？

6.2.4 螯合物的稳定性

由于螯合环的存在，螯合物比简单配体生成的配合物具有更高的稳定性。这种由于螯合环的形成而使配离子稳定性显著增强的作用称为**螯合效应**(chelate effect)。例如，$[Ni(NH_3)_6]^{2+}$和$[Ni(en)_3]^{2+}$具有相同的中心离子、配位原子和配位数，但它们的 $K_f^\ominus$ 却分别为 1.1×10^8 和 3.9×10^{18}，显然$[Ni(en)_3]^{2+}$稳定得多。因此在标准状态下，反应

$$[Ni(NH_3)_6]^{2+}+3en=[Ni(en)_3]^{2+}+6NH_3 \quad K^\ominus=\frac{K_f^\ominus[Ni(en)_3^{2+}]}{K_f^\ominus[Ni(NH_3)_6^{2+}]}=\frac{3.9\times10^{18}}{1.1\times10^8}=3.5\times10^{10}$$

能自发向右进行。

从化学热力学角度，用吉-亥方程 $\Delta_r G_m^\ominus=\Delta_r H_m^\ominus-T\Delta_r S_m^\ominus$ 也可以解释上述反应的自发向右进行。其中焓变 $\Delta_r H_m^\ominus$ 主要来自反应前后键能的变化，但由于反应前后都是 N→Ni 配位键，键能变化不大，即 $\Delta_r H_m^\ominus\approx0$；反应熵变 $\Delta_r S_m^\ominus$ 来自于反应前后分子数的变化，反应前 3 个 en 分子，反应后 6 个 NH_3 分子，反应后分子数的增加使体系的混乱度增大，因此 $\Delta_r S_m^\ominus>0$。综合 $\Delta_r H_m^\ominus$ 和 $\Delta_r S_m^\ominus$ 可得：$\Delta_r G_m^\ominus<0$，反应能自发向右进行。

影响螯合物稳定性的主要因素有以下两个方面：

(1)螯合环的大小　螯合环以五元环和六元环最稳定，其键角分别为 108°和 120°，有利于成键。三元环和四元环由于键角变小，化学键所受的张力较大而使稳定性较差或不能形成；七元环或更大的环同样因为键合的原子轨道不能发生较大重叠而不易形成。

(2)螯合环的数目　中心离子相同时，螯合环数越多，所形成的螯合物越稳定。

螯合物稳定性高，一般具有特殊颜色，难溶于水，易溶于有机溶剂，因而被广泛应用于沉淀分离、溶剂萃取、比色定量分析等方面。

【思考题】

1. 螯合物与简单配体配合物之间有什么区别？螯合物为什么具有特殊的稳定性？

2. 在相同浓度的配离子溶液中，根据 $K_f^\ominus$ 值比较配离子的稳定性。

(1)$[Zn(CN)_4]^{2-}$和$[Zn(NH_3)_4]^{2+}$；(2)$[Fe(SCN)_6]^{3-}$、$[Fe(C_2O_4)_3]^{3-}$和 FeY^-

3. 为什么配体亚硝酸根(ONO^-)是单齿配体而不是二齿配体？

4. 在 EDTA 与金属离子 M^{n+} 形成的螯合物 MY^{n-4} 中包含几个螯合环？是五元环还是六元环？

6.3 沉淀-溶解平衡

沉淀-溶解平衡不同于酸碱平衡和配位平衡，它是指在一定温度下，**难溶强电解质饱和溶液中离子与难溶固体之间的多相动态平衡**。注意：难溶物是指在 100 g 水中所溶解溶质的质量小于 0.01 g 的物质[①]，例如 $BaSO_4$、$CaCO_3$、CuS、AgCl、$Fe(OH)_3$、$Mn(OH)_2$ 和

① 根据固体溶解度的不同，一般把室温(291～298 K)下，在 100 g 水中能溶解 10 g 以上的物质称为易溶物；1～10 g 的称为可溶物；0.01～1 g 的称为微溶物；0.01 g 以下称为难溶物。

C_6H_5COOH 等，其中 C_6H_5COOH 为**难溶弱电解质**(溶于水的 C_6H_5COOH 仅部分解离，即溶液中存在 C_6H_5COOH 分子)，其余都为**难溶强电解质**(溶于水的部分全部解离，溶液中不存在难溶物分子)。

6.3.1 溶度积

在一定温度下，当难溶强电解质 M_mA_n 溶于水而形成饱和溶液时，未溶解的固体和溶液中的离子之间存在如下**沉淀-溶解平衡**(precipitation - dissolution equilibrium)：

$$M_mA_n(s)=mM^{n+}(aq)+nA^{m-}(aq)$$

这一多相平衡的平衡常数式为

$$K_{sp}^{\ominus}=c^m(M^{n+})\cdot c^n(A^{m-}) \qquad (6-15)$$

式中：$K_{sp}^{\ominus}$称为 M_mA_n 的**溶度积常数**(solubility product constant)，简称**溶度积**。$c(M^{n+})$和 $c(A^{m-})$分别为 M^{n+} 和 A^{m-} 的平衡浓度($mol\cdot L^{-1}$)。

$K_{sp}^{\ominus}$反映了难溶强电解质在水中的溶解程度，$K_{sp}^{\ominus}$越小，难溶强电解质在水中的溶解程度越低。一些常见难溶电解质的 $K_{sp}^{\ominus}$列于附录 5。

6.3.2 溶解度与溶度积的关系

溶度积 $K_{sp}^{\ominus}$和溶解度 s[①] 都表示难溶强电解质的溶解程度。在一定温度下，是否难溶强电解质的 $K_{sp}^{\ominus}$越大，其溶解度 s(以 $mol\cdot L^{-1}$为单位)也越大呢？通过下面的例题来讨论。

例 6-18 计算常温下 AgCl 和 Ag_2CrO_4 在水中的溶解度。已知 $K_{sp}^{\ominus}(AgCl)=1.8\times10^{-10}$，$K_{sp}^{\ominus}(Ag_2CrO_4)=1.12\times10^{-12}$。

解 (1)设 AgCl 的溶解度为 $s\ mol\cdot L^{-1}$，根据 AgCl 在水中的沉淀-溶解平衡

$$AgCl(s)=Ag^+(aq)+Cl^-(aq)$$

平衡浓度/($mol\cdot L^{-1}$)　　　s　　　s

$$K_{sp}^{\ominus}=c(Ag^+)\cdot c(Cl^-)=s^2$$

$$s=\sqrt{K_{sp}^{\ominus}}=\sqrt{1.8\times10^{-10}}=1.3\times10^{-5}(mol\cdot L^{-1})$$

(2)设 Ag_2CrO_4 的溶解度为 $s'\ mol\cdot L^{-1}$，根据 Ag_2CrO_4 在水中的沉淀-溶解平衡。

$$Ag_2CrO_4(s)=2Ag^+(aq)+CrO_4^{2-}(aq)$$

平衡浓度/($mol\cdot L^{-1}$)　　　$2s'$　　　s'

$$K_{sp}^{\ominus}=c^2(Ag^+)\cdot c(CrO_4^{2-})=(2s')^2\cdot s'=4s'^3$$

$$s'=\sqrt[3]{\frac{1.12\times10^{-12}}{4}}=6.54\times10^{-5}(mol\cdot L^{-1})$$

---

① 溶解度的大小主要取决于溶质和溶剂的本性，常用“相似相溶”规则加以说明。所谓相似相溶，是指溶质和溶剂分子结构相似或极性相似，分子间作用力相近，彼此易溶。例如：乙醇易溶于水，而苯不易溶于水，这是由于醇、水分子中都有羟基，而苯中没有羟基。分子极性较大的酸、碱、盐易溶于极性溶剂(如水)，极性较小的有机物质易溶于极性较弱或没有极性的有机溶剂。“相似相溶”规则仅是一个经验规则。

从例 6－18 可知，虽然 $K_{sp}^{\ominus}(AgCl) > K_{sp}^{\ominus}(Ag_2CrO_4)$，但 $s < s'$，这是因为 AgCl 和 Ag_2CrO_4 的电解质类型分别是 MA 型和 M_2A 型。对于不同类型的难溶强电解质，s 和 $K_{sp}^{\ominus}$ 的换算式不同。

对 AgCl、AgBr 和 AgI，或 Ag_2CrO_4 和 $Mn(OH)_2$（M_2A 和 MA_2 归属于同类型电解质）这些同类型难溶强电解质，$K_{sp}^{\ominus}$越大，溶解度 s 越大，可直接用 $K_{sp}^{\ominus}$比较 s 的大小；对不同类型的难溶强电解质，如 AgCl 和 Ag_2CrO_4，则不能直接从 $K_{sp}^{\ominus}$得出溶解度的大小，需用 $K_{sp}^{\ominus}$先计算出溶解度 s，再比较 s 的大小。

6.3.3　溶度积规则

室温定压下，对沉淀-溶解反应

$$M_mA_n(s) = mM^{n+}(aq) + nA^{m-}(aq)$$

范特霍夫定温式为

$$\Delta_rG_m = \Delta_rG_m^{\ominus} + RT\ln Q_{sp} = RT\ln \frac{Q_{sp}}{K_{sp}^{\ominus}} \tag{6-16}$$

式中：Q_{sp}称为沉淀-溶解**反应商**，$Q_{sp} = c^m(M^{n+}) \cdot c^n(A^{m-})$，$c(M^{n+})$和 $c(A^{m-})$分别是任意状态时 M^{n+} 和 A^{m-} 的浓度。

比较 Q_{sp}与 $K_{sp}^{\ominus}$的相对大小，即可知沉淀-溶解反应的 Δ_rG_m 符号，由此判断是否生成沉淀或沉淀溶解：

① 当 $Q_{sp} < K_{sp}^{\ominus}$时，$\Delta_rG_m < 0$，沉淀-溶解反应自发向右进行，则无沉淀生成。若已有沉淀，则沉淀溶解，直至 $Q_{sp} = K_{sp}^{\ominus}$。

② 当 $Q_{sp} = K_{sp}^{\ominus}$时，$\Delta_rG_m = 0$，沉淀-溶解反应达到平衡，此时没有沉淀的增加或减少，为饱和溶液。

③ 当 $Q_{sp} > K_{sp}^{\ominus}$时，$\Delta_rG_m > 0$，沉淀-溶解反应自发向左进行，有沉淀生成。

这一规则称为**溶度积规则**。

例 6－19　将 0.10 mol·L⁻¹的 $MgCl_2$ 溶液和同浓度的氨水等体积混合，是否生成 $Mg(OH)_2$沉淀？已知 $K_b^{\ominus}(NH_3) = 1.77 \times 10^{-5}$，$K_{sp}^{\ominus}[Mg(OH)_2] = 1.8 \times 10^{-11}$。

解　等体积混合则浓度减半：$c(Mg^{2+}) = 0.050\ mol \cdot L^{-1}$，$c_b = c(NH_3) = 0.050\ mol \cdot L^{-1}$

因为 $c_b \cdot K_b^{\ominus}(NH_3) > 10K_w^{\ominus}$ 且 $c_b / K_b^{\ominus}(NH_3) > 100$，所以混合瞬间氨水中 $c(OH^-)$为

$$c(OH^-) = \sqrt{c_b \cdot K_b^{\ominus}} = \sqrt{0.050 \times 1.77 \times 10^{-5}} = 9.4 \times 10^{-4}(mol \cdot L^{-1})$$

对沉淀-溶解反应　$Mg(OH)_2(s) = Mg^{2+}(aq) + 2OH^-(aq)$

$$Q_{sp}[Mg(OH)_2] = c(Mg^{2+}) \cdot c^2(OH^-) = 0.050 \times (9.4 \times 10^{-4})^2 = 4.4 \times 10^{-8}$$

因为 $Q_{sp}[Mg(OH)_2] > K_{sp}^{\ominus}[Mg(OH)_2]$，沉淀-溶解反应自发向左进行，所以混合后有 $Mg(OH)_2$ 沉淀生成。

6.3.4　分步沉淀

如果溶液中有几种离子能被同一种沉淀剂所沉淀，通过控制沉淀条件，可使混合离子中的某一种或几种离子先沉淀出来，而其他离子不沉淀，从而达到混合离子分离的目的。这种

分离方法称为**分步沉淀**。分步沉淀的条件是

① 先满足 $Q_{sp} \geqslant K_{sp}^{\ominus}$ 条件的沉淀先从溶液中析出；

② 当第二种沉淀开始析出时，先沉淀的离子已沉淀完全。

在分析化学中，一般把经过沉淀后，溶液中残留离子的浓度小于 $10^{-6}\ mol \cdot L^{-1}$ 作为**沉淀完全**的定量标准。"**沉淀完全**"只是一个概念，没有绝对的完全。对于常规的化学操作，溶液中由沉淀溶解产生的离子浓度低于 $10^{-5}\ mol \cdot L^{-1}$，就意味着**沉淀完全**了。

例 6-20 常温下，在含有浓度均为 $0.0010\ mol \cdot L^{-1}$ 的 I^- 和 Cl^- 的溶液中，逐滴加入 $AgNO_3$ 溶液，问：(1)哪种离子首先沉淀？(2)能否用分步沉淀的方法将这两种离子分离？已知 $K_{sp}^{\ominus}(AgCl)=1.8\times10^{-10}$，$K_{sp}^{\ominus}(AgI)=8.3\times10^{-17}$。

解

(1)由于 AgCl 和 AgI 是相同类型的沉淀，且 $c(Cl^-)=c(I^-)$，开始沉淀所需 $c(Ag^+)$ 的大小可直接从溶度积判断，即 $K_{sp}^{\ominus}$ 越小，开始沉淀所需 $c(Ag^+)$ 越小，沉淀首先析出。因为 $K_{sp}^{\ominus}(AgI)<K_{sp}^{\ominus}(AgCl)$，所以 AgI 沉淀首先析出。

(2)当 AgCl 开始沉淀时，$c(Cl^-)\approx0.0010\ mol \cdot L^{-1}$，根据 AgCl 的溶度积计算 $c(Ag^+)$

$$K_{sp}^{\ominus}(AgCl)=c(Ag^+)\cdot c(Cl^-)$$

$$c(Ag^+)=\frac{K_{sp}^{\ominus}(AgCl)}{c(Cl^-)}=\frac{1.8\times10^{-10}}{0.0010}=1.8\times10^{-7}(mol \cdot L^{-1})$$

此时溶液中 $c(I^-)$ 为

$$c(I^-)=\frac{K_{sp}^{\ominus}(AgI)}{c(Ag^+)}=\frac{8.3\times10^{-17}}{1.8\times10^{-7}}=4.6\times10^{-10}(mol \cdot L^{-1})$$

由计算可知，当 AgCl 开始沉淀时，$c(I^-)<10^{-6}\ mol \cdot L^{-1}$，说明 I^- 已沉淀完全。因此，可用分步沉淀法将 I^- 和 Cl^- 分离。

例 6-21 如果溶液中 Fe^{3+} 和 Mg^{2+} 的浓度均为 $0.10\ mol \cdot L^{-1}$，用 NaOH 调节溶液的 pH。问(1)哪一种离子先沉淀？(2)要使这两种离子分步沉淀，溶液的 pH 应如何控制？

已知 $K_{sp}^{\ominus}[Fe(OH)_3]=1.1\times10^{-36}$，$K_{sp}^{\ominus}[Mg(OH)_2]=1.8\times10^{-11}$。

解 (1)$Fe(OH)_3$ 和 $Mg(OH)_2$ 属不同类型电解质，应分别计算出刚生成这两种沉淀时所需的 $c(OH^-)$，然后再判断哪一种离子先沉淀。

$c(Mg^{2+})=0.10\ mol \cdot L^{-1}$，当 $Mg(OH)_2$ 开始沉淀时，所需 OH^- 的最低浓度为

$$K_{sp}^{\ominus}[Mg(OH)_2]=c(Mg^{2+})\cdot c^2(OH^-)$$

$$c(OH^-)=\sqrt{\frac{K_{sp}^{\ominus}[Mg(OH)_2]}{c(Mg^{2+})}}$$

$$=\sqrt{\frac{1.8\times10^{-11}}{0.10}}=1.3\times10^{-5}(mol \cdot L^{-1})$$

同理，$c(Fe^{3+})=0.10\ mol \cdot L^{-1}$，当 $Fe(OH)_3$ 开始沉淀时，所需 OH^- 的最低浓度为

$$c'(OH^-)=\sqrt[3]{\frac{K_{sp}^{\ominus}[Fe(OH)_3]}{c(Fe^{3+})}}=\sqrt[3]{\frac{1.1\times10^{-36}}{0.10}}=2.2\times10^{-12}(mol \cdot L^{-1})$$

由于生成 $Fe(OH)_3$ 沉淀所需的 OH^- 最低浓度较小，因此 Fe^{3+} 先沉淀。

(2)当 $Fe(OH)_3$ 刚好沉淀完全时，$c(Fe^{3+})=10^{-6}\ mol\cdot L^{-1}$

$$K_{sp}^{\ominus}[Fe(OH)_3]=c(Fe^{3+})\cdot c^3(OH^-)$$

$$c(OH^-)=\sqrt[3]{\frac{K_{sp}^{\ominus}[Fe(OH)_3]}{c(Fe^{3+})}}=\sqrt[3]{\frac{1.1\times10^{-36}}{10^{-6}}}=1.0\times10^{-10}(mol\cdot L^{-1})$$

$$pH=4.00$$

当 $Mg(OH)_2$ 开始沉淀时，$c(OH^-)=1.3\times10^{-5}\ mol\cdot L^{-1}$，即 pH=9.11

因此要使 $Fe(OH)_3$ 沉淀完全而 $Mg(OH)_2$ 不沉淀，溶液的 pH 应控制在 4.00～9.11。

当 $Mg(OH)_2$ 沉淀完全时，$c(Mg^{2+})=10^{-6}\ mol\cdot L^{-1}$，则

$$c(OH^-)=\sqrt{\frac{K_{sp}^{\ominus}[Mg(OH)_2]}{c(Mg^{2+})}}=\sqrt{\frac{1.8\times10^{-11}}{10^{-6}}}=4.2\times10^{-3}(mol\cdot L^{-1}),\ pH=11.62$$

要使 $Mg(OH)_2$ 完全沉淀，溶液的 pH 需大于 11.62。

【思考题】

1. 什么是沉淀完全?
2. 什么是分步沉淀? 判断沉淀先后次序的依据是什么?

6.4 平衡的移动与多重平衡的计算

在电解质水溶液中加入水、电解质、酸(碱)、沉淀剂、配位剂等都会影响该电解质的解离平衡。当水溶液中原有的化学平衡只有一种时，外加水、电解质、酸碱等试剂等引起的平衡移动比较简单；但是当溶液中存在的化学平衡不止一种时，例如同时存在酸碱反应、配位反应或沉淀-溶解反应(甚至氧化还原反应)中的两种或以上，由于同时存在的反应间彼此牵制，互相影响，外加其他试剂等引起的平衡移动问题变得复杂，此时通常根据同时平衡规则和范特霍夫定温式，进行相关计算，判断反应进行的方向。

6.4.1 稀释效应、同离子效应和盐效应对弱电解质解离度的影响

6.4.1.1 稀释效应

往弱电解质溶液中加水稀释，弱电解质的解离平衡会不会发生移动? 如果会，平衡将向什么方向移动呢?

例 6-22 已知浓度为 c_a 的一元弱酸 HA 溶液中 $c(H^+)=\sqrt{c_a\cdot K_a^{\ominus}(HA)}$，推导 HA 的解离度 α 和解离常数 $K_a^{\ominus}$ 的关系。

解 HA 解离度 α 的计算式为

$$\alpha=\frac{\text{已解离 HA 的量}}{\text{HA 的起始量}}\times100\%=\frac{c(H^+)}{c_a}\times100\%$$

将 $c(H^+)=\sqrt{c_a\cdot K_a^{\ominus}(HA)}$ 代入，则 α 和解离常数 $K^{\ominus}$ 的关系为

$$\alpha=\frac{c(H^+)}{c_a}\times 100\%=\sqrt{\frac{K_a^{\ominus}(HA)}{c_a}}\times 100\% \qquad (6-17)$$

式(6-17)说明：弱酸的浓度越小，其解离度越大；同理，弱碱的浓度越小，其解离度也越大。**即稀释可使弱酸(或弱碱)的解离度增大**。

例 6-23　将$[Cu(NH_3)_4]^{2+}$溶液用水稀释一倍，判断$[Cu(NH_3)_4]^{2+}$的解离度是否增大。

解　$[Cu(NH_3)_4]^{2+}$的解离反应及其平衡常数为

$$[Cu(NH_3)_4]^{2+}=Cu^{2+}+4NH_3 \quad K^{\ominus}=K_f^{\ominus -1}([Cu(NH_3)_4^{2+}])$$

溶液稀释一倍的瞬间浓度减半，此时配离子解离平衡的反应商 Q 为

$$Q=\frac{0.5c(Cu^{2+})\cdot[0.5c(NH_3)]^4}{0.5c([Cu(NH_3)_4]^{2+})}=0.5^4\times\frac{c(Cu^{2+})\cdot c^4(NH_3)}{c([Cu(NH_3)_4]^{2+})}=0.5^4\cdot K^{\ominus}$$

因为 $Q<K^{\ominus}$，所以加水稀释会使解离平衡向右移动，配离子的解离度将增大。

从例 6-23 可见：稀释也会使配离子解离程度增加。稀释使水溶液中弱电解质解离度增大的现象称为**稀释效应**(dilution effect)。

弱电解质的解离常数 $K^{\ominus}$ 只能定性地反映其解离程度，而解离度 α 则能定量地描述弱电解质在水中的解离程度。解离度 α 与弱电解质的本性、浓度和温度有关。溶液浓度越小，α 越大；温度对 α 影响不大(因为室温下水溶液温度变化幅度小)。解离度 α 还与溶剂的介电常数有关。在介电常数小的溶剂中，电解质不易解离①，例如 HCl 在水中易解离，然而在乙醇中的解离度就很小，在苯中几乎不解离。因为水、乙醇和苯的介电常数分别为 78.5、24.5 和 2.28。动物体液有较大的介电常数，如牛乳为 66、血液为 85.5、尿液为 82.8。因此电解质在生物体液中往往有较大的离子浓度，这对电解质在生物体中的作用有重大的意义。

6.4.1.2　同离子效应和盐效应

在弱电解质溶液(或难溶电解质饱和溶液)中，加入具有相同离子的易溶性强电解质，弱电解质的解离度(或难溶电解质的溶解度)发生降低的现象称为**同离子效应**(co-ion effect)。

例如，在 HAc 溶液中加入 NaAc，HAc 的解离会受到抑制。这是由于增加了 $c(Ac^-)$，使 HAc 的解离平衡向生成 HAc 的方向移动。在缓冲溶液中，共轭酸碱对的同离子效应抑制了彼此的解离，所以计算缓冲溶液 pH 时可用共轭酸碱的初始浓度代替平衡浓度；同理，在含$[Cu(NH_3)_4]^{2+}$的溶液中加入氨水会降低$[Cu(NH_3)_4]^{2+}$的解离度；在 $BaSO_4$ 的饱和溶液中加入 $BaCl_2$ 会降低 $BaSO_4$ 的溶解度。因此过量的配体或沉淀剂可以促进配位反应或沉淀反应进行完全。

---

①　在溶剂中，离子间的静电引力为：$f=\frac{q_1\cdot q_2}{D\cdot r^2}$。式中：$q_1$，$q_2$ 为离子所带电量；r 为离子间平均距离；D 为介电常数。溶剂的 D 越小，离子间引力 f 越大，则离子越易结合形成分子，即电解质不易解离。

常见溶剂的介电常数：H_2O　78.5；HCOOH　58.5；$HCON(CH_3)_2$(N，N-二甲基甲酰胺)　36.7；CH_3OH　32.7；C_2H_5OH　24.5；CH_3COCH_3　20.7；n-$C_6H_{13}OH$(正己醇)　13.3；CH_3COOH　6.15；C_6H_6(苯)　2.28；CCl_4 2.24；n-C_6H_{14}(正己烷)　1.88。

例 6-24 计算 AgCl 在 0.01 $mol \cdot L^{-1}$的 HCl 溶液中的溶解度 s'($mol \cdot L^{-1}$)，并将结果与在纯水中的溶解度(见例 6-18)对比。已知 $K_{sp}^{\ominus}(AgCl)=1.8\times10^{-10}$。

解 AgCl 在 0.01 $mol \cdot L^{-1}$的 HCl 溶液中的沉淀-溶解平衡为

$$AgCl(s)=Ag^{+}(aq)+Cl^{-}(aq)$$

初始浓度/($mol \cdot L^{-1}$)　　0　　0.01

平衡浓度/($mol \cdot L^{-1}$)　　s'　　$0.01+s'\approx0.01$

$$K_{sp}^{\ominus}(AgCl)=c(Ag^{+})\cdot c(Cl^{-})=s'\cdot 0.01$$

$$s'=\frac{K_{sp}^{\ominus}(AgCl)}{0.01}=\frac{1.8\times10^{-10}}{0.01}=1.8\times10^{-8}(mol\cdot L^{-1})$$

AgCl 在 0.01 $mol \cdot L^{-1}$的 HCl 溶液中的溶解度为 1.8×10^{-8} $mol \cdot L^{-1}$，大大地低于在纯水中的溶解度 1.3×10^{-5} $mol \cdot L^{-1}$(见例 6-18)。可见，同离子效应使难溶电解质的溶解度大大降低，沉淀将更为完全①。

若在弱电解质溶液(或难溶电解质饱和溶液)中，加入与之无关的易溶强电解质，弱电解质的解离度(或难溶电解质的溶解度)会有所增大，这种现象称为**盐效应**(salt effect)。

盐效应可用离子互吸理论来解释，现以在 HAc 溶液中加入 NaCl 为例来说明。在 HAc 溶液中存在趋势相反的两种平衡：HAc 的解离平衡及 H^{+}与 Ac^{-}结合成 HAc 的分子化平衡：

$$HAc \underset{\text{分子化}}{\overset{\text{解离}}{\rightleftharpoons}} H^{+}+Ac^{-}$$

NaCl 的加入增大了阴、阳离子的浓度，离子间相互吸引牵制程度增加，这减弱了分子化过程，打破了原有的解离和分子化平衡，欲重新建立平衡，HAc 的解离度必然增大。

注意：在同离子效应中也伴随着盐效应。同离子效应使弱电解质的解离度降低，盐效应则使弱电解质的解离度增大，这两个对立的因素会使哪种效应为主呢？表 6-8 比较了同离子效应和盐效应对 0.1 $mol \cdot L^{-1}$ HAc 解离度的影响。

表 6-8　同离子效应和盐效应对 HAc 解离度 α 的影响

溶液组成	$c(H^{+})/(mol\cdot L^{-1})$	$\alpha=\frac{c(H^{+})}{c_a}\times100\%$
0.1 $mol\cdot L^{-1}$ HAc	1.3×10^{-3}(见例 6-14)	1.3
0.1 $mol\cdot L^{-1}$ HAc+0.1 mol NaCl	0.0017(实验值)	1.7
0.1 $mol\cdot L^{-1}$ HAc+0.1 mol NaAc	$10^{-4.75}=1.8\times10^{-5}$(见例 6-14)	0.018

由表 6-8 可见，将等物质的量的 NaCl 加入 HAc 溶液时，α(HAc)有所增大，但增幅不大；而将等物质的量的 NaAc 加入时，α(HAc)大大降低。这说明盐效应使 HAc 解离度的变化不如同离子效应显著。因此，**在有同离子效应时，一般不用考虑盐效应**。但应注意：当易溶性强电解质的浓度足够大时，盐效应的影响不能忽略。

在分析化学中，为保证沉淀完全，常加入过量沉淀剂以降低沉淀的溶解度。但沉淀剂加

① 注意：并非盐酸的浓度越大 AgCl 的溶解度越小，因为过浓的 Cl^{-} 会与 Ag^{+} 发生配位反应 $Ag^{+}+2Cl^{-}=[AgCl_2]^{-}$，这一反应的存在将使 AgCl 的溶解度增大。

得过多会引起盐效应或其他反应，反而使沉淀的溶解度增大。通常情况下，沉淀剂过量50%～100%是合适的，如果沉淀剂不易挥发，则以过量20%～30%为宜。

【思考题】

1. 什么是稀释效应、同离子效应和盐效应？
2. 同离子效应存在时，如何计算酸碱溶液的pH？
3. 在常规化学操作中，沉淀完全的标志是什么？为使沉淀完全，一般沉淀剂的加入量是多少？

6.4.2 酸效应和水解效应对解离平衡的影响

在沉淀-溶解平衡和配位平衡中常常存在由 H^+、OH^- 以及其他配体等引起的副反应(图6-7)，这些副反应会使主反应平衡发生移动。下面分别介绍酸效应、水解效应和配位效应对沉淀-溶解平衡和配位平衡的影响。

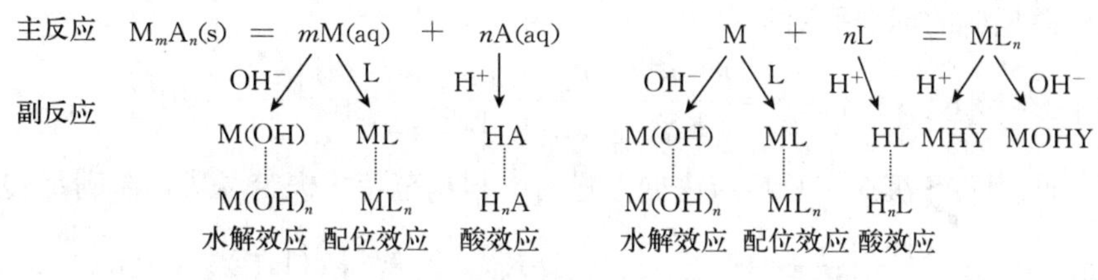

图6-7 沉淀-溶解平衡和配位平衡中的副反应示意图

6.4.2.1 沉淀-溶解平衡的酸效应和水解效应

溶液中 H^+ 对难溶电解质溶解度的影响称为沉淀-溶解平衡的**酸效应**(acid effect)。难溶电解质若是强酸盐，如 AgCl、$BaSO_4$ 等，其溶解、解离产生的阴离子不能与 H^+ 结合，溶解度几乎不受酸效应影响；但若是弱酸盐[如 CaC_2O_4、$CaCO_3$、CdS、$Fe(OH)_3$]或多元酸盐[如 $Ca_3(PO_4)_2$、$MgNH_4PO_4$]，沉淀溶解、解离产生的阴离子能与 H^+ 结合成质子酸，而使沉淀-溶解平衡向溶解方向发生移动，酸效应会使难溶电解质的溶解度增大。例如，在 Ag_2CrO_4 的饱和溶液中加入稀盐酸，则溶液中有下列反应平衡

(1) $Ag_2CrO_4(s)=2Ag^++CrO_4^{2-}$　　$K_1^{\ominus}=K_{sp}^{\ominus}(Ag_2CrO_4)=1.12\times10^{-12}$

(2) $Ag^++Cl^-=AgCl(s)$　　$K_2^{\ominus}=K_{sp}^{\ominus-1}(AgCl)=(1.8\times10^{-10})^{-1}$

(3) $CrO_4^{2-}+H^+=HCrO_4^-$　　$K_3^{\ominus}=K_{a2}^{\ominus-1}(H_2CrO_4)=(3.2\times10^{-7})^{-1}$

(4) $HCrO_4^-+H^+=H_2CrO_4$　　$K_4^{\ominus}=K_{a1}^{\ominus-1}(H_2CrO_4)=(1.8\times10^{-1})^{-1}$

在酸性溶液中，反应(3)和(4)的存在降低了 $c(CrO_4^{2-})$，因此 $Ag_2CrO_4(s)$ 的溶解度增大；同时在反应(2)中，AgCl(s)的生成也促进了 $Ag_2CrO_4(s)$ 的溶解。

将反应(1)+2×反应(2)+反应(3)+反应(4)，得到总反应

$$Ag_2CrO_4(s)+2Cl^-+2H^+=2AgCl(s)+H_2CrO_4$$

$$\begin{aligned}K_{总}^{\ominus}&=K_1^{\ominus}\cdot(K_2^{\ominus})^2\cdot K_3^{\ominus}\cdot K_4^{\ominus}\\&=1.12\times10^{-12}\times(1.8\times10^{-10})^{-2}\times(3.2\times10^{-7})^{-1}\times(1.8\times10^{-1})^{-1}\\&=6.0\times10^{14}\end{aligned}$$

$K^{\ominus}_{总}$较大，说明总反应向右进行的程度较大，红色Ag_2CrO_4(s)能被盐酸溶解转化为白色AgCl(s)，这就是沉淀滴定法中莫尔法不适用于酸性条件的原因(见9.3.1.3)。

同样，溶液中OH^-对难溶电解质溶解度的影响称为沉淀-溶解平衡的**水解效应**(hydrolysis effect)。例如，在Ag_2CrO_4的饱和溶液中，若溶液呈碱性(pH>10)，Ag^+水解生成Ag_2O而使$c(Ag^+)$降低，因此水解效应也能使Ag_2CrO_4的溶解度增大。

例6-25 常温下，在$0.10\ mol\cdot L^{-1}$ $ZnCl_2$溶液中通入H_2S至饱和(H_2S的饱和浓度为$0.10\ mol\cdot L^{-1}$)，要防止ZnS沉淀产生，溶液的最低酸度应为多少？已知$K^{\ominus}_{sp}(ZnS)=1.2\times10^{-23}$；$H_2S$的$K^{\ominus}_{a1}=9.5\times10^{-8}$，$K^{\ominus}_{a2}=1.3\times10^{-14}$。

解 在$0.10\ mol\cdot L^{-1}$ $ZnCl_2$溶液中通入H_2S至饱和，溶液中的总反应为

$$Zn^{2+}(aq)+H_2S(aq)=ZnS(s)+2H^+(aq) \quad K^{\ominus}_{总}$$

而上述总反应是由下列两个反应相加，约去S^{2-}而得

$$(1)\ H_2S(aq)=2H^+(aq)+S^{2-}(aq) \qquad K^{\ominus}_1=K^{\ominus}_{a1}K^{\ominus}_{a2}(H_2S)$$

$$(2)\ Zn^{2+}(aq)+S^{2-}(aq)=ZnS(s) \qquad K^{\ominus}_2=(K^{\ominus}_{sp})^{-1}(ZnS)$$

因此，总反应的标准平衡常数为

$$K^{\ominus}_{总}=K^{\ominus}_1K^{\ominus}_2=\frac{K^{\ominus}_{a1}K^{\ominus}_{a2}}{K^{\ominus}_{sp}}=\frac{9.5\times10^{-8}\times1.3\times10^{-14}}{1.2\times10^{-23}}=103$$

要防止产生ZnS沉淀，总反应需向左进行。根据范特霍夫定温式，需满足$Q_{总}>K^{\ominus}_{总}$

$$Q_{总}=\frac{c^2(H^+)}{c(Zn^{2+})\cdot c(H_2S)}=\frac{c^2(H^+)}{0.10\times0.10}>K^{\ominus}_{总}, \quad 解得\ c(H^+)>1.0\ mol\cdot L^{-1}$$

因此，欲防止析出ZnS沉淀，溶液中$c(H^+)$最低为$1.0\ mol\cdot L^{-1}$。

例6-26 考虑S^{2-}的水解，计算常温下$Ag_2S(s)$在水中的溶解度。已知H_2S的$K^{\ominus}_{a1}=9.5\times10^{-8}$，$K^{\ominus}_{a2}=1.3\times10^{-14}$，$K^{\ominus}_{sp}(Ag_2S)=1.6\times10^{-49}$。

解 考虑S^{2-}的水解，$Ag_2S(s)$溶解出来的S^{2-}有3种存在形式：S^{2-}、HS^-和H_2S。设Ag_2S的溶解度为$x\ mol\cdot L^{-1}$，则$c(Ag^+)=2x\ mol\cdot L^{-1}$，$c_0(S^{2-})=x\ mol\cdot L^{-1}$。而游离的$S^{2-}$浓度可用分布系数计算

$$c(S^{2-})=\delta_0\cdot c_0(S^{2-})=\delta_0\cdot x$$

因为$K^{\ominus}_{sp}(Ag_2S)=c^2(Ag^+)\cdot c(S^{2-})=(2x)^2\cdot\delta_0\cdot x=4x^3\cdot\delta_0$

所以$Ag_2S(s)$的溶解度为$x=\sqrt[3]{\dfrac{K^{\ominus}_{sp}(Ag_2S)}{4\delta_0}}$

因$Ag_2S(s)$的溶解度很小，S^{2-}水解产生的HS^-和H_2S也很少，所以溶液pH≈7.0，即$c(H^+)\approx1.0\times10^{-7}\ mol\cdot L^{-1}$，则$S^{2-}$的分布系数$\delta_0$为

$$\delta_0=\frac{c(S^{2-})}{c_0(S^{2-})}=\frac{K^{\ominus}_{a1}\cdot K^{\ominus}_{a2}}{c^2(H^+)+c(H^+)\cdot K^{\ominus}_{a1}+K^{\ominus}_{a1}\cdot K^{\ominus}_{a2}}$$

$$=\frac{9.5\times10^{-8}\times1.3\times10^{-14}}{(1.0\times10^{-7})^2+1.0\times10^{-7}\times9.5\times10^{-8}+9.5\times10^{-8}\times1.3\times10^{-14}}=6.3\times10^{-8}$$

因此，考虑 S^{2-} 的水解，Ag_2S 的溶解度为

$$x=\sqrt[3]{\frac{K_{sp}^{\ominus}(Ag_2S)}{4\delta_0}}=\sqrt[3]{\frac{1.6\times10^{-49}}{4\times6.3\times10^{-8}}}=8.6\times10^{-15}(\text{mol}\cdot\text{L}^{-1})$$

若不考虑 S^{2-} 的水解，Ag_2S 的溶解度为

$$x'=\sqrt[3]{\frac{K_{sp}^{\ominus}(Ag_2S)}{4}}=\sqrt[3]{\frac{1.6\times10^{-49}}{4}}=3.4\times10^{-17}(\text{mol}\cdot\text{L}^{-1})$$

可见，由于部分 S^{2-} 水解，Ag_2S 在水中的溶解度增加了几百倍；若再加入酸，则 Ag_2S 的溶解度将增加更多。

6.4.2.2 配位平衡的酸效应和水解效应

按照酸碱质子理论，一些配体属于碱(如 F^-、CN^-、NH_3、en 等)，可与 H^+ 结合生成其共轭酸(质子酸)。当 $c(H^+)$ 增加时，配体与 H^+ 结合降低游离配体的浓度，推动配位平衡向配离子解离的方向移动，从而使配离子稳定性降低的现象称为**配体的酸效应**。

例如，在酸性 $FeCl_3$ 溶液中加入过量的 NaF，则溶液中存在下列平衡：

(1)$Fe^{3+}+6F^-=[FeF_6]^{3-}$　　$K_1^{\ominus}=K_f^{\ominus}(FeF_6^{3-})$

(2)$H^++F^-=HF$　　$K_2^{\ominus}=K_a^{\ominus-1}(HF)$

6×反应(2)−反应(1)，得到的总反应及其平衡常数为

$$[FeF_6]^{3-}+6H^+=Fe^{3+}+6HF\qquad K_{总}^{\ominus}=\frac{(K_2^{\ominus})^6}{K_1^{\ominus}}=\frac{1}{K_f^{\ominus}(FeF_6^{3-})\cdot K_a^{\ominus\,6}(HF)}$$

$K_f^{\ominus}$ 和 $K_a^{\ominus}$ 越小，$K_{总}^{\ominus}$越大，总反应向右进行的程度越大。这说明：配离子越不稳定，质子酸的酸性越弱，则总反应平衡向右进行的趋势越大，配离子越容易被酸破坏。

同理，当溶液中外加大量 OH^-[或者 $c(H^+)$较小]时，金属离子发生水解而使配离子稳定性降低的现象称为金属离子的**水解效应**。

例如，Fe^{3+} 水解对$[FeF_6]^{3-}$解离平衡产生的影响，推导如下：

溶液中存在两个平衡：

(1)$[FeF_6]^{3-}=6F^-+Fe^{3+}$　　$K_1^{\ominus}=K_f^{\ominus-1}(FeF_6^{3-})$

(2)$Fe^{3+}+3OH^-=Fe(OH)_3$　　$K_2^{\ominus}=K_{sp}^{\ominus-1}[Fe(OH)_3]$

反应(1)+反应(2)，得

$$[FeF_6]^{3-}+3OH^-=Fe(OH)_3+6F^-\qquad K_{总}^{\ominus}=K_1^{\ominus}\cdot K_2^{\ominus}=\frac{1}{K_f^{\ominus}(FeF_6^{3-})\cdot K_{sp}^{\ominus}[Fe(OH)_3]}$$

这表明：$K_f^{\ominus}$ 和 $K_{sp}^{\ominus}$越小，即配离子越不稳定，金属离子水解产物越难溶，总反应向右进行的趋势越大，配离子越易被破坏。

综上所述，**配体的酸效应和金属离子的水解效应使得配离子只能在一定的 pH 范围内稳**

定存在[①]。

例 6-27 50 mL 0.20 $mol\cdot L^{-1}$ $[Ag(NH_3)_2]^+$ 溶液与 0.60 $mol\cdot L^{-1}$ 的 HNO_3 等体积混合，计算混合后 $[Ag(NH_3)_2]^+$ 的浓度。已知 $K_f^\ominus[Ag(NH_3)_2^+]=1.7\times10^7$，$K_b^\ominus(NH_3)=1.8\times10^{-5}$。

解 溶液中存在的反应为

$$(1)[Ag(NH_3)_2]^+=Ag^++2NH_3 \qquad K_1^\ominus=\frac{1}{K_f^\ominus[Ag(NH_3)_2^+]}$$

$$(2)NH_3+H^+=NH_4^+ \qquad K_2^\ominus=\frac{1}{K_a^\ominus(NH_4^+)}=\frac{K_b^\ominus(NH_3)}{K_w^\ominus}$$

反应(1)+2×反应(2)，得

$$[Ag(NH_3)_2]^++2H^+=Ag^++2NH_4^+ \qquad K_总^\ominus=K_1^\ominus\cdot K_2^{\ominus2}$$

$$K_总^\ominus=\frac{K_b^{\ominus2}(NH_3)}{K_f^\ominus[Ag(NH_3)_2^+]\cdot K_w^{\ominus2}}=\frac{(1.8\times10^{-5})^2}{1.7\times10^7\times(10^{-14})^2}=1.9\times10^{11}$$

设混合后 $[Ag(NH_3)_2]^+$ 的浓度为 x $mol\cdot L^{-1}$

	$[Ag(NH_3)_2]^+$ +	$2H^+$ =	Ag^+ +	$2NH_4^+$
混合瞬间的浓度/($mol\cdot L^{-1}$)	0.20/2	0.60/2	0	0
反应完全时的浓度/($mol\cdot L^{-1}$)	0	0.30−0.20=0.10	0.10	0.20
平衡浓度/($mol\cdot L^{-1}$)	x	$0.10+2x$ ≈0.10	$0.10-x$ ≈0.10	$0.20-2x$ ≈ 0.20

将平衡浓度代入平衡常数式，得

$$K_总^\ominus=\frac{c(Ag^+)\cdot c^2(NH_4^+)}{c[Ag(NH_3)_2^+]\cdot c^2(H^+)}=\frac{0.10\times0.20^2}{x\cdot0.10^2}=1.9\times10^{11}$$

解得 $x=2.1\times10^{-12}(mol\cdot L^{-1})$

与 HNO_3 混合后，$[Ag(NH_3)_2]^+$ 的浓度很低，可以认为 $[Ag(NH_3)_2]^+$ 已被完全破坏了。

6.4.3 配位效应对解离平衡的影响

在配位平衡或沉淀-溶解平衡体系中，如果存在可能来自掩蔽剂、缓冲剂、指示剂或杂质的其他配体 L′，它也能与金属离子发生配位反应。由于其他配体与金属离子的配位而使原配合物或难溶电解质稳定性降低的现象称为**配位效应**(complex effect)。

① 大多数重金属离子的水解过程也是 OH^- 的配位过程，因此通过调节酸度，使金属离子生成氢氧化物沉淀时，并非 pH 越高沉淀越彻底。如 Cd^{2+} 的水解产物有 $CdOH^+$、$Cd(OH)_2$、$Cd(OH)_3^-$ 和 $Cd(OH)_4^{2-}$，即 Cd^{2+} 与 OH^- 的逐级配位产物。经实验测定，在不同 pH 时，镉的主要存在形式如下：

pH	<8	10	11	12	>13
Cd 的主要存在形式	Cd^{2+}	$CdOH^+$	$Cd(OH)_2$	$Cd(OH)_3^-$	$Cd(OH)_4^{2-}$

因此要以沉淀形式除去 Cd^{2+}，必须控制溶液的 pH≈11。

例 6-28 用 NH_4SCN 鉴定 Co^{2+} 时，若存在 Fe^{3+} 则会干扰鉴定。因为[$Fe(NCS)_3$]的血红色会影响蓝紫色[$Co(SCN)_4$]$^{2-}$的检出。为消除 Fe^{3+} 的干扰，需加入 NH_4F 以褪去红色。请通过计算说明原因。已知 $K_f^\ominus[Fe(NCS)_3]=4.0\times10^5$，$K_f^\ominus(FeF_6^{3-})=1.0\times10^{16}$。

解 加入 NH_4F 后，发生配合物转化反应

$$\underset{(\text{血红色})}{[Fe(NCS)_3]}+6F^-=\underset{(\text{无色})}{[FeF_6]^{3-}}+3SCN^- \quad K_{\text{转化}}^\ominus=?$$

不难看出，这个配合物转化反应是由下列两个配位平衡相加而得的

(1)$[Fe(NCS)_3]=Fe^{3+}+3SCN^- \quad K_1^\ominus=K_f^{\ominus-1}[Fe(NCS)_3]$

(2)$Fe^{3+}+6F^-=[FeF_6]^{3-} \quad K_2^\ominus=K_f^\ominus(FeF_6^{3-})$

因此 $K_{\text{转化}}^\ominus=K_1^\ominus\cdot K_2^\ominus=\dfrac{K_f^\ominus(FeF_6^{3-})}{K_f^\ominus[Fe(NCS)_3]}=\dfrac{1.0\times10^{16}}{4.0\times10^5}=2.5\times10^{10}$

$K_{\text{转化}}^\ominus$值较大，说明血红色的[$Fe(NCS)_3$]能完全转化为无色的[FeF_6]$^{3-}$，因此在[$Co(SCN)_4$]$^{2-}$和[$Fe(NCS)_3$]的红色混合溶液中加入 NH_4F 后，血红色褪去，溶液呈蓝紫色。

6.4.4 多重平衡的计算及反应方向的判断

溶液中的化学平衡是一个复杂体系的平衡，酸碱平衡、配位平衡、沉淀-溶解平衡和氧化还原平衡中的两种甚至多种常常同时存在，它们既相互关联又相互牵制，同时平衡。有关多重平衡的反应方向以及相关浓度等问题，一般根据**同时平衡原理**，通过**范特霍夫定温式**来讨论。

在酸效应和水解效应中已经分别讨论了酸碱性对配位平衡和沉淀-溶解平衡的定量影响(见例 6-25、例 6-26 和例 6-27)，这属于两重平衡(酸碱平衡和配位平衡、酸碱平衡和沉淀-溶解平衡)问题。水溶液中配离子和有关沉淀的相互转化涉及配位平衡和沉淀-溶解平衡，也是两重平衡，另外还有酸碱平衡、配位平衡和沉淀-溶解平衡共存时的反应方向以及相关计算，这是更复杂的三重平衡问题，下面举例说明。

例 6-29 根据沉淀的 $K_{sp}^\ominus$和配离子的 $K_f^\ominus$ 的大小解释下列现象。

(1)黄色 AgI 沉淀难溶于浓氨水，但易溶于 KCN 溶液；

(2)淡黄色 K_2CrO_4 溶液加入装有 $BaCO_3$ 沉淀的试管中，振荡，沉淀由白色变成黄色。

已知：$K_{sp}^\ominus(AgI)=8.3\times10^{-17}$，$K_{sp}^\ominus(BaCO_3)=8.1\times10^{-9}$，$K_{sp}^\ominus(BaCrO_4)=1.6\times10^{-10}$，$K_f^\ominus[Ag(CN)_2^-]=1.0\times10^{21}$，$K_f^\ominus[Ag(NH_3)_2^+]=1.7\times10^7$。

解

(1)AgI(s)与浓氨水的反应为

$$AgI(s)+2NH_3=[Ag(NH_3)_2]^++I^- \qquad K_{\text{总}}^\ominus=?$$

该反应的平衡常数与 AgI(s)的沉淀溶解平衡和[$Ag(NH_3)_2$]$^+$的配位平衡有关：

$$K^{\ominus}_{总}=\frac{c[Ag(NH_3)_2^+]\cdot c(I^-)}{c^2(NH_3)}=\frac{c[Ag(NH_3)_2^+]\cdot c(I^-)\cdot c(Ag^+)}{c^2(NH_3)\cdot c(Ag^+)}$$
$$=K^{\ominus}_f[Ag(NH_3)_2^+]\cdot K^{\ominus}_{sp}(AgI)$$
$$=1.7\times10^7\times8.3\times10^{-17}$$
$$=1.4\times10^{-9}$$

$K^{\ominus}_{总}$值很小，反应向右进行的趋势很小。因此 AgI(s)很难被氨水转化为$[Ag(NH_3)_2]^+$，即 AgI 难溶于浓氨水。

同理，黄色沉淀 AgI(s)易溶于 KCN 溶液，是因为发生以下反应

$$AgI(s)+2CN^-=[Ag(CN)_2]^-+I^-$$

该反应的标准平衡常数为 $K^{\ominus'}_{总}=K^{\ominus}_{sp}(AgI)\cdot K^{\ominus}_f[Ag(CN)_2^-]=8.3\times10^4$

$K^{\ominus'}_{总}$值较大，说明 AgI 容易被 KCN 转化为$[Ag(CN)_2]^-$。

(2)沉淀由白色变为黄色，发生的沉淀转化反应为

$$BaCO_3(s，白色)+CrO_4^{2-}=BaCrO_4(s，黄色)+CO_3^{2-}$$

其平衡常数为

$$K^{\ominus}_{总}=\frac{c(CO_3^{2-})}{c(CrO_4^{2-})}=\frac{c(CO_3^{2-})\cdot c(Ba^{2+})}{c(CrO_4^{2-})\cdot c(Ba^{2+})}=\frac{K^{\ominus}_{sp}(BaCO_3)}{K^{\ominus}_{sp}(BaCrO_4)}=\frac{8.1\times10^{-9}}{1.6\times10^{-10}}=51$$

沉淀转化反应达到平衡时，$c(CrO_4^{2-})=\frac{c(CO_3^{2-})}{51}=0.020\cdot c(CO_3^{2-})$

只要 $c(CrO_4^{2-})>0.020\cdot c(CO_3^{2-})$，$Q_{总}<K^{\ominus}_{总}$，则 $BaCO_3$ 就能转化为 $BaCrO_4$，显然题目满足这一条件。

例 6-30 要使 0.10 mol AgCl 完全溶解在 1 L 氨水中，计算氨水的初始浓度至少需要多大。氨水能溶解 AgBr 沉淀吗?

已知：$K^{\ominus}_{sp}(AgCl)=1.8\times10^{-10}$，$K^{\ominus}_{sp}(AgBr)=5.0\times10^{-13}$，$K^{\ominus}_f[Ag(NH_3)_2^+]=1.7\times10^7$。

解 (1)设此氨水的初始浓度为x mol·L^{-1}，当 0.10 mol AgCl 刚好完全溶解在 1 L 氨水中时

AgCl(s)在氨水中的溶解反应为

$$AgCl(s)+2NH_3=[Ag(NH_3)_2]^++Cl^-$$

溶解后的浓度/(mol·L^{-1})　$x-2\times0.10$　　0.10　　0.10

该溶解反应的平衡常数为

$$K^{\ominus}_{溶解}=\frac{c[Ag(NH_3)_2^+]\cdot c(Cl^-)}{c^2(NH_3)}=\frac{c[Ag(NH_3)_2^+]\cdot c(Cl^-)\cdot c(Ag^+)}{c^2(NH_3)\cdot c(Ag^+)}$$
$$=K^{\ominus}_f[Ag(NH_3)_2^+]\cdot K^{\ominus}_{sp}(AgCl)=1.7\times10^7\times1.8\times10^{-10}$$
$$=3.1\times10^{-3}$$

要使溶解反应向右进行，必须满足 $Q_{溶解}<K^{\ominus}_{溶解}$，即

$$Q_{溶解}=\frac{c[Ag(NH_3)_2^+]\cdot c(Cl^-)}{c^2(NH_3)}<K^{\ominus}_{溶解}，\quad \frac{0.10\times0.10}{(x-2\times0.10)^2}<3.1\times10^{-3}$$

解得　　$x > 2.0(\text{mol}\cdot\text{L}^{-1})$

因此要使0.10 mol AgCl(s)完全溶解在1 L氨水中，氨水的初始浓度至少为2.0 $\text{mol}\cdot\text{L}^{-1}$。

(2)用同样方法计算，溶解0.10 mol AgBr(s)所需氨水的浓度至少为34.5 $\text{mol}\cdot\text{L}^{-1}$。

由于常温常压下，浓氨水的浓度仅为14.8 $\text{mol}\cdot\text{L}^{-1}$，因此氨水不能溶解0.10 mol AgBr(s)。

例6-31　将0.30 $\text{mol}\cdot\text{L}^{-1}$ $[Cu(NH_3)_4]^{2+}$溶液与含有2.0 $\text{mol}\cdot\text{L}^{-1}$ NH_3和2.0 $\text{mol}\cdot\text{L}^{-1}$ NH_4Cl的溶液等体积混合，通过计算说明，混合后有无$Cu(OH)_2$沉淀生成。

已知：$K_b^\ominus(NH_3)=1.77\times10^{-5}$，$K_{sp}^\ominus[Cu(OH)_2]=2.2\times10^{-20}$，$K_f^\ominus[Cu(NH_3)_4^{2+}]=3.9\times10^{12}$。

解　$[Cu(NH_3)_4]^{2+}$溶液与NH_3-NH_4^+缓冲溶液等体积混合瞬间各物质浓度减半，总反应为

$$[Cu(NH_3)_4]^{2+}+2H_2O=Cu(OH)_2(s)+2NH_3+2NH_4^+ \quad K_总^\ominus=?$$

混合瞬间的浓度/($\text{mol}\cdot\text{L}^{-1}$)　　0.15　　1.0　　1.0

该总反应是由下面三个反应通过运算2×(1)-(2)-(3)得到的

(1)$NH_3+H_2O=NH_4^++OH^-$　　$K_1^\ominus=K_b^\ominus(NH_3)$

(2)$Cu^{2+}+4NH_3=[Cu(NH_3)_4]^{2+}$　　$K_2^\ominus=K_f^\ominus[Cu(NH_3)_4^{2+}]$

(3)$Cu(OH)_2=Cu^{2+}+2OH^-$　　$K_3^\ominus=K_{sp}^\ominus[Cu(OH)_2]$

所以，总反应的标准平衡常数为

$$K_总^\ominus=\frac{K_1^{\ominus 2}}{K_2^\ominus\cdot K_3^\ominus}=\frac{K_b^{\ominus 2}(NH_3)}{K_f^\ominus[Cu(NH_3)_4^{2+}]\cdot K_{sp}^\ominus[Cu(OH)_2]}=\frac{(1.77\times10^{-5})^2}{3.9\times10^{12}\times2.2\times10^{-20}}=3.7\times10^{-3}$$

混合瞬间总反应的$Q_总$为

$$Q_总=\frac{c^2(NH_3)\cdot c^2(NH_4^+)}{c[Cu(NH_3)_4^{2+}]}=\frac{1.0^2\times1.0^2}{0.15}=6.7$$

因为$Q_总>K_总^\ominus$，所以总反应向左自发进行，说明两溶液混合后无$Cu(OH)_2$沉淀出现。

【思考题】

1. $[Co(NCS)_4]^{2-}$的稳定常数比$[Co(NH_3)_6]^{2+}$小，为什么在酸性溶液中$[Co(NCS)_4]^{2-}$可以存在，而$[Co(NH_3)_6]^{2+}$却不能存在？

2. 用难溶物质溶度积和配离子稳定常数的大小解释下列沉淀、配离子的转化：

$$AgCl(s)\xrightarrow{氨水}[Ag(NH_3)_2]^+(aq)\xrightarrow{Br^-}AgBr(s)\xrightarrow{S_2O_3^{2-}}[Ag(S_2O_3)_2]^{3-}(aq)\xrightarrow{CN^-}[Ag(CN)_2]^-(aq)\xrightarrow{S^{2-}}Ag_2S(s)$$

3. 往$[Ag(SCN)_2]^-$溶液中加入KCN，能否使$[Ag(SCN)_2]^-$转化为$[Ag(CN)_2]^-$？为什么？

阅读材料1

溶剂对酸碱性的影响

根据酸碱质子理论，物质在某种溶剂中的酸碱性强弱不仅与酸碱本质有关，还与溶剂的性质有关。酸碱的强弱可用平衡常数表示

$$HA = H^+ + A^- \qquad K_a^{\ominus}(HA)$$

$$S + H^+ = HS^+ \qquad K_b^{\ominus}(S)$$

$$HA + S = HS^+ + A^- \qquad K^{\ominus}(HA) = K_a^{\ominus}(HA) \cdot K_b^{\ominus}(S)$$

其中，$K_a^{\ominus}(HA)$和$K_b^{\ominus}(S)$的大小分别表示弱酸HA和溶剂S的“给质子能力”和“接受质子能力”，$K^{\ominus}(HA)$的大小则表示弱酸HA在溶剂S中的酸度。可见，在同一种溶剂如水中，质子酸碱的强弱只与其“给质子能力”和“接受质子能力”有关，而与溶剂“接受”或“给出”质子的能力无关；而在不同溶剂中，质子酸碱的强弱不仅与其“给质子能力”和“接受质子能力”有关，还与溶剂的“给出”或“接受”质子的能力有关。

例如，苯甲酸在水中是较弱的酸，苯酚在水中是极弱的酸，但在碱性溶剂乙二胺中，苯甲酸和苯酚给出质子的能力，即酸性都有所增强。同理，吡啶、胺类、生物碱以及醋酸根等在水中是强度不同的弱质子碱，但在酸性溶剂中，它们表现出较强的碱性。

溶质的酸碱性不仅与溶剂“给出”和“接受”质子的能力有关，还与溶剂的介电常数有关。例如，不带电荷的质子酸HA在溶剂S中的解离分两步进行：

$$HA + S = [A^- \cdot HS^+]^{\#}$$

$$[A^- \cdot HS^+]^{\#} = HS^+ + A^-$$

其中解离的中间态$[A^- \cdot HS^+]^{\#}$为离子对。根据库仑定律，带相反电荷的离子的引力与溶剂的介电常数成反比。因此，当溶剂的介电常数减小时，离子对内的库仑力增大，这有利于离子对的生成，不利于第二步解离，因而质子酸HA的酸度减弱。但对于带电荷的酸，如NH_4^+，溶剂介电常数对其酸度的影响较小。

阅读材料2

超　酸

硫酸、盐酸、硝酸是公认的三大强酸，但在20世纪60年代末发现了酸性比浓H_2SO_4强亿倍的$HF-SbF_5$、FSO_3H-SbF_5等液体超酸，也称为超强酸。氟磺酸FSO_3H是强质子酸，而SbF_5是强路易斯酸，二者以不同的物质的量比例混合后，酸性极强，如物质的量比1∶1的FSO_3H-SbF_5溶液的酸强度是浓硫酸的1千亿倍，被称为魔酸(magic acid)。

按照酸的强弱，通常把酸分为弱酸、强酸和超强酸。解离常数$K_a^{\ominus} < 1.0 \times 10^{-3}$的酸为弱酸，$K_a^{\ominus} > 1.0 \times 10^{-3}$的酸称为强酸，而强度大于浓$H_2SO_4$的酸称为超强酸。具体地，对浓度很小的稀酸，其酸强度一般用pH表示，但对于高浓度的强酸和超强酸，pH已远不适用，目前大多以Hammatt函数H_0表示：

$$H_0 = pK_a^{\ominus}(BH^+) + \lg \frac{c(B)}{c(BH^+)}$$

式中：B代表碱性的Hammatt指示剂；$c(B)$和$c(BH^{+})$分别为弱碱指示剂和其共轭酸的浓度。Hammatt函数H_0，即强酸的酸度，是通过一种与强酸反应的弱碱指示剂的质子化程度来表示的。将强酸与弱碱型变色指示剂B反应，指示剂因不同程度质子化而显色，按照上式计算得H_0。H_0值表示酸的强度，其值越小，酸度越强。一些强酸和超强酸的H_0值如下：HNO_3(−6.3)、HF(−10.2)、H_2SO_4(−11.9)、FSO_3H(−15.1)、FSO_3H-AsF_5(−16.6，物质的量比1∶0.05)、FSO_3H-SbF_5(−20.6，物质的量比1∶0.26)、FSO_3H-SbF_5(−25，物质的量比1∶1)、$HF-SbF_5$(−28，物质的量比1∶1)。$HF-SbF_5$称为氟锑酸，其酸度相当于硫酸的10^{16}倍，这可能是目前已知的最强酸。

液体超强酸能使非电解质成为电解质，能把很弱的碱质子化，因而反应性能特殊，用途广泛，尤其在催化方面。它们能在温和的条件下催化烷烃的分解、加聚、烷基化和异构化反应，甚至与CO的反应等。液体超酸虽然具有优秀的催化和溶解能力，但腐蚀性极强，使用困难。为了克服这个缺点，化学家们采用各种无机物(如$SiO_2-Al_2O_3$、石墨、金属、合金、硫酸盐等)和有机物(如阳离子交换树脂、聚乙烯等聚合物)为载体，以不同方式将液体超酸吸附配位于载体上，目前已经研发了很多种固体超强酸。超强酸的成功固定化，不仅进一步提高了酸性，而且几乎无腐蚀性，产物易于分离，催化剂重复使用率高，在催化方面展现了广阔的应用前景。

阅读材料3

生物学中的螯合物

金属螯合物在生物体内起着重要的生理活性作用。在哺乳动物体内约有70%铁是以卟啉螯合物的形式存在的，其中包括血红蛋白、肌红蛋白、过氧化氢酶及细胞血素C等。

卟啉的基本骨架是卟吩。卟吩环1号和8号碳上的H部分或全部被其他基团取代后所得的衍生物以及9号和12号上的亚甲基的H被其他基团(如苯基)取代后的衍生物都统称为卟啉。一个卟啉分子可以作为一个四齿螯合剂。图6-8为原卟啉Ⅸ。

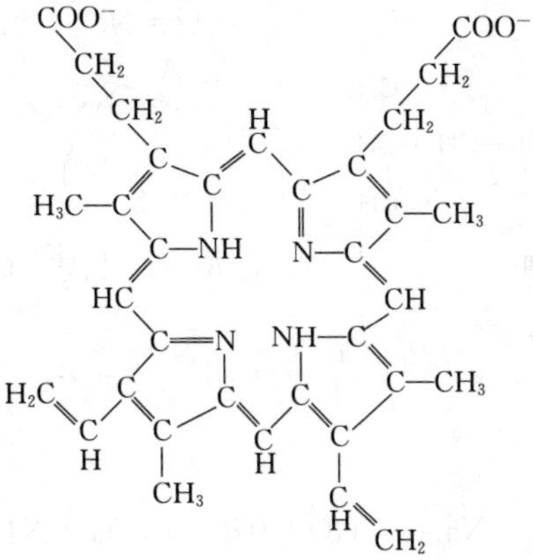

图6-8 原卟啉Ⅸ的结构图

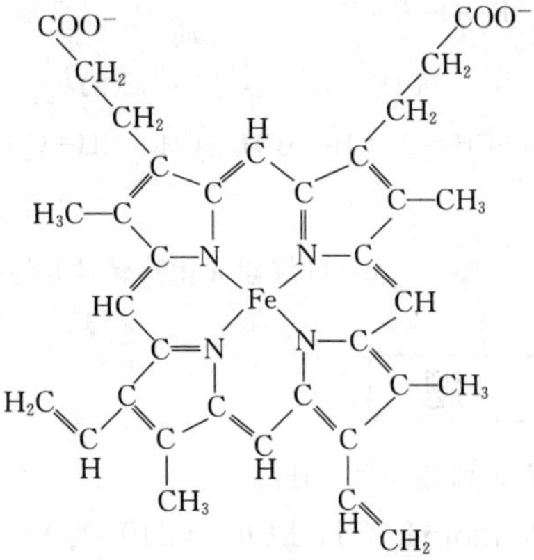

图6-9 血红素的结构图

在血红素中，铁与原卟啉环中心的四个N相结合(图6-9)。铁还能形成两个键，分别在血红素平面的两侧。血红素中的铁原子可以处于 Fe^{2+} 或 Fe^{3+} 两种不同的氧化态。血红素的铁卟啉螯合中心是血红素载运氧的活性中心。

叶绿素是植物体中进行光合作用的一组色素。它有许多种，主要有叶绿素 a 和叶绿素 b 两种。叶绿素 a 呈蓝绿色，叶绿素 b 呈黄绿色，它们之间的区别不大，叶绿素 b 比叶绿素 a 少两个 H 原子，多一个 O 原子。叶绿素 a 和叶绿素 b 都是镁与卟啉的螯合物，此种螯合物的中心原子是 Mg^{2+}（图 6-10）。镁卟啉螯合物在植物光合作用和体内细胞的电子传递过程中起到重要作用。叶绿素因有造血、提供维生素、解毒、抗病等多种用途而在药品、食品中广泛应用。叶绿素不溶于水，只有用中性的有机溶剂才能把它提取出来而不变质。在实际工作中，可用乙醇、丙酮、氯仿等提取，然后用乙醚提纯。叶绿素不很稳定，光、酸、碱、氧、氧化剂等都会使其分解。在酸性条件下，叶绿素分子很容易失去卟啉环中的镁成为褐色的去镁叶绿素。因此，化学家们用 Cu^{2+}、Zn^{2+} 等取代 Mg^{2+} 制备了取代叶绿素以提高其稳定性。

维生素是构成辅酶的组成部分，故它在调节物质代谢过程中起着重要作用。维生素 B_{12} 是含钴的螯合物，又称钴胺素。它的核心是带有一个中心钴原子的咕啉环（图 6-11）。咕啉环有四个吡咯单元，中心的 Co 与四个吡咯 N 成键。它是唯一已知含有金属离子的维生素，参与蛋白质和核酸的生物合成，是造血过程的生物催化剂，缺乏时会引起恶性贫血症。

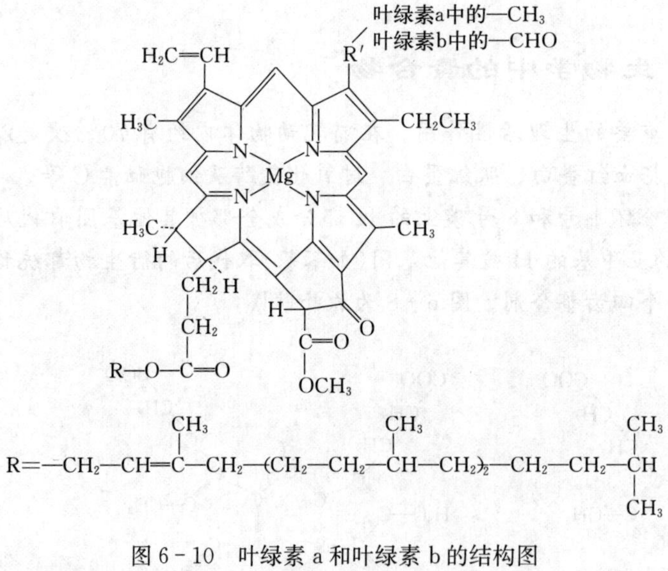

图 6-10 叶绿素 a 和叶绿素 b 的结构图

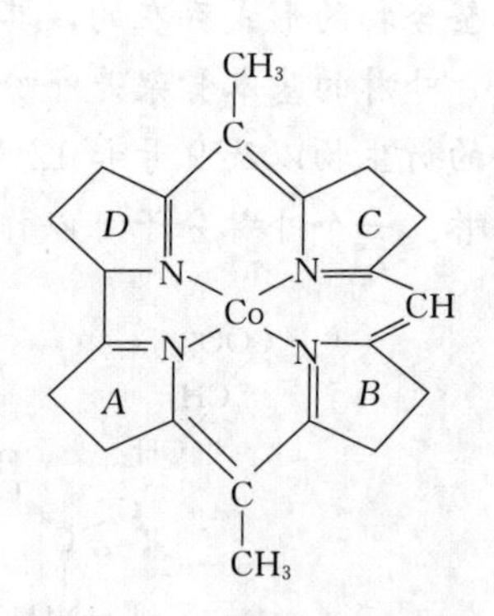

图 6-11 钴胺素的咕啉核心

习 题

1. 计算下列溶液的 pH。

(1)0.20 $mol \cdot L^{-1}$ H_3PO_4 (2)0.050 $mol \cdot L^{-1}$ NaAc (3)0.050 $mol \cdot L^{-1}$ NH_4NO_3

(4)0.10 $mol \cdot L^{-1}$ Na_2S (5)0.10 $mol \cdot L^{-1}$ NH_4CN (6)0.050 $mol \cdot L^{-1}$ 氨基乙酸

2. 在 10 mL 0.20 $mol \cdot L^{-1}$ HAc 溶液中加入 10 mL 下列溶液，计算混合液的 pH。

(1)水；

(2)0.10 mol·L^{-1} NaAc 溶液；

(3)0.10 mol·L^{-1} NaOH 溶液；

(4)0.10 mol·L^{-1} HCl 溶液。

3. 计算下列溶液的 pH。

(1)0.20 mol·L^{-1} NH_3 溶液；

(2)在 10 mL 0.20 mol·L^{-1} NH_3 溶液中，加入 10 mL 0.10 mol·L^{-1} HCl 溶液；

(3)在 10 mL 0.20 mol·L^{-1} NH_3 溶液中，加入 20 mL 0.10 mol·L^{-1} HCl 溶液。

4. 如何用 6.0 mol·L^{-1}氨水和 6.0 mol·L^{-1}的 HCl 配制 1 L 缓冲溶液，并使该缓冲溶液的 pH=10.0，总浓度为 1.0 mol·L^{-1}？

5. 若用 350 mL 浓氨水(15.0 mol·L^{-1})配制 pH=10.00 的缓冲溶液 1.0 L，问需要加入固体 NH_4Cl 多少克？

6. 用分布系数计算：

(1)0.2 mol·L^{-1} H_3PO_4 溶液中 PO_4^{3-} 的浓度；

(2)0.10 mol·L^{-1} H_2S 溶液中 S^{2-} 的浓度。

7. 用分布系数计算 pH 分别为 8.0 和 12.0 时 0.10 mol·L^{-1} KCN 溶液中 CN^- 的浓度。

8. 已知柠檬酸的解离常数 $pK_{a1}^{\ominus}=3.13$，$pK_{a2}^{\ominus}=4.77$，$pK_{a3}^{\ominus}=6.40$。(1)在水溶液中柠檬酸有哪几种存在型体？(2)说明各型体占优势时的 pH 范围。(3)若将 0.40 mol·L^{-1}柠檬酸水溶液的 pH 调到 4.30，计算此溶液中柠檬酸各型体的分布系数。

9. 写出下列配合物的名称。

$Na_3[Ag(S_2O_3)_2]$　　$[Zn(NH_3)_4](OH)_2$　　$[CoCl_2(NH_3)_3(H_2O)]Cl$

$K[FeCl_2(C_2O_4)(en)]$　　$H_2[SiF_6]$　　$[Cr(OH)_3(H_2O)(en)]$

10. 写出下列配合物的化学式。

六氰合铁(Ⅲ)酸钾、四(硫氰酸根)·二氨合铬(Ⅲ)酸铵、硝酸一羟基·三水合锌(Ⅱ)、五氰·一羰基合铁(Ⅱ)酸钾、二氯化一氯·一氨·二(乙二胺)合钴(Ⅲ)

11. $AgNO_3$ 能将 $PtCl_4·6NH_3$ 溶液中的所有氯沉淀为 AgCl，但在 $PtCl_4·3NH_3$ 溶液中仅能沉淀出$\frac{1}{4}$的氯。试写出两种配合物的化学式和名称。

12. 已知$[Zn(NH_3)_4]^{2+}$和$[Zn(OH)_4]^{2-}$的稳定常数 $K_f^{\ominus}$ 分别为 4.9×10^8和 2.2×10^{15}。计算反应 $[Zn(NH_3)_4]^{2+}+4OH^-=[Zn(OH)_4]^{2-}+4NH_3$ 的标准平衡常数 $K^{\ominus}$。

13. 根据配离子的 $K_f^{\ominus}$ 值判断反应进行的方向，并简要说明理由。

(1)$[Cu(NH_3)_2]^++2CN^-=[Cu(CN)_2]^-+2NH_3$

(2)$[Cu(NH_3)_4]^{2+}+Zn^{2+}=[Zn(NH_3)_4]^{2+}+Cu^{2+}$

14. 计算 CaF_2 在下列溶液中的溶解度。

(1)水；(2)0.20 mol·L^{-1} NaF 溶液；(3)0.30 mol·L^{-1} $CaCl_2$ 溶液。

15. 已知 $Ca(OH)_2$ 的 $K_{sp}^{\ominus}=5.5\times10^{-6}$，计算其饱和溶液的 pH。

16. 分别计算 ZnC_2O_4 在 pH 为 4.0 和 7.0 时的溶解度。根据 pH 对溶解度的影响，可得出什么结论？

17. 10 mL 0.25 mol·L^{-1} $Mg(NO_3)_2$ 与 25 mL 0.30 mol·L^{-1} NaF 溶液混合，计算平衡时溶液中 Mg^{2+}和 F^- 的浓度。

18. 在浓度分别为 0.10 mol·L^{-1}和 0.010 mol·L^{-1}的 Ba^{2+} 和 Sr^{2+} 混合溶液中，逐滴加入 K_2CrO_4 溶液，哪种离子先沉淀？两者有无分离的可能？

19. 在浓度都为 0.10 mol·L^{-1}的 Zn^{2+} 和 Fe^{3+} 的混合液中加碱使这两种离子分离，溶液的 pH 应控制在什么范围？

20. 欲将 1.0 g AgCl 转化为 AgBr 沉淀，需在 1.0 L 溶液中加入多少毫升 1.0 mol·L^{-1} NaBr 溶液？

21. 在 1.0 L 0.50 mol·L^{-1}氨水中，加入 0.010 mol 固体 AgCl，并充分搅拌。试计算 NH_3 的用量能否使全部 AgCl 溶解。

22. 在 100 mL 0.050 mol·L^{-1}[$Ag(NH_3)_2$]$^+$溶液中加入 1 mL 1.0 mol·L^{-1} NaCl(忽略溶液体积变化)，若要防止 AgCl 沉淀生成，溶液中 NH_3 的浓度需要多大？

23. 将 10 mL 0.020 mol·L^{-1}的 $CuSO_4$ 溶液加到 10 mL 4.0 mol·L^{-1}的氨水溶液中。

(1)求混合溶液中铜离子的平衡浓度；

(2)在混合溶液中加入 1.0×10^{-3} mol NaOH，有无 $Cu(OH)_2$ 沉淀生成？

(3)若用 1.0×10^{-5} mol Na_2S 代替 NaOH，有无 CuS 沉淀生成？

24. 在 0.10 mol·L^{-1} $FeCl_2$ 中通入 H_2S 至饱和，即溶液中 $c(H_2S)$=0.10 mol·L^{-1}，欲不生成 FeS 沉淀，溶液的 pH 最高不应超过多少？

25. 在下列溶液中通入 H_2S 至饱和，计算溶液中残留 Cu^{2+} 的浓度。

(1)0.10 mol·L^{-1} $CuCl_2$；(2)0.10 mol·L^{-1} $CuCl_2$ 和 1.0 mol·L^{-1} HCl。

26. 将 20 mL 0.050 mol·L^{-1} $Mg(NO_3)_2$ 和 50 mL 0.50 mol·L^{-1} NaOH 溶液混合，问：

(1)有无沉淀生成？(2)至少需加入多少克固体 NH_4Cl 方可防止生成 $Mg(OH)_2$ 沉淀？

27. 是非判断题

(1)根据酸碱质子理论，强酸反应后应变成弱酸。

(2)在浓度均为 0.10 mol·L^{-1}的 HCl、H_2SO_4、NaOH、NH_4Ac 溶液中，$c(H^+)\cdot c(OH^-)$均相等。

(3)因为 HAc 的解离常数式为 $K_a^\ominus=\dfrac{c(H^+)\cdot c(Ac^-)}{c(HAc)}$，所以只要改变 HAc 的起始浓度，$K_a^\ominus(HAc)$必随之改变。

(4)一种弱电解质的解离常数只与温度有关，而与浓度无关。

(5)解离常数小的弱酸酸性弱，达平衡时溶液的 pH 低。

(6)稀释可以使醋酸的解离度增大，因而可以使其酸性增强。

(7)弱酸的浓度越大，达平衡时解离出的 H^+ 浓度越高，弱酸的解离度越大。

(8)所有的一元弱酸均可用稀释定律计算其解离度。

(9)用共轭酸碱对配制缓冲溶液时，选择缓冲对的依据是 $pH=pK_a^\ominus\pm1$。

(10)0.2 mol·L^{-1} HAc 和 0.1 mol·L^{-1} NaOH 等体积混合，可以组成缓冲溶液。

(11)0.2 mol·L^{-1} $NaHCO_3$ 和 0.1 mol·L^{-1} NaOH 等体积混合，可以组成缓冲溶液。

(12)在 HA-A^- 缓冲溶液中，当总浓度一定时，$c(A^-)/c(HA)$越大，缓冲能力越强。

(13)在混合离子溶液中，溶度积小的沉淀一定先析出。

(14)某离子沉淀完全是指其完全变成了沉淀。

(15)溶度积大的沉淀一定能转化为溶度积小的沉淀。

(16)当溶液中有关难溶物的离子积 Q_{sp} 小于其溶度积 $K_{sp}^{\ominus}$ 时，该难溶物就会溶解。

(17)设 AgCl 在水、0.01 $mol \cdot L^{-1}$ $CaCl_2$、0.01 $mol \cdot L^{-1}$ NaCl 以及 0.05 $mol \cdot L^{-1}$ $AgNO_3$ 中的溶解度分别为 s_0、s_1、s_2 和 s_3，则 $s_0 > s_2 > s_1 > s_3$。

(18)当难溶电解质 M_mA_n 无副反应或副反应进行程度不大时，其溶解度 s($mol \cdot L^{-1}$)和溶度积之间的换算式为 $s = \sqrt[m+n]{\dfrac{K_{sp}^{\ominus}}{m^m \cdot n^n}}$。

(19)螯合物的稳定性比一般配合物高，这是因为螯合物中存在五元或六元螯合环，螯合环的数目越多，螯合物的稳定性越大。

(20)用碱沉淀金属离子时，为增加金属氢氧化物的沉淀量，碱的加入量越多越好。

28. 选择题

(1)在纯水中加入一些酸，下列判断正确的是(　　)。

A. $c(H^+) \cdot c(OH^-)$增大　　B. $c(H^+) \cdot c(OH^-)$减小

C. $c(H^+) \cdot c(OH^-)$不变　　D. $c(OH^-)$不变

(2)不是共轭酸碱对的一对物质是(　　)。

A. NH_3，NH_4^+　　B. NaOH，Na^+

C. HS^-，S^{2-}　　D. H_2O，OH^-

(3)将 pH=2.0 的强酸和 pH=11.0 的强碱溶液等体积混合，所得溶液的 pH 为(　　)。

A. 1.35　　B. 2.35

C. 3.35　　D. 6.50

(4)下列物质加入 HAc 溶液中，HAc 的解离度降低的是(　　)。

A. NaAc　　B. NaCl

C. $NH_3 \cdot H_2O$　　D. H_2O

(5)在 0.10 $mol \cdot L^{-1}$ H_2S 溶液中，$c(S^{2-})/c^{\ominus}$ 约等于(　　)。

A. $K_{a1}^{\ominus}(H_2S)$　　B. $K_{a2}^{\ominus}(H_2S)$

C. $K_{a1}^{\ominus}(H_2S) \cdot K_{a2}^{\ominus}(H_2S)$　　D. $K_{a1}^{\ominus}(H_2S)/K_{a2}^{\ominus}(H_2S)$

(6)在 Na_2S 溶液中，下列关系错误的是(　　)。

A. $c(HS^-) \approx c(OH^-)$　　B. $c(S^{2-}) + c(HS^-) + c(H_2S) = \frac{1}{2}c(Na^+)$

C. $c(H^+) \cdot c(OH^-) = K_w^{\ominus}$　　D. $c(S^{2-}) = \frac{1}{2}c(Na^+)$

(7)0.01 $mol \cdot L^{-1}$某一元弱酸 HA 溶液的 pH=5.5，则 HA 的 $pK_a^{\ominus}$ 为(　　)。

A. 10.0　　B. 9.0

C. 6.0　　D. 3.0

(8)0.10 $mol \cdot L^{-1}$一元弱酸 HB 溶液的 pH=3.00，则同浓度的 B^- 溶液的 pH 为(　　)。

A. 11.00　　B. 9.00

C. 8.50　　D. 9.50

(9)配制 pH=3.0 的缓冲溶液，较为合适的缓冲对是(　　)。

A. HNO_2 - $NaNO_2$[$pK_a^{\ominus}(HNO_2)$=3.34]

B. HAc - NaAc[$pK_a^{\ominus}(HAc)$=4.75]

C. $NH_4Cl-NH_3[pK_b^{\ominus}(NH_3)=4.75]$

D. $H_3PO_4-NaH_2PO_4[pK_{a1}^{\ominus}(H_3PO_4)=2.12]$

(10)用乙醇胺($HOCH_2CH_2NH_2$，$pK_b^{\ominus}=4.5$)和乙醇胺盐配制的缓冲溶液，其有效的pH范围是(　　)。

A. 4.5～6.5　　B. 9.5～11.5

C. 3.5～5.5　　D. 8.5～10.5

(11)已知$[Ag(NH_3)_2]^+$的累积稳定常数为β_1和β_2，其第二级稳定常数$K_{f2}^{\ominus}$为(　　)。

A. $\beta_1+\beta_2$　　B. $\beta_1-\beta_2$

C. β_1/β_2　　D. β_2/β_1

(12)$[Cu(en)_2]^{2+}$配离子中，配位数和螯合比分别为(　　)。

A. 2和1∶4　　B. 2和1∶2

C. 4和1∶4　　D. 4和1∶2

(13)下列配体不能作为有效的螯合剂的是(　　)。

A. $CH_3CHOHCOOH$　　B. H_2O_2

C. $H_2N(CH_2)_3NH_2$　　D. $H_2N(CH_2)_2NH_2$

(提示：有效螯合是指螯合后能形成五元环或六元环)

(14)已知$K_f^{\ominus}[Cu(NH_3)_4^{2+}]=3.9\times10^{12}$，$K_f^{\ominus}[Zn(NH_3)_4^{2+}]=4.9\times10^{8}$，则反应$[Cu(NH_3)_4]^{2+}+Zn^{2+}=[Zn(NH_3)_4]^{2+}+Cu^{2+}$在标准状态下自发进行的方向为(　　)。

A. 正方向　　B. 逆方向

C. 平衡　　D. 不能判断

(15)已知$K_{sp}^{\ominus}[Al(OH)_3]=1.3\times10^{-33}$，$K_{sp}^{\ominus}[Bi(OH)_3]=4.0\times10^{-31}$，$K_{sp}^{\ominus}[Fe(OH)_3]=1.1\times10^{-36}$，$K_{sp}^{\ominus}[Sn(OH)_2]=1.4\times10^{-28}$。下列沉淀在水中的溶解度最大的是(　　)。

A. $Al(OH)_3$　　B. $Bi(OH)_3$

C. $Fe(OH)_3$　　D. $Sn(OH)_2$

(16)在下列沉淀的饱和溶液中，Ag^+浓度最低的是(　　)。

A. AgCl　　B. Ag_2SO_4

C. Ag_2CO_3　　D. Ag_2CrO_4

(17)在$A_2B(s)$的饱和溶液中，设$c(A^+)=x\ mol\cdot L^{-1}$，$c(B^{2-})=y\ mol\cdot L^{-1}$，则$K_{sp}^{\ominus}(A_2B)$等于(　　)。

A. xy　　B. x^2y　　C. $(2x)^2y$　　D. x^2y^2

(18)在下列溶液中，$Mg(OH)_2$的溶解度最小的是(　　)。

A. 纯水　　B. $0.010\ mol\cdot L^{-1}\ MgCl_2$

C. $0.010\ mol\cdot L^{-1}Ba(OH)_2$　　D. $0.010\ mol\cdot L^{-1}\ NaOH$

(19)NaCl是易溶于水的强电解质，但将浓HCl加到NaCl饱和溶液中时，也会析出NaCl沉淀，对此现象的正确解释是(　　)。

A. 由于Cl^-浓度增加，使溶液中$c(Na^+)\cdot c(Cl^-)<K_{sp}^{\ominus}(NaCl)$，故能使NaCl析出

B. 盐酸是强酸，故能使NaCl析出

C. Cl^-浓度的增加使NaCl沉淀-溶解平衡向析出NaCl方向移动，故有NaCl析出

D. 酸的存在降低了盐的溶度积常数

(20)已知 $PbCl_2$、PbI_2 和 PbS 的溶度积分别为 1.6×10^{-5}、1.4×10^{-8} 和 3.4×10^{-28}，欲依次看到白色的 $PbCl_2$、黄色的 PbI_2 和黑色的 PbS 沉淀，往 Pb^{2+} 溶液中滴加试剂的次序是(　　)。

A. Na_2S，NaI，NaCl　　B. NaCl，NaI，Na_2S

C. NaCl，Na_2S，NaI　　D. NaI，NaCl，Na_2S

(21)在溶液中有浓度均为 0.01 $mol\cdot L^{-1}$ 的 Fe^{3+}、Cr^{3+}、Zn^{2+} 和 Mg^{2+}，当这些离子以氢氧化物形式开始沉淀时，所需的 pH 最小的离子是(　　)。

A. Fe^{3+}　　B. Cr^{3+}

C. Zn^{2+}　　D. Mg^{2+}

29. 填空题

(1)根据酸碱质子理论，$[Fe(OH)(H_2O)_5]^{2+}$ 的共轭酸是________，共轭碱是________；HCO_3^- 的共轭酸是________，共轭碱是________。

(2)在 HS^-、CO_3^{2-}、$H_2PO_4^-$、NH_3、H_2S、HCl、NO_2^-、Ac^- 和 H_2O 等分子或离子中，属于质子酸的是________，属于质子碱的是________，属于两性物质的是________。

(3)已知吡啶的 $K_b^{\ominus}=1.7\times10^{-9}$，其共轭酸的 $K_a^{\ominus}=$________。

(4)在相同浓度的 NaCl、$NaHCO_3$、Na_2CO_3、NH_4Cl 溶液中，pH 最高的是________。

(5)相同浓度的 F^-、CN^-、$HCOO^-$ 溶液中，碱性由强到弱的顺序是________。

(6)在纯水中加入少量酸，水的 pH 和 $K_w^{\ominus}$ 的变化情况分别为________和________。

(7)在氨水中加入 NaOH 溶液，溶液中的 $c(OH^-)$和 $c(NH_4^+)$分别会________和________，溶液的 pH 会________，氨水的解离度会________。(填“增大”“减小”或“不变”)

(8)配合物$[Co(NH_3)_4(H_2O)_2]_2(SO_4)_3$ 的内界是________，外界是________，配体是________，配位原子是________，Co^{3+} 的配位数是________。

(9)用系统命名法命名，$K[Al(OH)_4]$：________________，

$[Cu(en)_2]SO_4$：________________。

(10)EDTA 是一个________齿配体，通常与金属离子形成的螯合物螯合比为________，该螯合物中共有________个五元环。

(11)易于形成配离子的中心离子是周期表中的________元素。

(12)比较①$[Cu(NH_3)_4]^{2+}$ 和②$[Cu(en)_2]^{2+}$ 的稳定性：____①________②____(填“>”或“<”)，原因是________________。

(13)定量分析中沉淀完全时溶液中被沉淀离子的浓度低于________ $mol\cdot L^{-1}$。

(14)向浓度均为 0.01 $mol\cdot L^{-1}$ 的 KBr、KCl、K_2CrO_4 混合溶液中逐滴加入 0.01 $mol\cdot L^{-1}$ $AgNO_3$ 溶液，沉淀析出的先后顺序为________________。

(15)溶度积常数 $K_{sp}^{\ominus}$ 的大小内因取决于难溶物的本性，外因上只与________有关，沉淀量和离子浓度对其________影响(填“有”或“无”)；溶解度($mol\cdot L^{-1}$)与溶度积可以互相换算的前提条件是________________。

(16)已知 $K_{sp}^{\ominus}[M_2B]=8.1\times10^{-12}$。在 $c(B^{2-})=6\times10^{-3}$ $mol\cdot L^{-1}$ 的溶液中，要生成 M_2B 沉淀，M^+ 的最低浓度为________ $mol\cdot L^{-1}$。

(17)已知 $K_{sp}^{\ominus}[Zn(OH)_2]=6.9\times10^{-17}$，将 $Zn(OH)_2$ 加入 pH=11.0 的溶液中，则 $c(Zn^{2+})=$__________。

(18)已知 $K_{sp}^{\ominus}[Mg(OH)_2]=1.8\times10^{-11}$，则 $Mg(OH)_2$ 在 0.10 $mol\cdot L^{-1}$ $MgCl_2$ 溶液中的溶解度为____________ $mol\cdot L^{-1}$。

(19)同离子效应会使沉淀的溶解度__________，盐效应会使沉淀的溶解度__________，酸效应会使弱酸盐沉淀的溶解度__________，对强酸盐沉淀的溶解度__________。(填“增大”“减小”或“无影响”)

(20)在氨水中加入少量 $NH_4Cl(s)$，溶液的 pH 将会__________，氨水的解离度将会__________，这是因为发生了____________效应。

(21)增大溶液酸度，$[Cu(NH_3)_4]^{2+}$ 的解离平衡将向__________方向发生移动。

7 氧化还原反应与原电池

学习要求

1. 掌握氧化数、氧化与还原、氧化还原电对、电极反应通式及其电极电势、原电池及其电动势、标准氢电极等基本概念。

2. 掌握氧化还原反应的配平方法。

3. 掌握电池符号的书写规则，能将一些简单氧化还原反应设计成原电池，会熟练写出电极反应和电池反应，掌握原电池电动势的计算。

4. 掌握电池电动势及电极电势的计算公式——能斯特方程，掌握离子浓度(或气体分压)、酸度、沉淀剂、配位剂等对电极电势影响的相关计算。

5. 掌握电极电势的应用。

6. 掌握标准电极电势与氧化还原反应平衡常数的关系。

7. 了解元素标准电势图及其应用。

知识结构导图

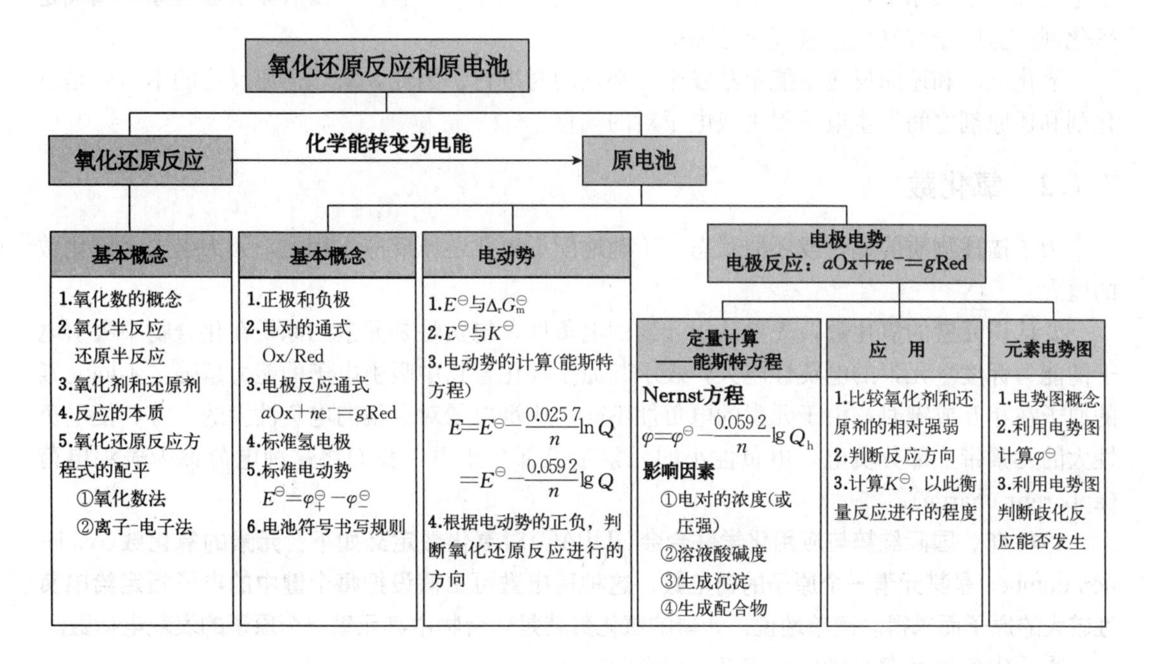

根据反应过程中是否有电子转移，化学反应分为：①反应物之间没有电子转移的化学反应，如第6章介绍的酸碱反应、配位反应、沉淀反应；②有电子转移的**氧化还原反应**(redox-reaction)。氧化还原反应在自然界中普遍存在，与人类的生产生活密切相关，例如自然界中

的燃烧、光合作用、呼吸作用、金属冶炼、各种化学电源、火箭发射等。因此，氧化还原反应是化学学习的重要内容。

电化学是与氧化还原反应密切相关的研究领域，它是研究电能与化学能之间相互转化及其转化规律的学科。电化学涉及的内容十分广泛，本章只介绍氧化还原反应的一般规律和有关原电池的基本原理。

7.1 氧化还原反应的基本概念

7.1.1 氧化还原反应的本质

人们最初把物质与氧化合的反应称为氧化反应，物质从其氧化物中去掉氧的反应称为还原反应。后来氧化还原的定义逐渐扩大，物质氧化不单指与氧化合，和氯、溴、硫等非金属化合也称为氧化。现在人们把在化学反应中有电子得失或电子对偏移的反应，称为**氧化还原反应**。在氧化还原反应中，失去电子的反应物称为**还原剂**(reducing agent)，其本身被氧化；得到电子的反应物称为**氧化剂**(oxidizing agent)，其本身被还原。例如，氧化还原反应 $Zn(s)+Cu^{2+}(aq)=Zn^{2+}(aq)+Cu(s)$ 中，Zn 是还原剂，被氧化为 Zn^{2+}；Cu^{2+} 是氧化剂，被还原为 Cu。

这里需要指出的是，有时“失去电子”并非电子的完全移去。在化学键形成过程中，成键原子电负性的差异使共用电子对偏向电负性大的原子一边，即电子云发生偏离：电子云远离的原子被氧化，电子云偏向的原子被还原。例如，在 $2H_2(g)+O_2(g)=2H_2O(l)$ 中，氧原子电负性大于氢原子，O—H 键的共用电子对偏向氧原子一边，所以氧原子被还原，氧气是氧化剂；氢原子被氧化，氢气是还原剂。

氧化反应和还原反应不能单独发生，必须同时进行。因此，氧化还原反应的本质就是氧化剂和还原剂之间发生电子得失或电子对的偏移。

7.1.2 氧化数

为了描述物质的氧化或还原状态，正确地配平氧化还原反应方程式，人为引入了氧化数的概念。

要认识元素的氧化数，先要认识元素的电负性。**电负性**是元素的原子在化合物中吸引电子的能力标度。元素的电负性越大，表示其原子在化合物中吸引电子的能力越强。不同元素的原子在相互成键时，由于元素的电负性不同，成键电子对会偏向电负性大的一方，使电负性大的元素带上部分负电，电负性小的元素带上部分正电，我们将这种电荷称为**表观电荷**(apparent charge)。

1970 年，国际纯粹与应用化学联合会(IUPAC)对氧化数定义如下：元素的氧化数(oxidation number)是某元素一个原子的荷电数，这种荷电数可由假设把每个键中的电子指定给电负性较大的原子而求得。简单地说，元素的氧化数就是化合物中某元素一个原子的表观电荷数。

物质中各种元素的氧化数按以下规则确定：

① 单质中元素的氧化数为零。例如，O_2、H_2、Cu 等。

② 在化合物中，氧的氧化数一般为−2，在过氧化物(如 H_2O_2、Na_2O_2)中为−1，在超氧化物(如 KO_2)中为−0.5，在氟氧化物(如 OF_2)中为+2；氢的氧化数一般为+1，但在金

属氢化物(如 NaH、CaH_2)中为－1；在所有氟化物中，氟的氧化数皆为－1。

③ 在离子化合物中，元素的氧化数为该元素离子的电荷数。例如，KCl 中 K 的氧化数为＋1，Cl 的氧化数为－1。

④ 在共价化合物中，把共用电子对指定给电负性较大的原子后，再由各原子上的电荷数确定它们的氧化数。例如，CO_2 分子中 C 的氧化数为＋4，O 的氧化数为－2。

⑤ 中性分子中所有元素氧化数的代数和等于零。

⑥ 离子中各元素氧化数的代数和等于该离子所带的电荷数。

根据以上规则，可以确定物质中各元素的氧化数。例如，$K_2Cr_2O_7$ 中 Cr 的氧化数为＋6；MnO_4^- 中 Mn 的氧化数为＋7；H_2SO_4 中 S 的氧化数为＋6；$Na_2S_4O_6$ 中 S 的氧化数为＋2.5；Fe_3O_4 中 Fe 的氧化数为＋8/3。

由此可见，氧化数是化合物中各元素按照一定规则确定的一个数值，该数值可正、可负，可以是整数，也可以是分数。所以，根据氧化数的变化，可以确定氧化反应和还原反应、氧化剂和还原剂，以及配平氧化还原反应方程式。

7.1.3　氧化还原半反应和氧化还原电对

根据氧化数的概念，反应后氧化数升高的过程称为氧化，氧化数降低的过程称为还原。元素氧化数升高(失去电子)的反应物称为还原剂；氧化数降低(得到电子)的反应物称为氧化剂。例如

氧化数升高，氧化

$$\underset{\text{还原剂}}{Sn^{2+}(aq)}+\underset{\text{氧化剂}}{2Fe^{3+}(aq)}=Sn^{4+}(aq)+2Fe^{2+}(aq)$$

氧化数降低，还原

这个反应可以看成由以下两个**半反应**(half - reaction)组成：

氧化半反应：$Sn^{2+}(aq)=Sn^{4+}(aq)+2e^-$；**还原半反应**：$Fe^{3+}(aq)+e^-=Fe^{2+}(aq)$

半反应中氧化型物质(**Ox**，氧化数高)和与它相对应的还原型物质(**Red**，氧化数低)称为**氧化还原电对**(简称**电对**)，用通式**“氧化型/还原型”**(或 **Ox/Red**)表示。例如，在上述反应中存在的 Sn^{4+}/Sn^{2+} 和 Fe^{3+}/Fe^{2+} 两个电对。

与共轭酸碱对的共轭关系类似，半反应中的氧化型和还原型物质之间也存在**氧化还原共轭关系**：①氧化型和还原型物质之间靠得失电子相互依存，即氧化型得电子变为还原型，还原型失电子变为氧化型；②氧化型物质得电子的能力越强，其还原型物质失电子的能力就越弱。因此，对任意的氧化还原反应，其通式可表示为

$$Ox_1+Red_2=Red_1+Ox_2$$

注意：①氧化数的升高和降低发生在同一种物质中的不同种元素之间，这类反应称为**自氧化还原反应**(self oxidation - reduction reaction)。例如

$$2\overset{+1}{H}\overset{-1}{I}(g)=\overset{0}{H_2}(g)+\overset{0}{I_2}(g)$$

②氧化数的升高和降低发生在同一种物质中的同一元素之间，这类反应称为**歧化反应**(dismutation reaction)。例如

$$2Cu^+(aq)=Cu^{2+}(aq)+Cu(s)$$

$$4\,K\overset{+5}{Cl}O_3(aq)=3K\overset{+7}{Cl}O_4(aq)+K\overset{-1}{Cl}(aq)$$

7.2 氧化还原反应方程式的配平

7.2.1 氧化数法

氧化数法是以氧化剂元素氧化数降低值与还原剂元素氧化数升高值相等，反应前后物质守恒的原则配平反应方程式。

下面以 $KMnO_4$ 和 $FeSO_4$ 在硫酸溶液中的反应为例，说明氧化数法配平的具体步骤：

① 写出反应物和它们的主要产物

$$KMnO_4+FeSO_4+H_2SO_4\longrightarrow MnSO_4+Fe_2(SO_4)_3+K_2SO_4$$

② 标出氧化数发生变化的元素的氧化数和氧化数升降情况

氧化数降低 5

$$K\overset{+7}{Mn}O_4+2\overset{+2}{Fe}SO_4+H_2SO_4\longrightarrow \overset{+2}{Mn}SO_4+\overset{+3}{Fe_2}(SO_4)_3+K_2SO_4$$

氧化数升高 2

③ 根据氧化剂氧化数降低值与还原剂氧化数升高值相等的原则，确定氧化剂、还原剂及其产物化学式前的最简系数

氧化数降低 5×2

$$K\overset{+7}{Mn}O_4+2\overset{+2}{Fe}SO_4+H_2SO_4\longrightarrow \overset{+2}{Mn}SO_4+\overset{+3}{Fe_2}(SO_4)_3+K_2SO_4$$

氧化数升高 2×5

得到

$$2KMnO_4+10FeSO_4+H_2SO_4\longrightarrow 2MnSO_4+5Fe_2(SO_4)_3+K_2SO_4$$

④ 配平反应前后氧化数没有变化的原子。一般先配平 H、O 以外的原子，然后再检查两边的 H 和 O 原子的个数，必要时可以加 H_2O 进行配平。在上述反应中，左边有 11 个 S，右边有 18 个 S，所以左边 H_2SO_4 前乘以系数 8，以配平 S。左边有 16 个 H，右边没有，所以右边应加上 8 个 H_2O，以配平 O。最后，核对 O 原子数，若等式两边的 O 原子数相等，说明方程式已配平。

⑤ 两边原子数平衡，将箭头改为等号得

$$2KMnO_4+10FeSO_4+8H_2SO_4=2MnSO_4+5Fe_2(SO_4)_3+K_2SO_4+8H_2O$$

7.2.2 离子-电子法

离子-电子法是根据氧化还原反应中氧化剂和还原剂得失电子数相等的原则进行配平的。现以在酸性介质中 H_2O_2 氧化 I^- 为例，说明离子-电子法配平的具体步骤。

① 找出氧化剂、还原剂及其相应的还原产物和氧化产物，写出离子方程式。

$$H_2O_2+I^-\longrightarrow H_2O+I_2$$

② 将上述离子方程式分成两个半反应，即还原半反应和氧化半反应，并分别配平。

还原半反应：$H_2O_2+2H^++2e^-\longrightarrow 2H_2O$

氧化半反应：$2I^-\longrightarrow I_2+2e^-$

配平原子数时，如果半反应两边的 H、O 原子数不同，则根据反应的介质条件，用 H_2O、H^+ 或 OH^- 进行调节。例如，在酸性介质中，在 O 多的一边加 H^+，在另一边加 H_2O；在碱性介质中，在 O 多的一边加 H_2O，另一边加 OH^-；在中性介质中，在反应物一边加 H_2O，生成物一边加 H^+ 或 OH^-。

③ 根据得失电子数相等原则，在两个半反应前乘以适当的系数，合并两个半反应，消去电子，得配平的离子方程式。

$$H_2O_2+2I^-+2H^+=2H_2O+I_2$$

离子-电子法的优点是不需要找出哪些元素有氧化数变化，方法直接、简洁，常被用于氧化还原半反应的配平。离子-电子法突出了化学计量数的变化是电子得失的结果，因此更能反映氧化还原反应的真实情况。

值得注意的是：①离子-电子法只限于水溶液中进行的氧化还原反应，否则不能用此法配平。②氧化数法不仅适用于水溶液中的氧化还原反应，而且固相、气相反应同样适用。

【思考题】

1. 什么叫氧化剂，什么叫还原剂？氧化还原反应是如何定义的？

2. 氧化数是如何定义的？确定氧化数的规则有哪些？在过硫酸钠 $Na_2S_2O_8$ ($NaO_3SO—OSO_3Na$)中，硫的氧化数是+7 吗？

3. 用氧化数法和离子-电子法配平氧化还原反应所依据的原则是什么？

4. 配平下列半反应(在酸性介质中)。

(1)$Cr_2O_7^{2-}\longrightarrow Cr^{3+}$；(2)$H_2O_2\longrightarrow H_2O$；(3)$MnO_4^-\rightarrow Mn^{2+}$

5. 写出下列电对的还原反应式(在碱性介质中)。

(1)$SO_4^{2-}\longrightarrow SO_3^{2-}$；(2)$AsO_4^{3-}\longrightarrow AsO_2^-$

7.3 原电池与电极电势

7.3.1 原电池

7.3.1.1 原电池装置

1836 年，英国化学家丹尼尔(J. F. Daniel)发明了铜-锌原电池，又称丹尼尔电池，如图 7-1 所示。在 $CuSO_4$ 溶液中插入 Cu 片，在 $ZnSO_4$ 溶液中插入 Zn 片，用**盐桥**(salt bridge)将两个溶液连通。盐桥是由一个含有电解质(如 KCl、KNO_3、NH_4NO_3 等)饱和溶液的 U 形管构成，为了避免溶液流出，通常用琼脂做成的凝胶将电解质溶液固定在 U 形管中。

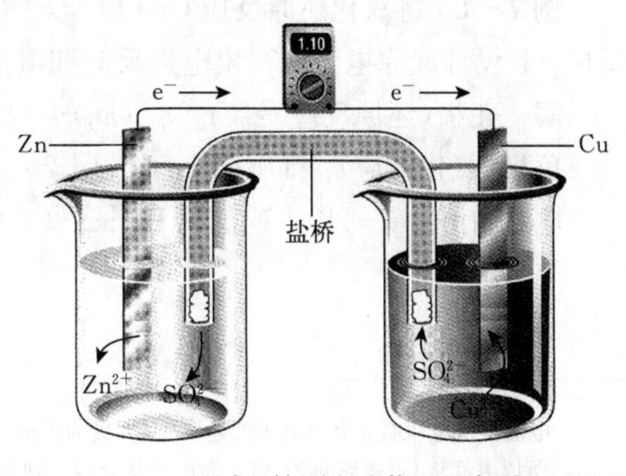

图 7-1 铜-锌原电池装置示意图

当用导线将 Zn、Cu 金属片连接，并串联一检流计时，检流计的指针发生偏转，说明外电路上有电流通过。从检流计指针的偏转方向可以判断，电流是从 Cu 极流向 Zn 极，说明 Cu 极为正极，Zn 极为负极①。与此同时，Zn 片开始慢慢溶解，$ZnSO_4$ 溶液中 Zn^{2+} 浓度增大，Cu^{2+} 在铜片上沉积，$CuSO_4$ 溶液中 Cu^{2+} 浓度减小，导致负极区溶液中正电荷增多和正极区溶液中负电荷相对增多。这时盐桥的负离子向负极迁移，正离子向正极迁移，让电流得以在溶液中连续，保持两极溶液电中性。若在外电路上连接电位差计，在 298 K，$c(Cu^{2+})=c(Zn^{2+})$时，测得两极的电势差为 1.10 V。说明在图 7－1 所示的装置中，反应体系的化学能转变成了电能，这种**将化学能直接转变为电能的装置称为原电池**(primary cell)。

7.3.1.2 原电池符号

原电池由两个电对，即**电极**(electrode，正极和负极)组成，正极发生还原反应，负极发生氧化反应，正极反应和负极反应合并得到的总反应称为**电池反应**。例如，铜-锌原电池反应为

负极(氧化反应)：$Zn(s)=Zn^{2+}(aq)+2e^-$

正极(还原反应)：$Cu^{2+}(aq)+2e^-=Cu(s)$

电池反应：$Zn(s)+Cu^{2+}(aq)=Zn^{2+}(aq)+Cu(s)$

为了书写方便，原电池装置常用**电池符号**表示。例如，铜-锌原电池可表示为

$$(-)Zn(s)\mid Zn^{2+}(c_1)\|Cu^{2+}(c_2)\mid Cu(s)(+)$$

电池符号的书写规则如下：

① 习惯上将负极写在左边，正极写在右边。将金属电极材料写在左右两边的最外侧，电解质溶液写在中间。

② 用“｜”表示相与相之间的界面；用“‖”表示盐桥，如果两个电极共用一个溶液，则不需要盐桥。同相中不同物质用逗号分开。

③ 标注构成电池的各物质的状态，以及溶液的浓度和气体的分压。

④ 如果电极中没有能传导电子的固体物质，应使用惰性导体，如金属 Pt、Ag，碳棒等。

⑤ 最后要注明电池所处的温度和压强，若为 298 K 和标准压强，可省略不写。例如：

电池 1 $(-)Zn(s)\mid Zn^{2+}(c_1)\|H^+(c_2)\mid H_2(g)\mid Pt(+)$

电池 2 $(-)Pt\mid H_2(p)\mid HCl(c)\mid AgCl(s)\mid Ag(s)(+)$

例 7－1 将氧化还原反应 $Cr_2O_7^{2-}(aq)+14H^+(aq)+6I^-(aq)=2Cr^{3+}(aq)+3I_2(s)+7H_2O(l)$设计成原电池，写出电极反应和电池符号。

解 正极(还原反应)：$Cr_2O_7^{2-}(aq)+14H^+(aq)+6e^-=2Cr^{3+}(aq)+7H_2O(l)$

负极(氧化反应)：$2I^-(aq)=I_2(s)+2e^-$

电池符号：$(-)Pt\mid I_2(s)\mid I^-(aq)\|Cr_2O_7^{2-}(aq)$，$Cr^{3+}(aq)$，$H^+(aq)\mid Pt(+)$

---

① 电流是从电压高处流向电压低处，故 Cu 极为正极，Zn 极为负极。**注意：**物理学中规定电流的方向是电子流的反方向，所以电流从 Cu 极流向 Zn 极，而电子在导线上则是从 Zn 极流向 Cu 极，故 Zn 极失电子发生氧化反应，Cu 极得电子发生还原反应。

7.3.2 电极电势

7.3.2.1 电极电势的产生

原电池能够产生电流，说明两个电极之间存在电势差。那么，电极电势是如何产生的呢？德国化学家能斯特(H. W. Nernst)提出的双电层理论对电极电势产生的原因做了较好的解释。以金属-金属离子电极为例，当金属放入它的盐溶液中时，一方面金属晶体中处于热运动的金属离子在极性水分子的作用下，离开金属表面进入溶液，而且金属性质越活泼，或溶液中该金属离子的浓度越小，这种趋势就越大；另一方面，溶液中的金属离子由于受到金属表面电子的吸引而在金属表面沉积，并且溶液中金属离子的浓度越大，或金属越不活泼，这种趋势也越大。最终溶解与沉积达到如下动态平衡：

$$M \underset{\text{沉积}}{\overset{\text{溶解}}{\rightleftharpoons}} M^{z+} + ze^-$$

若金属的溶解倾向大于金属离子的沉积倾向，则达到平衡后，金属表面将有一部分金属离子进入溶液，使金属表面带负电，而金属附近的溶液带正电，构成如图 7-2(a)所示的“双电层”。反之，若金属离子的沉积倾向大于金属的溶解倾向，达到平衡后金属表面带正电，而金属附近的溶液带负电，构成如图 7-2(b)所示的“双电层”。不论哪一种情况，当金属的溶解与金属离子的沉积达到平衡后，在金属和溶液两相界面上都会形成带相反电荷的双电层。这个双电层的厚度虽然很小(约为 10^{-10} m 数量级)，但在金属和溶液的界面间产生了电势差，这种产生在金属和它的盐溶液界面之间的电势差称为金属离子/金属的**电极电势**(electrode potential)，用符号 $\varphi(M^{z+}/M)$表示，φ 的读音为 fai，单位为 V，并以此描述电极得失电子能力的相对强弱。

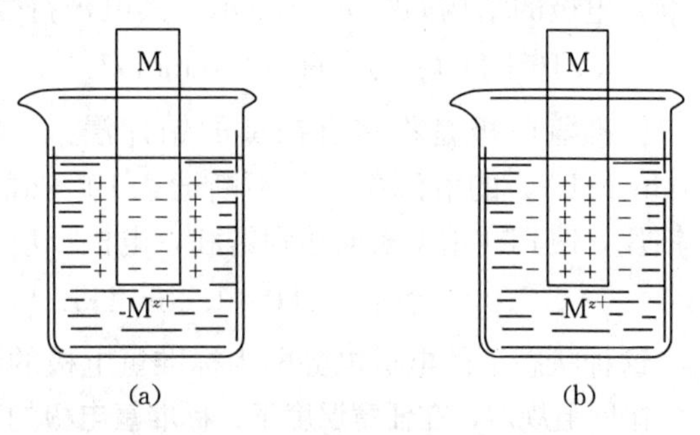

图 7-2 金属-金属离子电极的“双电层”

显然，电极电势的大小可用来表示电极中氧化型物质的氧化能力或还原型物质的还原能力的强弱：φ 值越大，表示氧化型物质得电子能力越强，是越强的氧化剂；而 φ 值越小，则表示还原型物质失电子能力越强，是越强的还原剂。电极电势的大小主要与电极的本性有关，另外还与温度、介质和离子浓度等因素有关。但是，当外界条件一定时，电极电势的大小只取决于电极的本性。

7.3.2.2 原电池的电动势与电极电势

原电池的**电动势**(electromotive force)是电池中各相界面电势差的总和①，以符号 $\boldsymbol{E}$ 表示。目前虽然尚无实验方法测得单个电极的电极电势，但是用两个电极电势不相等的电极组成原电池，用电位差计可以测出两电极间的电势差，并规定原电池的电动势 $\boldsymbol{E}$ 等于正极的电极电势减去负极的电极电势，即

$$E = \varphi_+ - \varphi_- \qquad (7-1)$$

① 这些界面电势差主要包括金属与溶液界面的电势差，即电极电势 φ，还有不同金属间的接触电势以及两种溶液间的液接电势。接触电势通常很小，可忽略不计。液接电势一般不超过 0.03 V，盐桥可以使其尽量减小到可以忽略不计的程度。

如果电极处于标准状态，即电极反应中，所有离子的浓度都为 1.0 mol·L^{-1}，气体的分压为 10^5 Pa，固体或液体是纯物质，则电极为**标准电极**，其电极电势称为**标准电极电势**，用 $\varphi^\ominus$ 表示。由两个标准电极组装而成的原电池的电动势称为**标准电动势**，用符号 $E^\ominus$ 表示

$$E^\ominus=\varphi^\ominus_+-\varphi^\ominus_- \tag{7-2}$$

7.3.2.3 标准氢电极与标准电极电势

由于图 7-2 所示双电层电势差的绝对值无法测得，电极电势也就无法测得，但是由两个电极组成的电池电动势却可以准确测定。因此，我们选定某电极作参照标准，将其他电对的电极电势与它比较，从而得到各电对电极电势的相对值。通常采用**标准氢电极**(standard hydrogen electrode，SHE)作为参照标准，标准氢电极的结构如图 7-3 所示。其电极符号为

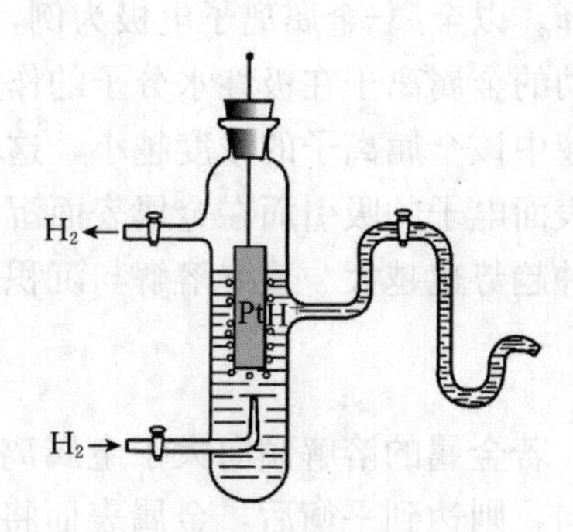

图 7-3 标准氢电极示意图

$$\mathrm{Pt}\mid \mathrm{H_2}(p^\ominus)\mid \mathrm{H^+}(1.0\ \mathrm{mol\cdot L^{-1}})$$

标准氢电极是将镀有铂黑的铂片浸入 $c(H^+)=1.0\ \mathrm{mol\cdot L^{-1}}$[①]的溶液中，并不断通入 10^5 Pa的氢气冲击铂片，使其在铂黑表面达到饱和，电极反应为

$$2\mathrm{H^+}(1.0\ \mathrm{mol\cdot L^{-1}})+2\mathrm{e^-}=\mathrm{H_2(g)}(p^\ominus)$$

这种状态下的电极电势即为标准氢电极的电极电势。

国际上规定，**在任意温度下，标准氢电极的电极电势都为零**，即 $\varphi^\ominus(\mathrm{H^+/H_2})=0.000$ V，以此作为确定其他电对电极电势的参照标准。

将其他标准电极与标准氢电极组成原电池，用电位差计测出原电池的 $E^\ominus$，就可以得到其他电极的标准电极电势。例如，将标准铜电极 $\mathrm{Cu(s)}\mid \mathrm{Cu^{2+}}(1.0\ \mathrm{mol\cdot L^{-1}})$与标准氢电极组成原电池，测得电池的电动势为 0.337 V，并测得铜电极为正极，氢电极为负极，则

$$E^\ominus=\varphi^\ominus(\mathrm{Cu^{2+}/Cu})-\varphi^\ominus(\mathrm{H^+/H_2})=0.337\ \mathrm{V}$$

$$\varphi^\ominus(\mathrm{Cu^{2+}/Cu})=0.337\ \mathrm{V}$$

将标准锌电极 $\mathrm{Zn(s)}\mid \mathrm{Zn^{2+}}(1.0\ \mathrm{mol\cdot L^{-1}})$与标准氢电极组成原电池，测得电动势为 0.763 V，并测得锌电极是负极，氢电极是正极，因此有

$$E^\ominus=\varphi^\ominus(\mathrm{H^+/H_2})-\varphi^\ominus(\mathrm{Zn^{2+}/Zn})=0.763\ \mathrm{V}$$

$$\varphi^\ominus(\mathrm{Zn^{2+}/Zn})=-0.763\ \mathrm{V}$$

附录 7 列出了 298 K 时一些常用电极的标准电极电势。在使用附录 7 时，应**注意**：

① 附录 7 中的标准电极电势适用于水溶液体系，不能用于非水溶液或熔融盐体系。

② 电极电势的大小只与电对中氧化型物质的氧化能力和还原型物质的还原能力有关，即只取决于电极电对本身的性质，与电极反应的书写形式无关。例如

$2\mathrm{H_2O(l)}+2\mathrm{e^-}=\mathrm{H_2(g)}+2\mathrm{OH^-(aq)}$ $\quad\varphi^\ominus(\mathrm{H_2O/H_2})=-0.828$ V

$\mathrm{H_2O(l)}+\mathrm{e^-}=\frac{1}{2}\mathrm{H_2(g)}+\mathrm{OH^-(aq)}$ $\quad\varphi^\ominus(\mathrm{H_2O/H_2})=-0.828$ V

$\mathrm{H_2(g)}+2\mathrm{OH^-(aq)}=2\mathrm{H_2O(l)}+2\mathrm{e^-}$ $\quad\varphi^\ominus(\mathrm{H_2O/H_2})=-0.828$ V

① 准确地说，应该是活度为 1.0 mol·L^{-1}。

按照国际惯例，**无论发生氧化半反应还是还原半反应，电极反应式一律写成还原过程：**

$$氧化型+ne^- \longrightarrow 还原型$$ [①]

或者

$$a\mathrm{Ox}+ne^- \longrightarrow g\mathrm{Red}$$

③ 电极电势$\varphi^{\ominus}$越大，说明在标准状态下，该电对的氧化型物质得电子能力越强，是强氧化剂；$\varphi^{\ominus}$越小，说明该电对的还原型物质失电子能力越强，是强还原剂。在附录 7 中，电极按照$\varphi^{\ominus}$由小到大排列，因此在标准状态下，从上到下，电对的氧化型物质的氧化性依次增强，还原型物质的还原性依次减弱，F_2是最强的氧化剂，而 Li 是最强的还原剂。

值得注意的是：对非标准状态下的电极电对，则要根据φ的大小来判断氧化型物质的氧化性、还原型物质的还原性强弱。

④ 电极电势表分酸表和碱表，应根据反应条件使用。

由于标准氢电极制备困难、使用操作复杂，在实际工作中经常使用甘汞电极作参照标准，其结构如图 7－4 所示。甘汞电极是在电极的内部有一个小玻璃管，玻璃管的上部放置金属汞，通过封在管内的铂丝与外部导线连接，金属汞的下面是汞和甘汞(Hg_2Cl_2)的白色糊状物，再用氯化钾溶液充满电极。甘汞电极中如果充入的是饱和 KCl 溶液，则称为**饱和甘汞电极**。除此以外，KCl 溶液的浓度还有 1.0 mol·L⁻¹和 0.1 mol·L⁻¹两种，但以饱和甘汞电极最常用。甘汞电极的符号为

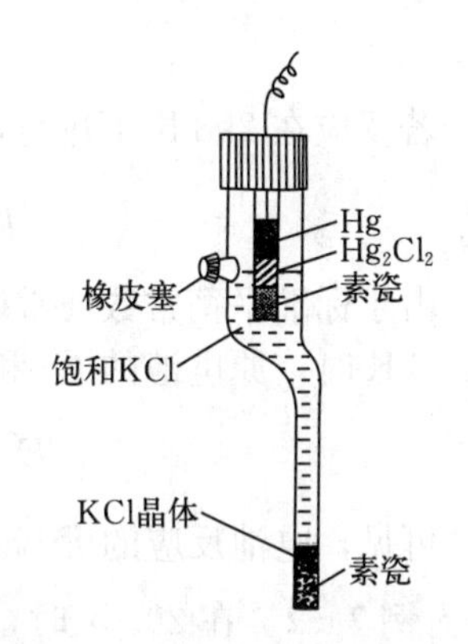

图 7－4　饱和甘汞电极示意图

$$\mathrm{Pt}\,|\,\mathrm{Hg(l)}\,|\,\mathrm{Hg_2Cl_2(s)}\,|\,\mathrm{Cl^-(aq)}$$

电极反应为 $Hg_2Cl_2(s)+2e^-=2Hg(l)+2Cl^-(aq)$

在定温下，甘汞电极的电极电势比较稳定，重现性好，且容易制作、使用方便，因此在实际中常用作参比电极。甘汞电极的电极电势随温度改变而变化。饱和甘汞电极的电极电势和热力学温度之间的关系为

$$\varphi=0.2415-7.6\times10^{-4}(T-298)$$

298 K 时，饱和甘汞电极的$\varphi=0.2415$ V。

7.3.3　电池电动势与吉布斯自由能变的关系

在定温定压下，原电池所做的最大非体积功，即为电功：

$$W'_{\max}=W_{电}=-nFE \tag{7-3}$$

式中：负号表示原电池对外做功；n为原电池反应中电子转移数，单位为 mol；F为**法拉第常数**(Faraday constant)，即 1 mol 电子所带电量，$F=96\,485\ \mathrm{C\cdot mol^{-1}}$。

根据化学热力学原理，在定温定压下，反应的吉布斯自由能变等于反应所能做的最大非体积功，$\Delta_r G_m=W'_{\max}$。因此，在定温定压下，原电池反应存在下列关系

$$\Delta_r G_m=-nFE \tag{7-4}$$

若原电池反应是在标准状态下进行，则

$$\Delta_r G_m^{\ominus}=-nFE^{\ominus} \tag{7-5}$$

---

① 这是电极反应的通式，具体使用时必须配平。例如：电对 MnO_4^-/Mn^{2+}和 Hg_2Cl_2/Hg 的电极反应分别为

$$MnO_4^-+8H^++5e^-=Mn^{2+}+4H_2O \text{ 和 } Hg_2Cl_2+2e^-=2Hg+2Cl^-$$

公式(7－5)是将热力学与电化学联系起来的**桥梁公式**，利用它可以将氧化还原反应的自由能变和电池电动势进行换算。

根据化学热力学原理，再结合式(7－4)和式(7－5)，以及式(7－1)和式(7－2)，显然可以利用电池电动势的正负来判断电池反应的自发方向

若 $E>0$，即 $\varphi_+>\varphi_-$，则 $\Delta_rG_m<0$，电池反应自发向右进行；

若 $E=0$，即 $\varphi_+=\varphi_-$，则 $\Delta_rG_m=0$，电池反应达到平衡状态；

若 $E<0$，即 $\varphi_+<\varphi_-$，则 $\Delta_rG_m>0$，电池反应自发向左进行。

若电池反应是在标准状态下进行，则用 $E^\ominus$ 或 $\varphi^\ominus$ 进行判断。

将电池反应的标准平衡常数 $K^\ominus$ 与 $\Delta_rG_m^\ominus$ 的关系式 $\Delta_rG_m^\ominus=-RT\ln K^\ominus$ 代入式(7－5)，得

$$E^\ominus=\frac{RT}{nF}\ln K^\ominus \tag{7-6}$$

若反应在 298 K 下进行，将 R、T、F 的数值代入式(7－6)，得

$$E^\ominus=\frac{8.314\times298}{n\times96485}\ln K^\ominus=\frac{0.0257}{n}\ln K^\ominus \tag{7-7}$$

由于标准平衡常数通常以 10^x 表示，为了运算方便，将**自然对数 ln 转换为常用对数 lg**，则 298 K 时，原电池的 $E^\ominus$ 和电池反应的 $K^\ominus$ 的关系为

$$E^\ominus=2.303\times\frac{0.0257}{n}\lg K^\ominus=\frac{0.0592}{n}\lg K^\ominus \tag{7-8}$$

可见，电池反应的 $E^\ominus$ 越大，反应的标准平衡常数 $K^\ominus$ 越大，反应进行的程度越大。

例 7－2 在 298 K 时，铜-锌原电池的反应为

$$Zn(s)+Cu^{2+}(aq)=Zn^{2+}(aq)+Cu(s)$$

已知 $\varphi^\ominus(Zn^{2+}/Zn)=-0.763$ V，$\varphi^\ominus(Cu^{2+}/Cu)=0.337$ V，计算电池的 $E^\ominus$ 和电池反应的 $\Delta_rG_m^\ominus$，并判断在标准状态下反应的自发方向。

解 根据电池反应式判断，Zn 发生氧化反应，Zn^{2+}/Zn 为负极；Cu 发生还原反应，Cu^{2+}/Cu 为正极。电池的标准电动势 $E^\ominus$ 为

$$\begin{aligned}E^\ominus&=\varphi_+^\ominus-\varphi_-^\ominus=\varphi^\ominus(Cu^{2+}/Cu)-\varphi^\ominus(Zn^{2+}/Zn)\\&=0.337-(-0.763)\\&=1.10(V)\end{aligned}$$

根据式(7－5)

$$\begin{aligned}\Delta_rG_m^\ominus&=-nFE^\ominus=-2\times96485\times1.10\\&=-2.12\times10^5(J\cdot mol^{-1})\\&=-212(kJ\cdot mol^{-1})\end{aligned}$$

因为 $E^\ominus>0$(或 $\Delta_rG_m^\ominus<0$)，所以在 298 K、标准状态下，电池反应能自发向右进行。

例 7－3 在 298 K 时，反应 $\frac{1}{2}H_2(g)+AgCl(s)=H^+(aq)+Cl^-(aq)+Ag(s)$ 的 $\Delta_rH_m^\ominus=-40.44\ kJ\cdot mol^{-1}$，$\Delta_rS_m^\ominus=-63.6\ J\cdot mol^{-1}\cdot K^{-1}$，试计算

(1)反应的 $K^\ominus$；

(2)电对 AgCl/Ag 的标准电极电势 $\varphi^\ominus(AgCl/Ag)$。

解 (1)根据吉布斯-亥姆霍兹方程，298 K 时反应的 $\Delta_rG_m^\ominus$ 为

$\Delta_r G_m^\ominus = \Delta_r H_m^\ominus - T\Delta_r S_m^\ominus = -40.44\times10^3 - 298\times(-63.6) = -21487(J\cdot mol^{-1})$

根据式(7-5)，得

$$E^\ominus = \frac{-\Delta_r G_m^\ominus}{nF} = \frac{21487}{1\times96485} = 0.223(V)$$

根据式(7-7)，得 $\ln K^\ominus = \frac{nE^\ominus}{0.0257} = \frac{1\times0.223}{0.0257} = 8.68$

[或根据式(7-8)，得 $\lg K^\ominus = \frac{nE^\ominus}{0.0592} = \frac{1\times0.223}{0.0592} = 3.77$]

解得 $K^\ominus = 5.9\times10^3$

(2)因为电池是由电对 AgCl/Ag 和电对 H^+/H_2 组成，所以

$$E^\ominus = \varphi_+^\ominus - \varphi_-^\ominus = \varphi^\ominus(AgCl/Ag) - \varphi^\ominus(H^+/H_2)$$

$$\varphi^\ominus(AgCl/Ag) = E^\ominus + \varphi^\ominus(H^+/H_2) = 0.223 + 0 = 0.223(V)$$

【思考题】

1. 什么叫电极？什么叫原电池？书写电池符号应遵循哪些规则？在什么情况下必须使用惰性电极？
2. 盐桥的主要作用是什么？
3. 写出下列电池反应和电极反应。

(1)(－)Pt | $H_2(p_1)$ | HCl(c) | $Cl_2(p_2)$ | Pt(＋)

(2)(－)Ag(s) | AgCl(s) | $Cl^-(c_1)$ ‖ $Ag^+(c_2)$ | Ag(s)(＋)

4. 电极电势产生的机理是什么？附录 7 中的标准电极电势是绝对值吗？它是怎样确定下来的？
5. 如何应用附录 7 的数据判断标准状态下物质的氧化还原能力的相对强弱？
6. 将化学热力学量和电化学量联系起来的桥梁公式是哪个？
7. 如何用电动势 E 来判断电池反应的方向？如何用 $E^\ominus$ 来判断电池反应的限度？

7.4 电池电动势及电极电势的计算

7.4.1 能斯特方程

电池电动势和电极电势的大小除与电极本性有关外，还与组成电极的各物种浓度(或压强)，以及温度等因素有关。在标准状态下，电池电动势可直接由标准电极电势计算；而在非标准状态下，电池电动势 E 和电极电势 φ 则用**能斯特方程**(Nernst equation)计算。

7.4.1.1 电池电动势的计算——电动势的能斯特方程

设在定温定压下，由两个电对 Ox_1/ Red_1 和 Ox_2/ Red_2 构成原电池，其电池反应为

$$a\mathrm{Ox_1(aq)} + d\mathrm{Red_2(aq)} = g\mathrm{Red_1(aq)} + h\mathrm{Ox_2(aq)}$$

其中，电对 Ox_1/Red_1 构成的电极发生还原半反应，为原电池的正极；电对 Ox_2/Red_2 构成的电极发生氧化半反应，为原电池的负极。

根据范特霍夫定温式，在定温定压下，电池反应的 $\Delta_r G_m$ 和 $\Delta_r G_m^{\ominus}$ 的关系为

$$\Delta_r G_m = \Delta_r G_m^{\ominus} + RT\ln Q$$

将 $\Delta_r G_m = -nFE$、$\Delta_r G_m^{\ominus} = -nFE^{\ominus}$ 代入，可得

$$-nFE = -nFE^{\ominus} + RT\ln Q$$

整理，得

$$E = E^{\ominus} - \frac{RT}{nF}\ln Q \tag{7-9}$$

在 298 K 时，将 T 和常数 R、F 的数值代入，整理得

$$E = E^{\ominus} - \frac{0.0257}{n}\ln Q = E^{\ominus} - \frac{0.0592}{n}\lg Q^{①} \tag{7-10}$$

式(7-9)和式(7-10)称为**原电池电动势的能斯特方程**，它们表明：在 298 K 时，原电池反应商 Q 对电池电动势 E 的影响。利用式(7-9)或式(7-10)可以计算非标准状态下原电池的电动势。

例 7-4 将下列氧化还原反应设计成原电池，并写出其电动势的能斯特方程式。

(1) $H_2(g) + Cl_2(g) = 2H^+(aq) + 2Cl^-(aq)$

(2) $2Fe^{3+}(aq) + Sn^{2+}(aq) = 2Fe^{2+}(aq) + Sn^{4+}(aq)$

(3) $H_2(g) + 2AgCl(s) = 2Ag(s) + 2H^+(aq) + 2Cl^-(aq)$

(4) $MnO_4^-(aq) + 8H^+(aq) + 5Fe^{2+}(aq) = Mn^{2+}(aq) + 5Fe^{3+}(aq) + 4H_2O$

解 (1)将电对 H^+/H_2 作负极，Cl_2/Cl^- 作正极，组装成原电池，电池反应为

$$H_2(g) + Cl_2(g) = 2H^+(aq) + 2Cl^-(aq)$$

则该电池电动势的能斯特方程为

$$E = E^{\ominus} - \frac{RT}{2F}\ln Q = E^{\ominus} - \frac{RT}{2F}\ln\frac{[c(H^+)/c^{\ominus}]^2 \cdot [c(Cl^-)/c^{\ominus}]^2}{[p(H_2)/p^{\ominus}] \cdot [p(Cl_2)/p^{\ominus}]}$$

(2)将电对 Sn^{4+}/Sn^{2+} 作负极，Fe^{3+}/Fe^{2+} 作正极，组装成原电池，电池反应为

$$2Fe^{3+}(aq) + Sn^{2+}(aq) = 2Fe^{2+}(aq) + Sn^{4+}(aq)$$

则该电池电动势的能斯特方程为

$$E = E^{\ominus} - \frac{RT}{2F}\ln Q = E^{\ominus} - \frac{RT}{2F}\ln\frac{[c(Fe^{2+})/c^{\ominus}]^2 \cdot [c(Sn^{4+})/c^{\ominus}]}{[c(Fe^{3+})/c^{\ominus}]^2 \cdot [c(Sn^{2+})/c^{\ominus}]}$$

(3)将电对 H^+/H_2 作负极，$AgCl/Ag$ 作正极，组装成原电池，电池反应为

$$H_2(g) + 2AgCl(s) = 2Ag(s) + 2H^+(aq) + 2Cl^-(aq)$$

则该电池电动势的能斯特方程为

$$E = E^{\ominus} - \frac{RT}{2F}\ln\frac{[c(H^+)/c^{\ominus}]^2 \cdot [c(Cl^-)/c^{\ominus}]^2}{p(H_2)/p^{\ominus}}$$

(4)将电对 Fe^{3+}/Fe^{2+} 作负极，MnO_4^-/Mn^{2+} 作正极，组装成原电池，电池反应为

$$MnO_4^-(aq) + 8H^+(aq) + 5Fe^{2+}(aq) = Mn^{2+}(aq) + 5Fe^{3+}(aq) + 4H_2O$$

则该电池电动势的能斯特方程为

① 注意：在 Nernst 方程中，以自然对数 ln 计算时，代入 T、R 和 F 得到的常数值为 0.0257；而以常用对数 lg 计算时，代入 T、R 和 F 得到的常数值为 0.0592。

$$E=E^{\ominus}-\frac{RT}{5F}\ln\frac{[c(Mn^{2+})/c^{\ominus}]\cdot[c(Fe^{3+})/c^{\ominus}]^5}{[c(MnO_4^-)/c^{\ominus}]\cdot[c(Fe^{2+})/c^{\ominus}]^5\cdot[c(H^+)/c^{\ominus}]^8}$$

7.4.1.2 电极电势的计算——电极电势的能斯特方程

对电池反应

$$a\text{Ox}_1(aq)+d\text{Red}_2(aq)=g\text{Red}_1(aq)+h\text{Ox}_2(aq)$$

反应商 $Q=\frac{[c(\text{Red}_1)/c^{\ominus}]^g\cdot[c(\text{Ox}_2)/c^{\ominus}]^h}{[c(\text{Ox}_1)/c^{\ominus}]^a\cdot[c(\text{Red}_2)/c^{\ominus}]^d}$，标准电动势 $E^{\ominus}=\varphi_+^{\ominus}-\varphi_-^{\ominus}$

将 Q 和 $E^{\ominus}$ 代入式(7－9)中：

$$E=E^{\ominus}-\frac{RT}{nF}\ln Q=\varphi_+^{\ominus}-\varphi_-^{\ominus}-\frac{RT}{nF}\ln\frac{[c(\text{Red}_1)/c^{\ominus}]^g\cdot[c(\text{Ox}_2)/c^{\ominus}]^h}{[c(\text{Ox}_1)/c^{\ominus}]^a\cdot[c(\text{Red}_2)/c^{\ominus}]^d}$$

整理，得

$$E=\left\{\varphi_+^{\ominus}-\frac{RT}{nF}\ln\frac{[c(\text{Red}_1)/c^{\ominus}]^g}{[c(\text{Ox}_1)/c^{\ominus}]^a}\right\}-\left\{\varphi_-^{\ominus}-\frac{RT}{nF}\ln\frac{[c(\text{Red}_2)/c^{\ominus}]^d}{[c(\text{Ox}_2)/c^{\ominus}]^h}\right\}$$

与公式 $E=\varphi_+-\varphi_-$ 比较，不难得出

$$\varphi_+=\varphi_+^{\ominus}-\frac{RT}{nF}\ln\frac{[c(\text{Red}_1)/c^{\ominus}]^g}{[c(\text{Ox}_1)/c^{\ominus}]^a}=\varphi_+^{\ominus}-\frac{RT}{nF}\ln Q_+$$

$$\varphi_-=\varphi_-^{\ominus}-\frac{RT}{nF}\ln\frac{[c(\text{Red}_2)/c^{\ominus}]^d}{[c(\text{Ox}_2)/c^{\ominus}]^h}=\varphi_-^{\ominus}-\frac{RT}{nF}\ln Q_-$$

推广到任意电对 Ox/Red 的电极反应

$$a\text{Ox}(aq)+ne^-=g\text{Red}(aq)$$

$$\varphi=\varphi^{\ominus}-\frac{RT}{nF}\ln\frac{[c(\text{Red})/c^{\ominus}]^g}{[c(\text{Ox})/c^{\ominus}]^a}=\varphi^{\ominus}-\frac{RT}{nF}\ln Q_h \qquad (7-11)$$

式(7－11)就是**电极电势的能斯特方程**。其中，φ 为非标准状态下电对 Ox/Red 的电极电势；$\varphi^{\ominus}$ 为电对 Ox/Red 的标准电极电势；n 为电极反应中的电子转移数(mol)；Q_h 为电极反应商。

在 298 K 时，将各常数代入式(7－11)中，并将 ln 转换为 lg，整理得

$$\varphi=\varphi^{\ominus}-\frac{0.0592}{n}\lg\frac{[c(\text{Red})/c^{\ominus}]^g}{[c(\text{Ox})/c^{\ominus}]^a}=\varphi^{\ominus}-\frac{0.0592}{n}\lg Q_h \qquad (7-12)$$

式(7－11)、式(7－12)都称为**电极电势的能斯特方程**，可以用来计算参与电极反应各物质为任意浓度(或压强)时的电极电势。

注意：由于反应商与反应方程式的书写形式有关，因此式(7－11)、式(7－12)中的 Q_h **是与还原半反应形式的电极反应式相对应的**。例如：电对 Cu^{2+}/Cu 的电极反应为 $Cu^{2+}(aq)+2e^-=Cu(s)$，其反应商 $Q_h=\frac{1}{c(Cu^{2+})/c^{\ominus}}$；电对 $Cr_2O_7^{2-}/Cr^{3+}$ 的电极反应为 $Cr_2O_7^{2-}+14H^++6e^-=2Cr^{3+}+7H_2O$，其反应商 $Q_h=\frac{[c(Cr^{3+})/c^{\ominus}]^2}{[c(Cr_2O_7^{2-})/c^{\ominus}]\cdot[c(H^+)/c^{\ominus}]^{14}}$。

例 7－5 根据下列电极反应，写出各电对电极电势的能斯特方程。

(1) $Fe^{3+}(aq)+e^-=Fe^{2+}(aq)$

(2) $AgCl(s)+e^-=Ag(s)+Cl^-(aq)$

(3)$MnO_4^-(aq)+8H^+(aq)+5e^-=Mn^{2+}(aq)+4H_2O$

(4)$Cl_2(g)+2e^-=2Cl^-(aq)$

(5)$ZnO_2^{2-}(aq)+2H_2O+2e^-=Zn(s)+4OH^-(aq)$

解

(1)$\varphi(Fe^{3+}/Fe^{2+})=\varphi^{\ominus}(Fe^{3+}/Fe^{2+})-\frac{RT}{F}\ln\frac{c(Fe^{2+})/c^{\ominus}}{c(Fe^{3+})/c^{\ominus}}$

(2)$\varphi(AgCl/Ag)=\varphi^{\ominus}(AgCl/Ag)-\frac{RT}{F}\ln[c(Cl^-)/c^{\ominus}]$

(3)$\varphi(MnO_4^-/Mn^{2+})=\varphi^{\ominus}(MnO_4^-/Mn^{2+})-\frac{RT}{5F}\ln\frac{c(Mn^{2+})/c^{\ominus}}{[c(MnO_4^-)/c^{\ominus}]\cdot[c(H^+)/c^{\ominus}]^8}$

(4)$\varphi(Cl_2/Cl^-)=\varphi^{\ominus}(Cl_2/Cl^-)-\frac{RT}{2F}\ln\frac{[c(Cl^-)/c^{\ominus}]^2}{p(Cl_2)/p^{\ominus}}$

(5)$\varphi(ZnO_2^{2-}/Zn)=\varphi^{\ominus}(ZnO_2^{2-}/Zn)-\frac{RT}{2F}\ln\frac{[c(OH^-)/c^{\ominus}]^4}{c(ZnO_2^{2-})/c^{\ominus}}$

7.4.2 电极电势的影响因素

根据电极电势的能斯特方程式(7－11)和式(7－12)，在任意状态下，能使电极反应商 Q_h 发生变化的因素都会影响电对的电极电势 φ，电极反应商 Q_h 越大，电极电势越低；反之，Q_h 越小，电极电势越高。

7.4.2.1 氧化型或还原型物质的浓度变化对电极电势的影响

例 7－6 已知 $\varphi^{\ominus}(Sn^{4+}/Sn^{2+})=0.154V$，计算 298 K 时在下列情况下，电对 Sn^{4+}/Sn^{2+} 的电极电势。

(1)$c(Sn^{4+})=0.010\ mol\cdot L^{-1}$，$c_0(Sn^{2+})=1.0\ mol\cdot L^{-1}$；

(2)$c(Sn^{4+})=1.0\ mol\cdot L^{-1}$，$c_0(Sn^{2+})=0.010\ mol\cdot L^{-1}$。

解 电对 Sn^{4+}/Sn^{2+} 的电极反应为 $Sn^{4+}+2e^-=Sn^{2+}$，其能斯特方程为

$$\varphi(Sn^{4+}/Sn^{2+})=\varphi^{\ominus}(Sn^{4+}/Sn^{2+})-\frac{0.0592}{2}\lg Q_h$$

(1)$Q_h=\frac{c(Sn^{2+})/c^{\ominus}}{c(Sn^{4+})/c^{\ominus}}=\frac{1.0}{0.010}=100$，$\varphi(Sn^{4+}/Sn^{2+})=0.154-\frac{0.0592}{2}\lg100=0.095(V)$

(2)
$$Q_h=\frac{c(Sn^{2+})/c^{\ominus}}{c(Sn^{4+})/c^{\ominus}}=\frac{0.010}{1.0}=0.010$$

$$\varphi(Sn^{4+}/Sn^{2+})=0.154-\frac{0.0592}{2}\lg0.010=0.213(V)$$

例 7－6 表明，降低电对中氧化型物质的浓度，电极反应商 Q_h 增大，电对的电极电势减小；降低还原型物质的浓度，电极反应商 Q_h 减小，电对的电极电势增大。因此，可以利用改变电对浓度的方法，控制电对的氧化还原能力，使氧化还原反应向着我们希望的方向自发进行。

例如，氧化还原反应 $Pb(s)+Sn^{2+}(aq)=Pb^{2+}(aq)+Sn(s)$ 中，构成该反应的两电对分别为 Sn^{2+}/Sn 和 Pb^{2+}/Pb。因为 $\varphi^{\ominus}(Sn^{2+}/Sn)=-0.138\ V$，$\varphi^{\ominus}(Pb^{2+}/Pb)=-0.126\ V$，二者相差不大，因此改变 $c(Sn^{2+})$ 和 $c(Pb^{2+})$ 可以控制反应自发方向。当 $c(Sn^{2+})$ 较大，而

$c(Pb^{2+})$较小时，$\varphi(Sn^{2+}/Sn) > \varphi(Pb^{2+}/Pb)$，反应正向自发进行；当 $c(Sn^{2+})$较小，而 $c(Pb^{2+})$较大时，$\varphi(Sn^{2+}/Sn) < \varphi(Pb^{2+}/Pb)$，反应逆向自发进行。

7.4.2.2 溶液酸碱性对电极电势的影响

在电极反应中，如果有 H^+ 或 OH^- 参加，则溶液酸碱性对电极电势影响较大。

例 7-7 已知 $\varphi^\ominus(Cr_2O_7^{2-}/Cr^{3+}) = 1.33\ V$，$c(Cr_2O_7^{2-}) = c(Cr^{3+}) = 1.0\ mol \cdot L^{-1}$。298 K 时，在 $0.10\ mol \cdot L^{-1}$和 $0.0010\ mol \cdot L^{-1}$ HCl 溶液中，电对 $Cr_2O_7^{2-}/Cr^{3+}$ 的电极电势分别为多少伏特？

解 $Cr_2O_7^{2-}/Cr^{3+}$的电极反应为

$$Cr_2O_7^{2-} + 14H^+ + 6e^- = 2Cr^{3+} + 7H_2O$$

$Cr_2O_7^{2-}/Cr^{3+}$的能斯特方程为

$$\varphi(Cr_2O_7^{2-}/Cr^{3+}) = \varphi^\ominus(Cr_2O_7^{2-}/Cr^{3+}) - \frac{0.0592}{6}\lg Q_h$$

在 $0.10\ mol \cdot L^{-1}$ HCl 溶液中，$c(H^+) = 0.10\ mol \cdot L^{-1}$，且 $c(Cr_2O_7^{2-}) = c(Cr^{3+}) = 1.0\ mol \cdot L^{-1}$，则

$$Q_h = \frac{[c(Cr^{3+})/c^\ominus]^2}{[c(Cr_2O_7^{2-})/c^\ominus] \cdot [c(H^+)/c^\ominus]^{14}} = \frac{1.0^2}{1.0 \times (0.10)^{14}} = 1.0 \times 10^{14}$$

$$\varphi(Cr_2O_7^{2-}/Cr^{3+}) = 1.33 - \frac{0.0592}{6}\lg(1.0 \times 10^{14}) = 1.19(V)$$

同理，在 $0.0010\ mol \cdot L^{-1}$ HCl 溶液中，$c(H^+) = 0.0010\ mol \cdot L^{-1}$，则

$$Q_h = \frac{[c(Cr^{3+})/c^\ominus]^2}{[c(Cr_2O_7^{2-})/c^\ominus] \cdot [c(H^+)/c^\ominus]^{14}} = \frac{1.0^2}{1.0 \times (0.0010)^{14}} = 1.0 \times 10^{42}$$

$$\varphi(Cr_2O_7^{2-}/Cr^{3+}) = 1.33 - \frac{0.0592}{6}\lg(1.0 \times 10^{42}) = 0.92(V)$$

例 7-7 说明，含氧酸根(如 $Cr_2O_7^{2-}$、MnO_4^- 等)作为氧化剂时，其氧化能力受溶液酸度的影响较大，并且溶液酸性越强，φ 值越大，其氧化能力越强。

溶液的酸度不仅影响含氧酸根电对的电极电势大小，还影响其氧化还原反应的产物。例如，MnO_4^- 作为氧化剂时，在酸性、中性和碱性介质中还原产物分别是 Mn^{2+}、MnO_2 和 MnO_4^{2-}。

7.4.2.3 生成沉淀对电极电势的影响

在电池中加入沉淀剂，沉淀的生成使电对中氧化型或还原型物质的浓度发生变化，因此电对的电极电势随之变化。

例 7-8 298 K 下，往电极 Ag|Ag^+(aq)中加入 KI 溶液，使其产生 AgI 沉淀，计算当 $c(I^-) = 1.0\ mol \cdot L^{-1}$时电对 Ag^+/Ag 的电极电势 $\varphi(Ag^+/Ag)$。已知$\varphi^\ominus(Ag^+/Ag) = 0.799\ V$，$K_{sp}^\ominus(AgI) = 8.3 \times 10^{-17}$。

解 银电极 Ag^+/Ag 的电极反应为

$$Ag^+(aq) + e^- = Ag(s)$$

电极反应商为

$$Q_h = \frac{1}{c(Ag^+)/c^\ominus} = \frac{1}{\dfrac{K_{sp}^\ominus(AgI)}{c(I^-)/c^\ominus}} = \frac{c(I^-)/c^\ominus}{K_{sp}^\ominus(AgI)}$$

当 $c(I^-)=1.0\ mol\cdot L^{-1}$时，$Ag^+/Ag$ 的电极电势为

$$\varphi(Ag^+/Ag)=\varphi^{\ominus}(Ag^+/Ag)-\frac{0.0592}{n}\lg Q_h$$

$$=\varphi^{\ominus}(Ag^+/Ag)-\frac{0.0592}{n}\lg\frac{c(I^-)/c^{\ominus}}{K_{sp}^{\ominus}(AgI)}$$

$$=0.799-\frac{0.0592}{1}\lg\frac{1.0}{8.3\times10^{-17}}$$

$$\varphi(Ag^+/Ag)=-0.153(V)$$

从例 7-8 可见，氧化型物质生成沉淀，其自身浓度大大降低，则电极电势下降。并且沉淀的 $K_{sp}^{\ominus}$越小，则电极电势 φ 越小。反之，还原型物质生成沉淀使 φ 增大，且沉淀的 $K_{sp}^{\ominus}$越小，则 φ 越大。

从例 7-8 还可见，在含有 Ag^+、I^- 和 AgI 沉淀的体系中，不仅存在电对 Ag^+/Ag，同时也存在电对 AgI/Ag。当 $c(I^-)=1.0\ mol\cdot L^{-1}$时，电极反应 $AgI(s)+e^-=Ag(s)+I^-(aq)$ 处于标准状态，此时溶液的电势($\varphi=-0.153$ V)也正是 AgI/Ag 电对的标准电极电势。即

$$AgI(s)+e^-=Ag(s)+I^-(aq)\qquad \varphi^{\ominus}(AgI/Ag)=-0.153\ V$$

例 7-9 298 K 时，测得原电池(−) Ag(s) | AgI(s) | $I^-(1.0\ mol\cdot L^{-1})$ ‖ $Ag^+(1.0\ mol\cdot L^{-1})$(Ag(s)(+)的电动势为 0.952 V，计算 AgI 的 $K_{sp}^{\ominus}$。

解 正极反应：$Ag^+(aq)+e^-=Ag(s)$；负极反应：$Ag(s)+I^-(aq)=AgI(s)+e^-$

原电池反应：$Ag^+(aq)+I^-(aq)=AgI(s)$

原电池反应的标准平衡常数为

$$K^{\ominus}=K_{sp}^{\ominus\,-1}(AgI)$$

电池反应的 $K^{\ominus}$ 和 $E^{\ominus}$ 的关系为 $\lg K^{\ominus}=\frac{nE^{\ominus}}{0.0592}$，即 $K^{\ominus}=10^{\frac{nE^{\ominus}}{0.0592}}$

因此，$K_{sp}^{\ominus}(AgI)=(K^{\ominus})^{-1}=(10^{\frac{nE^{\ominus}}{0.0592}})^{-1}=(10^{\frac{1\times0.952}{0.0592}})^{-1}=8.32\times10^{-17}$

7.4.2.4 生成配合物对电极电势的影响

在电池中加入配位剂，如果配位剂的加入能使电对中氧化型或还原型物质转变成配合物，则同样会使电对的电极电势发生变化。

例 7-10 在 298 K 时，往电对 Ag^+/Ag 溶液中加入氨水，若反应平衡时，溶液中 $c(NH_3)=c[Ag(NH_3)_2^+]=1.0\ mol\cdot L^{-1}$，计算此时的 $\varphi(Ag^+/Ag)$。已知 $\varphi^{\ominus}(Ag^+/Ag)=0.799$ V，$K_f^{\ominus}[Ag(NH_3)_2^+]=1.7\times10^7$。

解 加入氨水后，Ag^+ 与 NH_3 形成稳定的$[Ag(NH_3)_2]^+$，$c(Ag^+)$大大减小。即

$$Ag^+ +2NH_3=[Ag(NH_3)_2]^+$$

整理 $K_f^{\ominus}[Ag(NH_3)_2^+]=\frac{c[Ag(NH_3)_2^+]/c^{\ominus}}{[c(Ag^+)/c^{\ominus}]\cdot[c(NH_3)/c^{\ominus}]^2}$，得

$$c(Ag^+)/c^{\ominus}=\frac{c[Ag(NH_3)_2^+]/c^{\ominus}}{[c(NH_3)/c^{\ominus}]^2\cdot K_f^{\ominus}[Ag(NH_3)_2^+]}$$

将 $c(NH_3)=c[Ag(NH_3)_2^+]=1.0\ mol\cdot L^{-1}$ 代入，得

$$c(Ag^+)/c^\ominus=\frac{1}{K_f^\ominus[Ag(NH_3)_2^+]}$$

电极反应 $Ag^+(aq)+e^-=Ag(s)$ 的电极电势为

$$\varphi(Ag^+/Ag)=\varphi^\ominus(Ag^+/Ag)-\frac{0.0592}{n}\lg Q_h=\varphi^\ominus(Ag^+/Ag)-\frac{0.0592}{n}\lg\frac{1}{c(Ag^+)/c^\ominus}$$

$$=\varphi^\ominus(Ag^+/Ag)-\frac{0.0592}{n}\lg K_f^\ominus[Ag(NH_3)_2^+]$$

$$=0.799-\frac{0.0592}{1}\lg(1.7\times10^7)$$

$$=0.371(V)$$

在此体系中同样存在电对 $[Ag(NH_3)_2]^+/Ag$，且 $c(NH_3)=c[Ag(NH_3)_2^+]=1.0\ mol\cdot L^{-1}$，因此 0.371 V 就是该电对的标准电极电势，即

$$[Ag(NH_3)_2]^++e^-=Ag+2NH_3\qquad \varphi^\ominus[Ag(NH_3)_2^+/Ag]=0.371\ V$$

综上所述，无论是哪种因素影响，都是改变了电极反应商 Q_h 而使电极电势发生变化。若电极反应商 Q_h 增大，则电极电势降低，电对中氧化型物质的氧化能力减弱，而还原型物质的还原能力增强；若电极反应商 Q_h 减小，结果则刚好相反。

【思考题】

1. 电动势和电极电势的能斯特方程有何异同？

2. 当溶液中的 H^+ 浓度增大时，下列电对中氧化型物质的氧化能力是增强、减弱，还是不变？

Fe^{3+}/Fe^{2+}；MnO_4^-/Mn^{2+}；O_2/H_2O；$Cr_2O_7^{2-}/Cr^{3+}$；Br_2/Br^-

3. 根据 AgCl、AgBr、AgI 溶度积常数的大小，比较电对 Ag^+/Ag、AgCl/Ag、AgBr/Ag 和 AgI/Ag 标准电极电势的大小。

4. 比较 $\varphi^\ominus(Ag^+/Ag)$ 与 $\varphi^\ominus[Ag(NH_3)_2^+/Ag]$ 的大小。

5. 参考例 7-10，设计一原电池，测定配合物 $[Cu(NH_3)_4]^{2+}$ 的稳定常数。

7.5 电极电势与电动势在化学反应中的应用

电极电势的应用非常广泛，除了可以用来计算电池电动势和电池反应的吉布斯自由能变外，还可以用来比较氧化剂和还原剂的相对强弱、判断氧化还原反应的方向和衡量反应进行的程度。

7.5.1 比较氧化剂和还原剂的相对强弱

当电极处于标准状态时，根据 $\varphi^\ominus$ 的大小可以判断电对中氧化剂的氧化能力和还原剂的还原能力的强弱。将电极反应按照 $\varphi^\ominus$ 由小到大从上到下排列，随着 $\varphi^\ominus$ 的增大，电对中氧化剂的氧化能力逐渐增强，还原剂的还原能力逐渐减弱。如果用处于左下方的氧化剂和右上方的还原

剂组成原电池，电池的标准电动势必大于零，反应在标准状态下能自发向右进行。这一规则称为**“左下右上规则”**。但是，对非标准状态下的电极，则要根据φ的大小来判断。

例 7-11 根据标准电极电势比较下列电对中氧化剂的氧化性、还原剂的还原性(在酸性介质中)。

$$MnO_4^-/Mn^{2+},\ I_2/I^-,\ O_2/H_2O,\ Sn^{4+}/Sn^{2+},\ Zn^{2+}/Zn$$

解 在附录7的酸表中，查得各电对的标准电极电势$\varphi^{\ominus}$，并按$\varphi^{\ominus}$值由小到大排列如下

电对	$\varphi^{\ominus}$/V
Zn^{2+}/Zn	−0.763
Sn^{4+}/Sn^{2+}	0.154
I_2/I^-	0.534
O_2/H_2O	1.229
MnO_4^-/Mn^{2+}	1.51

根据“左下右上规则”，在酸性介质中，电对中氧化剂的氧化性强弱顺序为

$$MnO_4^- > O_2 > I_2 > Sn^{4+} > Zn^{2+}$$

电对中还原剂的还原性强弱顺序为

$$Zn > Sn^{2+} > I^- > H_2O > Mn^{2+}$$

例 7-12 在起始浓度相同的Cl^-、Br^-、I^-三种离子的混合溶液中加入氧化剂，欲使I^-氧化为I_2，而Cl^-和Br^-不被氧化。现有三种氧化剂$Fe_2(SO_4)_3$、$KMnO_4$、$SnCl_4$，应选择哪一种?

解 查附录7，将题目涉及的六个电极反应按$\varphi^{\ominus}$从小到大排列如下

电极反应	$\varphi^{\ominus}$/V
$Sn^{4+}+2e^-=Sn^{2+}$	0.154
$I_2+2e^-=2I^-$	0.534
$Fe^{3+}+e^-=Fe^{2+}$	0.771
$Br_2+2e^-=2Br^-$	1.065
$Cl_2+2e^-=2Cl^-$	1.36
$MnO_4^-+8H^++5e^-=Mn^{2+}+4H_2O$	1.51

根据“左下右上规则”，处于左下方的氧化剂可以氧化右上方的还原剂；反之则不能。在上述各氧化剂中，MnO_4^-与Cl^-、Br^-和I^-都能反应，不符合题目的要求；Sn^{4+}不能与Cl^-、Br^-和I^-中的任一离子反应，也不符合题目的要求；而Fe^{3+}不能氧化Cl^-和Br^-，但能氧化I^-，因此应选择$Fe_2(SO_4)_3$作氧化剂。

一般来说，如果在一个溶液中有多种氧化剂都能与同一还原剂反应，那么，逐滴加入此还原剂时，首先与之反应的是最强的氧化剂。相反，如果在一个溶液中有多种还原剂都能与同一氧化剂反应，那么，逐滴加入此氧化剂时，首先反应的是最强的还原剂。即氧化还原反应的次序为

$$\text{最强氧化剂}_1 + \text{最强还原剂}_2 = \text{弱还原剂}_1 + \text{弱氧化剂}_2$$

例如，从例 7-12 可知，Cl^-、Br^- 和 I^- 都能被 MnO_4^- 氧化，但若逐滴加入 $KMnO_4$ 溶液，因为 I^- 的还原能力最强，因而 I^- 首先与 $KMnO_4$ 反应，然后是 Br^-，最后才是 Cl^-。

7.5.2　判断氧化还原反应的方向

在 7.3.3 中介绍了用电池电动势 E 判断氧化还原反应的自发方向。在标准状态下，当原电池的 $E^\ominus > 0.2$ V 时，电极中物质的浓度变化虽然会影响电极电势，但是不会改变电动势值的正、负。因此，为了方便起见，对 $E^\ominus > 0.2$ V 的原电池，通常可以用电对的标准电极电势 $\varphi^\ominus$ 来估计反应的自发方向；反之则不能。

例 7-13　298 K 时，判断反应 $Pb^{2+}(aq) + Sn(s) = Pb(s) + Sn^{2+}(aq)$ 在下列条件下的自发方向。

(1)标准状态；

(2)$c(Sn^{2+}) = 1.0\ mol \cdot L^{-1}$，$c(Pb^{2+}) = 0.10\ mol \cdot L^{-1}$。

已知 $\varphi^\ominus(Pb^{2+}/Pb) = -0.126$ V，$\varphi^\ominus(Sn^{2+}/Sn) = -0.138$ V。

解　将反应 $Pb^{2+}(aq) + Sn(s) = Pb(s) + Sn^{2+}(aq)$ 设计成原电池，其中

Pb^{2+}/Pb 为正极，发生还原半反应：$Pb^{2+}(aq) + 2e^- = Pb(s)$

Sn^{2+}/Sn 为负极，发生氧化半反应：$Sn(s) = Sn^{2+}(aq) + 2e^-$

(1)在标准状态时，即 $c(Sn^{2+}) = c(Pb^{2+}) = 1.0\ mol \cdot L^{-1}$，电池的电动势为

$$E^\ominus = \varphi_+^\ominus - \varphi_-^\ominus = \varphi^\ominus(Pb^{2+}/Pb) - \varphi^\ominus(Sn^{2+}/Sn) = -0.126 - (-0.138) = 0.012(V)$$

因为 $E^\ominus > 0$，所以在标准状态下，反应正向自发进行。

(2)当 $c(Sn^{2+}) = 1.0\ mol \cdot L^{-1}$，$c(Pb^{2+}) = 0.10\ mol \cdot L^{-1}$ 时，

$$E = E^\ominus - \frac{0.0592}{n}\lg Q = E^\ominus - \frac{0.0592}{n}\lg\frac{c(Sn^{2+})/c^\ominus}{c(Pb^{2+})/c^\ominus} = 0.012 - \frac{0.0592}{2}\lg\frac{1.0}{0.10} = -0.018(V)$$

因为 $E < 0$，所以反应逆向自发进行。

7.5.3　计算反应进行的程度

一个反应进行的程度可以用平衡常数来表示。在 7.3.3 中已经讨论了电池的标准电动势 $E^\ominus$ 和电池反应的标准平衡常数 $K^\ominus$ 之间的关系，在 298 K 时，$\lg K^\ominus = \frac{nE^\ominus}{0.0592}$。所以，理论上可以设计一个原电池，使电池反应与所需讨论的氧化还原反应相同，然后通过测定原电池的标准电动势 $E^\ominus$，计算出该反应的标准平衡常数 $K^\ominus$，从而分析反应进行的程度。

例 7-14　计算在 298 K 时，下列反应的标准平衡常数，并分析该反应进行的程度。

$$Pb^{2+}(1\ mol \cdot L^{-1}) + Sn(s) = Pb(s) + Sn^{2+}(1\ mol \cdot L^{-1})$$

解 从例 7-13 知该反应在标准状态下能自发向右进行，并且其对应的电池 $E^{\ominus}=0.012\ \text{V}$。

由 $$\lg K^{\ominus}=\frac{nE^{\ominus}}{0.0592}=\frac{2\times0.012}{0.0592}=0.41$$

得 $$K^{\ominus}=2.6$$

而反应的平衡常数式为 $K^{\ominus}=\dfrac{c(Sn^{2+})/c^{\ominus}}{c(Pb^{2+})/c^{\ominus}}$，则

$$c(Sn^{2+})=2.6\ c(Pb^{2+})$$

这说明当溶液中 Sn^{2+} 浓度等于 Pb^{2+} 浓度的 2.6 倍时，反应就到达了平衡状态，可见该反应进行得不彻底。

【思考题】

1. 根据标准电极电势，判断下列氧化还原反应在标准状态下进行的方向。

(1) $Sn^{4+}+2Fe^{2+}=Sn^{2+}+2Fe^{3+}$

(2) $3I_2+2Cr^{3+}+7H_2O=Cr_2O_7^{2-}+6I^-+14H^+$

(3) $Cu+2FeCl_3=CuCl_2+2FeCl_2$

2. 在标准状态下，反应 $2Fe^{3+}+2I^-=2Fe^{2+}+I_2$ 能否自发进行？若在反应中加入 NaF，反应还能不能自发进行？为什么？

3. 由实验得到：KI 能与 $FeCl_3$ 反应生成 I_2 和 $FeCl_2$，而 KBr 不能与 $FeCl_3$ 反应。试定性推断 $\varphi^{\ominus}(Br_2/Br^-)$，$\varphi^{\ominus}(I_2/I^-)$ 和 $\varphi^{\ominus}(Fe^{3+}/Fe^{2+})$ 的大小顺序。

7.6 元素的电势图及其应用

7.6.1 元素的电势图

许多元素存在多种氧化数不同的物质，这些物质之间可以组成不同的电对，各电对的标准电极电势间的相互关系可用图的形式表示出来。例如

$$\varphi^{\ominus}/V\quad Fe^{3+}\xrightarrow{0.771}Fe^{2+}\xrightarrow{-0.447}Fe\qquad (Fe^{3+}/Fe:\ -0.041)$$

这种将同一元素不同氧化数的物质，按氧化数从高到低的顺序排列，在两种物质之间用线连接，并在连线上标明各电对的标准电极电势的图形，称为元素的**标准电极电势图**，简称**电势图**。

元素的电势图可根据需要将全部氧化数不同的物质都列出或只列出一部分。例如，在酸性介质中，锰元素的电势图为

$$\varphi^{\ominus}/V\quad MnO_4^-\xrightarrow{0.564}MnO_4^{2-}\xrightarrow{2.26}MnO_2\xrightarrow{0.95}Mn^{3+}\xrightarrow{1.51}Mn^{2+}\xrightarrow{-1.18}Mn\qquad (MnO_4^-/MnO_2:\ 1.695;\ MnO_2/Mn^{2+}:\ 1.23)$$

元素电势图主要用于计算某电对的标准电极电势和判断歧化反应能否发生。

7.6.2 元素电势图的应用

7.6.2.1 计算电对的标准电极电势

例 7-15 根据汞元素的电势图，计算 $\varphi^{\ominus}(Hg^{2+}/Hg)$。

$$\varphi^{\ominus}/V \quad Hg^{2+} \xrightarrow{0.909} Hg_2^{2+} \xrightarrow{0.793} Hg \quad (Hg^{2+} \text{ 至 } Hg: \varphi^{\ominus})$$

解 在汞元素的电势图中包含三个电对：(1) Hg^{2+}/Hg_2^{2+}，(2) Hg_2^{2+}/Hg 和 (3) Hg^{2+}/Hg，将这三个电对分别与标准氢电极组成原电池，则电池反应的标准自由能变分别为

(1) $Hg^{2+}+\frac{1}{2}H_2=\frac{1}{2}Hg_2^{2+}+H^+$ $\quad \Delta_r G_m^{\ominus}(1)=-n_1FE_1^{\ominus}=-n_1F\varphi(Hg^{2+}/Hg_2^{2+})$

(2) $\frac{1}{2}Hg_2^{2+}+\frac{1}{2}H_2=Hg+H^+$ $\quad \Delta_r G_m^{\ominus}(2)=-n_2FE_2^{\ominus}=-n_2F\varphi(Hg_2^{2+}/Hg)$

(3) $Hg^{2+}+H_2=Hg+2H^+$ $\quad \Delta_r G_m^{\ominus}(3)=-n_3FE_3^{\ominus}=-n_3F\varphi(Hg^{2+}/Hg)$

由于这三个电池反应的关系为

反应(1)+反应(2)=反应(3)

因此

$$\Delta_r G_m^{\ominus}(1)+\Delta_r G_m^{\ominus}(2)=\Delta_r G_m^{\ominus}(3)$$

$$-n_1F\varphi^{\ominus}(Hg^{2+}/Hg_2^{2+})+[-n_2F\varphi^{\ominus}(Hg_2^{2+}/Hg)]=-n_3F\varphi^{\ominus}(Hg^{2+}/Hg)$$

$$\varphi^{\ominus}(Hg^{2+}/Hg)=\frac{n_1\varphi^{\ominus}(Hg^{2+}/Hg_2^{2+})+n_2\varphi^{\ominus}(Hg_2^{2+}/Hg)}{n_3}$$

$$=\frac{1\times 0.909+1\times 0.793}{2}=0.851(V)$$

将例 7-15 的结果推广，对任一元素电势图

$$A \xrightarrow[n_1]{\varphi_1^{\ominus}} B \xrightarrow[n_2]{\varphi_2^{\ominus}} C \xrightarrow[n_3]{\varphi_3^{\ominus}} D \quad (A \text{ 至 } D: \varphi^{\ominus}(A/D),\ n=n_1+n_2+n_3)$$

各电对标准电极电势之间的关系为

$$n_1\varphi_1^{\ominus}+n_2\varphi_2^{\ominus}+n_3\varphi_3^{\ominus}=n\varphi^{\ominus}(A/D)$$

计算电对标准电极电势的通式为

$$\varphi^{\ominus}(A/D)=\frac{n_1\varphi_1^{\ominus}+n_2\varphi_2^{\ominus}+n_3\varphi_3^{\ominus}}{n_1+n_2+n_3} \tag{7-13}$$

7.6.2.2 判断歧化反应能否进行

元素电势图可以用来判断元素的某一氧化态能否发生歧化反应。某元素不同氧化数的三种物质 A、B 和 C，按氧化数由高到低排列如下

$$A \xrightarrow{\varphi_{左}^{\ominus}} B \xrightarrow{\varphi_{右}^{\ominus}} C$$

在标准状态下，若 B 能发生歧化反应，即 B+B=A+C，则 $\varphi^{\ominus}(B/C)>\varphi^{\ominus}(A/B)$，即 $\varphi_{右}^{\ominus}>$

$\varphi^{\ominus}_{左}$；若 $\varphi^{\ominus}_{左}>\varphi^{\ominus}_{右}$，则B不能发生歧化反应。

例如，在酸性溶液中，Cu元素电势图为

$$\varphi^{\ominus}/V \quad Cu^{2+}\xrightarrow{0.153}Cu^{+}\xrightarrow{0.52}Cu$$

因为 $\varphi^{\ominus}_{右}>\varphi^{\ominus}_{左}$，所以在酸性溶液中，$Cu^{+}$ 不稳定，可发生歧化反应

$$2Cu^{+}=Cu^{2+}+Cu$$

又如，汞元素电势图

$$\varphi^{\ominus}/V \quad Hg^{2+}\xrightarrow{0.909}Hg_2^{2+}\xrightarrow{0.793}Hg$$

因为 $\varphi^{\ominus}_{右}<\varphi^{\ominus}_{左}$，所以 Hg_2^{2+} 不能发生歧化反应，但 Hg^{2+} 和Hg能发生逆歧化反应，即

$$Hg^{2+}+Hg=Hg_2^{2+}$$

例7-16 根据酸性介质中锰元素的电势图，分析哪些物种在水溶液中能发生歧化反应，哪些物种间能发生逆歧化反应，并写出反应方程式。

$$\varphi^{\ominus}/V \quad MnO_4^{-}\xrightarrow{0.564}MnO_4^{2-}\xrightarrow{2.26}MnO_2\xrightarrow{0.95}Mn^{3+}\xrightarrow{1.51}Mn^{2+}\xrightarrow{-1.18}Mn$$

（MnO_4^{-} 至 MnO_2：1.695；MnO_2 至 Mn^{2+}：1.23）

解 由元素电势图可知，MnO_4^{2-} 和 Mn^{3+} 能发生歧化反应，反应方程式分别为

$$3MnO_4^{2-}+4H^{+}=2MnO_4^{-}+MnO_2+2H_2O$$

$$2Mn^{3+}+2H_2O=MnO_2+Mn^{2+}+4H^{+}$$

而 MnO_4^{-} 和 Mn^{2+}、MnO_4^{2-} 和 Mn^{3+}、Mn^{3+} 和Mn能发生逆歧化反应，反应方程式分别为

$$2MnO_4^{-}+3Mn^{2+}+2H_2O=5MnO_2+4H^{+}$$

$$MnO_4^{2-}+2Mn^{3+}+2H_2O=3MnO_2+4H^{+}$$

$$2Mn^{3+}+Mn=3Mn^{2+}$$

【思考题】

1. 如何写出元素电势图？元素电势图有何用途？
2. 发生歧化反应与逆歧化反应的条件是什么？

阅读材料

氢氧燃料电池和甲醇燃料电池简介

1. 氢氧燃料电池 氧化还原反应释放的化学能转变为电能有两种途径：一种是先转化为热能，加热蒸气，利用蒸气推动涡轮机发电；另一种是利用电池装置使化学能直接转变为电能。火力发电厂的理论发电效率最高只能达到60%，而使用氢作为燃料的燃料电池，理论发电效率可达到80%以上。为什么燃料电池的发电效率这么高？这是因为火力发电的能量转换过程为：化学能→热能→机械能→电能，在多次转化过程中，能量损失很大，导致火力发电效率不高。而燃料电池可直接将化学能转化为电能，能量损失小，因此发电效率高。

燃料电池的基本结构是两块电极，电极之间是电解质，如图7-5所示。氢氧燃料电池

的负极由一惰性电极和氢气组成，正极是一惰性电极和氧气或空气，中间的电解质可以是碱溶液，如KOH溶液，也可以是酸溶液。向负极通入氢气，氢原子在负极上失去电子变为氢离子，电子经导线流向正极，氢离子进入两极之间的电解质中。与此同时，向正极通入氧气，氧原子在正极上得到电子，变为氢氧根离子也进入电解质溶液中，与氢离子结合成水。这就是燃料电池产生电力的原因。

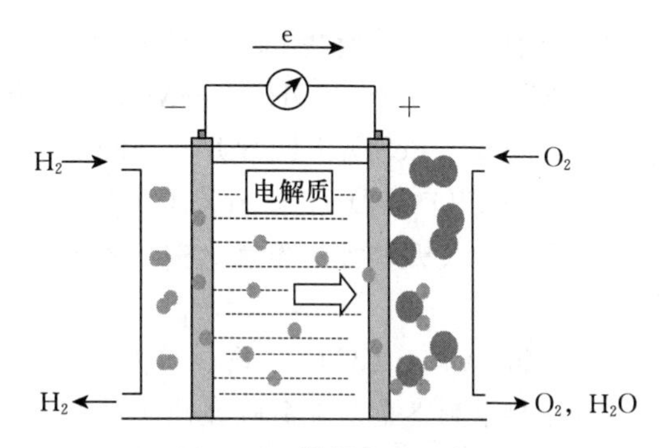

图7-5　燃料电池示意图

氢氧燃料电池符号　Pt | $H_2(g)$ | $OH^-(aq)$ | $O_2(g)$ | Pt

电极反应为　$(-)H_2(g)+2OH^-=2H_2O+2e^-$

$$(+)\frac{1}{2}O_2(g)+H_2O+2e^-=2OH^-$$

电池反应　$H_2(g)+\frac{1}{2}O_2(g)=H_2O$

燃料电池可用作民用电源，也可用于军事工业和宇宙航行。

2. 甲醇燃料电池　甲醇燃料电池(direct methanol fuel cell，DMFC)是近年开发的质子交换膜(PEM)做电解质的新型燃料电池，它使用液体甲醇而不是氢气。甲醇燃料电池的工作原理是甲醇与水混合，并直接进入燃料电池阳极，在此它借助催化剂层被氧化而生成CO_2、H^+和电子，电子通过外部电路运动到达阴极并做功，H^+通过质子交换膜也传送至阴极，在此它们与O_2反应生成H_2O，H_2O再循环与甲醇一起输入。

酸性条件时，总反应式：$2CH_4O+3O_2=2CO_2+4H_2O$

正极：$O_2+4e^-+4H^+=2H_2O$

负极：$CH_4O+H_2O=6H^++CO_2+6e^-$

甲醇燃料电池的优点是：①不需燃料的前处理，能直接通过特定方法使甲醇和空气进行化学反应产生热力学电势；②不需借助运动机件，不用燃烧，只通过电化学反应产生电流；③无须将燃料储存重新变为氢气或将氢气暴露于质子交换膜；④不需内部加热冷却金属板、水和热力处理系统、压强平衡等设备；⑤生产成本较低，可用非金属轻而易取的材料制成；⑥能量密度高，产品走向轻薄化。

甲醇燃料电池是一种将化学能连续不断地转化为电能的可再生清洁能源，具有能量转化效率高、运行安全方便、发电时间持久等优点，其应用广泛，特别适合作为笔记本电脑、电动自行车等便携式中小型化电源或充电电源使用，其发展前景非常可观。

习　题

1. 写出下列物质中指定元素的氧化数。

(1)S、H_2S、SCl_2、SO_2、$Na_2S_2O_6$、$Na_2S_2O_8$ 中的硫元素

(2)HNO_3、NH_3、NO、N_2O、N_2O_4、N_2H_4 中的氮元素

(3)MnO_2、Mn_3O_4、$MnO(OH)_2$、K_2MnO_4、$KMnO_4$ 中的锰元素

2. 分别用“氧化数法”和“离子-电子法”配平下列反应方程式。

(1)$MnO_4^- + SO_3^{2-} + OH^- \longrightarrow MnO_4^{2-} + SO_4^{2-}$

(2)$KClO_3 + FeSO_4 + H_2SO_4 \longrightarrow KCl + Fe_2(SO_4)_3$

(3)$Zn + ClO^- + OH^- \longrightarrow [Zn(OH)_4]^{2-} + Cl^-$

3. 下列物质哪些可以作氧化剂，哪些可以作还原剂，哪些既可以作氧化剂又可以作还原剂？

Zn、Cl^-、$KClO_4$、F_2、H_2O_2、Cu^{2+}、Cl_2、SO_2、MnO_2、MnO_4^-、Hg_2^{2+}

4. 写出下列各电对在酸性介质中的电极反应：

$Cr_2O_7^{2-}/Cr^{3+}$、Hg_2Cl_2/Hg、I_2/I^-、BrO_3^-/Br_2、Cd^{2+}/Cd、MnO_2/Mn^{2+}、O_2/H_2O

5. 写出下列各电极反应对应的电极符号：

(1)$S_4O_6^{2-} + 2e^- = 2S_2O_3^{2-}$　　(2)$PbBr_2(s) + 2e^- = Pb(s) + 2Br^-$

(3)$2H_2O + 2e^- = H_2(g) + 2OH^-$　　(4)$Cr^{3+} + 3e^- = Cr(s)$

6. 将下列反应设计成原电池，写出其电池符号。并写出电极反应和电池反应进行验证。

(1)$H_2(g) + 2AgCl(s) = 2H^+(aq) + 2Cl^-(aq) + 2Ag(s)$

(2)$2MnO_4^- + 5H_2O_2 + 6H^+ = 2Mn^{2+} + 5O_2 + 8H_2O$

(3)$2Fe^{3+} + Sn^{2+} = 2Fe^{2+} + Sn^{4+}$

(4)$Hg_2SO_4(s) = Hg_2^{2+} + SO_4^{2-}$

(5)$Zn^{2+} + 4NH_3 = [Zn(NH_3)_4]^{2+}$

7. 在下列氧化剂中，如果增大 $c(H^+)$，哪些氧化性增强，哪些不变？

Cl_2、$Cr_2O_7^{2-}$、Fe^{3+}、MnO_4^-

8. 应用标准电极电势值，判断下列每组物质在标准状态下能否共存，为什么？

(1)Fe^{3+} 和 Cu　　(2)Fe^{3+} 和 Fe　　(3)Fe^{2+} 和 $Cr_2O_7^{2-}$

(4)Cl^- 和 I^-　　(5)Zn^{2+} 和 Cu　　(6)Ag 和 H^+

9. 分别将锡片插入 Sn^{2+} 溶液中，铅片插入 Pb^{2+} 溶液中，组成下列两个锡铅原电池，试计算这两个原电池的电动势，并写出电池符号。

(1)$c(Sn^{2+}) = 0.010\ mol \cdot L^{-1}$，$c(Pb^{2+}) = 1.0\ mol \cdot L^{-1}$；

(2)$c(Sn^{2+}) = 1.0\ mol \cdot L^{-1}$，$c(Pb^{2+}) = 0.10\ mol \cdot L^{-1}$。

10. 对反应　　$HAsO_2 + I_2 + 2H_2O = H_3AsO_4 + 2I^- + 2H^+$

(1)在 298 K、标准状态下，计算反应的标准平衡常数 $K^{\ominus}$；

(2)若 $c(H^+) = 6.0\ mol \cdot L^{-1}$，其他物种均处于标准状态，试判断反应的自发方向；

(3)若溶液 pH=6.0，其他物种均处于标准状态，试判断反应的自发方向。

11. 今有一原电池，$(-)Cu|Cu^{2+}(1.0\ mol \cdot L^{-1}) \| Ag^+(1.0\ mol \cdot L^{-1})|Ag(+)$，若在正极中加入 HCl 溶液，至其中 $c(Cl^-) = 0.50\ mol \cdot L^{-1}$ 为止，计算此时原电池电动势 E。

12. 原电池

$(-)Pt|H_2(10^5\ Pa)|HAc(0.10\ mol \cdot L^{-1}) \| H^+(1.0\ mol \cdot L^{-1})|H_2(10^5\ Pa)|Pt(+)$在 298 K 时的电动势为 0.17 V，计算此温度下 HAc 的解离常数 $K_a^{\ominus}$。

13. 当 pH=5.0，$c(MnO_4^-) = c(Cl^-) = c(Mn^{2+}) = 1.0\ mol \cdot L^{-1}$，$p(Cl_2) = 10^5\ Pa$ 时，能否用下列反应制备氯气？通过计算说明之。

$$2MnO_4^- + 10Cl^- + 16H^+ = 2Mn^{2+} + 5Cl_2 + 8H_2O$$

14. 计算电极反应 $AgCl(s) + e^- = Ag(s) + Cl^-(aq)$ 的标准电极电势。已知 $K_{sp}^{\ominus}(AgCl) = 1.8 \times 10^{-10}$，$\varphi^{\ominus}(Ag^+/Ag) = 0.799$ V。

15. 计算电极反应 $[Zn(CN)_4]^{2-} + 2e^- = Zn + 4CN^-$ 的标准电极电势。已知 $\varphi^{\ominus}(Zn^{2+}/Zn) = -0.763$ V，$K_f^{\ominus}([Zn(CN)_4]^{2-}) = 1.0 \times 10^{16}$。

16. 在酸性介质中，铬元素的部分元素电势图如下：

$$Cr_2O_7^{2-} \xrightarrow{1.33\ V} Cr^{3+} \xrightarrow{-0.41\ V} Cr^{2+} \xrightarrow{-0.90\ V} Cr$$

(1)计算 $\varphi^{\ominus}(Cr_2O_7^{2-}/Cr^{2+})$；

(2)计算逆歧化反应 $\frac{1}{2}Cr_2O_7^{2-} + 3Cr^{2+} + 7H^+ = 4Cr^{3+} + \frac{7}{2}H_2O$ 的标准平衡常数；

(3)在酸性水溶液介质中，Cr^{2+} 是否可以稳定存在？为什么？

17. 选择题

(1)下列各组内化合物 C 元素的氧化数相同的是(　　)。

A. CO，$CHCl_3$，HCOOH　　B. CO_2，CH_4，CCl_4

C. C_2H_6，C_2H_4，C_2H_2　　D. CH_3OH，HCHO，HCOOH

(2)在 298 K、标准状态下，将氧化还原反应 $2S_2O_3^{2-} + I_2 = S_4O_6^{2-} + 2I^-$ 组成原电池，测得该电池的 $E^{\ominus} = 0.455$ V。已知 $\varphi^{\ominus}(I_2/I^-) = 0.534$ V，则 $\varphi^{\ominus}(S_4O_6^{2-}/S_2O_3^{2-})$ 为(　　)V。

A. −0.080　　B. 0.990

C. 0.080　　D. −0.990

(3)在标准状态下，反应 $MnO_4^- + 5Fe^{2+} + 8H^+ = Mn^{2+} + 5Fe^{3+} + 4H_2O$，$2Fe^{3+} + Sn^{2+} = 2Fe^{2+} + Sn^{4+}$ 和 $Sn^{4+} + H_2 = Sn^{2+} + 2H^+$ 均能自发进行，则下列标准电极电势最小的是(　　)。

A. $\varphi^{\ominus}(Sn^{4+}/Sn^{2+})$　　B. $\varphi^{\ominus}(Fe^{3+}/Fe^{2+})$

C. $\varphi^{\ominus}(MnO_4^-/Mn^{2+})$　　D. $\varphi^{\ominus}(H^+/H_2)$

(4)欲将含有 Cu^{2+}、Zn^{2+} 和 Sn^{2+} 的溶液中的 Cu^{2+} 和 Sn^{2+} 还原，Zn^{2+} 不被还原，利用标准电极电势值判断，应选择(　　)作还原剂。

A. Al　　B. Sn

C. Cd　　D. H_2

(5)根据 $\varphi^{\ominus}(Cu^{2+}/Cu) = 0.337$ V，$\varphi^{\ominus}(Fe^{3+}/Fe^{2+}) = 0.771$ V，判断在标准状态下能将 Cu 氧化为 Cu^{2+}，但不能氧化 Fe^{2+} 的 $\varphi^{\ominus}$ 值范围是(　　)。

A. $\varphi^{\ominus} < 0.771$ V　　B. $\varphi^{\ominus} > 0.337$ V

C. $0.337\ V < \varphi^{\ominus} < 0.771$ V　　D. $\varphi^{\ominus} > 0.771$ V

(6)在 Ag^+/Ag 电对中，加入下列离子直至该离子浓度等于 1.0 mol·L^{-1}，则对 $\varphi(Ag^+/Ag)$ 影响最大的离子是(　　)。

A. CrO_4^{2-}　　B. Cl^-　　C. Br^-　　D. I^-

18. 填空题

(1)有两个锌电极：(1)Zn 片插入 0.010 mol·L^{-1} 的 Zn^{2+} 溶液中；(2)Zn 片插入 1.0 mol·L^{-1} 的 Zn^{2+} 溶液中。若将这两个锌电极组成原电池，则负极反应为________，正极反应为________，电池符号为________，电动势为________。

(2)根据标准电极电势，要使 Sn^{2+} 变成 Sn^{4+}、Fe^{2+} 变成 Fe^{3+}，而不能使 Cl^- 变成 Cl_2，

应选择标准电极电势值在__________范围的氧化剂；要使 Cu^{2+} 变成 Cu、Ag^{+} 变成 Ag，而不能使 Fe^{2+} 变成 Fe，应选择标准电极电势值在__________范围的还原剂。

(3)在酸性溶液中，Br 元素的电势图为

$$BrO_4^- \xrightarrow{1.76\ V} BrO_3^- \xrightarrow{1.52\ V} HBrO \xrightarrow{1.59\ V} Br_2 \xrightarrow{1.065\ V} Br^-$$

溴的哪些物种会发生歧化反应？__________，歧化反应式为__________。

(4)已知

(a)$ClO_3^- + 6H^+ + 6e^- = Cl^- + 3H_2O$，$\varphi^{\ominus}(a) = 1.45\ V$

(b)$Cl_2 + 2e^- = 2Cl^-$，$\varphi^{\ominus}(b) = 1.36\ V$

(c)$ClO_3^- + 6H^+ + 5e^- = \frac{1}{2}Cl_2 + 3H_2O$，$\varphi^{\ominus}(c) =$__________V。

(5)对于氧化还原反应，在一定温度下，$E^{\ominus}$ 越大，$K^{\ominus}$ 越__________，$\Delta_r G_m^{\ominus}$ 越__________。

8 定量分析化学概论与分析数据处理

学习要求

1. 了解分析化学的分类方法和定量分析的一般程序。
2. 掌握误差的分类和减免方法。
3. 掌握误差(绝对误差和相对误差)和偏差(相对平均偏差和标准偏差)的计算。
4. 理解提高分析结果准确度和精密度的方法。
5. 掌握有效数字的概念和运算规则。
6. 掌握可疑值的取舍方法。
7. 了解平均值置信区间的意义。

知识结构导图

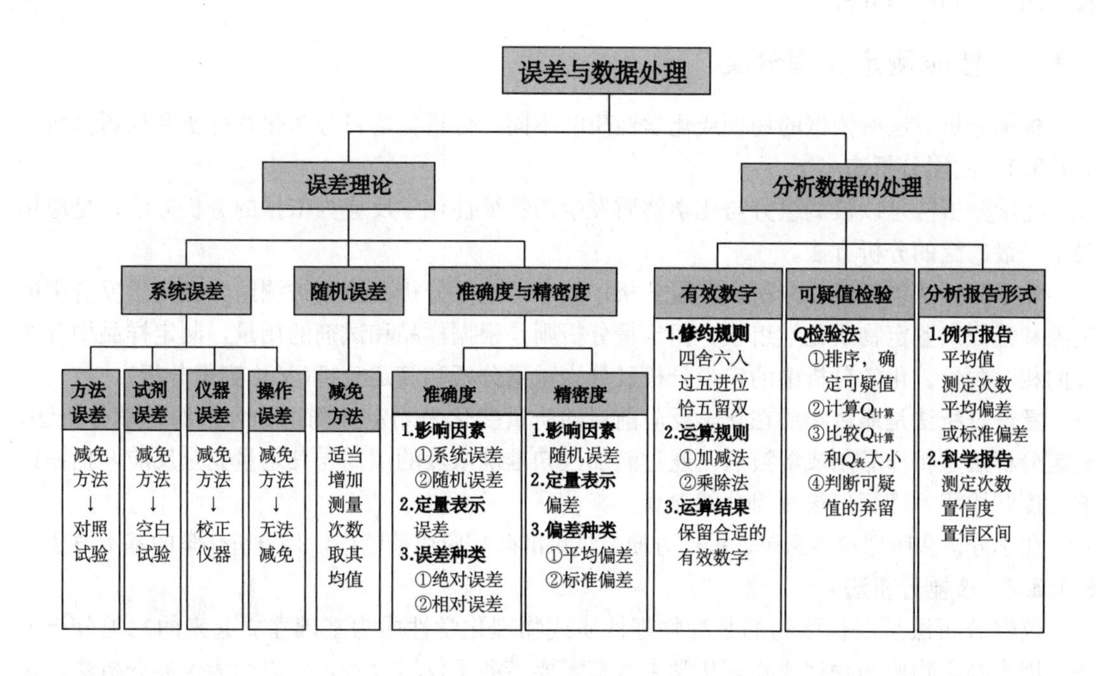

分析化学(analytical chemistry)是化学学科的一个重要分支，是获得物质的化学信息，研究物质的组成、状态和结构的科学。现代分析化学将化学与数学、物理学、计算机科学、生物学和医学结合起来，通过各种方法和手段，利用物质的属性得到分析数据，从中取得有关物质组成、结构和性质的信息，从而揭示物质世界构成的真相。可以说，分析化学是一门独立的化学信息科学。

8.1 分析化学的分类

8.1.1 按照分析化学的目的和任务分类

根据测量要求，分析化学分为**定性分析**、**定量分析**和**结构分析**。**定性分析**主要是鉴定物质的组分，即物质是由哪些元素、原子团或有机官能团组成，即回答“含什么”；**定量分析**是测定物质中有关各组分的含量，即回答“含多少”；**结构分析**是研究物质的分子结构或晶体结构，探究物质中各原子、离子等是如何结合的。在实际工作中，如果待测物的成分是未知的，一般先进行定性分析，了解试样的主要成分和微量成分，然后根据试样组成和分析要求选择适当的方法进行定量分析。在日常分析工作中，因为常常只要求分析物质中某一种或某几种特定组分，如土壤中的主要肥力指标、食品中的指定添加剂含量和蔬菜中的农药残留等的测定，所以分析化学以定量分析居多。

8.1.2 按照分析对象分类

按待测物的物质属性，分析化学分为**无机分析**和**有机分析**。**无机分析**主要鉴定无机试样的组成元素、原子、原子团或化合物；分析各组分的相对含量，确定指定组分的存在形式(即形态分析)。**有机分析**主要鉴定有机试样的组成元素及其相对含量(即元素分析)，也包括官能团分析和结构分析。

8.1.3 按照测定原理分类

根据分析方法所依据的物理或化学性质的不同，分析化学可分为**化学分析**和**仪器分析**。

8.1.3.1 化学分析法

化学分析法是以被测组分与化学物质发生的特征性化学反应为依据的分析方法，是应用最早、最广泛的分析方法。

化学分析法包括**定性分析**和**定量分析**。其中，定性分析是依据被测组分在化学反应中的现象和特征来鉴定物质化学组成；而定量分析则是根据样品和试剂的用量，测定样品中各组分的相对含量。化学分析中的定量分析又分为**重量分析**和**滴定分析**(又称**容量分析**)。

重量分析法是通过物质在化学反应前后的质量变化来测定被测组分含量的化学分析法。**滴定分析法**是将样品制成溶液后，通过滴加已知准确浓度的试剂与其定量完全反应，根据试剂浓度和体积，计算出被测组分的含量。

化学分析法所用仪器简单、操作方便、结果准确、应用范围广，是分析化学的基本方法。

8.1.3.2 仪器分析法

仪器分析法是以被测物的某种物理性质或物理化学性质为基础建立起来的一类分析方法，因为测定物质的物理或物理化学参数都需要借助于仪器设备，所以称为仪器分析法。仪器分析法具有灵敏度高、操作简便快速、易于实现自动化分析等特点，是现代分析化学的发展方向，但大多数仪器价格昂贵，维护要求较高。

仪器分析与化学分析并不是对立的，例如，仪器分析中样品的预处理、杂质的分离、方法准确度的检验、仪器的校准等都必须采用化学分析法，所以化学分析法和仪器分析法是相辅相成的两类方法。

8.1.4 按照分析试样的用量和操作规模分类

按照试样用量多少，分析化学的分类见表8-1。

表8-1 分析方法的试样用量及应用

	超微量分析	微量分析	半微量分析	常量分析
m(试样)/mg	<0.1	0.1~10	10~100	>100
V(试液)/mL	<0.01	0.01~1	1~10	>10
应用	仪器分析	仪器分析	定性分析	化学定量分析

此外，按被测组分含量(质量分数)的高低，分析化学可分为**主组分分析**(>1%)、**微量组分分析**(0.01%~1%)、**痕量组分分析**(<0.01%)。

8.2 定量分析的一般程序

分析化学的基本目的是获得**物料**的化学组成和结构信息，因此需要从大批待检物料中采取极少部分样本作为**原始样品**(gross sample)，通过分析测定原始样品，从而获得整体物料的相关信息。上述过程的每一环节都影响分析结果的准确性。定量分析一般包括以下步骤。

8.2.1 采样

测试样品的采取过程称为**采样**(sampling)，采样方法是否合适直接关系到分析的成败。因为样品的分析结果必须反映整个物料的真实情况，所以样品必须有高度的代表性。虽然不同的分析对象有不同的采样方法，但是一般都要求多点取样(不同部位、深度)，然后将各点取得的样品混合均匀(固体样品则先粉碎，后混匀)，得到原始样品，再按规定的缩分方法从中取少量作为**样品**(sample)进行分析。

8.2.2 预处理

预处理的目的是根据测量方法的需要将样品处理成适当的状态(即**试样**)，便于分析测试。有些分析方法要求将样品转化为溶液状态，或将待测组分转入溶液体系中，如固体样品需要分解或浸出，气体样品则需要用溶剂吸收，从而制成试液，这种分析通常称为**湿法分析**。湿法分析的处理方法很多，如酸溶法、熔融法等，对有机化合物样品则多采用有机溶剂溶解。此外，对组分复杂的样品，测量时如果干扰比较严重，样品预处理时还需要通过沉淀、挥发、萃取和色谱等方法预先将干扰物质分离，以提高分析测试的灵敏度和准确度。

8.2.3 测定

分析化学的有效分析测定方法很多，但每种方法都有其特点和不足。一般根据样品的组成、被测组分的性质和含量、测定的目的和要求、干扰组分的情况，结合当前的实验条件，选择适当的方法，从而获得最佳的分析信息。

8.2.4 分析结果的处理和表达

现代分析化学已不仅仅提供数据，还需要用数理统计学的方法从中挖掘有用的信息和知识，即借助计算机技术，人们可以迅速处理大量数据和信息，通过最优校正方案直接获得分析结果；同时运用建立在统计学基础上的误差理论，进行数据计算并正确表达分析结果，从而保证分析结果的可靠性。

【思考题】

1. 分析化学有哪些分类？
2. 定量分析的一般程序包括哪几个步骤？你能用流程图的形式展现出来吗？

8.3 分析测量中的误差理论

在定量分析时，尽管已采用"最优化"的分析方案，但由于分析方法、测量仪器、所用试剂和分析操作者的主观条件等多种因素的限制，**测量值**(measured value)与**真实值**(true value)之间总有或大或小的差异，即分析结果总是存在误差的。因此，分析工作者不仅要掌握必备的化学知识和操作规范，而且要了解误差产生的原因和规律，研究减免误差的方法，用科学的数理统计法处理实验数据，从而保证分析质量，使分析结果符合实际工作的要求。

8.3.1 误差的分类

在分析过程中，测量值与真实值的差值称为**误差**。误差有正有负，测量值大于真实值，为正误差；测量值小于真实值，为负误差。

根据误差的性质和产生的原因，误差可分为**系统误差**(systematical error)和**随机误差**(random error)两类。

8.3.1.1 系统误差

系统误差又称**可测误差**，是在分析过程中由某些固定原因造成的。它具有**单向性**，即系统误差的正负和大小有一定的规律；它还具有**重复性**，即当重复测定时，测定结果总是偏高或偏低。由于系统误差的单向性和重复性，因此它对分析结果的影响比较固定。按照系统误差产生的原因，系统误差分为以下四类：

(1)方法误差 这种误差是由分析方法本身的某些不足造成的。例如在滴定分析中，反应进行不完全、有副反应发生、滴定终点和化学计量点不符合等，都会引起分析结果系统地偏高或偏低。

(2)仪器误差 这种误差是由仪器不够准确，或未经校准而造成的。例如电子天平未经校准、校准天平的砝码生锈或砝码粘有少量灰尘，或容量仪器刻度不准确等。

(3)试剂误差 这种误差是由试剂或蒸馏水中含有微量杂质或干扰物质而造成的。

(4)操作误差 也称**主观误差**，这种误差是指在正常操作情况下，由操作者的主观因素造成的误差。例如滴定管读数偏高或偏低，对滴定终点颜色的变化辨别不够敏锐等所造成的误差。

8.3.1.2 随机误差

随机误差，又称**偶然误差**，是在分析过程中由某些随机因素造成的，是**不可测误差**。如在测量过程中温度、湿度、气压的微小变化，分析仪器的微小波动等，都会引起测量数据的波动，产生随机误差。随机误差在分析过程中始终存在①。

随机误差的正负和大小都不固定，而且引起随机误差的因素难以察觉和控制。在**平行测定次数趋于无穷大**时，随机误差服从**统计规律**(即正态分布)，如图8-1所示，具体有以下特点：

① 绝对值相等的正误差和负误差产生的频率相等(**对称性**)。因此，在消除系统误差的前提下，随着测定次数的增多，随机误差的算术平均值趋于零(**抵消性**)，即测定结果的平均值等于真实值。

② 小误差产生的频率较高，大误差产生的频率较低，产生特大误差的频率几乎为零。

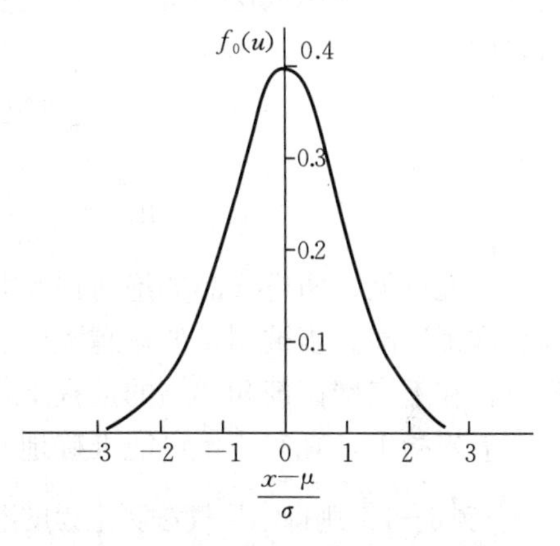

图 8-1 随机误差的正态分布曲线

另外，由于分析人员粗心大意，不按操作规程操作所引起的差错，称为**过失**。**注意：过失不属于误差**。例如，读错刻度，看错砝码，加错试剂，记录、计算出错，操作中溶液溅失等。过失是可以避免的，在分析工作中对于出现过失的测定数据，应该舍弃。

【思考题】

1. 哪些因素可造成系统误差？结合已做过的实验加以说明。
2. 有人说“偶然误差是在测定中偶然出现的”，这种说法对不对？为什么？
3. 分析下列情况所造成的是系统误差、随机误差，还是过失。

(1)称量时将药品掉到托盘上；
(2)试样未经充分混匀；
(3)在称量时样品吸收了空气中的水分；
(4)试剂里含有微量被测组分；
(5)校准天平的砝码有少许腐蚀。

8.3.2 定量分析的准确度和精密度

8.3.2.1 准确度与误差

准确度(accuracy)是指测定值(x)与真实值(T)的接近程度。准确度可用误差表示，误差越小，测量值与真实值越接近，准确度越高。误差有两种表示方法：**绝对误差**(E，absolute error)和**相对误差**(E_r，relative error)。

$$E = x - T \tag{8-1}$$

$$E_r = \frac{E}{T} \times 100\% \tag{8-2}$$

① 随机误差可理解为由偶然因素产生的，但不是偶然产生的，它在分析工作中始终存在。

绝对误差和相对误差都有正、负之分，正值表示结果偏高，负值表示结果偏低。相对误差反映的是绝对误差在真实值中所占的百分率，它能更确切地表示分析结果的准确度。例如，用同一台分析天平称量两份样品，质量分别为 0.2345 g 和 0.4690 g。一般分析天平的一次称量可能引起的绝对误差为±0.0001 g，无论直接称量还是间接称量，都要记录两次平衡点的读数，则称取这两份样品可能引起的最大绝对误差均为±0.0002 g，若用相对误差表示，则分别为

$$E_{r1}=\frac{\pm 0.0002}{0.2345}\times 100\%=\pm 0.09\%$$

$$E_{r2}=\frac{\pm 0.0002}{0.4690}\times 100\%=\pm 0.04\%$$

由此可见，两份样品的绝对误差相等，但相对误差不相等，后者的相对误差小得多，其称量准确度高。当被测定的量越大时，相对误差越小，测定的准确度越高。因此，在测定取样时，在不浪费试剂和样品的前提下，应取足够量的样品以减小测定误差(见 8.3.3.2)。

应当指出，真实值不可能准确地知道，实际工作中往往用**接受参照值**代替真实值[①]。

例 8-1 用排水集气法测定镁的摩尔质量，两次重复测定结果为 24.5 和 24.6 g·L^{-1}，计算测定结果的绝对误差和相对误差。

解 测定结果的平均值：$\bar{x}=\frac{24.5+24.6}{2}=24.6(\text{g}\cdot\text{L}^{-1})$

镁的摩尔质量接受参照值为 24.3 g·L^{-1}，因此测量结果的绝对误差和相对误差分别为

$$E=\bar{x}-T=24.6-24.3=0.3,\quad E_r=\frac{E}{T}\times 100\%=\frac{0.3}{24.3}\times 100\%=1.2\%$$

8.3.2.2 精密度与偏差

在实际工作中由于被测物质含量的真实值是未知的，因此无法用误差评价分析结果的准确度。这时分析结果的好坏可用**精密度**(precision)来判断。精密度是指试样的多次平行测量值彼此接近的程度。如果多次测量值都比较接近，说明分析结果的精密度高。多次测量值之间相吻合的程度可用**偏差**(deviation)表示，偏差越小，分析结果的精密度越高。偏差分为**平均偏差**(average deviation)和**标准偏差**(standard deviation)两种，计算方法如下。

(1)平均偏差和相对平均偏差 平均偏差是绝对平均偏差的简称，以符号 $\boldsymbol{d}$ 表示。对某试样进行的 n 次平行测定数据为 $x_1,x_2,x_3,\cdots,x_n$，计算其平均偏差 $\bar{d}$ 时，先计算出平均值 $\bar{x}$ 和单次测定值的**偏差** $\boldsymbol{d_i}$：

$$\bar{x}=\frac{1}{n}(x_1+x_2+x_3+\cdots+x_n)=\frac{1}{n}\sum_{i=1}^{n}x_i$$

$$d_i=x_i-\bar{x}(i=1,2,\cdots,n) \tag{8-3}$$

然后计算各次测定值偏差的绝对值 $|d_i|$ 的平均值，即**平均偏差** $\bar{d}$：

$$\bar{d}=\frac{1}{n}\sum_{i=1}^{n}|d_i|=\frac{1}{n}\sum_{i=1}^{n}|x_i-\bar{x}| \tag{8-4}$$

① 接受参照值是用作比较的经协商同意的标准值，它主要是：a. 基于科学原理的理论或确定值；b. 基于一些国家或国际组织的实际工作的指定值或认证值；c. 基于科学或工程组织赞助下合作实验工作中的同意值或认证值等。

将平均偏差除以平均值，即得**相对平均偏差**(relative average deviation)$\overline{d}_r$：

$$\overline{d}_r=\frac{\overline{d}}{\overline{x}}\times 100\% \tag{8-5}$$

(2)标准偏差和相对标准偏差　在数理统计中，把研究对象的全体称为**总体**，从总体中随机抽出的一部分样品称为**样本**。在分析试验中，把有限次重复测定数据看作一个样本。当重复测定次数(n)无限多时，样本平均值($\overline{x}$)即为总体平均值(μ)，在校正了系统误差的情况下μ即为真实值T。

当测定次数无限多时，标准偏差用σ表示

$$\sigma=\sqrt{\frac{\sum_{i=1}^{n}(x_i-\mu)^2}{n}} \tag{8-6}$$

在分析工作中，只做有限次($n<20$)平行测定，标准偏差则用s表示

$$s=\sqrt{\frac{\sum_{i=1}^{n}(x_i-\overline{x})^2}{n-1}} \tag{8-7}$$

相对标准偏差(relative standard deviation)也称变异系数(CV)，其计算式为

$$CV=\frac{s}{\overline{x}}\times 100\% \tag{8-8}$$

注意：平均偏差与标准偏差相比，前者计算简便，当测定次数少时，一般用相对平均偏差表示精密度即可。但当测定次数较多时，标准偏差能更好地反映出小偏差和大偏差的差别，因为将偏差平方后，大偏差能更显著地表示出来，因而能更清楚地说明数据分散的程度。

例 8-2　对某样品中碳酸钠的质量分数$\omega(Na_2CO_3)$进行了3次平行测定，结果分别为0.3950、0.3954和0.3948，求3次测定的平均值、平均偏差、相对平均偏差、标准偏差及相对标准偏差。

解　平均值为

$$\overline{\omega}(Na_2CO_3)=\frac{0.3950+0.3954+0.3948}{3}=0.3951$$

平均偏差和相对平均偏差分别为

$$\overline{d}=\frac{|0.3950-0.3951|+|0.3954-0.3951|+|0.3948-0.3951|}{3}=0.000\,23$$

$$\overline{d}_r=\frac{0.000\,23}{0.3951}\times 100\%=0.06\%$$

标准偏差和相对标准偏差分别为

$$s=\sqrt{\frac{(0.3950-0.3951)^2+(0.3954-0.3951)^2+(0.3948-0.3951)^2}{3-1}}=0.000\,31$$

$$CV=\frac{0.000\,31}{0.3951}\times 100\%=0.08\%$$

例 8-3 甲、乙、丙三人同时测定某铜合金样品中铜的质量分数 $\omega(Cu)$，测定结果如下：

甲：0.0998，0.0998，0.1002，0.1002

乙：0.0996，0.1000，0.1001，0.1003

丙：0.0996，0.1000，0.1001，0.1003，0.0998，0.0998，0.1002，0.1002

试比较三人测定值的相对平均偏差和标准偏差，由此得到什么结论？

解 三人测定值的相对平均偏差和标准偏差分别为

甲：$\overline{\omega}(Cu)=0.1000$，$\overline{d}=0.0002$，$\overline{d}_r=0.2\%$，$s=2.3\times10^{-4}$

乙：$\overline{\omega}(Cu)=0.1000$，$\overline{d}=0.0002$，$\overline{d}_r=0.2\%$，$s=2.9\times10^{-4}$

丙：$\overline{\omega}(Cu)=0.1000$，$\overline{d}=0.0002$，$\overline{d}_r=0.2\%$，$s=2.5\times10^{-4}$

虽然三人测定结果的平均偏差和相对平均偏差相同，但从数据的分散程度来看，乙和丙的测定结果中 0.0996 和 0.1003 有较大的偏差，相对较为分散，而标准偏差能较好地反映三组数据离散程度的差别，因此**在表征测量结果的离散程度时，一般采用标准偏差**。丙的测定虽然也较分散，但由于测定次数较多，其标准偏差比乙的小。由此可见，当分析测定的偶然影响因素较多时，可以适当增加测定次数，从而使统计的标准偏差符合测定要求。

8.3.2.3 准确度和精密度的关系

精密度是在同一条件下多次测定值之间的一致程度，它是由随机误差决定的；准确度是指测定值与真实值的接近程度，由系统误差和随机误差共同决定。

精密度反映了测定结果的重复性，而准确度表示的是测定结果的正确性，两者有着相互制约的关系。甲、乙、丙、丁四人测定某样品的结果如图 8-2 所示。甲的结果准确度和精密度都好。乙的结果精密度差，虽然其平均值与真实值接近，但实验的重复性差，结果不可靠，可见精密度是实验结果准确度的基本保证。丙的结果虽然精密度高，但平均值与真实值有一定差距。显然，对样品多次重复测定中，精密度高只能表明随机误差较小，不能排除系统误差存在的可能性，即精密度高，准确度不一定高。只有在消除或校正了系统误差的前提下，才能以精密度的高低衡量准确度的高低。如果精密度不高(如图 8-2 中乙、丁)，不管实验平均值与真实值是否接近，结果都是不可信的。

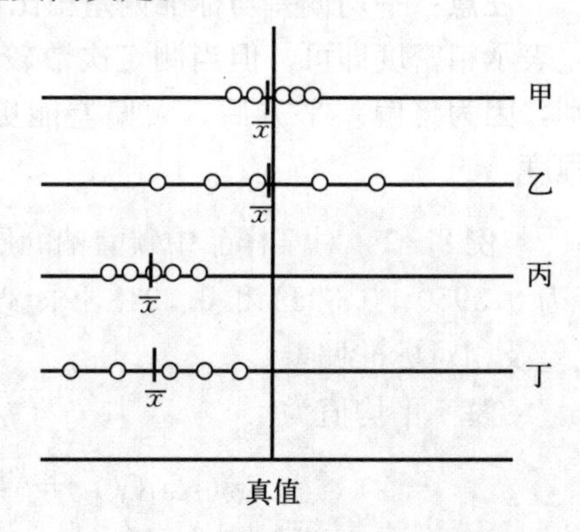

图 8-2 精密度与准确度的关系

8.3.3 提高分析结果准确度的方法

8.3.3.1 选择适当的分析方法

不同的分析方法具有不同的准确度。例如滴定分析法和重量分析法虽然灵敏度[①]不高，

① 分析方法的灵敏度是指某方法对单位浓度或单位量的待测物质的变化所引起的响应量变化的程度，它可以用仪器的响应量或其他指示量与对应的待测物质的浓度或量之比来描述。在实际工作中，常以校准曲线的斜率度量灵敏度。

但用于常量组分的测定，分析结果的准确度比较高；仪器分析法虽然准确度不如滴定分析法，但用于微量组分或痕量组分的测定，测定结果的灵敏度却很高。因此，在定量分析测定中，应根据分析对象、样品情况及对分析结果的要求，选择合适的分析方法。

8.3.3.2 减小测量误差

为提高分析结果的准确度，必须尽量减小各测量步骤的误差。例如，为了减小称量的误差，称量样品的质量应适当大一些。若分析天平的最大允许误差为$|\pm 0.0001|$ g，用差减法称量，一份样品必须经过两次称量才能得到，则称量一份样品产生的最大可能误差是$2\times|\pm 0.0001|$ g。如果称量的样品在 0.2 g 或以上，则称量的相对误差 $E_r \leqslant 0.1\%$。

$$|E_r| = \frac{|E|}{m(\text{试样})} \leqslant 0.1\%$$

$$m(\text{试样}) \geqslant \frac{|E|}{0.1\%} = \frac{2\times|\pm 0.0001|}{0.1\%} = 0.2\ (\text{g})$$

同理，滴定时消耗滴定液体积也应尽可能大一些。滴定管的读数误差为±0.01 mL，一次滴定需要两次读数（始读数和终读数），因此最大体积误差是$2\times|\pm 0.01|$ mL。如果消耗滴定液的体积在 20 mL 或以上，则滴定的相对误差 $E_r \leqslant 0.1\%$。

$$|E_r| = \frac{|E|}{V(\text{滴定剂})} \leqslant 0.1\%$$

$$V(\text{滴定剂}) \geqslant \frac{|E|}{0.1\%} = \frac{2\times|\pm 0.01|}{0.1\%} = 20(\text{mL})$$

综上所述，一般的常量分析中，为了减小称量和滴定操作的相对误差，同时考虑节省试剂和时间，用分析天平称量样品的质量应大于 0.2 g，滴定体积应控制在 20～30 mL。

8.3.3.3 增加平行测定次数，减小随机误差

从随机误差的统计学规律可以看出，在消除了系统误差的前提下，适当增加平行测定次数，可以减小随机误差。在化学分析中，一般平行测定 3～4 次便可以满足要求。

8.3.3.4 减小测量中的系统误差

（1）对照试验 对照试验可以检查和减免方法误差。对照试验分为**标准样品对照和标准方法对照试验**。标准样品对照试验是用已知准确含量的标准样品按同样的方法进行重复测定，找出校正系数以消除方法误差。标准方法对照试验是分别用公认可靠的分析方法与被检验的分析方法，对同一试样进行试验，经过数理统计检验，若测定结果在允许的误差范围之内，则说明被检验的方法可靠，无系统误差。

许多分析部门为了解分析人员之间是否存在系统误差和其他方面的问题，常将一部分样品安排在不同分析人员之间，用同一种方法进行分析，这种对照方法称为“内检”。有时将部分样品送交其他单位进行对照分析，这种方法称为“外检”。

（2）空白试验 在不加试样的情况下，按照与试样相同的分析方法和步骤进行分析测定，得到的结果称为空白值。从试样分析结果中减掉空白值，就可以消除或减小试剂误差。

（3）校准仪器 校准仪器可以消除仪器误差。例如，砝码、移液管、容量瓶和滴定管等，在精确的分析中必须进行校正，并在计算结果时采用校正值。但在日常分析中，有些仪器出厂时已经校正或者经国家计量机构定期校准，在一定期间内妥善保管，通常可以不再进行校准。

【思考题】

1. 什么是误差、偏差、相对平均偏差、标准偏差、相对标准偏差?

2. 准确度和精密度有何区别?

3. 提高分析结果准确度可采取哪些方法?哪些是减免系统误差的,哪些是减小随机误差的?

8.4 有效数字

8.4.1 有效数字的概念

有效数字(significant figure)是指在分析工作中实际测得的数字,包括所有准确数字和一位可疑数字。例如,用分析天平称取样品,读数为 0.4563 g,其中 0.456 是准确的可靠数字,最后一位 3 为可疑数字。又如,滴定管读数 25.34 mL,前三位数字 25.3 在滴定管上有刻度标出,是可信的,最后的"4"是估计出来的。对有效数字的最后一位可疑数字,通常理解为可能有±1 个单位的误差。万分之一的分析天平能准确称量到±0.0001 g,如果称量样品质量记录为 2.4500 g,则表示上述样品的质量可以是 2.4500 g±0.0001 g,即有±0.0001 g的绝对误差。

有效数字不仅表示数量的大小,而且反映测定的精确程度,即所用仪器的精度。因此,在分析测定中,要正确地记录有效数字。例如:

m_1(试样)=0.4560 g,四位有效数字(分析天平称取)

m_2(试样)=0.45 g,两位有效数字(台秤称取)

V_1=25.00 mL,四位有效数字(滴定管或移液管量取)

V_2=25 mL,两位有效数字(100 mL 量筒量取)

$c(NaOH)=0.1100\ mol \cdot L^{-1}$,四位有效数字

$K_a^{\ominus}=1.8\times10^{-5}$,两位有效数字

确定有效数字位数时应注意以下几点:

① 数字"0"在不同的情况下代表不同的含义:位于非"0"数字后面的"0"都是有效数字,如 1.005 和 0.1000 都有四位有效数字;位于非"0"数字之前的起定位作用的"0",不是有效数字,如 0.0025 只有两位有效数字。

② 倍数、分数、常数等**非测量**数字,如 1000、$\frac{1}{2}$、π、e 等,其有效数字位数可看作足够多。

③ 不能因为单位变换而改变有效数字的位数。如 5.20 g 有三位有效数字,改成以毫克为单位时应为 5.20×10^3 mg,而若写成 5200 mg,就容易误解为四位有效数字。

8.4.2 数值的修约规则

为了使计算结果与测量的准确度一致,应根据要保留的有效数字位数,将测量值或计算结果中多余的数字舍去,这个过程称为**修约**(rounding)。按照国家标准,修约采用**"四舍六**

入，过五进位，恰五成双”规则。

① 拟舍弃数字的最左边一位≤4 时，则该数字舍去，此谓“四舍”。如：把 $3.14\underline{2}\,45$ 修约成四位有效数字时，最后两位 45 需要舍弃，则修约结果为 3.142。

② 拟舍弃数字的最左边一位≥6 时，则该数字舍去并**进位**(即拟保留数字的最后一位加 1)，此谓“六入”。如：$3.21\underline{5}\,60$ 修约成四位有效数字时，最后两位 60 需要舍弃并进位，则修约结果为 3.216。

③ 拟舍弃数字的最左边一位为 5 时，若 5 后面有非 0 数字，则该数字舍去并进位，此谓“过五进位”；若 5 后面无数字或有 0，则该数字舍去，若拟保留数字的最后一位为奇数，则加 1 使之变为偶数，此谓“恰五成双”。例如，将下列数值修约为四位有效数字，修约结果为

$$3.62\underline{3}50 \rightarrow 3.624$$

$$3.62\underline{4}50 \rightarrow 3.624$$

$$3.62\underline{4}51 \rightarrow 3.625$$

④ 修约时，要一次修约到所需位数，不能分次修约。例如，将 $3.3\underline{1}49$ 修约成三位有效数字，不能先修约为 3.315，再修约为 3.32，应一次修约为 3.31。

8.4.3　有效数字的运算规则

在数据处理时，测定值的误差会随着计算过程传递到结果中，因此在计算过程中不能加大或减小测定结果的误差，这是有效数字运算应遵循的原则。

8.4.3.1　加减法运算

加减法运算规则：几个数值相加或相减时，计算结果的有效数字位数，以小数点后位数最少(即绝对误差最大)的数值为依据。例如

$$0.0121+25.64+1.057\,82=26.71$$

小数点后位数最少的数(25.64)的绝对误差(±0.01)最大，且与计算结果(26.71)的绝对误差(±0.01)大小相同。上述运算过程可以直观地理解为

$$\begin{array}{r} 0.012\underline{1} \\ 25.6\underline{4} \\ +)\quad 1.0578\underline{2} \\ \hline 26.7\underline{0}\underline{9}\underline{9}\underline{2} \end{array}$$

式中用下划线标记的数字为可疑数字，有效数字中只能有一位可疑数字，所以，计算结果应修约为 26.71。

8.4.3.2　乘除法运算

乘除法运算规则：当几个数相乘除时，计算结果的有效数字位数以有效数字位数最少(即相对误差最大)的那个数为依据。例如

$$0.0121\times25.64\times1.057\,82=0.328$$

这是因为三个数和计算结果的相对误差分别为

$$E_{r1}=\frac{\pm0.0001}{0.0121}\times100\%=\pm0.8\%$$

$$E_{r2}=\frac{\pm 0.01}{25.64}\times 100\%=\pm 0.04\%$$

$$E_{r3}=\frac{\pm 0.000\,01}{1.05782}\times 100\%=\pm 0.0009\%$$

$$E_{r4}=\frac{\pm 0.001}{0.328}\times 100\%=\pm 0.3\%$$

三个数中 0.0121 的有效数字位数最少，相对误差最大，计算结果的相对误差应与之相近，因此，计算结果保留三位数字最合适。

在有些乘除法运算中，首位数为 8 或 9 的数要多算一位有效数字。例如，在计算 0.0943×12.63 时，计算结果应为 1.191 而不是 1.19。因为这几个数的相对误差分别为

$$E_{r1}=\frac{\pm 0.0001}{0.0943}\times 100\%=\pm 0.1\%$$

$$E_{r2}=\frac{\pm 0.001}{1.191}\times 100\%=\pm 0.08\%$$

$$E_{r3}=\frac{\pm 0.01}{1.19}\times 100\%=\pm 0.8\%$$

可见，计算结果 1.191 的相对误差和 0.0943 的更接近。

8.4.3.3 对数运算

测量值用对数形式表示时，如 pH、$pK_a^{\ominus}$ 等，其有效数字位数由小数部分的位数确定，小数点前的整数部分只代表 10 的多少次方。例如，$c(H^+)=2.3\times 10^{-5}\ mol\cdot L^{-1}$，这个数据有 2 位有效数字，将其取负对数，得

$$pH=-\lg c(H^+)=-\lg(2.3\times 10^{-5})=-0.36+5=4.64$$

可见，64 代表有效数字，因此 pH=4.64 中只有 2 位有效数字。

在有效数字运算中还应**注意**：

① 大多数情况下，误差和偏差只需保留 1～2 位有效数字。

② 当组分含量>10%时，一般要求分析结果有四位有效数字；当组分含量在 1%～10%时，一般要求有三位有效数字；当组分含量<1%时，一般只要求有两位有效数字。

③ 由于计算器的普及，虽然在运算过程中不必对每一步的计算结果进行修约，但应根据其准确度要求，正确保留最后计算结果的有效数字位数。

【思考题】

1. 下列数据包括几位有效数字？(1)1.052　(2)0.0230　(3)1.02×10^{-3}　(4)pH=4.74
2. 根据修约规则将下列数据修约为四位有效数字。
(1)260 635　(2)0.386 560　(3)10.0654　(4)28.745
3. 根据有效数字运算规则进行运算：
(1)231.64+4.4+0.3244　(2)pH=5.03，$c(H^+)=?$　(3)$\frac{0.1000\times(25.00-1.52)\times 246.47}{1.000\times 1000}$

8.5 分析数据处理

在分析工作中，为了提高准确度，通常进行 3～4 次的重复测定，再经统计学方法处理

数据才能得到分析结果。用统计学方法对分析数据进行处理的一般过程是：①剔除测定过程中有明显过失的数据；②判断可疑值的取舍；③用一个区间表示包含真实值的概率范围。

8.5.1　可疑值的舍弃

在重复测定所得的数据中，常常会发现个别数据偏离较大，这些数据称为**可疑值**。可疑值不能随意舍弃，除非发现实验中有明显的过失。例如，盐酸浓度($mol \cdot L^{-1}$)的 4 次平行测定结果为 0.1014、0.1012、0.1023 和 0.1015，显然，0.1023 是一个可疑值。对 3～10 次的测定中的可疑值检验，比较严格而又简便的统计学方法是 **Q 检验法**。

Q 检验法的步骤如下：

① 将数据按照大小顺序排列，可疑值不是首项即是末项；

② 计算统计值 $Q_{计算}$：

$$Q_{计算}=\frac{|x_{可疑}-x_{邻近}|}{x_{最大}-x_{最小}} \tag{8-9}$$

③ 根据测定次数 n 和选定置信度，查舍弃商 Q 值表(表 8-2)。如果 $Q_{计算} \geqslant Q_{表}$，可疑值应舍弃，否则应该保留。**置信度**(degree of confidence)是指定的概率，以符号 p 表示，在分析化学中，一般将置信度设为 95%或 90%。

表 8-2　舍弃商 Q 值表

	测定次数 n							
	3	4	5	6	7	8	9	10
$Q(p=90\%)$	0.94	0.76	0.64	0.56	0.51	0.47	0.44	0.41
$Q(p=95\%)$	0.98	0.85	0.73	0.64	0.59	0.54	0.51	0.48

例如上述盐酸浓度的 4 次测量值中，可疑值 0.1023 是否应舍去，可做如下计算：

$$Q_{计算}=\frac{0.1023-0.1015}{0.1023-0.1012}=0.73$$

查表 8-2，在 $n=4$，$p=90\%$时，$Q_{表}=0.76$，$Q_{计算}<Q_{表}$，所以 0.1023 不应当舍弃。

8.5.2　置信区间与置信度

在实际工作中，通常将测定的平均值作为分析结果，但是由于随机误差的存在，即使无系统误差，有限次测定的结果也总带有一定的不确定性，它不能明确地说明测定的可靠性。因此，准确度要求较高的分析报告要求指出由有限次测定的结果推测的包含真实值的可能范围。

若随机误差符合正态分布，在无系统误差的情况下，统计学推导出：有限次重复测定的平均值 $\bar{x}$ 与总体平均值(真实值)μ 的关系为

$$\mu=\bar{x}\pm\frac{ts}{\sqrt{n}} \tag{8-10}$$

式中：s 为标准偏差；n 为测定次数；t 为校正系数，可由表 8-3 查得。表 8-3 中，t 值与自由度$(n-1)$和置信度 p 有关。

由式(8-10)可以估算出，在选定的置信度下，以平均值$\bar{x}$为中心，包括总体平均值μ在内的可靠性范围，即平均值的**置信区间**(confidence interval)。例如，经4次测定得到样品中铁的质量分数用平均值的置信区间表示为$\mu(Fe)=0.1915\pm0.0009(p=95\%)$。这可理解为：在$0.1915\pm0.0009$的区间内包括总体平均值$\mu$(无系统误差时，$\mu$即为真实值$T$)的概率为95%。

由表8-3可以看出，随着测定次数增加，t值逐渐减小，因而求得的置信区间的范围逐渐变窄，表示测定的平均值与总体平均值越来越接近。当自由度为20时，t值已与$n\to\infty$时的非常接近，说明再增加测定次数的意义已经不大了。

表8-3 t值表

自由度 $n-1$	置信度			
	90%	95%	99%	99.5%
1	6.31	12.71	63.66	127.3
2	2.92	4.30	9.93	14.09
3	2.35	3.18	5.84	7.45
4	2.13	2.78	4.60	5.60
5	2.02	2.57	4.03	4.77
6	1.94	2.45	3.71	4.32
7	1.90	2.37	3.50	4.03
8	1.86	2.31	3.36	3.83
9	1.83	2.26	3.25	3.69
10	1.81	2.23	3.17	3.58
20	1.73	2.09	2.85	3.15
∞	1.64	1.96	2.58	2.81

例8-4 测定样品中SiO_2的质量分数，6次重复测定的结果为：0.2862，0.2859，0.2851，0.2848，0.2852，0.2863。求平均值、标准偏差、$p=90\%$和$p=95\%$时平均值的置信区间。

解 $$\bar{\omega}=\frac{0.2862+0.2859+0.2851+0.2848+0.2852+0.2863}{6}=0.2856$$

$$s=\sqrt{\frac{\sum_{i=1}^{n}(x_i-\bar{x})^2}{n-1}}=\sqrt{\frac{6^2+3^2+5^2+8^2+4^2+7^2}{6-1}}\times10^{-4}=0.0006$$

查表8-3得，

$n=6$，$p=90\%$时，$t=2.02$，则$\mu=0.2856\pm\frac{2.02\times0.0006}{\sqrt{6}}=0.2856\pm0.0005$

$n=6$，$p=95\%$时，$t=2.57$，则$\mu=0.2856\pm\frac{2.57\times0.0006}{\sqrt{6}}=0.2856\pm0.0006$

例8-4的计算结果可理解为：在系统误差已经得到校正时，平均值的置信区间0.2856 ± 0.0005包括真实值的概率为90%；而平均值的置信区间0.2856 ± 0.0006包括真实值的概率为95%。

8.5.3 分析结果的报告

(1)例行分析 平行2～3次测定，取平均值报告结果。

(2)平行多次的测定结果

① 直接报告测定次数、平均值和标准偏差；

② 报告指定置信度(一般取95%)时平均值的置信区间。

【思考题】

1. 为什么不能用平均值代表真实值?

2. 平均值的置信区间的含义是什么?

3. 下列有关置信区间的定义中，正确的是：

(1)以真实值为中心的某一区间包括测定结果平均值的概率；

(2)在一定置信度时，以测定值的平均值为中心的包括真实值的范围；

(3)真实值落在某一可靠区间的概率；

(4)在一定置信度时，以真实值为中心的可靠范围。

阅读材料

统计软件在农业科研实践中的应用

为了能从试验数据中获得内在规律与准确信息，科学研究工作者必须对试验数据进行统计分析。试验数据的统计分析包括描述性统计与推断性统计。其中，描述性统计提供了将原始数据整理成有用形式的方法，如收集、整理、概括、描述及给出数据信息。但如果需要根据这些有限的不确定的一小部分(样本)数据对整个研究总体进行判断与决策，则需要进一步做推断性统计。推断性统计非常有用，它包括参数估计、方差分析、相关与回归分析、主成分分析、因子分析、聚类分析和协方差分析等。下面介绍三类常用的农业试验数据统计分析方法。

1. 相关与回归分析 在农业科学研究中，许多变量之间有一定的联系，这种联系具体反映为将其中一个变量(因变量)通过其他变量(自变量)表达出来。变量之间的相互关系，大体上分为非确定性关系与确定性关系(即函数关系)。对于非确定性关系，例如在气候、土质、水利、种子和栽培技术等条件相同时，水稻单位面积的产量和施肥量有密切关系，但施肥量相同，单位面积产量却不一定相同，即施肥量确定后，水稻单位面积产量并不相应确定，这种变量之间的非确定性关系就是相关关系。若通过大量的观测数据研究发现它们之间存在确定性的函数关系，找出这种函数表达式则需进一步进行回归研究。

农业试验中的回归模型分为线性回归方程与非线性回归方程。最小二乘法是计算回归方程的最经典方法。然而，大部分回归分析随着数据量的增多，计算量大大增加，因此，采用成熟的统计分析软件辅助计算是必不可少的。

2. 方差分析 在科学实验与生产实践中，人们总是希望通过各种试验来观察各种因素对试验结果的影响，而影响结果的因素往往有多种，影响的大小也不等。例如，在农业生产中，肥料、土壤、品种等对农作物都有不同程度的影响。在农业田间试验和研究中，当需要比较多个品种的优劣或检验一种新的生产技术或肥料的效果时，所得到的试验数据往往存在着一定个体差异，这种差异可能是由随机误差造成的，也可能是由试验处理对象不同引起的，但试验结果中往往是处理效应和随机误差混淆在一起，因此必须通过统计计算，采用方差分析的方法，做出统计意义上的推断。方差分析主要是将总变异分解为因素效应和试验误差，并对其做出数量分析，比较各种原因在总变异中所占的重要程度，作为统计推断的依据。

方差分析就是研究一种或多种因素变化对试验结果的观察值是否有显著影响的一种常用方法，通过这种方法，人们还能找出较优的实验条件或生产条件。因此，方差分析在农业领域研究中应用十分广泛。

3. 聚类分析 聚类分析又称**集群分析**，是在不知道物种分类的情况下，利用其数量指标的数据结构，依据某种聚类准则对事物进行分类。通过聚类分析，可以将性质相近的个体归为一类，性质差异较大的个体属于不同的类，使得类内个体具有较高的同质性，类间个体具有较高的异质性。这类分析法在农作物、农产品、林业科研工作中应用非常广泛，如应用聚类分析对不同作物品种生态区域进行划分等。

随着计算机技术的飞速发展，借助成熟的统计分析软件进行繁冗的数据处理工作，不仅可以提高统计分析效率、剔除干扰因素，而且还可以充分利用和挖掘试验数据资料中的隐藏信息，达到事半功倍的效果。目前常用的统计软件有：SAS、SPSS、Excel、S-plus、Minitab、Statistica等，这些集成化的计算机数据处理应用软件，基本都包括数据管理、统计分析、图表分析、输出管理等几大功能。对于农业科研人员而言，熟练掌握统计软件的基本应用，对统计资料进行分析研究，可挖掘出统计资料中隐含的内在规律和本质联系。

习　题

1. 分析某矿样中铜的质量分数 $\omega(Cu)$，结果为0.2487，0.2493，0.2469，计算测定结果的平均值和相对平均偏差。

2. 分析氢氧化铝凝胶中的 $\omega(Al_2O_3)$ 时，结果为0.6348，0.6337，0.6347，0.6343，0.6340，计算测定结果的平均值和标准偏差。

3. 用碳酸钠滴定盐酸溶液，共做了6次实验，测得盐酸溶液的浓度 $c(mol \cdot L^{-1})$ 分别为0.5050，0.5042，0.5086，0.5058，0.5051，0.5060，上述6个数据中哪一个是可疑值？置信度为90%时，该可疑值是否应舍弃？计算测定结果的平均值和标准偏差。

4. 分析某石灰石中CaO的质量分数 $\omega(CaO)$，5次测定的结果为0.5595，0.5600，0.5604，0.5608，0.5623。用 Q 检验法判断和取舍可疑值，并用置信区间（置信度为90%）表示测定结果。

5. 选择题

(1)标准偏差越大，表明这一组测定值的(　　)越低。

A. 准确度　　　　B. 精密度

C. 绝对误差　　　　D. 平均值

(2)在平行测定中，系统误差的特点是(　　)。

A. 每次测定中重复地出现　　B. 比随机误差大

C. 正负误差出现的机会相等　　D. 可通过多次测定而减到最小

(3)可以减小随机误差的办法是(　　)。

A. 进行空白试验　　B. 进行对照试验

C. 进行仪器校准　　D. 增加平行测定次数

(4)由分析数据的精密度高就可断定分析结果可靠的前提是(　　)。

A. 随机误差小　　B. 系统误差小

C. 平均偏差小　　D. 相对平均偏差小

(5)定量分析工作要求测量结果的误差(　　)。

A. 越小越好　　B. 等于零

C. 与允许误差相近　　D. 在允许误差范围内

(6)分析天平称量的绝对误差为±0.1 mg，若要求称量步骤的相对误差在0.1%以下，用减量法称量一份样品时最少称样量应为(　　)。

A. 0.1 g　　B. 0.2 g

C. 0.3 g　　D. 0.4 g

(7)滴定管读数的绝对误差为±0.01 mL，若要求滴定步骤的相对误差在0.1%以下，滴定时耗用标准溶液的体积应控制在(　　)。

A. 1～10 mL　　B. 20～30 mL

C. 30～50 mL　　D. 50 mL以上

(8)分析结果处理中，Q检验法可用于(　　)。

A. 分析结果的校正　　B. 可疑值的取舍

C. 表示实验数据的精密度　　D. 表示实验数据的准确度

(9)有四位同学分别称取1.5 g钢样来测定钢中锰的质量分数，根据数值的计算规则，结果报告合理的是(　　)。

A. 0.004 96　　B. 0.005

C. 0.005 021　　D. 0.0050

(10)测得一溶液的pH=10.20，它的有效数字的位数为(　　)。

A. 一位　　B. 二位

C. 三位　　D. 四位

(11)现需量取2.0 mL浓盐酸配制浓度约0.1 mol·L^{-1}的HCl溶液，量取浓盐酸最合适的量器是(　　)。

A. 10 mL量筒　　B. 20 mL量筒

C. 100 mL量筒　　D. 2 mL刻度移液管

(12)由测量所得的计算式$\frac{0.6070\times30.25\times45.82}{0.2808\times3000}=x$中，每一位数据的最后一位都有±1的绝对误差，在计算结果x中引入相对误差最大的数据是(　　)。

A. 0.6070　　B. 30.25

C. 45.82　　D. 0.2808

6. 填空题

(1)数据 0.003 3 有________位有效数字；数据 25.00 有________位有效数字。

(2)分析测定的系统误差是由某些________________的原因引起的，其大小可通过实验________________并加以校正。

(3)分析测定中常用________________来表示一组实验数据分散的程度。

(4)读取滴定管读数时，最后一位数字估计不准，应属于________误差。

(5)随机误差是实验中__________________的误差，减小随机误差的方法是________________，一般实验室分析实验要求平行测定________次。

(6)根据数值运算规则，$\omega=\frac{0.1045\times(21.64-2.54)\times246.47}{1.000\times1000}=$________。

(7)用 25 mL 移液管移出溶液体积应记录为____________。

9 滴定分析法

学习要求

1. 掌握滴定分析法的基本原理、对滴定反应的要求、滴定方式、基准物质的条件、标准溶液的配制和标定以及滴定结果的正确计算。

2. 在酸碱滴定法中，掌握酸碱指示剂的变色原理、理论变色范围以及指示剂选用原则；掌握一元酸(或碱)滴定过程中 pH 的变化规律和滴定曲线特征，选择合适的指示剂；掌握一元弱酸(或弱碱)能否被准确滴定的条件，多元弱酸(或弱碱)能否被分步准确滴定的条件。

3. 了解沉淀滴定法的原理、三种常见银量法(莫尔法、佛尔哈德法和法扬斯法)的滴定条件、滴定终点的确定。

4. 了解配位滴定法的特点以及 EDTA 的性质，了解金属指示剂的变色原理和使用条件，了解单一金属离子被准确滴定的条件，了解配位滴定中最低 pH 和最高 pH 的理论计算，了解提高配位滴定选择性的方法。

5. 了解氧化还原滴定法的特点及其指示剂的种类，了解三种常用的氧化还原滴定法(重铬酸钾法、高锰酸钾法和碘量法)及氧化还原滴定结果的计算。

知识结构导图

滴定分析法

对滴定反应的要求

1.反应必须定量地完成，无副反应
2.反应完全程度必须大于99.9%
3.反应速率要快
4.要有较简便的方法确定滴定终点

滴定方式和标准溶液

滴定方式
1.直接滴定
2.返滴定(回滴)
3.置换滴定
4.间接滴定

标准溶液配制
1.直接法
基准物
①组成与化学式相符
②纯度高于99.9%
③性质稳定
2.间接法(标定法)

滴定分析法的分类

酸碱滴定法

1.滴定曲线
pH-V(mL)或
pH-T(%)
2.突跃范围与计量点
①强酸强碱
②一元弱酸(碱)
③多元酸(碱)
3.指示剂变色点、变色范围
$pH=pK_a^\ominus(HIn)\pm1$
$pH=pK_a^\ominus(HIn)$
4.一元弱酸(碱)准确滴定条件
$c_aK_a^\ominus\geqslant10^{-8}$
$c_bK_b^\ominus\geqslant10^{-8}$
5.多元酸分步滴定条件
$c_aK_{a,i}^\ominus\geqslant10^{-8}$
$K_{a,i}^\ominus/K_{a,\ i+1}^\ominus\geqslant10^4$

配位滴定法

1.滴定曲线
pM-T(%)
2.突跃范围与计量点的计算
3.金属指示剂变色点和变色范围
$pM_t=\lg K_f^\ominus(MIn)$
$pM_t=\lg K_f^\ominus(MIn)\pm1$
4.金属离子滴定条件
$c_0(M)\cdot K_f^{\ominus'}(MY)\geqslant10^6$
①最高酸度
$\lg\alpha[Y(H)]\leqslant\lg K_f^\ominus(MY)-8$
②最低酸度
金属离子开始水解

沉淀滴定法

1.滴定曲线
pX-V(mL)
或pX-T(%)
2.突跃范围与计量点的计算
3.银量法
①莫尔法
②佛尔哈德法
③法扬司法

氧化还原滴定法

1.滴定曲线：φ-T(%)
2.可逆对称氧化还原滴定的化学计量点
$$\varphi=\frac{n_1\varphi_1^{\ominus'}+n_1\varphi_2^{\ominus'}}{n_1+n_2}$$
3.自身指示剂($KMnO_4$)
4.显色指示剂(淀粉-KI)
5.氧化还原指示剂
①变色点$\varphi(In)=\varphi^{\ominus'}(In)$
②变色范围
$$\varphi(In)=\varphi^{\ominus'}(In)\pm\frac{0.0592}{n}$$
③重铬酸钾法
6.滴定条件
$\varphi_+^{\ominus'}-\varphi_-^{\ominus'}\geqslant0.4\ V$

9.1 滴定分析法概述

滴定分析法(titration analytical method)又称容量分析法，是普遍用于生产和科学实验的化学分析法。滴定分析法多用于常量分析，具有准确度高、仪器简单、操作方便快速等特点。滴定分析法的误差一般在±0.1%以内。

滴定分析法的基本原理：将一定量的被测物质B置于烧杯或锥形瓶中，在不断搅拌下，用滴定管逐滴加入已知准确浓度的滴定剂A，称为**标准溶液**(standard titration solution)，直到定量反应完全(即达到**化学计量点**)为止。根据标准溶液A与被测物质B的化学计量关系，由标准溶液A的浓度和滴加体积，计算被测物质B的物质的量n_B，进而计算被测物质B在试样中的质量分数$\omega(B)$。

许多滴定反应在到达计量点时，外观上没有明显的变化，此时需在滴定液中加入一种称为指示剂的辅助试剂。当指示剂的颜色在计量点附近发生变化时即终止滴定，此时称为**滴定终点**(titration end point)。终点和计量点往往不完全一致，所造成的误差称为**终点误差**(end point error)。为了使分析结果符合误差要求，滴定分析需要解决**两个关键问题**：一是哪些反应能用作滴定反应；二是如何选择合适的指示剂指示滴定终点。

9.1.1 滴定分析法的分类、要求和滴定方式

9.1.1.1 滴定分析法的分类

根据滴定反应类型的不同，滴定分析法分为酸碱滴定法、沉淀滴定法、配位滴定法和氧化还原滴定法。

酸碱滴定法是以酸碱反应为基础的滴定分析法。常用强酸或强碱为标准溶液。例如，强酸强碱的滴定反应为

$$H^+ + OH^- = H_2O$$

沉淀滴定法是以沉淀反应为基础的滴定分析法。常用$AgNO_3$为标准溶液，测定卤化物中Cl^-、Br^-和I^-或硫氰酸盐中SCN^-等离子的含量；也可用NH_4SCN或KSCN为标准溶液测定银盐中Ag^+的含量，所以又称为**银量法**，其滴定反应为

$$Ag^+ + X^- = AgX\downarrow$$

配位滴定法是以配位反应为基础的滴定分析法。常用EDTA(简写为Y)为标准溶液，测定金属离子(简写M)的含量，滴定反应为

$$M + Y = MY$$

氧化还原滴定法是以氧化还原反应为基础的滴定分析法。可用强氧化剂为标准溶液测定还原性物质，也可以用强还原剂为标准溶液测定氧化性物质。根据滴定剂的不同，又分为高锰酸钾法、重铬酸钾法、碘量法等。例如，用高锰酸钾标准溶液滴定Fe^{2+}的反应为

$$MnO_4^- + 5Fe^{2+} + 8H^+ = Mn^{2+} + 5Fe^{3+} + 4H_2O$$

9.1.1.2 滴定分析法对滴定反应的要求

上述四种类型的化学反应并不都能用于滴定分析。能用于滴定分析的化学反应必须具备下列条件：

(1)反应必须定量地完成 反应要按一定的化学反应方程式进行，反应完全的程度要求

达到 99.9%以上，无副反应发生，这是定量计算的必要条件。

(2)反应速率要快　滴定反应要瞬间完成，对速率较慢的反应，可加热或加催化剂使反应加速。

(3)要有较简便的方法确定滴定终点。

9.1.1.3　滴定方式

(1)直接滴定　若滴定反应满足上述基本条件，则可用标准溶液直接滴定被测物质，此方式称为直接滴定。例如用 NaOH 标准溶液直接滴定 HCl 溶液。

(2)返滴定　当反应速率较慢，或被测物质为固体试样时，反应不能立即完成。在此情况下，可于被测物质中先加入已知量一定量过量的标准溶液 A，待反应完成后，再用另一种标准溶液 B 滴定剩余的标准溶液 A，根据两种标准溶液的浓度和消耗的体积，可求出被测物质的含量。这种滴定方式称为返滴定或回滴。

例如，Al^{3+} 与 EDTA 的配位反应速率很慢，不能用直接滴定法滴定，可于 Al^{3+} 溶液中先加入已知量过量的 EDTA 标准溶液，并将溶液加热煮沸，加速 Al^{3+} 与 EDTA 的反应，然后用 Zn^{2+} 标准溶液滴定剩余的 EDTA 标准溶液。又如，对固体 $CaCO_3$ 试样，可先加入一定量过量的 HCl 标准溶液将固体 $CaCO_3$ 溶解，然后用 NaOH 标准溶液滴定剩余的 HCl。

(3)置换滴定　若被测物质与滴定剂不能定量反应完全，则可用置换滴定方式来完成测定。在被测物质中加入一种试剂溶液，被测物质可以定量地置换出该试剂中的有关物质，再用标准溶液滴定这一物质，从而求出被测物质的含量，这种滴定方式称为置换滴定。

例如，Ag^+ 与 EDTA 形成的配合物稳定性不高，因此不能用 EDTA 标准溶液直接滴定 Ag^+。可将过量的$[Ni(CN)_4]^{2-}$加入待测 Ag^+ 溶液中，Ag^+ 很快与$[Ni(CN)_4]^{2-}$中的 CN^- 反应，定量置换出 Ni^{2+}，然后用 EDTA 标准溶液滴定 Ni^{2+}，从而求出 Ag^+ 的含量。

(4)间接滴定　有些物质不能直接与滴定剂反应，则利用某些反应使其转化为可被滴定的物质，再用滴定剂滴定，此滴定方式称为间接滴定。

例如 $KMnO_4$ 溶液不能直接滴定 Ca^{2+}，可用$(NH_4)_2C_2O_4$ 先将 Ca^{2+} 沉淀为 CaC_2O_4，过滤，将得到的沉淀用盐酸完全溶解，再以 $KMnO_4$ 标准溶液滴定 $C_2O_4^{2-}$，从而求出 Ca^{2+} 的含量。

9.1.2　基准物质和标准溶液

在滴定分析法中，不论采取何种滴定方法和滴定方式都离不开标准溶液，否则无法计算分析结果。并非所有试剂都可以直接配制标准溶液，能直接配制或标定标准溶液的物质，称为**基准物质**(primary standard substance)。

(1)基准物质必须符合以下几点要求

① 组成应与其化学式完全符合，若含结晶水，其结晶水含量也应与化学式完全相符。

② 纯度应足够高，一般要求试剂纯度为 99.9%以上。

③ 在空气中要稳定，干燥时不分解，称量时不吸潮，不吸收空气中的 CO_2，不被空气中的 O_2 氧化。

④ 在符合前面条件的基础上，最好有较大的相对分子质量，以减小称量误差。

常用的基准物质如碳酸钠、碳酸氢钠、碳酸氢钾、草酸钠、二水合草酸、硼砂、邻苯二甲酸氢钾、重铬酸钾、溴酸钾、碳酸钙、锌、氯化钠、氯化钾等，它们的使用条件与应用范围可以参考有关化学试剂手册。

(2)标准溶液的配制 有直接法和间接法(也称为标定法)两种。

① 直接法：准确称取一定量的基准物质，用水溶解完全后，定量转移至容量瓶中，并加水稀释至标线。根据所称取基准物质的质量和容量瓶的体积，可算出标准溶液的准确浓度。直接配制法简便，溶液配好便可使用。例如，准确称取 0.5378 g $K_2Cr_2O_7$(纯度>99.9%，M=294.2 g·mol^{-1})，加水溶解后，定容至 100 mL，所得 $K_2Cr_2O_7$ 标准溶液的浓度为

$$c(K_2Cr_2O_7)=\frac{0.5378}{294.2\times100.0\times10^{-3}}=0.018\ 28(mol\cdot L^{-1})$$

② 间接法：有很多物质不能直接用于配制标准溶液，这时可先配成相近浓度的溶液，然后用基准物质或另一种已知浓度的标准溶液来确定它的准确浓度，即**标定**。例如，欲配制 0.1 mol·L^{-1} HCl 标准溶液，可先用浓盐酸配成浓度大约是 0.1 mol·L^{-1}的稀溶液，然后称取一定量的基准物质如 Na_2CO_3 进行标定，或者用已知准确浓度的 NaOH 标准溶液进行标定，这样便可求得 HCl 标准溶液的准确浓度。

9.1.3 滴定分析中的计算

滴定分析的计算主要包括标准溶液的配制、标定和分析结果的计算等。因为滴定反应必须具有确定的化学计量关系，所以滴定分析的计算也应根据滴定反应的化学计量比进行。如被测物 B 与滴定剂 A 反应的化学计量方程式为

$$aA+bB=cC+dD$$

在化学计量点时，有

$$n(A):n(B)=a:b$$

式中：n(A)为消耗的滴定剂 A 的物质的量；n(B)为已反应的待测物 B 的物质的量。

例 9-1 用基准物硼砂[$Na_2B_4O_5(OH)_4\cdot8H_2O$]标定 HCl 溶液的浓度。平行 3 次测定，称取硼砂的质量分别为 0.5234 g、0.5050 g 和 0.5338 g，标定时消耗 HCl 溶液依次为 26.50 mL、25.56 mL 和 27.10 mL，计算 HCl 标准溶液的浓度。

解 标定反应为

$$Na_2B_4O_5(OH)_4+2HCl+3H_2O=4H_3BO_3+2NaCl$$

化学计量关系为

$$n(HCl):n(\text{硼砂})=2:1$$

$$n(HCl)=2n(\text{硼砂})=c(HCl)\cdot V(HCl)$$

$$c(HCl)=\frac{2n(\text{硼砂})}{V(HCl)}=\frac{2m(\text{硼砂})}{M(\text{硼砂})\cdot V(HCl)}$$

将实验数据代入，计算 c(HCl)。标定结果见下表：

	1	2	3
m(硼砂)/g	0.5234	0.5050	0.5338
V(HCl)/mL	26.50	25.56	27.10
c(HCl)/(mol·L^{-1})	0.1036	0.1038	0.1033
$\bar{c}$(HCl)/(mol·L^{-1})	0.1036		
$\overline{d_r}$	0.2%		

例 9-2　测定铁矿中铁的含量时，称取铁矿试样 0.2780 g，溶解后将 Fe^{3+} 还原成 Fe^{2+}，用 0.018 62 mol·L^{-1}的 $K_2Cr_2O_7$ 溶液滴定，消耗标准溶液 28.80 mL。(1)计算试样中铁的质量分数 $w(Fe)$；(2)如果用 Fe_2O_3 表示铁的含量，质量分数 $w(Fe_2O_3)$是多少？

解　滴定反应为 $Cr_2O_7^{2-}+6Fe^{2+}+14H^+=2Cr^{3+}+6Fe^{3+}+7H_2O$

化学计量关系为

$$n(Cr_2O_7^{2-}):n(Fe^{2+})=1:6，n(Fe^{2+})=6n(Cr_2O_7^{2-})$$

$$n(Fe^{2+})=\frac{m(Fe)}{M(Fe)}=6c(Cr_2O_7^{2-})\cdot V(Cr_2O_7^{2-})$$

整理，得

$$m(Fe)=6c(Cr_2O_7^{2-})\cdot V(Cr_2O_7^{2-})\cdot M(Fe)$$

(1)Fe 的质量分数为

$$w(Fe)=\frac{m(Fe)}{m(试样)}=\frac{6c(Cr_2O_7^{2-})\cdot V(Cr_2O_7^{2-})\cdot M(Fe)}{m(试样)}$$

$$=\frac{6\times 0.018\,62\times 28.80\times 10^{-3}\times 55.85}{0.2780}=0.6464$$

(2)因为 1 mol Fe_2O_3 相当于 2 mol Fe^{2+}，所以 $n(Fe_2O_3)$为

$$n(Fe_2O_3)=\frac{m(Fe_2O_3)}{M(Fe_2O_3)}=\frac{1}{2}\times n(Fe^{2+})=\frac{1}{2}\times 6n(Cr_2O_7^{2-})=\frac{1}{2}\times 6\times c(Cr_2O_7^{2-})\cdot V(Cr_2O_7^{2-})$$

因此，用 Fe_2O_3 表示，质量分数 $w(Fe_2O_3)$为

$$w(Fe_2O_3)=\frac{m(Fe_2O_3)}{m(试样)}=\frac{\frac{1}{2}\times 6\times c(Cr_2O_7^{2-})\cdot V(Cr_2O_7^{2-})\cdot M(Fe_2O_3)}{m(试样)}$$

$$=\frac{\frac{1}{2}\times 6\times 0.01862\times 28.80\times 10^{-3}\times 159.69}{0.2780}=0.9241$$

【思考题】

1. 滴定分析法中的两个关键问题是什么？
2. 滴定分析法对滴定反应的要求有哪些？
3. 基准物质必须具备哪些条件？

9.2　酸碱滴定法

9.2.1　酸碱指示剂

9.2.1.1　酸碱指示剂的变色原理

滴定分析法中确定终点的方法有两种：**指示剂法和仪器分析法**。指示剂法是利用指示剂在某一固定条件(如某 pH 范围)下变色来指示终点，指示剂法简单方便，但需要满足一定条件，而且不宜在深色或浑浊、有沉淀的溶液中使用。仪器分析法是通过测量滴定溶液系统的某些物理或物理化学参数，从而判断滴定终点，如电位滴定、电导滴定、电流滴定等。下面

主要讨论指示剂法。

酸碱指示剂一般是有机弱酸或有机弱碱，它们的共轭酸碱对具有不同的颜色[①]。当溶液的 pH 改变时，指示剂失去质子(H^+)，其结构式由酸式转变为碱式；或得到质子(H^+)，结构式由碱式转变为酸式，从而引起颜色的变化。

例如，甲基橙是有机弱碱，在溶液中存在下列解离平衡和颜色变化：

$$(CH_3)_2N-C_6H_4-N=N-C_6H_4-SO_3^- \underset{OH^-}{\overset{H^+}{\rightleftharpoons}}$$

黄色(偶氮式)

$$(CH_3)_2N^+=C_6H_4=N-NH-C_6H_4-SO_3^-$$

红色(醌式)

当溶液的酸度增大时，平衡向右移动，溶液由黄色转变为红色；反之，当溶液的酸度降低时，平衡向左移动，溶液由红色转变为黄色。

9.2.1.2 酸碱指示剂的变色点和变色范围

在一定 pH 下，酸碱指示剂的共轭酸碱对分别呈现不同颜色，通常将指示剂酸式结构(HIn)的颜色称为酸式色，将碱式结构(In^-)的颜色称为碱式色。一般弱酸型指示剂 HIn 在水中的解离平衡和解离常数式为

$$\text{HIn(酸式色)}+H_2O=H_3^+O+In^-\text{(碱式色)} \quad K_a^{\ominus}(\text{HIn})=\frac{c(H^+)\cdot c(In^-)}{c(\text{HIn})}$$

在解离常数式的两边取负对数，并整理得

$$pH=pK_a^{\ominus}(\text{HIn})-\lg\frac{c(\text{HIn})}{c(In^-)}$$

当温度一定时，$K_a^{\ominus}(\text{HIn})$不变，共轭酸碱对的浓度比影响指示剂呈现的颜色：

① 当$c(\text{HIn})$较大时，例如在$c(\text{HIn})/c(In^-)>10$时，人眼只能看到酸式色；

② 当$c(In^-)$较大时，例如在$c(\text{HIn})/c(In^-)<0.1$时，人眼只能看到碱式色；

③ 当$c(\text{HIn})$和$c(In^-)$相差不大时，例如在$c(\text{HIn})/c(In^-)=0.1\sim10$时，人眼看到的是酸式色和碱式色的混合色。

因此指示剂颜色的变化与 pH 有关。随着溶液 pH 的增大，弱酸型指示剂颜色的变化为：酸式色→混合色→碱式色。

当$c(\text{HIn})/c(In^-)=1$时，

$$pH=pK_a^{\ominus}(\text{HIn}) \tag{9-1}$$

此 pH 称为**酸碱指示剂的变色点**。

当$0.1\leqslant c(\text{HIn})/c(In^-)\leqslant10$时，

$$pH=pK_a^{\ominus}(\text{HIn})\pm1 \tag{9-2}$$

此 pH 范围称为**酸碱指示剂的理论变色范围**。

酸碱指示剂的理论变色范围是 2 个 pH 单位，但实测的各指示剂的变色范围并不都是 2 个 pH 单位，表 9-1 列出了一些常用的酸碱指示剂的变色点、变色范围和颜色变化情况。

---

① 物质的颜色与结构有关，当物质的结构发生变化时，物质对光的吸收情况也可能发生变化，因而引起物质颜色的改变。许多天然的和合成的染料，它们在不同的 pH 下具有明显不同的颜色，可以用来作为酸碱滴定的指示剂。

表 9－1 中指示剂的变色范围是实测值，由于眼睛对各种颜色的敏感度不同，加上两种颜色之间相互掩盖，实测值与理论值之间有所差别，但大多数指示剂的变色范围都有 1.6～1.8 个 pH 单位。

表 9－1 常用酸碱指示剂

指示剂	$pK_a^{\ominus}(HIn)$	变色范围	酸式色	过渡色	碱式色
百里酚蓝（第一次变色）	1.7	1.2～2.8	红	橙色	黄
甲基黄	3.3	2.9～4.0	红	橙色	黄
甲基橙	3.4	3.1～4.4	红	橙色	黄
溴酚蓝	4.1	3.0～4.6	黄	蓝紫	紫
溴甲酚绿	4.9	4.0～5.6	黄	绿色	蓝
甲基红	5.2	4.4～6.2	红	橙色	黄
溴百里酚蓝	7.3	6.2～7.6	黄	绿色	蓝
中性红	7.4	6.8～8.0	红	橙色	亮黄
酚红	8.0	6.8～8.4	黄	橙色	红
百里酚蓝（第二次变色）	8.9	8.0～9.6	黄	绿色	蓝
酚酞	9.1	8.0～10.0	无	粉色	红
百里酚酞	10.0	9.4～10.6	无	淡蓝	蓝

温度会影响酸碱指示剂的解离常数，因而会影响其变色范围。但在温度变化不大时，解离常数值变化不大，指示剂变色范围的变化也不大，可以忽略温度的影响。

9.2.1.3 酸碱指示剂的用量

酸碱指示剂的用量一般为每 10 mL 试液加 1 滴。若指示剂的用量过少，颜色太浅，不利于观察溶液的变色情况。指示剂的用量也不宜过多，一是因为指示剂本身会消耗滴定剂，带来误差；二是由于指示剂用量太多时，对于双色指示剂如甲基橙等，色调变化会不明显，而对于单色指示剂如酚酞等，甚至会影响指示剂的变色范围。实验证明，在 50～100 mL 溶液中加 2～3 滴 0.1%酚酞，pH≈9 时出现红色；而在同样情况下，若加 10～15 滴 0.1%酚酞，则 pH≈8 时就出现红色。

【思考题】

1. 酸碱指示剂的变色原理是什么？
2. 什么是指示剂的变色点和理论变色范围？

9.2.2 酸碱滴定曲线和指示剂的选择

9.2.2.1 强酸强碱的滴定

在强酸和强碱的相互滴定中，滴定的基本反应为 $H^+ + OH^- = H_2O$。下面以0.1000 mol·L^{-1}

NaOH 滴定 20.00 mL 0.1000 mol·L^{-1} HCl 溶液为例，计算强碱滴定强酸时溶液 pH 的变化情况。

(1)滴定前 溶液的 pH 取决于 HCl 溶液的初始浓度 c_0(HCl)。$c(H^+)=0.1000$ mol·L^{-1}，pH=1.00。

(2)滴定开始至化学计量点前 溶液的 pH 取决于未被滴定的 HCl 溶液的量。例如在滴入 18.00 mL NaOH 溶液时，未被滴定的 HCl 溶液的物质的量为

$$n(\text{HCl，剩余})=c_0(\text{HCl})\cdot V(\text{HCl，剩余})=0.1000\times2.00=0.200(\text{mmol})$$

溶液的酸度为

$$c(H^+)=\frac{n(\text{HCl，剩余})}{V_{总}}=\frac{0.200}{20.00+18.00}=5.26\times10^{-3}(\text{mol}\cdot\text{L}^{-1})，\ \text{pH}=2.28$$

在滴入 19.98 mL NaOH 溶液时，未被滴定的 HCl 溶液体积为 0.02 mL(大约半滴溶液，若此时停止滴定，HCl 被中和 99.9%，滴定误差为−0.1%)，溶液的酸度为

$$c(H^+)=\frac{0.1000\times0.02}{20.00+19.98}=5\times10^{-5}(\text{mol}\cdot\text{L}^{-1})，\ \text{pH}=4.3$$

(3)化学计量点时 滴入 NaOH 溶液为 20.00 mL，盐酸刚好被全部中和，形成中性的 NaCl 溶液，pH=7.00。

(4)化学计量点后 溶液的 pH 取决于过量 NaOH 溶液的量，此时溶液呈碱性，可由过量的 NaOH 溶液计算 pOH。例如在滴入 20.02 mL NaOH 溶液时，NaOH 过量 0.02 mL。若此时停止滴定，NaOH 过量 0.1%，即滴定误差为+0.1%。此时溶液的 pH 为

$$c(OH^-)=\frac{c_0(\text{NaOH})\cdot V(\text{NaOH，过量})}{V_{总}}=\frac{0.1000\times0.02}{20.00+20.02}=5\times10^{-5}(\text{mol}\cdot\text{L}^{-1})$$

$$\text{pOH}=4.3，\ \text{pH}=9.7$$

按上述方法计算溶液的 pH，将计算结果列于表 9-2 中。为了直观地观察滴定时溶液 pH 的变化特征，以 NaOH 的加入量(滴定体积 V 或滴定百分数 T)为横坐标，以 pH 为纵坐标作图，绘制滴定曲线 pH-V 或 pH-T，如图 9-1 中曲线 a 所示。

表 9-2 0.1000 mol·L^{-1} NaOH 溶液滴定 0.1000 mol·L^{-1} HCl 溶液的 pH 变化

V(NaOH，加入)/mL	滴定百分数 T/%	V(HCl，剩余)/mL	V(NaOH，过量)/mL	pH	
0.00	0	20.00		1.00	
5.00	25.0	15.00		1.22	
10.00	50.0	10.00		1.48	
15.00	75.0	5.00		1.84	
18.00	90.0	2.00		2.28	
19.00	95.0	1.00		2.59	
19.80	99.0	0.20		3.30	
19.98	99.9	0.02		4.3	滴定突跃
20.00	100.0	0.00	0.00	7.00	
20.02	100.1		0.02	9.7	
20.20	101.0		0.20	10.70	
21.00	105.0		1.00	11.39	
22.00	110.0		2.00	11.68	

从表 9－2 和图 9－1 中均可看到，滴定开始时，曲线比较平缓，随着滴定的进行，pH 变化开始增大。在计量点附近，NaOH 的加入量从 19.98 mL 到 20.02 mL(约 1 滴)，溶液的 pH 从 4.3 急剧增加到 9.7，形成了滴定曲线的突跃部分。此后，滴定曲线又趋于平缓。

在滴定分析化学中，把化学计量点附近相对误差 E_r 在±0.1%之间的溶液 pH 变化范围称为**滴定突跃范围**。只要滴定终点落在滴定突跃范围内，滴定误差均在±0.1%以内。因此，滴定突跃范围是选择指示剂的依据。

酸碱指示剂的选择原则是指示剂的变色范围应全部或部分落在滴定突跃范围之内。或者说，凡在滴定突跃范围内能发生颜色变化的指示剂，都可以选用。虽然使用指示剂确定的滴定终点并非计量点，但可以保证滴定误差不超过 0.1%。

本滴定的 pH 突跃范围为 4.3～9.7，查表 9－1，如果选择甲基红作指示剂，甲基红的变色范围是 4.4～6.2，当溶液颜色由红色突变为橙色，再突变为黄色时停止滴定，终点的 pH≈6.2，落在滴定突跃范围内。如果选择酚酞作指示剂，酚酞的变色范围是 8.0～10.0，当溶液颜色由无色突变为微红色时停止滴定，终点的 pH≈9.0，也落在滴定突跃范围内。本滴定甚至还可以选择甲基橙作指示剂，只是由于甲基橙的变色范围为 3.1～4.4，滴定时应由红色滴定至黄色，终点的 pH≈4.4。

用同样的方法，可得到强酸滴定强碱的滴定曲线，如图 9－1 中曲线 *b* 所示。强酸滴定强碱的滴定曲线与强碱滴定强酸的滴定曲线互相对称，滴定的 pH 突跃范围为 9.7～4.3。因此，可选用甲基红或酚酞等作指示剂。

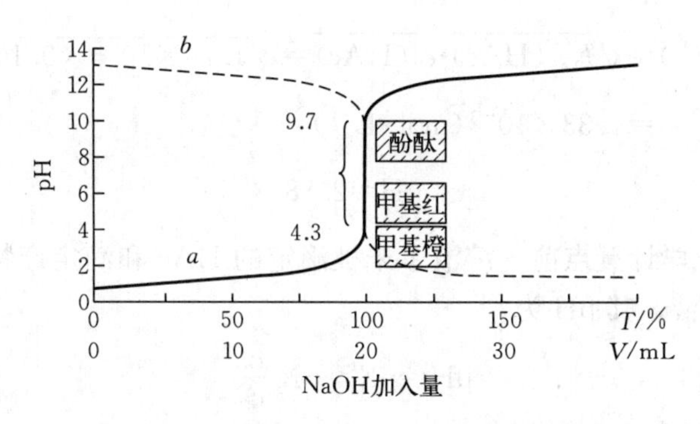

图 9－1 NaOH 溶液滴定 HCl 溶液的滴定曲线

a. 0.1000 mol·L^{-1} NaOH 滴定 0.1000 mol·L^{-1} HCl 的滴定曲线（pH 突跃范围为 4.3～9.7）

b. 0.1000 mol·L^{-1} HCl 滴定 0.1000 mol·L^{-1} NaOH 的滴定曲线（pH 突跃范围为 9.7～4.3）

从滴定过程中溶液 pH 的计算可知，强酸强碱滴定突跃范围的大小与酸碱的浓度有关。强酸强碱溶液越浓，滴定突跃越大，可供选择的指示剂越多；强酸强碱溶液越稀，突跃范围越小，可供选择的指示剂越少，如图 9－2 所示。

实验表明，如果酸碱溶液浓度太小，以致滴定突跃范围小于 0.3 个 pH 单位的话，就无法用指示剂法确定滴定终点，因为指示剂的变色范围一般为 1.6～1.8 个 pH 单位，0.3 个 pH 单位的 pH 变化所引起指示剂颜色的变化很小，以致眼睛不能辨别出来。

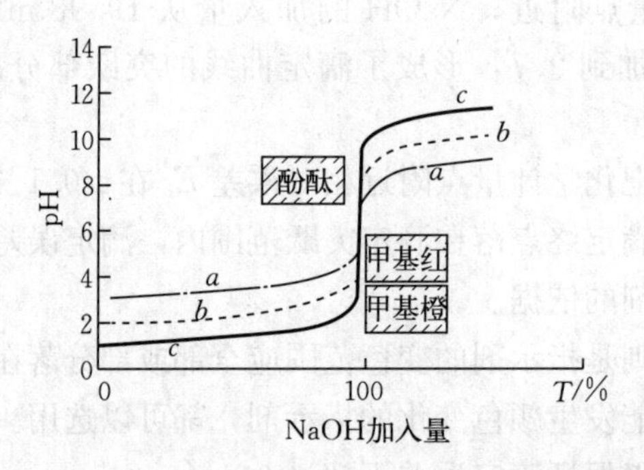

图 9-2　不同浓度的强碱滴定不同浓度的强酸的滴定曲线

a. NaOH 和 HCl 溶液的浓度均为 0.001 mol·L^{-1}，pH 突跃范围为 6.3～7.7

b. NaOH 和 HCl 溶液的浓度均为 0.010 mol·L^{-1}，pH 突跃范围为 5.3～8.7

c. NaOH 和 HCl 溶液的浓度均为 0.10 mol·L^{-1}，pH 突跃范围为 4.3～9.7

9.2.2.2　一元弱酸弱碱的滴定

以 0.1000 mol·L^{-1} NaOH 滴定 20.00 mL 0.1000 mol·L^{-1} HAc[$K_a^{\ominus}$(HAc)＝1.76×10^{-5}，p$K_a^{\ominus}$(HAc)＝4.75]为例，计算强碱滴定一元弱酸时溶液 pH 的变化。通过绘制滴定曲线 pH－T 或 pH－V(NaOH)，直观地了解滴定时溶液 pH 的变化特征，以选择合适的指示剂，控制滴定误差。

$$\text{滴定反应：} HAc + OH^- = Ac^- + H_2O$$

(1)滴定前　0.1000 mol·L^{-1} HAc 溶液的 $c(H^+)$可用一元弱酸的最简式计算

$$c(H^+)=\sqrt{K_a^{\ominus}(HAc)\cdot c_0(HAc)}=\sqrt{1.76\times10^{-5}\times0.1000}$$
$$=1.33\times10^{-3}(mol\cdot L^{-1})$$
$$pH=2.88$$

(2)滴定开始至化学计量点前　溶液中未被滴定的 HAc 和滴定产物 Ac$^-$共存，为共轭酸碱对 HAc－Ac$^-$溶液，其 pH 为

$$pH=pK_a^{\ominus}-\lg\frac{c_a}{c_b}$$

其中，$c_a=c(HAc)=\dfrac{c_0(HAc)\cdot V(HAc，剩余)}{V_{总}}$，$c_b=c(Ac^-)=\dfrac{c_0(NaOH)\cdot V(NaOH，加入)}{V_{总}}$。

由于 $c_0(HAc)=c_0(NaOH)$，所以$\dfrac{c_a}{c_b}=\dfrac{V(HAc，剩余)}{V(NaOH，加入)}$，即

$$pH=pK_a^{\ominus}-\lg\frac{V(HAc，剩余)}{V(NaOH，加入)}$$

在滴入 19.98 mL NaOH 溶液时，剩余 HAc 的体积为 0.02 mL，HAc 被中和 99.9%，剩余 0.1%，此时若停止滴定，滴定误差 E_r＝－0.1%。此时溶液的 pH 为

$$pH=pK_a^{\ominus}-\lg\frac{V(HAc，剩余)}{V(NaOH，加入)}=4.75-\lg\frac{0.02}{19.98}=4.75+3.0=7.8$$

或者用滴定百分数 T②计算溶液的 pH：

$$\frac{c_a}{c_b}=\frac{n(\mathrm{HAc})}{n(\mathrm{Ac^-})}=\frac{(1-T)\cdot n_0(\mathrm{HAc})}{T\cdot n_0(\mathrm{HAc})}=\frac{1-T}{T}$$

$$\mathrm{pH}=\mathrm{p}K_a^{\ominus}-\lg\frac{1-T}{T}$$

当 HAc 被 NaOH 滴定了 99.9%，即 $T=99.9\%$时，溶液的 pH 为

$$\mathrm{pH}=\mathrm{p}K_a^{\ominus}-\lg\frac{1-T}{T}=4.75-\lg\frac{1-99.9\%}{99.9\%}=4.75+3.0=7.8$$

(3)化学计量点时 滴入 NaOH 溶液 20.00 mL，HAc 刚好被滴定完，生成 0.050 00 mol·L^{-1} Ac^-溶液，溶液中 $c(OH^-)$用最简式计算

$$c(\mathrm{OH^-})=\sqrt{K_b^{\ominus}(\mathrm{Ac^-})\cdot c(\mathrm{Ac^-})}=\sqrt{\frac{K_w^{\ominus}}{K_a^{\ominus}(\mathrm{HAc})}\cdot c(\mathrm{Ac^-})}$$

$$=\sqrt{\frac{1.0\times10^{-14}}{1.8\times10^{-5}}\times0.05000}=5.3\times10^{-6}(\mathrm{mol\cdot L^{-1}})$$

$$\mathrm{pOH}=5.28,\ \mathrm{pH}=8.72$$

(4)化学计量点后 过量的 NaOH 抑制了 Ac^-的解离，溶液的 pH 取决于过量 NaOH 的浓度，其计算方法与强碱滴定强酸的相同。当滴入 20.02 mL NaOH 溶液时，NaOH 过量 0.02 mL，溶液的 pH=9.7，此时滴定误差 $E_r=0.1\%$。

按照上述方法进行计算，计算结果列于表 9-3 中。

表 9-3 0.1000 mol·L^{-1} NaOH 滴定 0.1000 mol·L^{-1} HAc 溶液

V(NaOH，加入)/mL	滴定百分数 T/%	V(HAc，剩余)/mL	V(NaOH，过量)/mL	pH	
0.00	0.0	20.00		2.88	
5.00	25.0	15.00		4.27	
10.00	50.0	10.00		4.75	
15.00	75.0	5.00		5.23	
18.00	90.0	2.00		5.70	
19.00	95.0	1.00		6.03	
19.80	99.0	0.20		6.75	
19.98	99.9	0.02		7.8	滴定突跃
20.00	100.0	0.00	0.00	8.72	
20.02	100.1		0.02	9.7	
20.20	101.0		0.20	10.70	
21.00	105.0		1.00	11.39	
22.00	110.0		2.00	11.68	

① 滴定百分数 $T=\frac{\text{已被滴定的量}}{\text{滴定前的量}}\times100\%$

以 NaOH 的加入量为横坐标，以 pH 为纵坐标作图，绘制滴定曲线，如图 9-3 中曲线 a 所示。滴定的 pH 突跃范围为 7.8～9.7，应选择在碱性范围内变色的指示剂。查表 9-1，可以选择酚酞、百里酚蓝等。

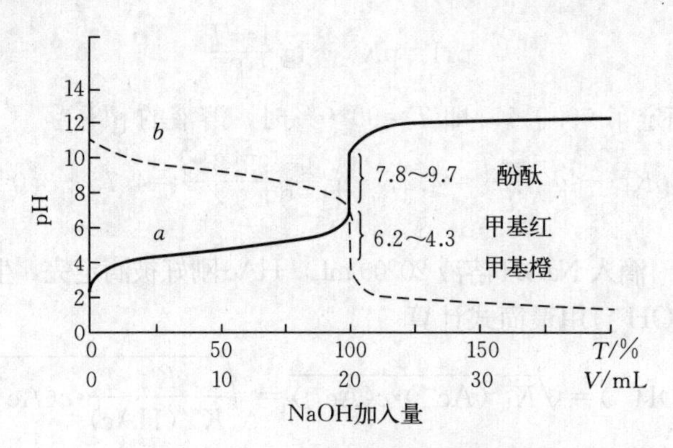

图 9-3 一元弱酸(碱)滴定曲线

a. 0.1000 mol·L^{-1} NaOH 溶液滴定 0.1000 mol·L^{-1} HAc 溶液的滴定曲线（pH 突跃范围为 7.8～9.7）

b. 0.1000 mol·L^{-1} HCl 溶液滴定 0.1000 mol·L^{-1} NH_3 溶液的滴定曲线（pH 突跃范围为 6.2～4.3）

用同样的方法处理，可以绘出 0.1000 mol·L^{-1} HCl 溶液滴定 20.00 mL 0.1000 mol·L^{-1} NH_3 溶液的滴定曲线，如图 9-3 中曲线 b 所示，由于滴定产物是弱酸 NH_4^+，所以应选择在酸性范围内变色的指示剂，如溴甲酚绿、甲基红、溴百里酚酞等。

与强碱滴定强酸的滴定曲线相比，一元弱酸(碱)的滴定突跃范围要小很多。从滴定过程的 pH 计算可知，**影响一元弱酸(碱)滴定突跃范围大小的因素有：**

(1)弱酸(碱)的强度 弱酸的 $K_a^\ominus$(或弱碱的 $K_b^\ominus$)的大小影响 pH 突跃范围的起点，$K_a^\ominus$(或 $K_b^\ominus$)越大，突跃范围越大。

(2)弱酸(碱)的浓度 弱酸(碱)的浓度越大，用来滴定的强碱(或强酸)标准溶液的浓度也越大。酸碱标准溶液的浓度影响突跃范围的终点，酸碱标准溶液的浓度越大，突跃范围越大。

酸(碱)的浓度影响滴定曲线计量点后的形态，而弱酸(碱)的强度则影响计量点前滴定曲线的形态。图 9-4 是用 0.1 mol·L^{-1} NaOH 滴定各种浓度相同而强度不同的酸的滴定曲线。从图 9-4 可以看出，当 $K_a^\ominus < 10^{-7}$ 时，滴定突跃很小，以致无法利用一般的酸碱指示剂判断滴定终点。

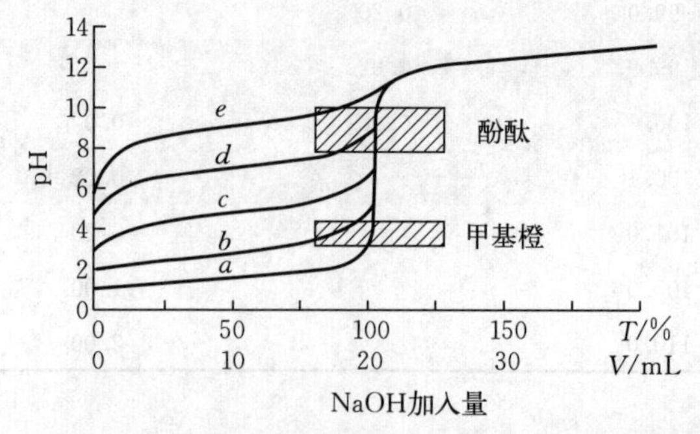

图 9-4 0.1 mol·L^{-1} NaOH 滴定 0.1 mol·L^{-1}酸的滴定曲线

a. 强酸 HCl b. 一元弱酸 $K_a^\ominus = 10^{-3}$ c. 一元弱酸 $K_a^\ominus = 10^{-5}$

d. 一元弱酸 $K_a^\ominus = 10^{-7}$ e. 一元弱酸 $K_a^\ominus = 10^{-9}$

综合以上两个影响因素，考虑到人眼观察指示剂变色点时与化学计量点之间存在0.3个pH单位的不确定性，要使终点误差小于0.2%[①]，一元弱酸能被准确滴定的条件是

$$c_a \cdot K_a^{\ominus} \geqslant 10^{-8} \tag{9-3}$$

同理，一元弱碱能被准确滴定的条件是

$$c_b \cdot K_b^{\ominus} \geqslant 10^{-8} \tag{9-4}$$

例9-3 判断能否用酸碱滴定法直接准确滴定0.1 mol·L^{-1} NH_3溶液。如果能，计算化学计量点的pH和滴定的pH突跃范围，并选择合适的指示剂。

解 查附录3，NH_3的$K_b^{\ominus}=1.77\times10^{-5}$，$pK_b^{\ominus}=4.75$。

因为$K_b^{\ominus}\cdot c_b=1.77\times10^{-5}\times0.1>10^{-8}$，所以$NH_3$溶液能被直接准确滴定。

若用0.1 mol·L^{-1} HCl溶液滴定20 mL 0.1 mol·L^{-1} NH_3溶液，滴定反应为

$$HCl+NH_3=NH_4^++Cl^-$$

计量点时，溶液为0.05 mol·L^{-1} NH_4^+溶液，

$$K_a^{\ominus}(NH_4^+)=\frac{K_w^{\ominus}}{K_b^{\ominus}(NH_3)}=\frac{1.0\times10^{-14}}{1.77\times10^{-5}}=5.6\times10^{-10}$$

$$c(H^+)=\sqrt{K_a^{\ominus}(NH_4^+)\cdot c(NH_4^+)}=\sqrt{5.6\times10^{-10}\times0.05}=5.3\times10^{-6}(\text{mol}\cdot\text{L}^{-1})$$

$$pH=5.3$$

当$E_r=-0.1\%$时，即计量点前滴加了19.98 mL的HCl溶液，仍有0.02 mL NH_3溶液未被滴定，此时滴定生成的NH_4^+和未被滴定的NH_3共存。

$$\frac{c(NH_4^+)}{c(NH_3)}=\frac{n(NH_4^+)}{n(NH_3)}=\frac{c(HCl)\cdot V(HCl，加入)}{c(NH_3)\cdot V(NH_3，剩余)}=\frac{V(HCl，加入)}{V(NH_3，剩余)}$$

根据共轭酸碱对溶液pH计算公式

$$pH=pK_a^{\ominus}(NH_4^+)-\lg\frac{c(NH_4^+)}{c(NH_3)}=14-pK_b^{\ominus}(NH_3)-\lg\frac{V(HCl，加入)}{V(NH_3，剩余)}$$

$$=14-4.75-\lg\frac{19.98}{0.02}=6.2$$

当$E_r=0.1\%$时，即计量点后过量0.02 mL HCl溶液，过量的HCl溶液抑制了NH_4^+的解离，溶液的酸度取决于过量HCl溶液的量。

$$c(H^+)=\frac{c_0(HCl)\cdot V(HCl，过量)}{V_总}=\frac{0.1\times20\times10^{-3}}{20.00+20.02}=5.0\times10^{-5}(\text{mol}\cdot\text{L}^{-1})$$

$$pH=4.3$$

因此，滴定至化学计量点时溶液的pH=5.3，突跃范围为pH=6.2～4.3，可选择甲基红(4.4～6.2)作指示剂。

---

① 终点误差是指滴定终点与化学计量点不一致产生的相对误差，不包括操作误差。

例 9-4 计算 0.1 mol·L^{-1} NaOH 溶液滴定 20 mL 0.1 mol·L^{-1} 某一元弱酸 HB [$K_a^\ominus(HB)>10^{-7}$]溶液的滴定突跃范围和化学计量点的酸度。

解 因为 $K_a^\ominus \cdot c_a > 10^{-7}\times 0.1 = 10^{-8}$，所以 HB 能被 NaOH 溶液直接准确滴定。

滴定反应为 $$HB + OH^- = B^- + H_2O$$

HB 的滴定百分数为

$$T=\frac{n(HB，已滴)}{n_0(HB)}\times 100\% = \frac{c_0(NaOH)\cdot V(NaOH)}{c_0(HB)\cdot V(HB)}\times 100\% = \frac{V(NaOH)}{V(HB)}\times 100\%$$

(1)计量点前滴定误差 $E_r=-0.1\%$时，滴定百分数 $T=99.9\%$，此时溶液为剩余的 HB 和滴定生成的 B^- 组成的缓冲溶液，其中 $n(HB)=(1-T)\times n_0(HB)$，$n(B^-)=T\times n_0(HB)$

根据缓冲溶液的 pH 计算公式，得

$$pH = pK_a^\ominus - \lg\frac{n(HB)}{n(B^-)} = pK_a^\ominus - \lg\frac{(1-T)\times n_0(HB)}{T\times n_0(HB)} = pK_a^\ominus - \lg\frac{1-99.9\%}{99.9\%} = pK_a^\ominus + 3$$

(2)计量点后滴定误差 $E_r=0.1\%$时，滴定百分数 $T=100.1\%$。过量的 NaOH 抑制了 B^- 解离，溶液 pH 取决于过量 NaOH 溶液的量

$$c(OH^-) = \frac{n(NaOH，过量)}{V_{总}} = \frac{(T-1)\cdot c_0(HB)\cdot V_0(HB)}{V_{总}} \approx \frac{0.1\% c_0(HB)\cdot V_0(HB)}{2V_0(HB)}$$
$$= \frac{0.1\%}{2}c_0(HB) = 5.0\times 10^{-5}(mol\cdot L^{-1})$$

$$pOH = 4.3，pH = 9.7$$

(3)在计量点时，NaOH 与 HB 完全反应，溶液为 0.05 mol·L^{-1} 一元弱碱 B^- 溶液

$$K_b^\ominus(B^-) = \frac{K_w^\ominus}{K_a^\ominus(HB)}$$

溶液的 $c(OH^-)$ 为

$$c(OH^-) = \sqrt{K_b^\ominus(B^-)\cdot c(B^-)} = \sqrt{\frac{K_w^\ominus}{K_a^\ominus(HB)}\times 0.05}$$

因此，0.1 mol·L^{-1} NaOH 溶液滴定同浓度一元弱酸 HB($K_a^\ominus > 10^{-7}$)的突跃范围为 $(pK_a^\ominus+3)\sim 9.7$，计量点时 $c(OH^-) = \sqrt{\frac{K_w^\ominus}{K_a^\ominus(HB)}\times 0.05}$ mol·L^{-1}。

同样方法也可以计算 0.1 mol·L^{-1} HCl 溶液滴定 0.1 mol·L^{-1} 某一元弱碱 B($K_b^\ominus > 10^{-7}$)溶液的滴定突跃范围和计量点的酸度，具体如下：

(1)$E_r=-0.1\%$时，即滴定百分数 $T=99.9\%$，99.9%的 B 被滴定生成 HB^+，0.1%的 B 未被滴定，溶液为 HB^+-B 缓冲溶液，其中

$$c(HB^+) = \frac{99.9\% n_0(B)}{V_{总}}，c(B) = \frac{(1-99.9\%)\cdot n_0(B)}{V_{总}}$$

因此，缓冲溶液的 pH 为

$$pH = pK_a^\ominus(HB^+) - \lg\frac{c(HB^+)}{c(B)} = pK_w^\ominus - pK_b^\ominus(B) - \lg\frac{99.9\%}{1-99.9\%}$$
$$= 14 - pK_b^\ominus(B) - 3 = 11 - pK_b^\ominus(B)$$

(2)$E_r=0.1\%$，即滴定百分数 $T=100.1\%$，过量的 HCl 抑制了 HB^+ 的解离，溶液的酸度取决于过量 HCl 溶液的量。

$$c(H^+)=\frac{n(HCl,\text{过量})}{V_{总}}\approx\frac{(T-1)\cdot n_0(B)}{2V_0(B)}=\frac{0.1\%c_0(B)\cdot V_0(B)}{2V_0(B)}$$

$$=\frac{0.1\%}{2}c_0(B)=5.0\times10^{-5}(mol\cdot L^{-1})$$

$$pH=4.3$$

(3)计量点时，溶液为 0.05 mol·L^{-1}一元弱酸 HB^+溶液，溶液酸度为

$$c(H^+)=\sqrt{K_a^{\ominus}(HB^+)\cdot c(HB^+)}=\sqrt{\frac{K_w^{\ominus}}{K_b^{\ominus}(B)}\times\frac{c_0(B)}{2}}$$

$$=\sqrt{\frac{K_w^{\ominus}}{K_b^{\ominus}(B)}\times0.05}(mol\cdot L^{-1})$$

所以，用 0.1 mol·L^{-1} HCl 溶液滴定同浓度的一元弱碱 B[$K_b^{\ominus}(B)>10^{-7}$]的 pH 突跃范围为[$11-pK_b^{\ominus}$]～4.3，计量点时 $c(H^+)=\sqrt{\frac{K_w^{\ominus}}{K_b^{\ominus}(B)}\times0.05}$ mol·L^{-1}。

9.2.2.3 多元酸碱的滴定

大多数多元酸是弱酸，它们在水溶液中分步解离。当用强碱溶液滴定多元弱酸时，需要考虑分步反应进行的程度。图 9-5 是采用电位滴定法绘得的 NaOH 滴定 H_3PO_4 的滴定曲线。图 9-5 中 H_3PO_4 的滴定曲线上只出现了两个转折，在化学计量点(空心点)附近并没有出现滴定突跃。可见，多元酸滴定体系相对复杂一些，因此在多元酸的滴定中只需关注两点：多元酸能否被分步、准确滴定；应选择何种指示剂。

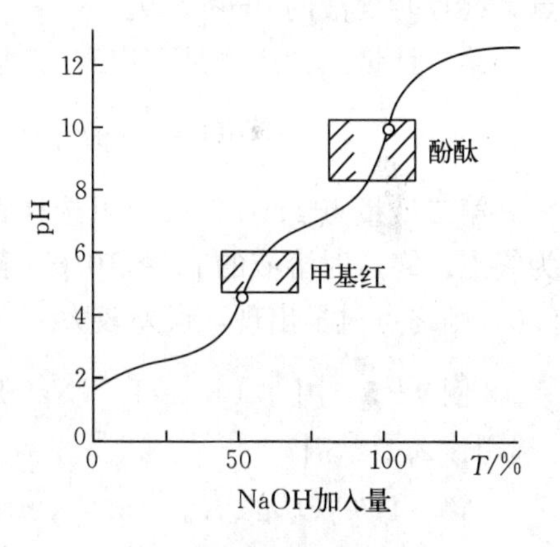

图 9-5　磷酸的滴定曲线

以二元弱酸为例，其能否用强碱标准溶液分步、准确滴定，可根据下列条件大致判断：

① 满足 $c_a\cdot K_{a1}^{\ominus}\geqslant10^{-8}$，表示二元弱酸第一级解离的 H^+ 能被直接准确滴定；若$\frac{K_{a1}^{\ominus}}{K_{a2}^{\ominus}}\geqslant10^4$，则说明两级解离反应能分开，二元弱酸可以分步准确滴定至第一级解离产物，即第一终点；是否有第二终点取决于是否满足 $c_a\cdot K_{a2}^{\ominus}\geqslant10^{-8}$。

② 若 $c_a\cdot K_{a1}^{\ominus}\geqslant10^{-8}$，$c_a\cdot K_{a2}^{\ominus}\geqslant10^{-8}$，且$\frac{K_{a1}^{\ominus}}{K_{a2}^{\ominus}}<10^4$，说明二元弱酸的第一级解离尚未进行完全，第二级解离就开始了，则两级解离合并在一起，不能分步滴定，因此只有一个滴定终点，即二元弱酸能被直接准确滴定到二元酸根。

③ 若 $c_a\cdot K_{a1}^{\ominus}\geqslant10^{-8}$，$c_a\cdot K_{a2}^{\ominus}<10^{-8}$，且$\frac{K_{a1}^{\ominus}}{K_{a2}^{\ominus}}<10^4$，则二元弱酸第一级解离出来的 H^+ 虽然可以被准确滴定，但第二级解离出来的 H^+ 不能被准确滴定，且两级解离合并在一起，不能分步滴定，因此该二元弱酸不能用指示剂法准确滴定。

用强碱滴定多元弱酸时，由于在计量点附近没有滴定突跃，因此在实际工作中滴定多元弱酸时，通常根据化学计量点的pH选择在计量点附近变色的指示剂指示滴定终点，终点误差一般为0.5%～1%。下面以0.1 mol·L^{-1} NaOH滴定0.1 mol·L^{-1} H_3PO_4为例说明。

H_3PO_4的三级解离常数分别为$pK_{a1}^{\ominus}=2.12$，$pK_{a2}^{\ominus}=7.20$，$pK_{a3}^{\ominus}=12.66$，因为$c_a \cdot K_{a1}^{\ominus}>10^{-8}$，$c_a \cdot K_{a2}^{\ominus}\approx 10^{-8}$，说明第一级和第二级解离的$H^+$能被直接准确滴定；同时$\frac{K_{a1}^{\ominus}}{K_{a2}^{\ominus}}>10^4$，$\frac{K_{a2}^{\ominus}}{K_{a3}^{\ominus}}>10^4$，所以能分步滴定，有两个滴定终点，即可将$H_3PO_4$分别准确滴定到$H_2PO_4^-$和$HPO_4^{2-}$；但$H_3PO_4$的$K_{a3}^{\ominus}$太小($c_a \cdot K_{a3}^{\ominus}<10^{-8}$)，不满足直接准确滴定的要求，不能被准确滴定到$PO_4^{3-}$。因此，用NaOH滴定$H_3PO_4$，有下面两个滴定反应

$$H_3PO_4+OH^-=H_2PO_4^-+H_2O,\quad H_3PO_4+2OH^-=HPO_4^{2-}+2H_2O$$

第一计量点：产物是$H_2PO_4^-$，是两性物质，溶液的pH按最简式计算为

$$pH=\frac{1}{2}(pK_{a1}^{\ominus}+pK_{a2}^{\ominus})=\frac{1}{2}\times(2.12+7.20)=4.66$$

第一计量点pH=4.66，可选择甲基橙(3.1～4.4)作指示剂，由红色滴定至黄色为终点，终点时溶液的pH≈4.4；如果用甲基红(4.4～6.2)作指示剂，由红色滴定至橙色为终点，终点时溶液的pH≈5.0。

第二计量点：产物是HPO_4^{2-}，也是两性物质，溶液的pH仍按最简式计算

$$pH=\frac{1}{2}(pK_{a2}^{\ominus}+pK_{a3}^{\ominus})=\frac{1}{2}\times(7.20+12.66)=9.93$$

第二计量点pH=9.93，可选择百里酚酞(9.4～10.6)作指示剂，由无色滴定至浅蓝色为终点，终点时溶液的pH≈10.0；若选择酚酞(8.0～10.0)，由无色变为微红色时，pH≈9.0，则终点过早出现，误差较大。

例9-5 用0.1 mol·L^{-1} NaOH滴定0.1 mol·L^{-1} $H_2C_2O_4$溶液，有几个滴定终点？选用什么指示剂？

解 $H_2C_2O_4$的$K_{a1}^{\ominus}=5.6\times10^{-2}$，$K_{a2}^{\ominus}=5.42\times10^{-5}$，因$c_a \cdot K_{a1}^{\ominus}>10^{-8}$，$c_a \cdot K_{a2}^{\ominus}>10^{-8}$，所以$H_2C_2O_4$两级解离的$H^+$均能被准确滴定。但由于$\frac{K_{a1}^{\ominus}}{K_{a2}^{\ominus}}=1033<10^4$，不能分步滴定，因此只有一个滴定终点。

滴定反应为

$$H_2C_2O_4+2OH^-=C_2O_4^{2-}+2H_2O$$

计量点时，$c(C_2O_4^{2-})=\frac{0.1V}{3V}=0.033\ \text{mol}\cdot\text{L}^{-1}$，则0.033 mol·L^{-1} $Na_2C_2O_4$溶液中$c(OH^-)$为

$$c(OH^-)=\sqrt{K_{b1}^{\ominus}\cdot c(C_2O_4^{2-})}=\sqrt{\frac{K_w^{\ominus}}{K_{a2}^{\ominus}}\cdot c(C_2O_4^{2-})}=\sqrt{\frac{1.0\times10^{-14}}{5.42\times10^{-5}}\times0.033}=2.5\times10^{-6}(\text{mol}\cdot\text{L}^{-1})$$

$$pOH=5.61,\quad pH=8.39$$

选择酚酞作指示剂，由无色滴定至微红色。

多元弱碱的滴定与多元弱酸的滴定相似。先根据 $c_b \cdot K_{b,i}^{\ominus}$ 是否大于等于 10^{-8} 判断这一级解离的 OH^- 能否被直接准确滴定；再比较 $\frac{K_{b,i}^{\ominus}}{K_{b,i+1}^{\ominus}}$ 是否大于等于 10^4，判断能否分步滴定。

例 9-6 用 $0.1\ mol \cdot L^{-1}$ HCl 滴定 $0.1\ mol \cdot L^{-1}$ Na_2CO_3 溶液，有几个滴定终点？各选用什么指示剂？

解 查附录 3，H_2CO_3 的 $pK_{a1}^{\ominus}=6.37$，$pK_{a2}^{\ominus}=10.25$，则 CO_3^{2-} 的 $pK_{b1}^{\ominus}=14-10.25=3.75$，$K_{b1}^{\ominus}=1.8\times10^{-4}$；$pK_{b2}^{\ominus}=14-6.37=7.63$，$K_{b2}^{\ominus}=2.4\times10^{-8}$。

因为 $c_b \cdot K_{b1}^{\ominus}>10^{-8}$，$c_b \cdot K_{b2}^{\ominus}=2.4\times10^{-9}$，略小于$10^{-8}$，且$\frac{K_{b1}^{\ominus}}{K_{b2}^{\ominus}}=10^{3.88}\approx10^4$，在工业碱的测定中，当 Na_2CO_3的浓度足够大时，可以近似认为两级解离可以分步滴定，只是第二级滴定误差相对较大。但若是以 Na_2CO_3 为基准物标定盐酸浓度，则不能分步滴定（见 9.2.3.1 中，Na_2CO_3标定盐酸的标定反应为：$2H^+ + CO_3^{2-} = CO_2 + H_2O$）。

第一计量点时，滴定反应为

$$H^+ + CO_3^{2-} = HCO_3^-$$

溶液 pH 用两性物质溶液的最简式计算，

$$pH=\frac{1}{2}(pK_{a1}^{\ominus}+pK_{a2}^{\ominus})=\frac{1}{2}\times(6.37+10.25)=8.31$$

第一计量点选择酚酞作指示剂，由红色滴定至无色。

第二计量点时，滴定反应为

$$2H^+ + CO_3^{2-} = H_2CO_3$$

计量点时为 H_2CO_3 溶液，因为 CO_2 饱和溶液浓度约为 $0.04\ mol \cdot L^{-1}$，所以$c(H^+)$为

$$c(H^+)=\sqrt{K_{a1}^{\ominus} \cdot c_a}=\sqrt{4.3\times10^{-7}\times0.04}=1.3\times10^{-4}(mol \cdot L^{-1})$$

$$pH=3.9$$

第二计量点选择甲基橙作指示剂，由黄色滴定至橙色。

注意：以甲基橙作指示剂，第二终点变色不太明显。而且由于 CO_2 易形成过饱和溶液，增大溶液酸度，使终点提前，所以在接近滴定终点时，应剧烈地摇动溶液，或加热除去 CO_2，迅速冷却后再滴定。

9.2.3 酸碱滴定法的应用

9.2.3.1 酸标准溶液的标定

一般用强酸如盐酸、硫酸和硝酸等来配制酸标准溶液。这些强酸标准溶液一般不能直接配制，而是先配成近似所需浓度的溶液，然后用基准物质标定出准确浓度。

实验室中常用基准物质无水碳酸钠或硼砂来标定强酸标准溶液[①]。

(1)无水碳酸钠 用无水碳酸钠标定盐酸时，标定反应为

$$2H^+ + CO_3^{2-} = H_2O + CO_2$$

① 标定时，基准物质用分析天平准确称量至锥形瓶中，而待标定溶液装在滴定管中。

由例 9-6 可知，可选择甲基橙作指示剂。无水碳酸钠作为基准物质的优点是容易制得纯品，价格便宜，缺点是相对分子质量较小。无水碳酸钠有强烈的吸水性，使用前必须在 270～300 ℃的烘箱中加热约 1 h，然后置于干燥器中冷却后备用。注意，烘箱温度不应超过 300 ℃，否则 Na_2CO_3 会分解为 Na_2O 和 CO_2。

(2)硼砂 硼砂的化学式为 $Na_2B_4O_5(OH)_4 \cdot 8H_2O$[①]，硼砂溶于水时，发生解聚反应

$$B_4O_5(OH)_4^{2-}+5H_2O=2H_3BO_3+2B(OH)_4^-$$

硼砂的标定反应为

$$B_4O_5(OH)_4^{2-}+2H^++3H_2O=4H_3BO_3$$

用硼砂标定盐酸标准溶液时，计量点产物为酸性很弱的硼酸 H_3BO_3（$K_a^\ominus=7.3\times10^{-10}$），溶液的 pH=5.1，可选择甲基红作指示剂。

硼砂作为基准物质的优点是相对分子质量较大，吸湿性小，也容易制得纯品。但其在空气中易风化失去部分结晶水，因此应保存在相对湿度约 60%的恒湿器中。

9.2.3.2 碱标准溶液的标定

NaOH、KOH、$Ba(OH)_2$ 等均可用作碱标准溶液，但应用较多的是 NaOH 溶液。NaOH 具有很强的吸湿性，易吸收空气中的 CO_2，因此 NaOH 标准溶液不能直接配制。

不含 CO_3^{2-} 的 NaOH 标准溶液可以有多种方法配制，最常用的方法是：先将 NaOH 配制成质量分数 0.50 的浓溶液（在此溶液中，Na_2CO_3 的溶解度很小），静置，待 Na_2CO_3 沉淀下沉后，吸取上层清液来配制所需浓度的 NaOH 标准溶液。稀释用的蒸馏水应先煮沸数分钟以除去其中的 CO_2。

常用于标定 NaOH 标准溶液的基准物质有邻苯二甲酸氢钾、二水合草酸、苯甲酸等。

(1)邻苯二甲酸氢钾 邻苯二甲酸氢钾的标定反应为

$$C_6H_4(COOH)(COOK) + NaOH = C_6H_4(COONa)(COOK) + H_2O$$

计量点产物为邻苯二甲酸根（$K_{b1}^\ominus=2.6\times10^{-9}$），溶液的 pH=9.0，可选择酚酞作指示剂。

邻苯二甲酸氢钾容易制得纯品，没有结晶水，在空气中不吸湿，容易保存，而且相对分子质量较大，是很好的基准物质。邻苯二甲酸氢钾通常于 100～125 ℃干燥后备用。干燥温度不宜过高，否则会引起脱水而成为邻苯二甲酸酐。

(2)二水合草酸（$H_2C_2O_4 \cdot 2H_2O$） 用草酸标定 NaOH 溶液时，标定反应为

$$H_2C_2O_4+2OH^-=C_2O_4^{2-}+2H_2O$$

由例 9-5 可知，选择酚酞作指示剂。$H_2C_2O_4 \cdot 2H_2O$ 相当稳定，相对湿度在 5%～95%时不会风化而失水，因此可保存在密闭容器中备用。缺点是其相对分子质量较小，为减小称量误差，可先多称一些草酸配成较高浓度的标准溶液，标定时再准确移取部分溶液。

9.2.3.3 酸碱滴定中 CO_2 的影响

在滴定中，CO_2 的来源很多，如水中溶解的 CO_2，标准碱溶液吸收的 CO_2，滴定过程中溶液不断吸收空气中的 CO_2 等，可见 CO_2 的影响是多方面的。对于酸碱滴定，不可忽略的是溶液中的 CO_2 是否被碱滴定了，滴定了多少。

---

① 过去一般写为 $Na_2B_4O_7 \cdot 10H_2O$。硼酸是酸碱电子理论中的酸，它和水的反应为 $H_3BO_3+2H_2O=B(OH)_4^-+H_3O^+$。

表9-4中列出了不同pH时H_2CO_3各型体的分布系数。由表9-4可见，在pH≤4.0时主要以H_2CO_3存在，在pH≥9.0时主要以HCO_3^-存在。显而易见，滴定终点时溶液的pH越小，CO_2的影响越小，当终点时溶液的pH小于5.0时，CO_2的影响可以忽略。

表9-4 不同pH时H_2CO_3各型体的分布系数

pH	$\delta(H_2CO_3)$	$\delta(HCO_3^-)$	$\delta(CO_3^{2-})$
4.0	0.996	0.004	0
5.0	0.960	0.040	0
6.0	0.704	0.296	0
7.0	0.192	0.808	0
8.0	0.023	0.971	0.006
9.0	0.002	0.945	0.053

例如，用0.1 mol·L^{-1} NaOH滴定0.1 mol·L^{-1} HCl，滴定突跃为pH＝4.3～9.7，如果选择甲基橙作指示剂，滴定到甲基橙完全显黄色为终点时溶液的pH≈4.4，这时溶液中的CO_2基本上不被滴定。若用酚酞作指示剂，终点时pH≈9.0，溶液中的CO_2将被转变为HCO_3^-，NaOH溶液中的CO_3^{2-}仅被中和至HCO_3^-，显然这时CO_2对滴定是有影响的。

在酸碱滴定中，用甲基橙作指示剂的最大优点是受CO_2的影响小；若选择甲基红作指示剂，则CO_2的影响相对较大，这时应煮沸溶液除去CO_2，并配制不含CO_3^{2-}的标准碱溶液。

对于弱酸的滴定，由于计量点的pH在碱性范围内，CO_2的影响是比较大的。但如果采用同一指示剂在同一条件下进行标定和测定，则CO_2的影响可以部分抵消。

9.2.3.4 酸碱滴定法的应用实例

酸碱滴定法广泛应用于工农业、医药、食品等方面。许多工业产品如烧碱、纯碱、硫酸铵、碳酸氢铵等一般都采用酸碱滴定法测定其含量；药品阿司匹林的含量的测定，钢铁及某些原材料中C、S、P、B、Si、N等元素的测定，有机合成工业和医药工业中的原料、成品和中间产品的分析等也可以采用酸碱滴定法。

(1)混合碱的分析 混合碱通常是指NaOH和Na_2CO_3或者Na_2CO_3和$NaHCO_3$的混合物。

① 烧碱中NaOH与Na_2CO_3的测定(双指示剂法)：准确称取一定质量的待测碱试样，溶解后，以酚酞为指示剂，用HCl标准溶液滴定至红色刚好消失，消耗HCl溶液的体积为V_1(第一终点)，此时NaOH被中和至NaCl，Na_2CO_3被中和至$NaHCO_3$。然后加入甲基橙指示剂，继续用HCl标准溶液滴定至橙红色，用去HCl的体积为V_2(第二终点)，$NaHCO_3$被中和至H_2CO_3。这种采用两种指示剂联合测定混合碱的方法，称为**双指示剂法**。滴定过程示意如下

$$\frac{OH^-}{CO_3^{2-}} \xrightarrow[V_1]{\text{HCl标准溶液，酚酞}} \frac{H_2O}{HCO_3^-} \xrightarrow[V_2]{\text{HCl标准溶液，甲基橙}} \frac{H_2O}{H_2CO_3}$$

由于将Na_2CO_3中和至$NaHCO_3$与将$NaHCO_3$中和至H_2CO_3所消耗盐酸的体积是相同的，可以得出：用酚酞作指示剂时，滴定Na_2CO_3所需HCl的体积也为V_2，则滴定NaOH

所需 HCl 溶液的体积为(V_1-V_2)。若试样的质量为 m(试样),则

$$w(Na_2CO_3)=\frac{c(HCl)\cdot V_2\cdot M(Na_2CO_3)}{m(试样)}$$

$$w(NaOH)=\frac{c(HCl)\cdot(V_1-V_2)\cdot M(NaOH)}{m(试样)}$$

② 纯碱中 Na_2CO_3 与 $NaHCO_3$ 的测定(双指示剂法):测定方法与烧碱中 NaOH 与 Na_2CO_3 的测定类似,采用双指示剂法。准确称取一定量的待测碱试样,溶解后,以酚酞为指示剂,用 HCl 标准溶液滴定至红色刚好消失,消耗 HCl 溶液的体积为 V_1(第一终点),此时,$NaHCO_3$ 不反应,Na_2CO_3 被中和至 $NaHCO_3$。然后加入甲基橙,继续用 HCl 标准溶液滴定至橙红色,用去 HCl 溶液的体积为 V_2(第二终点),溶液中所有 $NaHCO_3$ 被中和至 H_2CO_3。滴定过程及 Na_2CO_3 与 $NaHCO_3$ 的含量计算式如下

$$\frac{CO_3^{2-}}{HCO_3^-}\xrightarrow[V_1]{HCl标准溶液,酚酞}\frac{HCO_3^-}{HCO_3^-}\xrightarrow[V_2]{HCl标准溶液,甲基橙}\frac{H_2CO_3}{H_2CO_3}$$

$$w(Na_2CO_3)=\frac{c(HCl)\cdot V_1\cdot M(Na_2CO_3)}{m(试样)}$$

$$w(NaHCO_3)=\frac{c(HCl)\cdot(V_2-V_1)\cdot M(NaHCO_3)}{m(试样)}$$

双指示剂法不仅可以定量测定混合碱,而且可以定性分析未知碱样。某碱样可能为 NaOH、$NaHCO_3$、Na_2CO_3 或它们的混合物,准确称取一定量待测碱试样,溶解后,以酚酞为指示剂,用 HCl 标准溶液滴定至红色刚好消失,消耗 HCl 溶液的体积为 V_1,然后加入甲基橙,继续用 HCl 标准溶液滴定至橙红色,用去 HCl 溶液的体积为 V_2,未知碱样的组成与 V_1、V_2 的关系见表 9-5。

表 9-5　未知碱样的组成与 V_1、V_2 的关系

V_1、V_2 的关系	$V_1>V_2$,$V_2\neq0$	$V_1<V_2$,$V_1\neq0$	$V_1=V_2$	$V_1\neq0$,$V_2=0$	$V_1=0$,$V_2\neq0$
碱样的组成	$NaOH+Na_2CO_3$	$Na_2CO_3+NaHCO_3$	Na_2CO_3	NaOH	$NaHCO_3$

(2)铵盐中氮的测定　测定土壤、肥料及有机化合物中氮含量常用的方法是:先将氮转化成铵盐,然后测定 NH_4^+ 的含量。将氮转化成铵盐**常用凯氏定氮法**:在 $CuSO_4$ 催化下,将试样用浓 H_2SO_4 消煮分解,并加入 K_2SO_4 提高沸点以促进分解,使各种含氮化合物都转化为 NH_4^+。

$$C_mH_nN\xrightarrow[CuSO_4]{浓H_2SO_4,K_2SO_4}CO_2+H_2O+NH_4^+$$

由于 $K_a^{\ominus}(NH_4^+)=\frac{K_w^{\ominus}}{K_b^{\ominus}(NH_3)}=5.6\times10^{-10}$,$K_a^{\ominus}(NH_4^+)$极小,因此 NH_4^+ 不能被直接准确滴定,可用下列两种方法进行间接滴定。

① 蒸馏法:将铵盐试液置于蒸馏瓶中,加浓碱使 NH_4^+ 转化为 NH_3,蒸馏,用过量的 HCl 标准溶液吸收蒸出的 NH_3,然后以甲基橙或甲基红作指示剂,用 NaOH 标准溶液滴定剩余的 HCl 溶液。

② 甲醛法:甲醛与铵盐作用,定量生成强酸和质子化的六亚甲基四胺根

$$4NH_4^++6HCHO=(CH_2)_6N_4H^++3H^++6H_2O$$

以酚酞为指示剂，用 NaOH 标准溶液滴定。如果试样或甲醛中含有游离酸，应事先以甲基红作指示剂加碱中和去除。

注意：甲醛法只适用于 NH_4Cl、$(NH_4)_2SO_4$ 等强酸铵盐中铵氮的测定，对于 NH_4HCO_3、$(NH_4)_2CO_3$ 等弱酸铵盐，由于产生的 H_2CO_3 的酸性较弱，不能用甲醛法测定。

【思考题】

1. 如何计算强酸强碱和一元弱酸弱碱滴定的 pH 突跃范围和计量点的酸度？
2. 影响强酸强碱和一元弱酸弱碱滴定突跃范围大小的因素有哪些？
3. 一元弱酸(弱碱)能被强碱(强酸)准确滴定的条件是什么？
4. 在一元弱酸或弱碱的滴定中如何选择酸碱指示剂？
5. 在多元弱酸或弱碱的滴定中如何选择酸碱指示剂？

9.3 沉淀滴定法

沉淀滴定法是基于沉淀反应的滴定分析法。沉淀反应很多，但能用于沉淀滴定的沉淀反应不多。除了要满足滴定分析反应的必需条件外，还要求沉淀的溶解度足够小，沉淀的吸附现象不影响终点的判断等。目前比较有实际意义的是生成难溶银盐的沉淀反应，如

$$Ag^+(aq)+Cl^-(aq)=AgCl(s)$$

$$Ag^+(aq)+SCN^-(aq)=AgSCN(s)$$

以这类反应为基础的沉淀滴定法称为**银量法**(silver quantity method)。银量法主要用于测定 Cl^-、Br^-、I^-、SCN^- 及 Ag^+ 等。这里介绍三种重要的银量法，即莫尔法、佛尔哈德法和法扬司法，这三种方法主要是根据选择的指示剂不同而分类的。

9.3.1 莫尔法

9.3.1.1 滴定原理

用铬酸钾(K_2CrO_4)作指示剂的银量法称为**莫尔法**(Mohr's method)。此法由莫尔(K. F. Mohr)于 1856 年创立，具有操作简便、准确度高的优点。

在中性或弱碱性溶液中，以 K_2CrO_4 为指示剂，用 $AgNO_3$ 标准溶液直接滴定 Cl^-、Br^-，返滴定 Ag^+。滴定反应如下

$$Ag^+(aq)+Cl^-(aq)=AgCl(s，白色) \qquad K_{sp}^{\ominus}(AgCl)=1.8\times10^{-10}$$

$$2Ag^+(aq)+CrO_4^{2-}(aq)=Ag_2CrO_4(s，砖红色) \qquad K_{sp}^{\ominus}(Ag_2CrO_4)=1.12\times10^{-12}$$

因为 AgCl 的溶解度比 Ag_2CrO_4 小，用 $AgNO_3$ 标准溶液滴定时，首先析出白色 AgCl 沉淀。计量点后，过量一滴 $AgNO_3$ 溶液与 CrO_4^{2-} 生成砖红色 Ag_2CrO_4 沉淀，指示滴定终点。

9.3.1.2 指示剂的用量

K_2CrO_4 溶液呈黄色，浓度过大会影响终点的观察，浓度过小则不能在计量点后过量一滴 $AgNO_3$ 溶液即产生足够的红色沉淀来指示终点。在计量点时

$$c(Ag^+)=\sqrt{K_{sp}^{\ominus}(AgCl)}$$

如果指示终点的 Ag_2CrO_4 沉淀恰好在此时出现，则 $c(CrO_4^{2-})$应为

$$c(CrO_4^{2-})=\frac{K_{sp}^{\ominus}(Ag_2CrO_4)}{c^2(Ag^+)}=\frac{1.12\times10^{-12}}{(\sqrt{1.8\times10^{-10}})^2}=6.2\times10^{-3}(mol\cdot L^{-1})$$

实际上，终点时 CrO_4^{2-} 的浓度一般控制在 0.005 $mol\cdot L^{-1}$左右。

9.3.1.3 溶液的酸度

H_2CrO_4 是弱酸，$K_{a1}^{\ominus}=1.8\times10^{-1}$，$K_{a2}^{\ominus}=3.2\times10^{-7}$，如果在酸性溶液中进行，会使下列平衡向右进行，致使计量点附近不能产生砖红色的 Ag_2CrO_4 沉淀

$$Ag_2CrO_4(s)+H^+(aq)=2Ag^+(aq)+HCrO_4^-(aq)$$

在碱性太强的溶液中，会发生下列反应而不能滴定

$$2Ag^+(aq)+2OH^-(aq)=Ag_2O(s,\text{黑色})+H_2O(l)$$

在氨性溶液中，滴定剂 Ag^+ 将发生配位反应，也不能滴定。

$$Ag^+(aq)+2NH_3(aq)=[Ag(NH_3)_2]^+(aq)$$

因此，莫尔法应在中性或弱碱性介质中进行，适宜的 pH 范围是 6.5～10.5。若溶液中存在铵盐，则适宜的 pH 范围是 6.5～7.2。如果溶液 pH 不在合适范围内，可用 $NaHCO_3$、硼砂或稀硝酸中和后再滴定。

9.3.1.4 适用范围和干扰

① 用 $AgNO_3$ 标准溶液可直接滴定 Cl^- 和 Br^- 或两者共存时的总量，但不宜滴定 I^- 或 SCN^-。因为 AgI 或 AgSCN 沉淀对溶液中的 I^- 或 SCN^- 有强烈的吸附作用，终点时仍不能将所吸附的 I^- 或 SCN^- 释放出来，会引起较大的滴定误差。而 AgCl 或 AgBr 沉淀对溶液中的 Cl^- 和 Br^- 的吸附较弱，滴定时应剧烈摇动溶液，以帮助离子从沉淀中解吸出来。

② 可用 $AgNO_3$ 标准溶液和 NaCl 标准溶液返滴定 Ag^+。例如，在 Ag^+ 溶液中加入已知量过量的 NaCl 标准溶液，将 Ag^+ 定量沉淀，然后用 $AgNO_3$ 标准溶液回滴过量的 Cl^-，即可计算出溶液中 Ag^+ 的含量。不采用 NaCl 标准溶液直接滴定 Ag^+，是因为终点的变色反应为沉淀转化反应，此反应速率较慢，指示剂颜色不能发生突变，不能指示终点。

$$Ag_2CrO_4(s)+2Cl^-(aq)=2AgCl(s)+CrO_4^{2-}(aq)$$

③ 凡能与 Ag^+ 或 CrO_4^{2-} 生成微溶性沉淀或配合物的离子或分子都干扰滴定，如 PO_4^{3-}、AsO_4^{3-}、SO_3^{2-}、S^{2-}、CO_3^{2-}、$C_2O_4^{2-}$、Ba^{2+}、Pb^{2+}、Hg^{2+}、CN^-、NH_3 等。在中性或弱碱性溶液中会发生水解的离子如 Al^{3+}、Fe^{3+}、Bi^{3+}、Sn^{4+} 等也不应存在。此外，大量的有色离子如 Cu^{2+}、Co^{2+}、Ni^{2+} 等也将影响终点的观察。

9.3.2 佛尔哈德法

9.3.2.1 滴定原理

用铁铵矾 $NH_4Fe(SO_4)_2\cdot12H_2O$ 作指示剂的银量法称为**佛尔哈德法**(Volhard's method)。此法由佛尔哈德(J. Volhard)于 1898 年创立，其最大优点是滴定在酸性介质中进行，由于酸度较高，许多弱酸根发生酸效应而不能与 Ag^+ 生成沉淀，高价金属离子的水解也不会发生，滴定的干扰离子较少，选择性较高。

佛尔哈德法以 NH_4SCN(或 KSCN)溶液为标准溶液，可直接滴定 Ag^+，也可以返滴定 Cl^-、Br^-、I^- 和 SCN^-。滴定反应为

$Ag^{+}(aq)+SCN^{-}(aq)=AgSCN(s，白色)$　　$K_{sp}^{\ominus}(AgSCN)=1.0\times10^{-12}$

$Fe^{3+}(aq)+SCN^{-}(aq)=[Fe(SCN)]^{2+}(aq，红色)$　　$K_{f1}^{\ominus}([Fe(SCN)]^{2+})=138$

由于 AgSCN 比$[Fe(SCN)]^{2+}$稳定，滴定时首先析出 AgSCN 沉淀。计量点后，过量的一滴 NH_4SCN 与 Fe^{3+}生成红色可溶配合物$[Fe(SCN)]^{2+}$，指示滴定终点。由于 AgSCN 易吸附 Ag^{+}，使终点提前，所以滴定时必须大力摇动，以减少 Ag^{+}的吸附。

9.3.2.2 指示剂的用量

通常终点时 $c(Fe^{3+})\approx0.015\ mol\cdot L^{-1}$，要观察到明显的微红色，$c([Fe(SCN)]^{2+})\approx 6\times10^{-6}\ mol\cdot L^{-1}$，这时 $c(SCN^{-})$为

$$c(SCN^{-})=\frac{c([Fe(SCN)]^{2+})}{K_{f1}^{\ominus}([Fe(SCN)]^{2+})\cdot c(Fe^{3+})}=\frac{6\times10^{-6}}{138\times0.015}=3\times10^{-6}(mol\cdot L^{-1})$$

以上计算说明，滴定终点时滴定剂 NH_4SCN 过量不多。

9.3.2.3 溶液的酸度

滴定应在酸性条件下进行，一般用硝酸控制酸度，$c(H^{+})=0.1\sim1.0\ mol\cdot L^{-1}$。酸度太高，$SCN^{-}$会与 H^{+} 结合生成 HSCN($K_a^{\ominus}=0.14$)；酸度太低，会引起 Fe^{3+} 水解生成$[Fe(OH)_2]^{+}$等深色配合物，甚至析出 $Fe(OH)_3$ 沉淀。

9.3.2.4 适用范围和干扰

① 当用返滴定法测定 Cl^{-} 时，由于 $K_{sp}^{\ominus}(AgCl)=1.8\times10^{-10}$ 比 $K_{sp}^{\ominus}(AgSCN)=1.0\times10^{-12}$大，而$[Fe(SCN)]^{2+}$的 $K_{f1}^{\ominus}=138$ 较小，不稳定，临近终点时，过量的 SCN^{-}不仅与 Fe^{3+}反应生成$[Fe(SCN)]^{2+}$，而且还将与 AgCl 发生沉淀转化反应

$$AgCl(s)+SCN^{-}(aq)=AgSCN(s)+Cl^{-}(aq)$$

因此，滴定时会反复出现下列现象：过量一滴 NH_4SCN 溶液，生成红色$[Fe(SCN)]^{2+}$，摇动，SCN^{-}与 AgCl 反应生成 AgSCN，$[Fe(SCN)]^{2+}$的红色消失。褪色现象反复出现，以致不能判断终点。通常可采取下列两种措施之一来防止上述现象发生：

a. 将 AgCl 沉淀过滤除去后再滴定，但此法操作复杂。

b. 加入 1～2 mL 有机溶剂，如硝基苯或 1,2-二氯乙烷，用力摇动，有机溶剂将 AgCl 沉淀包裹起来，使之与溶液隔绝。此法简便，但注意硝基苯有毒。

在滴定 Br^{-} 和 I^{-} 时，因 AgBr 和 AgI 的溶解度均大于 AgSCN，故不会发生沉淀转化反应。

② 当用返滴定法测定 I^{-}时，指示剂必须在加入过量的 $AgNO_3$ 溶液后才能加入，否则 Fe^{3+}会将 I^{-} 氧化为 I_2，影响分析结果的准确度。

③ SCN^{-}有还原性，试液中不能存在强氧化性物质。能与 SCN^{-} 反应的 Cu^{2+} 和 Hg^{2+} 必须预先除去。

9.3.3 法扬斯法

9.3.3.1 滴定原理

用吸附指示剂(adsorption indicator)指示滴定终点的银量法称为**法扬斯法**(Fajangs' method)，本法由法扬斯(K. Fajans)于 1923 年提出。

AgCl 等胶状沉淀具有强烈的离子选择吸附作用。例如，用 $AgNO_3$ 滴定 Cl^{-}时，计量点前溶液中 Cl^{-} 过量，沉淀首先吸附 Cl^{-}，使沉淀带负电，再吸引溶液中的反离子(与 Cl^{-}

带相反电荷的离子），使沉淀保持电中性；计量点后溶液中 Ag^+ 过量，沉淀则首先吸附 Ag^+，使沉淀带正电，再吸引溶液中的反离子（与 Ag^+ 带相反电荷的离子），使沉淀保持电中性。

法扬司法采用吸附指示剂确定终点。**吸附指示剂**是一类有机染料，其离子在溶液中可被带异电荷的胶状沉淀所吸附，并使其结构变形而引起颜色变化，从而指示终点。按其作用原理可分为两类：一类为阴离子型指示剂，如荧光黄、二氯荧光黄、四溴荧光黄（曙红）等酸性染料，以 HFIn 表示，起作用的是阴离子 FIn^- 部分；另一类是阳离子型指示剂，如甲基紫（MV）、罗丹明-6G 等碱性染料，起作用的是阳离子。

以荧光黄为指示剂，用 $AgNO_3$ 标准溶液滴定 Cl^- 时，沉淀吸附和指示剂的变色反应如下：

指示剂的解离反应　　$HFIn = H^+ + FIn^-$（aq，黄绿色）　$K_a^\ominus = 10^{-7}$

计量点前：　　$(AgCl)_m \cdot nCl^- \cdot nK^+$（白色）

计量点后：　　$(AgCl)_m \cdot nAg^+ \cdot nFIn^-$（粉红色）

终点颜色变化：　　FIn^-（aq，黄绿色）$\longrightarrow (AgCl)_m \cdot nAg^+ \cdot nFIn^-$（粉红色）

9.3.3.2　适用范围和注意事项

① 吸附指示剂种类较多，性质各异，适用范围和条件各不相同。表 9-6 列出了几种常用的吸附指示剂和应用条件，在实际分析中需要根据具体情况，并考虑误差要求加以选择。

表 9-6　一些常用的吸附指示剂

指示剂	被测定离子	滴定剂	滴定的 pH 范围
荧光黄	Cl^-	$AgNO_3$	7～10（一般为 7～8）
二氯荧光黄	Cl^-	$AgNO_3$	4～10（一般为 5～8）
曙红	Br^-、I^-、SCN^-	$AgNO_3$	2～10（一般为 3～8）
溴甲酚绿	SCN^-	$AgNO_3$	4～5
甲基紫	Ag^+	NaCl	酸性溶液
罗丹明-6G	Ag^+	NaBr	酸性溶液
钍试剂	SO_4^{2-}	$BaCl_2$	1.5～3.5
溴酚蓝	生物碱盐类	$AgNO_3$	弱酸性溶液

② 由于指示剂颜色变化是基于被胶状沉淀吸附，因此应使沉淀的比表面尽可能大，即保持胶体状态，增强其吸附能力，防止 AgCl 在滴定过程中发生凝聚。计量点时，Ag^+ 和 Cl^- 都不过量，AgCl 极易发生凝聚，可加入可溶性淀粉等作胶体保护剂。

③ 指示剂的沉淀吸附能力要适当，以免终点提前或推迟。例如用 Ag^+ 滴定 Cl^-，选阴离子型指示剂荧光黄，若用 Cl^- 滴定 Ag^+，则应采用阳离子型指示剂甲基紫。

④ 溶液的浓度不能太小，因为浓度太小时，沉淀量很少，观察终点比较困难。例如，用荧光黄作指示剂，以 $AgNO_3$ 标准溶液滴定 Cl^- 时，要求 Cl^- 的浓度至少为 0.005 $mol \cdot L^{-1}$ 以上。而 Br^-、I^-、SCN^- 的灵敏度稍高，浓度低至 0.001 $mol \cdot L^{-1}$ 时仍可准确滴定。

⑤ 法扬斯法应避免在直接阳光照射下进行滴定，因为卤化银沉淀对光敏感，易分解析出银，转变为灰黑色，影响终点观察。

9.3.4 银量法的应用

9.3.4.1 银量法的标准溶液

分析纯等纯度很高的 $AgNO_3$ 试剂可以直接配制成标准溶液，而化学纯 $AgNO_3$ 试剂配制的标准溶液则需要进行标定。标定 $AgNO_3$ 标准溶液所用的基准物一般是 NaCl。NaCl 易吸潮，使用前在 500～600 ℃下干燥，然后放入干燥器中备用。配制 $AgNO_3$ 标准溶液使用的纯净水应不含 Cl^-，配制好的 $AgNO_3$ 标准溶液应放在棕色玻璃瓶中以免见光分解。

NH_4SCN 试剂一般含杂质较多且易吸潮，不能直接配制标准溶液。需先配成近似浓度的溶液，然后用 $AgNO_3$ 标准溶液以佛尔哈德法标定。

9.3.4.2 银量法的应用实例

① 天然水中 Cl^- 的含量可用莫尔法测定，若水中含有 PO_4^{3-}、SO_3^{2-}、S^{2-}，则可用佛尔哈德法测定；测定血清中的 Cl^- 时，需要先将血清中的蛋白质沉淀后，再用莫尔法测定。

② 有机卤化物中卤素的测定可以采用佛尔哈德法。如将含农药“六六六”（六氯环己烷）的试样与 KOH 乙醇溶液一起加热回流，使有机氯转化为 Cl^-，待溶液冷却后加 HNO_3 调至酸性，用佛尔哈德法测定即可。

③ 法扬司法测定盐酸麻黄碱($C_{10}H_{15}ON \cdot HCl$)时，用 $AgNO_3$ 为标准溶液，溴酚蓝(HBs)为指示剂，滴定反应为

$$C_{10}H_{15}ON \cdot HCl + AgNO_3 \longrightarrow C_{10}H_{15}ON \cdot HNO_3 + AgCl \downarrow$$

终点颜色变化为

$$\text{黄绿色}(Bs^-) \longrightarrow \text{灰紫色}[(AgCl)_m \cdot nAg^+ \cdot nBs^-]$$

【思考题】

1. 莫尔法与佛尔哈德法的滴定条件是什么？
2. 解释吸附指示剂的作用原理，法扬斯法为什么必须控制溶液的 pH？
3. 下列情况的分析结果偏高还是偏低？

(1)试样中含有 NH_4^+，在 pH＝8.0 时用莫尔法滴定 Cl^-。

(2)用佛尔哈德法滴定 Cl^-，未加硝基苯或未进行沉淀过滤。

(3)用佛尔哈德法滴定 I^- 时，先加入铁铵矾后加入过量 $AgNO_3$。

9.4 配位滴定法

配位滴定法是以配位反应为基础的滴定分析方法。由于无机单齿配体与金属离子配位时普遍存在逐级配位现象，所以配位反应的化学计量关系不确定，无法进行定量计算，因此除汞量法测定汞、氰量法测定 Ag^+ 和 CN^- 等之外，其余的单齿配位反应几乎不能用于配位滴定。现在，成熟的配位滴定反应大多是以有机氨羧配位剂为滴定剂的配位反应。**氨羧配位剂**是一类以氨基二乙酸基团为基体的有机物，其分子中含有**氨氮**和**羧氧**两种配位能力很强的配位原子，可以和许多金属离子形成稳定的螯合物。应用这类配位反应进行配位滴定的优点是：①因螯合效应生成的螯合物稳定性很强，配位反应彻底；②生成的配合物配位比简单、

固定。目前应用最广、最重要的一种氨羧配位剂是 EDTA，用 EDTA 标准溶液可以直接或间接滴定约 70 种元素。这类配位滴定法也称 **EDTA 滴定法**。

9.4.1 EDTA 的性质及其配合物的特点

EDTA 是乙二胺四乙酸的简称，它是一个四元酸，常以 H_4Y 表示。在强酸性溶液中，H_4Y 还可以最多接受 2 个 H^+ 成为 H_6Y^{2+}，H_6Y^{2+} 相当于六元酸。其结构式为

```
HOOCH2C                        CH2COOH
       \ H+                H+ /
        N—CH2—CH2—N
       /                      \
HOOCH2C                        CH2COOH
```

H_4Y 在水中的溶解度很小，室温下每 100 mL 水中只能溶解 0.02 g，其二钠盐（$Na_2H_2Y \cdot 2H_2O$）在水中的溶解度较大，在 22 ℃时每 100 mL 水能溶解 11.2 g，浓度约为 0.3 $mol \cdot L^{-1}$。实验中 EDTA 的标准溶液是用 $Na_2H_2Y \cdot 2H_2O$ 配制的。

EDTA 在水中解离（见 6.1.3），在一定 pH 下，H_6Y^{2+}、H_5Y^+、H_4Y、H_3Y^-、H_2Y^{2-}、HY^{3-}、Y^{4-} 等七种型体的分布曲线如图 6－4 所示。为书写简便，EDTA 各型体均略去电荷，用 H_6Y、H_5Y、H_4Y、H_3Y、H_2Y、HY 和 Y 表示。同样，金属离子和其与 EDTA 形成的螯合物也略去电荷，分别用 M 和 MY 表示。

EDTA 具有很强的螯合能力，几乎能与周期表中绝大多数金属离子形成螯合比为 1∶1 的稳定螯合物 MY①。此外，EDTA 与无色金属离子形成无色配合物，与有色金属离子形成颜色更深的配合物。

金属离子 M 与 EDTA 的配位反应可以简写为：M＋Y＝MY。在 298 K 时，一些金属离子 M 与 EDTA 的螯合物 MY 的稳定常数 $\lg K_f^{\ominus}(MY)$ 列于附录 6 中。

9.4.2 影响金属与 EDTA 配合物稳定性的因素

在配位滴定中，除了金属离子 M 与 EDTA 之间的主反应外，还存在下列各种副反应

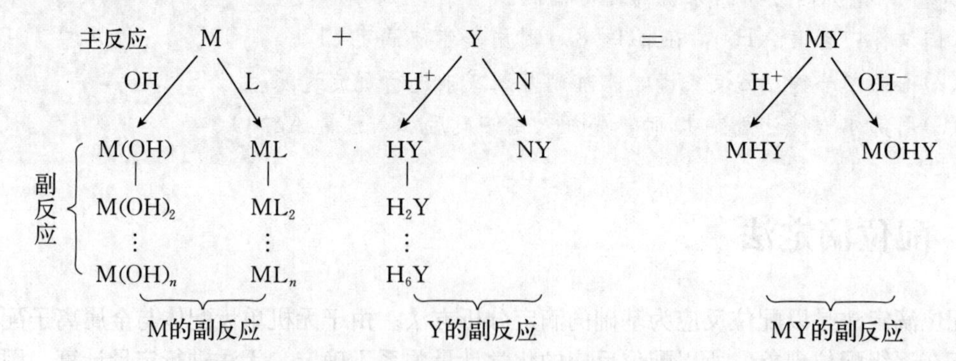

反应物 M 和 Y 的副反应不利于主反应的进行，影响配合物 MY 的稳定性；产物 MY 的副反应虽然有利于主反应，但由于产物的酸式、碱式配合物一般不太稳定，所以在多数计算中都忽略不计。各种副反应对主反应的影响程度可以用副反应系数 α 表示。下面分别讨论

① 锆(Ⅳ)和钼(Ⅵ)等与 EDTA 形成 2∶1 的螯合物。

M 和 Y 的几种重要的副反应及副反应系数。

9.4.2.1 EDTA 的酸效应和酸效应系数

EDTA 的酸效应使 EDTA 参与主反应的能力降低。酸效应的大小用**酸效应系数 α[Y(H)]**表示。它是指未参加主反应的 EDTA 各种型体总浓度 c'(Y)与游离 Y 的平衡浓度 c(Y)之比[①]

$$\alpha[\mathrm{Y(H)}]=\frac{c'(\mathrm{Y})}{c(\mathrm{Y})}=\frac{c(\mathrm{Y})+c(\mathrm{HY})+c(\mathrm{H_2Y})+\cdots+c(\mathrm{H_6Y})}{c(\mathrm{Y})}$$

$$=1+\frac{c(\mathrm{HY})}{c(\mathrm{Y})}+\frac{c(\mathrm{H_2Y})}{c(\mathrm{Y})}+\cdots+\frac{c(\mathrm{H_6Y})}{c(\mathrm{Y})}$$

$$=1+\frac{c(\mathrm{H^+})}{K_{a6}^{\ominus}}+\frac{c^2(\mathrm{H^+})}{K_{a6}^{\ominus}K_{a5}^{\ominus}}+\cdots+\frac{c^6(\mathrm{H^+})}{K_{a6}^{\ominus}K_{a5}^{\ominus}K_{a4}^{\ominus}K_{a3}^{\ominus}K_{a2}^{\ominus}K_{a1}^{\ominus}}$$

为使用方便，将不同 pH 下的 lgα[Y(H)]列于表 9-7 中。从表 9-7 可以看出，α[Y(H)]随 pH 增大而减小，即酸度越大，α[Y(H)]越大，酸效应越大。这意味着由酸效应引起的副反应越严重，主反应就越不彻底。当 pH>12 时，EDTA 几乎全部以 Y 型体存在，α[Y(H)]≈1，lgα[Y(H)]≈0，此时，EDTA 的酸效应可忽略不计。

表 9-7 EDTA 在不同 pH 时的酸效应系数

pH	lgα[Y(H)]	pH	lgα[Y(H)]	pH	lgα[Y(H)]	pH	lgα[Y(H)]
0.0	23.64	3.0	10.60	6.0	4.65	9.0	1.28
0.4	21.32	3.4	9.70	6.4	4.06	9.4	0.92
0.8	19.08	3.8	8.85	6.8	3.55	9.8	0.59
1.0	18.01	4.0	8.44	7.0	3.32	10.0	0.45
1.4	16.02	4.4	7.64	7.4	2.88	10.4	0.24
1.8	14.27	4.8	6.84	7.8	2.47	10.8	0.11
2.0	13.51	5.0	6.45	8.0	2.27	11.0	0.07
2.4	12.19	5.4	5.69	8.4	1.87	12.0	0.01
2.8	11.09	5.8	4.98	8.8	1.48	13.0	0.0008

9.4.2.2 金属离子的副反应

金属离子 M 在溶液中可能发生多种副反应，其影响程度可用**金属离子的副反应系数 α(M)**表示。通常将因体系中存在其他配位剂而使金属离子 M 参与主反应能力降低的现象称为配位效应，其大小用**配位效应系数 α[M(L)]**表示；同样，将体系中因酸度过低(pH 过高)，引起金属离子水解，而导致其参与主反应能力降低的现象称为水解效应，其大小用**水解效应系数 α[M(OH)]**表示。用推导 EDTA 的 lgα[Y(H)]的方法，可以推导它们之间的关系：

$$\alpha(\mathrm{M})=\frac{\text{金属离子 M 的总浓度}}{\text{游离金属离子 M 的浓度}}=\frac{c'(\mathrm{M})}{c(\mathrm{M})}$$

$$=\frac{c(\mathrm{M})+c(\mathrm{ML})+c(\mathrm{ML_2})+\cdots+c(\mathrm{ML}_n)+c[\mathrm{M(OH)}]+c[\mathrm{M(OH)_2}]+\cdots+c[\mathrm{M(OH)}_n]}{c(\mathrm{M})}$$

① 在不考虑其他金属离子 N 配位的情况下，α[Y(H)]是 Y 的分布系数 δ(Y)的倒数(见 6.1.3.2)

$$=\frac{c(M)+c(ML)+c(ML_2)+\cdots+c(ML_n)}{c(M)}+\frac{c(M)+c[M(OH)]+c[M(OH)_2]+\cdots+c[M(OH)_n]}{c(M)}-\frac{c(M)}{c(M)}$$

$$=\alpha[M(L)]+\alpha[M(OH)]-1$$

其中，$\alpha[M(L)]=1+K_{f1}^{\ominus}c(L)+K_{f1}^{\ominus}K_{f2}^{\ominus}[c(L)]^2+\cdots+K_{f1}^{\ominus}K_{f2}^{\ominus}\cdots K_{fn}^{\ominus}[c(L)]^n$，$K_{f1}^{\ominus}$，$K_{f2}^{\ominus}$，…，$K_{fn}^{\ominus}$为 ML_n 的逐级稳定常数；$\alpha[M(OH)]=1+K_{f1}^{\ominus\prime}c(OH^-)+K_{f1}^{\ominus\prime}K_{f2}^{\ominus\prime}[c(OH^-)]^2+\cdots+K_{f1}^{\ominus\prime}K_{f2}^{\ominus\prime}\cdots K_{fn}^{\ominus\prime}[c(OH^-)]^n$，$K_{f1}^{\ominus\prime}$，$K_{f2}^{\ominus\prime}$，…，$K_{fn}^{\ominus\prime}$为 $M(OH)_n$ 的逐级稳定常数。

可以看出，当 $c(L)$和 $c(OH^-)$一定时，$\alpha[M(L)]$、$\alpha[M(OH)]$和 $\alpha(M)$都是定值。

9.4.2.3 条件稳定常数

对于配位反应 M＋Y＝MY，考虑到溶液中的相关副反应 $c(M)=\frac{c'(M)}{\alpha(M)}$，$c(Y)=\frac{c'(Y)}{\alpha[Y(H)]}$，则 MY 的稳定常数式为

$$K_f^{\ominus}(MY)=\frac{c(MY)}{c(M)\cdot c(Y)}=\frac{c(MY)}{\frac{c'(M)}{\alpha(M)}\cdot\frac{c'(Y)}{\alpha[Y(H)]}}=\frac{c(MY)}{c'(M)\cdot c'(Y)}\cdot\alpha(M)\cdot\alpha[Y(H)]$$

令 $K_f^{\ominus\prime}(MY)=\frac{c(MY)}{c'(M)\cdot c'(Y)}$，$K_f^{\ominus\prime}(MY)$称为**条件平衡常数**(conditional stability constant)。则有

$$K_f^{\ominus\prime}(MY)=\frac{K_f^{\ominus}(MY)}{\alpha(M)\cdot\alpha[Y(H)]}$$

即

$$\lg K_f^{\ominus\prime}(MY)=\lg K_f^{\ominus}(MY)-\lg\alpha(M)-\lg\alpha[Y(H)] \tag{9-5}$$

在一定条件下(溶液 pH 和试剂 L 的浓度一定时)，条件平衡常数 $K_f^{\ominus\prime}(MY)$是一个常数；当实验条件发生变化时，$K_f^{\ominus\prime}(MY)$也发生变化。

若只考虑酸效应的影响，则

$$\lg K_f^{\ominus\prime}(MY)=\lg K_f^{\ominus}(MY)-\lg\alpha[Y(H)] \tag{9-6}$$

例 9-7 某溶液中金属离子 M 和 EDTA 的初始浓度均为 c_0，若反应定量完成(相对误差$|E_r|\leqslant 0.1\%$)，计算 MY 的条件稳定常数 $K_f^{\ominus\prime}(MY)$至少要多大。

解 反应定量完成($|E_r|\leqslant 0.1\%$)，即要求完成 99.9%或以上，说明达到平衡时，已有 99.9%的 M 反应生成 MY，M 的其他型体的总浓度 $c'(M)\leqslant 0.1\%c_0$，Y 的其他各型体的总浓度 $c'(Y)\leqslant 0.1\%\ c_0$，反应生成的 MY 浓度 $c(MY)\geqslant 99.9\%c_0$，对反应

$$M+Y=MY$$

条件稳定常数为

$$K_f^{\ominus\prime}(MY)=\frac{c(MY)}{c'(M)\cdot c'(Y)}\geqslant\frac{99.9\%\ c_0}{0.1\%\ c_0\times 0.1\%\ c_0}=\frac{10^6}{c_0}$$

由例 9-7 可以得到，金属离子 M 与 EDTA 定量反应完全的条件是

$$c_0(M)\cdot K_f^{\ominus\prime}(MY)\geqslant 10^6 \text{ 或 } \lg[c_0(M)\cdot K_f^{\ominus\prime}(MY)]\geqslant 6 \tag{9-7}$$

当 $c_0(M)=0.01mol\cdot L^{-1}$时，

$$K_f^{\ominus\prime}(MY)\geqslant 10^8 \text{ 或 } \lg K_f^{\ominus\prime}(MY)\geqslant 8 \tag{9-8}$$

9.4.3 金属指示剂

9.4.3.1 金属指示剂的作用原理

在配位滴定中，广泛使用**金属指示剂**(metallochromic indicator)指示滴定终点。金属指示剂通常是一些有机染料，也是配位剂；它们能与金属离子M形成颜色不同于指示剂In的有色配合物MIn，指示滴定终点。滴定过程中，金属指示剂In的存在形式为

$$\mathrm{M+In \rightarrow \underset{\substack{配合物色 \\ 计量点前}}{MIn} \xrightarrow{Y} \underset{\substack{指示剂色 \\ 终点}}{MY+In}}$$

因此滴定终点时，溶液颜色由金属-指示剂的配合物色变为游离的指示剂色。

9.4.3.2 金属指示剂必须具备的条件

一个良好的金属指示剂，一般应具备以下条件：

① MIn与指示剂In的颜色应显著不同。指示剂多为有机弱酸，在不同pH时颜色不同，因此要控制合适的pH范围，在滴定pH下In的颜色与显色螯合物MIn的颜色有明显差异。

② M与In的显色反应要灵敏、迅速，有一定的选择性。

③ MIn的稳定性要适当。它既要有足够的稳定性，又要比MY的稳定性小。如果MIn的稳定性太低，当临近终点时，M浓度较小，就会有部分In从MIn中解离出来，致使终点提前，而且变色不敏锐。如果MIn的稳定性太高，计量点附近稍微过量的EDTA不能夺取MIn中的M，放出In，会导致指示剂在终点无法变色。

④ MIn应易溶于水，如果生成胶体或沉淀，会影响变色可逆性，使变色不敏锐。

⑤ 金属指示剂应易溶于水，比较稳定，便于贮藏和使用。

在选择金属指示剂时，应注意指示剂的封闭现象。当溶液中存在其他金属离子N，而且N与指示剂In结合较稳定，致使稍过量的Y不能将In从NIn中置换出来，终点时溶液颜色不会发生变化，因而不能指示滴定终点，这种现象称为**指示剂的封闭现象**。指示剂的封闭现象可通过加入适当的掩蔽剂，使之与干扰离子N生成稳定的配合物来消除。

在选择金属指示剂时，还应注意指示剂的僵化现象。有些MIn在水中的溶解度太小，使计量点时Y与MIn的置换反应缓慢，终点颜色变化不是突变而是渐变，因而不能准确指示滴定终点，这种现象称为**指示剂的僵化现象**。指示剂的僵化可以通过加热或加入适当的有机溶剂增大MIn的溶解度来消除。

9.4.3.3 金属指示剂的选择

金属离子M与指示剂In的配位平衡和稳定常数式为

$$\mathrm{M+In=MIn} \qquad K_f^{\ominus}(\mathrm{MIn})=\frac{c(\mathrm{MIn})}{c(\mathrm{M})\cdot c(\mathrm{In})}$$

在稳定常数式两边取对数，得

$$\lg K_f^{\ominus}(\mathrm{MIn})=-\lg c(\mathrm{M})+\lg\frac{c(\mathrm{MIn})}{c(\mathrm{In})}=\mathrm{pM}+\lg\frac{c(\mathrm{MIn})}{c(\mathrm{In})}$$

当$c(\mathrm{MIn})/c(\mathrm{In})=1$时，金属指示剂的**变色点**为

$$\mathrm{pM_t}=\lg K_f^{\ominus}(\mathrm{MIn}) \tag{9-9}$$

当 $c(\mathrm{MIn})/c(\mathrm{In})=0.1\sim10$ 时，**金属指示剂的变色范围为**

$$\mathrm{pM_t}=\lg K_f^{\ominus}(\mathrm{MIn})\pm1 \qquad (9-10)$$

从理论上来说，金属指示剂的选择原则与酸碱指示剂的选择原则相同，即指示剂的变色范围应全部或部分落在滴定的 pM 突跃范围之内。但由于金属指示剂的变色点和变色范围同样也要考虑副反应的影响，加之相关常数不齐全，因此，在实际工作中通常采用实验方法来选择指示剂：首先试验指示剂颜色变化是否敏锐，然后检查滴定结果是否准确，确定分析结果是否符合误差要求。

9.4.3.4 常用金属指示剂简介

金属指示剂种类繁多，用途各异。下面介绍其中较常用的两种金属指示剂。

(1)铬黑 T(简称 EBT) 铬黑 T 的化学名称是 1-(1-羟基-2-萘偶氮基)-6-硝基-2-萘酚-4-磺酸钠，可用 $\mathrm{NaH_2In}$ 表示，是一种有机弱酸盐，在水溶液中的存在形式、颜色与 pH 的关系如下：

$$\mathrm{H_2In^-} \underset{+\mathrm{H^+}}{\overset{-\mathrm{H^+}}{\rightleftharpoons}} \mathrm{HIn^{2-}} \underset{+\mathrm{H^+}}{\overset{-\mathrm{H^+}}{\rightleftharpoons}} \mathrm{In^{3-}}$$

	红色	蓝色	橙色
pH	<6	7～11	>12

铬黑 T 与 Mg^{2+}、Zn^{2+}、Ca^{2+}、Pb^{2+}、Hg^{2+}、Mn^{2+} 等离子均形成红色配合物，为了使终点有明显的颜色变化，铬黑 T 只能在 pH=7～11(呈蓝色)的范围内使用，实际上其最适宜 pH 范围是 9～10.5。

铬黑 T 为性质稳定的黑褐色粉末，但其水溶液不稳定，容易聚合，只能保存几天。因此，常将铬黑 T 与干燥的纯 NaCl 固体按 1∶100 混合研磨备用。也可以用 1%乳化剂 OP(聚乙二醇辛基苯基醚)和 0.001%EBT 配成水溶液，可使用 2 个月。

(2)钙指示剂 钙指示剂的化学名称是 1-(2-羟基-4-磺基-1-萘偶氮基)-2-羟基-3-萘甲酸，简称 NN，也称钙红，可用 $\mathrm{Na_2H_2In}$ 表示，NN 是一种有机弱酸盐，在水溶液中的存在形式、颜色与 pH 的关系如下

$$\mathrm{H_2In^{2-}} \underset{+\mathrm{H^+}}{\overset{-\mathrm{H^+}}{\rightleftharpoons}} \mathrm{HIn^{3-}} \underset{+\mathrm{H^+}}{\overset{-\mathrm{H^+}}{\rightleftharpoons}} \mathrm{In^{4-}}$$

	酒红色	蓝色	淡粉红色
pH	<8	8～13	>13

钙指示剂的适用酸度为 pH=8～13，此时钙指示剂与 Ca^{2+} 等离子形成红色配合物，而自身为蓝色。钙指示剂为稳定的紫色粉末，其水溶液或乙醇溶液均不稳定，一般和干燥的纯 NaCl 固体以 1∶100 混合研磨后备用。

【思考题】

1. 在配位滴定中如何选择金属指示剂?
2. 什么是指示剂的封闭现象? 什么是指示剂的僵化现象? 如何消除?
3. 金属指示剂的适宜酸度范围是怎么产生的?

9.4.4 配位滴定曲线和配位滴定中酸度的控制

9.4.4.1 配位滴定曲线

尽管金属指示剂的选择不是以滴定突跃为依据，但通过对滴定曲线的绘制，可以了解滴定过程中溶液金属离子浓度的变化情况，从而了解影响滴定准确度的因素。在 EDTA 滴定法中，一般以 EDTA 为标准溶液滴定金属离子 M；以 pM 为纵坐标，滴定剂体积或滴定百分数为横坐标作图，即得到滴定曲线。

滴定突跃范围的大小取决于金属离子的起始浓度 $c_0(\mathrm{M})$ 和配合物的条件稳定常数 $K_f^{\ominus\prime}(\mathrm{MY})$；$c_0(\mathrm{M})$ 越大，滴定曲线的起点越低，突跃范围就越大(图 9-6)；配合物的 $K_f^{\ominus\prime}(\mathrm{MY})$ 越大，滴定突跃范围越大(图 9-7)；结合例 9-7，考虑两个影响因素，可以看出 $c_0(\mathrm{M})\cdot K_f^{\ominus\prime}(\mathrm{MY})$ 越大，反应进行越完全，滴定突跃范围越大；反之，突跃范围越小。由于用指示剂法指示滴定终点要求突跃范围足够大，配位反应才能定量完成，因此，金属离子 M 能被 EDTA 准确滴定的条件是

$$c_0(\mathrm{M})\cdot K_f^{\ominus\prime}(\mathrm{MY})\geqslant 10^6 \text{ 或 } \lg[c_0(\mathrm{M})\cdot K_f^{\ominus\prime}(\mathrm{MY})]\geqslant 6$$

若 $c_0(\mathrm{M})=0.01\ \mathrm{mol\cdot L^{-1}}$，则 M 能被 EDTA 准确滴定的条件是

$$\lg K_f^{\ominus\prime}(\mathrm{MY})\geqslant 8 \qquad (9-11)$$

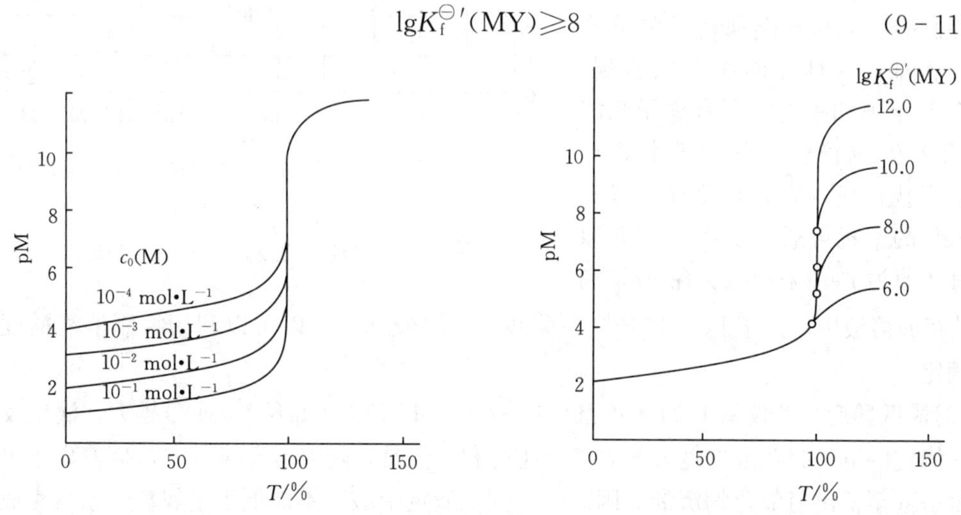

图 9-6 EDTA 滴定不同 $c_0(\mathrm{M})$ 的金属离子的滴定曲线[$\lg K_f^{\ominus\prime}(\mathrm{MY})=12.0$]

图 9-7 EDTA 滴定不同 $\lg K_f^{\ominus\prime}(\mathrm{MY})$ 金属离子的滴定曲线[$c_0(\mathrm{M})=0.01\ \mathrm{mol\cdot L^{-1}}$]

例 9-8 若只考虑酸效应，在 pH=5.0 和 10.0 时，能否用 $0.01\ \mathrm{mol\cdot L^{-1}}$ EDTA 标准溶液滴定 $0.01\ \mathrm{mol\cdot L^{-1}}\ Mg^{2+}$？

解 查附录 6，$\lg K_f^{\ominus}(\mathrm{MgY})=8.7$；查表 9-7，当 pH=5.0 时 EDTA 的 $\lg\alpha[\mathrm{Y(H)}]=6.45$，当 pH=10.0 时，EDTA 的 $\lg\alpha[\mathrm{Y(H)}]=0.45$

$$\lg K_f^{\ominus\prime}(\mathrm{MgY})=\lg K_f^{\ominus}(\mathrm{MgY})-\lg\alpha[\mathrm{Y(H)}]=8.7-6.45=2.25$$

因为 $\lg K_f^{\ominus\prime}(\mathrm{MgY})<8$，所以当 pH=5 时 Mg^{2+} 不能被滴定。

$$\lg K_f^{\ominus\prime}(\mathrm{MgY})=\lg K_f^{\ominus}(\mathrm{MgY})-\lg\alpha[\mathrm{Y(H)}]=8.7-0.45=8.25$$

因为 $\lg K_f^{\ominus\prime}(\mathrm{MgY})>8$，所以当 pH=10.0 时 Mg^{2+} 可以被滴定。

9.4.4.2 配位滴定中酸度的控制

(1)最高酸度 为了准确滴定，要求满足条件：$\lg[c_0(\mathrm{M})\cdot K_f^{\ominus}{}'(\mathrm{MY})]\geqslant6$。

设 $c_0(\mathrm{M})=0.01\ \mathrm{mol}\cdot\mathrm{L}^{-1}$，若仅考虑 EDTA 的酸效应，则

$$\lg\alpha[\mathrm{Y(H)}]\leqslant\lg K_f^{\ominus}(\mathrm{MY})-8 \qquad (9-12)$$

根据式(9-12)可计算出各金属离子能够被准确滴定的最大 $\lg\alpha[\mathrm{Y(H)}]$，从表 9-7 查得对应的 pH，此 pH 即为单一金属离子能够被 EDTA 准确滴定的**最高酸度**(或**最低 pH**)。

用不同离子能被 EDTA 准确滴定的最低 pH 对 $\lg K_f^{\ominus}$(MY)或 $\lg\alpha$[Y(H)]绘制的曲线称为**酸效应曲线**，也称**林邦曲线**(Ringbom curve)，如图 9-8所示。

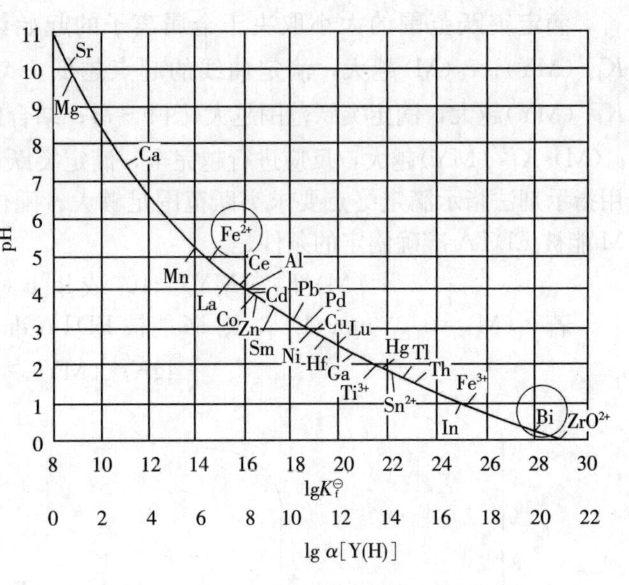

图 9-8 EDTA 的酸效应曲线(林邦曲线)

在酸效应曲线上，可快速查出 EDTA 滴定各种金属离子($c_0=0.01\ \mathrm{mol}\cdot\mathrm{L}^{-1}$)的最低 pH，且能了解滴定某金属离子时可能存在的干扰离子，以及是否可以通过控制酸度来进行金属离子的分步滴定。例如，从林邦曲线可以看到，位于 Fe^{2+} 下方和附近的所有离子都能与 EDTA 生成较稳定的螯合物，对 Fe^{2+} 有干扰；Bi^{3+} 基本上没有干扰离子，Fe^{3+} 的干扰可通过加入一些还原剂将其还原为 Fe^{2+} 来消除。在 Fe^{2+} 和 Bi^{3+} 共存的溶液中，由于 Fe^{2+} 和 Bi^{3+} 在曲线上相隔较远，所以可以利用控制溶液酸度进行分步滴定。

(2)最低酸度 若仅从 EDTA 的酸效应考虑，pH 越大，$\lg K_f^{\ominus}{}'(\mathrm{MY})$越大，滴定反应越完全，滴定的 pM 突跃范围越大，对滴定越有利。但是，随着 pH 的增大，金属离子可能会发生水解甚至析出氢氧化物沉淀。因此，在配位滴定中酸度不能低于金属离子水解生成氢氧化物沉淀时的酸度，这一酸度称为配位滴定的**最低酸度**(或**最高 pH**)。此 pH 可根据氢氧化物的沉淀-溶解平衡来计算。

例 9-9 试计算用 $0.01\ \mathrm{mol}\cdot\mathrm{L}^{-1}$ EDTA 滴定同浓度的 Zn^{2+} 溶液时的最高酸度和最低酸度。

解 查附录 6 可得，$\lg K_f^{\ominus}(\mathrm{ZnY})=16.5$，只考虑酸效应时，

$$\lg\alpha[\mathrm{Y(H)}]\leqslant\lg K_f^{\ominus}(\mathrm{MY})-8=16.5-8=8.5$$

查表 9-7，当 EDTA 的 $\lg\alpha[\mathrm{Y(H)}]=8.5$ 时，pH=4.0，所以，滴定的最高酸度为 pH=4.0。

最低酸度由 $Zn(OH)_2$ 的溶解平衡求得

$$\mathrm{Zn(OH)_2(s)}=\mathrm{Zn^{2+}}+2\mathrm{OH^-}$$

$$K_{sp}^{\ominus}=c(\mathrm{Zn})\cdot c^2(\mathrm{OH^-})=0.01\times c^2(\mathrm{OH^-})=6.9\times10^{-17}$$

$$c(OH^-)=8.3\times10^{-8}(mol\cdot L^{-1}),\ pOH=7.1$$

滴定的最高酸度为 pH=6.9。

因此，滴定 Zn^{2+} 的适宜酸度范围为 pH=4.0～6.9。

注意：对于金属离子 M 与 EDTA 的滴定反应 $M+H_2Y^{2-}=MY+2H^+$，随着滴定的进行，不断有 H^+ 释放出来，溶液的酸度不断增大，会导致反应不能完全进行。因此，在配位滴定时，需要加入 pH 缓冲溶液，以维持滴定过程溶液酸度的基本恒定。

【思考题】

1. 影响配位滴定突跃范围大小的因素是什么？
2. 单一金属离子能被准确滴定的条件是什么？
3. 如何计算配位滴定的最高酸度和最低酸度？
4. 什么是酸效应曲线？什么是林邦曲线？
5. 为什么在配位滴定中要用缓冲溶液控制溶液的酸度？

9.4.5　混合离子的选择性滴定

在实际分析样品中往往含有多种金属离子，而 EDTA 能与很多金属离子形成稳定的配合物，所以在滴定某一金属离子时常常受到共存离子的干扰，因此，如何提高选择性成为配位滴定法要解决的重要问题。

9.4.5.1　控制酸度进行分步滴定

溶液中有两种金属离子(M 和 N)共存时，$K_f^{\ominus}(MY)$ 与 $K_f^{\ominus}(NY)$ 相差越大，或被测金属离子的浓度 $c_0(M)$ 越大，共存离子的浓度 $c_0(N)$ 越小，则在 N 存在下准确滴定 M 的可能性越大。根据误差理论的推导，在 **M 和 N 两种离子共存时准确滴定 M，必须满足的条件是**

$$\frac{c_0(M)\cdot K_f^{\ominus}(MY)}{c_0(N)\cdot K_f^{\ominus}(NY)}\geqslant10^5$$

或

$$\lg[c_0(M)\cdot K_f^{\ominus}(MY)]-\lg[c_0(N)\cdot K_f^{\ominus}(NY)]\geqslant5 \qquad (9-13)$$

例如，Fe^{3+} 与 Zn^{2+} 共存，若它们的浓度均为 0.01 $mol\cdot L^{-1}$，由于 $\lg K_f^{\ominus}(FeY)=25.1$，$\lg K_f^{\ominus}(ZnY)=16.5$，$FeY^-$ 较稳定，所以滴定时 Fe^{3+} 先被滴定。根据式(9-13)：

$$\lg[c_0(Fe^{3+})\cdot K_f^{\ominus}(FeY)]-\lg[c_0(Zn^{2+})\cdot K_f^{\ominus}(ZnY)]=(-2+25.1)-(-2+16.5)=8.6>5$$

说明 Fe^{3+} 与 Zn^{2+} 可分步滴定，Zn^{2+} 不干扰 Fe^{3+} 的滴定。

如果溶液中存在两种以上金属离子，要判断能否用控制溶液酸度的方法进行分别滴定，应该首先考虑配合物稳定常数最大的和与之接近的两种离子，然后依次考虑。

9.4.5.2　掩蔽与解蔽

如果被测离子 M 和干扰离子 N 不满足式(9-13)，则不能用控制酸度的方法进行选择滴定。此时，可加入某种仅能与 N 反应的试剂，大大降低溶液中游离的 N 浓度，使 N 对被测离子的干扰减弱以至消失，这种方法称为**掩蔽法**。

掩蔽法一般在干扰离子存在的量不太大时使用，如果干扰离子的量较大，掩蔽法很难得到满意的效果，应将干扰离子用分离方法除去。

常用的掩蔽法有配位、沉淀和氧化还原掩蔽法等，其中以配位掩蔽法最常用。

(1)配位掩蔽法 利用掩蔽剂与干扰离子形成稳定的配合物，达到消除干扰的目的，这种方法称为**配位掩蔽法**。例如，用 EDTA 滴定水中 Ca^{2+}、Mg^{2+} 等离子时，Al^{3+}、Fe^{3+} 等离子的干扰可用三乙醇胺掩蔽。采用配位掩蔽法选择掩蔽剂时，应**注意**：①干扰离子与掩蔽剂形成的配合物应远比它与 EDTA 形成的配合物稳定，而且配合物应为无色或浅色，不影响终点判断；②掩蔽剂不与被测离子反应，即使反应形成配合物，其稳定性也应远低于被测离子与 EDTA 形成的配合物；③掩蔽剂适用 pH 范围与滴定的 pH 范围一致。

(2)氧化还原掩蔽法 加入氧化剂或还原剂，改变干扰离子的氧化态，也可达到消除干扰的目的，这种方法称为**氧化还原掩蔽法**。例如，用 EDTA 滴定 Bi^{3+}、Zr^{4+}、Th^{4+} 等离子时，Fe^{3+} 会干扰滴定。因为 Fe^{2+} 与 EDTA 配合物的稳定性比 Fe^{3+} 要小得多，因此可加入抗坏血酸或盐酸羟胺，将 Fe^{3+} 还原为 Fe^{2+}，可消除 Fe^{3+} 的干扰。

某些干扰离子的高氧化态与 EDTA 的配合物不如低价态的稳定，也可将它们氧化为高价态离子，以消除干扰。例如将 Cr^{3+} 氧化为 $Cr_2O_7^{2-}$，将 VO_2^+ 氧化为 VO_3^- 等。

(3)沉淀掩蔽法 加入能与干扰离子生成沉淀的试剂，并在沉淀存在下直接滴定，称为**沉淀掩蔽法**。例如，在 Ca^{2+}、Mg^{2+} 共存的溶液中，加入 NaOH 溶液，使 pH>12，则 Mg^{2+} 生成 $Mg(OH)_2$ 沉淀而不干扰 Ca^{2+} 的滴定。

沉淀掩蔽法在实际应用中有一定的局限性。因为许多沉淀反应不够完全，特别是过饱和现象会降低掩蔽效果。沉淀也会吸附被测离子或指示剂而影响测定的准确度。一些沉淀颜色深、体积大，往往会影响终点的观察。

(4)解蔽 在实际工作中，有时会在滴定完第一种金属离子 M 时，加入一种试剂以破坏金属离子 N 与掩蔽剂所形成的配合物，使 N 重新释放出来，然后继续滴定 N，这种方法称为**解蔽法**。例如，铜合金中存在 Cu^{2+}、Pb^{2+} 和 Zn^{2+} 等三种离子，将铜合金溶解后，先在氨性酒石酸溶液中用 KCN 掩蔽 Cu^{2+} 和 Zn^{2+}，以铬黑 T 为指示剂，用 EDTA 滴定 Pb^{2+}。然后加入甲醛作解蔽剂，破坏 $[Zn(CN)_4]^{2-}$，使 Zn^{2+} 重新释放出来，继续用 EDTA 滴定 Zn^{2+}。$[Cu(CN)_4]^{2-}$ 不被甲醛解蔽，但甲醛不宜过量太多，应分次加入，温度也不宜过高，否则 $[Cu(CN)_4]^{2-}$ 也可被部分解蔽。

【思考题】

1. 在 EDTA 法滴定时，怎样判断共存金属离子是否干扰滴定？
2. 提高配位滴定选择性的方法有哪些？

9.4.6 配位滴定法的应用

9.4.6.1 EDTA 标准溶液的配制和标定

EDTA 标准溶液一般用间接法配制。标定 EDTA 溶液的基准物质很多，如 Zn、Cu、Bi、$CaCO_3$、ZnO、$MgSO_4 \cdot 7H_2O$ 等。标定条件应尽可能与测定条件一致，以免引起系统误差。如果能用被测元素的纯金属或氧化物作基准物质，则系统误差可以基本消除。

EDTA 标准溶液若贮存在玻璃器皿中，根据玻璃质料的不同，EDTA 将不同程度地溶解玻璃中的Ca^{2+}生成CaY，使EDTA的浓度慢慢降低。因此，在使用一段时间后，应做一次检查性标定。若贮存于聚乙烯之类的容器中，则浓度基本不变。

9.4.6.2 配位滴定法的应用实例

水硬度的测定：一般含有钙、镁盐类的水称为硬水(hard water)。水的硬度是水质控制的一个重要指标。水的硬度通常分为总硬度和钙、镁硬度。总硬度(total hardness)指钙盐和镁盐的合量，可以将水中Ca^{2+}、Mg^{2+}的含量折合为$CaCO_3$的含量，以每升水中所含$CaCO_3$的质量(mg)表示，也可以将水中Ca^{2+}、Mg^{2+}的含量折合为CaO的含量，以每升水中含10 mg CaO为一个德国度，用“°d”表示，小于4°d的水属很软的水，4～8°d的水为软水，8～16°d的水为中硬水，16～32°d的水为硬水，而大于32°d的水则为很硬水。

水中Ca^{2+}、Mg^{2+}总量的测定：用NH_3-NH_4Cl缓冲溶液调节待测水样的pH=10，此时Ca^{2+}、Mg^{2+}均可被EDTA准确滴定。加入铬黑T指示剂(如果溶液中存在使铬黑T封闭的金属离子，应在加入指示剂前先加入掩蔽剂)，用EDTA标准溶液滴定，终点时消耗EDTA的体积为V_1。

水中Ca^{2+}含量的测定：用NaOH调节待测水样的pH=12，将Mg^{2+}转化为$Mg(OH)_2$沉淀，不干扰Ca^{2+}的测定。加入钙指示剂，用EDTA标准溶液滴定，终点时消耗EDTA的体积为V_2。

钙、镁硬度和总硬度的计算式分别为

$$\text{水的总硬度}=\frac{c(\mathrm{EDTA})\cdot V_1\cdot M(\mathrm{CaO})}{V(\text{水样})}\times\frac{1000}{10}(^\circ\mathrm{d})$$

$$\rho(\mathrm{Ca})=\frac{c(\mathrm{EDTA})\cdot V_2\cdot M(\mathrm{Ca})}{V(\text{水样})}\times 1000(\mathrm{mg}\cdot\mathrm{L}^{-1})$$

$$\rho(\mathrm{Mg})=\frac{c(\mathrm{EDTA})\cdot(V_1-V_2)\cdot M(\mathrm{Mg})}{V(\text{水样})}\times 1000(\mathrm{mg}\cdot\mathrm{L}^{-1})$$

【思考题】

1. 标定EDTA溶液的基准物质有哪些？
2. 在相同条件下进行标定和滴定，可以消除哪些影响？

9.5 氧化还原滴定法

氧化还原滴定是以氧化还原反应为基础的滴定分析方法，应用范围很广。运用氧化还原滴定法不仅可以测定具有氧化还原性质的离子和有机化合物，而且可以通过待测组分与氧化还原剂反应，间接地测定本身氧化数没有变化的离子。

能用于滴定法的氧化还原反应需满足如下要求：

① 反应按一定的化学计量关系定量完成，且滴定剂和被滴定物质的电势差大于0.4 V。

② 滴定反应能迅速完成，副反应不影响滴定结果。

③ 有适当的方法指示滴定终点。

在讨论氧化还原滴定时，不仅要判断滴定反应的可行性，还应考虑反应机理、速率和介质条件等相关问题，使滴定结果满足分析要求。

9.5.1 条件电极电势和氧化还原反应的条件平衡常数

在氧化还原滴定过程中，随着滴定剂的加入，反应物和产物的浓度发生变化，相关电对的电极电势也发生变化。用能斯特方程计算电对的电极电势时，其结果与实测值常常存在较大的偏差。其原因主要有：①氧化还原滴定溶液中离子强度一般较大，根据离子互吸理论，溶液中离子的活度 a 小于浓度 c，以浓度代入能斯特方程来计算电极电势必然会引起误差；②如果溶液中存在如沉淀、酸效应、配位效应等副反应，电极反应中各离子平衡浓度会受到影响，其电极电势也会发生变化。因此，引入条件电极电势，在滴定中需要控制反应条件，利用条件电极电势的数据进行相关计算。下面介绍条件电极电势的引入。

对于电极反应： $\mathrm{Ox}+ne^-=\mathrm{Red}$

考虑离子浓度与活度的不同，引入活度系数 $\gamma(\mathrm{Ox})$、$\gamma(\mathrm{Red})$；考虑副反应的发生，引入相应的副反应系数 $\alpha(\mathrm{Ox})$、$\alpha(\mathrm{Red})$，则 Ox 和 Red 的活度为

$$a(\mathrm{Ox})=c(\mathrm{Ox})\cdot\gamma(\mathrm{Ox})/\alpha(\mathrm{Ox})$$

$$a(\mathrm{Red})=c(\mathrm{Red})\cdot\gamma(\mathrm{Red})/\alpha(\mathrm{Red})$$

式中：$c(\mathrm{Ox})$、$c(\mathrm{Red})$为氧化型和还原型的分析浓度，即所有物种的平衡浓度之和。在 25 ℃下，将校正后的活度 a 代入能斯特方程，电对 Ox/Red 的电极电势为

$$\varphi(\mathrm{Ox/Red})=\varphi^{\ominus}(\mathrm{Ox/Red})-\frac{0.0592}{n}\lg Q_{\mathrm{h}}=\varphi^{\ominus}(\mathrm{Ox/Red})-\frac{0.0592}{n}\lg\frac{a(\mathrm{Red})}{a(\mathrm{Ox})}$$

$$=\varphi^{\ominus}(\mathrm{Ox/Red})-\frac{0.0592}{n}\lg\frac{\gamma(\mathrm{Red})\cdot\alpha(\mathrm{Ox})}{\gamma(\mathrm{Ox})\cdot\alpha(\mathrm{Red})}-\frac{0.0592}{n}\lg\frac{c(\mathrm{Red})}{c(\mathrm{Ox})}$$

当 $c(\mathrm{Ox})=c(\mathrm{Red})=1\ \mathrm{mol\cdot L^{-1}}$时，定义：

$$\varphi^{\ominus\prime}(\mathrm{Ox/Red})=\varphi^{\ominus}(\mathrm{Ox/Red})-\frac{0.0592}{n}\lg\frac{\gamma(\mathrm{Red})\cdot\alpha(\mathrm{Ox})}{\gamma(\mathrm{Ox})\cdot\alpha(\mathrm{Red})}$$

则电极反应 $\mathrm{Ox}+ne^-=\mathrm{Red}$ 的能斯特方程可表示为

$$\varphi(\mathrm{Ox/Red})=\varphi^{\ominus\prime}(\mathrm{Ox/Red})-\frac{0.0592}{n}\lg Q_{\mathrm{h}}=\varphi^{\ominus\prime}(\mathrm{Ox/Red})-\frac{0.0592}{n}\lg\frac{c(\mathrm{Red})}{c(\mathrm{Ox})}$$

式中：$\varphi^{\ominus\prime}(\mathrm{Ox/Red})$为条件电极电势，是指氧化型和还原型的分析浓度都为 1.0 $\mathrm{mol\cdot L^{-1}}$时该电对的实际电极电势，它随实验条件而变，在一定条件下为常数。附表 8 列出了一些电极反应的条件电极电势 $\varphi^{\ominus\prime}(\mathrm{Ox/Red})$。在实际应用中，一般用相同或相近条件下的条件电极电势代替标准电极电势，不仅使用方便，而且计算结果也更符合实际情况。

$\varphi^{\ominus\prime}(\mathrm{Ox/Red})$和$\varphi^{\ominus}(\mathrm{Ox/Red})$的关系与条件稳定常数 $K_{\mathrm{f}}^{\ominus\prime}$与稳定常数 $K_{\mathrm{f}}^{\ominus}$ 的关系相似。

对 $n_1=n_2=1$ 的氧化还原反应

$$a\mathrm{Ox}_1+d\mathrm{Red}_2=g\mathrm{Red}_1+h\mathrm{Ox}_2$$

条件平衡常数 $K^{\ominus\prime}$与 $\varphi^{\ominus\prime}$的关系为

$$\lg K^{\ominus\prime}=\frac{n[\varphi_+^{\ominus\prime}-\varphi_-^{\ominus\prime}]}{0.0592} \tag{9-14}$$

式中：$\varphi_+^{\ominus\prime}-\varphi_-^{\ominus\prime}$为两电对条件电极电势之差。$\varphi_+^{\ominus\prime}-\varphi_-^{\ominus\prime}$越大，反应进行得越完全。当 $\lg K^{\ominus\prime}\geqslant 6$，即 $\varphi_+^{\ominus\prime}-\varphi_-^{\ominus\prime}\geqslant 0.4$ V 时滴定反应能定量进行。

【思考题】

1. 为什么要引入条件电极电势？条件电极电势是如何定义的？
2. 条件电极电势是理论计算值还是实验值？

9.5.2 氧化还原滴定法中的指示剂

9.5.2.1 自身指示剂

利用标准溶液或被滴定物质本身颜色的变化指示终点，这类物质称为**自身指示剂**。例如，在高锰酸钾滴定法中，$KMnO_4$ 溶液本身显紫红色，在酸性溶液中，用它滴定无色或颜色很浅的还原性物质时，紫红色的 MnO_4^- 被还原为无色的 Mn^{2+}。滴定到计量点后，稍过量的 $KMnO_4$ 就可使溶液呈微红色，指示滴定终点的到达。从实验得到，当 $KMnO_4$ 的浓度约为 2×10^{-6} mol·L^{-1}时，大约相当于 100 mL 溶液中含 0.01 mL 0.02 mol·L^{-1} $KMnO_4$，就可看到微红色。

9.5.2.2 显色指示剂

有些物质本身不具有氧化还原性，但它能与氧化剂或还原剂作用产生特殊的颜色，因而可指示滴定终点。这类指示剂称为**显色指示剂或专属指示剂**。例如，可溶性淀粉与 I_2 反应，形成深蓝色的化合物，当 I_2 被还原为 I^- 后，蓝色消失。因此在碘量法中，常用可溶性淀粉溶液作指示剂。当无其他颜色时，可溶性淀粉溶液可检出约 5×10^{-6} mol·L^{-1}的 I_2。又如用 KSCN 作 Fe^{3+} 滴定 Sn^{2+} 的显色指示剂，形成红色配合物$[Fe(SCN)]^{2+}$。

9.5.2.3 氧化还原指示剂

氧化还原指示剂是一类**通用型指示剂**，通常是一些具有氧化性或还原性的有机物，其氧化型和还原型的颜色不同，在终点附近与滴定剂发生氧化还原反应而变色，指示滴定终点的到达。例如，用 $K_2Cr_2O_7$ 标准溶液滴定 Fe^{2+} 时，常用二苯胺磺酸钠为指示剂，它的氧化态呈紫红色，还原态无色，当滴定到计量点附近时，$Cr_2O_7^{2-}$ 将二苯胺磺酸钠由无色氧化为紫红色，指示滴定终点的到达。

如果用 In(Ox)和 In(Red)分别表示氧化还原指示剂的氧化型和还原型，则指示剂电对的半反应为

$$\mathrm{In(Ox)} + ne^- = \mathrm{In(Red)}$$

氧化型色　　　还原型色

其能斯特方程为

$$\varphi(\mathrm{In}) = \varphi^{\ominus\prime}(\mathrm{In}) - \frac{0.0592}{n}\lg Q_h = \varphi^{\ominus\prime}(\mathrm{In}) - \frac{0.0592}{n}\lg\frac{c[\mathrm{In(Red)}]}{c[\mathrm{In(Ox)}]}$$

当$\frac{c[\mathrm{In(Red)}]}{c[\mathrm{In(Ox)}]}=1$时，溶液呈混合色，指示剂的理论变色点为

$$\varphi(\mathrm{In}) = \varphi^{\ominus\prime}(\mathrm{In}) \qquad (9-15)$$

当$\frac{c[\mathrm{In(Red)}]}{c[\mathrm{In(Ox)}]}=\frac{1}{10}\sim10$时，指示剂从氧化型色过渡为还原型色，指示剂的电势变色范围为

$$\varphi(\mathrm{In})=\varphi^{\ominus\prime}(\mathrm{In})\pm\frac{0.0592}{n} \qquad (9-16)$$

表 9-8 列出了一些常用的氧化还原指示剂。氧化还原指示剂的选用原则与酸碱指示剂相同：指示剂的变色范围应全部或部分落在滴定突跃范围之内。但考虑到氧化还原指示剂的变色范围比较窄，只要指示剂的变色点落在突跃范围内，基本上就可以选用。因此**通常选择变色点 $\varphi^{\ominus\prime}$(In)与滴定的计量点(或滴定曲线的中点)尽量接近的氧化还原指示剂。**

表 9-8 一些常用的氧化还原指示剂

氧化还原指示剂	$\varphi^{\ominus\prime}$(In)/V [$c(H^+)$=1.0 mol·L^{-1}]	颜色		配制方法
		氧化型	还原型	
亚甲基蓝	0.53	蓝	无	1.0 g·L^{-1}水溶液
二苯胺磺酸钠	0.84	紫红	无	1.0 g·L^{-1}水溶液
邻苯氨基苯甲酸	0.89	紫红	无	0.2 g 溶于 100 mL 0.2%的 Na_2CO_3 溶液中
对硝基二苯胺	0.99	紫色	无	0.05 mol·L^{-1}浓硫酸溶液，使用时用浓硫酸稀释至 0.005 mol·L^{-1}，用量 3～5 滴
邻二氮菲亚铁	1.06	浅蓝	红	称量 1.485 g 邻二氮菲和 0.695 g $FeSO_4\cdot7H_2O$，加水稀释至 100 mL
硝基邻二氮菲亚铁	1.25	浅蓝	紫红	0.025 mol·L^{-1}水溶液

【思考题】

1. 如何找出氧化还原指示剂的变色点和变色范围？
2. 氧化还原指示剂的变色范围较小，对选择指示剂有利吗？为什么？

9.5.3 氧化还原滴定曲线及其影响因素

在氧化还原滴定过程中，以滴定剂用量(滴定百分数)为横坐标，溶液电势 φ 为纵坐标绘制滴定曲线，以描述溶液电势的变化。其中，φ 可以用实验方法测定，也可以用能斯特方程从理论上计算。

例如，在 1.0 mol·L^{-1} H_2SO_4 中，用 0.1000 mol·L^{-1} $Ce(SO_4)_2$ 溶液滴定 20.00 mL 0.1000 mol·L^{-1} Fe^{2+} 溶液[查附录 8，$\varphi^{\ominus\prime}(Fe^{3+}/Fe^{2+})$=0.68 V，$\varphi^{\ominus\prime}(Ce^{4+}/Ce^{3+})$=1.44 V]。在任一滴达到平衡时，溶液的电势、两电对的电极电势相等。

计量点前，因 $c(Ce^{4+})$不易求得，所以利用电对 Fe^{3+}/Fe^{2+}(电极反应为 $Fe^{3+}+e^-=Fe^{2+}$)计算溶液的电势。当滴入 Ce^{4+} 溶液 19.98 mL，即滴定百分数为 99.9%时，99.9%的 Fe^{2+} 被滴定生成 Fe^{3+}(此时若停止滴定，滴定误差为 E_r=−0.1%)。溶液电势 φ_1 为

$$\begin{aligned}\varphi_1&=\varphi(Fe^{3+}/Fe^{2+})=\varphi^{\ominus\prime}(Fe^{3+}/Fe^{2+})-\frac{0.0592}{1}\lg\frac{c(Fe^{2+})}{c(Fe^{3+})}\\&=\varphi^{\ominus\prime}(Fe^{3+}/Fe^{2+})-0.0592\lg\frac{1-T}{T}\\&=0.68-0.0592\lg\frac{0.1\%}{99.9\%}=0.86(\mathrm{V})\end{aligned}$$

计量点后，$c(Fe^{2+})$不易求得，可用电对Ce^{4+}/Ce^{3+}(电极反应为$Ce^{4+}+e^- = Ce^{3+}$)的浓度计算溶液电势。当滴入Ce^{4+}溶液20.02 mL时，即滴定百分数为100.1%时，全部Fe^{2+}被滴定，生成100% Ce^{3+}，同时过量0.1% Ce^{4+}(此时若停止滴定，滴定误差为$E_r = +0.1\%$)。溶液电势φ_2为

$$\varphi_2 = \varphi(Ce^{4+}/Ce^{3+}) = \varphi^{\ominus\prime}(Ce^{4+}/Ce^{3+}) - \frac{0.0592}{1}\lg\frac{c(Ce^{3+})}{c(Ce^{4+})} = \varphi^{\ominus\prime}(Ce^{4+}/Ce^{3+}) - 0.0592\lg\frac{100\%}{T-1}$$

$$= 1.44 - 0.0592\lg\frac{100\%}{100.1\% - 1} = 1.26(V)$$

因此，滴定的突跃范围是0.86～1.26 V，如图9-9所示。

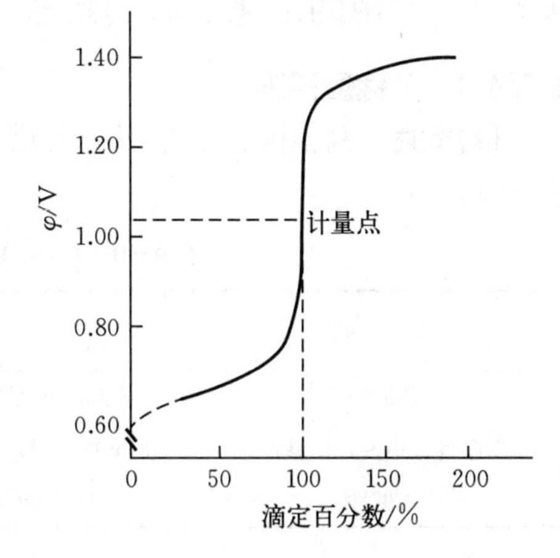

图9-9　在1.0 mol·L^{-1} H_2SO_4中，用0.1000 mol·L^{-1} $Ce(SO_4)_2$溶液滴定20.00 mL 0.1000 mol·L^{-1} Fe^{2+}溶液的滴定曲线

通过上面的计算可知，氧化还原滴定突跃范围的大小主要取决于滴定反应的氧化剂和还原剂两电对的条件电极电势(或标准电极电势)之差，差值越大，突跃范围越大；而氧化剂和还原剂的浓度基本不影响突跃的大小。

对没有H^+、OH^-参加的可逆对称氧化还原反应①

$$n_2Ox_1 + n_1Red_2 = n_2Red_1 + n_1Ox_2$$

其半反应和条件电极电势(标准电极电势)分别为

$$Ox_1 + n_1e^- = Red_1 \quad \varphi_1^{\ominus\prime}$$

$$Ox_2 + n_2e^- = Red_2 \quad \varphi_2^{\ominus\prime}$$

其化学计量点的电极电势为

$$\varphi = \frac{n_1\varphi_1^{\ominus\prime} + n_2\varphi_2^{\ominus\prime}}{n_1 + n_2} \qquad (9-17)$$

Ce^{4+}滴定Fe^{2+}，到达计量点时溶液的电极电势为

$$\varphi = \frac{n_1\varphi_1^{\ominus\prime} + n_2\varphi_2^{\ominus\prime}}{n_1 + n_2} = \frac{1\times0.68 + 1\times1.44}{1+1} = 1.06(V)$$

当$n_1 = n_2$时，计量点在突跃中间，曲线在计量点前后对称；若$n_1 \neq n_2$，曲线在计量点前后不对称，计量点偏向电子得失数较大的一方。

若是不可逆电对参与反应，如MnO_4^-/Mn^{2+}，由于反应开始不能瞬间建立平衡，所以计算得到的滴定曲线与实测的曲线有明显不同，一般不用理论计算的方式处理。

关于氧化还原滴定，总结如下：

(1)氧化剂和还原剂的浓度不影响突跃的大小，突跃范围大小仅与两个电对的条件电势有关，两个电对的条件电势相差越大，滴定电势突跃越大。

(2)对于不同类型的氧化还原反应，虽然反应定量完成的指标各不相同，但能否用指示剂来确定终点的条件是相同的，即氧化还原反应能用于滴定的条件是

① "可逆电对"是指氧化还原反应在任一瞬间能迅速建立平衡，其实际电势与Nernst公式计算值基本相符的电对；而"对称电对"是指在半反应中氧化态和还原态物质的计量系数相同的电对，如Fe^{3+}/Fe^{2+}为对称电对，$Cr_2O_7^{2-}/Cr^{3+}$为非对称电对。

$$\varphi_{+}^{\ominus\prime}-\varphi_{-}^{\ominus\prime}\geqslant 0.4\ \mathrm{V} \tag{9-18}$$

【思考题】

1. 酸碱滴定、配位滴定和氧化还原滴定的滴定曲线有何异同?
2. 影响以上三种滴定突跃范围大小的因素有哪些?
3. 以上三种滴定的准确滴定条件是什么?

9.5.4 常用的氧化还原滴定法

9.5.4.1 高锰酸钾法

(1)概述 高锰酸钾是常用的氧化剂，其氧化能力和还原产物与溶液的酸度有关，见表9-9。

表9-9 $KMnO_4$ 的氧化能力与溶液酸度的关系

介　质	氧化半反应	$\varphi^{\ominus}$(Ox/Red)/V
强酸性	$MnO_4^- + 8H^+ + 5e^- = Mn^{2+} + 4H_2O$	1.507
弱酸性、中性、弱碱性	$MnO_4^- + 2H_2O + 3e^- = MnO_2 + 4OH^-$	0.595
强碱性	$MnO_4^- + e^- = MnO_4^{2-}$	0.564

在强酸性溶液中，$KMnO_4$ 是强氧化剂，所以高锰酸钾法一般都在强酸性溶液中进行滴定。**酸化时常用硫酸**，因为盐酸具有还原性，干扰滴定，而硝酸含有氮氧化物易产生副反应。

在强碱性溶液中，虽然 $KMnO_4$ 的氧化能力较弱，但是其与有机物的反应速率比在酸性溶液中快得多，因此在测定有机物如甘油、甲酸、甲醇、酒石酸、葡萄糖等的含量时，常在强碱性溶液中进行。

在近中性溶液中，$KMnO_4$ 的还原产物为棕色的 MnO_2 沉淀，会妨碍终点观察，而且氧化能力较弱，故 $KMnO_4$ 法很少在近中性条件下滴定。

高锰酸钾法的优点：氧化能力强，可直接或间接测定多种无机物和有机物，应用广泛；$KMnO_4$ 自身可作指示剂，滴定时不需另加指示剂。高锰酸钾法的缺点：氧化能力强，反应的选择性差；$KMnO_4$ 标准溶液的稳定性差，不宜久存。

(2)$KMnO_4$ 标准溶液的配制和标定 $KMnO_4$ 试剂中常含有少量的二氧化锰和其他杂质，且蒸馏水中也常含有微量还原性物质，因此不能直接配制 $KMnO_4$ 标准溶液。间接配制时，称取 $KMnO_4$ 固体的量可稍多于理论量，粗配的溶液加热煮沸，并保持微沸约 1 h，放置 2～3 天，用微孔玻璃漏斗过滤后再标定。

$KMnO_4$ 标准溶液常用基准物 $Na_2C_2O_4$ 标定，标定反应为

$$2MnO_4^- + 5C_2O_4^{2-} + 16H^+ = 2Mn^{2+} + 10CO_2 + 8H_2O$$

标定时**应注意**：①滴定酸度：硫酸浓度一般控制在 0.5～1.0 mol·L^{-1}，酸度太低，出现 $MnO(OH)_2$ 沉淀，酸度太高，则 $H_2C_2O_4$ 缓慢分解。②滴定温度：在室温条件下，反应速率较慢，常将溶液加热至 70～80 ℃。但温度不宜过高，否则会引起一部分 $H_2C_2O_4$ 分解，

使标定结果(即 $KMnO_4$ 标准溶液的浓度)偏高。③滴定速度：滴定开始时反应速率虽然较慢，但反应本身所产生的 Mn^{2+} 能起自身催化作用加快反应进行。因此，开始滴定时滴定速率不宜过快，否则 MnO_4^- 来不及与 $C_2O_4^{2-}$ 反应，就会在热的强酸性溶液中发生分解

$$4MnO_4^- + 12H^+ = 4Mn^{2+} + 5O_2 \uparrow + 6H_2O$$

随着溶液中还原产物 Mn^{2+} 的增加，Mn^{2+} 的催化作用会加快反应进行，滴定速率也会加快。当滴定至溶液呈微红色，且 30 s 内不褪色时，即为滴定终点。

(3)高锰酸钾法应用示例 高锰酸钾法的滴定方式有直接滴定法、间接滴定法和返滴定法等。

① 直接滴定法：许多具有还原性的物质如 H_2O_2，$C_2O_4^{2-}$，NO_2^-，Fe^{2+}，As^{3+}，Sb^{3+} 等都可被 $KMnO_4$ 直接滴定。

H_2O_2 溶液俗称**双氧水**(perhydrol)，在稀硫酸介质中，H_2O_2 能定量还原 MnO_4^-，并放出氧气，其反应为

$$2MnO_4^- + 5H_2O_2 + 6H^+ = 2Mn^{2+} + 5O_2 + 8H_2O$$

$KMnO_4$ 标准溶液可以直接滴定 H_2O_2。此反应开始时较慢，待 Mn^{2+} 生成后反应速率加快。根据 $KMnO_4$ 标准溶液的浓度和滴定消耗的体积，按下式计算 H_2O_2 的质量浓度。

$$\rho(H_2O_2) = \frac{\frac{5}{2}c(KMnO_4) \cdot V(KMnO_4) \cdot M(H_2O_2)}{V(\text{试样})} (g \cdot L^{-1})$$

② 间接滴定法：某些不能与 $KMnO_4$ 直接反应的物质也可通过间接滴定法来测定。如 Ca^{2+}、Th^{4+} 等在溶液中不与 $KMnO_4$ 反应，但它们能定量生成草酸盐沉淀，将沉淀从溶液中分离出来，加酸溶解后，用 $KMnO_4$ 滴定 $C_2O_4^{2-}$，从而可间接求出钙和钍的含量。

用高锰酸钾法测定 Ca^{2+}，先用 $(NH_4)_2C_2O_4$ 将 Ca^{2+} 全部沉淀为 CaC_2O_4，沉淀经过滤、洗涤后溶于热稀硫酸溶液中生成 $H_2C_2O_4$，用 $KMnO_4$ 标准溶液滴定 $H_2C_2O_4$。有关反应方程式为

$$Ca^{2+} + C_2O_4^{2-} = CaC_2O_4$$

$$CaC_2O_4 + 2H^+ = H_2C_2O_4 + Ca^{2+}$$

$$2MnO_4^- + 5H_2C_2O_4 + 6H^+ = 2Mn^{2+} + 10CO_2 + 8H_2O$$

根据 $KMnO_4$ 标准溶液的浓度和滴定消耗的体积，按下式计算试样中 Ca^{2+} 的质量分数。

$$\omega(Ca^{2+}) = \frac{\frac{5}{2}c(KMnO_4) \cdot V(KMnO_4) \cdot M(Ca)}{m(\text{试样})}$$

③ 返滴定法：对于一些有机物，可在强碱性溶液中加入过量的 $KMnO_4$ 标准溶液，反应完全后，将溶液调至酸性，然后加入过量的 Fe^{2+} 标准溶液，使高价锰都还原为 Mn^{2+}，再以 $KMnO_4$ 标准溶液滴定剩余的 Fe^{2+}。此法可测定甲醇、甲醛、苯酚、柠檬酸、甘油、葡萄糖等物质。

9.5.4.2 重铬酸钾法

(1)概述 在酸性条件下，$K_2Cr_2O_7$ 为强氧化剂，其半反应为

$$Cr_2O_7^{2-} + 14H^+ + 6e^- = 2Cr^{3+} + 7H_2O \qquad \varphi^{\ominus}(Cr_2O_7^{2-}/Cr^{3+}) = 1.33\ V$$

$K_2Cr_2O_7$ 的氧化能力比 $KMnO_4$ 稍弱些，但其应用仍相当广泛。

重铬酸钾法的优点：①$K_2Cr_2O_7$ 易提纯，干燥后可直接配制标准溶液且标准溶液稳定，

可长期保存；②$K_2Cr_2O_7$ 滴定反应速率快，大多数有机物与 $K_2Cr_2O_7$ 反应速率很慢，一般不会干扰滴定；③$\varphi^{\ominus}(Cr_2O_7^{2-}/Cr^{3+})$略低于 $\varphi^{\ominus}(Cl_2/Cl^-)$[$\varphi^{\ominus}(Cl_2/Cl^-)=1.36$ V]，盐酸溶液的浓度不太高时，$K_2Cr_2O_7$ 不会氧化 Cl^-，因此可以用盐酸来调节溶液的酸度。

重铬酸钾法的缺点：①$Cr_2O_7^{2-}$ 和 Cr^{3+} 都污染环境，使用时应注意废液回收；②重铬酸钾法需使用氧化还原指示剂，如二苯胺磺酸钠和邻苯氨基苯甲酸等。

(2)重铬酸钾法应用举例 重铬酸钾法的滴定方式有直接滴定法和返滴定法。

① 直接滴定法：重铬酸钾法测定铁矿(钢铁)中的全铁是公认的标准方法。简要步骤：将铁矿石试样用热浓 HCl 溶解，趁热用 $SnCl_2$ 将 Fe^{3+} 还原至 Fe^{2+}，冷却后加 $HgCl_2$ 除去过量的 Sn^{2+}，加水稀释后加入 H_2SO_4 - H_3PO_4 混合酸，以二苯胺磺酸钠作指示剂，用 $K_2Cr_2O_7$ 标准溶液滴定，溶液由绿色变为红紫色即为终点。

② 返滴定法：重铬酸钾法测定污水中的化学需氧量是目前应用最为广泛的方法。化学需氧量(简称 COD)是指水样中通过化学反应能被氧化的物质，它是水质污染程度的一项重要指标。测定方法：在酸性溶液中，以 Ag_2SO_4 为催化剂，加入过量的 $K_2Cr_2O_7$ 标准溶液，加热使有机物氧化为 CO_2，剩余的 $K_2Cr_2O_7$ 标准溶液以邻二氮菲亚铁为指示剂，用 Fe^{2+} 标准溶液滴定。

9.5.4.3 碘量法

(1)概述 碘量法是基于 I_2 的氧化性和 I^- 的还原性建立起来的氧化还原滴定法。固体碘 I_2 在水中的溶解度较小，一般将 I_2 溶解在 KI 溶液中配成 I_3^- 溶液。$\varphi^{\ominus}(I_2/I^-)$和 $\varphi^{\ominus}(I_3^-/I^-)$非常接近，因此 I_2 和 I_3^- 的氧化能力相近。为书写简便，通常将 I_3^- 写成 I_2。

$$I_2+2e^-=2I^- \qquad \varphi^{\ominus}(I_2/I^-)=0.534\ \text{V}$$

$$I_3^-+2e^-=3I^- \qquad \varphi^{\ominus}(I_3^-/I^-)=0.536\ \text{V}$$

① 直接碘量法：基于 I_2 的氧化性而建立起来的氧化还原滴定法为直接碘量法。I_2 是较弱的氧化剂，氧化能力不如 $KMnO_4$，用 I_2 标准溶液只能直接滴定一些还原能力较强的物质，如 S^{2-}，As_2O_3，$S_2O_3^{2-}$，Sn^{2+}，Sb^{3+}，维生素 C 等。

由于 I_2 的挥发性强，I_2 标准溶液一般用间接法配制，用基准物 As_2O_3 标定。由于基准物 As_2O_3 难溶于水，标定时可用 NaOH 溶解，溶解反应为

$$As_2O_3+6OH^-=2AsO_3^{3-}+3H_2O$$

溶解完全后，将溶液酸化并用 $NaHCO_3$ 调节 pH≈8，然后用待标定的 I_2 标准溶液滴定，当淀粉指示剂呈蓝色时即为终点。标定反应为

$$AsO_3^{3-}+I_2+H_2O=AsO_4^{3-}+2I^-+2H^+$$

I_2 标准溶液也可用 $Na_2S_2O_3$ 标准溶液标定。

用 I_2 标准溶液可直接滴定还原型物质，也可加入过量的 I_2 标准溶液将还原型物质氧化，再用 $Na_2S_2O_3$ 标准溶液返滴定剩余的 I_2，然后计算待测物质的含量。

② 间接碘量法：基于 I^- 的还原性建立起来的氧化还原滴定法为间接碘量法。I^- 是中等强度的还原剂，能被许多氧化型物质定量氧化为 I_2，然后用 $Na_2S_2O_3$ 标准溶液滴定析出的 I_2，从而间接地测定这些氧化型物质。凡能与 KI 反应定量析出 I_2 的氧化型物质，都可以用间接碘量法测定。例如 MnO_4^-，$Cr_2O_7^{2-}$，AsO_4^{3-}，IO_3^-，ClO_4^-，H_2O_2，Fe^{3+}，Cu^{2+} 等物质。在实际工作中，间接碘量法的应用比直接碘量法广泛。

间接碘量法涉及两个基本反应。例如滴定 AsO_4^{3-} 时，首先加入过量 KI 溶液，然后用 $Na_2S_2O_3$ 标准溶液滴定定量生成的 I_2。

$$H_3AsO_4 + 2I^-(过量) + 2H^+ = H_3AsO_3 + I_2 + H_2O$$

$$I_2 + 2S_2O_3^{2-} = 2I^- + S_4O_6^{2-}$$

$Na_2S_2O_3$ 标准溶液可用 KIO_3、$KBrO_3$、$K_2Cr_2O_7$ 等基准物标定。如用基准物 KIO_3 标定，在酸性溶液中 KIO_3 与过量的 KI 反应，定量析出 I_2

$$IO_3^- + 5I^- + 6H^+ = 3I_2 + 3H_2O$$

以淀粉作指示剂，用 $Na_2S_2O_3$ 溶液滴定至淀粉的蓝色褪去，即可计算出 $Na_2S_2O_3$ 溶液的浓度。

③ 碘量法的优点：a. 既可测定还原型物质(直接碘量法)，又可测定氧化型物质(间接碘量法)；b. 副反应少，测定时介质可以是酸性、中性或弱碱性。

④ 主要误差来源：a. 在滴定中需加入过量 KI 并在室温下反应，由于 I_2 易挥发，所以当析出碘的反应完成后，立即滴定，滴定时不宜剧烈摇动，防止碘挥发；b. 在酸性溶液中，I^- 易被空气氧化，滴定时需避免不必要的高酸度；c. 光照会加速 I^- 的氧化，所以应避光滴定。

⑤ 淀粉溶液指示剂的加入时机：直接碘量法可在滴定刚开始时加入淀粉溶液，滴定刚过计量点时，稍过量的 I_2 与淀粉形成蓝色吸附化合物即为终点。在间接碘量法中，淀粉溶液必须在滴定接近计量点时(可从 I_2 的黄色变浅判断)加入，溶液由蓝色变为无色即为终点。如果过早加入淀粉指示剂，会使计量点后仍有少量的 I_2 不能从淀粉中解吸出来，使滴定产生误差。

(2)碘量法应用示例

① 直接碘量法测定钢样中的硫：将试样与金属锡(助熔剂)置于磁舟中，于管式炉中加热至 1 300 ℃，同时通入空气使硫氧化成 SO_2，将其以水吸收，以淀粉作指示剂，用 I_2 标准溶液滴定。滴定反应为

$$H_2SO_3 + I_2 + H_2O = SO_4^{2-} + 2I^- + 4H^+$$

② 间接碘量法测定铜：Cu^{2+} 与过量的 KI 反应，定量析出 I_2，然后用 $Na_2S_2O_3$ 标准溶液滴定。滴定反应为

$$2Cu^{2+} + 4I^-(过量) = 2CuI\downarrow + I_2$$

$$I_2 + 2S_2O_3^{2-} = 2I^- + S_4O_6^{2-}$$

因 CuI 沉淀易吸附 I_2，将导致结果偏低，可加入 KSCN 使 CuI 转化为溶解度更小的 CuSCN 沉淀，从而提高测定的准确度。KSCN 应在接近终点时加入，以免 SCN^- 还原 I_2。

③ 间接碘量法测定漂白粉中的有效氯：漂白粉的主要成分是 $Ca(ClO)_2$，其他还有 $CaCl_2$、$Ca(ClO_3)_2$ 等。漂白粉与酸作用放出的氯称为有效氯

$$ClO^- + Cl^- + 2H^+ = Cl_2 + H_2O$$

有效氯是漂白粉中氯的氧化能力的一种量度，因此常用 Cl_2 的质量分数 $\omega(Cl_2)$ 表征漂白粉的品质。在试样的酸性溶液中加入过量 KI，析出的 I_2 用 $Na_2S_2O_3$ 标准溶液滴定，根据消耗的 $Na_2S_2O_3$ 计算 $\omega(Cl_2)$。涉及反应为① $Cl_2 + 2I^-(过量) = 2Cl^- + I_2$ 和② $I_2 + 2S_2O_3^{2-} = 2I^- + S_4O_6^{2-}$。

9.5.5 滴定前的预处理

氧化还原滴定时，若待测物的价态不适于滴定反应，则需要预处理，将其转变成为特定的价态，便于进行氧化还原滴定反应。例如铁矿石中全铁含量的测定，如果用重铬酸钾法则需将样品中所有的铁全都还原成 Fe^{2+}，才能用 $K_2Cr_2O_7$ 标准溶液滴定。

预处理所选的氧化剂或还原剂需满足如下条件：

① 必须将待测组分定量地氧化(或还原)成所需的型体或价态。

② 氧化或还原反应必须具有较好的选择性，避免其他组分的干扰。

③ 预处理反应进行完全，反应速度快。

④ 过剩的氧化剂或还原剂必须易于完全去除。

预处理是氧化还原滴定法中非常关键的步骤之一。只有充分了解各种氧化剂、还原剂的特点和性质，选择合理的预处理方法，才能提高分析方法的选择性，得到可靠的分析结果，达到测定复杂样品的目的。

【思考题】

氧化还原滴定法的应用有什么特点？

阅读材料1

利用林邦副反应思想统一四种滴定曲线

四种滴定的反应物都可以用 M＋L 来表达，即均可视为微观粒子给予和接受的过程，被传递的粒子分别为 H^+、M(L，A)或 e^-。尽管平衡体系不同，但借助林邦的副反应思想可以将这四种滴定反应统一为水溶液中的离子平衡，因此四种滴定曲线的数学表达式可以统一起来，便于使用和比较。

1. 强碱滴定强酸滴定曲线

滴定反应：$OH^- + H^+ = H_2O$　　　滴定常数：$K_t^{\ominus} = \frac{1}{K_w^{\ominus}} = \frac{1}{c(H^+) \cdot c(OH^-)} = 10^{14}$

在滴定中质子条件式为

$$c(H^+) = c(HCl) + c(OH^-) - c_b$$

其中，$c(HCl)$为滴定过程中盐酸浓度，c_b 为标准 NaOH 溶液加入被滴定溶液后的瞬时浓度，$c(HCl)$和 c_b 随滴定反应的进行不断变化，用滴定百分数 $T(\%)$衡量滴定反应进行的程度，$T = c(HCl)/c_b$，将 T 和 $c(OH^-) = \frac{1}{K_t^{\ominus} \cdot c(H^+)}$代入质子条件式，得到强碱滴定强酸的滴定曲线方程

$$K_t^{\ominus} \cdot c^2(H^+) + K_t^{\ominus} \cdot c(HCl) \cdot (T-1) \cdot c(H^+) = 0 \qquad (9-19)$$

如果用强碱滴定一元弱酸，滴定反应为 $OH^- + HA = H_2O + A^-$。由于 $c(A^-)$在滴定过程中不断变化，因此它的滴定常数与强碱滴定强酸的不同。用林邦的副反应思想将 $OH^- + H^+ = H_2O$ 视作主反应，将弱酸根与 H^+ 的反应视为副反应，反应式改写为

$$\begin{array}{c} OH^- + H^+ = H_2O \\ + \\ A^- \\ \| \\ HA \end{array}$$

考虑H^+的副反应(H^+有两种型体：游离的H^+和HA)后，则主反应的滴定常数为

$$K_t^{\ominus\prime} = \frac{K_t^{\ominus}}{\alpha_{H(HA)}} = \frac{K_t^{\ominus}}{1 + c(A^-)/K_a^{\ominus}} \qquad (9-20)$$

将式(9-20)中的$K_t^{\ominus}$替换为$K_t^{\ominus\prime}$就得到了强碱滴定一元弱酸的滴定曲线方程。以后凡是遇到强碱滴定一元弱酸的理论问题，都用上述强碱滴定强酸的相关公式如滴定曲线公式即可。

2. 沉淀滴定曲线 因为沉淀滴定与强碱滴定强酸的数学模型一致，只要将强碱和强酸替换成沉淀滴定反应的两个反应物就可以得到沉淀滴定曲线方程式。如Ag^+滴定Cl^-的滴定曲线方程为

$$K_t^{\ominus} \cdot c^2(Cl^-) + K_t^{\ominus} \cdot c(Cl^-) \cdot (T-1) \cdot c(Cl^-) = 0 \qquad (9-21)$$

3. 氧化还原滴定曲线 设半反应为$O + e^- = R$，则该半反应(也是滴定反应)的平衡常数为

$$K_t^{\ominus} = \frac{c(R)}{c(O) \cdot c(e^-)}$$

当$c(O) = c(R)$时，其$K_t^{\ominus} = 10^{\frac{\varphi^{\ominus}}{0.0592}}$，代入式(9-21)整理，忽略滴定体积的变化，得到还原半反应滴定曲线的方程式

$$K_t^{\ominus} \cdot c^2(O) + [K_t^{\ominus} \cdot c_0(O) \cdot (T-1) + 1] \cdot c(O) - c_0(O) = 0 \qquad (9-22)$$

这是以电子作为滴定剂的氧化还原半反应的滴定曲线方程。对氧化还原滴定反应，可以把一个半反应看作是另一个半反应的副反应。例如

$$\begin{array}{c} Ce^{4+} + e^- = Ce^{3+} \\ + \\ Fe^{3+} \\ \| \\ Fe^{2+} \end{array}$$

滴定主反应的滴定常数为

$$K_t^{\ominus} = 10^{\frac{E^{\ominus}(Ce^{4+}/Ce^{3+})}{0.0592}}$$

则Ce^{4+}还原为Ce^{3+}的滴定曲线方程为

$$K_t^{\ominus} \cdot c^2(Ce^{4+}) + [K_t^{\ominus} \cdot c_0(Ce^{4+}) \cdot (T-1) + 1] \cdot c(Ce^{4+}) - c_0(Ce^{4+}) = 0 \qquad (9-23)$$

4. 配位滴定曲线 配位滴定曲线方程与还原半反应的滴定方程类似，例如EDTA滴定Zn^{2+}(略去EDTA的电荷)：

$$Y + Zn^{2+} = ZnY$$

$$K_t^{\ominus} \cdot c^2(Zn^{2+}) + [K_t^{\ominus} \cdot c_0(Zn^{2+}) \cdot (T-1) + 1] \cdot c(Zn^{2+}) - c_0(Zn^{2+}) = 0 \qquad (9-24)$$

为便于比较，令四种滴定常数 $K_t^{\ominus}=10^8$，四种滴定在浓度和主反应滴定常数相同时的滴定曲线见图 9-10。

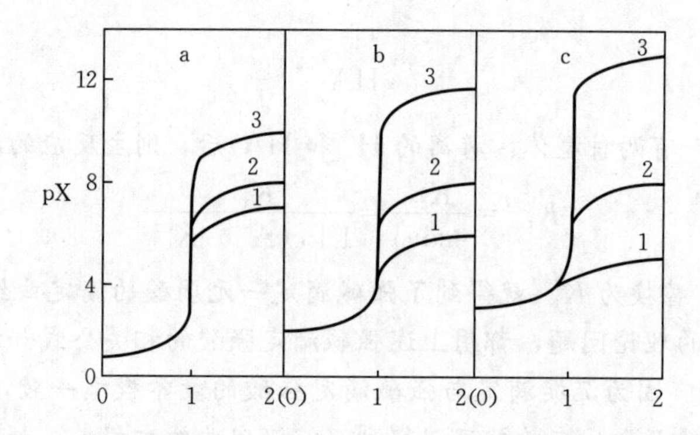

图 9-10　四种滴定在 $K_t^{\ominus}=10^8$ 和浓度 c 相同时的滴定曲线

a. $c=0.1\ mol\cdot L^{-1}$　b. $c=0.01\ mol\cdot L^{-1}$　c. $c=0.001\ mol\cdot L^{-1}$

曲线 1. 酸碱和沉淀滴定曲线　2. 配位滴定曲线　3. 氧化还原滴定曲线

由图 9-10 可见，在相同条件下，配位和氧化还原滴定曲线的突跃大于酸碱和沉淀滴定曲线的突跃，这就是酸碱滴定、沉淀滴定不适于低浓度测定的主要原因。

（引自孟凡昌，杨代菱，用林邦副反应思想处理滴定曲线和终点误差，大学化学，2001，16(2)：30-34）

阅读材料 2

化学计量学和生态化学计量学

化学计量学(chemometrics)是一门通过统计学或数学方法将化学体系的测量值与体系的状态之间建立联系的学科。1972 年瑞典 Umea 大学沃尔德(S. Wold)首先提出。科研工作者运用化学计量学的理论和方法科学地设计化学实验，选择最优的测量方法，有效地获取特征数据，并通过解析测量数据，最大限度地从中提取有关物质的定性、定量、形态、结构等信息，其主要研究内容包括统计学与统计方法、校正理论、模型和参数、实验设计和优化方法、分析信号处理、化学模式识别、定量构效关系等。目前化学计量学已成为化学与分析化学发展的重要前沿领域。其广泛涉及环境、食品、农林业等多个领域，如环境污染源识别、食品和农业化学试验设计和复杂样品分析、医药分子设计、新药发现及结效关系研究等。化学计量学为优化试验设计和测量方法、科学处理和解析数据并从中提取有用信息提供了新的手段。

生态化学计量学(ecological stoichiometry)是研究多重化学元素平衡和生态系统能量平衡的科学。它运用生物学、化学和物理学等基本原理，结合了热力学第一定律、生物进化的自然选择原理和分子生物学中心法则的理论，使得生物学科不同层次(分子、细胞、有机体、种群、群落、生态系统和全球尺度)的研究理论能够有机地统一起来。

生态化学计量学理论认为有机体是由元素组成，而这些元素进一步组成了各种各样的有机化合物(还有一些无机骨架和金属螯合物)，每种主要的化合物都具有自己独特的化学计量值，这些元素的比值不仅决定了有机体的关键特征，也决定了有机体对资源数量和种类的需求。比如，糖类的C和N含量丰富而P含量较低，核苷的N和P含量则很高。在有机体中，生物的化学组成可以反映包括影响生物生长速率、新陈代谢、结构和生态演替等方面的进化结果。活有机体的元素组成相对比较稳定，这种稳定性是通过它们积极调控细胞组成成分或体内环境来保持的。

生态化学计量学研究最早是对水生生态系统开展的，海洋生态学家和地球化学家应用化学计量学原理指导养分限制和养分循环研究。当前，生态化学计量学已经广泛应用于种群动态、生物体营养动态、微生物营养、寄主-病原关系、生物共生关系、消费者驱动的养分循环、限制性元素的判断、养分利用效率、生态系统比较分析和森林演替与衰退及全球碳氮磷生物地球化学循环、资源竞争理论等研究中，并取得了许多研究成果。

生态化学计量学理论为研究碳、氮、磷及其他营养元素的生态学过程及生物地球化学循环提供了一种新思路，是生态学与生物化学、土壤化学研究领域的新方向，对研究土壤-植物相互作用与碳、氮、磷循环，揭示碳、氮、磷等各种植物元素的大尺度地理格局及其与生态因子的关系，理解它们的生物地理化学循环将如何响应全球气候和生物多样性变化具有重要意义。

习　题

1. 在下列各一元酸碱中，设浓度均为 0.1 mol·L^{-1}，先判断能否滴定，再计算滴定突跃范围，选择合适的指示剂。

(1)甲酸　　(2)硼酸　　(3)NH_4Cl　　(4)NaCN

2. 设计下列浓度均为 0.1 mol·L^{-1}的多元酸的滴定方案。

(1)顺丁烯二酸($H_2C_4H_2O_4$，$K_{a1}^{\ominus}=1.5\times10^{-2}$，$K_{a2}^{\ominus}=8.5\times10^{-7}$)

(2)琥珀酸($H_2C_4H_4O_4$，$K_{a1}^{\ominus}=6.9\times10^{-5}$，$K_{a2}^{\ominus}=2.5\times10^{-6}$)

3. 取 0.1 mol·L^{-1} Na_2CO_3 溶液 20 mL 两份，用 0.2 mol·L^{-1} HCl 溶液滴定，分别用甲基橙和酚酞为指示剂，指示剂变色时所用盐酸的体积各为多少？

4. 用 0.20 mol·L^{-1} NaOH 溶液滴定 0.20 mol·L^{-1} 一氯乙酸溶液至甲基橙变黄(pH 4.4)时，还有百分之几的一氯乙酸未被滴定？能否用甲基橙作指示剂？

5. 如果 NaOH 标准溶液吸收了空气中的 CO_2，试讨论当用此 NaOH 溶液滴定强酸或弱酸时，选用不同指示剂对滴定准确度的影响。

6. 假设 Mg^{2+} 和 EDTA 的浓度皆为 0.010 mol·L^{-1}，若只考虑酸效应，在 pH=6.0 时，Mg^{2+} 与 EDTA 螯合物的条件稳定常数是多少？在此 pH 下能否用 EDTA 标准溶液滴定 Mg^{2+}？能被准确滴定的最低 pH 为多少？

7. 用 EDTA 滴定法滴定 Fe^{3+} 与 Zn^{2+}，若溶液中 Fe^{3+} 与 Zn^{2+} 的浓度均为 0.01 mol·L^{-1}，问：

(1)Fe^{3+} 与 Zn^{2+} 能否用控制酸度的方法进行分步滴定；

(2)若能分步滴定，如何控制酸度。

8. 某碱灰试样，除含 Na_2CO_3 外，还可能含有 NaOH 或 $NaHCO_3$ 及不与酸作用的惰性物质。今称取 1.100 g 该试样溶于适量水后，用甲基橙作指示剂滴定，需加 0.1248 mol·L^{-1} HCl 溶液 31.40 mL 才能达到终点。若用酚酞作指示剂，同样质量的试样需该 HCl 溶液 13.30 mL 就能达到终点。计算试样中各组分的质量分数。

9. 称取含Na_2HPO_4、NaH_2PO_4及惰性物质的试样1.000 g，溶于水后，以百里酚酞作指示剂，用0.1000 mol·L^{-1} NaOH标准溶液滴定，用去NaOH溶液20.00 mL。然后加入溴甲酚绿指示剂，改用0.1000 mol·L^{-1} HCl标准溶液滴定，用去HCl溶液30.00 mL。试计算NaH_2PO_4和Na_2HPO_4的质量分数。

10. 取不纯的KCl试样0.1864 g，溶解后用0.1028 mol·L^{-1} $AgNO_3$标准溶液滴定至终点，用去$AgNO_3$标准溶液21.30 mL，计算试样中Cl^-的质量分数。

11. 取KBr试样0.6157 g，溶解后移入100 mL容量瓶中，加水稀释至刻度后摇匀，吸取25.00 mL于锥形瓶中，加入0.1055 mol·L^{-1} $AgNO_3$标准溶液25.00 mL，6 mol·L^{-1} HNO_3 5 mL及铁铵矾指示剂溶液1 mL，用0.1103 mol·L^{-1} NH_4SCN标准溶液滴定至终点，用去13.01 mL，计算KBr的质量分数。

12. 测定奶粉中的Ca^{2+}含量，称取1.50 g试样，经灰化处理后溶解，调节pH=10.0，以铬黑T作指示剂，用EDTA标准溶液滴定，用去12.1 mL，计算奶粉中Ca^{2+}的质量分数。其中EDTA溶液标定为：吸取每升含0.632 g的纯金属锌溶液10.0 mL，消耗EDTA溶液10.8 mL。

13. 将1.000 g钢样中的铬氧化成$Cr_2O_7^{2-}$，加入25.00 mL 0.1000 mol·L^{-1} $FeSO_4$标准溶液，然后用0.0180 mol·L^{-1} $KMnO_4$标准溶液7.00 mL回滴过量的$FeSO_4$，计算钢样中铬的质量分数。

14. 用碘量法测定钢样中的硫时，先使硫燃烧为SO_2，再用含有淀粉的水溶液吸收，用碘标准溶液滴定。现取钢样0.5000 g，滴定时用去0.050 00 mol·L^{-1} I_2标准溶液11.00 mL，计算钢样中硫的质量分数。

15. 为测定水体中的化学需氧量(COD)，常采用$K_2Cr_2O_7$法，在一次测定中取废水样100.0 mL，用硫酸酸化后，加入25.00 mL 0.020 00 mol·L^{-1} $K_2Cr_2O_7$溶液，在Ag_2SO_4存在下煮沸以氧化水样中还原性物质，再以试铁灵为指示剂，用0.1000 mol·L^{-1} $FeSO_4$溶液滴定剩余的$Cr_2O_7^{2-}$，用去18.20 mL，计算废水样中的化学需氧量(每升水样全部被氧化需要的O_2的质量，以mg·L^{-1}表示)。

16. 选择题

(1)下列酸碱中，能用作基准物质的是(　　)。

A. HCl　　B. H_2SO_4

C. NaOH　　D. Na_2CO_3

(2)滴定分析中，一般利用指示剂颜色的突变来判断反应物恰好按化学计量关系完全反应而停止滴定，这一点称为(　　)。

A. 理论终点　　B. 化学计量点

C. 滴定　　D. 滴定终点

(3)用纯Na_2CO_3标定0.10 mol·L^{-1} HCl溶液的浓度，宜选择的指示剂是(　　)。

A. 酚酞　　B. 甲基橙

C. 中性红　　D. 百里酚酞

(4)用NaOH标准溶液滴定0.10 mol·L^{-1} HF溶液，宜选择的指示剂是(　　)。

A. 甲基橙　　B. 甲基红

C. 酚酞　　D. 百里酚酞

(5)用 0.10 mol·L^{-1} NaOH 滴定同浓度的 HAc 溶液($pK_a^{\ominus}=4.75$)，pH 突跃范围为 7.75～9.70，若滴定同浓度的 HCOOH 溶液($pK_a^{\ominus}=3.75$)，pH 突跃范围为(　　)。

A. 8.75～10.70　　B. 6.75～9.70

C. 6.75～10.70　　D. 5.75～9.70

(6)某酸碱指示剂的 $pK_a^{\ominus}$(HIn)=5.0，其理论变色 pH 范围是(　　)。

A. 4.0～5.0　　B. 5.0～6.0

C. 4.0～6.0　　D. 5.0～7.0

(7)莫尔法中使用的指示剂为(　　)。

A. KSCN　　B. K_2CrO_4

C. 荧光黄　　D. $NH_4Fe(SO_4)_2\cdot12H_2O$

(8)不能用莫尔法滴定的离子是(　　)。

A. Ag^+　　B. Cl^-

C. Br^-　　D. I^-

(9)法扬司法中所用指示剂的变色反应是(　　)。

A. 配位反应　　B. 酸碱反应

C. 氧化还原反应　　D. 吸附反应

(10)下列关于莫尔法的描述正确的是(　　)。

A. 测定 $BaCl_2$ 中的 Cl^- 时可选用 K_2CrO_4 指示终点

B. 可用于滴定 Cl^-、Br^-、I^-、SCN^- 等离子

C. 溶液酸度过高会产生负误差

D. 滴定时应剧烈摇荡以避免滴定终点的提前到达

(11)佛尔哈德法是用铁铵矾 $NH_4Fe(SO_4)_2\cdot12H_2O$ 作指示剂，根据 Fe^{3+} 的特性，此滴定要求溶液必须是(　　)。

A. 酸性　　B. 中性

C. 弱碱性　　D. 碱性

(12)用 EDTA 直接滴定有色金属离子，终点所呈现的颜色是(　　)。

A. 指示剂-金属离子配合物的颜色

B. 游离指示剂的颜色

C. EDTA-金属离子配合物的颜色

D. B 和 C 的混合颜色

(13)在配位滴定中，金属离子与 EDTA 形成的螯合物越稳定，在滴定时允许的 pH(　　)。

A. 越高　　B. 越低

C. 中性　　D. 不要求

(14)用 EDTA 作滴定剂时，下列叙述中错误的是(　　)。

A. 在酸性较高的溶液中可形成 MHY 配合物

B. 在碱性较高的溶液中可形成 MOHY 配合物

C. 不论形成 MHY 还是 MOHY，均有利于配位滴定反应

D. 不论溶液 pH 大小，都只形成 MY 一种形式配合物

(15)配位滴定时，选用指示剂应使 $K_f^{\ominus\prime}$(MIn)适当小于 $K_f^{\ominus\prime}$(MY)，若相反，会使指示

剂(　　)。

A. 变色过晚　　B 变色过早

C. 不变色　　D. 无影响

(16)为了提高配位滴定的选择性，采取的措施之一是设法降低干扰离子的浓度，其作用称为(　　)。

A. 掩蔽作用　　B. 解蔽作用

C. 加入有机试剂　　D. 控制溶液的酸度

(17)酸效应曲线是根据下述哪种关系作图得到的？(　　)

A. $pH-\lg\alpha[Y(H)]$　　B. pM-滴定百分数 T

C. $pH-\lg K_f^{\ominus\prime}(MY)$　　D. $pH-K_f^{\ominus\prime}(MY)$

(18)可用于标定 $KMnO_4$ 溶液的基准物质是(　　)。

A. $Na_2C_2O_4$　　B. $CaCO_3$

C. 邻苯二甲酸氢钾　　D. 纯锌

(19)高锰酸钾法通常在下列哪一种介质条件下进行？(　　)

A. 中性　　B. 弱碱

C. 强酸　　D. 弱酸

(20)在酸性介质中，用 $KMnO_4$ 溶液滴定草酸盐，滴定应(　　)。

A. 与酸碱滴定那样快速进行　　B. 开始时缓慢，逐渐加快

C. 始终缓慢地进行　　D. 开始时快，然后缓慢

(21)间接碘量法中正确加入淀粉指示剂的做法是(　　)。

A. 在滴定开始时加入　　B. 在终点时加入

C. 在接近终点时加入　　D. 在任何时间加入均可

(22)配制 $Na_2S_2O_3$ 溶液时，应当用新煮沸并冷却的纯水，其原因是(　　)。

A. 使水中杂质都被破坏　　B. 除去 NH_3

C. 除去 CO_2 和 O_2　　D. 杀死细菌

(23)滴定分析中，通用型指示剂指示终点的一般原理是利用指示剂在计量点附近发生颜色变化来指示滴定终点的到达。下列哪一类指示剂不属于通用型指示剂？(　　)

A. 酸碱指示剂　　B. 氧化还原指示剂

C. 金属指示剂　　D. 淀粉指示剂

17. 填空题

(1)用于滴定分析的化学反应必须具备的条件是________、________和________。

(2)标准溶液的配制方法有________________________。

(3)滴定分析中，借助指示剂颜色突变即停止滴定，称为____________，指示剂变色点和理论上的计量点之间存在的差异而引起的误差称为____________。

(4)滴定分析法有四种滴定方式，除了________这种基本方式外，还有________、________、________等，以扩大滴定分析法的应用范围。

(5)基准物的用途是________________和________________。

(6)酸碱滴定曲线是以滴定过程中溶液的________变化为特征的。滴定时酸、碱的浓度越大，滴定突跃范围越________；酸碱的强度越大，滴定突跃范围越____________。

(7)酸碱指示剂一般都是有机________酸或________碱，当溶液的 pH 改变时，指示剂由于________的改变而发生________________的改变，指示剂从一种颜色完全转变到另一种颜色的 pH 范围，称为指示剂的________________。

(8)酸碱滴定中选择指示剂的原则是________________________。

(9)用 0.1 $mol\cdot L^{-1}$ NaOH 溶液滴定同浓度 HCl、HCOOH、HAc 和丙酸溶液，滴定的 pH 突跃范围由大到小的顺序是________________________。

(10)有一碱液，可能是 NaOH，或 Na_2CO_3，或 $NaHCO_3$，或它们的混合液，用盐酸标准溶液滴定，加酚酞滴定至终点时耗去盐酸的体积为 V_1，加甲基橙继续滴定至终点时耗去盐酸的体积为 V_2，请根据 V_1 与 V_2 的关系判断该碱液的组成：

A. 当 $V_1>V_2$ 时，组成为____________________；

B. 当 $V_1<V_2$ 时，组成为____________________；

C. 当 $V_1=V_2$ 时，组成为____________________；

D. 当 $V_1=0$，$V_2>0$ 时，组成为____________________；

E. 当 $V_1>0$，$V_2=0$ 时，组成为____________________。

(11)在酸碱滴定法中不用弱酸或弱碱作标准溶液，是因为________________________。

(12)莫尔法所用的指示剂是________，标准溶液是________，因而莫尔法的滴定介质条件是________。

(13)佛尔哈德法的最大优点是________________。

(14)在配位滴定中提高滴定的 pH，有利的是________，但不利的是________，故存在着滴定的最低 pH 和最高 pH。

(15)配位滴定的最低 pH 可利用关系式________求出，反映金属离子最低 pH 的曲线称为________曲线，利用它可以快速确定待测金属离子被滴定的________。

(16)测定硬水中 Ca^{2+}、Mg^{2+} 各组分含量，其方法是在 pH=__________，用 EDTA 滴定__________；另取同体积硬水加入__________，使 Mg^{2+} 成为__________，再用 EDTA 滴定________。

(17)用 EDTA 滴定浓度为 0.01 $mol\cdot L^{-1}$ 的金属离子，条件稳定常数应满足________才可以准确滴定。

(18)配位滴定法要求金属指示剂与金属离子之间的稳定性要适中，若稳定性过大，则易引起指示剂的________现象。

(19)EDTA 与金属离子形成配合物的过程中，因有________放出，应加________来控制溶液的酸度。

(20)条件电极电势是在一定介质条件下，$c'(Ox)=c'(Red)=$________的实测电极电势。

(21)氧化还原滴定中，影响电势突跃范围大小的主要因素是________________，电势突跃范围大小与溶液的浓度是否有关？________。

(22)配制 I_2 标准溶液时，必须加入 KI，其目的是________________________。

(23)间接碘量法的主要误差来源为____________和____________。

10 分光光度法

学习要求

1. 了解分光光度法的基本原理。
2. 掌握朗伯-比尔定律的原理、应用和摩尔吸光系数。
3. 掌握显色反应应具备的条件和显色条件的选择。
4. 了解分光光度法的应用和测量条件的选择。

知识结构导图

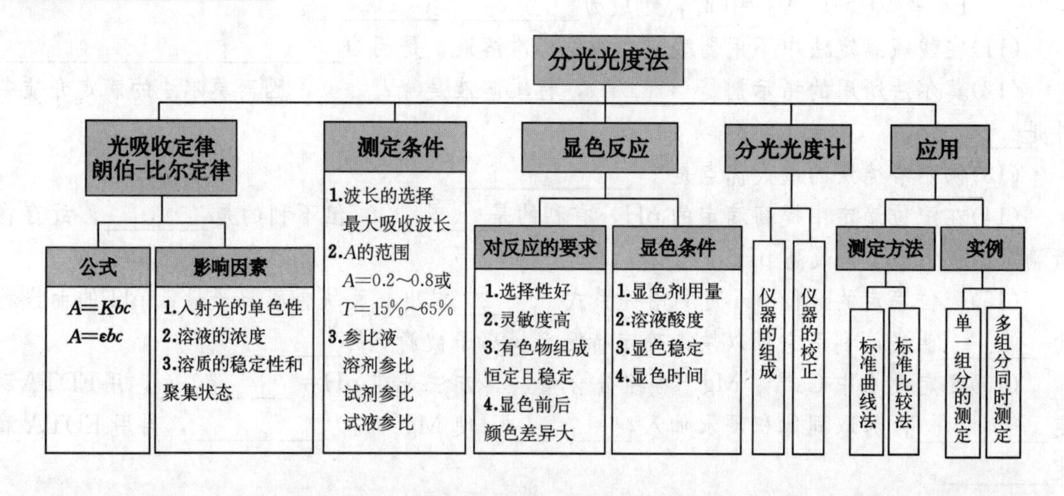

在光的照射下，物质选择性地吸收不同波长的光，因而呈现出特有的颜色。利用物质对光的选择性吸收，不但可以进行定性分析，还可以进行定量分析。基于物质对光的选择性吸收而建立起来的分析方法称为**吸光光度法**(absorption photometry)。

根据仪器获得单色光的方法不同，吸光光度法分为**光电比色法**(photoelectric colorimetry)和**分光光度法**(spectrophotometry)。光电比色法是通过以滤光片获得单色光的光电比色计，比较有色溶液颜色的深浅，从而测定组分含量的分析方法；而分光光度法则是通过以棱镜或光栅等为单色器的分光光度计，测定溶液对单色光的吸收程度，从而确定吸光组分含量的分析方法。根据所使用单色光的波谱区域不同，分光光度法又可分为**可见分光光度法**、**紫外分光光度法**和**红外分光光度法**。本章主要讨论紫外-可见分光光度法。

10.1 分光光度法概述

10.1.1 光的基本性质

光是一种电磁波，具有波粒二象性，即波动性和粒子性。它包括 X 射线、紫外光、可见光、红外光、微波和无线电波等。不同波长的光具有不同的能量。光的波长(λ)、频率(ν)、能量 E 及光速 c 之间的关系为

$$E=h\nu=h\frac{c}{\lambda} \tag{10-1}$$

式中：h 为普朗克常量，$h=6.626\times10^{-34}$ J·s。

从式(10-1)可知，不同波长的光，能量不同。波长越长，频率越小，能量越低；反之，波长越短，能量越高。按波长或频率大小顺序排列的电磁波谱见表 10-1。

表 10-1　电磁波谱

波谱名称	波长范围	频率/Hz	波谱名称	波长范围	频率/Hz
X 射线	10^{-3}～10 nm	10^{20}～10^{16}	近红外光	0.78～2.5 μm	4×10^{14}～1.2×10^{14}
远紫外光	10～200 nm	10^{16}～10^{15}	红外光	2.5～1000 μm	1.2×10^{14}～10^{11}
紫外光	200～400 nm	10^{15}～7.5×10^{14}	微波	1～1000 mm	10^{11}～10^{8}
可见光	400～780 nm	7.5×10^{14}～4×10^{14}	无线电波	1～1000 m	10^{8}～10^{5}

10.1.2　物质对光的选择性吸收

人的肉眼可以感觉到的光称为可见光，其波长范围为 400～780 nm。通常所说的白光(日光、白炽灯光等)是由各种颜色的单色光按一定的强度比例混合而成，因此一束白光通过棱镜后色散为红、橙、黄、绿、青、蓝、紫等单色光。而当一束白光通过某透明溶液时，如果该溶液对各波长的光都不吸收，即入射光全部透射，这时看到的溶液透明无色；当该溶液对各种波长的光全部吸收时，则此时看到的溶液呈黑色；若该溶液选择性地吸收了某波长的光，则该溶液的颜色由透射光的波长决定。物质呈现的颜色与吸收光颜色及波长的关系如图 10-1 和表 10-2 所示。

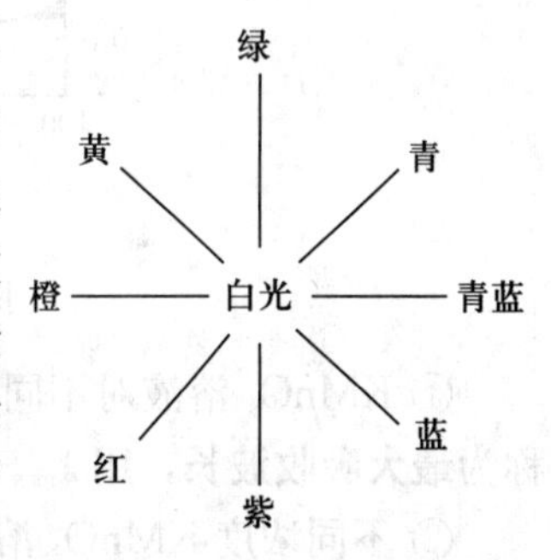

图 10-1　互补色光示意图

表 10-2　物质颜色与吸收光颜色的互补关系

物质颜色	吸收光		物质颜色	吸收光	
	颜色	波长范围/nm		颜色	波长范围/nm
黄绿	紫	400～450	紫	黄绿	560～580
黄	蓝	450～480	蓝	黄	580～600
橙	绿蓝	480～490	绿蓝	橙	600～650
红	蓝绿	490～500	蓝绿	红	650～780
紫红	绿	500～560			

吸收光与透射光称为**互补光**，两种光所呈现的颜色称为**互补色**。例如，当一束白光通过 KNO_3 溶液时，全部透射，KNO_3 溶液无色透明；而通过 K_2CrO_4 溶液时，溶液吸收蓝光而呈现黄色；通过 $KMnO_4$ 溶液时，溶液选择性地吸收了绿光而呈现紫红色。物质的可见颜色是基于物质对光有选择性吸收的结果，因此人眼所看见的物质颜色是其吸收光的互补光呈现的颜色。如绿色与紫色互补、蓝色与黄色互补，它们按一定强度比例混合都可以得到白色。

10.1.3 吸收曲线

将不同波长的单色光依次通过某一固定浓度的有色溶液，分别测出相应波长下物质对光的吸收程度(用吸光度 A 表示)。以波长为横坐标、吸光度为纵坐标作图，即为吸收曲线(absorption curve)。吸收曲线清楚地描述了物质对不同波长光的吸收规律。图 10-2 所示的是三种不同浓度的 $KMnO_4$ 溶液的吸收曲线。从吸收曲线可以看出：

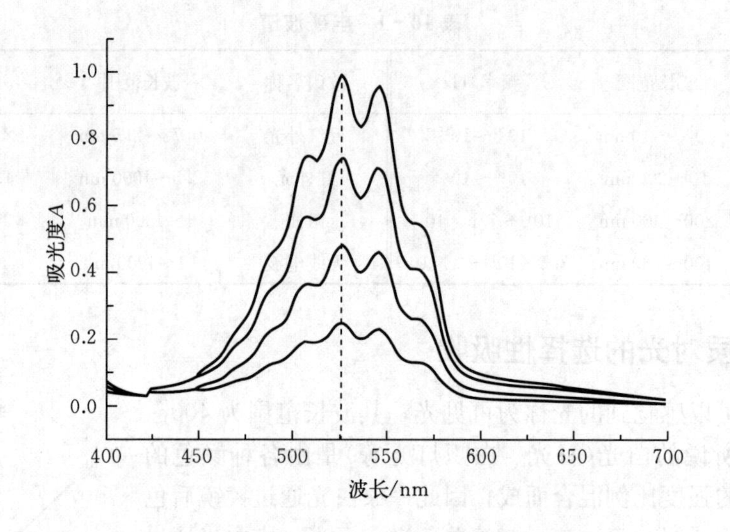

图 10-2 不同浓度 $KMnO_4$ 溶液的吸收曲线

① $KMnO_4$ 溶液对不同波长光的吸收具有选择性。它在 525 nm 处的吸收最强，此波长称为**最大吸收波长**，用 λ_{max} 表示。

② 不同浓度 $KMnO_4$ 溶液的吸收曲线，形状相似，最大吸收峰的峰位相同，但吸收强度不同。这说明物质的吸收曲线是一种特征曲线，可作为对物质进行**定性分析**的依据之一。

③ 在最大吸收波长 λ_{max} 附近，吸光度测量的差异最大，灵敏度最高。这一特性可作为物质定量分析时选择入射光波长的依据。

【思考题】

1. 物质为何有颜色？
2. 分光光度法有什么特点？
3. 什么是吸收曲线？如何根据吸收曲线进行定性分析？

10.2 光的吸收定律

10.2.1 朗伯-比尔定律

10.2.1.1 透光率和吸光度

当一束平行单色光照射任何均匀、非散射的有色溶液时，一部分光被吸收，一部分光透过，一部分光被器皿反射。设入射单色光的强度为 I_0，吸收光强度为 I_a，透射光强度为 I_t，反射光强度为 I_r，则它们的关系为

$$I_0=I_t+I_a+I_r \tag{10-2}$$

进行吸收光谱的测定时，待测溶液和参比溶液通常盛装在相同型号的比色皿中，比色皿的表面与入射光的方向垂直。由于比色皿反射的光的强度一致，因此可以忽略 I_r，则式(10－2)简写为

$$I_0=I_t+I_a \tag{10-3}$$

将 I_t/I_0 称为**透光率**(transmittance，也称为透射比)，用 T 表示，即

$$T=\frac{I_t}{I_0} \tag{10-4}$$

物质对光的吸收程度可以用**吸光度**(absorbance)$\boldsymbol{A}$ 表示，其定义为

$$A=\lg\frac{I_0}{I_t}=-\lg T \tag{10-5}$$

式(10－5)表明，T 越大，透过溶液的光越多，其吸光度 A 就越小；反之，T 越小，物质的吸光度 A 就越大。

10.2.1.2 朗伯-比尔定律

1729 年朗伯(Lambert)在实验中发现物质对光的吸收与吸光物质的厚度有关。朗伯的学生进一步研究并于 1760 年提出：当溶液的浓度一定时，溶液对光的吸收程度与液层厚度成正比，这就是朗伯定律。1852 年比尔(Beer)又提出：当单色光通过的液层厚度一定时，溶液的吸光度与溶液的浓度成正比，即比尔定律。后人将朗伯定律和比尔定律合并，得到**朗伯-比尔定律**(Lambert-Beer law)，朗伯-比尔定律适用于任何均匀、非散射的固体、液体或气体介质。下面以稀溶液为例进行说明。

当一束平行单色光通过某有色稀溶液时，溶液的吸光度 A 与液层厚度 b 和溶液浓度 c 的乘积成正比，此即朗伯-比尔定律。其数学表达式为

$$A=Kbc \tag{10-6}$$

式中：b 为液层厚度(比色皿的厚度)，单位通常为 cm；K 为**吸光系数**(absorption coefficient)；c 为吸光物质溶液的浓度。

当 c 的单位为 $g\cdot L^{-1}$ 时，K 用 a 表示，单位为 $L\cdot g^{-1}\cdot cm^{-1}$，此时朗伯-比尔定律表示为

$$A=abc \tag{10-7}$$

当 c 的单位为 $mol\cdot L^{-1}$ 时，K 用 ε 表示，称为**摩尔吸光系数**(molar absorptivity)，其单位为 $L\cdot mol^{-1}\cdot cm^{-1}$，它表示吸光物质的浓度为 $1\ mol\cdot L^{-1}$、液层厚度为 1 cm 时，溶液对光的吸收能力。此时朗伯-比尔定律表示为

$$A=\varepsilon bc \tag{10-8}$$

摩尔吸光系数越大，表示物质对某波长的光吸收能力越强，测定的灵敏度也就越高。因此 ε 是物质对光吸收的重要参数，也是衡量光度分析法灵敏度的指标。一般地，对于微量组分的测定，当 $\varepsilon>10^3\ L\cdot mol^{-1}\cdot cm^{-1}$ 时就可用分光光度法进行测定。若 $\varepsilon=10^4\sim10^5\ L\cdot mol^{-1}\cdot cm^{-1}$，则分析的灵敏度属于中高灵敏度；若 $\varepsilon>10^5\ L\cdot mol^{-1}\cdot cm^{-1}$，则属于超高灵敏度。

例 10-1 采用双环己酮草酰二腙法测定浓度为 25.0 μg·(50.0 mL)$^{-1}$的 Cu^{2+} 溶液，将溶液装在 2 cm 的比色皿中，在 600 nm 处测得透光率 T 为 50.1%，计算：(1)吸光度 A；(2)摩尔吸光系数 ε。已知 $M(Cu)=64.0\ g\cdot mol^{-1}$。

解

(1)$A=-\lg T=-\lg(50.1\%)=0.300$

(2)溶液浓度：$c=\dfrac{m/M(Cu)}{V}=\dfrac{25.0\times10^{-6}/64.0}{50.0\times10^{-3}}=7.81\times10^{-6}\ mol\cdot L^{-1}$

由 $A=\varepsilon bc$ 得 $\varepsilon=\dfrac{A}{bc}=\dfrac{0.300}{2\times7.81\times10^{-6}}=1.92\times10^{4}\ L\cdot mol^{-1}\cdot cm^{-1}$

例 10-2 采用邻二氮菲法测定样品中铁的含量，称取试样 0.5685 g，处理后加入显色剂，定容至 50.00 mL。将溶液装在 1.0 cm 比色皿中，于 510 nm 处测得透光率为 38.1%，计算该样品中铁的含量。已知 $\varepsilon_{510}=1.0\times10^{4}\ L\cdot mol^{-1}\cdot cm^{-1}$，$M(Fe)=55.6\ g\cdot mol^{-1}$。

解 根据朗伯-比尔定律 $A=-\lg T=\varepsilon bc$，得

$$c=\frac{-\lg T}{\varepsilon b}=\frac{-\lg(38.1\%)}{1.0\times10^{4}\times1.0}=4.2\times10^{-5}\ mol\cdot L^{-1}$$

$$\omega(Fe)=\frac{c\cdot V\cdot M(Fe)}{m}=\frac{4.20\times10^{-5}\times50.0\times10^{-3}\times55.6}{0.5685}=2.1\times10^{-4}$$

10.2.2 影响朗伯-比尔定律的因素

根据朗伯-比尔定律，当比色皿厚度保持不变时，以溶液浓度 c 对吸光度 A 作图，应得到一条通过原点的直线。但在实际测试中，特别是当溶液浓度较大时，得到的 $A-c$ 直线会发生上翘或下弯，产生正偏离或负偏离，如图 10-3 所示，这种现象称为朗伯-比尔定律的偏离。

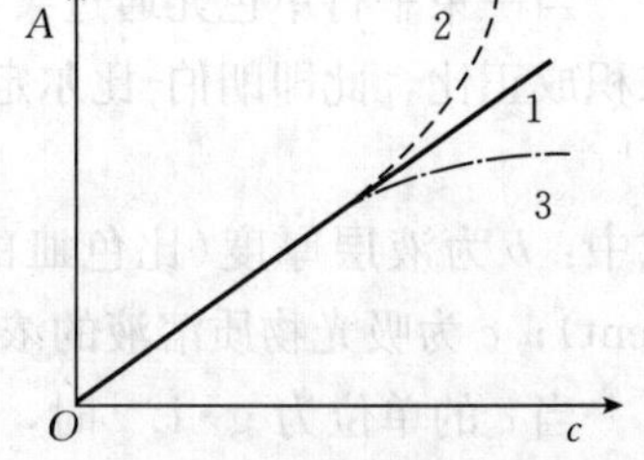

图 10-3 标准曲线及其对朗伯-比尔定律的偏离

1. 无偏离 2. 正偏离 3. 负偏离

引起朗伯-比尔定律偏离的原因主要有以下几方面：

(1)入射光非单色性引起偏离 朗伯-比尔定律只适用于单色光。但实际上，真正的单色光难以得到，一般单色器所提供的入射光是由波长范围较窄的光带组成的复合光。由于物质对不同波长光的吸光系数不同，导致了对朗伯-比尔定律的偏离。入射光中不同波长的吸光系数差别越大，偏离就越严重。实验证明，物质对光的吸收一般都有一个较宽的波段范围，吸收峰附近常有一个吸收强度差异较小的区域，只要选择吸收峰顶较平坦的波长为入射光，偏离程度就较小，如图 10-4 所示。

(2)溶液的物理因素引起的偏离 朗伯-比尔定律只适用于浓度较小的稀溶液。因为浓度高时，吸光粒子间平均距离减小，以致每个粒子都会影响其邻近粒子的电荷分布。这种相互作用使它们的摩尔吸光系数发生改变，因而导致吸收曲线偏离比尔定律。因此在实际工作中，待测溶液的浓度最好控制在 0.01 mol·L^{-1}以下。

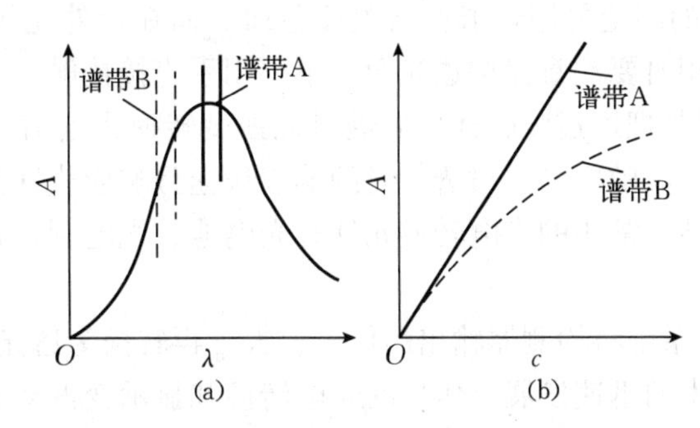

图 10-4　入射光的非单色性对朗伯-比尔定律的影响

朗伯-比尔定律只适用于均匀、非散射溶液。若被测溶液呈胶体、乳浊或悬浮液等不均匀的分散状态，入射光通过溶液后，除了被溶液吸收外，还有部分因反射和散射而损失，使透光率减小，吸光度增大，导致吸收曲线偏离朗伯-比尔定律。

(3)溶液的化学因素引起的偏离　溶液中的吸光物质因解离、缔合、互变异构及化学变化等使溶液浓度发生了改变，也会导致偏离比尔定律。例如，用显色剂 KSCN 测定 Fe^{3+} 时，显色反应为

$$Fe^{3+} + 3SCN^{-} = Fe(SCN)_3$$

当溶液稀释时，显色平衡向左移动，使橙红色 $Fe(SCN)_3$ 的解离度增大。当溶液稀释 10 倍时，$Fe(SCN)_3$ 的浓度降低不止为原来的 1/10，因此导致 $A-c$ 曲线偏离朗伯-比尔定律。

【思考题】

1. 朗伯-比尔定律的适用条件是什么？
2. 哪些因素会引起朗伯-比尔定律的偏离？

10.3　分光光度计

10.3.1　分光光度计的基本结构

分光光度计的种类和型号比较多，但就其基本结构来说，都是由以下几部分组成。

光源 → 单色器 → 吸收池 → 检测器 → 显示系统

(1)光源　可见分光光度计都以钨灯作光源，钨灯丝发出 320～3200 nm 的连续光谱，其中最适宜的波长范围是 400～1000 nm，覆盖了整个可见光光谱区域。紫外-可见分光光度计的光源除有钨灯外还有氘灯。氘灯产生 200～375 nm 的连续光谱，适用于紫外分光光度法测定。

(2)单色器　单色器是一种把光源发出的复合光按不同波长色散，并能从中分出所需单色光的光学装置。单色器由色散元件、狭缝和准直镜组成，色散元件一般为光栅或棱镜。

(3)吸收池　又称比色皿，是由无色透明的光学玻璃或熔融石英制成，用来盛装试液和参比溶液。吸收池的厚度(液层厚度)有 0.5 cm、1 cm、2 cm 和 5 cm 等多种规格，常用的为

1 cm 吸收池。可见光区的测定可用玻璃或石英比色皿，而在紫外光区的测定则必须使用石英比色皿。比色皿在使用时要注意保护透光面，不要用手直接接触。

(4)检测器 检测器是把透过吸收池后的透射光强度转换为电信号的装置，其核心是光电转换元件。检测系统应灵敏度高、对透射光的响应快速且响应线性关系好，对不同波长的光具有相同的响应可靠性。常用的光电转换元件有光电池、光电管、光电倍增管和光电二极阵列检测器。

(5)显示系统 显示系统将检测器输出的信号放大，再转换为透光率和吸光度显示出来。随着微处理器和显示技术的迅速发展，信号的光电转换和显示变得十分方便。

10.3.2 分光光度计的校正

分光光度计在使用或存放一段时间后，都需要经过校正才能再次使用，包括波长校正和吸光度校正。有若干特征吸收峰的镨铷玻璃或钬玻璃可用来校正波长，镨铷玻璃适用于可见光区的波长校正，而钬玻璃则对可见光区和紫外光区的波长校正都适用。标准溶液可用来校正吸光度，如 K_2CrO_4 标准溶液可校正吸光度，其具体条件和标准值可参见相关资料。

10.4 显色反应应具备的条件及影响因素

用分光光度法测定时，由于大多数待测组分本身无色或颜色很浅，需要先将其定量转变成有色化合物，然后再进行测定。将待测组分定量转变成有色化合物的反应称为**显色反应**；与待测组分反应并定量生成有色化合物的试剂称为**显色剂**。在分光光度法实验中，选择合适的显色反应，并严格控制反应条件是十分重要的，它们是提高分析灵敏度和准确度的前提。

10.4.1 显色反应应具备的条件

显色反应一般为氧化还原反应和配位反应，其中配位反应最为常见。同一种组分可能与多种显色剂反应生成不同有色物质。在分析时，选择显色反应应考虑下面因素：

(1)选择性好 一种显色剂最好只与一种或少数几种被测组分发生显色反应。仅与一种被测组分发生显色反应的显色剂称为专属(或特效)显色剂。

(2)灵敏度高 灵敏度高的显色反应有利于微量组分的测定。摩尔吸光系数的大小影响显色反应灵敏度的高低，一般要求有色化合物的摩尔吸光系数为 $10^4 \sim 10^5\ L \cdot mol^{-1} \cdot cm^{-1}$。

(3)有色化合物的组成恒定，且在一段时间内化学性质稳定 有色化合物有稳定的化学式、在空气中不易被氧化或被光分解，才能保证在测量过程中吸光度稳定，否则影响吸光度的准确度及重现性。

(4)有色化合物与显色剂之间的颜色差别要大 在测定波长处显色剂应无明显吸收，这样可以降低试剂空白，提高准确度。一般要求显色剂与有色化合物的 $\Delta\lambda_{max} > 60$ nm。

10.4.2 显色剂

常用的显色剂有**无机显色剂**和**有机显色剂**。由于大多数无机显色剂与金属离子的显色反应灵敏度和选择性不高，所以有实际应用价值的无机显色剂不多，常见的有硫氰酸盐、钼酸铵、过氧化氢等。相反，有机显色剂与金属离子反应，生成稳定性、灵敏度和选择性都比较高的配合物，因此有机显色剂的种类较多，实际应用较广。常见的有机显色剂有丁二酮肟、邻二氮菲、磺基水杨酸及二苯硫腙等。随着科学技术的发展，各种新的高灵敏度、高选择性的显色剂不断被合成出来。显色剂的种类、性能及其应用可查阅有关资料。

10.4.3　显色条件

10.4.3.1　显色剂的用量

设 M 为待测金属离子，R 为显色剂，MR 为显色反应生成的有色化合物，显色反应一般可表示为 M+R=MR。根据化学平衡原理，MR 的稳定常数越大，加入的显色剂 R 越多，越有利于 MR 的生成。但过量太多显色剂会因副作用而使 MR 的组成和颜色发生变化，影响吸光度的测定，因此显色剂一般应适当过量。在实际工作中，显色剂的用量是由实验确定的，即通过绘制 $A-c(\mathrm{R})$ 曲线来确定显色剂的适宜用量。其方法是固定待测组分的浓度和其他条件，加入不同剂量的显色剂，分别测定 A，从而绘制 $A-c(\mathrm{R})$ 曲线。常见的 $A-c(\mathrm{R})$ 曲线有三种情况，如图 10－5 所示。

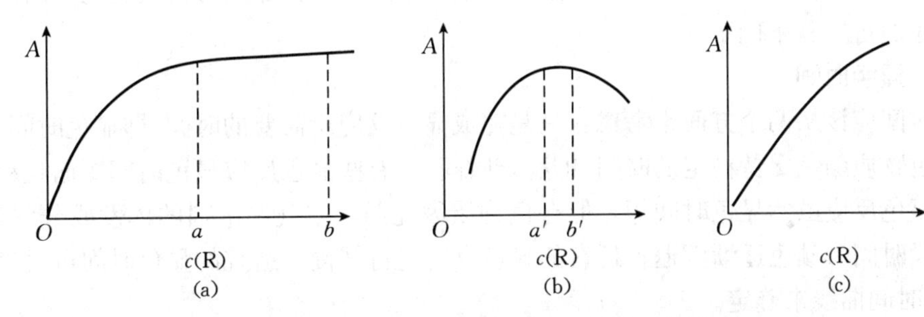

图 10－5　吸光度与显色剂浓度的关系曲线

一般地，当显色反应生成的配合物较稳定时，对显色剂浓度控制不需太严格，在图 10－5中，曲线(a)即为此种情况。随着 $c(\mathrm{R})$ 的增大，A 逐渐增大。当 $c(\mathrm{R})$ 达到某一数值后，A 趋于稳定，出现 ab 平坦部分，这表示显色剂 R 已足够，因此显色剂的适宜用量在 ab 间选择即可。而当显色生成的配合物的组成和性质不够稳定时，显色剂的用量需要严格控制，见曲线(b)、(c)。曲线(b)的 $a'b'$ 平坦范围较窄，因此显色剂的浓度要控制在 $a'b'$ 内。在曲线(c)中，随着 $c(\mathrm{R})$ 的增大，A 不断增大，此类显色反应必须严格控制 $c(\mathrm{R})$。例如，用显色剂 KSCN 测定 Fe^{3+}，随着 KSCN 浓度的增大，生成的化合物的配位数也逐渐增大，$[Fe(SCN)_n]^{3-n}$，$n=1$，2，3，…，6，溶液颜色加深。

10.4.3.2　溶液的酸度

酸度对显色反应的影响很大，主要表现是：①影响显色剂的平衡浓度和颜色。因为多数有机显色剂往往是酸碱指示剂，它本身的浓度和颜色是随 pH 变化而变化的。例如：吡啶偶氮间苯二酚(PAR)是二元弱酸，在 pH 为 2.1～4.2、4.0～7.0 和>10 范围，其颜色分别为黄色、橙色和红色。PAR 可作多种离子的显色剂，生成的配合物都是红色，因而这种显色剂不能在碱性溶液中使用；②影响有色配合物的组成。例如：磺基水杨酸与 Fe^{3+} 在不同 pH 下，生成配位比不同的配合物(表 10－3)；③降低有色配合物的稳定性。当溶液酸度增大时，有机弱酸型显色剂的平衡浓度减小，显色能力减弱，有色配合物的稳定性也随之降低。

表 10-3　不同 pH 下水杨酸铁配离子的颜色

pH 范围	配离子的组成(配位比)	颜色
2～3	$[Fe(ssal)]^{+}$(1∶1)	紫红色
4～7	$[Fe(ssal)_2]^{-}$(1∶2)	橙红色
8～10	$[Fe(ssal)_3]^{3-}$(1∶3)	黄色

显色反应需要的适宜酸度是通过实验来确定的。具体方法：固定被测组分及显色剂浓度，改变溶液的 pH，在相同测定条件下分别测定其吸光度，绘制 A-pH 曲线，选择曲线平坦部分对应的 pH 作为应该控制的酸度范围。

10.4.3.3　显色温度

不同的显色反应对温度的要求不同。大多数显色反应在常温下就可以很快完成，例如 Fe^{3+} 和邻二氮菲的显色反应；而有的显色反应速率较慢，必须加热才能迅速完成，例如硅钼蓝法测定微量硅，应先在沸水浴中加热生成硅钼黄，然后将硅钼黄还原为硅钼蓝才能进行吸光度测定。也有的有色物质加热易分解，例如 $Fe(SCN)_3$ 在加热时很快褪色。因此适宜的显色温度应通过实验来确定。

10.4.3.4　显色时间

显色时间应该从两个方面来考虑：一是完成显色反应所需要的时间(即显色时间)；二是显色后有色物质颜色保持稳定的时间(即稳定时间)。有些显色反应显色时间短而且稳定时间长；有些显色反应虽然显色时间短，但有色物质因光照、空气、试剂的挥发或分解等因素，在放置一段时间后颜色逐渐消退；还有的显色反应进行缓慢。适宜的显色时间可通过实验绘制吸光度-时间曲线来确定。

10.5　分光光度法中测量条件的选择

在测量吸光度时，为了使测定准确度和灵敏度较高，必须选择适当的测量条件。

10.5.1　入射光波长的选择

当用分光光度计测量被测溶液的吸光度时，首先根据吸收曲线选择合适的入射光波长。在一般情况下，应选用最大吸收波长作为测定波长。这是因为在此波长处，测定的灵敏度高，且能减小或者消除因单色光不纯而引起的朗伯-比尔定律偏离。但如果最大吸收峰附近有干扰存在(如共存离子或所使用的试剂有吸收)，则根据干扰最小、吸光度尽可能大的原则选择测定波长。

10.5.2　吸光度读数范围的选择

当吸光度的测量值过高或过低时，浓度的测量误差都会较大。为了使测量结果有较高的准确度，一般适宜的吸光度范围是 0.2～0.8，或透光率范围 15%～65%。实际工作中，若发现吸光度超出上述范围较多，可以通过改变试液浓度或选用适当厚度的比色皿，使其吸光度在 0.2～0.8 范围内，以减小测量误差，提高测量的准确度。

10.5.3 参比溶液的选择

测定吸光度时，由于入射光的反射以及溶剂、试剂等对光的吸收会造成透射光通量的减弱，所以在测量中要选择参比溶液或空白溶液做比较来扣除。在测定待测试液的吸光度时，一般先用参比溶液进行调零(即在测定波长处用参比溶液调节透光率为 100%)，以消除由于比色皿、溶剂和试剂对入射光的反射和吸收带来的误差。常见的参比溶液如下：

(1)纯溶剂参比 当试样(待测样品)、试剂、显色剂均无色，即在测定波长下无吸收时，可采用纯溶剂作为参比溶液。这样可以消除溶剂、比色皿等因素的影响。

(2)试剂参比 如果试样无色，而显色剂、其他试剂或溶剂等有色，即在测定波长处有吸收，此时应采用试剂为参比溶液。即在相同显色条件下，以相同量的各种试剂和溶剂所得的溶液(不加试样)作为参比溶液。这种参比溶液可消除试剂中的组分产生的影响。

(3)试液参比 如果在测定波长处试样本身有吸收，而显色剂和试剂等无吸收，则采用不加显色剂的试样溶液作为参比溶液。

【思考题】

1. 影响显色反应的主要因素有哪些?
2. 使用分光光度法测试时，吸光度应控制在什么范围？为什么？
3. 什么是参比溶液？如何正确选择参比溶液？

10.6 分光光度法的应用

分光光度法的应用十分广泛，不仅可用于微量组分的测定，而且可用于高含量组分和多组分的测定，以及有关化学平衡的研究。

10.6.1 单一组分的测定

朗伯-比尔定律是分光光度法进行定量分析的理论基础。对单一组分样品进行测定时，首先确定被测试样的测量波长(一般为 λ_{max})，在此波长下，选用适当的参比溶液测量试样的吸光度，即可得出试样的浓度。但在实际工作中，常采用标准曲线法或标准比较法，以消除共存组分的干扰和仪器误差。

10.6.1.1 标准曲线法

标准曲线法又称工作曲线法，它是实际工作中最常用的定量方法。其方法是先配制一系列不同浓度的标准溶液，在选定的实验条件(包括显色条件、测量波长、参比溶液等)下，分别测定各标准溶液的吸光度。以标准溶液的浓度为横坐标、吸光度为纵坐标，绘制 $A-c$ 曲线，若符合朗伯-比尔定律，则得到一条通过原点的直线，称为标准曲线，见图 10-6。然后用完全相同的方法和步骤测定试样的吸光度，从标准曲线上找出相对应的试样溶

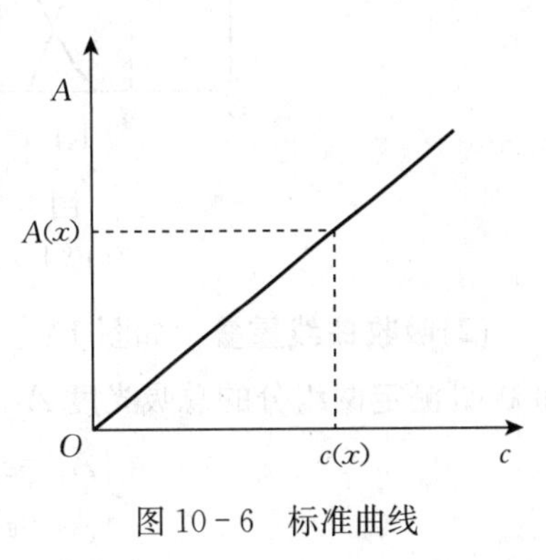

图 10-6 标准曲线

液的浓度或含量，即可求出待测物质的浓度或含量。

标准曲线法适用于单色光不纯的仪器。另外，在实验条件和仪器固定的情况下，标准曲线可以多次使用而不必重新制作，因此适用于大量的经常性的工作。

需要注意的是：①待测试样的显色反应和吸光度测定应尽量在与标准系列相同的条件下进行；②待测试样的浓度应在工作曲线线性范围内，最好在标准曲线中部；③如果实验条件变动，标准曲线应重新绘制。

10.6.1.2 标准比较法

将浓度分别为 $c(s)$ 和 $c(x)$ 的标准溶液和试液（浓度相近）在相同条件下显色，并于同一测量波长下，使用相同规格的比色皿，分别测定其吸光度 $A(s)$ 和 $A(x)$。根据朗伯-比尔定律

$$A(s)=\varepsilon \cdot b \cdot c(s), \quad A(x)=\varepsilon \cdot b \cdot c(x)$$

两式比较，得待测试液的浓度：

$$c(x)=\frac{A(x)}{A(s)}c(s) \tag{10-9}$$

由于标准比较法操作简单，所以给经常性分析工作带来方便。但使用时要注意：①$A-c$ 线性关系要良好；②待测试样和标准溶液的浓度要接近。

10.6.2 多组分的同时测定

多组分是指在被测溶液中含有两种或两种以上共存的吸光组分。进行多组分混合物定量分析的依据是吸光度的加和性。假设溶液中同时存在两种组分 x 和 y，它们的吸收光谱一般有下面两种情况：

(1)吸收曲线不重叠 x、y 两种组分的吸收曲线如图 10-7(a)所示，于波长 λ_1 处 x 组分有吸收而 y 组分无吸收，同时于另一波长 λ_2 处 y 组分有吸收而 x 组分无吸收，则可分别于波长 λ_1 和 λ_2 处测定组分 x 和 y，而二者相互不产生干扰。

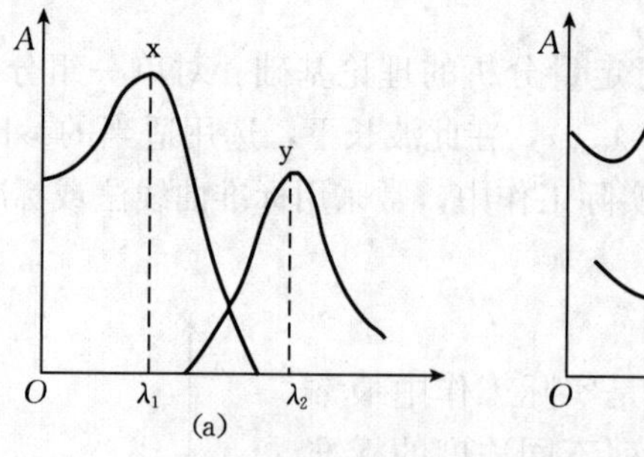

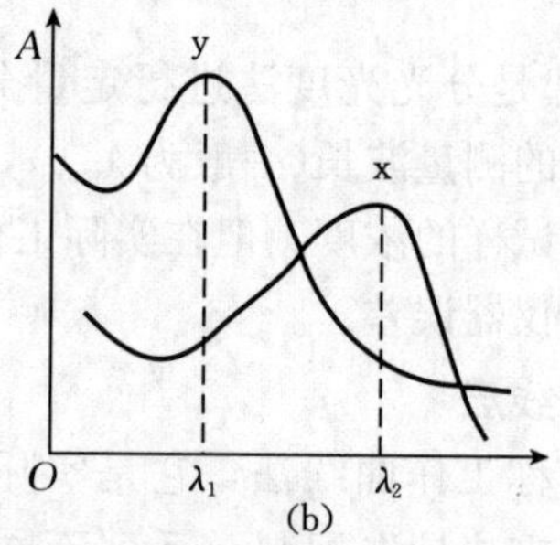

图 10-7 双组分同时测定的吸收曲线

(a)吸收光谱不重叠或部分重叠 (b)吸收光谱重叠

(2)吸收曲线重叠 如图 10-7(b)所示，x、y 两种组分相互干扰。这时，可分别在 λ_1 和 λ_2 处测定两组分的总吸光度 A_1 和 A_2，根据吸光度的加和性，列方程

$$\begin{cases} A_1=\varepsilon_1(x)\cdot b \cdot c(x)+\varepsilon_1(y)\cdot b \cdot c(y) \\ A_2=\varepsilon_2(x)\cdot b \cdot c(x)+\varepsilon_2(y)\cdot b \cdot c(y) \end{cases} \tag{10-10}$$

式中：$c(x)$、$c(y)$分别为x和y组分的浓度；$\varepsilon_1(x)$、$\varepsilon_1(y)$分别为x组分和y组分在波长λ_1处的摩尔吸光系数；$\varepsilon_2(x)$、$\varepsilon_2(y)$分别是x组分和y组分在波长λ_2处的摩尔吸光系数。$\varepsilon_1(x)$、$\varepsilon_1(y)$、$\varepsilon_2(x)$和$\varepsilon_2(y)$可以用纯的x、y的已知浓度的标准溶液分别在λ_1和λ_2处测定吸光度后计算得到，然后代入上式计算x和y的浓度。

以上方法在实际中常用于两、三种组分的同时测定。近年来由于计算机技术的广泛应用，更复杂的多组分体系也可以利用计算机技术进行分析。

【思考题】

比较标准曲线法和标准比较法的优缺点。

阅读材料

分光光度法测定食品中的吊白块

分光光度计对于分析人员来说是最有用的分析工具之一，几乎每一个分析实验室都离不开分光光度计。分光光度法在食品分析中的应用相当广泛，是一种简单、高效、可靠的分析方法。

吊白块，化学名称为二水合次硫酸氢钠甲醛或二水甲醛合次硫酸氢钠，为半透明白色结晶或小块，易溶于水。高温下具有极强的还原性，有漂白作用。遇酸即分解，生成钠盐和吊白块酸。作为增白剂、还原剂应用于纺织印染工业。由于甲醛已被国际上列为致癌物，所以吊白块严禁在食品工业中使用。吊白块在使用过程中易分解，通过测定其分解产物甲醛、二氧化硫在食品的残量判定是否含有吊白块。其中甲醛含量的测定可以采用分光光度法，在pH=6的乙酸-乙酸铵缓冲溶液中，甲醛与乙酰丙酮作用，在沸水浴条件下，迅速生成稳定的黄色化合物，在波长413 nm处测定。本方法的检出限为0.25 μg，在采样体积为30 L时，最低检出浓度为0.008 $mg \cdot m^{-3}$。

采用标准曲线法测定甲醛含量，具体做法如下：

(1)甲醛标准溶液的配制 取2.8 mL含量为36%～38%的甲醛溶液，放入1 L容量瓶中，加水稀释至刻度。此溶液1 mL约相当于1 mg甲醛。其准确浓度用碘量法标定。

(2)甲醛标准曲线的绘制 取7支50 mL具塞比色管，按表10-4用5.0 $\mu g \cdot mL^{-1}$的甲醛标准溶液配制标准系列，加0.25%乙酰丙酮溶液10 mL，混匀，稀释至刻度线，置于沸水浴中加热3 min，取出冷却至室温，用1 cm吸收池(比色皿)，以空白液为参比，于波长413 nm处测定吸光度。将上述系列标准溶液测得的吸光度A为纵坐标，以甲醛含量为横坐标，绘制标准曲线。

表10-4 系列标准溶液的配制

管　号	0	1	2	3	4	5	6
甲醛标液体积/mL	0.00	1.00	2.00	4.00	6.00	8.00	10.00
甲醛含量/($\mu g \cdot mL^{-1}$)	0.00	0.10	0.20	0.40	0.60	0.80	1.00

(3)样品的测定 取10.00 mL样品溶液试样于50 mL比色管中，加0.25%乙酰丙酮溶液10 mL，稀释至刻度线，混匀，置于沸水浴中加热3 min，取出冷却至室温，于波长413 nm处测定A。根据标准曲线求出样品中甲醛含量。

习　题

1. 判断题

(1)物质的颜色是由于其选择性地吸收了白光中的某些波长的色光所致，维生素B_{12}溶液呈现红色是由于它吸收了白光中的红色电磁波。

(2)因为透射光和吸收光按一定比例混合而成白光，故称这两种光为互补色光。

(3)有色物质溶液只能对可见光范围内的某段波长的光有吸收。

(4)符合朗伯-比尔定律的某有色溶液的浓度越低，其透光率越小。

(5)在分光光度法中，摩尔吸光系数的值随入射光波长的增加而减小。

(6)有色溶液的透光率随着溶液浓度的增大而减小，所以透光率与溶液的浓度成反比关系。

(7)进行吸光度测定时，必须选择最大吸收波长的光作入射光。

(8)分光光度法中所用的参比溶液总是采用不含被测物质和显色剂的空白溶液。

(9)在实际测定中，应根据光吸收定律，通过改变吸收池厚度或待测溶液浓度，使吸光度的读数处于0.2～0.7，以减小测定的相对误差。

2. 用1 cm吸收池测量某溶液，$T=60\%$，若改用2 cm或0.5 cm吸收池，T变为多少？对应的吸光度为多少？

3. 已知铌的相对原子质量为92.91。在100.0 mL中含Nb100 μg时，显色后用1.00 cm比色皿，在650 nm波长下测得其透光率为44%，则Nb-显色剂有色配合物的摩尔吸光系数是多少？

4. 有机样品中挥发酚的测定采用酒石酸酸化，水蒸气蒸馏法将酚蒸出，收集酚的蒸馏液，用4-氨基安替比林分光光度法测定。已知在测定波长下，摩尔吸光系数为$6.17\times10^{3}\ L\cdot mol^{-1}\cdot cm^{-1}$，使用1.00 cm的比色皿测量吸光度，若测定的工作曲线透光率范围在0.15～0.65，那么酚的浓度范围是多少？

5. 摩尔质量为125 $g\cdot mol^{-1}$的待测物质，用显色剂显色后的有色化合物摩尔吸光系数为$2.5\times10^{5}\ L\cdot mol^{-1}\cdot cm^{-1}$。将待测液稀释20倍，在1 cm比色皿中测得的吸光度$A=0.60$。试计算在稀释前，1 L溶液中应准确溶入这种化合物多少克。

6. 维生素D_2在264 nm处有最大吸收，摩尔吸光系数为$1.82\times10^{4}\ L\cdot mol^{-1}\cdot cm^{-1}$，摩尔质量为397 $g\cdot mol^{-1}$。称取维生素D_2粗品0.0081 g，配成1 L溶液，在264 nm紫外光下用2 cm比色皿测得该溶液透光率为0.35，计算粗品中维生素D_2的含量。

7. 苯胺($C_6H_5NH_2$)与苦味酸(三硝基苯酚)能生成1∶1的盐-苦味酸苯胺，最大吸收波长为359 nm，$\varepsilon_{359}=1.25\times10^{4}\ L\cdot mol^{-1}\cdot cm^{-1}$。将0.200 g苯胺试样溶解后定容为500 mL，取25.0 mL该溶液与足量苦味酸反应后，转入250 mL容量瓶，并稀释至刻度。再取此反应液10.0 mL，稀释到100 mL，用1 cm比色皿在359 nm处测吸光度，测得$A=0.425$。计算该苯胺试样的纯度。

8. 某药物浓度为 1.00 $mol \cdot L^{-1}$，在 270 nm 下测得吸光度为 0.400，在 345 nm 下测得吸光度为 0.010。已经证明，此药物在人体内的代谢产物含量为 1.0×10^{-4} $mol \cdot L^{-1}$ 时，在 270 nm 下无吸收，而在 345 nm 下吸光度为 0.460。现取尿样 10 mL，稀释至 100 mL，在相同条件下测量，在 270 nm 处测得 $A=0.325$，在 345 nm 下测得 $A=0.720$。计算尿样中代谢物的浓度。

11 电势分析法简介

学习要求

1. 了解电势分析法的基本原理。
2. 理解参比电极和指示电极的含义。
3. 了解离子选择性电极的测定方法。

知识结构导图

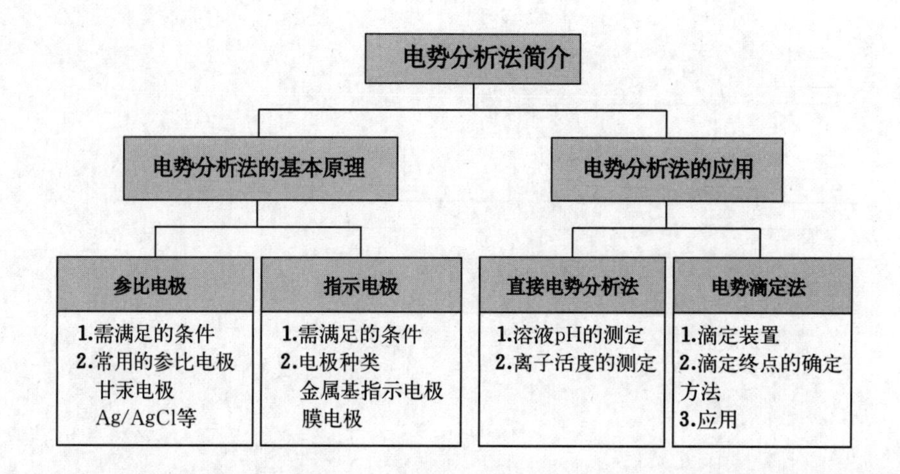

电化学分析法是根据物质在溶液中的电化学性质(如电导率、电势、电流或电量、电阻等)与含量之间的内在联系而进行分析测定的仪器分析法。该法简单快速、灵敏度高、选择性好、设备简单、操作方便，在电化学、有机化学、药物化学、生物化学、临床化学和环境生态等领域广泛应用。**电势分析法**(potential analysis)是一种电化学分析法，是以测定电池电动势或电池电动势的变化来进行分析的方法。

11.1 电势分析法的基本原理

电势分析法是通过测定含待测物溶液的化学电池电动势，利用电极电势与溶液中待测组分的活度之间的关系来求得溶液中待测组分含量的分析方法。在第 7 章已经学习了电极电势和待测组分活度的关系遵从能斯特方程。例如，对于由金属 M 和对应离子 M^{n+} 所形成，其电极的电极电势为

$$\varphi(M^{n+}/M)=\varphi^{\ominus}(M^{n+}/M)+\frac{RT}{nF}\ln a(M^{n+}) \qquad (11-1)$$

式中：$a(M^{n+})$为M^{n+}的活度，当溶液浓度较小时，可以用物质的量浓度$c(M^{n+})$代替活度。

从式(11-1)可知，如果可以测得该金属电极的电极电势$\varphi(M^{n+}/M)$，就可以求得溶液中对应金属离子的活度(或浓度)。

由于单个电极的电极电势无法测量，为此需将待测溶液与两支电极组成工作电池。其中一支的电极电势能随溶液中待测离子的活度改变而改变，称为**指示电极**(indicating electrode)；另一支在一定条件下，电极电势相对恒定不变，称为**参比电极**(reference electrode)。电池符号为

参比电极‖试样溶液|指示电极

电池电动势E为

$$E=\varphi_{+}-\varphi_{-}=|\varphi(M^{n+}/M)-\varphi_{参比}|=|\varphi^{\ominus}(M^{n+}/M)+\frac{RT}{nF}\ln a(M^{n+})-\varphi_{参比}|$$

当温度一定时，$\varphi^{\ominus}(M^{n+}/M)$和$\varphi_{参比}$为常数，则电动势$E$可表示为

$$E=|K+\frac{RT}{nF}\ln a(M^{n+})| \tag{11-2}$$

只要测出电动势E就可以求得$a(M^{n+})$，这就是**直接电势法**(direct potentiometry)。

若被滴定的离子是M^{n+}，在氧化还原滴定过程中，电极电势$\varphi(M^{n+}/M)$随$a(M^{n+})$变化而变化，电动势E也随之不断变化。在计量点附近，$a(M^{n+})$和E都将发生突变。通过测量电动势E的变化来确定滴定终点的滴定分析法就是**电势滴定法**。

11.1.1 参比电极

参比电极的基本要求是电极电势已知且恒定，不受试样溶液组成变化的影响。因此参比电极必须具备良好的重现性和稳定性。虽然标准氢电极是各种参比电极的一级标准，但由于制备麻烦，使用不方便，实际工作中常用的参比电极是甘汞电极(calomel electrode)和Ag/AgCl电极。

甘汞电极是金属汞和它的饱和难溶汞盐——甘汞(氯化亚汞Hg_2Cl_2，甘汞为其俗名)以及KCl溶液所组成的电极，由内外两个玻璃管构成，其构造见7.3.2.3。饱和甘汞电极是最常用的参比电极，其在298 K时的电极电势为0.2415 V。

将银丝表面镀上一薄层AgCl后浸入KCl溶液中即构成**Ag/AgCl电极**，它也是常用的参比电极。在使用温度高于353 K时，其电极电势较甘汞电极稳定。在298 K时，内充饱和KCl溶液的Ag/AgCl电极的电极电势为0.2000 V。

注意：不论是甘汞电极还是Ag/AgCl电极，参比电极的电极电势都与温度有关，只是温度的影响较小而已，因此当温度改变时，它们的电极电势都会有微小的变化。

11.1.2 指示电极

指示电极是指示被测离子活度的电极，其电极电势随被测离子活度的变化而变化。因此**指示电极必须满足的条件**是：①电极电势与被测离子活度的关系遵从能斯特方程；②选择性高，抗干扰强；③响应快速；④重现性好，使用方便。

指示电极一般分为基于电子交换的**金属基指示电极**和基于离子交换的**膜电极**。前者的电极电势主要源于电极表面的氧化还原反应(见第7章)，因此容易受溶液中各种干扰而较少应

用；后者为各种离子选择性电极(ion selective electrode，ISE)，其电极电势是离子在溶液和选择性敏感膜之间的扩散和交换而产生的电势差，称为膜电势，这种电极选择性高，抗干扰能力强，应用广泛。这里主要介绍离子选择性电极。

11.1.2.1 离子选择性电极

各种离子选择性电极的构造随敏感膜的不同而略有不同，但一般都由玻璃管或塑料管、内参比电极(Ag/AgCl 电极)、内参比溶液(响应离子的强电解质和氯化物)以及敏感膜组成，其中敏感膜是离子选择性电极的关键部分，由对特定离子具有选择性交换能力的材料(如玻璃、晶体、液膜等)制成。图 11-1 显示了玻璃电极和氟离子选择性电极的结构。

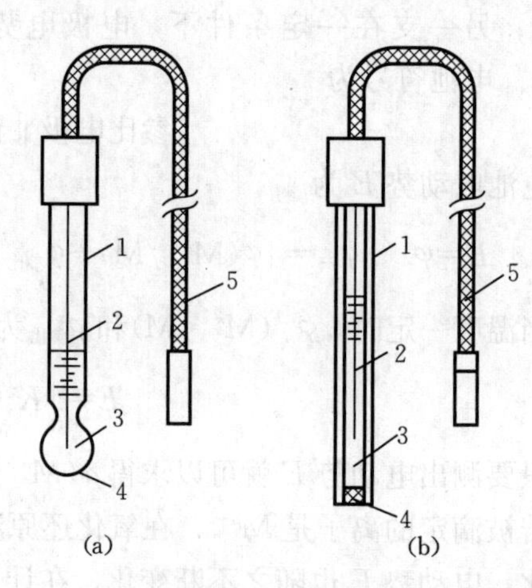

图 11-1 pH 玻璃电极 (a)与氟离子选择性电极(b)
1. 玻璃管 2. 内参比电极(Ag/AgCl) 3. 内参比溶液 (a. 0.1 mol·L^{-1} HCl；b. NaF-NaCl) 4. 敏感膜 (a. 玻璃薄膜；b. LaF_3 单晶膜) 5. 接线

若敏感膜对阳离子 M^{n+} 有选择性响应，其膜电势与溶液中 $a(M^{n+})$之间的关系符合能斯特公式

$$\varphi_{膜}=K+\frac{RT}{nF}\ln a(M^{n+}) \tag{11-3}$$

式中：$a(M^{n+})$为膜外溶液中 M^{n+} 的活度。

离子选择性电极的电势 φ_{ISE} 为内参比电极的电势 $\varphi_{内参比}$ 与膜电势 $\varphi_{膜}$ 之和，而当内参比溶液的浓度一定时，$\varphi_{内参比}$ 为定值，因此

$$\varphi_{ISE}=\varphi_{内参比}+\varphi_{膜}=K'+\frac{RT}{nF}\ln a(M^{n+}) \tag{11-4}$$

类似地，若敏感膜对阴离子 M^{n-} 有选择性响应，则阴离子选择性电极的电极电势为

$$\varphi_{ISE}=\varphi_{内参比}+\varphi_{膜}=K''-\frac{RT}{nF}\ln a(M^{n-}) \tag{11-5}$$

式(11-4)和式(11-5)表明在一定条件下离子选择性电极的电极电势与待测溶液中离子活度的关系，这是定量的依据。

11.1.2.2 玻璃膜电极

离子选择性电极的种类繁多，pH 玻璃膜电极是最为经典的离子选择性电极。

玻璃膜电极是出现最早、应用最广的一类离子选择性电极，对溶液中的 H^+、Li^+、Na^+、K^+、Ag^+ 等一价离子具有选择性。pH 玻璃膜电极是最常用的对 H^+ 具有高度选择性的玻璃膜电极，它主要用于测定溶液的 pH。pH 玻璃膜电极的敏感膜为一种称为考宁(corning)015 的玻璃膜，玻璃膜的厚度小于 0.1 mm，其中 Na_2O、CaO 和 SiO_2 的物质的量分数分别为 0.214、0.064 和 0.722，其构造见图 11-1(a)。这种特殊的玻璃膜由固定的带负电的 Si 和 O 组成骨架，在骨架网络中存在体积小但活动能力较强的 Na^+，并由它起导电作用。溶液中 H^+ 能进入网络并代替 Na^+ 的位点，阴离子和高价阳离子都不能进出网络，所以考宁 015 玻璃膜对 H^+ 具有选择性响应。

pH 玻璃膜电极使用前必须用水浸泡 24 h 以上，玻璃骨架中的 Na^+ 与水中的 H^+ 发生交换，形成一薄层水化硅胶层。把浸泡好的 pH 玻璃电极插入待测溶液中，膜外水化层与试液

接触。由于水化层及试液中 $a(H^+)$不同，H^+发生扩散和迁移，结果在玻璃膜外侧和溶液界面形成一双电层，产生一定的相间电势。同样对于玻璃膜的内侧表面与内参比溶液的界面，也存在着 H^+扩散迁移所建立的相间电势。假设玻璃膜内外表面的结构状态相同，玻璃膜的相间电势为

$$\varphi_{膜}=\varphi_{膜外}-\varphi_{膜内}=K+\frac{RT}{F}\ln a(H^+)$$

玻璃电极电势是通过内参比电极 Ag/AgCl($\varphi_{Ag/AgCl}$为常数)测量的，因此 pH 玻璃电极的电极电势为

$$\varphi_{玻璃}=\varphi_{膜}+\varphi_{Ag/AgCl}=K+\frac{RT}{F}\ln a(H^+)+\varphi_{Ag/AgCl}=K'+\frac{2.303RT}{F}\lg a(H^+)$$

$$\varphi_{玻璃}=K'-\frac{2.303RT}{F}\mathrm{pH} \tag{11-6}$$

298 K 时，

$$\varphi_{玻璃}=K'-0.0592\ \mathrm{pH} \tag{11-7}$$

用 pH 玻璃电极测定溶液 pH 的优点是电极对 H^+具有高度的选择性，不受溶液中氧化剂或还原剂的影响，不易因杂质的作用而中毒，能在有色的、浑浊的或胶体溶液中使用，也可以用作指示电极测定溶液的电势。它能快速达到平衡、操作简单、使用时不沾污溶液。缺点是电极本身电阻高(可达数百兆欧)，且电阻随温度变化，所以必须辅以电子放大装置，使用温度一般只能控制在 5～60 ℃；另外，测定的溶液不能过酸(pH<1)或过碱(pH>10)，pH 的适用范围为 1～10，否则玻璃电极的电势响应会偏离理想曲线，产生 pH 测定误差。目前市售已有一种锂玻璃电极，其适用的 pH 上限可至 13。

11.1.2.3　单晶膜电极

此类电极的敏感膜由难溶盐的单晶切片经过表面抛光后制成。最典型的是氟离子选择性电极，其构造见图 11-1(b)。

氟电极的关键部分是电极下部的一片 LaF_3 单晶敏感膜，为降低膜内电阻，LaF_3 单晶中掺有少量 Ca、Eu。由于 LaF_3 晶格有空穴，因此 F^-可以迁移进入晶格空穴而导电。氟电极内充有 0.1 mol·L^{-1} NaF 和 0.1 mol·L^{-1} NaCl 的溶液，并通过 Ag/AgCl 内参比电极与外部的测量仪器相连接。将氟电极浸入含有 F^-的待测液中，溶液中的 F^-会与 LaF_3 单晶膜上的 F^-发生交换，若试液中 $a(F^-)$较高，溶液中的 F^-通过扩散迁移进入晶体膜的空穴中；反之，晶体表面的 F^-扩散转移到溶液，在膜的晶格中留下一个 F^-点位的空穴。因此，在晶体膜和溶液的相界面上形成了双电层，产生膜电势，膜电势与溶液中 F^-活度的关系遵从能斯特方程：

$$\varphi_{膜}=K'-\frac{2.303RT}{F}\lg a(F^-，试液) \tag{11-8}$$

加上内参比电极的电极电势，氟电极在活度为 $a(F^-，试液)$的 F^-试液中的电极电势为

$$\varphi_{氟电极}=\varphi_{膜}+\varphi_{内参比}=K-\frac{2.303RT}{F}\lg a(F^-，试液)=K+\frac{2.303RT}{F}\mathrm{pF} \tag{11-9}$$

298 K 时，

$$\varphi_{氟电极}=K+0.0592\ \mathrm{pF} \tag{11-10}$$

氟离子选择性电极测量F^-活度的范围一般为$10^{-5}\sim 1\ mol \cdot L^{-1}$。氟离子选择性电极的选择性很高，为$F^-$量1000倍的$Cl^-$、$Br^-$、$NO_3^-$、$SO_4^{2-}$、$C_2O_4^{2-}$、$PO_4^{3-}$等阴离子均不干扰测定。能产生干扰的阴离子只有$OH^-$，当$pH>7$时，电极表面形成$La(OH)_3$层，使电极产生响应，引起正误差；当$pH<5$时，$H^+$与部分$F^-$形成HF或$HF_2^-$，使$a(F^-$，试液)下降，造成负误差。此外，能与$F^-$生成稳定配合物或难溶化合物的离子也干扰测定，通常需加掩蔽剂消除。

氟离子选择性电极是目前应用较广泛的电极之一。在有机物、矿物、废气、饮用水、骨骼、血液、食品、微生物和药物中氟的分析测定以及与F^-生成稳定配合物的金属离子的测定均可应用氟电极。

11.2 直接电势分析法

直接电势分析法是通过测量指示电极的电极电势，并根据电势与待测离子间的能斯特关系，求得待测离子活度的方法。

11.2.1 溶液pH的测定

最常用的直接电势法是用酸度计测定溶液的pH。测定时，用pH玻璃电极作为指示电极、饱和甘汞电极作为参比电极，与待测溶液组成一个测量电池：

(－)pH玻璃电极|待测溶液|饱和甘汞电极(＋)

电池电动势为

$$E=\varphi_{甘汞}-\varphi_{玻璃}$$

将玻璃电极电势表达式(11-6)代入，得

$$E=\varphi_{甘汞}-\varphi_{玻璃}=\varphi_{甘汞}-K'+\frac{2.303RT}{F}pH$$

在一定条件下，饱和甘汞电极的$\varphi_{甘汞}$是常数，因此将$\varphi_{甘汞}-K'$用K表示，得

$$E=K+\frac{2.303RT}{F}pH \qquad (11-11)$$

式(11-11)表明，只要确定了常数K，测得电动势E和温度T，就可以计算出待测溶液的pH。

在实际测定时，无须确定常数K，只需将待测溶液与标准pH缓冲溶液比较就可以确定$pH_{待测}$。例如，标准缓冲溶液和待测溶液的电动势分别为

$$E_{标准}=K+\frac{2.303RT}{F}pH_{标准}$$

$$E_{待测}=K+\frac{2.303RT}{F}pH_{待测}$$

将上面两式相减，整理即可得到$pH_{待测}$的计算式：

$$pH_{待测}=pH_{标准}+\frac{E_{待测}-E_{标准}}{2.303RT/F} \qquad (11-12)$$

式(11-12)也称为**pH的标度**，即**pH的实用定义**。由式(11-12)也可以得出：

$$\Delta E=E_{待测}-E_{标准}=\frac{2.303RT}{F}(pH_{待测}-pH_{标准})=\frac{2.303RT}{F}\Delta pH \quad (11-13)$$

式(11－13)表明，ΔE 与 ΔpH 呈直线关系，直线斜率$\frac{2.303RT}{F}$是温度的函数，令 $S=\frac{2.303RT}{F}$，通常把 S 称为**电极斜率**。为了检测 S 的实测值与理论值的相符程度，通常用两种或两种以上的标准 pH 缓冲溶液，在 298.15 K 下测定相应的电动势，以求得 S 的实测值。如果电极的实测电极斜率在 0.057～0.061 $V \cdot pH^{-1}$，接近理论值 0.0592 $V \cdot pH^{-1}$，则该电极性能较好，否则说明该电极性能差，不宜使用。

为使 pH 测定更为方便，目前市售有**复合 pH 玻璃电极**，它实际上是将 pH 玻璃电极和 Ag/AgCl 外参比电极组合在一起制成的，其结构如图 11－2 所示。

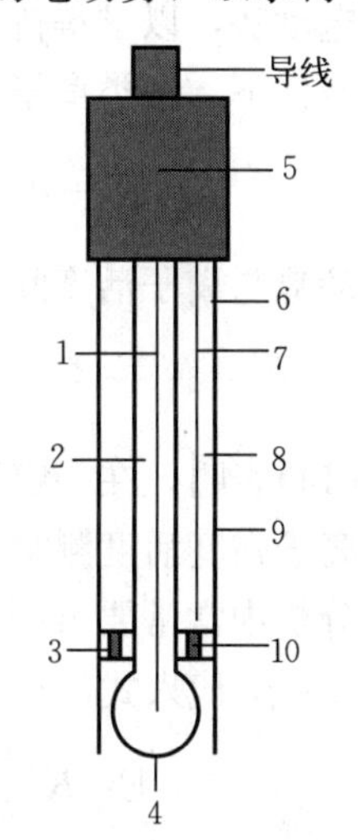

图 11－2　复合 pH 玻璃电极的结构示意图

1. Ag/AgCl 内参比电极　2. 0.1 $mol \cdot L^{-1}$ HCl　3. 密封胶　4. 玻璃薄膜球　5. 密封塑料　6. 加液孔　7. Ag/AgCl 外参比电极　8. 3 $mol \cdot L^{-1}$ KCl　9. 聚碳酸树脂　10. 细孔陶瓷

复合 pH 玻璃电极使用时需要注意以下几点：

① 使用前必须浸泡在含 KCl 的 pH＝4 的缓冲液中活化数小时，不能浸泡在中性或碱性的缓冲溶液中。**电极浸泡液的配制：**在 250 mL pH＝4.00 的缓冲溶液中加入 56 g 分析纯 KCl，搅拌至完全溶解即可。

② 电极从浸泡瓶中取出后，应先在去离子水中晃动并甩干，再用被测溶液冲洗，不能用纸巾擦拭球泡！

③ 复合 pH 电极插入被测溶液后，搅拌晃动几下再静置可加快电极响应。尤其使用塑壳复合 pH 电极时，搅拌晃动要用力一些，因为球泡和塑壳之间会有一个小小的空腔，电极浸入溶液后有时空腔中的气体来不及排除会产生气泡，使球泡或液接界与溶液接触不良，因此必须用力搅拌晃动以排除气泡。

④ 避免接触强酸、强碱或腐蚀性溶液，如果测试此类溶液，应尽量减少浸入时间，用后仔细清洗干净。

⑤ 避免在无水乙醇、浓硫酸等脱水性介质中使用，它们会损坏球泡表面的水合凝胶层。

⑥ 塑壳复合 pH 电极的外壳材料是聚碳酸酯(PC)塑料，PC 塑料在 CCl_4、三氯乙烯、四氢呋喃等溶剂中会溶解，此时应改用玻璃外壳的复合 pH 电极。

例 11－1　25 ℃时，用复合 pH 电极测得 pH＝6.86 的 $KH_2PO_4-Na_2HPO_4$ 标准缓冲溶液的电动势为 0.386 V，测得邻苯二甲酸氢钾标准缓冲溶液(pH＝4.01)的电动势为 0.220 V，计算该电极的电极斜率 S。

解　根据式(11－13)，得

$$S=\frac{\Delta E}{\Delta pH}=\frac{0.386-0.220}{6.86-4.01}=0.0582(V \cdot pH^{-1})$$

电极的实测电极斜率在 0.057～0.061 $V \cdot pH^{-1}$，接近理论值 0.0592 $V \cdot pH^{-1}$，说明该电极性能较好，可以使用。

11.2.2 离子活度的测定

用离子选择性电极测定待测液中离子活度的原理与用玻璃电极测定溶液的 pH 类似。测定时，用离子选择性电极作为指示电极、饱和甘汞电极作为参比电极，与待测溶液组成工作电池，测其电动势，以求得待测离子的活度。

在一定条件下，各类离子选择性电极的电极电势与待测离子活度的对数呈线性关系，即

$$E=\varphi_{离子}-\varphi_{甘汞}，\quad \varphi_{离子}=K\pm\frac{2.303RT}{nF}\lg a_{离子}$$

电池电动势与离子活度间的关系，可通过推导得出如下关系：

$$E=K'\pm\frac{2.303RT}{nF}\lg a_{离子} \tag{11-14}$$

式(11-14)表明，在一定温度下，通过测得电动势 E，即可计算出待测离子的活度。式(11-14)为离子强度活度测定的定量分析基础。

在化学分析中常常要求测定离子浓度，而根据式(11-14)测得的是离子活度。将活度和浓度的关系 $a=\gamma c$ 代入式(11-14)，则得到工作电池电动势与离子浓度 $c_{离子}$ 的线性关系式：

$$E=K'\pm\frac{2.303RT}{nF}\lg(\gamma c)=K''\pm\frac{2.303RT}{nF}\lg c_{离子} \tag{11-15}$$

注意： 由于活度系数 γ 取决于溶液中的离子强度 I，为使活度系数稳定不变，需将**离子强度调节剂**(**即离子强度 I 较高且不干扰测定的强电解质溶液**)加到标准溶液和待测液中，使这些溶液的离子强度固定且基本相同。例如，测定牙膏中 F^- 含量时，在 F^- 标准溶液和试样溶液中加入 0.1 mol·L^{-1}的 NaCl 作为离子强度调节剂以控制待测液的离子强度。

应用式(11-14)和式(11-15)进行定量的具体方法主要有以下两种：

(1)标准曲线法 本法与分光光度法中的标准曲线法相似。配制一系列已知浓度的待测物标准溶液，用相应的离子选择性电极和饱和甘汞电极测定电池的电动势 E，然后以 E 对 $\lg c_{离子}$作标准曲线。在相同条件下测出待测液的电动势 E，从标准曲线 $E-\lg c_{离子}$上查出待测离子 $c_{离子}$。

注意： 在测量中需加入离子强度调节剂以确定离子活度系数，还需要控制溶液酸度，掩蔽可能产生干扰的离子。例如，用氟离子选择性电极测定 $c(F^-)$时，除了加入离子调节剂 0.1 mol·L^{-1} NaCl 溶液以外，还需要用 HAc-NaAc 缓冲溶液控制试液 pH 在 5.0 左右；用柠檬酸钠掩蔽 Fe^{3+}、Al^{3+}(Fe^{3+}、Al^{3+} 能与 F^- 生成配合物干扰测定)。这种**由离子强度调节剂、pH 缓冲剂、掩蔽剂组成的混合试剂称为总离子强度缓冲剂**(total ion strength adjustment buffer，简称 TISAB)。

标准曲线法操作简便，适用于试样组成较简单的大批量试样的测定。

(2)标准加入法 对成分较复杂的试样，由于干扰较多不宜用标准曲线法，可采用标准加入法。也就是将一定量的小体积(<1%)待测离子标准溶液加入待测试液中，通过加入标准溶液前后溶液电动势的变化 ΔE 与标准溶液加入量之间的关系，来定量原试样中的待测离子浓度。定量计算公式简单推导如下：

设某一待测离子浓度为 c_x，体积为 V_x，加入的待测离子标准溶液的浓度和体积分别为 c_s 和 V_s($c_s\gg c_x$，$V_s\ll V_x$)，标准液加入前后工作电池电动势分别为

$$E=K'\pm\frac{2.303RT}{nF}\lg(\gamma_x c_x)\text{和}E'=K'\pm\frac{2.303RT}{nF}\lg(\gamma'_x c'_x)$$

这里，$c'_x=c_x+\Delta c$，$\Delta c=\frac{c_s\cdot V_s}{V_s+V_x}\approx\frac{c_s\cdot V_s}{V_x}$，$\gamma'_x\approx\gamma_x$，则 ΔE 为

$$\Delta E=E'-E=\frac{2.303RT}{nF}\lg\frac{\gamma'_x(c_x+\Delta c)}{\gamma_x\cdot c_x}=S\cdot\lg\frac{c_x+\Delta c}{c_x}$$

$$c_x=\Delta c\cdot(10^{\frac{\Delta E}{S}}-1)^{-1} \tag{11-16}$$

式(11－16)即为待测离子浓度的计算公式。

用标准加入法分析时，需注意待测离子标准溶液的加入体积要控制在原体积的1％以内，但标准溶液加入后，增加的待测离子的浓度 Δc 接近 c_x。另外，还需测出电极斜率 S，一般是将测定 E' 后的试液用空白试剂稀释一倍，然后再测电动势 E''，则 $S=\frac{\Delta E}{\lg 2}$。

11.3　电势滴定法

一般的滴定分析法要求试液澄清且能找到合适的指示剂指示终点，而当试液有色、浑浊、无合适的指示剂，甚至试样在水中溶解度低，只能溶解在有机溶剂中时常采用电势滴定法。电势滴定法是测定滴定过程中的电极电势(或电动势)变化，以电极电势(或电动势)的突跃确定滴定终点，再由滴定过程中消耗的标准溶液的体积和浓度计算待测离子的浓度，以求得待测组分的含量。

11.3.1　电势滴定法的仪器装置

电势滴定法的基本装置见图 11－3。在测定溶液中插入一支指示电极和一支参比电极组成原电池。滴定时，溶液用电磁搅拌器搅拌。随着滴定剂的加入，待测离子的浓度不断变化，指示电极的电极电势也随着相应变化。在化学计量点附近，待测离子浓度发生突变引起指示电极电势的突变。测量溶液电动势的突变，就可以确定滴定终点。

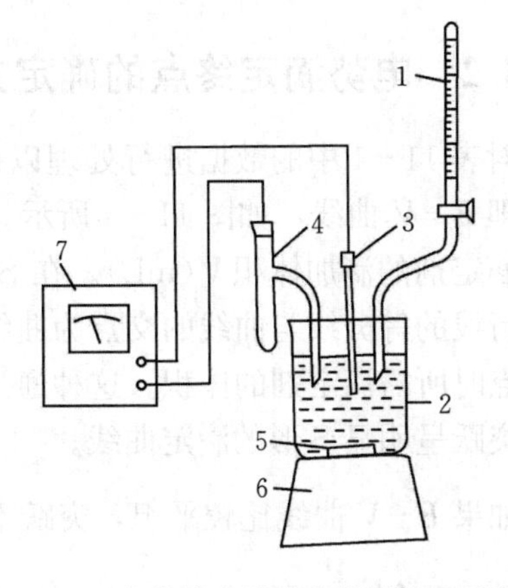

图 11－3　电势滴定的基本仪器装置示意图

1. 滴定管　2. 滴定容器　3. 指示电极　4. 参比电极　5. 搅拌棒　6. 电磁搅拌器　7. 直流毫伏计

在滴定过程中，每加一次滴定剂，测量一次溶液电动势，直到超过化学计量点为止。在滴定开始时每次所加体积可以多些，在化学计量点附近，应该每加 0.05～0.10 mL 滴定剂就要测量一次电动势，如此滴定得到一系列的滴定剂用量(体积 V)和相应电动势(E)的数值。表 11－1 是以 0.100 $mol\cdot L^{-1}$ $AgNO_3$ 滴定 NaCl 溶液时得到的实验数据，指示电极为 Ag/AgCl 电极，参比电极为饱和甘汞电极。

表 11-1　用 0.100 mol·L^{-1} $AgNO_3$ 滴定 NaCl 溶液

$V(AgNO_3)$/mL	E/mV	ΔE/mV	ΔV/mL	$V(AgNO_3)$/mL	E/mV	ΔE/mV	ΔV/mL
5.00	0.062					0.011	0.10
		0.023	10.00	24.20	0.194		
15.00	0.085					0.039	0.10
		0.022	5.00	24.30	0.233		
20.00	0.107					0.083	0.10
		0.016	2.00	24.40	0.316		
22.00	0.123					0.024	0.10
		0.015	1.00	24.50	0.340		
23.00	0.138					0.011	0.10
		0.008	0.50	24.60	0.351		
23.50	0.146					0.007	0.10
		0.015	0.30	24.70	0.358		
23.80	0.161					0.015	0.30
		0.013	0.20	25.00	0.373		
24.00	0.174					0.012	0.50
		0.009	0.10	25.50	0.385		
24.10	0.183						

11.3.2　电势滴定终点的确定方法

对表 11-1 中的数据进行处理以确定滴定终点。最常用的数据处理方法是绘制滴定曲线，即 $E-V$ 曲线，如图 11-4 所示。图 11-4 的纵坐标为电池电动势 E(V 或 mV)，横坐标为滴定剂的滴加体积 V(mL)。在 S 形 $E-V$ 曲线上，作两条与滴定曲线相切的平行线，两平行线的等分线与曲线的交点为曲线的拐点，拐点就是滴定终点，即此点的体积就是滴定至终点时所需滴定剂的体积。这种通过绘制 $E-V$ 曲线获得滴定终点的数据处理方法适用于滴定突跃呈明显 S 形的滴定曲线。

如果 $E-V$ 曲线比较平坦，突跃不明显，则需绘制一级微商曲线，即 $\frac{\Delta E}{\Delta V}-V$ 曲线来确定滴定终点。$\frac{\Delta E}{\Delta V}$ 表示电动势 E 的变化值与相应加入的滴定剂体积的增量(ΔV)的比，是一级微商 $\frac{dE}{dV}$ 的近似值。将表 11-1 中的数值绘制 $\frac{\Delta E}{\Delta V}-V$ 曲线，如图 11-5 所示，图中曲线最高点(一般通过外延法得到)对应的体积即为滴定终点时所消耗的 $AgNO_3$ 的体积。

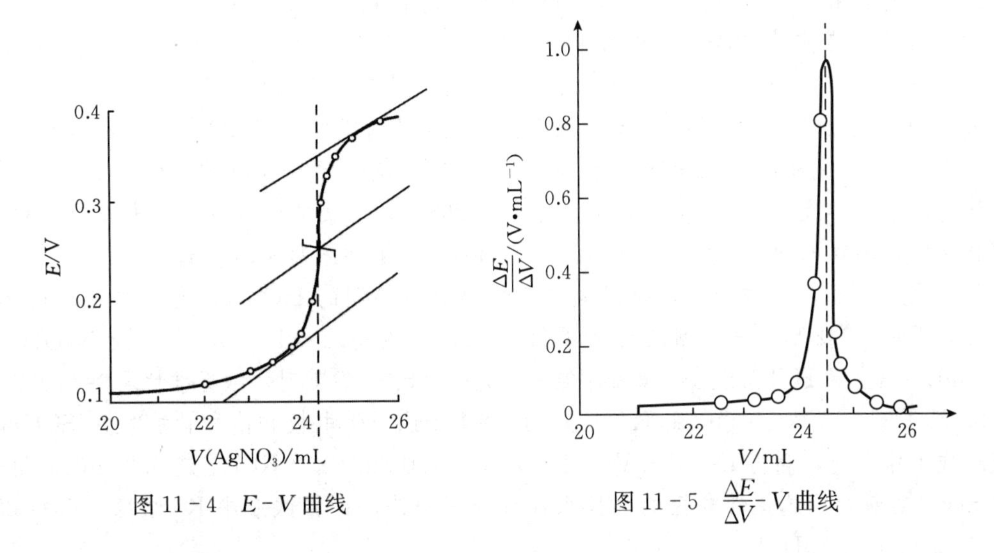

图 11-4　$E-V$ 曲线

图 11-5　$\frac{\Delta E}{\Delta V}-V$ 曲线

11.3.3　电势滴定法的应用

电势滴定法的最大特点是可以在有色的、浑浊的溶液中进行滴定，甚至可以在非水溶剂中进行，滴定结果准确度和精密度高，不需使用指示剂。在第 9 章中不能用一般滴定法准确滴定的大都可以通过电势滴定法进行定量。

(1)酸碱滴定法　一般酸碱滴定法都可以使用电势滴定，常见于有色或浑浊的试样溶液，尤其是弱酸弱碱的滴定。在酸碱的电势滴定中，常以 pH 玻璃电极作指示电极，饱和甘汞电极作参比电极。

另外，对不易溶于水的酸碱或非常弱的酸碱，可在非水溶剂中滴定。用电势滴定法很容易确定非水滴定的滴定终点。例如在乙醇中可以用 HCl 标准溶液滴定三乙醇胺；在异丙醇和乙二胺的混合溶剂中可用 HCl 标准溶液滴定苯胺和生物碱等。

(2)配位滴定法　在配位滴定中根据不同的配位反应，可采用不同的指示电极。常用离子选择性电极作为指示电极直接测定金属离子的活度(浓度)。例如用氟离子选择性电极作指示电极，以 La^{3+} 滴定 F^-，也可以用 F^- 滴定 Al^{3+}；用钙离子选择性电极作指示电极，可以用 EDTA 滴定 Ca^{2+}；用 Hg/Hg-EDTA 电极作指示电极，可以用 EDTA 标准溶液滴定 Cu^{2+}、Zn^{2+}、Ca^{2+}、Mg^{2+} 等多种金属离子。

(3)沉淀滴定法　在沉淀电势滴定法中，指示电极的选用取决于沉淀反应的具体类型，如在以 $AgNO_3$ 标准溶液滴定 Cl^-、Br^-、I^- 等离子时，可用银电极作指示电极；以 $K_4[Fe(CN)_6]$ 标准溶液滴定 Pb^{2+}、Zn^{2+}、Cd^{2+}、Ba^{2+} 等，可用铂电极作指示电极。

(4)氧化还原滴定法　在氧化还原电势滴定中，一般用 Pt 电极或 Au 电极作指示电极，饱和甘汞电极作参比电极。在滴定到达化学计量点附近时，氧化态和还原态的活度发生急剧变化，使电极电势发生突跃，以此确定滴定终点。例如，用 $KMnO_4$ 标准溶液滴定 Fe^{2+}、Sn^{2+}、V^{4+}、$C_2O_4^{2-}$、NO_2^-、I^- 等；用 $K_2Cr_2O_7$ 标准溶液滴定 Fe^{2+}、Sb^{2+}、I^- 等。

习　题

1. 电势分析法可以分成哪两种类型？依据的定量原理是否相同？它们各有何特点？

2. pH 的实用定义是什么？如何准确测量溶液的 pH？

3. 确定电势滴定终点的方法有几种？

4. 用电势法测定离子活度时需加入总离子强度缓冲剂，它的作用是什么？

5. 简述测定 pH 的基本原理，为什么测定溶液 pH 时必须使用 pH 标准缓冲溶液？

6. 25 ℃时，电池：(—)玻璃电极|标准溶液或未知液‖饱和甘汞电极(+)

当标准缓冲溶液 pH=5.00 时，电动势为 0.268 V，当缓冲溶液分别由未知液 1 和未知液 2 代替时，测得电动势分别为 0.188 V 和 0.301 V，求两未知液的 pH。

7. 用标准甘汞电极作正极，标准氢电极作负极与待测的 HCl 溶液组成电池。在 25 ℃时，测得 E=0.342 V。当待测液为 NaOH 溶液时，测得 E=1.050 V，取此 NaOH 溶液 25.00 mL，需上述 HCl 溶液多少毫升才能中和完全？已知 25 ℃时，φ(标准甘汞)=0.282 8 V。

8. 25 ℃时，吸取 50.00 mL K^+ 试液，用钾离子选择性电极和饱和甘汞电极(SCE)以及试液组成工作电池，测得 E=80 mV，然后加入 0.100 $mol \cdot L^{-1}$ KCl 溶液 0.20 mL，测得 E=98 mV，若钾离子选择性电极的电极系数符合理论值，计算试液中 K^+ 浓度。已知 25 ℃时，S=0.0592 $V \cdot pH^{-1}$。

9. 20 mL 未知浓度的弱酸 HA 溶液，稀释至 100 mL，以 0.100 $mol \cdot L^{-1}$ NaOH 溶液进行电势滴定，用的是饱和甘汞电极-氢电极对。当一半酸被中和时，电动势读数为 0.524 V，滴定终点时 E=0.749 V，已知 φ(饱和甘汞)=0.2415 V，求：

(1)该酸的解离常数；

(2)终点时溶液的 pH；

(3)终点时消耗 NaOH 溶液的体积；

(4)弱酸 HA 的原始浓度。

习 题 参 考 答 案

第1章　原子结构和元素周期律

1. ×　√　×　×　√　×

2. ABDCB　BBABD　CCADB

3. (1)薛定谔方程，电子在原子核外的运动；

(2)角量子数，磁量子数；

(3)能量最低原理，保里不相容原理，洪特规则；

(4)2p，4d，5f；

(5) $\left(2, 0, 0, +\frac{1}{2}\right)$，$\left(2, 0, 0, -\frac{1}{2}\right)$，$\left(2, 1, +1, +\frac{1}{2}\right)$，$\left(2, 1, 0, +\frac{1}{2}\right)$，$\left(2, 1, -1, +\frac{1}{2}\right)$ 或 $\left(2, 0, 0, +\frac{1}{2}\right)$，$\left(2, 0, 0, -\frac{1}{2}\right)$，$\left(2, 1, +1, -\frac{1}{2}\right)$，$\left(2, 1, 0, -\frac{1}{2}\right)$，$\left(2, 1, -1, -\frac{1}{2}\right)$

(6)26，4，[Ar]$3d^6 4s^2$；

(7)5，s，p，d，ds，f；

(8)四，Ⅷ，d；

(9)20，s区，ⅡA族

(10)

原子序数	电子构型	价电子构型	周期	族	区
14	[Ne]$3s^2 3p^2$	$3s^2 3p^2$	三	ⅣA	p
33	[Ar]$3d^{10} 4s^2 4p^3$	$4s^2 4p^3$	四	ⅤA	p
26	[Ar]$3d^6 4s^2$	$3d^6 4s^2$	四	Ⅷ	d
35	[Ar]$3d^{10} 4s^2 4p^5$	$4s^2 4p^5$	四	ⅦA	p

第2章　化学键与分子结构

1. (1) H—P̈—H（P下连H），三角锥形；(2) H—Si—H（Si上、下各连H），正四面体；(3) H—C≡N:，直线形；

(4) H—Ö: / :Ö—H（H—O—O—H），折线形；(5) :F—Ö: / :F:（F—O—F），V形；(6) H—Ö: / :Cl:（H—O—Cl），V形；(7) H—C(=O)—H，平面三角形；(8) PCl_5（Cl—P，P上连5个Cl），三角双锥

2.(1)色散力；(2)取向力、诱导力、色散力，存在氢键；(3)诱导力、色散力

3. 存在分子间氢键的有(2)、(3)、(4)

4.(1)色散力，色散力；(2)离子键，离子键；(3)色散力，色散力；(4)取向力、诱导力、色散力、氢键，氢键和取向力

5. √　√　×　×　√　√

6. BCACA　CDCAB　CDDD

7.(1)1，2，大于，大于；(2)等于；(3)sp，sp^3；(4)平面正三角形；(5)氢键，高，氢键、取向力、诱导力、色散力；(6)$BeCl_2$，BCl_3，F_2，$SiCl_4$；(7)(a)不等性 sp^2，(b)C，(c)5，(d)是；(8)诱导偶极，极化；(9)sp^3，三角锥形；sp，直线形；sp^3，正四面体

第3章　分散体系

1. $M(N_2O)=44.01\ g\cdot mol^{-1}$

2. $\rho=1.22\ g\cdot L^{-1}$

3. 8个

4. 245，苯甲酸在苯中以双分子缔合形式存在

5. 约21 g

6. 若未知物是非电解质，则这两种溶液浓度相同，计算得未知物的摩尔质量为 $400\ g\cdot mol^{-1}$；若未知物是电解质，则需要考虑电解质的类型，其摩尔质量应为 $i\times400\ g\cdot mol^{-1}$

7.(1)3.1×10^4；(2)3.1×10^{-4} K

8. 270.92 K，373.76 K，2 973.1 kPa，注意：海水以NaCl为主要成分来计，其范特霍夫校正系数 $i=2$

9. 小于80 mL，I^-

10. ABCAD　DBC

第4章　化学热力学基础

1. $-16.73\ kJ\cdot mol^{-1}$

2. $90\ kJ\cdot mol^{-1}$

3.(1)$-6454.08\ kJ\cdot mol^{-1}$，$0.01\ J\cdot mol^{-1}\cdot K^{-1}$；(2)$-890.4\ kJ\cdot mol^{-1}$，$-242.69\ J\cdot mol^{-1}\cdot K^{-1}$；(3)$-33.32\ kJ\cdot mol^{-1}$，$-214.7\ J\cdot mol^{-1}\cdot K^{-1}$

4. (1) $-1151.9\ kJ\cdot mol^{-1}$；(2) $382.3\ kJ\cdot mol^{-1}$

5. (1) + + −；(2) − + −；(3) − − −；(4) − − −

6. (1) Fe_2O_3：$\Delta_r G_m^{\ominus}(700\ K)=77.3\ kJ\cdot mol^{-1}$，CuO：$\Delta_r G_m^{\ominus}(700\ K)=-211.7\ kJ\cdot mol^{-1}$；

(2) CuO 的还原反应的 $\Delta_r G_m^{\ominus}(700\ K)<0$，且小于 Fe_2O_3 还原反应的 $\Delta_r G_m^{\ominus}(700\ K)$，因此，铜器时代先出现。

7. 6.86×10^{10}

8. $-3.22\ kJ\cdot mol^{-1}$

9. $\Delta_r H_m^{\ominus}=41.16\ kJ\cdot mol^{-1}$；$\Delta_r S_m^{\ominus}=42.07\ J\cdot mol^{-1}\cdot K^{-1}$；$\Delta_r G_m^{\ominus}(873\ K)=4.43\ kJ\cdot mol^{-1}$；$K^{\ominus}(873\ K)=0.54$；$Q=0.358$；$\Delta_r G_m(873\ K)=-3.0\ kJ\cdot mol^{-1}$；正方向

10. (1) 1 052 K；(2) 6.9×10^{24}，3.22；(3) 右移；(4) 左移

11. $K^{\ominus}(500\ K)=1.4\times10^{10}$

12. CDAAA　CDCCD

13. (1) 基本不变；基本不变；增大；减小；(2) $S(Br_2, g)>S(Br_2, l)>S(KCl, s)>S(K, s)>S(Na, s)$；(3) 76.5

第5章　化学动力学基础

1. $k_0=0.0025\ mol\cdot L^{-1}\cdot s^{-1}$，$k_1=0.025\ s^{-1}$

2. $E_{a,逆}=E_{a,正}-\Delta_r H_m^{\ominus}=204.5\ kJ\cdot mol^{-1}$

3. (1) $v=0.06\times c^2(A)\cdot c(B)$；(2) $m=2$，$n=1$，$m+n=3$；(3) 8 倍

4. $v_{314\ K}/v_{310\ K}=1.45$ 倍，即酶催化反应速率增加了 45%

5. $E_a=75\ kJ\cdot mol^{-1}$

6. $E_a=98.0\ kJ\cdot mol^{-1}$，$k_{303\ K}=2.35\times10^{-3}\ L\cdot mol^{-1}\cdot s^{-1}$

7. BCBD

8. (1) 2，$\frac{1}{32}$；(2) 经一步，实验；(3) 二级，三；(4)

	$k_{(正)}$	$k_{(逆)}$	$v_{(正)}$	$v_{(逆)}$	$K^{\ominus}$	平衡移动方向
增加总压强	不变	不变	增大	增大	不变	左
升高温度	增大	增大	增大	增大	增大	右
加催化剂	增大	增大	增大	增大	不变	不变

第6章　电解质水溶液中的解离平衡

1. (1) 1.45；(2) 8.73；(3) 5.27；(4) 12.95；(5) 9.28；(6) 6.06

2. (1) 2.88；(2) 4.45；(3) 4.75；(4) 1.30

3. (1) 11.27；(2) 9.25；(3) 5.21

4. $V(NH_3)=167\ mL$，$V(HCl)=25\ mL$

5. 50.0 g

6. (1)3.9×10^{-19} mol·L^{-1}；(2)1.3×10^{-14} mol·L^{-1}

7. 4.7×10^{-3} mol·L^{-1}，9.98×10^{-2} mol·L^{-1}

8. (1)柠檬酸为三元弱酸，以 H_3A 表示。它有四种存在型体：H_3A、H_2A^-、HA^{2-} 和 A^{3-}；(2)H_3A、H_2A^-、HA^{2-} 和 A^{3-} 占优势时的 pH 范围分别为＜3.13、3.13～4.77、4.77～6.40 和＞6.40；(3)$\delta_3=0.048$，$\delta_2=0.70$，$\delta_1=0.24$，$\delta_0=0.002$

9. 二硫代硫酸根合银(Ⅰ)酸钠，二氢氧化四氨合锌(Ⅱ)，氯化二氯·三氨·一水合钴(Ⅲ)，二氯·草酸根·乙二胺合铁(Ⅲ)酸钾，六氟合硅(Ⅳ)酸，三羟基·一水·乙二胺合铬(Ⅲ)

10. $K_3[Fe(CN)_6]$，$NH_4[Cr(SCN)_4(NH_3)_2]$，$[Zn(OH)(H_2O)_3]NO_3$，$K_3[Fe(CN)_5(CO)]$，$[CoCl(NH_3)(en)_2]Cl_2$

11. $[Pt(NH_3)_6]Cl_4$，四氯化六氨合铂(Ⅳ)；$[PtCl_3(NH_3)_3]Cl$，氯化三氯·三氨合铂(Ⅳ)

12. 4.5×10^6

13. (1)$[Cu(NH_3)_2]^+$和$[Cu(CN)_2]^-$为同类型配离子，因为 $K_f^{\ominus}[Cu(NH_3)_2^+]<K_f^{\ominus}[Cu(CN)_2^-]$，所以反应向正反应方向进行；(2)$[Cu(NH_3)_4]^{2+}$和$[Zn(NH_3)_4]^{2+}$也为同类型配离子，因为 $K_f^{\ominus}[Cu(NH_3)_4^{2+}]>K_f^{\ominus}[Zn(NH_3)_4^{2+}]$，所以反应向逆反应方向进行

14. (1)2.0×10^{-4} mol·L^{-1}；(2)8.5×10^{-10} mol·L^{-1}；(3)5.3×10^{-6} mol·L^{-1}

15. pH＝12.34

16. pH＝4.0 时，溶解度为 6.5×10^{-5} mol·L^{-1}，pH＝7.0 时，溶解度为 4.8×10^{-5} mol·L^{-1}，酸效应会增大沉淀的溶解度

17. 1.3×10^{-6} mol·L^{-1}，0.071 mol·L^{-1}

18. Ba^{2+}，有分离的可能

19. pH＝3.68～6.42 或 4.00～6.42

20. 7.0 mL

21. 溶解 0.010 mol AgCl，所需 NH_3 的初始浓度最低为 0.20 mol·L^{-1}，题目中氨的用量能使全部 AgCl 溶解

22. 0.40 mol·L^{-1}

23. (1)1.7×10^{-16} mol·L^{-1}；(2)有 $Cu(OH)_2$ 沉淀生成；(3)有 CuS 沉淀生成

24. pH 不超过 2.24

25. (1)2.1×10^{-15} mol·L^{-1}；(2)7.6×10^{-14} mol·L^{-1}

26. (1)有沉淀；(2)2.01 g

27. ×√×√×　×××√√　√××××　√√√√×

28. CBBAB　DBBAD　DDBBB　ABCCB　A

29. (1)$[Fe(H_2O)_6]^{3+}$，$[Fe(OH)_2(H_2O)_4]^+$；H_2CO_3，CO_3^{2-}

(2)HS^-、$H_2PO_4^-$、H_2S、HCl、H_2O；HS^-、CO_3^{2-}、$H_2PO_4^-$、NH_3、NO_2^-、Ac^-和 H_2O；HS^-、$H_2PO_4^-$、H_2O

(3)5.9×10^{-6}

(4)Na_2CO_3

(5)$CN^->HCOO^->F^-$

(6)下降，不变

(7)增大，减小，增大，减小
(8)$[Co(NH_3)_4(H_2O)_2]^{3+}$，$SO_4^{2-}$，$NH_3$ 和 H_2O，N和O，6
(9)四羟基合铝(Ⅲ)酸钾，硫酸二(乙二胺)合铜(Ⅱ)
(10)六，1∶1，5
(11)过渡金属
(12)<，$[Cu(en)_2]^{2+}$是螯合离子，有两个五元环，螯合效应使其更稳定
(13)10^{-6}
(14)AgBr、AgCl、Ag_2CrO_4
(15)温度；无；沉淀必须是难溶性强电解质，且无副反应或副反应进行程度不大
(16)3.7×10^{-5}
(17)6.9×10^{-11}
(18)6.7×10^{-6}
(19)减小，增大，增大，无影响
(20)减小，降低，同离子
(21)解离

第7章 氧化还原反应与原电池

1.(1)0，−2，+2，+4，+5，+6
(2)+5，−3，+2，+1，+4，−2
(3)+4，+8/3，+4，+6，+7
2.(1)$2MnO_4^- + SO_3^{2-} + 2OH^- = 2MnO_4^{2-} + SO_4^{2-} + H_2O$
(2)$KClO_3 + 6FeSO_4 + 3H_2SO_4 = KCl + 3Fe_2(SO_4)_3 + 3H_2O$
(3)$Zn + ClO^- + 2OH^- + H_2O = Zn(OH)_4^{2-} + Cl^-$
3. 氧化剂：$KClO_4$、F_2、H_2O_2、Cu^{2+}、Cl_2、SO_2、MnO_2、MnO_4^-、Hg_2^{2+}
还原剂：Zn、Cl^-、H_2O_2、Cl_2、SO_2、MnO_2、Hg_2^{2+}
既是氧化剂又是还原剂：H_2O_2、Cl_2、SO_2、MnO_2、Hg_2^{2+}
4. $Cr_2O_7^{2-} + 14H^+ + 6e^- = 2Cr^{3+} + 7H_2O$
$Hg_2Cl_2 + 2e^- = 2Hg + 2Cl^-$
$I_2 + 2e^- = 2I^-$
$2BrO_3^- + 12H^+ + 10e^- = Br_2 + 6H_2O$
$Cd^{2+} + 2e^- = Cd$
$MnO_2 + 4H^+ + 2e^- = Mn^{2+} + 2H_2O$
$O_2 + 4H^+ + 4e^- = 2H_2O$
5.(1)$Pt|S_4O_6^{2-}, S_2O_3^{2-}$；(2)$Pb|PbBr_2|Br^-$；(3)$Pt|H_2|OH^-$；(4)$Cr|Cr^{3+}$
6.(1)$(-)Pt|H_2(g)|H^+(aq)\|Cl^-(aq)|AgCl(s)|Ag(+)$
(2)$(-)Pt|O_2(g)|H_2O_2(aq), H^+(aq)\|MnO_4^-(aq), Mn^{2+}(aq), H^+(aq)|Pt(+)$
(3)$(-)Pt|Sn^{4+}(aq), Sn^{2+}(aq)\|Fe^{3+}(aq), Fe^{2+}(aq)|Pt(+)$
(4)$(-)Pt|Hg(l)|Hg_2^{2+}(aq)\|SO_4^{2-}(aq)|Hg_2SO_4(s)|Hg(l)|Pt(+)$

(5)(－)Zn|[$Zn(NH_3)_4$]$^{2+}$(aq)，NH_3(aq)‖Zn^{2+}(aq)|Zn(＋)

7. Cl_2、Fe^{3+}不变，$Cr_2O_7^{2-}$、MnO_4^- 增强

8.(1)不能；(2)不能；(3)不能；(4)能；(5)能；(6)能

9.(1)0.071 V，(－)Sn|Sn^{2+}(0.010 mol·L^{-1})‖Pb^{2+}(1.0 mol·L^{-1})|Pb(＋)

(2)0.018 V，(－)Pb|Pb^{2+}(0.10 mol·L^{-1})‖Sn^{2+}(1.0 mol·L^{-1})|Sn(＋)

10.(1)0.13；(2)向左进行；(3)向右进行

11. －0.097 V

12. 1.7×10^{-5}

13. $\varphi(MnO_4^-/Mn^{2+})$＝1.04 V，不能

14. 0.22 V

15. －1.235 V

16.(1)0.895 V；(2)1.9×10^{88}；(3)不能。虽然$\varphi^{\ominus}(Cr^{2+}/Cr)<\varphi^{\ominus}(Cr^{3+}/Cr^{2+})$，$Cr^{2+}$不能发生歧化反应，但$\varphi^{\ominus}(O_2/H_2O)$＝1.229 V，$Cr^{2+}$容易被空气中的$O_2$氧化

17. ACDCC　D

18.(1)负极：Zn＝Zn^{2+}(0.010 mol·L^{-1})＋2e^-，

正极：Zn^{2+}(1.0 mol·L^{-1})＋2e^-＝Zn，

(－)Zn|Zn^{2+}(0.010 mol·L^{-1})‖Zn^{2+}(1.0 mol·L^{-1})|Zn(＋)，0.059V；

(2)0.771～1.36 V，－0.44～0.337 V；

(3)HBrO，5HBrO＝$HBrO_3$＋2Br_2＋2H_2O；

(4)1.47；　(5)越大，越小

第8章　误差与数据处理

1. 0.2483，0.38%

2. 0.6343，0.000 46

3. 可疑值为0.5086，应舍弃，0.5052，0.000 72

4. 可疑值为0.5623，应保留，0.5606±0.0010

5. BADBD　BBBDB　AD

6.(1)2，4；(2)固定，测出；(3)标准偏差；(4)随机；(5)难以预测，增加平行测定次数，3～4次；(6)0.4920；(7)25.00 mL

第9章　滴定分析法

1.(1)能滴定，突跃范围pH＝6.75～9.7，酚酞；(2)不能滴定；(3)不能滴定；(4)能滴定，突跃范围pH＝6.3～4.3，甲基红

2.(1)可分步滴定，第一计量点pH＝3.9，在常用的三种指示剂中，可选择甲基橙作指示剂；第二计量点pH＝9.3，酚酞；(2)两个H^+一起滴，用0.1 mol·L^{-1} NaOH滴定，第二计量点pH＝9.1，酚酞

3. 甲基橙变色：20 mL，酚酞变色：10 mL

4. 2.8%，不能

5. 滴定强酸，选甲基橙无影响，选甲基红稍有影响，选酚酞影响大；滴定弱酸，只能选酚酞，影响大，标定和滴定选用同一指示剂可使影响部分抵消

6. 4.05，不能，9.6

7.(1)能。(2)先滴 Fe^{3+}，最高酸度 pH=1.2，最低酸度 pH=2.7，在 pH=1.2～2.7 时滴定 Fe^{3+}；后滴 Zn^{2+}，最高酸度 pH=4.0，最低酸度 pH=8.1，在 pH=4.0～8.1 时滴定 Zn^{2+}

8. 试样含 Na_2CO_3 和 $NaHCO_3$，$\omega(Na_2CO_3)=0.1599$，$\omega(NaHCO_3)=0.0457$

9. $\omega(NaH_2PO_4)=0.2400$；$\omega(Na_2HPO_4)=0.1420$

10. 0.4164

11. 0.9293

12. 0.002 89

13. 0.032 41

14. 0.035 28

15. 94.4 mg·L^{-1}

16. DDBCB　CBDDD　ADBDA　AAACB　CDD

17.(1)确定的化学计量关系，反应完全程度达到 99.9%以上；反应速度快；有简便合适的方法确定终点

(2)直接配制法和间接配制法(或标定法)

(3)滴定终点，终点误差

(4)直接滴定，间接滴定，置换滴定，返滴定

(5)直接配制标准溶液，标定间接法配制的标准溶液

(6)pH，大，大

(7)弱，弱，结构，颜色，变色范围

(8)指示剂必须在滴定突跃范围内变色

(9)HCl、HCOOH、HAc、丙酸

(10)A. $NaOH+Na_2CO_3$，B. $Na_2CO_3+NaHCO_3$，C. Na_2CO_3，D. $NaHCO_3$，E. NaOH

(11)滴定弱酸或弱碱时，计量点为两性物质溶液，滴定突跃范围小，无法选择指示剂

(12)K_2CrO_4，$AgNO_3$，中性或弱碱性

(13)在酸性介质下滴定，许多弱酸根因酸效应而不与 Ag^+ 生成沉淀，干扰离子少

(14)减少酸效应使配位反应更完全，金属离子发生水解效应

(15)$\lg[c_0(M)\cdot K_f^{\ominus\prime}]\geqslant 6$，林邦曲线，最低 pH

(16)10.0，Ca^{2+}、Mg^{2+} 总量，NaOH，$Mg(OH)_2$，Ca^{2+}

(17)$\lg K_f^{\ominus\prime}\geqslant 8$

(18)封闭现象

(19)H^+，缓冲溶液

(20)1.0 mol·L^{-1}

(21)两个电对的条件电势，无关

(22)形成 I_3^-，增大 I_2 的溶解度

(23)I_2 的蒸发和 I_2 的氧化

第10章　分光光度法

1. ×√×××　×××√
2. 2 cm吸收池：36%，0.44；0.5 cm吸收池：78%，0.11
3. 3.3×10^{4} L·mol^{-1}·cm^{-1}
4. $3.0\times10^{-5}\sim1.3\times10^{-4}$ mol·L^{-1}
5. 6.0×10^{-3} g
6. 0.61
7. 79.0%
8. 1.55×10^{-3} mol·L^{-1}

第11章　电势分析法简介

1～5. 略
6.(1)3.64；(2)5.56
7. 25.00 mL
8. 3.9×10^{-4} mol·L^{-1}
9.(1)$K_a^{\ominus}$(HA)＝1.7×10^{-5}；(2)pH＝8.57；(3)V(NaOH)＝33.3 mL；(4)c(HA)＝0.167 mol·L^{-1}

附　录

附录 1　一些重要的物理常数

物理量	量　值
真空中的光速	$c=2.997\ 924\ 58\times10^{8}\ m\cdot s^{-1}$
电子的电荷	$e=1.602\ 177\ 33\times10^{-19}\ C$
原子质量单位	$u=1.660\ 540\ 2\times10^{-27}\ kg$
质子静质量	$m_p=1.672\ 623\ 1\times10^{-27}\ kg$
中子静质量	$m_n=1.674\ 954\ 3\times10^{-27}\ kg$
电子静质量	$m_e=9.109\ 389\ 7\times10^{-31}\ kg$
理想气体摩尔体积	$V_m=2.241\ 410\times10^{-2}\ m^3\cdot mol^{-1}$
摩尔气体常数	$R=8.314\ 510\ J\cdot mol^{-1}\cdot K^{-1}$
阿伏伽德罗常数	$N_A=6.022\ 136\ 7\times10^{23}\ mol^{-1}$
里德堡常量	$R_\infty=1.097\ 373\ 153\ 4\times10^{7}\ m^{-1}$
法拉第常数	$F=9.648\ 530\ 9\times10^{4} C\cdot mol^{-1}$
普朗克常量	$h=6.626\ 075\ 5\times10^{-34}\ J\cdot s$
玻耳兹曼常数	$k=1.380\ 658\times10^{-23}\ J\cdot K^{-1}$

附录 2　物质的热力学数据

(298.15 K，100 kPa)

物　质	$\frac{\Delta_f H_m^\ominus}{kJ\cdot mol^{-1}}$	$\frac{\Delta_f G_m^\ominus}{kJ\cdot mol^{-1}}$	$\frac{S_m^\ominus}{J\cdot mol^{-1}\cdot K^{-1}}$
Ag(s)	0	0	42.55
AgCl(s)	−127.07	−109.80	96.2
AgBr(s)	−100.4	−96.9	107.1
Ag_2CrO_4(s)	−731.74	−641.83	218
AgI(s)	−61.84	−66.19	115
Ag_2CO_3(s)	−505.8	−436.8	167.4
Ag_2O(s)	−31.1	−11.2	121
$AgNO_3$(s)	−124.4	−33.47	140.9

（续）

物　质	$\frac{\Delta_f H_m^{\ominus}}{kJ \cdot mol^{-1}}$	$\frac{\Delta_f G_m^{\ominus}}{kJ \cdot mol^{-1}}$	$\frac{S_m^{\ominus}}{J \cdot mol^{-1} \cdot K^{-1}}$
Al(s)	0.0	0.0	28.33
$AlCl_3$(s)	−704.2	−628.9	110.7
α−Al_2O_3(s)	−1676	−1582	50.92
B(s，β)	0	0	5.86
B_2O_3(s)	−1272.8	−1193.7	53.97
Ba(s)	0	0	62.8
$BaCl_2$(s)	−858.6	−810.4	123.7
BaO(s)	−548.10	−520.41	72.09
$BaTiO_3$(s)	−1659.8	−1572.3	107.9
$BaCO_3$(s)	−1216	−1138	112
$BaSO_4$(s)	−1473	1362	132
Br_2(l)	0	0	152.23
Br_2(g)	30.91	3.14	245.35
HBr(g)	−36.40	−53.43	198.70
Ca(s)	0	0	41.2
CaF_2(s)	−1220	−1167	68.87
$CaCl_2$(s)	−795.8	−748.1	105
CaO(s)	−635.09	−604.04	39.75
$Ca(OH)_2$(s)	−986.09	−898.56	83.39
$CaCO_3$(s，方解石)	−1206.92	−1128.8	92.88
$CaSO_4$(s，无水石膏)	−1434.1	−1321.9	107
C(石墨)	0	0	5.74
C(金刚石)	1.987	2.900	2.38
CO(g)	−110.53	−137.15	197.56
CO_2(g)	−393.51	−394.36	213.64
CO_2(aq)	−413.8	−386.0	118
CCl_4(l)	−135.4	−65.2	216.4
CH_3OH(l)	−238.7	−166.4	127
C_2H_5OH(l)	−277.7	−174.9	161
HCOOH(l)	−424.7	−361.4	129.0
CH_3COOH(l)	−484.5	−390	160
C_6H_5COOH(s)	−385.05	−245.27	167.57
CH_3CHO(l)	−192.3	−128.2	160

（续）

物 质	$\frac{\Delta_f H_m^\ominus}{kJ \cdot mol^{-1}}$	$\frac{\Delta_f G_m^\ominus}{kJ \cdot mol^{-1}}$	$\frac{S_m^\ominus}{J \cdot mol^{-1} \cdot K^{-1}}$
$CO(NH_2)_2$(s)	−333.51	−197.33	104.60
CH_4(g)	−74.81	−50.75	186.15
C_2H_2(g)	226.75	209.20	200.82
C_2H_4(g)	52.26	68.12	219.5
C_2H_6(g)	−84.68	−32.89	229.5
C_3H_8(g)	−103.85	−23.49	269.9
C_6H_6(g)	82.93	129.66	269.2
C_6H_6(l)	49.03	124.50	172.8
Cl_2(g)	0	0	222.96
HCl(g)	−92.31	−95.30	186.80
Co(s)(a，六方)	0	0	30.04
$Co(OH)_2$(s，桃红)	−539.7	−454.4	79
Cr(s)	0	0	23.8
Cr_2O_3(s)	−1140	−1058	81.2
Cu(s)	0	0	33.15
Cu_2O	−169	−146	93.14
CuO(s)	−157	−130	42.63
Cu_2S(s，α)	−79.5	−86.2	121
CuS(s)	−53.1	−53.6	66.5
$CuSO_4$(s)	−771.36	−661.9	109
$CuSO_4 \cdot 5H_2O$(s)	−2279.7	−1880.06	300
F_2(g)	0	0	202.7
Fe(s)	0	0	27.3
Fe_2O_3(s，赤铁矿)	−824.2	−742.2	87.40
Fe_3O_4(s，磁铁矿)	−1120.9	−1015.46	146.44
H_2(g)	0	0	130.57
Hg(g)	61.32	31.85	174.8
HgO(s，红)	−90.83	−58.56	70.29
HgS(s，红)	−58.2	−50.6	82.4
$HgCl_2$(s)	−224	−179	146
Hg_2Cl_2(s)	−265.2	−210.78	192
I_2(s)	0	0	116.14

（续）

物　质	$\frac{\Delta_f H_m^{\ominus}}{kJ \cdot mol^{-1}}$	$\frac{\Delta_f G_m^{\ominus}}{kJ \cdot mol^{-1}}$	$\frac{S_m^{\ominus}}{J \cdot mol^{-1} \cdot K^{-1}}$
I_2(g)	62.438	19.36	260.6
HI(g)	25.9	1.30	206.48
K(s)	0	0	64.18
KCl(s)	−436.75	−409.2	82.59
KI(s)	−327.90	−324.89	106.32
KOH(s)	−424.76	−379.1	78.87
$KClO_3$(s)	−397.7	−296.3	143
$KMnO_4$(s)	−837.2	−737.6	171.7
Mg(s)	0	0	32.68
$MgCl_2$(s)	−641.32	−591.83	89.62
MgO(s，方镁石)	−601.70	−569.44	26.9
$Mg(OH)_2$(s)	−924.54	−833.58	63.18
$MgCO_3$(s，菱美石)	−1096	−1012	65.7
$MgSO_4$(s)	−1285	1171	91.6
Mn(s，α)	0	0	32.0
MnO_2(s)	−520.03	−465.18	53.05
$MnCl_2$(s)	−481.29	−440.53	118.2
Na(s)	0	0	51.21
NaCl(s)	−411.15	−384.15	72.13
NaOH(s)	−425.61	−379.53	64.45
Na_2CO_3(s)	−1130.7	−1044.5	135.0
NaI(s)	−287.8	−286.1	98.53
Na_2O_2(s)	−510.87	−447.69	94.98
HNO_3(l)	−174.1	−80.79	155.6
NH_3(g)	−46.11	−16.5	192.3
NH_4Cl(s)	−314.4	−203.0	94.56
NH_4NO_3(s)	−365.6	−184.0	151.1
$(NH_4)_2SO_4$(s)	−1180.9	−901.7	220.1
N_2H_4(l)	50.63	149.2	121
N_2(g)	0	0	191.5
NO(g)	90.25	86.57	210.65
NO_2(g)	33.2	51.30	240.0

（续）

物　　质	$\frac{\Delta_f H_m^\ominus}{kJ \cdot mol^{-1}}$	$\frac{\Delta_f G_m^\ominus}{kJ \cdot mol^{-1}}$	$\frac{S_m^\ominus}{J \cdot mol^{-1} \cdot K^{-1}}$
N_2O(g)	82.05	104.2	219.7
N_2O_4(g)	9.16	97.82	304.2
O_3(g)	143	163	238.8
O_2(g)	0	0	205.03
H_2O(l)	−285.84	−237.19	69.94
H_2O(g)	−241.82	−228.59	188.72
H_2O_2(l)	−187.8	−120.4	109.6
H_2O_2(aq)	−191.2	−134.1	144
P(s，白)	0	0	41.09
P(红)(s，三斜)	−17.6	−12.1	22.8
PCl_3(g)	−287	−268.0	311.7
PCl_5(g)	−398.9	−324.6	353
Pb(s)	0	0	64.81
PbO(s，黄)	−215.33	−187.90	68.70
PbO_2(s)	−277.40	−217.36	68.62
H_2S(g)	−20.6	−33.6	205.7
H_2S(aq)	−40	−27.9	121
H_2SO_4(l)	−813.99	−690.10	156.90
SO_2(g)	−296.83	−300.19	248.1
SO_3(g)	−395.7	−371.1	256.6
Si(s)	0	0	18.8
SiO_2(s，石英)	−910.94	−856.67	41.84
SiF_4(g)	−1614.9	−1572.7	282.4
Sn(s，白)	0	0	51.55
Sn(s，灰)	−2.1	0.13	44.14
SnO_2(s)	−580.74	−519.65	52.3
$SnCl_4$(s)	−511.3	−440.2	259
Zn(s)	0	0	41.6
ZnO(s)	−348.3	−318.3	43.64
$ZnCl_2$(s)	−415.1	−369.4	111.5
ZnS(s，闪锌矿)	−206.0	−201.3	57.7

附录 3　弱酸弱碱在水中的解离平衡常数 $K^{\ominus}$

(291～298 K)

(1)弱酸的解离平衡常数

弱电解质		$K_a^{\ominus}$	$pK_a^{\ominus}$
硼酸	H_3BO_3	$K_a^{\ominus}=7.3\times10^{-10}$	9.14
碳酸	H_2CO_3	$K_{a1}^{\ominus}=4.30\times10^{-7}$	6.37
		$K_{a2}^{\ominus}=5.61\times10^{-11}$	10.25
硅酸	H_2SiO_3	$K_{a1}^{\ominus}=2.2\times10^{-10}$	9.66
		$K_{a2}^{\ominus}=2.0\times10^{-12}$	11.70
亚硝酸	HNO_2	$K_a^{\ominus}=4.6\times10^{-4}$	3.34
氢叠氮酸	HN_3	$K_a^{\ominus}=1.8\times10^{-5}$	4.74
磷酸	H_3PO_4	$K_{a1}^{\ominus}=7.52\times10^{-3}$	2.12
		$K_{a2}^{\ominus}=6.23\times10^{-8}$	7.20
		$K_{a3}^{\ominus}=2.20\times10^{-13}$	12.66
亚磷酸	H_3PO_3	$K_{a1}^{\ominus}=5.0\times10^{-2}$	1.30
		$K_{a2}^{\ominus}=2.5\times10^{-7}$	6.60
砷酸	H_3AsO_4	$K_{a1}^{\ominus}=6.0\times10^{-3}$	2.22
		$K_{a2}^{\ominus}=1.0\times10^{-7}$	7.00
		$K_{a3}^{\ominus}=3.2\times10^{-12}$	11.49
硫酸	H_2SO_4	$K_{a2}^{\ominus}=1.2\times10^{-2}$	1.92
亚硫酸	H_2SO_3	$K_{a1}^{\ominus}=1.54\times10^{-2}$	1.81
		$K_{a2}^{\ominus}=1.02\times10^{-7}$	6.99
氢硫酸	H_2S	$K_{a1}^{\ominus}=9.5\times10^{-8}$	7.02
		$K_{a2}^{\ominus}=1.3\times10^{-14}$	13.89
氢氟酸	HF	$K_a^{\ominus}=3.53\times10^{-4}$	3.45
次氯酸	HClO	$K_a^{\ominus}=2.95\times10^{-8}$	7.53
铬酸	H_2CrO_4	$K_{a1}^{\ominus}=1.8\times10^{-1}$	0.74
		$K_{a2}^{\ominus}=3.2\times10^{-7}$	6.49
氢氰酸	HCN	$K_a^{\ominus}=4.93\times10^{-10}$	9.31
硫氰酸	HSCN	$K_a^{\ominus}=1.4\times10^{-1}$	0.85
甲酸	HCOOH	$K_a^{\ominus}=1.77\times10^{-4}$	3.75
醋酸	CH_3COOH	$K_a^{\ominus}=1.76\times10^{-5}$	4.75
氯乙酸	$CH_2ClCOOH$	$K_a^{\ominus}=1.38\times10^{-3}$	2.86
二氯乙酸	$CHCl_2COOH$	$K_a^{\ominus}=5.5\times10^{-2}$	1.26
三氯乙酸	CCl_3COOH	$K_a^{\ominus}=2.3\times10^{-1}$	0.64

（续）

弱电解质		$K_a^\ominus$	$pK_a^\ominus$
草酸	$H_2C_2O_4$	$K_{a1}^\ominus=5.6\times10^{-2}$	1.25
		$K_{a2}^\ominus=5.42\times10^{-5}$	4.27
丙酸	CH_3CH_2COOH	$K_a^\ominus=1.34\times10^{-5}$	4.87
乳酸	$CH_3CHOHCOOH$	$K_a^\ominus=1.4\times10^{-4}$	3.85
酒石酸	$H_2C_4H_4O_6$	$K_{a1}^\ominus=1.04\times10^{-3}$	2.98
		$K_{a2}^\ominus=4.55\times10^{-5}$	4.34
柠檬酸	$H_3C_6H_5O_7$	$K_{a1}^\ominus=7.4\times10^{-4}$	3.13
		$K_{a2}^\ominus=1.7\times10^{-5}$	4.77
		$K_{a3}^\ominus=4.0\times10^{-7}$	6.40
乙二胺四乙酸	H_4Y	$K_{a1}^\ominus=1.0\times10^{-2}$	2.00
		$K_{a2}^\ominus=2.1\times10^{-3}$	2.68
		$K_{a3}^\ominus=6.9\times10^{-7}$	6.16
		$K_{a4}^\ominus=5.9\times10^{-11}$	10.23
苯甲酸	C_6H_5COOH	$K_a^\ominus=6.2\times10^{-5}$	4.21
邻苯二甲酸	$C_6H_4(COOH)_2$	$K_{a1}^\ominus=1.1\times10^{-3}$	2.96
		$K_{a2}^\ominus=3.9\times10^{-6}$	5.41
邻硝基苯甲酸	$C_6H_4NO_2COOH$	$K_a^\ominus=6.71\times10^{-3}$	2.17
苯酚	C_6H_5OH	$K_a^\ominus=1.1\times10^{-10}$	9.96
水杨酸	$C_6H_4OHCOOH$	$K_{a1}^\ominus=1.0\times10^{-3}$	3.00
		$K_{a2}^\ominus=4.2\times10^{-13}$	12.38
磺基水杨酸	$C_6H_3SO_3HOHCOOH$	$K_{a1}^\ominus=4.7\times10^{-3}$	2.33
		$K_{a2}^\ominus=4.8\times10^{-12}$	11.32
质子化的氨基乙酸	$^+H_3NCH_2COOH$	$K_{a1}^\ominus=4.5\times10^{-3}$（—COOH）	2.35
		$K_{a2}^\ominus=1.7\times10^{-10}$（$—NH_3^+$）	9.77

（2）弱碱的解离平衡常数

弱电解质		$K_b^\ominus$	$pK_b^\ominus$
氨水	$NH_3\cdot H_2O$	$K_b^\ominus=1.77\times10^{-5}$	4.75
羟胺	NH_2OH	$K_b^\ominus=9.1\times10^{-9}$	8.04
联氨	NH_2NH_2	$K_{b1}^\ominus=3.0\times10^{-6}$	5.52
		$K_{b2}^\ominus=7.6\times10^{-15}$	14.12
甲胺	CH_3NH_2	$K_b^\ominus=4.2\times10^{-4}$	3.38
二甲胺	$(CH_3)_2NH$	$K_b^\ominus=1.2\times10^{-4}$	3.92
乙胺	$CH_3CH_2NH_2$	$K_b^\ominus=5.6\times10^{-4}$	3.25
乙二胺	$NH_2CH_2CH_2NH_2$	$K_{b1}^\ominus=8.5\times10^{-5}$	4.07
		$K_{b2}^\ominus=7.1\times10^{-8}$	7.15

（续）

弱电解质		$K_b^\ominus$	$pK_b^\ominus$
乙醇胺	$HOCH_2CH_2NH_2$	$K_b^\ominus=3.2\times10^{-5}$	4.49
三乙醇胺	$(HOCH_2CH_2)_3N$	$K_b^\ominus=5.8\times10^{-7}$	6.24
六亚甲基四胺	$(CH_2)_6N_4$	$K_b^\ominus=1.4\times10^{-9}$	8.85
苯胺	$C_6H_5NH_2$	$K_b^\ominus=4.0\times10^{-10}$	9.40
吡啶	C_5H_5N	$K_b^\ominus=1.7\times10^{-9}$	8.77
喹啉	C_9H_7N	$K_b^\ominus=6.3\times10^{-10}$	9.20
尿素（脲）	$CO(NH_2)_2$	$K_b^\ominus=1.5\times10^{-14}$	13.82
氢氧化锌	$Zn(OH)_2$	$K_b^\ominus=9.55\times10^{-4}$	3.03
氢氧化铝	$Al(OH)_3$	$K_b^\ominus=1.38\times10^{-9}$	8.86

附录 4　配合物的稳定常数 $K_f^\ominus$

（291～298 K）

配离子	$K_f^\ominus$	配离子	$K_f^\ominus$
$[AgCl_2]^-$	1.1×10^{5}	$[Cu(CN)_2]^-$	1.0×10^{24}
$[AgBr_2]^-$	2.1×10^{7}	$[Cu(SCN)_2]^-$	1.5×10^{5}
$[AgI_2]^-$	5.5×10^{11}	$[Cu(NH_3)_2]^+$	7.4×10^{10}
$[Ag(CN)_2]^-$	1.0×10^{21}	$[Cu(NH_3)_4]^{2+}$	3.9×10^{12}
$[Ag(SCN)_2]^-$	3.7×10^{7}	$[Cu(en)_2]^{2+}$	4.0×10^{19}
$[Ag(S_2O_3)_2]^{3-}$	1.6×10^{13}	$[Fe(CN)_6]^{4-}$	1.0×10^{35}
$[Ag(NH_3)_2]^+$	1.7×10^{7}	$[FeF_6]^{3-}$	1.0×10^{16}
$[AlF_6]^{3-}$	6.9×10^{19}	$[Fe(CN)_6]^{3-}$	1.0×10^{42}
$[Al(C_2O_4)_3]^{3-}$	2.0×10^{16}	$[Fe(SCN)_6]^{3-}$	1.3×10^{9}
$[Au(CN)_2]^-$	2.0×10^{38}	$[Fe(C_2O_4)_3]^{3-}$	1.0×10^{20}
$[AuCl_4]^-$	2.0×10^{21}	$[HgCl_4]^{2-}$	1.6×10^{15}
$[CdCl_4]^{2-}$	3.1×10^{2}	$[HgBr_4]^{2-}$	1.0×10^{21}
$[CdI_4]^{2-}$	2.7×10^{6}	$[HgI_4]^{2-}$	7.2×10^{29}
$[Cd(CN)_4]^{2-}$	1.3×10^{18}	$[Hg(CN)_4]^{2-}$	3.3×10^{41}
$[Cd(SCN)_4]^{2-}$	1.0×10^{3}	$[Hg(SCN)_4]^{2-}$	7.7×10^{21}
$[Cd(NH_3)_4]^{2+}$	3.6×10^{6}	$[Hg(NH_3)_4]^{2+}$	1.9×10^{19}
$[Co(NCS)_4]^{2-}$	3.8×10^{2}	$[Ni(CN)_4]^{2-}$	1.0×10^{22}
$[Co(NH_3)_6]^{2+}$	2.4×10^{4}	$[Ni(NH_3)_6]^{2+}$	1.1×10^{8}
$[Co(CN)_6]^{3-}$	1.0×10^{64}	$[Ni(en)_3]^{2+}$	3.9×10^{18}
$[Co(NH_3)_6]^{3+}$	1.4×10^{35}	$[Zn(CN)_4]^{2-}$	1.0×10^{16}
$[CuCl_2]^-$	3.2×10^{5}	$[Zn(OH)_4]^{2-}$	2.2×10^{15}
$[CuBr_2]^-$	7.8×10^{5}	$[Zn(NH_3)_4]^{2+}$	4.9×10^{8}
$[CuI_2]^-$	7.1×10^{8}	$[Zn(en)_2]^{2+}$	6.8×10^{10}

附录5　难溶电解质的溶度积常数 $K_{sp}^{\ominus}$

（291～298 K）

难溶电解质	$K_{sp}^{\ominus}$	难溶电解质	$K_{sp}^{\ominus}$	难溶电解质	$K_{sp}^{\ominus}$
$AgCl$	1.8×10^{-10}	$CoCO_3$	1.4×10^{-13}	$NiCO_3$	6.6×10^{-9}
$AgBr$	5.0×10^{-13}	$Co(OH)_2$(粉)	1.1×10^{-15}	$Ni(OH)_2$	2.0×10^{-15}
AgI	8.3×10^{-17}	$CoS(\alpha)$	4.0×10^{-21}	NiS	1.1×10^{-21}
Ag_2S	1.6×10^{-49}	$CoS(\beta)$	2.0×10^{-25}	$Ni_3(PO_4)_2$	5.0×10^{-31}
Ag_2SO_4	1.4×10^{-5}	$Cr(OH)_3$	6.3×10^{-31}	$PbBr_2$	3.9×10^{-5}
Ag_3PO_4	1.4×10^{-16}	$CuBr$	4.2×10^{-8}	$PbCO_3$	3.3×10^{-14}
Ag_3AsO_4	1.0×10^{-22}	CuC_2O_4	2.3×10^{-8}	PbC_2O_4	4.8×10^{-10}
Ag_2CO_3	8.1×10^{-12}	$CuCl$	1.0×10^{-6}	$PbCl_2$	1.6×10^{-5}
$AgOH$	1.5×10^{-8}	CuI	5.1×10^{-12}	$PbCrO_4$	1.8×10^{-14}
Ag_2CrO_4	1.12×10^{-12}	CuS	6.3×10^{-36}	PbF_2	2.7×10^{-8}
$AgCN$	1.2×10^{-16}	Cu_2S	2.0×10^{-47}	PbI_2	1.4×10^{-8}
$AgSCN$	1.0×10^{-12}	$Cu(OH)_2$	2.2×10^{-20}	$Pb(OH)_2$	1.2×10^{-15}
$Ag_2C_2O_4$	3.5×10^{-11}	$Fe(OH)_2$	8.0×10^{-16}	PbS	3.4×10^{-28}
$Al(OH)_3$	1.3×10^{-33}	$Fe(OH)_3$	1.1×10^{-36}	$PbSO_4$	1.1×10^{-8}
$BaCO_3$	8.1×10^{-9}	$FePO_4$	1.3×10^{-22}	PtS	9.9×10^{-74}
BaC_2O_4	1.6×10^{-7}	FeS	3.7×10^{-19}	$Sn(OH)_2$	1.4×10^{-28}
$BaCrO_4$	1.6×10^{-10}	$FeCO_3$	3.2×10^{-11}	SnS	1.0×10^{-25}
$BaSO_4$	1.1×10^{-10}	$Hg(OH)_2$	3.0×10^{-26}	$SrCO_3$	1.1×10^{-10}
$Bi(OH)_3$	4.0×10^{-31}	Hg_2S(黑)	1.6×10^{-52}	SrF_2	2.5×10^{-9}
$CaCO_3$	2.9×10^{-9}	Hg_2Cl_2	2.0×10^{-18}	$SrSO_4$	3.2×10^{-7}
$CaC_2O_4\cdot H_2O$	2.3×10^{-9}	Hg_2SO_4	7.4×10^{-7}	$SrCrO_4$	2.2×10^{-5}
CaF_2	3.4×10^{-11}	$MgCO_3$	2.6×10^{-5}	SrC_2O_4	1.6×10^{-7}
$Ca(OH)_2$	5.5×10^{-6}	MgF_2	6.5×10^{-9}	$Sr_3(PO_4)_2$	4.1×10^{-28}
$CaSO_4$	9.1×10^{-6}	$Mg(OH)_2$	1.8×10^{-11}	$ZnCO_3$	1.0×10^{-10}
$Ca_3(PO_4)_2$	2.0×10^{-29}	$Mg_3(PO_4)_2$	9.9×10^{-25}	ZnC_2O_4	2.3×10^{-9}
$CdCO_3$	5.2×10^{-12}	$MgNH_4PO_4$	2.5×10^{-13}	$Zn_3(PO_4)_2$	9.1×10^{-33}
CdF_2	1.5×10^{-10}	$MnCO_3$	1.8×10^{-11}	$Zn(OH)_2$	6.9×10^{-17}
$Cd(OH)_2$	2.5×10^{-14}	$Mn(OH)_2$	1.9×10^{-13}	$ZnS(\alpha)$	1.2×10^{-23}
CdS	3.6×10^{-29}	MnS	1.4×10^{-15}	$ZnS(\beta)$	2.5×10^{-22}

附录 6 EDTA 与金属离子螯合物的稳定常数 $\lg K_f^\ominus$(MY)

(291～298 K，I=0.1 mol·L^{-1})

金属离子	$\lg K_f^\ominus$(MY)	金属离子	$\lg K_f^\ominus$(MY)	金属离子	$\lg K_f^\ominus$(MY)
Ag^{+}	7.32	Gd^{3+}	17.37	Sc^{3+}	23.1
Al^{3+}	16.3	Hf^{2+}	19.1	Sm^{3+}	17.14
Ba^{2+}	7.86	Hg^{2+}	21.8	Sn^{2+}	22.1
Be^{2+}	9.2	Ho^{3+}	18.7	Sn^{4+}	34.5
Bi^{3+}	27.94	In^{3+}	25.0	Sr^{2+}	8.73
Ca^{2+}	10.7	La^{3+}	15.50	Tb^{3+}	17.7
Cd^{2+}	16.46	Li^{+}	2.79	Th^{4+}	23.2
Ce^{3+}	16.0	Lu^{3+}	19.83	Ti^{3+}	21.3
Co^{2+}	16.31	Mg^{2+}	8.7	TiO^{2+}	17.3
Co^{3+}	36.0	Mn^{2+}	13.87	Tl^{3+}	37.8
Cr^{3+}	23.4	Mo(Ⅴ)	28	Tm^{3+}	19.3
Cu^{2+}	18.8	Na^{+}	1.66	U(Ⅳ)	25.8
Dy^{3+}	18.3	Nd^{3+}	16.6	VO^{2+}	18.8
Er^{3+}	18.85	Ni^{2+}	18.62	VO_2^{+}	18.1
Eu^{3+}	17.35	Pb^{2+}	18.04	Y^{3+}	18.1
Fe^{2+}	14.32	Pd^{2+}	18.5	Yb^{3+}	19.57
Fe^{3+}	25.1	Pm^{3+}	16.75	Zn^{2+}	16.50
Ga^{3+}	20.3	Pr^{3+}	16.40	ZrO^{2+}	29.5

附录 7 标准电极电势表

(298 K)

一、在酸性溶液中

电极反应	$\varphi^\ominus$/V	电极反应	$\varphi^\ominus$/V
$Li^{+}+e^{-}=Li$	−3.0401	$Mg^{2+}+2e^{-}=Mg$	−2.372
$Cs^{+}+e^{-}=Cs$	−2.98	$Ce^{3+}+3e^{-}=Ce$	−2.336
$Rb^{+}+e^{-}=Rb$	−2.93	$H_2(g)+2e^{-}=2H^{-}$	−2.23
$K^{+}+e^{-}=K$	−2.912	$[AlF_6]^{3-}+3e^{-}=Al+6F^{-}$	−2.069
$Ba^{2+}+2e^{-}=Ba$	−2.89	$Th^{4+}+4e^{-}=Th$	−1.899
$Ca^{2+}+2e^{-}=Ca$	−2.868	$Be^{2+}+2e^{-}=Be$	−1.847
$Na^{+}+e^{-}=Na$	−2.71	$U^{3+}+3e^{-}=U$	−1.798
$La^{3+}+3e^{-}=La$	−2.379	$HfO^{2+}+2H^{+}+4e^{-}=Hf+H_2O$	−1.724

（续）

电极反应	$\varphi^{\ominus}$/V	电极反应	$\varphi^{\ominus}$/V
$Al^{3+}+3e^-=Al$	−1.662	$V^{3+}+e^-=V^{2+}$	−0.255
$Ti^{2+}+2e^-=Ti$	−1.630	$H_2GeO_3+4H^++4e^-=Ge+3H_2O$	−0.182
$ZrO_2+4H^++4e^-=Zr+2H_2O$	−1.553	$AgI+e^-=Ag+I^-$	−0.153
$[SiF_6]^{2-}+4e^-=Si+6F^-$	−1.24	$Sn^{2+}+2e^-=Sn$	−0.138
$Mn^{2+}+2e^-=Mn$	−1.18	$Pb^{2+}+2e^-=Pb$	−0.126
$Cr^{2+}+2e^-=Cr$	−0.90	$CO_2(g)+2H^++2e^-=CO+H_2O$	−0.12
$Ti^{3+}+e^-=Ti^{2+}$	−0.9	$P(white)+3H^++3e^-=PH_3(g)$	−0.063
$H_3BO_3+3H^++3e^-=B+3H_2O$	−0.87	$Hg_2I_2+2e^-=2Hg+2I^-$	−0.0405
$TiO_2+4H^++4e^-=Ti+2H_2O$	−0.86	$Fe^{3+}+3e^-=Fe$	−0.041
$Te+2H^++2e^-=H_2Te$	−0.793	$2H^++2e^-=H_2$	0.0000
$Zn^{2+}+2e^-=Zn$	−0.763	$AgBr+e^-=Ag+Br^-$	0.071 33
$Ta_2O_5+10H^++10e^-=2Ta+5H_2O$	−0.750	$S_4O_6^{2-}+2e^-=2S_2O_3^{2-}$	0.08
$Cr^{3+}+3e^-=Cr$	−0.744	$TiO^{2+}+2H^++e^-=Ti^{3+}+H_2O$	0.1
$Nb_2O_5+10H^++10e^-=2Nb+5H_2O$	−0.644	$S+2H^++2e^-=H_2S(aq)$	0.142
$As+3H^++3e^-=AsH_3$	−0.608	$Sb_2O_3+6H^++6e^-=2Sb+3H_2O$	0.152
$U^{4+}+e^-=U^{3+}$	−0.607	$Cu^{2+}+e^-=Cu^+$	0.153
$Ga^{3+}+3e^-=Ga$	−0.549	$Sn^{4+}+2e^-=Sn^{2+}$	0.154
$H_3PO_2+H^++e^-=P+2H_2O$	−0.508	$BiOCl+2H^++3e^-=Bi+Cl^-+H_2O$	0.158
$H_3PO_3+2H^++2e^-=H_3PO_2+H_2O$	−0.499	$SO_4^{2-}+4H^++2e^-=H_2SO_3+H_2O$	0.172
$2CO_2+2H^++2e^-=H_2C_2O_4$	−0.49	$SbO^++2H^++3e^-=Sb+H_2O$	0.212
$Fe^{2+}+2e^-=Fe$	−0.447	$AgCl+e^-=Ag+Cl^-$	0.2223
$Cr^{3+}+e^-=Cr^{2+}$	−0.407	$HAsO_2+3H^++3e^-=As+2H_2O$	0.248
$Cd^{2+}+2e^-=Cd$	−0.403	$Hg_2Cl_2+2e^-=2Hg+2Cl^-$(饱和 KCl)	0.268
$Se+2H^++2e^-=H_2Se(aq)$	−0.399	$BiO^++2H^++3e^-=Bi+H_2O$	0.320
$PbI_2+2e^-=Pb+2I^-$	−0.365	$UO_2^{2+}+4H^++2e^-=U^{4+}+2H_2O$	0.327
$Eu^{3+}+e^-=Eu^{2+}$	−0.36	$2HCNO+2H^++2e^-=(CN)_2+2H_2O$	0.330
$PbSO_4+2e^-=Pb+SO_4^{2-}$	−0.359	$VO^{2+}+2H^++e^-=V^{3+}+H_2O$	0.337
$In^{3+}+3e^-=In$	−0.338	$Cu^{2+}+2e^-=Cu$	0.337
$Tl^++e^-=Tl$	−0.336	$ReO_4^-+8H^++7e^-=Re+4H_2O$	0.368
$Co^{2+}+2e^-=Co$	−0.28	$Ag_2CrO_4+2e^-=2Ag+CrO_4^{2-}$	0.447
$H_3PO_4+2H^++2e^-=H_3PO_3+H_2O$	−0.276	$H_2SO_3+4H^++4e^-=S+3H_2O$	0.449
$PbCl_2+2e^-=Pb+2Cl^-$	−0.2675	$Cu^++e^-=Cu$	0.52
$Ni^{2+}+2e^-=Ni$	−0.257	$I_2+2e^-=2I^-$	0.534

（续）

电极反应	$\varphi^{\ominus}$/V	电极反应	$\varphi^{\ominus}$/V
$I_3^- + 2e^- = 3I^-$	0.536	$ClO_4^- + 2H^+ + 2e^- = ClO_3^- + H_2O$	1.189
$H_3AsO_4 + 2H^+ + 2e^- = HAsO_2 + 2H_2O$	0.560	$2IO_3^- + 12H^+ + 10e^- = I_2 + 6H_2O$	1.195
$Sb_2O_5 + 6H^+ + 4e^- = 2SbO^+ + 3H_2O$	0.581	$ClO_3^- + 3H^+ + 2e^- = HClO_2 + H_2O$	1.214
$TeO_2 + 4H^+ + 4e^- = Te + 2H_2O$	0.593	$MnO_2 + 4H^+ + 2e^- = Mn^{2+} + 2H_2O$	1.23
$UO_2^+ + 4H^+ + e^- = U^{4+} + 2H_2O$	0.612	$O_2 + 4H^+ + 4e^- = 2H_2O$	1.229
$2HgCl_2 + 2e^- = Hg_2Cl_2 + 2Cl^-$	0.63	$T1^{3+} + 2e^- = Tl^+$	1.252
$[PtCl_6]^{2-} + 2e^- = [PtCl_4]^{2-} + 2Cl^-$	0.68	$ClO_2 + H^+ + e^- = HClO_2$	1.277
$O_2 + 2H^+ + 2e^- = H_2O_2$	0.695	$2HNO_2 + 4H^+ + 4e^- = N_2O + 3H_2O$	1.297
$[PtCl_4]^{2-} + 2e^- = Pt + 4Cl^-$	0.755	$Cr_2O_7^{2-} + 14H^+ + 6e^- = 2Cr^{3+} + 7H_2O$	1.33
$H_2SeO_3 + 4H^+ + 4e^- = Se + 3H_2O$	0.74	$HBrO + H^+ + 2e^- = Br^- + H_2O$	1.331
$Fe^{3+} + e^- = Fe^{2+}$	0.771	$HCrO_4^- + 7H^+ + 3e^- = Cr^{3+} + 4H_2O$	1.350
$Hg_2^{2+} + 2e^- = 2Hg$	0.793	$Cl_2(g) + 2e^- = 2Cl^-$	1.36
$Ag^+ + e^- = Ag$	0.799	$ClO_4^- + 8H^+ + 8e^- = Cl^- + 4H_2O$	1.389
$OsO_4 + 8H^+ + 8e^- = Os + 4H_2O$	0.8	$ClO_4^- + 8H^+ + 7e^- = 1/2Cl_2 + 4H_2O$	1.39
$2NO_3^- + 4H^+ + 2e^- = N_2O_4 + 2H_2O$	0.803	$Au^{3+} + 2e^- = Au^+$	1.401
$Hg^{2+} + 2e^- = Hg$	0.851	$BrO_3^- + 6H^+ + 6e^- = Br^- + 3H_2O$	1.423
(quartz)$SiO_2 + 4H^+ + 4e^- = Si + 2H_2O$	0.857	$2HIO + 2H^+ + 2e^- = I_2 + 2H_2O$	1.439
$Cu^{2+} + I^- + e^- = CuI$	0.86	$ClO_3^- + 6H^+ + 6e^- = Cl^- + 3H_2O$	1.451
$2HNO_2 + 4H^+ + 4e^- = H_2N_2O_2 + 2H_2O$	0.86	$PbO_2 + 4H^+ + 2e^- = Pb^{2+} + 2H_2O$	1.455
$2Hg^{2+} + 2e^- = Hg_2^{2+}$	0.909	$ClO_3^- + 6H^+ + 5e^- = 1/2Cl_2 + 3H_2O$	1.47
$NO_3^- + 3H^+ + 2e^- = HNO_2 + H_2O$	0.934	$HClO + H^+ + 2e^- = Cl^- + H_2O$	1.482
$Pd^{2+} + 2e^- = Pd$	0.951	$BrO_3^- + 6H^+ + 5e^- = 1/2Br_2 + 3H_2O$	1.482
$NO_3^- + 4H^+ + 3e^- = NO + 2H_2O$	0.957	$Au^{3+} + 3e^- = Au$	1.498
$HNO_2 + H^+ + e^- = NO + H_2O$	0.983	$MnO_4^- + 8H^+ + 5e^- = Mn^{2+} + 4H_2O$	1.51
$HIO + H^+ + 2e^- = I^- + H_2O$	0.987	$Mn^{3+} + e^- = Mn^{2+}$	1.51
$VO_2^+ + 2H^+ + e^- = VO^{2+} + H_2O$	0.991	$HClO_2 + 3H^+ + 4e^- = Cl^- + 2H_2O$	1.570
$V(OH)_4^+ + 2H^+ + e^- = VO^{2+} + 3H_2O$	1.00	$HBrO + H^+ + e^- = 1/2Br_2(aq) + H_2O$	1.574
$[AuCl_4]^- + 3e^- = Au + 4Cl^-$	1.002	$2NO + 2H^+ + 2e^- = N_2O + H_2O$	1.591
$H_6TeO_6 + 2H^+ + 2e^- = TeO_2 + 4H_2O$	1.02	$H_5IO_6 + H^+ + 2e^- = IO_3^- + 3H_2O$	1.601
$N_2O_4 + 4H^+ + 4e^- = 2NO + 2H_2O$	1.035	$HClO + H^+ + e^- = 1/2Cl_2 + H_2O$	1.611
$N_2O_4 + 2H^+ + 2e^- = 2HNO_2$	1.065	$HClO_2 + 2H^+ + 2e^- = HClO + H_2O$	1.645
$Br_2(aq) + 2e^- = 2Br^-$	1.065	$NiO_2 + 4H^+ + 2e^- = Ni^{2+} + 2H_2O$	1.678
$IO_3^- + 6H^+ + 6e^- = I^- + 3H_2O$	1.085	$PbO_2 + SO_4^{2-} + 4H^+ + 2e^- = PbSO_4 + 2H_2O$	1.691
$SeO_4^{2-} + 4H^+ + 2e^- = H_2SeO_3 + H_2O$	1.151	$Au^+ + e^- = Au$	1.692
$ClO_3^- + 2H^+ + e^- = ClO_2 + H_2O$	1.152	$MnO_4^- + 4H^+ + 3e^- = MnO_2 + 2H_2O$	1.695
$Pt^{2+} + 2e^- = Pt$	1.18	$Ce^{4+} + e^- = Ce^{3+}$	1.72

（续）

电极反应	$\varphi^{\ominus}$/V	电极反应	$\varphi^{\ominus}$/V
$N_2O+2H^++2e^-=N_2+H_2O$	1.766	$F_2O+2H^++4e^-=H_2O+2F^-$	2.153
$H_2O_2+2H^++2e^-=2H_2O$	1.776	$FeO_4^{2-}+8H^++3e^-=Fe^{3+}+4H_2O$	2.20
$Co^{3+}+e^-=Co^{2+}$（2mol·L^{-1} H_2SO_4）	1.83	$O(g)+2H^++2e^-=H_2O$	2.421
$Ag^{2+}+e^-=Ag^+$	1.980	$F_2+2e^-=2F^-$	2.866
$S_2O_8^{2-}+2e^-=2SO_4^{2-}$	2.010	$F_2+2H^++2e^-=2HF$	3.053
$O_3+2H^++2e^-=O_2+H_2O$	2.076		

二、在碱性溶液中

电极反应	$\varphi^{\ominus}$/V	电极反应	$\varphi^{\ominus}$/V
$Ca(OH)_2+2e^-=Ca+2OH^-$	−3.02	$Se+2e^-=Se^{2-}$	−0.924
$Ba(OH)_2+2e^-=Ba+2OH^-$	−2.99	$HSnO_2^-+H_2O+2e^-=Sn+3OH^-$	−0.909
$La(OH)_3+3e^-=La+3OH^-$	−2.90	$P+3H_2O+3e^-=PH_3(g)+3OH^-$	−0.87
$Sr(OH)_2\cdot 8H_2O+2e^-=Sr+2OH^-+8H_2O$	−2.88	$2NO_3^-+2H_2O+2e^-=N_2O_4+4OH^-$	−0.85
$Mg(OH)_2+2e^-=Mg+2OH^-$	−2.690	$2H_2O+2e^-=H_2+2OH^-$	−0.8277
$H_2ZrO_3+H_2O+4e^-=Zr+4OH^-$	−2.36	$Cd(OH)_2+2e^-=Cd(Hg)+2OH^-$	−0.809
$H_2AlO_3^-+H_2O+3e^-=Al+OH^-$	−2.33	$Co(OH)_2+2e^-=Co+2OH^-$	−0.73
$H_2PO_2^-+e^-=P+2OH^-$	−1.82	$Ni(OH)_2+2e^-=Ni+2OH^-$	−0.72
$H_2BO_3^-+H_2O+3e^-=B+4OH^-$	−1.79	$AsO_4^{3-}+2H_2O+2e^-=AsO_2^-+4OH^-$	−0.71
$HPO_3^{2-}+2H_2O+3e^-=P+5OH^-$	−1.71	$Ag_2S+2e^-=2Ag+S^{2-}$	−0.691
$SiO_3^{2-}+3H_2O+4e^-=Si+6OH^-$	−1.697	$AsO_2^-+2H_2O+3e^-=As+4OH^-$	−0.68
$HPO_3^{2-}+2H_2O+2e^-=H_2PO_2^-+3OH^-$	−1.65	$SbO_2^-+2H_2O+3e^-=Sb+4OH^-$	−0.66
$Mn(OH)_2+2e^-=Mn+2OH^-$	−1.56	$2SO_3^{2-}+3H_2O+4e^-=S_2O_3^{2-}+6OH^-$	−0.58
$Cr(OH)_3+3e^-=Cr+3OH^-$	−1.48	$Fe(OH)_3+e^-=Fe(OH)_2+OH^-$	−0.56
$[Zn(CN)_4]^{2-}+2e^-=Zn+4CN^-$	−1.26	$S+2e^-=S^{2-}$	−0.476
$Zn(OH)_2+2e^-=Zn+2OH^-$	−1.249	$Bi_2O_3+3H_2O+6e^-=2Bi+6OH^-$	−0.46
$ZnO_2^{2-}+2H_2O+2e^-=Zn+4OH^-$	−1.215	$NO_2^-+H_2O+e^-=NO+2OH^-$	−0.46
$CrO_2^-+2H_2O+3e^-=Cr+4OH^-$	−1.2	$[Co(NH_3)_6]^{2+}+2e^-=Co+6NH_3$	−0.422
$Te+2e^-=Te^{2-}$	−1.143	$SeO_3^{2-}+3H_2O+4e^-=Se+6OH^-$	−0.366
$PO_4^{3-}+2H_2O+2e^-=HPO_3^{2-}+3OH^-$	−1.05	$Cu_2O+H_2O+2e^-=2Cu+2OH^-$	−0.360
$[Zn(NH_3)_4]^{2+}+2e^-=Zn+4NH_3$	−1.04	$[Ag(CN)_2]^-+e^-=Ag+2CN^-$	−0.31
$WO_4^{2-}+4H_2O+6e^-=W+8OH^-$	−1.01	$Cu(OH)_2+2e^-=Cu+2OH^-$	−0.222
$HGeO_3^-+2H_2O+4e^-=Ge+5OH^-$	−1.0	$CrO_4^{2-}+4H_2O+3e^-=Cr(OH)_3+5OH^-$	−0.13
$[Sn(OH)_6]^{2-}+2e^-=HSnO_2^-+H_2O+3OH^-$	−0.93	$[Cu(NH_3)_2]^++e^-=Cu+2NH_3$	−0.12
$SO_4^{2-}+H_2O+2e^-=SO_3^{2-}+2OH^-$	−0.93	$O_2+H_2O+2e^-=HO_2^-+OH^-$	−0.076

（续）

电极反应	$\varphi^{\ominus}$/V	电极反应	$\varphi^{\ominus}$/V
$AgCN+e^-=Ag+CN^-$	−0.017	$O_2+2H_2O+4e^-=4OH^-$	0.401
$NO_3^-+H_2O+2e^-=NO_2^-+2OH^-$	0.01	$IO^-+H_2O+2e^-=I^-+2OH^-$	0.485
$SeO_4^{2-}+H_2O+2e^-=SeO_3^{2-}+2OH^-$	0.05	$NiO_2+2H_2O+2e^-=Ni(OH)_2+2OH^-$	0.490
$Pd(OH)_2+2e^-=Pd+2OH^-$	0.07	$MnO_4^-+e^-=MnO_4^{2-}$	0.558
$S_4O_6^{2-}+2e^-=2S_2O_3^{2-}$	0.08	$MnO_4^-+2H_2O+3e^-=MnO_2+4OH^-$	0.595
$HgO+H_2O+2e^-=Hg+2OH^-$	0.0977	$MnO_4^{2-}+2H_2O+2e^-=MnO_2+4OH^-$	0.60
$[Co(NH_3)_6]^{3+}+e^-=[Co(NH_3)_6]^{2+}$	0.108	$2AgO+H_2O+2e^-=Ag_2O+2OH^-$	0.607
$Pt(OH)_2+2e^-=Pt+2OH^-$	0.14	$BrO_3^-+3H_2O+6e^-=Br^-+6OH^-$	0.61
$Co(OH)_3+e^-=Co(OH)_2+OH^-$	0.17	$ClO_3^-+3H_2O+6e^-=Cl^-+6OH^-$	0.62
$PbO_2+H_2O+2e^-=PbO+2OH^-$	0.247	$ClO_2^-+H_2O+2e^-=ClO^-+2OH^-$	0.66
$IO_3^-+3H_2O+6e^-=I^-+6OH^-$	0.26	$H_3IO_6^{2-}+2e^-=IO_3^-+3OH^-$	0.7
$ClO_3^-+H_2O+2e^-=ClO_2^-+2OH^-$	0.33	$ClO_2^-+2H_2O+4e^-=Cl^-+4OH^-$	0.76
$Ag_2O+H_2O+2e^-=2Ag+2OH^-$	0.342	$BrO^-+H_2O+2e^-=Br^-+2OH^-$	0.761
$[Fe(CN)_6]^{3-}+e^-=[Fe(CN)_6]^{4-}$	0.358	$ClO^-+H_2O+2e^-=Cl^-+2OH^-$	0.841
$ClO_4^-+H_2O+2e^-=ClO_3^-+2OH^-$	0.36	$ClO_2(g)+e^-=ClO_2^-$	0.95
$[Ag(NH_3)_2]^++e^-=Ag+2NH_3$	0.373	$O_3+H_2O+2e^-=O_2+2OH^-$	1.24

附录 8　条件电极电势表

电极反应	$\varphi^{\ominus\prime}$/V	介　质
$Ag^++e^-=Ag$	0.792	1 mol·L^{-1} $HClO_4$
	0.228	1 mol·L^{-1} HCl
	0.59	1 mol·L^{-1} NaOH
$H_3AsO_4+2H^++2e^-=HAsO_2+2H_2O$	0.557	1 mol·L^{-1} HCl，$HClO_4$
	0.07	1 mol·L^{-1} NaOH
	−0.16	5 mol·L^{-1} NaOH
$Au^{3+}+2e^-=Au^+$	1.27	0.5 mol·L^{-1} H_2SO_4（氧化金饱和）
	1.26	1 mol·L^{-1} HNO_3（氧化金饱和）
	0.93	1 mol·L^{-1} HCl
$Au^{3+}+3e^-=Au$	0.30	7～8 mol·L^{-1} NaOH
$Ce^{4+}+e^-=Ce^{3+}$	1.70	1 mol·L^{-1} $HClO_4$
	1.71	2 mol·L^{-1} $HClO_4$
	1.87	8 mol·L^{-1} $HClO_4$
	1.61	1 mol·L^{-1} HNO_3
	1.56	8 mol·L^{-1} HNO_3
	1.44	1 mol·L^{-1} H_2SO_4
	1.43	2 mol·L^{-1} H_2SO_4
	1.28	1 mol·L^{-1} HCl

（续）

电极反应	$\varphi^{\ominus\prime}$/V	介　质
$Co^{3+}+e^{-}=Co^{2+}$	1.84	3 mol·L^{-1} HNO_3
$Cr^{3+}+e^{-}=Cr^{2+}$	−0.40	5 mol·L^{-1} HCl
$Cr_2O_7^{2-}+14H^{+}+6e^{-}=2Cr^{3+}+7H_2O$	0.93	0.1 mol·L^{-1} HCl
	0.97	0.5 mol·L^{-1} HCl
	1.00	1 mol·L^{-1} HCl
	1.15	4 mol·L^{-1} HCl
	0.92	0.1 mol·L^{-1} H_2SO_4
	1.10	2 mol·L^{-1} H_2SO_4
	0.84	0.1 mol·L^{-1} $HClO_4$
	1.025	1 mol·L^{-1} $HClO_4$
	1.27	1 mol·L^{-1} HNO_3
$Cu^{2+}+e^{-}=Cu$	−0.09	pH=14
$Fe^{3+}+e^{-}=Fe^{2+}$	0.73	0.1 mol·L^{-1} HCl
	0.70	1 mol·L^{-1} HCl
	0.68	3 mol·L^{-1} HCl
	0.64	5 mol·L^{-1} HCl
	0.68	0.1 mol·L^{-1} H_2SO_4
	0.68	4 mol·L^{-1} H_2SO_4
	0.674	0.5 mol·L^{-1} H_2SO_4
	0.732	1 mol·L^{-1} $HClO_4$
	−0.68	10 mol·L^{-1} NaOH
$[Fe(CN)_6]^{3-}+e^{-}=[Fe(CN)_6]^{4-}$	0.48	0.01 mol·L^{-1} HCl
	0.56	0.1 mol·L^{-1} HCl
	0.71	1 mol·L^{-1} HCl
	0.72	1 mol·L^{-1} $HClO_4$
$FeY^{-}+e^{-}=FeY^{2-}$	0.12	0.1 mol·L^{-1} EDTA，pH=4～6
$Hg_2^{2+}+2e^{-}=2Hg$	0.33	0.1 mol·L^{-1} KCl
	0.28	1 mol·L^{-1} KCl
	0.25	饱和 KCl
	0.274	1 mol·L^{-1} HCl
$I_2(aq)+2e^{-}=2I^{-}$	0.6276	0.5 mol·L^{-1} H_2SO_4
$I_3^{-}+2e^{-}=3I^{-}$	0.545	0.5 mol·L^{-1} H_2SO_4
$MnO_4^{-}+8H^{+}+5e^{-}=Mn^{2+}+4H_2O$	1.45	1 mol·L^{-1} $HClO_4$
	1.27	8 mol·L^{-1} H_3PO_4
$O_2+2H_2O+4e^{-}=4OH^{-}$	0.41	1 mol·L^{-1} NaOH

（续）

电极反应	$\varphi^{\ominus\prime}$/V	介　质
$Sb^{5+}+2e^{-}=Sb^{3+}$	0.82	6 $mol\cdot L^{-1}$ HCl
	0.75	3.5 $mol\cdot L^{-1}$ HCl
$Sn^{4+}+2e^{-}=Sn^{2+}$	0.14	1 $mol\cdot L^{-1}$ HCl
	0.13	2 $mol\cdot L^{-1}$ HCl
	−0.16	1 $mol\cdot L^{-1}$ $HClO_4$
$Ti(IV)+e^{-}=Ti^{3+}$	−0.01	0.2 $mol\cdot L^{-1}$ H_2SO_4
	0.15	5 $mol\cdot L^{-1}$ H_2SO_4
	0.10	3 $mol\cdot L^{-1}$ HCl

附录 9　一些化合物的相对分子质量

化合物	相对分子质量	化合物	相对分子质量
AgBr	187.78	$Ca(NO_3)_2$	164.09
AgCl	143.32	CaO	56.08
AgCN	133.84	$Ca(OH)_2$	74.09
Ag_2CrO_4	331.73	$CaSO_4$	136.14
AgI	234.77	$Ca_3(PO_4)_2$	310.18
$AgNO_3$	169.87	$Ce(SO_4)_2$	332.24
AgSCN	165.95	$Ce(SO_4)_2\cdot 2(NH_4)_2SO_4\cdot 2H_2O$	632.54
Al_2O_3	101.96	CH_3COOH	60.05
$Al_2(SO_4)_3$	342.15	CH_3OH	32.04
As_2O_3	197.84	CH_3COCH_3	58.08
As_2O_5	229.84	C_6H_5COOH	122.12
$BaCO_3$	197.34	C_6H_5COONa	144.10
BaC_2O_4	225.35	$C_6H_4COOHCOOK$	204.23
$BaCl_2$	208.24	（苯二甲酸氢钾）	
$BaCl_2\cdot 2H_2O$		CH_3COONa	82.03
$BaCrO_4$	253.32	C_6H_5OH	94.11
BaO	153.33	$(C_9H_7N)_3H_3(PO_4\cdot 12MoO_3)$	2212.74
$Ba(OH)_2$	171.35	（磷钼酸喹啉）	
$BaSO_4$	233.39	$COOHCH_2COOH$	104.06
$CaCO_3$	100.09	$COOHCH_2COONa$	126.04
CaC_2O_4	128.10	CCl_4	153.81
$CaCl_2$	110.99	CO_2	44.01
$CaCl_2\cdot H_2O$	129.00	Cr_2O_3	151.99
CaF_2	78.08	$Cu(C_2H_3O_2)_2\cdot 3Cu(AsO_3)_2$	1013.80

（续）

化合物	相对分子质量	化合物	相对分子质量
CuO	79.54	$KAl(SO_4)_2 \cdot 12H_2O$	474.39
Cu_2O	143.09	$KB(C_6H_5)_4$	358.33
$CuSCN$	121.63	KBr	119.01
$CuSO_4$	159.61	$KBrO_3$	167.01
$CuSO_4 \cdot 5H_2O$	249.69	KCN	65.12
$FeCl_3$	162.21	K_2CO_3	138.21
$FeCl_3 \cdot 6H_2O$	270.30	KCl	74.56
FeO	71.85	$KClO_3$	122.55
Fe_2O_3	159.69	$KClO_4$	138.55
Fe_3O_4	231.54	K_2CrO_4	194.20
$FeSO_4 \cdot H_2O$	169.93	$K_2Cr_2O_7$	294.19
$FeSO_4 \cdot 7H_2O$	278.02	$KHC_2O_4 \cdot H_2C_2O_4 \cdot 2H_2O$	254.19
$Fe_2(SO_4)_3$	399.89	$KHC_2O_4 \cdot H_2O$	146.14
$FeSO_4 \cdot (NH_4)_2SO_4 \cdot 6H_2O$	392.14	KI	166.01
H_3BO_3	61.83	KIO_3	214.00
HBr	80.91	$KIO_3 \cdot HIO_3$	389.92
$H_2C_4H_4O_6$（酒石酸）	150.09	$KMnO_4$	158.04
HCN	27.03	KNO_2	85.10
H_2CO_3	62.03	K_2O	92.20
$H_2C_2O_4$	90.04	KOH	56.11
$H_2C_2O_4 \cdot 2H_2O$	126.07	$KSCN$	97.18
$HCOOH$	46.03	K_2SO_4	174.26
HCl	36.46	$MgCO_3$	84.32
$HClO_4$	100.46	$MgCl_2$	95.21
HF	20.01	$MgNH_4PO_4$	137.33
HI	127.91	MgO	40.31
HNO_2	47.01	$Mg_2P_2O_7$	222.60
HNO_3	63.01	MnO	70.94
H_2O	18.02	MnO_2	86.94
H_2O_2	34.02	$Na_2B_4O_7$	201.22
H_3PO_4	98.00	$[Na_2B_4O_5(OH)_4 \cdot 8H_2O]$	381.37
H_2S	34.08	$NaBiO_3$	279.97
H_2SO_3	82.08		
H_2SO_4	98.08		
$HgCl_2$	271.50		
Hg_2Cl_2	472.09		

（续）

化合物	相对分子质量	化合物	相对分子质量
NaBr	102.90	$NH_4Fe(SO_4)_2 \cdot 12H_2O$	482.20
NaCN	49.01	$(NH_4)_2HPO_4$	132.05
Na_2CO_3	105.99	$(NH_4)_3PO_4 \cdot 12MoO_3$	1876.53
$Na_2C_2O_4$	134.00	NH_4SCN	76.12
NaCl	58.44	$(NH_4)_2SO_4$	132.14
NaF	41.99	$NiC_6H_{14}O_4N_4$	288.91
$NaHCO_3$	84.01	（丁二酮肟镍）	
NaH_2PO_4	119.98	P_2O_5	141.95
Na_2HPO_4	141.96	$PbCrO_4$	323.18
$Na_2H_2Y \cdot 2H_2O$	372.26	PbO	223.19
（EDTA二钠盐）		PbO_2	239.19
NaI	149.89	Pb_3O_4	685.57
$NaNO_2$	69.00	$PbSO_4$	303.26
Na_2O	61.98	SO_2	64.06
NaOH	40.01	SO_3	80.06
Na_3PO_4	163.94	Sb_2O_3	291.50
Na_2S	78.05	Sb_2S_3	339.70
$Na_2S \cdot 9H_2O$	240.18	SiF_4	104.08
Na_2SO_3	126.04	SiO_2	60.08
Na_2SO_4	142.04	$SnCO_3$	178.82
$Na_2SO_4 \cdot 10H_2O$	322.20	$SnCl_2$	189.60
$Na_2S_2O_3$	158.11	SnO_2	150.71
$Na_2S_2O_3 \cdot 5H_2O$	248.19	TiO_2	79.88
Na_2SiF_6	188.06	WO_3	231.85
NH_3	17.03	$ZnCl_2$	136.30
NH_4Cl	53.49	ZnO	81.39
$(NH_4)_2C_2O_4 \cdot H_2O$	142.11	$Zn_2P_2O_7$	304.72
$NH_3 \cdot H_2O$	35.05	$ZnSO_4$	161.45

主要参考文献

陈若愚，朱建飞，等，2012. 无机与分析化学[M]. 大连：大连理工大学出版社.

北京师范大学，华中师范大学，南京师范大学，2010. 无机化学[M](上册). 4 版. 北京：高等教育出版社.

董元彦，2006. 无机及分析化学[M]. 2 版. 北京：科学出版社.

冯辉霞，等，2008. 无机及分析化学[M]. 武汉：华中科技大学出版社.

龚淑华，周晓华，等，2013. 无机及分析化学[M]. 2 版. 北京：中国农业出版社.

吉林大学，武汉大学，南开大学，2015. 无机化学[M](上册). 4 版. 北京：高等教育出版社.

贾之慎，张仕勇，2007. 无机及分析化学[M]. 2 版. 北京：高等教育出版社.

李龙泉，等，2015. 定量分析化学[M]. 2 版. 合肥：中国科技大学出版社.

栾国有，杨桂霞，等，2014. 无机及分析化学[M]. 北京：中国农业出版社.

司学芝，刘捷，展海军，等，2009. 无机化学[M]. 北京：化学工业出版社.

天津大学无机化学教研室编，杨宏孝，颜秀茹，崔建中，等，修订，2016. 无机化学[M]. 4 版. 北京：高等教育出版社.

浙江大学，2003. 无机及分析化学[M]. 北京：高等教育出版社.

浙江大学普通化学教研组，2002. 普通化学[M]. 5 版. 北京：高等教育出版社.

万性良，等，2010. 分析化学原理[M]. 2 版. 北京：化学工业出版社

王日为，2013. 无机及分析化学[M]. 北京：化学工业出版社.

王运，胡先文，等，2016. 无机及分析化学[M]. 4 版. 北京：科学出版社.

武汉大学，等，2010. 分析化学[M](上册). 5 版. 北京：高等教育出版社.

徐春祥，等，2016. 无机化学[M]. 2 版. 北京：高等教育出版社.

张正奇，等，2006. 分析化学[M]. 2 版. 北京：科学出版社.

赵中一，等，2001. 无机及分析化学题解[M]. 武汉：华中科技大学出版社.

John C kotz，Paul M Treichel and John R Townsend，2012. Chemistry & Chemical Reactivity[M]. 8th edition. Belmont：Thomson Brooks/Cole.

图书在版编目（CIP）数据

无机及分析化学 / 周晓华主编 .—北京：中国农业出版社，2018.8（2024.3 重印）

普通高等教育农业部“十三五”规划教材　全国高等农林院校“十三五”规划教材

ISBN 978-7-109-24257-9

Ⅰ.①无…　Ⅱ.①周…　Ⅲ.①无机化学-高等学校-教材②分析化学-高等学校-教材　Ⅳ.①O61②O65

中国版本图书馆 CIP 数据核字（2018）第 135519 号

中国农业出版社出版

（北京市朝阳区麦子店街 18 号楼）

（邮政编码 100125）

责任编辑　曾丹霞

中农印务有限公司印刷　　新华书店北京发行所发行

2018 年 8 月第 1 版　　2024 年 3 月北京第 7 次印刷

开本：787mm×1092mm 1/16　　印张：22.5　　插页：1

字数：540 千字

定价：53.00 元

元素周期表

族 / 周期	1	2	3	4	5	6	7	8	9	10	11	12	13	14	15	16	17	18	电子层	18族电子数
	IA	IIA	IIIB	IVB	VB	VIB	VIIB	VIII	VIII	VIII	IB	IIB	IIIA	IVA	VA	VIA	VIIA	0		
1	1 H 氢 1 2 3 $1s^1$ [1.007,1.009]																	2 He 氦 3 4 $1s^2$ 4.003	K	2
2	3 Li 锂 6 7 $2s^1$ [6.938,6.997]	4 Be 铍 9 $2s^2$ 9.012											5 B 硼 10 11 $2s^22p^1$ [10.80,10.83]	6 C 碳 12 13 14 $2s^22p^2$ [12.00,12.02]	7 N 氮 14 15 $2s^22p^3$ [14.00,14.01]	8 O 氧 16 17 18 $2s^22p^4$ [15.99,16.00]	9 F 氟 19 $2s^22p^5$ 19.00	10 Ne 氖 20 21 22 $2s^22p^6$ 20.18	L K	8 2
3	11 Na 钠 23 $3s^1$ [22.99]	12 Mg 镁 24 25 26 $3s^2$ [24.30,24.31]											13 Al 铝 27 $3s^23p^1$ 26.98	14 Si 硅 28 29 30 $3s^23p^2$ [28.08,28.09]	15 P 磷 31 $3s^23p^3$ 30.97	16 S 硫 32 36 33 34 $3s^23p^4$ [32.05,32.08]	17 Cl 氯 35 37 $3s^23p^5$ [35.44,35.46]	18 Ar 氩 36 38 40 $3s^23p^6$ 39.95	M L K	8 8 2
4	19 K 钾 39 40 41 $4s^1$ 39.10	20 Ca 钙 40 44 42 46 43 48 $4s^2$ 40.08	21 Sc 钪 45 $3d^14s^2$ 44.96	22 Ti 钛 46 49 47 50 48 $3d^24s^2$ 47.87	23 V 钒 50 51 $3d^34s^2$ 50.94	24 Cr 铬 50 54 52 53 $3d^54s^1$ 52.00	25 Mn 锰 55 $3d^54s^2$ 54.94	26 Fe 铁 54 58 56 57 $3d^64s^2$ 55.85	27 Co 钴 59 $3d^74s^2$ 58.93	28 Ni 镍 58 62 60 64 61 $3d^84s^2$ 58.69	29 Cu 铜 63 65 $3d^{10}4s^1$ 63.55	30 Zn 锌 64 68 66 70 67 $3d^{10}4s^2$ 65.38	31 Ga 镓 69 71 $4s^24p^1$ 69.72	32 Ge 锗 70 74 72 76 73 $4s^24p^2$ 72.63	33 As 砷 75 $4s^24p^3$ 74.92	34 Se 硒 74 78 76 80 77 82 $4s^24p^4$ 78.97	35 Br 溴 79 81 $4s^24p^5$ [79.90,79.91]	36 Kr 氪 78 83 80 84 82 86 $4s^24p^6$ 83.80	N M L K	8 18 8 2
5	37 Rb 铷 85 87 $5s^1$ 85.47	38 Sr 锶 84 88 86 87 $5s^2$ 87.62	39 Y 钇 89 $4d^15s^2$ 88.91	40 Zr 锆 90 94 91 96 92 $4d^25s^2$ 91.22	41 Nb 铌 93 94 $4d^45s^1$ 92.91	42 Mo 钼 92 97 94 98 95 100 96 $4d^55s^1$ 95.95	43 Tc 锝 97 98 99 $4d^55s^2$ (98)	44 Ru 钌 96 101 98 102 99 104 100 $4d^75s^1$ 101.1	45 Rh 铑 103 $4d^85s^1$ 102.9	46 Pd 钯 102 106 104 108 105 110 $4d^{10}$ 106.4	47 Ag 银 107 109 $4d^{10}5s^1$ 107.9	48 Cd 镉 106 112 108 113 110 114 111 116 $4d^{10}5s^2$ 112.4	49 In 铟 113 115 $5s^25p^1$ 114.8	50 Sn 锡 112 118 114 119 115 120 116 122 117 124 $5s^25p^2$ 118.7	51 Sb 锑 121 123 $5s^25p^3$ 121.8	52 Te 碲 120 125 122 126 123 128 124 130 $5s^25p^4$ 127.6	53 I 碘 127 129 $5s^25p^5$ 126.9	54 Xe 氙 124 131 126 132 128 134 129 136 130 $5s^25p^6$ 131.3	O N M L K	8 18 18 8 2
6	55 Cs 铯 133 $6s^1$ 132.9	56 Ba 钡 130 136 132 137 134 138 135 $6s^2$ 137.3	57-71 La-Lu 镧系	72 Hf 铪 174 178 176 179 177 180 $5d^26s^2$ 178.5	73 Ta 钽 180 181 $5d^36s^2$ 180.9	74 W 钨 180 184 182 186 183 $5d^46s^2$ 183.8	75 Re 铼 185 187 $5d^56s^2$ 186.2	76 Os 锇 184 189 186 190 187 192 188 $5d^66s^2$ 190.2	77 Ir 铱 191 193 $5d^76s^2$ 192.2	78 Pt 铂 190 195 192 196 194 198 $5d^96s^1$ 195.1	79 Au 金 197 $5d^{10}6s^1$ 197.0	80 Hg 汞 196 201 198 202 199 204 200 $5d^{10}6s^2$ 200.6	81 Tl 铊 203 205 $6s^26p^1$ [204.3,204.4]	82 Pb 铅 204 208 206 207 $6s^26p^2$ 207.2	83 Bi 铋 209 $6s^26p^3$ 209.0	84 Po 钋 209 210 $6s^26p^4$ (209)	85 At 砹 210 211 $6s^26p^5$ (210)	86 Rn 氡 211 220 222 $6s^26p^6$ (222)	P O N M L K	8 18 32 18 8 2
7	87 Fr 钫 223 $7s^1$ (223)	88 Ra 镭 223 228 224 226 $7s^2$ (226)	89-103 Ac-Lr 锕系	104 Rf 𬬻* $(6d^27s^2)$ (267)	105 Db 𬭊* $(6d^37s^2)$ (268)	106 Sg 𬭳* (271)	107 Bh 𬭛* (272)	108 Hs 𬭶* (270)	109 Mt 鿏* (276)	110 Ds 𫟼* (281)	111 Rg 𬬭* (280)	112 Cn 鎶* (285)	113 Nh 鉨* (284)	114 Fl 𫓧* (289)	115 Mc 镆* (288)	116 Lv 𫟷* (293)	117 Ts 鿬*	118 Og 鿫* (294)	Q P O N M L K	8 18 32 32 18 8 2

图例：原子序数、元素符号（红色指放射性元素）、元素名称（注*的是人造元素）、稳定同位素的质量数（底线指丰度最大的同位素）、放射性同位素的质量数、外围电子的构型（括号指可能的构型）、相对原子质量（括号内数据为放射性元素最长寿命同位素的质量数）

示例：19 K 钾 39 40 41 $4s^1$ 39.10

金属　非金属　稀有气体　过渡元素

注：
1. 相对原子质量主要录自2016年国际纯粹与应用化学联合会（IUPAC）公布的元素周期表，方括号内提供的是标准原子质量的上、下边界。
2. 稳定元素列有天然丰度的同位素；天然放射性元素和人造元素同位素的选列与国际相对原子质量标的有关文献一致。

镧系	57 La 镧 138 139 $5d^16s^2$ 138.9	58 Ce 铈 136 142 138 140 $4f^15d^16s^2$ 140.1	59 Pr 镨 141 $4f^36s^2$ 140.9	60 Nd 钕 142 146 143 148 144 150 145 $4f^46s^2$ 144.2	61 Pm 钷 145 147 $4f^56s^2$ (145)	62 Sm 钐 144 150 147 152 148 154 149 $4f^66s^2$ 150.4	63 Eu 铕 151 153 $4f^76s^2$ 152.0	64 Gd 钆 152 157 154 158 155 160 156 $4f^75d^16s^2$ 157.3	65 Tb 铽 159 $4f^96s^2$ 158.9	66 Dy 镝 156 162 158 163 160 164 161 $4f^{10}6s^2$ 162.5	67 Ho 钬 165 $4f^{11}6s^2$ 164.9	68 Er 铒 162 167 164 168 166 170 $4f^{12}6s^2$ 167.3	69 Tm 铥 169 $4f^{13}6s^2$ 168.9	70 Yb 镱 168 173 170 174 171 176 172 $4f^{14}6s^2$ 173.0	71 Lu 镥 175 176 $4f^{14}5d^16s^2$ 175.0
锕系	89 Ac 锕 227 $6d^17s^2$ (227)	90 Th 钍 230 232 $6d^27s^2$ 232.0	91 Pa 镤 231 $5f^26d^17s^2$ 231.0	92 U 铀 233 236 234 238 235 $5f^36d^17s^2$ 238.0	93 Np 镎 237 239 $5f^46d^17s^2$ (237)	94 Pu 钚 238 241 239 242 240 244 $5f^67s^2$ (244)	95 Am 镅* 241 243 $5f^77s^2$ (243)	96 Cm 锔* 243 246 244 247 245 248 $5f^76d^17s^2$ (247)	97 Bk 锫* 247 249 $5f^97s^2$ (247)	98 Cf 锎* 249 252 250 251 $5f^{10}7s^2$ (251)	99 Es 锿* 252 $5f^{11}7s^2$ (252)	100 Fm 镄* 257 $5f^{12}7s^2$ (257)	101 Md 钔* 256 258 $(5f^{13}7s^2)$ (258)	102 No 锘* 259 $(5f^{14}7s^2)$ (259)	103 Lr 铹* 260 $(5f^{14}6d^17s^2)$ (262)